A visão sistêmica
da vida

FRITJOF CAPRA
Ex-membro do Lawrence Berkeley National Laboratory,
Califórnia, EUA

PIER LUIGI LUISI
Universidade de Roma 3, Itália

A visão sistêmica da vida

Uma concepção unificada e suas implicações
filosóficas, políticas, sociais e econômicas

Tradução
MAYRA TERUYA EICHEMBERG
NEWTON ROBERVAL EICHEMBERG

Editora
Cultrix
SÃO PAULO

Título original: *The Systems View of Life*.

Copyright © 2014 Fritjof Capra e Pier Luigi Luisi.

Publicado nos Estados Unidos da América pela Cambridge University Press, Nova York.

Copyright da edição brasileira © 2014 Editora Pensamento-Cultrix Ltda.

1ª edição 2014.
6ª reimpressão 2024.

Todos os direitos reservados. Nenhuma parte desta obra pode ser reproduzida ou usada de qualquer forma ou por qualquer meio, eletrônico ou mecânico, inclusive fotocópias, gravações ou sistema de armazenamento em banco de dados, sem permissão por escrito, exceto nos casos de trechos curtos citados em resenhas críticas ou artigos de revistas.

A Editora Cultrix não se responsabiliza por eventuais mudanças ocorridas nos endereços convencionais ou eletrônicos citados neste livro.

Editor: Adilson Silva Ramachandra
Editora de texto: Denise de C. Rocha Delela
Coordenação editorial: Roseli de S. Ferraz
Produção editorial: Indiara Faria Kayo
Editoração Eletrônica: Join Bureau
Revisão: Nilza Agua

Dados Internacionais de Catalogação na Publicação (CIP)
(Câmara Brasileira do Livro, SP, Brasil)

Capra, Fritjof

A visão sistêmica da vida : uma concepção unificada e suas implicações filosóficas, políticas, sociais e econômicas / Fritjof Capra, Pier Luigi Luisi ; tradução Mayra Teruya Eichemberg, Newton Roberval Eichemberg. – São Paulo : Cultrix, 2014. – (Coleção polêmica).

Título original: The systems view of life.
Bibliografia.
ISBN 978-85-316-1291-6

1. Ciências – Aspectos sociais 2. Ciências – Filosofia 3. Ecologia – Aspectos políticos 4. Ecologia – Filosofia I. Título. II. Série.

14-09714   CDD-304.201

Índice para catálogo sistemático:
1. Ecologia : Aspectos éticos : Filosofia   304.201

Direitos de tradução para o Brasil adquiridos com exclusividade pela
EDITORA PENSAMENTO-CULTRIX LTDA., que se reserva a
propriedade literária desta tradução.
Rua Dr. Mário Vicente, 368 — 04270-000 — São Paulo, SP
Fone: (11) 2066-9000
http://www.editoracultrix.com.br
E-mail: atendimento@editoracultrix.com.br
Foi feito o depósito legal.

À memória de
Francisco Varela (1946–2001),
que nos apresentou um ao outro e nos inspirou a ambos
com sua visão sistêmica e sua orientação espiritual

Sumário

Prefácio 13
Prefácio à edição brasileira 17
Agradecimentos 21

Introdução: paradigmas na ciência e na sociedade 23

I VISÃO DE MUNDO MECANICISTA

1 A máquina do mundo newtoniana 43
  1.1 A Revolução Científica 44
  1.2 A física newtoniana 53
  1.3 Observações finais 59

2 A visão mecanicista da vida 61
  2.1 Os primeiros modelos mecânicos dos organismos vivos 61
  2.2 Das células às moléculas 62
  2.3 O século do gene 65
  2.4 A medicina mecanicista 69
  2.5 Observações finais 71

3 O pensamento social mecanicista 72
  3.1 O nascimento das ciências sociais 72
  3.2 A economia política clássica 77
  3.3 Os críticos da economia clássica 79
  3.4 Economia keynesiana 82
  3.5 O impasse da economia cartesiana 84
  3.6 A metáfora da máquina na administração 87
  3.7 Observações finais 89

II A ASCENSÃO DO PENSAMENTO SISTÊMICO

4 Das partes para o todo **93**
    4.1   A emergência do pensamento sistêmico 93
    4.2   A nova física 99
    4.3   Observações finais 112

5 Teorias sistêmicas clássicas **117**
    5.1   Tectologia 117
    5.2   Teoria geral dos sistemas 119
    5.3   Cibernética 120
    5.4   Observações finais 132

6 A teoria da complexidade **134**
    6.1   A matemática da ciência clássica 135
    6.2   Enfrentando a não linearidade 141
    6.3   Princípios de dinâmica não linear 147
    6.4   Geometria fractal 155
    6.5   Observações finais 165

III UMA NOVA CONCEPÇÃO DA VIDA

7 O que é vida? **169**
    7.1   Como caracterizar os seres vivos 169
    7.2   A visão sistêmica da vida 170
    7.3   Os fundamentos da autopoiese 175
    7.4   A interação com o meio ambiente 176
    7.5   Autopoiese social 177
    7.6   Critérios de autopoiese, critérios de vida 178
    7.7   O que é morte? 180
    7.8   Autopoiese e cognição 182
    7.9   Observações finais 185

8 Ordem e complexidade no mundo vivo **186**
    8.1   Auto-organização 186
    8.2   Emergência e propriedades emergentes 198
    8.3   Auto-organização e emergência em sistemas dinâmicos 202
    Ensaio convidado: Mundo das Margaridas 211
    8.4   Padrões matemáticos no mundo vivo 214
    8.5   Observações finais 228

9 Darwin e a evolução biológica ... 230
- 9.1 A visão de Darwin das espécies interligadas por uma rede de parentesco ... 230
- 9.2 Darwin, Mendel, Lamarck e Wallace: uma interconexão multifacetada ... 233
- 9.3 A síntese evolutiva moderna ... 236
- 9.4 Genética aplicada ... 244
- 9.5 O Projeto Genoma Humano ... 245
- 9.6 Revolução conceitual na genética ... 246
- Ensaio convidado: Ascensão e queda da epigenética ... 249
- 9.7 Darwinismo e criacionismo ... 261
- 9.8 Acaso, contingência e evolução ... 264
- 9.9 O darwinismo hoje ... 267
- 9.10 Observações finais ... 269

10 A procura pela origem da vida na Terra ... 271
- 10.1 A evolução molecular de Oparin ... 271
- 10.2 Contingência *versus* determinismo na origem da vida ... 272
- 10.3 Química pré-biótica ... 276
- 10.4 Abordagens de laboratório para a vida mínima ... 284
- 10.5 A abordagem da origem da vida pela biologia sintética ... 286
- 10.6 Observações finais ... 297

11 A aventura humana ... 299
- 11.1 As eras da vida ... 299
- 11.2 A era dos seres humanos ... 300
- 11.3 Os fatores determinantes do ser humano ... 306
- 11.4 Observações finais ... 312

12 Mente e consciência ... 314
- 12.1 A mente é um processo! ... 314
- 12.2 A teoria da cognição de Santiago ... 317
- 12.3 Cognição e consciência ... 320
- Ensaio convidado: Sobre a natureza primária da consciência ... 330
- 12.4 Linguística cognitiva ... 337
- 12.5 Observações finais ... 339

13 Ciência e espiritualidade ... 342
- 13.1 Ciência e espiritualidade: uma relação dialética ... 342
- 13.2 Espiritualidade e religião ... 343

    13.3 Ciência *versus* religião: um "diálogo de surdos"? 350
    13.4 Paralelismos entre ciência e misticismo 354
    13.5 A prática espiritual hoje 358
    13.6 Espiritualidade, ecologia e educação 360
    13.7 Observações finais 366

14 Vida, mente e sociedade 368
    14.1 O elo evolutivo entre consciência e fenômenos sociais 368
    14.2 A sociologia e as ciências sociais 369
    14.3 Estendendo a abordagem sistêmica 373
    14.4 Redes de comunicação 381
    14.5 Vida e liderança nas organizações 389
    14.6 Observações finais 396

15 A visão sistêmica da saúde 398
    15.1 Crise na assistência à saúde 399
    15.2 O que é saúde? 403
    Ensaio convidado: Respostas ao placebo e ao nocebo 406
    15.3 Uma abordagem sistêmica da assistência à saúde 411
    Ensaio convidado: Prática integrativa na assistência à saúde
          e na cura 412
    15.4 Observações finais 418

IV A SUSTENTAÇÃO DA TEIA DA VIDA
16 A dimensão ecológica da vida 421
    16.1 A ciência da ecologia 422
    16.2 Ecologia sistêmica 426
    16.3 Sustentabilidade ecológica 433
    16.4 Observações finais 446

17 Ligando os pontos: o pensamento sistêmico e o estado do mundo 447
    17.1 Interconexão dos problemas do mundo 447
    17.2 A ilusão do crescimento perpétuo 453
    17.3 As redes do capitalismo global 463
    17.4 A sociedade civil global 481
    17.5 Observações finais 485

18 Soluções sistêmicas 487
    18.1 Mudando o jogo 487

Ensaio convidado: A empresa viva como fundamento de
    uma economia geradora...497
18.2 A energia e a mudança climática 501
18.3 Agroecologia – a melhor oportunidade para alimentar o mundo 536
Ensaio convidado: Sementes de vida..545
18.4 O planejamento para a vida 550
18.5 Observações finais 562

Bibliografia...565
Índice remissivo 585

Prefácio

À medida que o século XXI se desdobra, torna-se cada vez mais evidente que os principais problemas do nosso tempo – energia, meio ambiente, mudança climática, segurança alimentar e financeira – não podem ser compreendidos isoladamente. São problemas sistêmicos, e isso significa que todos eles estão interconectados e são interdependentes. Em última análise, esses problemas precisam ser considerados como facetas diferentes de uma única crise, que é, em grande medida, uma crise de percepção. Ela deriva do fato de que a maioria das pessoas em nossa sociedade moderna, em especial nossas grandes instituições sociais, apoia os conceitos de uma visão de mundo obsoleta, uma percepção inadequada da realidade para lidar com o nosso mundo superpovoado e globalmente interconectado.

Há soluções para os principais problemas do nosso tempo, e algumas delas são até mesmo simples. No entanto, exigem uma mudança radical em nossa percepção, em nosso pensamento e em nossos valores. E, na verdade, estamos agora no princípio dessa mudança fundamental de visão de mundo na ciência e na sociedade, uma mudança de paradigmas tão radical quanto a revolução copernicana. Infelizmente, essa compreensão ainda não despontou na maior parte dos nossos líderes políticos, que são incapazes de "ligar os pontos", para usar uma expressão popular. Eles não conseguem reconhecer como todos os principais problemas do nosso tempo estão inter-relacionados. Além disso, eles se recusam a reconhecer como suas chamadas "soluções" afetam as gerações futuras. Do ponto de vista sistêmico, as únicas soluções viáveis são as soluções sustentáveis. Como discutimos neste livro, uma sociedade sustentável precisa ser planejada de maneira tal que seus modos de vida, suas atividades comerciais, sua economia, suas estruturas físicas e suas tecnologias não interfiram na capacidade inerente da natureza para sustentar a vida.

Ao longo dos últimos trinta anos, passamos a perceber com clareza que uma compreensão plena dessas questões exige nada menos que uma concepção radicalmente nova da vida. E é exatamente uma nova compreensão da vida que está de fato emergindo atualmente. Na linha de frente da ciência contemporânea, não concebemos mais o universo como uma máquina composta de blocos de construção elementares. Descobrimos que o mundo material, em última análise, é uma rede de padrões de relações inseparáveis; que o planeta como um todo é um sistema vivo e autorregulador. A visão do corpo humano como uma máquina e da mente como uma unidade separada está sendo substituída por outra, para a qual não apenas o cérebro, mas também o sistema imunológico, cada tecido corporal e até mesmo cada célula é um sistema vivo e cognitivo. A evolução não é mais considerada como uma luta competitiva pela existência, mas, em vez disso, é reconhecida como uma dança cooperativa na qual a criatividade e a constante emergência da novidade são as forças propulsoras. E, com a nova ênfase na complexidade, nas redes e nos padrões de organização, uma nova ciência das qualidades está lentamente emergindo.

Essa nova concepção da vida envolve uma nova espécie de pensamento – um pensamento que se processa por meio de relações, padrões e contextos. Na ciência, essa maneira de pensar é conhecida como "pensamento sistêmico" ou "pensamento por meio de sistemas"; por isso, a compreensão da vida que é informada por ele é, com frequência, identificada pela frase que escolhemos como título deste livro: a visão sistêmica da vida.

A nova compreensão científica da vida abrange muitos conceitos e ideias que estão sendo desenvolvidos por notáveis pesquisadores e suas equipes em todo o mundo. Com o presente livro, queremos oferecer um texto interdisciplinar que integra essas ideias, modelos e teorias em um único arcabouço coerente. Apresentamos uma visão sistêmica unificada que inclui e integra as dimensões biológica, cognitiva, social e ecológica da vida; e também discutimos as implicações filosóficas, espirituais e políticas de nossa visão unificada da vida.

Acreditamos que tal visão integrada é urgentemente necessária nos dias de hoje para lidarmos com nossa crise ecológica global e protegermos a continuação e o florescimento da vida sobre a Terra. Terá, por isso, importância crítica para as gerações presentes e futuras de jovens pesquisadores e alunos de graduação compreender a nova concepção sistêmica da vida e suas implicações para uma ampla gama de profissões – que se estendem da economia, do gerenciamento e da política até a medicina, a psicologia e o direito. Além disso, nosso livro será útil para estudantes universitários das áreas de ciências da vida e humanas.

Nos capítulos seguintes, faremos uma ampla varredura na história das ideias, cruzando disciplinas científicas. Começando pela Renascença e pela Revolução Científica, nosso balanço histórico incluirá a evolução do mecanicismo cartesiano do século XVII ao século XX, a ascensão do pensamento sistêmico, o desenvolvimento da teoria da complexidade, recentes descobertas na linha de frente da biologia, a emergência da nova concepção da vida na virada deste século, e suas implicações econômicas, ecológicas, políticas e espirituais.

O leitor notará que o nosso texto inclui não apenas numerosas referências à literatura, mas também uma abundância de referências cruzadas a capítulos e seções deste livro. Há uma boa razão para essa enxurrada de referências. Uma característica central da visão sistêmica é sua não linearidade: todos os sistemas vivos são redes complexas – isto é, são, em um alto grau, não lineares; e há incontáveis interconexões entre as dimensões biológicas, cognitivas, sociais e ecológicas da vida. Desse modo, um arcabouço conceitual que integre essas muitas dimensões sem dúvida refletirá a não linearidade inerente à vida. Em nossa luta para comunicarmos tal rede complexa de conceitos e ideias no âmbito das restrições da linguagem escrita, sentimos que seria útil interligar o texto por meio de uma rede de referências cruzadas. Nossa esperança é que o leitor descubra que este livro também é, assim como a teia da vida, um todo maior que a soma de suas partes.

FRITJOF CAPRA, *Berkeley*
PIER LUIGI LUISI, *Roma*

Prefácio à edição brasileira

Oscar Motomura

Degradação do meio ambiente, mudança climática, fome, desigualdade, guerras, violência, sucessivas crises econômicas. Seremos capazes de resolver esses grandes problemas globais de nossa era?

Há mais de duas décadas mantenho um relacionamento de parceria e amizade com Fritjof Capra, impulsionado por nossa crença mútua de que a resposta a essa indagação é um sonoro "sim"! Essa crença levou Capra a escrever este precioso livro sobre uma nova visão sistêmica da vida, e também tem permeado meus trabalhos com dezenas de milhares de líderes do setor público e privado, às voltas com problemas sistêmicos, interconectados e interdependentes, e que portanto requerem soluções igualmente sistêmicas.

Neste livro, Capra e Pier Luigi Luisi tratam de uma visão unificada que integra pela primeira vez as dimensões biológicas, cognitivas, sociais e ecológicas da vida, que não podem ser separadas se quisermos resolver os problemas à nossa volta e evoluir de forma equilibrada e sustentável. E, fiéis à sua perspectiva sistêmica, investigam com profundidade as implicações econômicas, ecológicas, políticas e espirituais dessa empolgante revolução no campo do conhecimento humano.

A Visão Sistêmica da Vida apresenta de modo didático conceitos essenciais a essa nova forma de entender o mundo. No entanto, este não é um livro meramente teórico ou filosófico. Com base no pensamento sistêmico e nos princípios do ecodesign, Capra e Luisi apresentam soluções – já existentes – para os grandes problemas globais, provando que já temos o conhecimento e as tecnologias necessárias para construir um futuro sustentável.

Há, porém, um pré-requisito para a aplicação desse conhecimento, e é nesse ponto que o trabalho de Capra e o meu próprio, na Amana-Key, voltam a se interseccionar. Sempre buscamos mostrar que não há solução viável fora do pensamento sistêmico, mas a maior parte de nossos esforços ainda consiste em um trabalho de "alfabetização ecológica ou sistêmica", para que os líderes se familiarizem com essa linguagem que terão de dominar para solucionar os problemas atuais, sejam no âmbito coorporativo, nacional ou até global.

Nos trabalhos de consultoria e educação executiva que desenvolvemos na Amana-Key, posicionamos a gestão no contexto da vida e buscamos, o tempo todo, revelar as causas-raiz das questões que nos são trazidas por governos e organizações complexas dos setores público e privado. Descobrimos que essas causas-raiz sempre estão direta ou indiretamente associadas a algum tipo de desrespeito à vida.

Esse desrespeito decorre de preceitos criados pelo ser humano na contramão do modo como a vida funciona. Ainda atuamos, na política, na economia, na cultura e na sociedade, de uma forma preponderantemente mecanicista e fragmentária, não sistêmica.

Desde seu livro *O Tao da Física*, de 1975, Capra tem buscado desvendar o jeito de funcionar da vida. Em seu *best-seller* de 1982, *O Ponto de Mutação*, ele avançou nesse sentido ao examinar as crises científicas e econômicas da época pela perspectiva da teoria dos sistemas. Em 1997, estendeu suas ideias no livro *A Teia da Vida*, em que mostra a interconexão sistêmica dos desafios para a sustentabilidade da vida no planeta. Posteriormente, em 2002, publicou *As Conexões Ocultas*, no qual aplica a dinâmica dos sistemas vivos e a teoria da complexidade aos problemas sociais, integrando as dimensões biológicas, cognitivas e sociais.

A Visão Sistêmica da Vida representa o ápice desse esforço para compreender a vida. Para escrevê-lo, Capra recorreu a todas as suas obras anteriores, selecionou passagens relevantes, atualizou-as e modificou-as para abranger uma gama muito maior de leitores, além de adicionar novos conhecimentos graças à contribuição de Luisi. Capra considera este livro uma síntese de sua obra intelectual dos últimos 40 anos.

Embora alicerçado em conhecimento científico avançado, este livro também pode ser usado de um ponto de vista prático, pois sua base conceitual pode certamente nos ajudar a viabilizar as transformações de que precisamos em nossa sociedade e em nosso planeta.

Trata-se de uma obra de referência para todos que estão em busca de soluções sustentáveis para os graves problemas causados pelo modelo mental mecanicista e reducionista. Para líderes que querem construir instituições pautadas em modelos de gestão mais biológicos e em níveis mais elevados de consciência. Para governantes genuinamente preocupados com o bem comum e engajados na transformação real de suas cidades, estados ou países. Para estudantes que não se contentam com modelos de educação fragmentados e ultrapassados e buscam uma formação mais sistêmica e completa. Para cidadãos que querem colocar a mão na massa e promover as transformações necessárias, e urgentes, no nosso planeta. E que querem começar já!

Que tal usarmos este livro para refletir sobre tudo que podemos e devemos melhorar – e até reinventar – em nosso modo de ser e de viver?

– Se os grandes problemas da atualidade são sistêmicos e portanto requerem soluções igualmente sistêmicas, não seria apenas desejável – mas essencial – um intercâmbio de ideias cada vez mais amplo e profundo entre cidadãos dos mais diferentes segmentos da sociedade? Até que ponto os líderes do setor público e privado e da sociedade civil não precisariam buscar uma compreensão mais refinada da natureza sistêmica da Vida? Nesse sentido, essa compreensão não deveria fazer parte da formação de todos os cidadãos, desde os primeiros anos de vida?

– Até que ponto nossa sociedade e organizações são norteadas pelo paradigma mecânico, fragmentário, hierárquico, de comando e controle? Como seria nossa evolução se empreendêssemos um amplo processo de mudança cultural e passássemos a vê-las como organismos vivos, compostos por pessoas criativas, inteligentes, capazes de auto-organização e autocontrole? Onde estão os líderes capazes de perceber a importância dessa evolução cultural? E, mais do que isso, onde estão aqueles, ousados e corajosos, capazes efetivamente de fazê-la acontecer, não obstante todos os obstáculos que certamente surgirão?

– Até que ponto nossos governantes deveriam evoluir de planos impostos de cima para baixo para um fazer acontecer altamente participativo, estimulado por um propósito nobre, uma visão de futuro inspiradora e princípios éticos que levem a um contexto de total confiança entre as pessoas? Até que ponto deveríamos promover, coletivamente, uma mudança radical de uma cultura de desconfiança, repleta de controles, para outra de confiança plena e alta solidariedade?

– Será que precisaremos chegar a um ponto crítico, uma crise de grandes proporções, para fazer as transformações necessárias acontecerem? Ou podemos estimular, através de "disturbações" criativas, a população inteira a se auto-organizar na direção desse futuro melhor para todos?

Para concluir, podemos voltar à pergunta que abre este prefácio e refletir sobre ela por um outro prisma. Os problemas do nosso país e do mundo não seriam simplesmente um processo de desmoronamento de tudo que foi construído com base em falsas premissas, em ilusões, em paradigmas falaciosamente construídos? Esses problemas não seriam, portanto, a prova de que o desejável ontem (crescimento a qualquer custo, por exemplo) é o que hoje vem prejudicando a verdadeira evolução do todo? Não seriam todos esses problemas nada mais do que o passado indo embora, levando consigo o que não funciona mais? Não seria esse "deixar ir" um processo fundamental para abrir espaço a um novo modo de viver – mais ético, consciente e próspero –, sempre em benefício de todos, sem nenhum tipo de exclusão?

A convicção de que esse megaprocesso de reinvenção é possível advém do fato de que os valores necessários para empreendê-lo são inerentes a todo ser humano. Trata-se simplesmente de um processo de despertar da consciência. E por ser algo que vem de dentro das pessoas, poderá ser natural e muito mais rápido e viável do que imaginamos...

OSCAR MOTOMURA é fundador e diretor geral do
Grupo Amana-Key, uma organização focada em inovações
pela raiz de organizações complexas da área pública e privada.

Agradecimentos

A síntese dos conceitos e ideias que apresentamos neste livro demorou três décadas para amadurecer. Durante esse tempo, tivemos a boa sorte de sermos capazes de discutir a maior parte dos modelos e teorias científicos subjacentes com seus próprios autores e com outros cientistas que trabalham nesses campos, bem como uns com os outros. Muitas das percepções esclarecedoras e das ideias que tivemos originaram-se, e foram posteriormente refinadas, nesses encontros intelectuais.

Somos especialmente gratos

- a Humberto Maturana, por muitas estimulantes conversas sobre autopoiese, cognição e consciência;
- ao falecido Francisco Varela, por discussões iluminadoras e colaborações inspiradoras, que mantivemos ao longo de duas décadas, a respeito de uma ampla variedade de tópicos em ciência cognitiva;
- à falecida Lynn Margulis, por diálogos inspiradores sobre microbiologia, simbiogênese e a teoria de Gaia;
- a Helmut Milz, por muitas discussões esclarecedoras sobre medicina e a visão sistêmica da saúde; e
- ao irmão David Steindl-Rast, por conversas sobre espiritualidade, arte, religião e ética que nos iluminaram ao longo de três décadas.

Fritjof Capra também gostaria de expressar sua gratidão

- ao falecido Ilya Prigogine, por conversas inspiradoras sobre a teoria das estruturas dissipativas;
- ao falecido Brian Goodwin, por discussões desafiadoras, mantidas ao longo de muitos anos, sobre teoria da complexidade, biologia celular e evolução;
- a Manuel Castells, por uma série de discussões estimulantes e sistemáticas sobre conceitos fundamentais em teoria social, sobre tecnologia e cultura e sobre as complexidades da globalização; e também por sua leitura crítica de partes do nosso manuscrito;

- a Margaret Wheatley, por diálogos inspiradores mantidos ao longo de vários anos sobre complexidade e auto-organização nos sistemas vivos e nas organizações humanas;
- a Hazel Henderson e Jerry Mander, por discussões desafiadoras mantidas desde a década de 1970 sobre sustentabilidade, tecnologia e economia global;
- a Miguel Altieri, por disponibilizar recursos tutoriais iluminadores sobre a teoria e a prática da agroecologia e da agricultura orgânica; e a Vandana Shiva por numerosas conversas inspiradoras sobre ciência, filosofia, ecologia, comunidade, e a perspectiva sobre a globalização do ponto de vista do sul;
- a Terry Irwin, Amory Lovins e Gunter Pauli, por muitas conversas informativas sobre o ecoplanejamento;
- ao falecido Ernest Callenbach, por ler partes do manuscrito e oferecer muitos comentários críticos.

Pier Luigi Luisi gostaria de transmitir seus agradecimentos, em particular,

- a Michel Bitbol (M.D., e em seguida Ph.D. em física quântica e hoje professor de filosofia no CREA (Centre de Recherche en Épistémologie Appliquée), Paris, onde trabalhou com Francisco Varela), Matthieu Ricard (monge tibetano e uma das principais figuras do séquito do Dalai Lama, que começou como aluno de Ph.D. em biologia molecular e ainda é apaixonado pela ciência), e Franco Bertossa (diretor do centro ASIA em Bolonha) por estimulantes discussões sobre a vida e a consciência;
- a Paul Davies, Stuart Kauffman, Denis Noble e Paolo Saraceno, por discussões de longo alcance sobre os assuntos de seus livros; e, por fim, mas não menos importante,
- aos seus alunos e colegas de trabalho, pelos seus questionamentos contínuos, que o obrigaram a estudar mais e a encontrar respostas inesperadas; mas também dirige agradecimentos especiais, entre muitos, a Matteo Allegretti, Luisa Damiano, Rachel Faiella, Francesca Ferri, Michele Lucantoni e Pasquale Stano.

Somos ambos extremamente gratos a Angelo Merante, por produzir numerosos desenhos técnicos, e a Julia Ponsonby, por três belos desenhos a bico de pena nos Capítulos 5, 8 e 16. E, por último, mas não menos importante, somos gratos à nossa editora Katrina Halliday, da Cambridge University Press, por seu entusiástico apoio durante a redação deste livro, bem como a Ilaria Tassistro, por cuidar com desvelo para que todo o processo que levou do manuscrito à obra impressa fosse bem-sucedido.

Introdução: paradigmas na ciência e na sociedade

Perguntas sobre a origem, a natureza e o significado da vida são tão antigas quanto a própria humanidade. De fato, estão nas próprias raízes da filosofia e da religião. A mais antiga das escolas de filosofia grega, conhecida como escola milesiana, não fazia distinção entre o animado e o inanimado, nem entre o espírito e a matéria. Mais tarde, os gregos chamaram esses antigos filósofos de "hilozoístas" ou "aqueles que pensam que a matéria é viva".

Os antigos filósofos chineses acreditavam que a realidade suprema, subjacente à multiplicidade de fenômenos que observamos, e que os unifica, é intrinsecamente dinâmica. Eles a chamavam de *Tao* – o caminho, ou processo, do universo. Para os sábios taoistas, todas as coisas, animadas ou inanimadas, estavam incrustadas no fluxo contínuo, e continuamente mutável, do *Tao*. A crença segundo a qual tudo no universo está impregnado de vida é também característica de tradições espirituais nativas presentes em todas as eras. Em religiões monoteístas, ao contrário, a origem da vida está associada com um criador divino.

Neste livro, abordaremos antiquíssimas perguntas a respeito da origem e da natureza da vida a partir da perspectiva da ciência moderna. Veremos que até mesmo no âmbito de um contexto muito mais estreito, a distinção entre matéria viva e não viva é, com frequência, problemática e um tanto arbitrária. Apesar disso, a ciência moderna tem mostrado que a vasta maioria dos organismos vivos exibe características fundamentais que são notavelmente diferentes daquelas da matéria não viva.

A fim de apreciar plenamente tanto as realizações como as limitações da nova concepção científica da vida – o assunto deste livro – será útil, em primeiro lugar, esclarecer a natureza e as limitações da própria ciência. A palavra moderna "ciência" deriva da palavra latina *scientia*, que quer dizer "conhecimento", significado que foi mantido ao longo de toda a Idade Média, a Renascença e a era da Revolução Científica. O que chamamos atualmente de "ciência" era conhecido como "filosofia natural" nessas épocas anteriores. Por exemplo, o título completo dos *Principia*, a famosa obra de Isaac Newton, publicada em 1687, e que iria se tornar o fundamento da ciência nos séculos subsequentes, era *Philosophiae Naturalis Principia Mathematica* ("Os Princípios Matemáticos da Filosofia Natural").

O moderno significado de ciência refere-se a um corpo de conhecimento organizado e adquirido por meio de um método particular conhecido como método científico. Essa compreensão moderna evoluiu gradualmente durante os séculos XVIII e XIX. As características do método científico foram plenamente reconhecidas apenas no século XX e ainda são frequentemente entendidas de maneira equivocada, especialmente por não cientistas.

O método científico

O método científico representa uma maneira particular de adquirir conhecimento a respeito dos fenômenos naturais e sociais, o que se pode resumir afirmando-se que ocorre em vários estágios.

Em primeiro lugar, envolve a observação sistemática dos fenômenos estudados e o registro dessas observações como evidências, ou dados científicos. Em algumas ciências, tais como a física, a química e a biologia, a observação sistemática inclui experimentos controlados; em outras, como a astronomia e a paleontologia, isso não é possível.

Em seguida, os cientistas procuram interligar os dados de maneira coerente, livre de contradições internas. A representação resultante é conhecida como modelo científico. Sempre que possível, tentamos formular nossos modelos em linguagem matemática por causa da precisão e da consistência interna inerentes à matemática. Entretanto, em muitos casos, especialmente nas ciências sociais, essas tentativas têm sido problemáticas, pois tendem a confinar os modelos científicos em um âmbito tão estreito que perdem grande parte de sua utilidade. Por isso, viemos a compreender, ao longo das últimas décadas, que nem as formulações matemáticas nem os resultados quantitativos são componentes essenciais do método científico.

Por fim, o modelo teórico é testado por observações suplementares e, se possível, por experimentos adicionais. Se constatarmos que o modelo é consistente com todos os resultados desses testes, e, em especial, se ele é capaz de predizer os resultados de novos experimentos, esse modelo no final passará a ser aceito como teoria científica. O processo de sujeitar ideias e modelos científicos a testes repetidos é um empreendimento coletivo da comunidade dos cientistas, e a aceitação do modelo como uma teoria é feita pelo consenso tácito ou explícito nessa comunidade.

Na prática, esses estágios não são nitidamente separados e nem sempre ocorrem na mesma ordem. Por exemplo, um cientista pode formular uma generalização, ou hipótese, preliminar, baseada na intuição, ou em dados empíricos iniciais. Quando observações subsequentes contradizem a hipótese, ele pode tentar modificá-la sem desistir completamente dela. Porém, se as evidências empíricas continuarem a contradizer a hipótese do modelo científico, o cientista é forçado a descartá-la em favor de uma nova hipótese ou modelo, que é então sujeito a testes posteriores. Até mesmo uma teoria aceita pode, com o passar do tempo, ser derrubada quando evidências contraditórias vêm à luz. Esse método de embasar firmemente todos os modelos e teorias em evidências empíricas é a própria essência da abordagem científica.

De importância crucial para a compreensão contemporânea da ciência é a constatação de que todos os modelos científicos e teorias científicas são limitados e aproximados (como discutiremos mais detalhadamente no Capítulo 4). A ciência do século XX nos tem mostrado, repetidas vezes, que todos os fenômenos naturais estão, em última análise, interconectados, e que suas propriedades essenciais, de fato, derivam de suas relações com outras coisas. Consequentemente, a fim de explicar completamente qualquer uma delas, teríamos de compreender todas as outras, e isso, obviamente, é impossível.

O que torna praticável o empreendimento científico é a percepção de que, embora a ciência nunca possa fornecer explicações completas e definitivas, o conhecimento científico limitado e aproximado é possível. Isso pode parecer frustrante, mas para muitos cientistas o fato de que *podemos* formular modelos e teorias aproximados para descrever uma infindável teia de fenômenos interconectados, e de que somos capazes de aperfeiçoar sistematicamente nossos modelos ou nossas aproximações ao longo do tempo é uma fonte de confiança e de força. Como expressou o grande bioquímico Louis Pasteur (citado por Capra, 1982):

A ciência avança por meio de respostas provisórias até uma série de questões cada vez mais sutis, que se aprofundam cada vez mais na essência dos fenômenos naturais.

Paradigmas científicos e sociais

Durante a primeira metade do século XX, filósofos e historiadores da ciência geralmente acreditavam que o progresso na ciência fosse um processo suave e uniforme no qual os modelos e teorias científicas eram continuamente refinados e substituídos por versões novas e mais precisas, à medida que suas aproximações eram aperfeiçoadas em passos sucessivos. Essa visão do progresso contínuo foi radicalmente contestada pelo físico e filósofo da ciência Thomas S. Kuhn (1962) em seu livro muito influente *A Estrutura das Revoluções Científicas*.

Kuhn argumentou que, embora o progresso contínuo caracterize de fato longos períodos de "ciência normal", esses períodos são interrompidos por períodos de "ciência revolucionária", nos quais não apenas uma teoria científica, mas também todo o arcabouço conceitual onde ele está encaixado sofre uma mudança radical. Para descrever esse arcabouço subjacente, Kuhn introduziu o conceito de "paradigma" científico, que ele definiu como uma constelação de realizações – conceitos, valores, técnicas etc. – compartilhadas por uma comunidade científica e usadas por essa comunidade para definir problemas e soluções legítimos. Mudanças de paradigmas, de acordo com Kuhn, ocorrem em quebras de continuidade, em rupturas revolucionárias chamadas de "mudanças de paradigma".

A obra de Kuhn tem exercido enorme impacto na filosofia da ciência, assim como nas ciências sociais. Talvez o aspecto mais importante de sua definição de paradigma científico seja o fato de que ele inclui não apenas conceitos e técnicas, mas também valores. De acordo com Kuhn, os valores não são periféricos à ciência, nem às suas aplicações à tecnologia, mas constituem sua própria base e sua força motriz.

Durante a Revolução Científica no século XVII, os valores foram separados dos fatos (como discutimos no Capítulo 1), e desde essa época os cientistas tenderam a acreditar que os fatos científicos são independentes do que fazemos e são, portanto, independentes dos nossos valores. Kuhn expôs a falácia dessa crença ao mostrar que os fatos científicos emergem de toda uma constelação de percepções, valores e ações humanos – isto é, emergem de um paradigma – de onde não podem ser separados. Embora grande parte das nossas pesquisas detalhadas possa não depender explicitamente do nosso sistema de valores, o paradigma maior em cujo âmbito essa pesquisa é realizada nunca estará livre de valores. Por isso, como cientistas, somos responsáveis por nossas pesquisas não apenas intelectualmente, mas também moralmente.

Durante as décadas passadas, os conceitos de "paradigma" e "mudança de paradigma" também foram usados cada vez mais nas ciências sociais, à medida que os cientistas sociais perceberam que muitas características das mudanças de paradigmas também podiam ser observadas na arena social mais ampla. Para analisar essas transformações sociais e culturais mais amplas, Capra (1997, p. 24) generalizou a definição de Kuhn de paradigma científico para a de paradigma social, definindo-o como "uma constelação de conceitos, valores, percepções e práticas compartilhadas por uma comunidade, formando uma visão particular da realidade que é a base da maneira pela qual a comunidade se organiza".

A nova concepção científica emergente da vida, que resumimos em nosso Prefácio, pode ser vista como parte de uma mudança de paradigma mais ampla, que vai de uma visão de mundo mecanicista para uma visão de mundo holística e ecológica. Em seu próprio âmago, encontramos uma mudança de metáforas que hoje está se tornando cada vez mais evidente, como é discutido por Capra (2002) – uma mudança em que o mundo deixa de ser visto como uma máquina e passa a ser compreendido como uma rede.

Durante o século XX, a mudança do paradigma mecanicista para o paradigma ecológico se processou em diferentes formas e com diferentes velocidades em vários campos científicos. Não tem sido uma mudança constante e uniforme, mas envolveu revoluções científicas, retrocessos e oscilações pendulares. Um pêndulo caótico, no sentido da teoria do caos (discutida no Capítulo 6) – oscilações que quase se repetem, mas não totalmente, em movimentos que aparentam ser aleatórios, e, no entanto, formam um padrão complexo e altamente organizado –, talvez seja a metáfora contemporânea mais apropriada.

A tensão básica é entre as partes e o todo. A ênfase nas partes tem sido chamada de mecanicista, reducionista ou atomística; a ênfase no todo, de holística, organísmica ou ecológica. Na ciência do século XX, a perspectiva holística tornou-se conhecida como "sistêmica", e a maneira de pensar que ela implica, como "pensamento sistêmico", como já mencionamos.

Em biologia, a tensão entre mecanicismo e holismo tem sido um tema recorrente ao longo de toda a sua história. Na aurora da filosofia ocidental e da ciência, os pitagóricos distinguiam "número", ou padrão, de substância, ou matéria, concebendo-o como algo que limita a matéria e lhe dá forma. O argumento era: "Você pergunta do que ela é feita – terra, fogo, água etc. – ou você pergunta qual é o seu *padrão?*"

Desde o início da filosofia grega, houve uma tensão entre substância e padrão. Aristóteles, o primeiro biólogo da tradição ocidental, distinguia quatro causas como fontes interdependentes de todos os fenômenos: a causa material, a causa formal, a causa eficiente e a causa final. As duas primeiras causas referem-se às duas perspectivas de substância e padrão, que, segundo Aristóteles, devemos chamar de perspectiva da matéria e perspectiva da forma.

O estudo da matéria começa com a pergunta: "Do que ela é feita?" Isso leva às noções de elementos fundamentais, blocos de construção; medir e quantificar. O estudo da forma indaga: "Qual é o padrão?" E isso leva às noções de ordem, organização e relações. Em vez de quantidade, envolve qualidade; em vez de medição, envolve mapeamento.

São duas linhas de investigação muito diferentes, que estiveram competindo uma com a outra ao longo de toda a nossa tradição científica e filosófica. Durante a maior parte do tempo, o estudo da matéria – de quantidades e componentes – dominou. Mas, ocasionalmente, o estudo da forma – de padrões e relações – ocupou a linha de frente.

Também vale a pena notar que as antigas filosofia e ciência chinesas sempre estiveram mais preocupadas com as inter-relações entre as coisas do que com sua redução a uma substância fundamental. Nas palavras do grande sinologista Joseph Needham (1962, p. 478): "Enquanto a filosofia europeia tendia a encontrar a realidade na substância, a filosofia chinesa tendia a encontrá-la na relação." Em sua obra monumental em sete volumes, *Science and Civilisation in China*, Needham mostra que o pensamento chinês, desde o seu princípio, era "organísmico" e "correlativo" – em outras palavras, era "sistêmico" – e como a filosofia e a ciência chinesas anteciparam muitas das percepções iluminadoras que discutimos neste livro.

O pêndulo oscila entre mecanicismo e holismo: da antiguidade à era moderna

Vamos agora seguir muito brevemente as oscilações desse pêndulo caótico entre mecanicismo e holismo ao longo da história da biologia. Para os antigos filósofos gregos, o mundo era um *kosmos*, uma estrutura ordenada e harmoniosa. Desde o seu princípio, no século VI a.C., a filosofia e a ciência gregas entendiam a ordem do cosmos como a de um organismo vivo, e não como a de um sistema mecânico. Isso significava para eles que todas as suas partes tinham o propósito inato de contribuir para o funcionamento harmonioso do todo, e que os objetos se moviam naturalmente para os seus lugares apropriados no universo. Tal explicação dos fenômenos naturais em função de suas metas, ou propósitos, é conhecida como teleologia, palavra que vem do grego *telos* ("propósito"). Ela permeia praticamente toda a filosofia e a ciência gregas.

A visão do cosmos como um organismo também implicava para os gregos que suas propriedades gerais se refletiam igualmente em cada uma das suas partes. Essa analogia entre macrocosmo e microcosmo, e, em particular, entre a Terra e o corpo humano, foi articulada da maneira mais eloquente por Platão em seu *Timeu* no século IV a.C., mas também pode ser encontrado nos ensinamentos dos pitagóricos e em outras escolas antigas. Ao longo do tempo, a ideia adquiriu a autoridade do conhecimento comum, e isso continuou ao longo de toda a Idade Média e a Renascença.

Na filosofia grega antiga, a suprema força motriz, e fonte de toda a vida, era identificada com a alma, e sua principal metáfora era a do sopro da vida.

De fato, a raiz de ambas as palavras, a grega *psyche* e a latina *anima*, significa "sopro". Estreitamente relacionada com essa força motriz, o sopro da vida que abandona o corpo por ocasião da morte, estava a ideia de conhecimento. Para os filósofos gregos antigos, a alma era a fonte do movimento e da vida *e também* daquilo que percebe e conhece. Por causa da analogia fundamental entre microcosmo e macrocosmo, pensava-se que a alma individual era parte da força que move todo o universo, e, em conformidade com isso, o conhecimento de um indivíduo era considerado parte de um processo universal de conhecimento. Platão chamava isso de *anima mundi*, a "alma do mundo".

Quanto ao que dizia respeito à composição da matéria, Empédocles (século V a.C.) afirmava que o mundo material era composto de combinações variáveis dos quatro elementos – terra, água, ar e fogo. Quando abandonados a si mesmos, os elementos se estabeleceriam em círculos concêntricos com a Terra no centro, circundada sucessivamente pelas esferas da água, do ar e do fogo (ou luz). Ainda mais externas a essas ficavam as esferas dos planetas, e além delas situava-se a esfera das estrelas.

Meio século depois de Empédocles, uma teoria alternativa, proposta por Demócrito, afirmava que todos os objetos materiais eram compostos de átomos de numerosos tamanhos e formas, e que todas as qualidades observáveis derivavam das combinações particulares de átomos dentro dos objetos. Sua teoria era tão antitética com relação às concepções teleológicas tradicionais de matéria que ela foi empurrada para os bastidores, onde permaneceu durante toda a Idade Média e a Renascença. Ela só viria novamente à tona no século XVII, com a ascensão da física newtoniana.

Os ensinamentos de Demócrito (460 a.C.-340 a.C.) foram expandidos por Epicuro (341 a.C.-270 a.C.), também atomista, o qual reafirmou que tudo o que ocorre resulta da recombinação de átomos, e que não há nenhum propósito por trás de seus movimentos, nenhum planejamento dos deuses. Epicuro teve um grande seguidor no poeta romano Lucrécio, que viveu no século I a.C., cujo poema *De Rerum Natura* (Sobre a Natureza das Coisas) é uma notável exposição da ciência de sua época, também apresentando um forte sabor ateu.

Para a história da ciência nos séculos subsequentes, o filósofo grego mais importante foi Aristóteles (século IV a.C.). Ele foi o primeiro filósofo a escrever tratados sistemáticos, professorais, sobre os principais ramos do conhecimento ensinado em sua época. Ele sintetizou e organizou todo o conhecimento científico da Antiguidade em um esquema que permaneceria o fundamento da ciência ocidental durante 2 mil anos.

Os tratados de Aristóteles constituíram o fundamento do pensamento filosófico e científico na Idade Média e na Renascença. Os filósofos medievais cristãos, diferentemente das suas contrapartidas árabes, não usavam os textos de Aristóteles como base para suas próprias pesquisas independentes, mas, em vez disso, os avaliavam a partir da perspectiva da teologia cristã. De fato, em sua maioria, eles eram teólogos, e sua prática de combinar filosofia – inclusive filosofia natural, ou ciência – com teologia tornou-se conhecida como escolástica.

A principal figura desse movimento empenhado em tecer a filosofia de Aristóteles nos ensinamentos cristãos foi Tomás de Aquino (1225-1274), um dos supremos intelectos da Idade Média. Aquino ensinava que não podia haver conflito entre a fé e a razão, pois os dois livros nos quais elas se baseavam – a Bíblia e o "livro da natureza" – tinham Deus por autor. Ele produziu um enorme corpo de escritos filosóficos precisos, detalhados e sistemáticos, nos quais integrou as obras enciclopédicas de Aristóteles e a teologia cristã medieval em uma totalidade inconsútil.

O lado negro dessa fusão de ciência e teologia pode ser reconhecido no fato de que qualquer contradição que futuros cientistas viessem a expressar teria, necessariamente, de ser considerada uma heresia. Por isso, Tomás de Aquino louvava em seus escritos o potencial para conflitos entre a ciência e a religião – o que alcançou um clímax dramático com o processo de Galileu e prosseguiu até os dias de hoje.

Entre a Idade Média e a era moderna situa-se a Renascença, um período que se estende desde o início do século XV até o fim do século XVI. Foi um período de intensas explorações – de antigas ideias intelectuais e de novas regiões geográficas da Terra. O clima intelectual da Renascença foi decisivamente modelado pelo movimento filosófico e literário do humanismo, que fez das capacidades do indivíduo humano sua preocupação central. Foi uma mudança fundamental relativamente ao dogma medieval de compreender a natureza humana a partir de um ponto de vista religioso. A Renascença ofereceu uma perspectiva mais secular, que intensificou o enfoque no intelecto humano individual.

O novo espírito do humanismo expressou-se por meio de uma ênfase vigorosa em estudos clássicos. Durante a Idade Média, grande parte da filosofia e da ciência gregas foi esquecida na Europa Ocidental, enquanto os textos clássicos eram traduzidos e examinados por estudiosos árabes. A redescoberta e a tradução desses textos para o latim a partir do grego e do árabe expandiram em grande medida as fronteiras intelectuais dos humanistas europeus. Estudiosos e artistas foram expostos à grande diversidade de ideias filosóficas gregas e romanas, as quais encorajaram o pensamento crítico individual e prepararam o terreno para a emergência gradual de um arcabouço mental racional e científico.

De acordo com Capra (2008), o moderno pensamento científico não surgiu com Galileu, como historiadores da ciência costumavam afirmar, mas com Leonardo da Vinci (1452-1519). Cem anos antes de Galileu e de Francis Bacon, Leonardo desenvolveu sozinho uma nova abordagem empírica, envolvendo a observação sistemática da natureza, o raciocínio e a matemática – em outras palavras, as principais características do método científico. Mas a sua ciência era radicalmente diferente da ciência mecanicista que emergiria 200 anos depois. Era uma ciência de formas orgânicas, de qualidades, de processos de transformação.

A abordagem do método científico por Leonardo era visual; era a abordagem do pintor. Ele afirmou repetidamente que a pintura envolve o estudo das formas naturais, e enfatizou a conexão íntima entre a representação artística dessas formas e a compreensão intelectual de sua natureza intrínseca e de seus princípios subjacentes. Desse modo, criou uma síntese única de arte e ciência, que não fora igualada por nenhum artista antes dele e nem o seria por ninguém depois dele.

Muitos aspectos da ciência de Leonardo ainda são aristotélicos, mas o que os faz soar tão modernos a nós atualmente é o fato de as suas formas serem formas vivas, continuamente modeladas e transformadas por processos subjacentes. Ao longo de toda a sua vida ele estudou, desenhou e pintou as rochas e os estratos da Terra, modelados pela erosão; o crescimento das plantas, modelado pelo seu metabolismo; e a anatomia do corpo animal em movimento.

Leonardo não recorreu à ciência e à engenharia para dominar a natureza, como Francis Bacon advogaria um século mais tarde, mas sempre procurou, na maior medida do possível, aprender a partir dela. Ele sentia reverência e admiração pela beleza que via na complexidade das formas, dos padrões e dos processos naturais, e estava ciente de que a engenhosidade da natureza era superior ao planejamento humano. Em conformidade com isso, ele frequentemente usava os processos e estruturas naturais como modelos para os seus projetos. Essa atitude de considerar a natureza como modelo e mentora está sendo novamente incentivada, 500 anos depois de Leonardo, na prática do planejamento ecológico (veja a Seção 18.4).

A obra científica de Leonardo foi praticamente desconhecida durante sua vida, e seus manuscritos permaneceram ocultos durante mais de dois séculos depois de sua morte, em 1519. Desse modo, suas descobertas e ideias pioneiras não exerceram influência direta sobre o desenvolvimento da ciência. Mas, no final, foram todas redescobertas por outros cientistas.

Um século depois da ciência das qualidades e das formas vivas de Leonardo, o pêndulo balançou em outra direção – apontando para quantidades e para uma concepção mecanicista da natureza. Nos séculos XVI e XVII, a visão de mundo medieval, baseada na filosofia aristotélica e na teologia cristã, mudou radicalmente. A noção de um universo espiritual, orgânico e vivo foi substituída pela concepção do mundo como uma máquina, e a "máquina do mundo" tornou-se a metáfora dominante da era moderna até o fim do século XX, quando começou a ser substituída pela metáfora da rede.

A ascensão da visão de mundo mecanicista foi produzida por mudanças revolucionárias na física e na astronomia, culminando com as realizações de Copérnico, Kepler, Galileu, Bacon, Descartes e Newton. Em decorrência do papel fundamental da ciência em realizar essas mudanças de longo alcance, os historiadores deram aos séculos XVI e XVII o nome de era da Revolução Científica.

Galileu Galilei (1564-1642) postulou que, para ser eficiente em seu empenho de descrever matematicamente a natureza, os cientistas deveriam se restringir a estudar essas propriedades dos corpos materiais – formas, números e movimentos – que poderiam ser medidos e quantificados. Outras propriedades, como a cor, o som, o sabor ou o cheiro, eram projeções mentais meramente subjetivas, que deveriam ser excluídas do domínio da ciência.

A estratégia de Galileu, dirigir a atenção do cientista para as propriedades quantificáveis da matéria, comprovou-se extremamente bem-sucedida na física, mas também cobrou uma taxa pesada. Durante os séculos que se seguiram a Galileu, o enfoque nas quantidades estendeu-se do estudo da matéria para o de todos os fenômenos naturais e sociais dentro do arcabouço da visão de mundo mecanicista da ciência cartesiana. Excluindo as cores, os sons, os sabores, as sensações que os objetos apresentam ao tato e os odores – para não mencionar qualidades mais complexas, como beleza, saúde ou sensibilidade ética –, a ênfase na quantificação impediu os cientistas, durante vários séculos, de compreender muitas propriedades essenciais da vida.

Enquanto Galileu, na Itália, imaginava engenhosos experimentos, na Inglaterra, Francis Bacon (1561-1626) estabeleceu explicitamente o método científico empírico, como Leonardo da Vinci fizera um século antes dele. Bacon formulou uma teoria muito clara do procedimento indutivo – para fazer experimentos e tirar conclusões com base neles, as quais seriam testadas por meio de experimentos posteriores – e passou a exercer extrema influência ao advogar vigorosamente o novo método.

A mudança da visão de mundo orgânica para a mecanicista foi iniciada por uma das figuras de destaque do século XVII, René Descartes (1596-1650). Descartes, ou Cartesius (seu nome latinizado), é geralmente considerado o fundador da filosofia moderna, e era também um brilhante matemático e um cientista muito influente.

Descartes baseou sua visão da natureza na divisão fundamental entre dois domínios independentes e separados – o da mente e o da matéria. O universo material era uma máquina para ele, assim como os organismos vivos também eram máquinas, e podiam, em princípio, ser compreendidas completamente analisando-as em função de suas menores partes.

O arcabouço conceitual criado por Galileu e Descartes – o mundo concebido como uma máquina perfeita governada por leis matemáticas exatas – foi completado de maneira triunfante por Isaac Newton (1642-1727), cuja grande síntese, a mecânica newtoniana, foi a realização que coroou a ciência do século XVII. Na biologia, o maior sucesso do modelo mecanicista de Descartes foi sua aplicação ao fenômeno da circulação do sangue, por William Harvey, contemporâneo de Descartes. Os fisiologistas dessa época também tentaram descrever outras funções corporais, como a digestão, em uma linguagem mecanicista, mas essas tentativas estavam destinadas a falhar por causa da natureza química dos processos, que ainda não eram compreendidos.

Com o desenvolvimento da química, no século XVIII, os modelos mecânicos simplistas dos organismos vivos foram, em grande medida, abandonados, mas a essência da ideia cartesiana sobreviveu. Os animais ainda eram vistos como máquinas, embora muito mais complicadas do que mecanismos de relojoaria, pois envolviam processos químicos complexos. Em conformidade com isso, o mecanismo cartesiano era expresso pelo dogma segundo o qual as leis da biologia podem, em última análise, ser reduzidas às leis da física e da química.

Mecanismo e holismo na biologia moderna

A primeira forte oposição ao paradigma cartesiano mecanicista veio do movimento romântico na arte, na literatura e na filosofia no fim do século XVIII e começo do século XIX. William Blake (1757-1827), o grande poeta místico e pintor que exerceu uma vigorosa influência sobre o romantismo inglês, foi um crítico apaixonado de Newton. Ele sintetizou sua crítica nos célebres versos (citados por Capra, 1997, p. 35):

Possa Deus nos proteger
da visão única e do sono de Newton*

Na Alemanha, poetas e filósofos românticos concentraram-se na natureza da forma orgânica, como Leonardo da Vinci havia feito 300 anos antes. Johann Wolfgang von Goethe (1749-1832), a figura central desse movimento, foi uma das primeiras pessoas a usar a palavra "morfologia" para o estudo da forma biológica a partir de um ponto de vista dinâmico, desenvolvimentista. Ele concebeu a forma como um

---

* *May God us keep/From single vision and Newton's sleep.* (N.T.)

padrão de relações dentro de um todo organizado – uma concepção que está na linha de frente do pensamento sistêmico atual.

A visão romântica da natureza como "uma grande totalidade harmoniosa", como Goethe se expressou, levou alguns cientistas desse período a estender sua busca pela totalidade a todo o planeta e a ver a Terra como uma totalidade integrada, um ser vivo. Ao fazer isso, eles reviveram uma antiga tradição que floresceu ao longo de toda a Idade Média e a Renascença até que a perspectiva medieval fosse substituída pela imagem cartesiana do mundo como uma máquina. Em outras palavras, a visão da Terra como um ser vivo esteve adormecida apenas durante um período relativamente breve.

Mais recentemente, a ideia de um planeta vivo foi formulada em linguagem científica moderna como a chamada teoria de Gaia. As visões da Terra viva desenvolvidas por Leonardo da Vinci no século XV e pelos cientistas românticos no século XVIII contêm alguns elementos de suma importância que voltam a aparecer na nossa contemporânea teoria de Gaia.

Na virada do século XVIII para o século XIX, a influência do movimento romântico foi tão forte que a preocupação fundamental dos biólogos era o problema da forma biológica, e questões relativas à composição material eram secundárias. Isso era especialmente verdadeiro para as grandes escolas francesas de anatomia comparada, ou morfologia, cujos estudos pioneiros foram empreendidos por Georges Cuvier (1769-1832), que criou um sistema de classificação zoológica baseado em semelhanças de relações estruturais.

Durante a segunda metade do século XIX, o pêndulo oscilou de volta para o mecanicismo, quando o recém-aperfeiçoado microscópio levou a muitos notáveis avanços em biologia. O século XIX é mais bem conhecido porque nele surgiu o evolutivo, mas também foi nele que os biólogos formularam a teoria celular, os princípios da embriologia moderna, a ascensão da microbiologia e a descoberta das leis da hereditariedade. Essas novas descobertas arraigaram firmemente a biologia na física e na química, e os cientistas renovaram seus esforços na busca de explicações físico-químicas para a vida.

Quando Rudolf Virchow (1821-1902) enunciou a teoria celular em sua forma moderna, o enfoque dos biólogos mudou de organismos para células. As funções biológicas, em vez de refletirem a organização do organismo como um todo, passaram a ser vistas como resultado de interações que ocorriam no nível celular. As pesquisas em microbiologia foram dominadas por Louis Pasteur (1822-1895), que conseguiu determinar o papel das bactérias em certos processos químicos, estabelecendo assim os fundamentos da bioquímica. Além disso, Pasteur demonstrou que há uma correlação definida entre microrganismos e doenças.

À medida que a nova ciência da vida progredia, ela foi estabelecendo, entre os biólogos, a firme crença em que todas as propriedades e funções dos organismos vivos acabariam por ser explicadas nos termos das leis da química e da física. De fato, a biologia celular fez enormes progressos na compreensão das estruturas e das funções de muitas subunidades das células. Entretanto, só avançou muito pouco na compreensão das atividades coordenadoras que integram esses fenômenos no funcionamento da célula como um todo. Na virada do século XIX, a percepção dessa falta de compreensão desencadeou a onda seguinte de oposição à concepção mecanicista da vida, a escola conhecida como biologia organísmica, ou "organicismo".

Durante o início do século XX, os biólogos organísmicos começaram a estudar o problema da forma biológica com novo entusiasmo, elaborando e refinando muitas das aguçadas e profundas percepções-chave de Aristóteles, Goethe e Cuvier. Suas extensas reflexões ajudaram a dar origem a uma nova maneira de pensar – o "pensamento sistêmico" – em função de conectividade, relações e contexto. De acordo com a visão sistêmica, um organismo, ou sistema vivo, é uma totalidade integrada cujas propriedades essenciais não podem ser reduzidas às de suas partes. Elas surgem das interações e relações entre as partes.

Quando os biólogos organísmicos da Alemanha exploraram o conceito de forma orgânica, eles se envolveram em diálogos com psicólogos desde o início. O filósofo Christian von Ehrenfels (1859-1932) usou a frase "o todo é mais do que a soma de suas partes", que, mais tarde, se tornaria o *slogan* do pensamento sistêmico. A origem dessa célebre frase encontra-se na *Metafísica* de Aristóteles: "No caso de todas as coisas que têm várias partes... o todo não é, por assim dizer, um mero amontoado, mas a totalidade é algo além das partes" (veja Barnes, 1984, vol. 2, p. 1.650).

Enquanto os biólogos organísmicos encontraram a totalidade irredutível nos organismos, e os psicólogos da Gestalt na percepção, os ecologistas a encontraram em seus estudos sobre as comunidades animais e vegetais. A nova ciência da ecologia emergiu da biologia organísmica durante o fim do século XIX, quando os biólogos começaram a estudar comunidades de organismos.

Na década de 1920, os ecologistas introduziram os conceitos de cadeias alimentares e ciclos alimentares, que foram subsequentemente expandidos para o conceito contemporâneo de teias alimentares. Além disso, desenvolveram a noção de ecossistema, que, pelo seu próprio nome, promoveu uma abordagem sistêmica para a ecologia.

Por volta do fim da década de 1930, biólogos organísmicos, psicólogos da Gestalt e ecologistas (veja, no Capítulo 4, a Seção 4.3) formularam a maior parte dos critérios de importância crucial do pensamento sistêmico. Na década de 1940, as atuais teorias dos sistemas começaram a ser estabelecidas e elaboradas. Isso significa que os conceitos sistêmicos foram integrados em arcabouços teóricos coerentes que descreviam os princípios de organização dos sistemas vivos. Essas primeiras teorias, que podemos chamar de "teorias sistêmicas clássicas", incluem, em particular, a teoria geral dos sistemas e a cibernética. Como discutimos no Capítulo 5, a teoria geral dos sistemas foi desenvolvida por um único cientista, o biólogo Ludwig von Bertalanffy, ao passo que a teoria da cibernética foi resultado de uma colaboração multidisciplinar entre matemáticos, neurocientistas, cientistas sociais e engenheiros – um grupo que se tornou coletivamente conhecido como os cerneticistas.

Durante as décadas de 1950 e 1960, o pensamento sistêmico exerceu uma vigorosa influência sobre a engenharia e o gerenciamento, áreas nas quais conceitos sistêmicos – inclusive de cibernética – foram aplicados na resolução de problemas práticos. No entanto, paradoxalmente, a influência da abordagem sistêmica na biologia foi quase negligenciável durante essa época.

A década de 1950 foi marcada pelo triunfo espetacular da genética, e a elucidação da estrutura física do DNA e do código genético. Durante várias décadas, esse sucesso triunfal eclipsou totalmente a visão sistêmica da vida. Mais uma vez, o pêndulo oscilou para o lado do mecanicismo.

As realizações da genética produziram uma mudança significativa nas pesquisas biológicas, uma nova perspectiva que ainda domina as nossas atuais instituições acadêmicas. Enquanto as células foram consideradas como os blocos de construção básicos dos organismos vivos durante o século XIX, a atenção mudou das células para as moléculas por volta de meados do século XX, quando os geneticistas começaram a se empenhar na exploração da estrutura molecular do gene.

Avançando em suas explorações dos fenômenos da vida até ordens de grandeza progressivamente menores, os biólogos descobriram que as características de todos os organismos vivos – das bactérias aos seres humanos – estavam codificadas em seus cromossomos na mesma substância química, usando o mesmo tipo de código genético.

Esse triunfo da biologia molecular resultou na crença difundida segundo a qual todas as funções biológicas podem ser explicadas com base em estruturas e mecanismos moleculares. Ao mesmo tempo, os problemas que resistem à abordagem mecanicista da biologia molecular tornam-se ainda mais evidentes. Embora os biólogos conheçam a estrutura precisa de alguns genes, eles sabem muito pouco sobre as maneiras pelas quais os genes se comunicam e cooperam para o desenvolvimento de um organismo. Em outras palavras, os biólogos moleculares perceberam que conheciam o alfabeto do código genético, mas não tinham quase nenhuma ideia de sua sintaxe.

Por volta de meados da década de 1970, as limitações da tentativa de compreensão da vida por meio da abordagem molecular ficaram evidentes. Entretanto, os biólogos só viam no horizonte pouco mais que isso. O eclipse do pensamento sistêmico ocasionado pela própria ciência pura tornou-se tão completo que esse pensamento deixou de ser considerado como uma alternativa viável. De fato, a teoria dos sistemas começou a ser encarada como um malogro intelectual em vários ensaios críticos. Uma razão para essa ríspida avaliação foi que Ludwig von Bertalanffy (1968) anunciou, de maneira um tanto grandiloquente, que sua meta era desenvolver a teoria geral dos sistemas sob o arcabouço de "uma disciplina matemática em si mesma puramente formal, mas aplicável às várias ciências empíricas". Ele jamais poderia realizar esse objetivo ambicioso porque, em sua época, não havia técnicas matemáticas disponíveis para lidar com a enorme complexidade dos sistemas vivos. Bertalanffy reconheceu que os padrões de organização característicos da vida são gerados pelas interações simultâneas de um grande número de variáveis, mas não dispunha dos meios necessários para descrever matematicamente a emergência desses padrões. Tecnicamente falando, a matemática de sua época estava limitada a equações lineares, que não são apropriadas para descrever a natureza altamente não linear dos sistemas vivos.

Os ciberneticistas, por sua vez, embora tivessem se concentrado em fenômenos não lineares, como ciclos de *feedback* e redes neurais, e dispusessem dos rudimentos de uma matemática não linear correspondente, também não progrediram o suficiente, pois o verdadeiro avanço revolucionário surgiria apenas várias décadas depois, com a formulação da teoria da complexidade, tecnicamente conhecida como "dinâmica não linear", nas décadas de 1960 e 1970 (veja o Capítulo 6). O avanço decisivo deveu-se ao desenvolvimento de computadores poderosos, de alta velocidade de processamento, que permitiram aos cientistas e matemáticos, pela primeira vez, modelar a interconectividade não linear característica dos sistemas vivos, e solucionar as equações não lineares correspondentes.

Durante as décadas de 1980 e 1990, a teoria da complexidade gerou grande excitação na comunidade científica. Na biologia, o pensamento sistêmico e a concepção orgânica da vida reapareceram em cena, e o vigoroso interesse em fenômenos não lineares gerou toda uma série de novos e poderosos modelos teóricos, que aumentaram dramaticamente nossa compreensão de muitas características-chave da vida. Com base nesses modelos, estão ganhando corpo, atualmente, os rudimentos de uma teoria coerente dos sistemas vivos, e com eles a linguagem matemática apropriada. Essa teoria emergente – a visão sistêmica da vida – é o assunto deste livro.

Ecologia profunda

A nova compreensão científica da vida em todos os níveis dos sistemas vivos – organismos, sistemas sociais e ecossistemas – é baseada em uma percepção da realidade que tem profundas implicações, não apenas para a ciência e a filosofia, mas também para a política, os negócios, a assistência à saúde, a educação e muitas outras áreas da vida cotidiana. Por isso, é apropriado terminar nossa Introdução com uma breve abordagem do contexto social e cultural dessa nova concepção da vida.

Como vimos, o *Zeitgeist* ("espírito do tempo") do início do século XXI está sendo modelado por uma profunda mudança de paradigmas, caracterizada, por sua vez, por uma mudança de metáforas, do mundo como uma máquina para o mundo como uma rede. O novo paradigma pode ser chamado de visão de mundo holística, que reconhece o mundo como uma totalidade integrada em vez de uma coleção de partes dissociadas. Também pode ser chamado de visão ecológica, se a palavra "ecológica" for utilizada em um sentido muito mais amplo e mais profundo que o usual. A percepção ecológica profunda reconhece a interdependência fundamental de todos os fenômenos e o fato de que, como indivíduos e sociedades, estamos todos encaixados em processos cíclicos da natureza, dos quais, em última análise, dependemos.

O sentido com o qual usamos o adjetivo "ecológica" está associado com uma escola filosófica específica, fundada no início da década de 1970 pelo filósofo norueguês Arne Naess (1912-2009) a partir da distinção entre ecologia "rasa" e "profunda" (veja Devall e Sessions, 1985). Desde essa época, essa distinção tem sido amplamente aceita, e "ecologia profunda" tornou-se uma expressão muito útil para nos referirmos a uma das principais divisões dentro do pensamento ambientalista contemporâneo.

A ecologia rasa é antropocêntrica, isto é, centralizada nos seres humanos. Para ela, os seres humanos estão acima ou fora da natureza, e constituem a fonte de todos os valores. A ecologia rasa atribui valor apenas instrumental, ou "de uso", à natureza. A ecologia profunda não separa os seres humanos – nem separa qualquer outra coisa – do seu ambiente natural. Ela não reconhece o mundo como uma coleção de objetos isolados, mas como uma rede de fenômenos que são fundamentalmente interconectados e interdependentes. A ecologia profunda reconhece o valor intrínseco de todos os seres vivos e concebe os seres humanos apenas como um fio particular da teia da vida.

Em última análise, a percepção ecológica profunda é percepção espiritual. Quando o conceito de espírito humano é compreendido como o modo de consciência no qual o indivíduo vivencia o sentido de pertencer, de estar conectado, ao cosmos como um todo, fica evidente que a percepção ecológica é espiritual em sua essência mais profunda. Por isso, a nova visão emergente da realidade, baseada na percepção ecológica profunda, é coerente com a chamada "filosofia perene" das tradições espirituais, como discutimos no Capítulo 13.

Há outra maneira pela qual Arne Naess caracterizava a ecologia profunda. "A essência da ecologia profunda", escreveu ele, "consiste em fazer perguntas mais profundas" (citado por Devall e Sessions, 1985, p. 74). Essa é também a essência de uma mudança de paradigma. Precisamos estar preparados para questionar cada aspecto isolado do velho paradigma. Com o tempo, não precisaremos abandonar todos os nossos velhos conceitos e ideias, mas antes de sabermos isso, precisamos estar dispostos a questionar tudo. Assim, a ecologia profunda faz perguntas profundas sobre os próprios fundamentos da nossa visão de mundo e do nosso modo de vida modernos, científicos, industriais, voltados para o crescimento e materialistas. Ela põe em questão todo esse paradigma a partir de uma perspectiva ecológica: a partir da perspectiva das nossas relações uns com os outros, com as gerações futuras e com a teia da vida da qual somos parte.

Em nosso breve resumo, que apresentamos no Prefácio, da emergente visão sistêmica da vida, enfatizamos mudanças nas percepções e nas maneiras de pensar. Entretanto, a mudança de paradigma mais ampla também envolve mudanças de valores correspondentes. E aqui é interessante notar a existência de uma surpreendente conexão entre as mudanças de pensamento e as de valores. Ambas podem ser reconhecidas como mudanças que vão da autoafirmação (ou afirmação do próprio ego) para a integração. Essas duas tendências – a autoafirmativa e a integrativa – são aspectos essenciais de todos os sistemas vivos, como examinamos no Capítulo 4 (Seção 4.1.2). Nenhuma delas é intrinsecamente boa ou má. O que é bom, ou saudável, é um equilíbrio dinâmico; o que é mau, ou insalubre, é o desequilíbrio – a ênfase excessiva em uma das tendências, e a negligência com relação à outra. Quando examinamos atentamente nossa moderna cultura industrial, constatamos que enfatizamos em excesso a tendência autoafirmativa e negligenciamos a tendência integrativa. Isso é evidente tanto em nosso pensamento como em nossos valores. É muito instrutivo colocar lado a lado essas tendências opostas.

pensamento		valores	
autoafirmativo	integrativo	autoafirmação	integração
racional	intuitivo	expansão	conservação
analítico	sintético	competição	cooperação
reducionista	holístico	quantidade	qualidade
linear	não linear	dominação	parceria

Quando examinamos essa tabela com atenção, notamos que os valores autoafirmativos – competição, expansão, dominação – encontram-se geralmente associados com homens. De fato, nas sociedades patriarcais, eles não apenas são favorecidos, mas também recebem recompensas econômicas e poder político. Essa é uma das razões pelas quais a mudança para um sistema de valores mais equilibrado é tão difícil para a maioria das pessoas, especialmente para a maioria dos homens.

O poder, no sentido da dominação sobre outras pessoas, é autoafirmação excessiva. A estrutura social em que ela é exercida de maneira mais efetiva é a hierarquia. De fato, nossas estruturas políticas, militares e corporativas são hierarquicamente ordenadas, com os homens geralmente ocupando os níveis superiores e as mulheres os inferiores. A maior parte desses homens, e também algumas mulheres, chegaram ao ponto de considerar sua posição na hierarquia como parte de sua identidade, e, por isso, a mudança para um diferente sistema de valores gera temores existenciais neles.

No entanto, há outro tipo de poder, um poder que é mais apropriado ao novo paradigma – o poder como fortalecimento da capacidade de decisão, de conhecimento e ação de outras pessoas. A estrutura ideal para exercer esse tipo de poder não é a hierarquia, mas a rede, a metáfora central do paradigma ecológico. Em uma rede social, as pessoas adquirem poder por estarem conectadas à rede. O poder considerado como fortalecimento significa facilitação dessa conectividade. Os centros conectores (*hubs*)* da rede que têm as conexões mais ricas tornam-se centros de poder. Eles conectam um grande número de pessoas à rede e são, portanto, procurados como autoridades em vários campos. A autoridade deles permite que esses centros fortaleçam a capacidade de decisão das pessoas conectando uma parcela maior da rede a si mesma.

A questão dos valores tem importância fundamental para a ecologia profunda. Na verdade, é a característica que a define. Enquanto o paradigma mecanicista baseia-se em valores antropocêntricos (centralizados nos seres humanos), a ecologia profunda está arraigada em valores ecocêntricos (centralizados na Terra). É uma visão de mundo que reconhece o valor inerente da vida não humana, reconhecendo também que todos os seres vivos são membros de comunidades ecológicas, conjuntamente ligadas em redes de interdependências. Quando essa percepção ecológica profunda torna-se parte de nossa percepção diária, emerge um sistema radicalmente novo de ética.

Tal ética ecológica profunda é urgentemente necessária nos dias de hoje, especialmente na ciência, uma vez que a maior parte do que os cientistas fazem não se destina a promover e a preservar a vida, mas em destruir a vida. Com físicos projetando sistemas de armamentos para destruição em massa, químicos contaminando o meio ambiente global, biólogos liberando tipos novos e desconhecidos de microrganismos sem conhecer as consequências, psicólogos e outros cientistas torturando animais em nome do progresso científico – com todas essas atividades acontecendo e voltando a acontecer, parece da máxima urgência introduzir padrões "ecoéticos" na ciência.

No contexto da ecologia profunda, a visão segundo a qual valores são inerentes a toda a natureza viva baseia-se na experiência espiritual de que a natureza e o eu são um só. Essa expansão contínua do eu até sua identificação com a natureza é o terreno adequado em que se arraiga a ética ecológica, como Arne Naess claramente reconheceu:

O cuidado flui naturalmente se o "eu" é ampliado e aprofundado de modo que a proteção da Natureza livre é sentida e concebida como proteção de nós mesmos... Assim como não precisamos de moral para nos fazer respirar... [da mesma maneira] se o seu "eu", no sentido amplo, abraça outro ser, você não precisa de exortação moral para mostrar cuidado... Você cuida por si mesmo sem sentir qualquer pressão moral para fazê-lo.

(citado por Fox, 1990, p. 217)

---

* No seu significado original, hub é o cubo da roda, a peça que articula a roda ao seu eixo de rotação. (N.T.)

O que isso implica, de acordo com o ecofilósofo Warwick Fox (1990), é que a conexão entre uma percepção ecológica do mundo e o comportamento correspondente não é uma conexão lógica, mas psicológica. A lógica não nos leva do fato de que somos partes integrantes da teia da vida até certas normas sobre como deveríamos viver. Entretanto, se nós temos a experiência ecológica profunda de que somos partes da teia da vida, então nós *estaremos* (em oposição a *deveremos estar*) inclinados a cuidar de toda a natureza viva. Na verdade, mal podemos resistir a responder dessa maneira.

Ao chamar de "ecológica" a nova visão emergente da realidade, no sentido da ecologia profunda, nós enfatizamos o fato de que a vida está em seu próprio centro. Essa é uma importante questão para a ciência, pois, no paradigma mecanicista, a física tem sido o modelo e a fonte de metáforas para todas as outras ciências. "Toda filosofia é como uma árvore", escreveu Descartes (citado por Vrooman, 1970, p. 189). "As raízes são a metafísica, o tronco é a física, e os ramos são todas as outras ciências."

A visão sistêmica da vida superou a metáfora cartesiana. A física, juntamente com a química, é essencial para se entender o comportamento das moléculas das células vivas, mas não é suficiente para descrever seus padrões e processos de auto-organização. No nível dos sistemas vivos, a física perdeu assim o seu papel como a ciência que proporciona a descrição mais fundamental da realidade. Esse fato ainda não é geralmente reconhecido nos dias de hoje. Os cientistas, assim como os não cientistas, frequentemente retêm a crença popular segundo a qual "se você realmente quer saber qual é a explicação definitiva, você terá de perguntar a um físico", o que é claramente uma falácia cartesiana. A mudança de paradigma na ciência, em seu nível mais profundo, envolve uma mudança perceptiva da física para as ciências da vida.

I
A visão de mundo mecanicista

1
A máquina do mundo newtoniana

Para apreciar a natureza revolucionária da visão sistêmica da vida, é útil examinar com alguns detalhes a história, as principais características, e a difundida influência do paradigma mecanicista, que ela se destina a substituir. Esse é o propósito dos nossos três primeiros capítulos, nos quais discutimos a origem e a ascensão da ciência cartesiana-newtoniana durante a Revolução Científica (Capítulo 1), bem como seu impacto nas ciências da vida (Capítulo 2) e nas ciências sociais (Capítulo 3).

A visão de mundo e o sistema de valores que se encontram na base da moderna era industrial foram formulados, em seus aspectos essenciais, nos séculos XVI e XVII. Entre 1500 e 1700, houve uma dramática mudança na maneira como as pessoas na Europa imaginavam o mundo e em toda a sua maneira de pensar. A nova mentalidade e a nova percepção do cosmos deram à nossa civilização ocidental as feições que são características da era moderna. Elas se tornaram a base do paradigma que dominou a nossa cultura durante os últimos 300 anos e que agora está mudando.

Antes de 1500, a visão de mundo dominante na civilização europeia, bem como na maior parte das outras civilizações, era orgânica. As pessoas viviam em comunidades pequenas e coesas e experimentavam a natureza nos termos de relacionamentos pessoais, caracterizados pela interdependência de preocupações espirituais e materiais e a subordinação de necessidades individuais às da comunidade.

O arcabouço científico dessa visão de mundo orgânica apoiava-se em duas autoridades – Aristóteles e a Igreja. No século XIII, Tomás de Aquino combinou o abrangente sistema da natureza de Aristóteles com a teologia e a ética cristãs, e, ao fazê-lo, estabeleceu o arcabouço que permaneceu não questionado ao longo de toda a Idade Média. A natureza da ciência medieval era muito diferente da de nossa ciência contemporânea. Era baseada na razão e na fé, e seu principal objetivo era entender o significado e a importância das coisas, e não sua previsão ou seu controle. Os cientistas medievais, procurando pelos propósitos subjacentes a vários fenômenos naturais, consideravam que questões relacionadas a Deus, à alma humana e à ética eram da mais alta importância.

Durante os séculos XVI e XVII, a perspectiva medieval mudou radicalmente. A noção de um universo orgânico, vivo e espiritual foi substituída pela do mundo como uma máquina, e a concepção mecanicista da realidade tornou-se a base da moderna visão de mundo. Esse desenvolvimento foi produzido por mudanças revolucionárias na física e na astronomia, que culminaram nas realizações de Copérnico, Galileu e Newton.

Figura 1.1   Galileu Galilei (1564-1642). iStockphoto.com/© Georgios Kollidas.

A ciência do século XVII era baseada no novo método científico de investigação defendido vigorosamente por Francis Bacon, e incluía a descrição matemática da natureza e o método analítico de raciocínio concebido pelo gênio de Descartes.

1.1 A Revolução Científica

A Revolução Científica começou com Nicolau Copérnico (1473-1543), que derrubou a visão geocêntrica de Ptolomeu, e a Bíblia, cujos dogmas foram aceitos durante mais de mil anos. De acordo com Copérnico, a Terra não era mais o centro do universo, mas apenas um entre muitos planetas que giravam ao redor de uma estrela de pequena importância localizada na margem da galáxia, e a humanidade foi despojada da posição orgulhosa que ocupava, bem no centro da criação de Deus. Copérnico estava plenamente ciente de que sua visão ofenderia profundamente a consciência religiosa de sua época. Por isso, adiou a publicação de seu livro *De revolutionibus orbium coelestium* (Sobre a Revolução das Esferas Celestes) até 1543, o ano de sua morte, e mesmo assim apresentou a visão heliocêntrica apenas como uma hipótese.

Copérnico foi seguido por Johannes Kepler (1571-1630), um cientista e místico que procurava a harmonia das esferas e conseguiu, graças a um esmerado trabalho com tábuas astronômicas, formular suas célebres leis empíricas do movimento planetário, que proporcionaram um apoio suplementar ao sistema copernicano. Mas a verdadeira mudança na opinião científica foi introduzida por Galileu Galilei (Figura 1.1), que já era famoso por ter descoberto as leis da queda dos corpos, quando voltou sua atenção para a astronomia. Dirigindo seu recém-inventado telescópio para o céu e aplicando seu extraordinário talento para a observação científica aos fenômenos celestes, Galileu conseguiu desacreditar a velha cosmologia além de qualquer dúvida e estabelecer a hipótese copernicana como uma legítima teoria científica.

1.1.1 Galileu: a descrição matemática da natureza

O papel desempenhado por Galileu na Revolução Científica vai muito além de suas realizações na astronomia, embora essas sejam mais amplamente conhecidas por causa de seu conflito com a Igreja. Depois de Leonardo da Vinci, Galileu foi o primeiro a combinar a experimentação científica com o uso da linguagem matemática, e é por isso geralmente considerado o pai da ciência moderna.

Para tornar possível aos cientistas descrever matematicamente a natureza, Galileu postulou, como mencionamos, que eles deveriam se restringir ao estudo das propriedades dos corpos materiais que podem ser medidas e quantificadas – formas, números e movimentos. Outras propriedades, como cor, sabor ou cheiro, eram meramente subjetivas e deveriam ser excluídas do domínio da ciência. Nos séculos que se seguiram a Galileu, essa estratégia tornou-se muito bem-sucedida em toda a ciência moderna, mas também pagamos por isso um alto preço. Como o psiquiatra R. D. Laing (citado por Capra, 1990, p. 109) enfaticamente se expressou:

O programa de Galileu nos oferece um mundo morto: um mundo abandonado pela visão, pelo som, pelo sabor, pelo tato e pelo cheiro, e onde, juntamente com esses, também se foram a sensibilidade estética e ética, os valores, a qualidade, a alma, a consciência, o espírito. A experiência enquanto tal é atirada para fora do domínio do discurso científico. Seria difícil encontrar algo que tivesse mudado mais o nosso mundo durante os últimos quatrocentos anos do que o audacioso programa de Galileu. Tivemos de destruir o mundo em teoria antes que pudéssemos destruí-lo na prática.

1.1.2 Bacon: a dominação da natureza

A abordagem empírica de Galileu foi formalizada e defendida com grande vigor por seu contemporâneo Francis Bacon (Figura 1.2), que, corajosamente, atacou as escolas de pensamento tradicionais e desenvolveu uma autêntica paixão pela experimentação científica. O "espírito baconiano", como é chamado, mudou profundamente a natureza e o propósito da busca científica. Desde os tempos dos antigos, as metas da filosofia natural haviam sido a sabedoria, a compreensão da ordem natural e a vida vivida em harmonia com ela. A ciência era procurada "para a glória de Deus". No século XVII, essa atitude mudou dramaticamente.

Quando a visão orgânica da natureza foi substituída pela metáfora do mundo como uma máquina, o objetivo da ciência tornou-se conhecimento que pode ser usado para dominar e controlar a natureza.

A antiga concepção da Terra como mãe nutriz foi radicalmente transformada nos escritos de Bacon, e desapareceu completamente quando a Revolução Científica aprofundou esse processo de substituir a visão orgânica da natureza pela metáfora do mundo como uma máquina. Essa mudança, que adquiriu importância esmagadora para o desenvolvimento posterior da civilização ocidental, foi iniciada e completada por duas das figuras mais proeminentes do século XVII, Descartes e Newton.

Figura 1.2   Francis Bacon (1561-1626). iStockphoto.com/© Georgios Kollidas.

1.1.3 Descartes: a visão mecanicista do mundo

René Descartes (Figura 1.3) não foi apenas o primeiro filósofo moderno, mas também um brilhante matemático e cientista, cuja perspectiva filosófica foi profundamente afetada pela nova física e pela nova astronomia. Ele não aceitava nenhum conhecimento tradicional, mas se empenhou em construir um sistema de pensamento totalmente novo. De acordo com o filósofo e matemático Bertrand Russell (1961, p. 542), "isso não havia acontecido desde Aristóteles, e é um sinal da nova autoconfiança que resultou do progresso da ciência. Há em seu trabalho um frescor que não conseguimos encontrar em nenhum eminente filósofo anterior desde Platão".

Certeza cartesiana

No próprio cerne da filosofia cartesiana e da visão de mundo que deriva dela reside a crença na certeza do conhecimento científico; e foi aqui, no próprio ponto de partida, que Descartes errou. Como vimos na Introdução, a ciência do século XX mostrou com muita clareza que não pode haver verdade científica absoluta, que todos os nossos conceitos e teorias são necessariamente limitados e aproximados.

A certeza cartesiana é matemática em sua natureza essencial. Descartes acreditava que a chave para o universo era a sua estrutura matemática, e, em seu modo de ver, a ciência era sinônimo de matemática. Como Galileu, Descartes acreditava que a linguagem da natureza era matemática, e seu anseio de descrever a natureza em termos matemáticos o levou à sua mais célebre descoberta. Ao aplicar relações numéricas a figuras geométricas, ele conseguiu correlacionar a álgebra e a geometria, e, ao fazê-lo, fundou um novo ramo da matemática, hoje conhecido como geometria analítica. Essa correlação tornou possível representar curvas geométricas por equações algébricas, cujas soluções ele estudou de maneira sistemática. Seu novo método lhe permitiu aplicar um tipo muito geral de análise matemática ao estudo dos corpos em movimento, de acordo com seu grandioso esquema de reduzir todos os fenômenos físicos a relações matemáticas exatas. Desse modo, ele podia dizer, com grande orgulho: "Toda a minha física nada mais é que geometria" (citado por Vrooman, 1970, p. 120).

Figura 1.3 René Descartes (1596-1650). iStockphoto.com/© Georgios Kollidas.

O gênio de Descartes foi o de um matemático, e isso também fica evidente em sua filosofia. Para concretizar o seu plano de construir uma ciência natural completa e exata, ele desenvolveu um novo método de raciocínio, que apresentou em seu livro mais famoso, *Discurso do Método* (Descartes, 2006/1637). Embora esse texto tenha se tornado um dos grandes clássicos da filosofia, seu propósito original não era ensinar filosofia, mas servir como uma introdução à ciência. O método de Descartes destinava-se a alcançar a verdade científica, como fica evidente no título completo do seu *Discurso sobre o Método de Conduzir Corretamente a Razão e de Procurar a Verdade nas Ciências*.

O método analítico

O ponto crucial do método de Descartes é a dúvida radical. Ele duvida de tudo o que ele consegue duvidar – todo o conhecimento tradicional, as impressões de seus sentidos, e até mesmo o fato de que ele tem um corpo – até que ele alcance uma coisa de que ele não pode duvidar, a existência de si mesmo como pensador. Desse modo, ele chega ao seu célebre enunciado: *Cogito, ergo sum* ("Penso, logo existo"). A partir disso, Descartes deduz que a essência da natureza humana reside no pensamento, e que todas as coisas que concebemos claramente e distintamente são verdadeiras. O método de Descartes é analítico. Ele consiste em quebrar os pensamentos e os problemas em pedaços e arranjar esses pedaços em sua ordem lógica. Esse método analítico de raciocínio é provavelmente a maior contribuição de Descartes à ciência. Ele se tornou uma característica essencial do pensamento científico moderno e comprovou ser extremamente útil para o desenvolvimento das teorias científicas e a realização de complexos projetos tecnológicos. Foi o método de Descartes que tornou possível à NASA colocar um homem na Lua. Por outro lado, a ênfase excessiva no método cartesiano levou à fragmentação, que caracteriza tanto o nosso pensamento em geral como as nossas disciplinas acadêmicas, e à difundida atitude do reducionismo na ciência – a crença em que todos os aspectos dos fenômenos complexos podem ser entendidos reduzindo-os às suas menores partes constituintes. (Como vimos, nenhuma descrição científica sobre os fenômenos naturais pode ser completamente precisa e exaustiva. Em outras palavras, todas as teorias científicas são reducionistas no sentido de que precisam reduzir os fenômenos descritos a um número de características capazes de ser praticamente manejáveis. No entanto, a ciência não precisa ser reducionista no sentido cartesiano de reduzir os fenômenos às suas menores partes constituintes.)

A divisão entre mente e matéria

O *cogito* de Descartes, como veio a ser chamado, tornou a mente uma coisa mais indubitável, mais verdadeira para ele do que a matéria, e o levou à conclusão de que as duas eram separadas e fundamentalmente diferentes. A divisão cartesiana entre mente e matéria exerceu um profundo efeito sobre o pensamento ocidental. Ela nos ensinou a estarmos cientes de nós mesmos como egos isolados existentes "dentro" de nossos corpos; ela nos levou a atribuir um valor mais elevado ao trabalho mental do que ao trabalho manual; ela permitiu que enormes indústrias vendessem produtos – especialmente às mulheres – que nos tornariam possuidores do "corpo ideal"; ela impediu e continua a impedir os cientistas de levarem em consideração os aspectos psicológicos da doença, e os psicoterapeutas de lidar com os corpos de seus pacientes.

Nas ciências da vida, a divisão cartesiana tem levado a uma confusão interminável a respeito da relação entre mente e corpo, que começou a ser esclarecida apenas muito recentemente graças a avanços decisivos na ciência cognitiva (veja o Capítulo 12). Na física, ela tornou extremamente difícil para os fundadores da teoria quântica interpretar suas observações dos fenômenos atômicos (veja o Capítulo 4). De acordo com Werner Heisenberg (1958, p. 81), que lutou com o problema durante muitos anos, "essa divisão penetrou profundamente na mente humana durante os três séculos que se seguiram a Descartes, e ainda levará um longo tempo até que ela seja substituída por uma atitude realmente diferente diante do problema da realidade".

Descartes baseou toda a sua visão da natureza nessa divisão fundamental entre dois domínios independentes e separados; o da mente, ou *res cogitans* (a "coisa pensante") e o da matéria, ou *res extensa* (a "coisa extensa"). Tanto a mente como a matéria foram criações de Deus, que representava seu ponto de referência comum, sendo a fonte da ordem natural exata e da luz da razão, que permitiu à mente humana reconhecer essa ordem. Para Descartes, a existência de Deus era essencial à sua filosofia científica, mas nos séculos subsequentes os cientistas omitiram qualquer referência explícita a Deus, embora desenvolvessem suas teorias de acordo com a divisão cartesiana, o estudo de humanidades concentrando-se na *res cogitans* e o das ciências naturais na *res extensa*.

A natureza como uma máquina

Para Descartes, o universo material era uma máquina e nada mais que uma máquina. Não havia propósito, nem vida, nem espiritualidade na matéria. A natureza funcionava de acordo com leis mecânicas, e tudo no mundo material podia ser explicado em função do arranjo e do movimento de suas partes. Essa imagem mecânica da natureza tornou-se o paradigma dominante da ciência no período que se seguiu a Descartes. Ela guiou toda a observação científica e a formulação de todas as teorias dos fenômenos naturais até que a física do século XX produzisse uma mudança radical. Toda a elaboração da ciência mecanicista nos séculos XVII, XVIII e XIX, inclusive a grande síntese de Newton, foi apenas o desenvolvimento da ideia cartesiana. Descartes forneceu ao pensamento científico o seu arcabouço geral – a visão da natureza como uma máquina perfeita, governada por leis matemáticas exatas.

A mudança drástica na imagem da natureza do organismo para a máquina exerceu um forte impacto sobre as atitudes das pessoas com relação ao ambiente natural.

A visão de mundo orgânica da Idade Média encerrava um sistema de valores conducente a um comportamento inclinado para a percepção ecológica. Nas palavras de Carolyn Merchant (1980, p. 3):

A imagem da Terra como um organismo vivo e uma mãe que cuida e que nutre serviu como um limite cultural, que restringia as ações dos seres humanos. Não se mata prontamente uma mãe, não se escava suas entranhas à procura de ouro, e não se mutila o seu corpo... Quando a Terra era considerada viva e sensível, também se podia considerar uma violação do comportamento ético humano realizar atos destrutivos contra ela.

Essas restrições culturais foram desaparecendo à medida que a mecanização do mundo se estabeleceu. A visão cartesiana do universo como um sistema mecânico forneceu uma sanção "científica" para a manipulação e a exploração da natureza, que se tornaram típicas da civilização moderna.

Descartes promoveu vigorosamente sua visão mecanicista do mundo, na qual todos os fenômenos naturais eram reduzidos aos movimentos e aos contatos mútuos de pequenas partículas. A força da gravidade, em particular, era explicada por Descartes como uma série de impactos de minúsculas partículas contidas em fluidos materiais sutis que permeavam todo o espaço (veja Bertoloni-Meli, 2006). Essa teoria foi altamente influente ao longo da maior parte do século XVII, até que Newton a substituiu por sua concepção da gravidade como uma força de atração fundamental entre toda matéria.

A visão mecanicista dos organismos vivos

Em sua tentativa de construir uma ciência natural completa, Descartes estendeu sua visão mecanicista da matéria aos organismos vivos. Plantas e animais eram considerados simples máquinas; seres humanos eram habitados por uma alma racional, mas, até onde isso dizia respeito ao corpo humano, eles eram indistinguíveis de um animal-máquina. Descartes explicou extensamente como os movimentos e as várias funções biológicas do corpo podiam ser reduzidos a operações mecânicas, a fim de mostrar que os organismos nada mais eram do que autômatos.

A visão que Descartes tinha dos organismos vivos teve uma influência decisiva sobre o desenvolvimento das ciências da vida. A descrição cuidadosa dos mecanismos que compõem os organismos vivos tornou-se a tarefa mais importante dos biólogos, médicos e psicólogos durante os 300 anos subsequentes. A abordagem cartesiana foi muito bem-sucedida, especialmente na biologia, mas também limitou as direções da pesquisa científica. O problema com essa limitação foi que muitos cientistas, encorajados pelo seu sucesso em tratar os seres vivos como máquinas, tendiam a acreditar que esses *nada mais eram senão* máquinas. As consequências adversas dessa falácia reducionista tornaram-se especialmente evidentes na medicina, onde a adesão ao modelo cartesiano do corpo humano como um mecanismo de relojoaria impediu que os médicos compreendessem muitas das principais doenças da atualidade, como examinamos no Capítulo 2.

Embora as sérias limitações da visão de mundo cartesiana tenham atualmente se tornado evidentes em todas as ciências, o método geral de Descartes de abordar os problemas intelectuais e sua clareza de pensamento permanecem imensamente valiosos. Como se expressou o filósofo político Montesquieu (1689-1755) de maneira brilhante: "Descartes ensinou aqueles que vieram depois dele como descobrir seus próprios erros" (citado por Vrooman, 1970, p. 258).

1.1.4 A síntese de Newton

Descartes criou o arcabouço conceitual para a ciência do século XVII, mas a sua visão da natureza como uma máquina perfeita, governada por leis matemáticas exatas, teve de permanecer como uma visão durante a sua vida. Ele não podia fazer mais do que esboçar os contornos de sua teoria dos fenômenos naturais. O homem que realizou o sonho cartesiano e completou a Revolução Científica foi Isaac Newton (Figura 1.4), nascido na Inglaterra no mesmo ano em que Galileu morreu, 1642.

Newton desenvolveu uma formulação matemática abrangente da visão mecanicista da natureza e, assim, realizou uma síntese grandiosa das obras de Copérnico e de Kepler, Bacon, Galileu e Descartes. A física newtoniana, a realização que coroou a ciência do século XVII, proporcionou uma teoria matemática consistente do mundo, a qual permaneceu como o fundamento sólido do pensamento científico que se estendeu para o século XX. A maneira como Newton compreendeu o poder de elucidação da realidade física pela matemática foi muito mais poderosa que a de seus contemporâneos. Ele inventou um método completamente novo, conhecido atualmente como cálculo diferencial, para descrever o movimento dos corpos sólidos; um método que vai muito além das técnicas matemáticas de Galileu e Descartes (como examinamos com mais detalhes no Capítulo 6). Essa tremenda realização intelectual foi elogiada por Einstein (1931) como sendo "talvez o maior avanço realizado no pensamento que um único indivíduo já teve o privilégio de empreender".

Kepler derivou leis empíricas para o movimento planetário estudando tábuas astronômicas, e Galileu realizou engenhosos experimentos para descobrir as leis da queda dos corpos. Newton combinou essas duas descobertas formulando as leis gerais do movimento que governam todos os objetos do Sistema Solar, das pedras aos planetas. De acordo com a lenda muito conhecida, foi uma súbita e iluminadora percepção que proporcionou a Newton uma visão dessas leis gerais, quando, em um decisivo lampejo de inspiração, ele viu uma maçã cair de uma árvore. Ele compreendeu que a maçã era puxada em direção à Terra pela mesma força que puxa os planetas em direção ao Sol, e foi assim que ele descobriu a chave para a sua grandiosa síntese.

Em seguida, ele utilizou o seu novo método matemático para formular as leis exatas do movimento para todos os corpos sob a influência da força da gravidade. A significação dessas leis reside em sua aplicação universal. Descobriu-se que elas eram verdadeiras em todo o Sistema Solar e, desse modo, pareciam confirmar a visão cartesiana da natureza. O universo newtoniano era, na verdade, um imenso sistema mecânico, operando de acordo com leis matemáticas exatas.

Figura 1.4   Isaac Newton (1642-1727). iStockphoto.com/© Georgios Kollidas.

Os Principia

Newton (1999/1687) apresentou sua teoria do mundo em seu *magnum opus*, *Philosophiae Naturalis Principia Mathematica* (Princípios Matemáticos da Filosofia Natural). Os *Principia*, a designação abreviada pela qual a obra é geralmente conhecida em seu nome latino, compreende um sistema abrangente de definições, proposições e provas, que os cientistas consideraram como a descrição correta da natureza durante mais de 200 anos. A obra também contém uma discussão explícita do método experimental que Newton utilizou (citado por Randall, 1976, p. 263) e que ele considerava como um procedimento sistemático por meio do qual a descrição matemática se baseia, em cada passo, na avaliação crítica das evidências experimentais:

Tudo o que não é deduzido dos fenômenos deve ser chamado de hipótese, e as hipóteses, sejam elas metafísicas ou físicas, sejam de qualidades ocultas ou mecânicas, não têm lugar na filosofia experimental. Nessa filosofia, proposições particulares são inferidas dos fenômenos, e posteriormente tornadas gerais por indução.

Antes de Newton, havia duas tendências opostas na ciência do século XVII: o método empírico, indutivo, representado por Bacon, e o método racional, dedutivo, representado por Descartes. Nos *Principia*, Newton introduziu a mistura apropriada de ambos os métodos, enfatizando que nem os experimentos desprovidos de uma interpretação sistemática nem a dedução a partir dos primeiros princípios sem evidências experimentais levarão a uma teoria confiável. Indo além de Bacon em sua experimentação sistemática e além de Descartes em sua análise matemática, Newton unificou as duas tendências e desenvolveu a metodologia sobre a qual a ciência natural passou a se basear a partir daí.

1.2 A física newtoniana

O palco do universo newtoniano, no qual todos os fenômenos físicos ocorriam, era o espaço físico tridimensional da geometria euclidiana clássica. Era um espaço absoluto, um recipiente vazio independente dos fenômenos físicos que nele ocorriam. Nas próprias palavras de Newton (escritas em um apêndice especial, o *Escólio sobre o Espaço e o Tempo Absolutos*, anexado aos *Principia*), "o espaço absoluto, por sua própria natureza, sem referência a qualquer coisa externa, sempre permanece homogêneo e imóvel". Todas as mudanças no mundo físico eram descritas em termos de uma dimensão separada, o tempo, que também era absoluto, não tendo conexão com o mundo material e fluindo uniforme e continuamente do passado – passando pelo presente – para o futuro. "O tempo absoluto, verdadeiro e matemático", escreveu Newton, "em si mesmo e por si mesmo, e por sua própria natureza, flui uniformemente sem referência a qualquer coisa externa".

Os elementos do mundo newtoniano que se moviam nesse espaço absoluto e nesse tempo absoluto eram partículas materiais; objetos pequenos, sólidos e indestrutíveis com os quais toda a matéria era feita. O modelo newtoniano de matéria era atomístico, mas diferia da moderna noção de átomos, pois todas as partículas newtonianas, conforme se pensava, eram feitas da mesma substância material. Newton supunha que a matéria era homogênea. Ele explicava que a diferença entre um tipo de matéria e outro não estava no fato de que os átomos de ambas tinham diferentes pesos ou densidades, mas sim, no fato de que a compactação dos átomos era mais densa ou menos densa. Os blocos de construção básicos da matéria podiam ter diferentes tamanhos, mas consistiam no mesmo "material", e a quantidade total de substância material em um objeto era dada pela massa do objeto.

O movimento das partículas era causado pela força da gravidade, que, na visão de Newton, agia instantaneamente ao longo da distância. Essa concepção foi criticada por muitos dos contemporâneos de Newton, que ficaram chocados com a ideia de que uma força de atração deveria atuar a distância sem ser transmitida por um meio qualquer. A solução definitiva para esse incômodo problema teve de esperar o desenvolvimento do conceito de campo por Faraday e Maxwell no século XIX (veja a Seção 1.2.3) e a teoria da gravidade de Einstein no século XX (veja a Seção 4.2.10).

Para Newton, as partículas materiais e as forças entre elas foram realmente criadas por Deus e, portanto, não estavam sujeitas a uma análise posterior. Em sua segunda principal obra científica, a *Óptica*, publicada pela primeira vez em 1704, Newton (1952/1730, Questão 31) ofereceu uma clara imagem de como imaginava a criação do mundo material por Deus:

A mim me parece provável que Deus, no princípio, formou a matéria em partículas sólidas, massivas, rígidas, impenetráveis, móveis, de tamanhos e figuras tais, e com tais outras proporções, e em tal proporção com relação ao espaço, que a maior parte delas conduzia ao fim para o qual ele as formou; e que essas partículas primitivas, sendo sólidas, são incomparavelmente mais rígidas do que quaisquer corpos porosos compostos por elas; e até mesmo tão rígidas que jamais se desgastariam, nem se quebrariam em pedaços; sendo que nenhum poder ordinário seria capaz de dividir o que o próprio Deus fez uno na primeira criação.

Na mecânica newtoniana, todos os fenômenos físicos são reduzidos ao movimento dessas partículas materiais, causados pela sua atração mútua – isto é, pela força da gravidade. O efeito dessa força sobre uma partícula ou sobre qualquer outro objeto material é descrito matematicamente pelas equações do movimento de Newton. Essas leis eram consideradas leis fixas de acordo com as quais os objetos materiais se moviam, e se pensava que elas respondiam por todas as mudanças observadas no mundo físico. Na visão newtoniana, Deus criou no princípio as partículas materiais, as forças entre elas, e as leis fundamentais do movimento. Dessa maneira, todo o universo foi posto em movimento, e continua a funcionar desde essa ocasião, como uma máquina, governada por leis imutáveis. A visão mecanicista da natureza está assim estreitamente relacionada com um determinismo rigoroso, com a gigantesca máquina cósmica completamente causal e determinada. Tudo o que já aconteceu teve uma causa definida e deu origem a um efeito definido, e o futuro de qualquer parte do sistema poderia – em princípio – ser previsto com absoluta certeza se o seu estado em qualquer instante fosse conhecido em todos os seus detalhes.

Apesar de a visão de mundo newtoniana ser baseada em leis que, em última análise, eram de origem divina, os próprios fenômenos físicos não eram considerados divinos em nenhum sentido. Nos séculos subsequentes, a ciência tornou cada vez mais difícil acreditar em um Deus criador e, assim, o divino desapareceu completamente da visão de mundo científica, deixando atrás de si um vácuo espiritual que se tornou característico da corrente principal da cultura moderna.

A base filosófica para essa secularização da natureza foi a divisão cartesiana entre mente e matéria. Como consequência dessa divisão, acreditou-se que o mundo era um sistema mecânico que poderia ser descrito objetivamente sem jamais se mencionar o observador humano. Em particular, os valores humanos eram separados dos fatos científicos, e os cientistas, a partir daí, tenderam a acreditar que os fatos científicos são independentes de nossos valores. Tal descrição objetiva da natureza tornou-se o ideal de toda ciência, um ideal que foi mantido até o século XX, quando a falácia da crença em uma ciência livre de valores foi exposta, como discutimos.

1.2.1 O sucesso da mecânica newtoniana

Nos séculos XVIII e XIX, a mecânica newtoniana foi aplicada com tremendo sucesso a toda uma variedade de fenômenos. A teoria newtoniana foi capaz de explicar os movimentos dos planetas, luas e cometas até os seus menores detalhes, bem como o fluxo das marés e vários outros fenômenos relacionados à gravidade. O sistema matemático do mundo, de acordo com Newton, estabeleceu-se rapidamente como a teoria correta da realidade e gerou enorme entusiasmo igualmente entre os cientistas e o público leigo. A imagem do mundo como uma máquina perfeita, que fora introduzida por Descartes, era agora um fato comprovado, e Newton tornou-se o seu símbolo. Durante os últimos vinte anos de sua vida, Sir Isaac Newton reinou na Londres do século XVIII como o homem mais famoso da sua época, o grande sábio de cabelos brancos da Revolução Científica. Relatos desse período da vida de Newton soam muito familiares a nós por causa das nossas memórias e fotos de Albert Einstein, que desempenhou um papel semelhante no século XX.

Encorajados pelo brilhante sucesso da mecânica newtoniana na astronomia, os físicos a estenderam ao movimento contínuo dos fluidos e às vibrações dos corpos elásticos. Mais uma vez, ela funcionou. Finalmente, até mesmo a teoria do calor pôde ser reduzida à mecânica depois que se compreendeu que o calor era a energia gerada por um complexo movimento de "gingado" de átomos e moléculas. Desse modo, muitos fenômenos térmicos, como a evaporação de um líquido, ou a temperatura e a pressão de um gás, passaram a ser compreendidos muito bem a partir de um ponto de vista puramente mecanicista.

O estudo do comportamento físico dos gases levou John Dalton (1766-1844) a formular sua célebre hipótese atômica, provavelmente o passo mais importante na história da química. Usando a hipótese de Dalton, químicos do século XIX desenvolveram uma teoria atômica precisa da química, que preparou o caminho para a unificação conceitual da física e da química no século XX.

Desse modo, a mecânica newtoniana foi estendida para muito além da descrição dos corpos macroscópicos. Os comportamentos dos sólidos, líquidos e gases, incluindo os fenômenos do calor e do som, foram explicados com sucesso como movimentos de partículas materiais elementares. Para os cientistas dos séculos XVIII e XIX, esse tremendo sucesso do modelo mecanicista confirmou suas crenças segundo as quais o universo era, de fato, um enorme sistema mecânico, funcionando de acordo com as leis do movimento newtonianas, e que a mecânica de Newton era a teoria suprema dos fenômenos naturais.

Com o firme estabelecimento da visão de mundo mecanicista no século XVIII, a física, naturalmente, tornou-se a base de todas as ciências. De fato, se o mundo é realmente uma máquina, a melhor maneira de descobrir como essa máquina funciona é nos voltarmos para a mecânica newtoniana. Foi, portanto, uma consequência inevitável da visão de mundo cartesiana o fato de que as ciências dos séculos XVIII e XIX se modelaram na física. O próprio Descartes havia traçado os contornos de uma abordagem mecanicista das ciências da vida (veja o Capítulo 2). Os pensadores do século XVIII estenderam esse programa ainda mais, aplicando os princípios da mecânica newtoniana às ciências da natureza humana e da sociedade humana (veja o Capítulo 3).

1.2.2 Limitações do modelo newtoniano

Como um resultado do empenho em estender a abordagem mecanicista às ciências da vida e às ciências sociais, a máquina do mundo newtoniana tornou-se uma estrutura muito mais complexa e mais sutil. Ao mesmo tempo, novas descobertas e novas maneiras de pensar tornaram evidentes as limitações do modelo newtoniano e prepararam o caminho para as revoluções científicas do século XX.

Eletromagnetismo

Um desses desenvolvimentos do século XIX foi a descoberta e a investigação dos fenômenos elétricos e magnéticos, que envolviam um novo tipo de força e não podiam ser descritos apropriadamente por meio do modelo mecanicista. O importante passo dado por Michael Faraday (1791-1867) e completado por James Clerk Maxwell (1831-1879) – o primeiro um dos maiores experimentadores da história da ciência e o segundo um brilhante teórico. Faraday e Maxwell não apenas estudaram os efeitos das forças elétricas e magnéticas, mas também fizeram dessas forças os objetos fundamentais da sua investigação. Substituindo o conceito de força pelo conceito muito mais sutil de campo, eles foram os primeiros a ir além da física newtoniana ao mostrar que os campos tinham sua própria realidade e podiam ser estudados sem qualquer referência a corpos materiais. Essa teoria, chamada de eletrodinâmica, culminou na compreensão de que a luz é, de fato, um campo eletromagnético que alterna rapidamente e viaja através do espaço sob a forma de ondas.

Apesar dessas mudanças de longo alcance, a mecânica newtoniana ainda sustenta a sua posição como a base de toda a física. O próprio Maxwell tentou explicar seus resultados em termos mecânicos, interpretando os campos como estados de tensão mecânica em um meio muito leve e que permeia tudo, chamado éter, e as ondas eletromagnéticas como ondas elásticas nesse éter. Entretanto, ele usou várias interpretações mecânicas de sua teoria ao mesmo tempo e aparentemente não levou a sério nenhuma delas, sabendo intuitivamente que as entidades fundamentais em sua teoria eram os campos e não os modelos mecânicos. Caberia a Einstein reconhecer claramente esse fato no século XX, quando declarou que não existia nenhum éter, e que os campos eletromagnéticos eram entidades físicas por legítimo direito, que podiam viajar através do espaço vazio e não podiam ser explicadas mecanicamente.

Pensamento evolucionista

Enquanto o eletromagnetismo destronou a mecânica newtoniana como a suprema teoria dos fenômenos naturais, surgiu uma nova tendência do pensamento que ia além da imagem da máquina do mundo newtoniana – uma tendência que iria dominar não apenas o século XIX, mas também todo o pensamento científico futuro. Ela envolvia a ideia de evolução; de mudança, crescimento e desenvolvimento gradual. A noção de evolução surgiu na geologia, onde estudos cuidadosos de fósseis levaram os cientistas à ideia de que o estado atual da Terra era o resultado de desenvolvimentos contínuos causados pelas ações de forças naturais ao longo de imensos períodos de tempo. Mas os geólogos não foram os únicos que pensaram dessa maneira. A teoria do Sistema Solar proposta por Kant (1724-1804) e Laplace (1749-1827) baseava-se no pensamento desenvolvimentista, ou evolutivo; conceitos evolutivos tinham importância crucial para as filosofias políticas de Hegel (1770-1831) e Engels (1820-1895); poetas e filósofos igualmente, ao longo de todo o século XIX, estavam profundamente preocupados com o problema do vir a ser.

Essas ideias formaram o pano de fundo intelectual para a formulação mais precisa e de mais longo alcance do pensamento evolutivo, a teoria da evolução das espécies em biologia. Desde a antiguidade, os filósofos naturais acolheram a ideia de uma "grande cadeia do ser". Essa cadeia, no entanto, era concebida como uma hierarquia estática, começando com Deus no topo e descendo através dos domínios dos anjos, dos seres humanos e dos animais, e indo até formas de vida cada vez mais inferiores. O número de espécies era fixo; ele não havia mudado desde o dia de sua criação.

Lamarck e Darwin

A mudança decisiva veio com Jean-Baptiste Lamarck (1744-1829), no início do século XIX – uma mudança tão dramática que Gregory Bateson (1972, p. 427), um dos pensadores mais profundos e de percepção mais ampla do fim do século XX, comparou sua visão com a revolução copernicana:

Lamarck, provavelmente o maior biólogo da história, virou a escada da explicação de cabeça para baixo. Ele foi o homem que disse que ela começava com os infusórios e que houve mudanças que levaram para cima, até o homem. Sua ação de virar a taxonomia de cabeça para baixo é uma das façanhas mais espantosas que já aconteceram. Foi o equivalente, em biologia, à revolução copernicana na astronomia.

Lamarck foi o primeiro a propor uma teoria coerente da evolução, de acordo com a qual todos os seres vivos evoluíram a partir de formas primitivas, mais simples, sob pressão do seu meio ambiente. Embora os detalhes da teoria lamarckiana tivessem de ser abandonados mais tarde, ela foi, apesar disso, o primeiro passo importante.

Várias décadas depois, Charles Darwin (1809-1882) apresentou uma quantidade esmagadora de evidências em favor da evolução biológica, estabelecendo, para os cientistas, a realidade do fenômeno além de qualquer dúvida. Ele também propôs uma explicação, baseada nos conceitos de variação aleatória e de seleção natural, que iriam permanecer como as pedras angulares do moderno pensamento evolucionista (como discutiremos detalhadamente no Capítulo 9). A monumental *A Origem das Espécies* de Darwin, publicada em 1859, sintetizou as ideias de pensadores anteriores e modelou todo o pensamento biológico subsequente. Seu papel nas ciências da vida foi semelhante ao dos *Principia* de Newton na física e ao da astronomia dois séculos antes.

A descoberta da evolução em biologia forçou os cientistas a abandonar a concepção cartesiana do mundo como uma máquina que emergiu, já perfeitamente construída, das mãos de seu criador. Em vez disso, o universo teve de ser figurado como um sistema em desenvolvimento e em constante mudança, no qual estruturas complexas se desenvolvem a partir de formas mais simples. Embora essa nova maneira de pensar fosse elaborada nas ciências da vida, conceitos evolutivos também emergiram na física. Entretanto, enquanto na biologia a evolução significava um movimento em direção a uma ordem e uma complexidade crescentes, na física ela passou a significar exatamente o oposto – um movimento em direção à desordem crescente.

Termodinâmica

A aplicação da mecânica newtoniana ao estudo dos fenômenos térmicos, o que exigia que se considerassem os líquidos e gases como sistemas mecânicos complicados, levou físicos à formulação de um novo ramo da ciência, a termodinâmica. A primeira grande realização dessa nova ciência foi a descoberta de uma das leis mais fundamentais da física, a lei da conservação da energia. Ela afirma que a energia total envolvida em um processo é sempre conservada. Ela pode mudar sua forma da maneira mais complicada – por exemplo, de energia elétrica em energia de movimento e em energia de calor – mas nada dela se perde. Essa lei, que os físicos descobriram em seu estudo das máquinas a vapor e de outras máquinas produtoras de calor, é também conhecida como primeira lei da termodinâmica.

Ela foi seguida pela segunda lei da termodinâmica, a lei da dissipação da energia. Embora a quantidade total de energia envolvida em um processo seja sempre constante, a quantidade de energia útil diminui, dissipando-se em calor, em atrito, e assim por diante. A segunda lei foi formulada, em primeiro lugar, por Sadi Carnot (1796-1832) para o caso específico da tecnologia dos motores térmicos, mas logo se reconheceu que tinha um significado muito mais amplo. Ela introduziu na física a ideia de processos irreversíveis, de uma "flecha do tempo", como veio a ser chamada. De acordo com a segunda lei, há certa tendência nos fenômenos físicos da ordem para a desordem. A energia mecânica é sempre dissipada em um calor que não pode ser completamente recuperado. "Você pode misturar a clara e a gema do ovo", como os professores de física gostam de exemplificar, "mas você não pode 'desmisturá-las'".

De acordo com a segunda lei, qualquer sistema físico isolado prosseguirá espontaneamente no sentido de uma desordem sempre crescente. Para expressar esse sentido na evolução dos sistemas físicos por meio de uma forma matemática precisa, os físicos introduziram uma nova grandeza termodinâmica chamada "entropia", que mede o grau de desordem, e, portanto, o grau de evolução, de um sistema físico. De acordo com a termodinâmica clássica, a entropia, ou desordem, do universo como um todo aumenta sempre. Toda a máquina do mundo está "perdendo a corda" e finalmente acabará parando.

Essa imagem assustadora da evolução cósmica está, evidentemente, em nítido contraste com a ideia evolucionista sustentada pelos biólogos. No fim do século XIX, a imagem newtoniana do universo como uma máquina de funcionamento perfeito foi suplementada por duas visões diametralmente opostas da mudança evolutiva – a de um mundo vivo desdobrando-se em direção a uma ordem e complexidade crescentes, e a de um motor parando de funcionar por estar perdendo a carga, um mundo de desordem sempre crescente. Quem estava certo, Darwin ou Carnot?

Seria necessário esperar outros cem anos para resolver as contradições entre as duas teorias da evolução desenvolvidas no século XIX (veja o Capítulo 8). O que ficaria claro é que a concepção mecanicista da matéria como um sistema de pequeninas bolas de bilhar em movimento aleatório, que reside na base da termodinâmica, é demasiadamente simplista para nos permitir compreender a evolução da vida.

1.3 Observações finais

Neste capítulo, discutimos a ascensão da ciência cartesiana-newtoniana durante a Revolução Científica, a qual exerceria um profundo impacto na cultura ocidental durante os 300 anos seguintes. Como mencionei na Introdução, havia visões da realidade alternativas, holísticas durante essa era, sendo as da Renascença e do movimento romântico talvez as mais poderosas. Mas o *Zeitgeist* da Revolução Científica definiu a era moderna durante três séculos.

No final do século XIX, a mecânica newtoniana deixou de desempenhar o seu papel de teoria fundamental dos fenômenos naturais. A eletrodinâmica de Maxwell e a teoria da evolução de Darwin envolviam conceitos que, claramente, iam além do modelo newtoniano, e indicavam que o universo era muito mais complexo do que Descartes e Newton haviam imaginado. Não obstante, acreditava-se que as ideias básicas subjacentes à física newtoniana, embora insuficientes para explicar todos os fenômenos naturais, ainda estivessem corretas. As três primeiras décadas do século XX mudaram radicalmente essa situação, como discutimos no Capítulo 4. Duas novas teorias da física, a teoria da relatividade e a teoria quântica, abalaram todos os principais conceitos da visão de mundo cartesiana e da mecânica newtoniana. As noções de espaço absoluto e de tempo absoluto, as partículas elementares sólidas, a substância material fundamental, a natureza estritamente causal dos fenômenos naturais, e a descrição objetiva da natureza – nenhum desses conceitos poderia ser estendido aos novos domínios para dentro dos quais a física estava avançando.

2

A visão mecanicista da vida

A imagem descompromissada de Descartes dos organismos vivos como sistemas mecânicos estabeleceu um claro arcabouço conceitual para futuras pesquisas em biologia, mas ele mesmo não dedicou muito tempo a pesquisas fisiológicas, deixando que os seus seguidores elaborassem os detalhes da visão mecanicista da vida.

Um comentário sobre a terminologia talvez se faça necessário aqui. Neste livro, usamos as palavras "cartesiano", "mecanicista" e "reducionista" de maneira permutável. Todos os três termos referem-se ao paradigma científico formulado por René Descartes no século XVII (veja a Seção 1.1.3), segundo o qual o universo material é considerado como uma máquina, e nada mais que uma máquina.

Na concepção mecanicista do mundo por Descartes, toda a natureza funciona de acordo com leis mecânicas, e tudo no mundo material pode ser explicado em função dos arranjos e movimentos de suas partes. Isso implica que se poderia ser capaz de compreender todos os aspectos de estruturas complexas – plantas, animais ou o corpo humano – reduzindo-as às menores partes que as constituem. Essa posição filosófica é conhecida como reducionismo cartesiano.

A falácia da visão reducionista reside no fato de que, embora não haja nada de errado ao se dizer que as *estruturas* de todos os organismos vivos são compostas de partes menores, e, em última análise, de moléculas, isso não implica que suas *propriedades* possam ser explicadas exclusivamente por meio de moléculas.

Como discutimos na Seção 4.3, as propriedades essenciais de um sistema vivo são emergentes – propriedades que não são encontradas em nenhuma de suas partes, mas emergem no nível do sistema como um todo. Essas propriedades emergentes surgem de padrões de organização específicos – isto é, de configurações de relações ordenadas entre as partes. Essa é a percepção revolucionária central da visão sistêmica da vida.

2.1 Os primeiros modelos mecânicos dos organismos vivos

No século XVII, o primeiro cientista bem-sucedido em aplicar a abordagem cartesiana foi Giovanni Borelli (1608-1679), aluno de Galileu, que conseguiu esclarecer alguns aspectos básicos da ação muscular por meio de uma explicação mecanicista.

Mas o grande triunfo da fisiologia do século ocorreu quando William Harvey (1578-1657) aplicou o modelo mecanicista ao fenômeno da circulação do sangue e solucionou aquele que tinha sido o problema mais fundamental e difícil da fisiologia desde os tempos antigos. O tratado de Harvey, *De motu cordis* ("Sobre o Movimento do Coração"), publicado em 1628, ofereceu uma descrição lúcida de tudo o que podia ser conhecido sobre o sistema de circulação do sangue em anatomia e hidráulica sem a ajuda de um microscópio. Foi a realização que coroou a fisiologia mecanicista e foi saudada como tal, com grande entusiasmo, pelo próprio Descartes.

Inspirados pelo sucesso de Harvey, os fisiologistas de sua época tentaram aplicar o modelo mecanicista à descrição de outras funções corporais, como a digestão e o metabolismo dos tecidos, mas essas tentativas foram sombrios malogros. Os fenômenos que eles tentaram explicar – frequentemente com a ajuda de grotescas analogias mecânicas – envolviam processos químicos e eletromagnéticos que eram desconhecidos na época e não podiam ser modelados por meios mecânicos.

2.1.1 O reducionismo cartesiano

A situação mudou consideravelmente no século XVIII, quando ocorreu uma série de importantes descobertas em química, inclusive a descoberta do oxigênio e a formulação da moderna teoria da combustão por Antoine Lavoisier (1743-1794), o "pai da química moderna". Lavoisier também demonstrou que a respiração é uma forma especial de oxidação e, com isso, confirmou a importância dos processos químicos para o funcionamento dos organismos vivos. No fim do século XVIII, uma dimensão a mais foi acrescentada à fisiologia quando Luigi Galvani (1737-1798) demonstrou que a transmissão dos impulsos nervosos estava associada com uma corrente elétrica. Essa descoberta levou Alessandro Volta (1745-1827) ao estudo da eletricidade, que se tornou a fonte de duas novas ciências, a neurofisiologia e a eletrodinâmica.

Esses desenvolvimentos elevaram a fisiologia a um novo nível de sofisticação. Os modelos mecânicos simplistas dos organismos vivos foram abandonados, mas a essência da ideia cartesiana sobreviveu. Os animais ainda eram máquinas, embora muito mais complicadas do que mecanismos de relojoaria, pois envolviam fenômenos químicos e elétricos. Desse modo, a biologia deixou de ser cartesiana no sentido da imagem estritamente mecânica que Descartes reconhecia nos organismos vivos, mas permaneceu cartesiana no sentido mais amplo de tentar reduzir todos os aspectos dos organismos vivos às interações físicas e químicas dos seus menores componentes.

2.2 Das células às moléculas

No século XIX, a visão mecanicista da vida progrediu mais em decorrência de notáveis avanços em muitas áreas da biologia, inclusive na formulação da teoria celular, no princípio da biologia moderna, na ascensão da microbiologia e na descoberta das leis da hereditariedade. A biologia foi agora firmemente arraigada na física e na química, e os cientistas devotaram todos os seus esforços à procura de explicações físicas e químicas para a vida.

2.2.1 Teoria celular

Uma das generalizações mais poderosas em toda a biologia foi o reconhecimento de que todos os animais e plantas são compostos de células. Ela assinalou uma guinada decisiva na compreensão, pelos biólogos, da estrutura do corpo, da herança, do desenvolvimento, da evolução e de muitas outras características da vida. A palavra "célula" foi cunhada pelo físico e naturalista Robert Hooke no século XVII para descrever várias estruturas diminutas que ele vira olhando através do recém-inventado microscópio, mas o desenvolvimento de uma teoria celular propriamente dita foi um processo lento e gradual que envolveu o trabalho de muitos pesquisadores e culminou no século XIX com a formulação da moderna teoria celular por Robert Virchow (1821-1902). Essa realização deu um novo significado ao paradigma cartesiano. Os biólogos pensavam que haviam encontrado definitivamente as unidades fundamentais da vida. A partir de então, todas as funções dos organismos vivos tinham de ser compreendidas em função das interações entre os blocos de construção celulares, em vez de refletirem a organização do organismo como um todo.

A compreensão da estrutura e do funcionamento das células envolve um problema que se tornou característico de toda a biologia moderna. A organização de uma célula tem sido frequentemente comparada com a de uma fábrica, onde diferentes peças são fabricadas em diferentes lugares, armazenadas em instalações intermediárias e transportadas para usinas de montagem para serem combinadas em produtos acabados, que são usados pela própria célula ou exportados para outras células. A biologia celular fez um enorme progresso na compreensão das estruturas e funções de muitas subunidades das células, mas isso ainda revelava muito pouco sobre as atividades coordenadoras que integram essas operações no funcionamento da célula como um todo. Os biólogos vieram a compreender que as células são sistemas vivos em si mesmos, e que as atividades integrativas desses sistemas vivos – em especial o equilíbrio de seus caminhos e ciclos metabólicos interdependentes – não podem ser entendidas no âmbito de um arcabouço reducionista.

2.2.2 Microbiologia

A invenção do microscópio no século XVII abriu uma nova dimensão à biologia, mas esse instrumento não foi plenamente explorado até o século XIX, quando vários problemas técnicos com o antigo sistema das lentes foi finalmente resolvido. O microscópio recém-aperfeiçoado gerou todo um novo campo de pesquisas, a microbiologia, que revelou uma insuspeitada riqueza e complexidade de organismos vivos de dimensões microscópicas. O gênio pioneiro que desbravou esse campo com suas pesquisas foi Louis Pasteur (1822-1895), cujas percepções penetrantes e formulações claras tiveram um impacto duradouro na química, na biologia e na medicina.

Com o uso de engenhosas técnicas experimentais, Pasteur conseguiu esclarecer uma questão que tinha perturbado os biólogos ao longo de todo o século XVIII, a questão da origem da vida. Desde tempos antigos, era comum a crença em que a vida, pelo menos em suas formas inferiores, podia surgir espontaneamente da matéria não viva. Durante os séculos XVII e XVIII essa ideia – conhecida como "geração espontânea" – foi questionada, mas os argumentos não puderam ser fundamentados até que Pasteur demonstrasse conclusivamente que quaisquer microrganismos que se desenvolvessem sob condições convenientes viriam de outros microrganismos. Foi Pasteur que trouxe à luz a imensa variedade do mundo orgânico no nível do muito pequeno. Em particular, ele foi capaz de estabelecer o papel das bactérias em processos químicos como a fermentação, ajudando assim a assentar os fundamentos da nova ciência da bioquímica.

Depois de vinte anos de pesquisas sobre as bactérias, Pasteur se voltou para o estudo de doenças em animais superiores e obteve outro importante avanço – a demonstração de uma correlação definida entre "germes" (bactérias) e doenças. A descoberta de Pasteur levou a uma "teoria germinal das doenças", que era simplista, pois considerava as bactérias como a única causa das doenças. Essa visão reducionista eclipsou uma teoria alternativa que fora ensinada algumas décadas antes por Claude Bernard (1813-1878), célebre médico que é geralmente considerado o fundador da fisiologia moderna. Bernard insistia na relação estreita e íntima entre um organismo e o seu ambiente, e foi o primeiro a assinalar que também havia um *milieu intérieur*, um ambiente interno no qual vivem os órgãos e tecidos do organismo. Bernard observou que em um organismo saudável esse ambiente interno permanece essencialmente constante, mesmo quando o ambiente externo flutua consideravelmente. Seu conceito de constância do ambiente interno prenunciou a importante noção de homeostase, desenvolvida pelo neurologista Walter Cannon na década de 1920.

2.2.3 Darwin e Mendel

Embora os avanços da teoria celular e da microbiologia sustentassem a visão mecanicista da vida, a principal contribuição da biologia à história das ideias no século XIX foi a teoria da evolução de Darwin, que forçou os cientistas a abandonar a imagem newtoniana do mundo como uma máquina que permanece imutável desde o instante de sua criação. Como discutimos em detalhe no Capítulo 9, a descoberta de Darwin de que todas as formas de vida descendiam de um ancestral comum por meio de um longo processo de modificações ocorridas ao longo de bilhões de anos introduziu uma mudança radical no pensamento biológico – uma mudança de perspectiva do ser para o vir a ser. Além disso, ao compreender que todos os organismos vivos estão relacionados por antepassados comuns, a concepção darwiniana da vida era totalmente holística e sistêmica: uma enorme rede planetária de seres vivos interligados no espaço e no tempo.

Embora os conceitos gêmeos de Darwin de variação aleatória – hoje conhecido como mutação aleatória – e seleção natural permaneçam como elementos essenciais da moderna teoria evolutiva (como discutimos no Capítulo 9), logo se tornou claro que as variações aleatórias, como foram concebidas por Darwin, jamais poderiam explicar a emergência de novas características na evolução das espécies. Darwin compartilhava com seus contemporâneos a suposição de que as características biológicas de um indivíduo representavam uma "mistura" das de seus pais, com ambos os pais contribuindo com partes mais ou menos iguais para a mistura. Isso significava que a prole de um pai com uma variação aleatória útil herdaria apenas 50% da nova característica, e seria capaz de transferir somente 25% dela para a próxima geração. Desse modo, a nova característica seria rapidamente diluída, com uma chance muito pequena de se estabelecer por meio da seleção natural. O próprio Darwin reconheceu que isso era uma séria falha em sua teoria, para a qual ele não tinha uma solução.

Ironicamente, a solução para o problema de Darwin foi descoberta por um monge e cientista austríaco, Gregor Mendel (1822-1884), apenas alguns anos depois da publicação da teoria darwinista, mas foi ignorada até a redescoberta da obra de Mendel na virada do século XX. Com base em seus cuidadosos experimentos com ervilhas de jardim (veja a Seção 9.2), Mendel deduziu que havia "unidades de hereditariedade" – mais tarde chamadas de genes – que não se misturavam no processo da reprodução, mas eram transmitidos de geração para geração sem mudar sua identidade. Com essa descoberta, poder-se-ia supor que mutações aleatórias não desapareceriam dentro de algumas gerações, mas seriam preservadas, para serem reforçadas ou eliminadas por seleção natural.

A descoberta de Mendel não apenas desempenhou um papel decisivo no estabelecimento da teoria darwinista da evolução, mas também abriu todo um novo campo de pesquisa – o estudo da hereditariedade por meio da investigação das propriedades químicas e físicas dos genes. O biólogo William Bateson (1861-1926), um fervoroso defensor e popularizador da obra de Mendel, deu a esse novo campo o nome de "genética" no início do século XX e introduziu muitos dos termos usados atualmente pelos geneticistas. Ele também batizou seu filho mais novo com o nome de Gregory, em homenagem a Mendel.

2.3 O século do gene

No século XX, a genética tornou-se a área mais ativa da pesquisa biológica e forneceu um vigoroso reforço para a abordagem cartesiana dos organismos vivos. Ficou claro desde muito cedo que o material da hereditariedade residia nos cromossomos, esses corpos semelhantes a fios e que se encontram no núcleo de cada célula. Logo depois disso, reconheceu-se que os genes ocupam posições específicas dentro dos cromossomos; para sermos mais precisos, eles são arranjados ao longo dos cromossomos em ordem linear. Com essas descobertas, os geneticistas acreditaram que eles agora haviam reconhecido os "átomos da hereditariedade", e passaram a explicar as características biológicas dos organismos vivos em função de suas unidades elementares, os genes.

Essa nova perspectiva produziu uma mudança significativa na pesquisa biológica – uma mudança que poderia muito bem se constituir no último passo da abordagem reducionista do fenômeno da vida, levando ao seu maior triunfo e, ao mesmo tempo, ao seu fim. Se as células foram consideradas como os blocos de construção básicos dos organismos vivos durante o século XIX, a atenção mudou das células para as moléculas por volta de meados do século XX, quando os geneticistas começaram a explorar a estrutura molecular do gene. As pesquisas deles culminaram na elucidação da estrutura física do DNA – os componentes genéticos dos cromossomos – descoberta que se mantém como uma das maiores realizações da ciência do século XX. Esse triunfo da biologia molecular levou os biólogos a acreditar que todas as funções biológicas podem ser explicadas em função de estruturas e mecanismos moleculares.

2.3.1 Genes e enzimas

Durante a primeira metade do século XX, ficou claro que os componentes essenciais de todas as células vivas – as proteínas e os ácidos nucleicos (DNA e RNA) – eram estruturas altamente complexas semelhantes a correntes contendo milhares de átomos. A investigação das propriedades químicas e da estrutura tridimensional exata dessas moléculas que se distribuíam em correntes muito longas tornou-se a principal tarefa da biologia molecular.

O primeiro passo importante rumo a uma genética molecular veio com a descoberta de que as células contêm agentes, denominados enzimas, que podem catalisar (isto é, mediar) reações químicas específicas. Durante a primeira metade do século XX, bioquímicos conseguiram especificar a maior parte das reações químicas que ocorrem nas células, e descobriram que as mais importantes dessas reações são essencialmente as mesmas em todos os organismos vivos. Cada uma delas depende crucialmente da presença de uma enzima específica e, desse modo, o estudo das enzimas adquiriu importância fundamental.

Durante a década de 1940, os geneticistas tiveram outra percepção decisiva quando descobriram que a função básica dos genes consistia em controlar a produção, ou "síntese", de enzimas. Com essa descoberta, emergiram os amplos contornos do processo da hereditariedade: os genes determinam os traços hereditários dirigindo a síntese das enzimas, que, por sua vez, mediam as reações químicas correspondentes a esses traços.

Embora essas descobertas representassem avanços de primeira grandeza na compreensão da hereditariedade, a natureza dos genes permaneceu desconhecida durante esse período. Os geneticistas ignoravam sua estrutura química e não conseguiram explicar como eles realizavam suas funções essenciais: a síntese das enzimas, sua própria fiel replicação no processo da divisão celular e as mudanças súbitas e permanentes conhecidas como mutações. Quanto às enzimas, sabia-se que elas eram proteínas, mas a sua estrutura química precisa era desconhecida e assim, como consequência, também era desconhecido o processo por meio do qual as enzimas catalisavam reações químicas.

2.3.2 O que é Vida? de Schrödinger

Essa situação mudou radicalmente ao longo das duas décadas seguintes, que trouxeram à luz a revolução mais importante da genética moderna, frequentemente conhecida como a quebra do código genético: a descoberta da estrutura química precisa dos genes e das enzimas, dos mecanismos moleculares da síntese das proteínas, e dos mecanismos da replicação e da mutação genéticos. Um elemento de importância crucial na quebra do código genético foi o fato de que muitos físicos mudaram seu campo de interesse para a biologia. Max Delbrück, Francis Crick, Maurice Wilkins e vários outros protagonistas tinham formação em física antes de se juntarem aos bioquímicos e geneticistas em seu estudo da hereditariedade. Esses cientistas trouxeram consigo uma nova perspectiva e novos métodos que transformaram completamente a pesquisa genética.

A principal razão que levou esses cientistas a deixarem a física e se voltarem para a genética foi um livrinho intitulado *What Is Life?* [O que é Vida?], publicado em 1944 pelo famoso físico quântico Erwin Schrödinger (1887-1961). O fascínio produzido pelo livro de Schrödinger provinha da sua maneira clara e atraente de tratar o gene, não como uma unidade abstrata, mas como uma substância física concreta, apresentando hipóteses definidas sobre sua estrutura molecular, as quais estimularam os cientistas a pensar de uma nova maneira sobre a genética. Schrödinger foi o primeiro a sugerir que o gene poderia ser concebido como um portador de informação, cuja estrutura física corresponderia a uma sucessão de elementos que usaria um mesmo tipo de código genético. Seu entusiasmo convenceu físicos, bioquímicos e geneticistas de que uma nova fronteira da ciência havia sido aberta, na qual grandes descobertas eram iminentes. A partir daí, esses cientistas começaram a chamar a si mesmos de "biólogos moleculares".

2.3.3 A estrutura do DNA

A estrutura básica das moléculas biológicas foi descoberta no início da década de 1950 graças à confluência de três poderosos métodos de observação: análise química, microscopia eletrônica e cristalografia de raios X. O primeiro avanço revolucionário ocorreu quando o químico Linus Pauling determinou a estrutura da molécula de proteína. Sabia-se que as proteínas eram moléculas que tinham a forma de longas cadeias, consistindo em uma sequência de diferentes compostos conhecidos como aminoácidos, ligados uns aos outros pelas extremidades. Pauling mostrou que as proteínas precisam ter uma estrutura estável, em dobra, tridimensional, espiralada em forma de uma hélice destra (conhecida como alfa-hélice), e que o restante da estrutura era determinado pela sequência linear exata de aminoácidos ao longo do caminho helicoidal. Estudos posteriores da molécula de proteína mostraram como a estrutura específica das enzimas lhes permitia ligar as moléculas cujas reações químicas elas promovem.

A grande façanha de Pauling inspirou os geneticistas James Watson e Francis Crick a concentrar todos os seus esforços na elucidação da estrutura do DNA, que fora então reconhecido como o material genético dos cromossomos. Depois de dois anos de exaustivos trabalhos (1951-1953), vividamente descritos no relato pessoal *A Dupla Hélice* (*The Double Helix*, 1968), de Watson, seus esforços foram recompensados com tremendo sucesso. Usando dados de raios X obtidos pelos biofísicos Rosalind Franklin e Maurice Wilkins, Watson e Crick conseguiram determinar a arquitetura precisa do DNA, atualmente denominada estrutura de Watson-Crick. Essa é a hoje bem conhecida dupla hélice constituída de fitas entrelaçadas e estruturalmente complementares (veja a Seção 9.3).

2.3.4 Quebrando o código genético

Foi preciso mais uma década para se compreender o mecanismo básico por meio do qual o DNA realiza suas duas funções fundamentais, a autorreplicação e a síntese das proteínas. Essa pesquisa, novamente conduzida por Watson e Crick, revelou explicitamente como as informações genéticas são codificadas nos cromossomos. Essas realizações gêmeas – a descoberta da estrutura do DNA e a elucidação do código genético – foram saudadas como a maior descoberta científica do século XX. Aprofundando-se até níveis ainda menores em sua exploração da vida biológica, os biólogos moleculares descobriram que as características de todos os organismos vivos – das bactérias aos seres humanos – estavam codificadas em seus cromossomos e na mesma substância química, usando o mesmo código genético. Depois de duas décadas de intensas pesquisas, os detalhes precisos desse código foram decifrados. Os biólogos descobriram o alfabeto de uma linguagem verdadeiramente universal da vida.

2.3.5 Determinismo genético

Com essa descoberta extremamente significativa, o elo entre os genes e os traços biológicos parecia atraentemente simples e elegante: os genes especificam as enzimas que catalisam todos os processos celulares. Desse modo, os genes determinam as características biológicas e o comportamento, cada gene correspondendo a uma enzima específica. Essa explicação foi chamada de "o dogma central da biologia molecular" por Francis Crick. Ela descreve uma cadeia causal linear que vai do DNA ao RNA, às proteínas (enzimas) e aos traços biológicos.

No entanto, na realidade, a cadeia linear descrita pelo dogma central é demasiadamente simplista para descrever os processos efetivos envolvidos na síntese das proteínas. E a discrepância entre o arcabouço teórico e a realidade biológica é ainda maior quando a sequência linear é encurtada até seus dois pontos finais, o DNA e os traços, de modo que o dogma central é convertido na afirmação: "Os genes determinam o comportamento". Essa visão é conhecida como determinismo genético.

Durante as décadas que se seguiram à descoberta do código genético, o determinismo genético tornou-se o paradigma dominante da biologia molecular, gerando uma multidão de poderosas metáforas. O DNA foi, com frequência, reconhecido como o "programa" ou "projeto" (*blueprint*), e o código genético como a universal "linguagem da vida". O enfoque exclusivo nos genes sugerido por essas metáforas eclipsou, em grande medida, na visão dos biólogos, o papel do organismo. Os organismos vivos tendiam a ser vistos simplesmente como coleções de genes, sujeitos a mutações aleatórias e a forças seletivas no meio ambiente e sobre as quais eles não tinham controle.

No entanto, pesquisas posteriores em genética forçaram os biólogos moleculares a compreender que o elegante princípio do "um gene – uma proteína" tinha de ser abandonado, e, apesar das muitas brilhantes realizações que obtiveram, a percepção de que podemos ter a necessidade de ir além dos genes para realmente compreender os fenômenos genéticos está aumentando atualmente. Na verdade, alguns geneticistas estão até mesmo especulando que poderemos ser forçados a abandonar totalmente o próprio conceito de gene, como examinamos na Seção 9.6.

2.4 A medicina mecanicista

Ao longo de toda a história da ciência ocidental, o desenvolvimento da biologia seguiu de mãos dadas com o da medicina. Então, naturalmente, a visão mecanicista da vida, uma vez firmemente estabelecida na biologia, também dominou as atitudes dos médicos com relação à saúde e à doença. A influência do paradigma cartesiano sobre o pensamento médico resultou no chamado modelo biomédico, que constitui o fundamento conceitual da medicina científica moderna. Para Descartes, uma pessoa saudável era semelhante a um relógio bem feito, que funcionasse em perfeitas condições mecânicas, e uma pessoa doente era semelhante a um relógio cujas partes não estivessem funcionando adequadamente. As principais características do modelo biomédico, bem como muitos aspectos da atual prática médica, podem ser rastreadas até esse imaginário cartesiano (veja Capra, 1986, pp. 116ss).

Seguindo a abordagem cartesiana, a ciência médica, em grande medida, limitou-se a tentar compreender os mecanismos biológicos envolvidos em lesões infligidas a várias partes do corpo. Esses mecanismos são estudados do ponto de vista da biologia celular e molecular, ignorando-se todas as influências de circunstâncias não biológicas sobre os processos biológicos. Em meio a uma grande rede de fenômenos que influenciam a saúde, a abordagem biomédica estuda apenas alguns aspectos fisiológicos. O conhecimento desses aspectos é, naturalmente, muito útil, mas representa apenas uma pequena parte da história. A prática médica baseada em tal abordagem limitada não é muito eficiente para a promoção e a manutenção da boa saúde. Essa situação não mudará até que a ciência médica relacione o seu estudo dos aspectos biológicos da doença à condição física e psicológica geral do organismo humano e do seu meio ambiente.

O problema conceitual que ocorre no centro da assistência à saúde contemporânea é a confusão entre os processos das doenças e as origens das doenças. Em vez de indagar por que uma doença ocorre e de tentar remover as condições que levaram a ela, os pesquisadores médicos tentam entender os mecanismos por meio dos quais a doença opera, de modo a poderem interferir com eles. São esses mecanismos, e não suas verdadeiras origens, que são considerados as próprias causas das doenças no pensamento médico contemporâneo.

No processo de se reduzir doenças mais leves ou indefinidas (*ilnesses*) a doenças mais graves, infecciosas ou mentais (*diseases*), a atenção dos médicos afastou-se do paciente como uma pessoa total. Ao se concentrar em fragmentos cada vez menores do corpo – mudando sua perspectiva do estudo dos órgãos corporais e de suas funções para o das células e, finalmente, para o das moléculas –, a medicina moderna frequentemente perde a visão do ser humano, e, tendo reduzido saúde a funcionamento mecânico, ela não é mais capaz de lidar com o fenômeno da cura. Ao longo das últimas quatro décadas, a insatisfação com a abordagem mecanicista da saúde e da assistência à saúde cresceu rapidamente tanto entre os profissionais de assistência à saúde como entre o público em geral. Ao mesmo tempo, a emergente visão sistêmica da vida deu origem a uma correspondente visão sistêmica da saúde, como examinamos no Capítulo 15, enquanto a consciência que a população em geral tem a respeito da saúde intensificou-se dramaticamente em muitos países. A percepção crescente do poder e da responsabilidade que os indivíduos precisam ter para conservarem uma boa saúde tem-se expressado na atenção crescente com relação à nutrição saudável, aos exercícios, ao yoga e a outras práticas "mente-corpo", bem como à crescente popularidade de um amplo espectro de terapias alternativas.

No fim da década de 1970 e início da de 1980, os principais *slogans* usados para se definir esse amplo movimento popular eram "assistência à saúde holística", "medicina holística" e "bem-estar" e, nas décadas subsequentes, a expressão "medicina integrativa" estabeleceu-se como o termo unificador. No Capítulo 15, argumentamos que, a nosso ver, a medicina integrativa representa a aplicação consciente da visão sistêmica da vida à saúde e à cura.

2.5 Observações finais

O espetacular sucesso da biologia molecular no campo da genética – a descoberta da estrutura do DNA e da "quebra do código genético" – foi saudado como a maior realização na biologia desde a teoria da evolução de Darwin. De fato, no encerramento do século XX, a bióloga e historiadora das ciências Evelyn Fox Keller escreveu um artigo sobre a genética intitulado *The Century of the Gene*. No entanto, Keller deu a essa frase do título um duplo sentido. O ponto principal de sua brilhante avaliação da genética é a observação segundo a qual os mais recentes avanços no campo estão atualmente forçando os biólogos moleculares a questionar muitos conceitos fundamentais que serviram originalmente de base para todo o seu empreendimento. Por isso, Keller chega a esta conclusão:

Mesmo que a mensagem ainda tenha de alcançar a imprensa popular, para um número cada vez maior de cientistas que trabalham na linha de frente da pesquisa contemporânea, parece evidente que a primazia do gene como o conceito explicativo central da estrutura e da função biológica é mais uma característica do século XX do que virá a ser do século XXI.

(Keller, 2000, p. 9)

3

O pensamento social mecanicista

3.1 O nascimento das ciências sociais

Embora o próprio Descartes tenha delineado os contornos de uma abordagem mecanicista da física, da biologia e da medicina, os pensadores do século XVIII levaram esse programa até ainda mais longe, aplicando os princípios da mecânica newtoniana ao estudo da natureza humana e da sociedade humana. Ao fazê-lo, criaram um novo ramo da ciência, ao qual chamaram de "ciência social" (mais tarde mudado para o plural, "ciências sociais", para denotar várias disciplinas fora das ciências naturais). Essa nova ciência gerou grande entusiasmo, e alguns de seus proponentes chegaram a afirmar que haviam descoberto uma "física social".

A teoria newtoniana do universo e a crença na abordagem racional dos problemas humanos espalharam-se tão rapidamente entre as classes médias do século XVIII que toda a era passou a ser conhecida como "Era do Iluminismo" ou "Era da Razão". A figura dominante desse desenvolvimento foi o filósofo John Locke (Figura 3.1), cujos escritos mais importantes foram publicados no fim do século XVII. Fortemente influenciada por Descartes e Newton, a obra de Locke exerceu um impacto decisivo sobre o pensamento do século XVIII.

3.1.1 O Iluminismo

Seguindo a física newtoniana, Locke desenvolveu uma visão atomística da sociedade, descrevendo-a em função de seus blocos de construção básicos, os seres humanos individuais. Assim como os físicos reduziam as propriedades dos gases aos movimentos de seus átomos, ou moléculas, Locke tentou reduzir os fenômenos observados na sociedade ao comportamento dos seus indivíduos. Desse modo, ele procurou estudar, primeiro, a natureza do ser humano individual e, em seguida, tentou aplicar os princípios da natureza humana aos problemas econômicos e políticos.

A análise da Locke da natureza humana baseava-se na de um filósofo mais antigo, Thomas Hobbes (1588–1679), o qual declarava que todo conhecimento baseava-se na percepção sensorial. Locke adotou essa teoria do conhecimento e, em uma famosa metáfora, comparou a mente humana, ao nascer, a uma *tabula rasa*, uma tábua de escrever completamente branca sobre a qual se imprime o conhecimento depois que é adquirido por meio da percepção sensorial. Essa imagem viria a exercer uma vigorosa influência sobre a psicologia, bem como sobre a filosofia política. De acordo com Locke, todos os seres humanos – todos os "homens", como ele diria – eram iguais no nascimento e dependiam totalmente do seu meio ambiente para se desenvolver. Suas ações, acreditava, eram sempre motivadas pelo que eles acreditavam ser de seu próprio interesse.

Figura 3.1   John Locke (1632-1727). iStockphoto.com/©pictore.

Quando Locke aplicou sua teoria da natureza humana aos fenômenos sociais, ele foi guiado pela crença em que havia leis da natureza que governavam a sociedade humana, e que eram semelhantes àquelas que governam o universo físico. Assim como os átomos em um gás estabeleceriam um estado equilibrado, os indivíduos humanos também se estabeleceriam na sociedade em um "estado de natureza". Desse modo, a função do governo não consistia em impor suas próprias leis sobre as pessoas, mas em descobrir, e em fazer cumprir, as leis naturais que já existiam antes que qualquer governo fosse formado. De acordo com Locke, essas leis naturais incluíam a liberdade e a igualdade de todos os indivíduos, bem como o direito à propriedade, que representava os frutos do trabalho da pessoa.

As ideias de Locke tornaram-se a base para o sistema de valores do Iluminismo e exerceram uma vigorosa influência sobre o desenvolvimento do moderno pensamento econômico e político. Os ideais do individualismo, os direitos à propriedade, os mercados livres e o governo representativo, todos os quais podem ser remontados a Locke, contribuíram significativamente para o pensamento de Thomas Jefferson e se refletiram na Declaração de Independência e na Constituição Americana.

3.1.2 A camisa de força positivista

O pensamento social do fim do século XIX e início do século XX foi muito influenciado pelo positivismo, doutrina formulada pelo filósofo social Auguste Comte (1798-1857). Suas afirmações incluem a insistência em que as ciências sociais deveriam procurar leis gerais para explicar o comportamento humano, uma ênfase na quantificação e a rejeição de explicações dependentes de fenômenos subjetivos, como intenções e propósitos.

É evidente que o contexto positivista é modelado pela física newtoniana. Na verdade, foi Auguste Comte que deu ao estudo científico da sociedade o nome de "física social" antes de introduzir a palavra "sociologia". As mais importantes escolas de pensamento do início do século XX podem ser consideradas como tentativas de se emancipar da camisa de força positivista. De fato, como mostra Baert (1998) em uma concisa revisão da teoria social do século XX, em sua maior parte, os sociólogos dessa época se posicionaram explicitamente em oposição à epistemologia positivista.

3.1.3 Ciências "hard" e "soft"

O triunfo da mecânica newtoniana nos séculos XVIII e XIX estabeleceu a física como o protótipo de uma ciência "*hard*" em comparação com a qual todas as outras ciências eram medidas. Quanto mais estreitamente os cientistas conseguissem emular os métodos da física, e quanto mais conceitos provenientes dela eles fossem capazes de usar, mais elevada seria a posição que sua disciplina ocuparia na comunidade científica.

No século XX, essa tendência para modelar teorias e conceitos científicos nos da física newtoniana tornou-se uma séria desvantagem em muitos campos, mas principalmente nas ciências sociais. Estas eram tradicionalmente consideradas como as mais "*soft*" entre as ciências e os cientistas sociais tentaram muito arduamente ganhar respeitabilidade adotando o paradigma cartesiano e os métodos da física newtoniana. Entretanto, o arcabouço cartesiano é, com frequência, muito impróprio para abordar os fenômenos que elas estão descrevendo e, consequentemente, seus modelos se tornaram cada vez mais irrealistas. Isso é agora especialmente óbvio na economia. Nossa breve revisão da história da economia nas páginas seguintes baseia-se em um ensaio escrito pela economista e futurista Hazel Henderson (veja Capra, 1986, Cap. 7; veja também Henderson, 1978, 1981).

3.1.4 A emergência da economia

A teoria econômica emergiu com a Revolução Científica e o Iluminismo, e encontrou sua formulação clássica durante a Revolução Industrial. Antes do século XVI, não havia algo que isolasse fenômenos puramente econômicos do tecido da vida. Ao longo da maior parte da história humana, alimentos, vestes, abrigos e outros recursos básicos eram produzidos para o valor de uso e eram distribuídos dentro das tribos e grupos em uma base recíproca (veja Polanyi, 1968). Um sistema nacional de mercados é um fenômeno relativamente recente, que surgiu na Inglaterra do século XVII e se espalhou daí para o mundo todo, resultando no "mercado global" interligado da atualidade. Os mercados, naturalmente, existiram desde a Idade da Pedra, mas eram baseados na troca, e não no dinheiro vivo, e por isso eram compelidos a ser locais. Até mesmo o comércio primitivo tinha pouca motivação econômica, mas era, mais frequentemente, uma atividade sagrada e cerimonial relacionada com o parentesco e os costumes de família.

Com a Revolução Científica e o Iluminismo, o raciocínio crítico, o empirismo e o individualismo tornaram-se os valores dominantes, juntamente com uma orientação secular e materialista que levou à produção de bens e artigos de luxo mundanos e à mentalidade manipuladora da Era Industrial. Os novos costumes e atividades resultaram na criação de novas instituições políticas e sociais e deram origem a uma nova procura acadêmica: a teorização sobre um conjunto de atividades *econômicas* específicas – produção, troca, distribuição, empréstimo de dinheiro – que, subitamente, se salientaram em nítido relevo e passaram a exigir não apenas descrição e explicação, mas também racionalização.

Os primeiros teóricos dos fenômenos econômicos não chamavam a si mesmos de economistas. Eram políticos, administradores e comerciantes, e usavam a antiga noção de economia no sentido de administrar uma casa, derivado do grego *oikonomia* ("administrar assuntos domésticos"). Eles aplicaram essa noção ao Estado como a administração doméstica do governador e, desse modo, seus planos de ação política se tornaram conhecidos como "economia política". Essa expressão permaneceu em uso até o século XX, quando foi substituída pelo termo moderno "economia".

A ascensão do capitalismo

Uma das consequências mais importantes da mudança de valores no fim da Idade Média foi a ascensão do capitalismo nos séculos XVI e XVII. De acordo com uma engenhosa tese de Max Weber (1976/1905), o desenvolvimento da mentalidade capitalista estava estreitamente relacionado com a ideia religiosa de um "chamado", que emergiu com Martinho Lutero e a Reforma, juntamente com a noção de obrigação moral de cumprir o próprio dever em empreendimentos mundanos.

Essa ideia de um chamado mundano projetou o comportamento religioso no mundo secular. Ela foi enfatizada ainda mais vigorosamente pelas seitas puritanas, que viam a atividade mundana e as recompensas materiais resultantes do comportamento industrioso como sinal de predestinação divina. Desse modo, surgiu a famosa "ética do trabalho" protestante, na qual o trabalho árduo e abnegado e o sucesso mundano eram igualados com virtude. Por outro lado, os puritanos detestavam todo consumo, menos o mais moderado e, consequentemente, o acúmulo de riqueza era aprovado, contanto que estivesse combinado com uma carreira laboriosa. Na teoria de Weber, esses valores e motivos religiosos forneceram o impulso e a energia emocional essenciais para a ascensão e o rápido desenvolvimento do capitalismo.

A economia moderna

A economia moderna, estritamente falando, tem pouco mais de 350 anos de idade. Foi fundada por Sir William Petty (1623–1687), professor de anatomia na Universidade de Oxford e de música no Gresham College, em Londres, e também foi médico do exército de Oliver Cromwell. Parece que a obra de Petty *Political Arithmetick* devia muito a Newton, Descartes e Galileu, sendo que o seu método consistia em substituir palavras e argumentos por números, pesos e medidas, e em usar argumentos racionais para explicar os fenômenos econômicos em função de causas naturais visíveis.

Juntamente com Petty, John Locke assentou o fundamento da economia moderna. Uma das teorias mais inovadoras de Locke tinha a ver com preços. Enquanto Petty sustentava que os preços e as *commodities* deveriam refletir de maneira justa a quantidade de trabalho que eles incorporavam, Locke apresentou a ideia de que os preços também eram determinados objetivamente, por meio de oferta e procura. Essa ideia não apenas liberou os comerciantes da época da lei moral dos preços "justos" como também se tornou outra das pedras angulares da economia e foi alçada a um *status* igual ao de uma lei da mecânica, posto que conserva até mesmo hoje em muitas análises econômicas.

Figura 3.2 Adam Smith (1723-1790). iStockphoto.com/© HultonArchive.

A lei da oferta e da procura passou a se ajustar perfeitamente à nova matemática de Newton e Leibniz – o cálculo diferencial – desde que se percebeu que a economia estava lidando com variações contínuas de quantidades muito pequenas, que poderiam ser descritas de maneira mais eficiente por meio dessa técnica matemática. Essa noção tornou-se a base de esforços subsequentes para transformar a economia em uma ciência matemática exata. No entanto, o problema estava – e ainda está – no fato de que as variáveis usadas nesse modelo matemático não podem ser rigorosamente quantificadas, mas são definidas com base em suposições que, frequentemente, tornam os modelos totalmente irrealistas.

Uma diferente escola de pensamento do século XVIII, que exerceu uma influência significativa sobre a teoria econômica clássica, e notavelmente sobre Adam Smith, foi a dos fisiocratas franceses. A palavra "fisiocracia" significava "o governo da natureza", e os fisiocratas defendiam a ideia de que se a lei natural atuasse livre de obstáculos, ela governaria os assuntos econômicos para o benefício maior de todos. Desse modo, a doutrina do "*laissez faire*" foi introduzida como outra pedra angular da economia.

3.2 A economia política clássica

3.2.1 *Adam Smith:* A Riqueza das Nações

O período da "economia política clássica" foi inaugurado em 1776, quando Adam Smith (Figura 3.2) publicou *A Riqueza das Nações*. Smith, um filósofo moral escocês, permanece, de longe, o mais influente de todos os economistas. *A Riqueza das Nações* foi o primeiro tratado completo sobre economia. Sua importância como o fundamento da moderna teoria econômica foi comparada com a dos *Principia* de Newton para a física e com a de *A Origem das Espécies* de Darwin para a biologia.

Smith viveu em uma época em que a Revolução Industrial havia começado a mudar a face da Inglaterra. Quando escreveu *A Riqueza das Nações*, a transição de uma economia agrária, artesanal, para outra dominada pelo poder da máquina a vapor e por máquinas operadas em grandes fábricas e usinas estava em andamento. A versão mais antiga da máquina de fiar havia sido inventada e teares eram usados em fábricas de algodão que empregavam até 300 operários. A nova empresa privada, as fábricas e o maquinário acionado a energia modelaram a tal ponto as ideias de Smith que ele, entusiasticamente, defendeu a transformação social de sua época e criticou os remanescentes do sistema feudal baseado na terra.

A partir da ideia newtoniana predominante de lei natural, Smith deduziu que "fazia parte da natureza humana trocar e intercambiar", e também acreditava que era "natural" que os trabalhadores gradualmente facilitassem o seu trabalho e melhorassem a sua produtividade com a ajuda de máquinas que poupavam mão de obra. Ao mesmo tempo, os primeiros fabricantes tinham uma visão muito mais sombria do papel das máquinas; eles compreenderam muito bem que as máquinas poderiam substituir os trabalhadores e, por isso, poderiam ser usadas para mantê-los temerosos e dóceis.

3.2.2 A mão invisível

A partir dos fisiocratas, Smith adotou o tema do *laissez faire*, que ele imortalizou na metáfora da "mão invisível". De acordo com Smith, a mão invisível do mercado guiaria o interesse próprio individual de todos os empresários, produtores e consumidores para o melhoramento harmonioso de todos, sendo o "melhoramento" igualado à produção de riqueza material. Dessa maneira, seria obtido um resultado social independente das intenções individuais, e, assim, uma ciência objetiva da atividade econômica tornou-se possível.

Smith acreditava na teoria do valor-trabalho, segundo a qual o valor de um produto deriva apenas do trabalho humano necessário para produzi-lo, mas também aceitava a ideia segundo a qual os preços seriam determinados nos mercados "livres" equilibrando-se os efeitos da oferta e da procura. Ele baseou sua teoria econômica nas noções de equilíbrio, nas leis do movimento e na objetividade científica da física newtoniana. Uma das dificuldades de se aplicar esses conceitos mecanicistas aos fenômenos sociais foi a falta de apreciação do problema do atrito. Como o fenômeno do atrito é geralmente negligenciado na mecânica newtoniana, Smith imaginou que os mecanismos de equilíbrio do mercado seriam quase instantâneos. Ele descreveu seus ajustes como "imediatos", "ocorrendo rapidamente" e "contínuos", enquanto os preços gravitavam no sentido adequado. Pequenos produtores e pequenos consumidores se encontrariam no mercado com igual poder e informação.

Essa imagem idealista é subjacente ao "modelo competitivo" amplamente usado por economistas da atualidade. Suas suposições básicas incluem: informações perfeitas e livres para todos os participantes em uma transação de mercado; a crença em que cada comprador e cada vendedor em um mercado são pequenos e não exercem influência sobre o preço; e a mobilidade completa e instantânea de trabalhadores demitidos, de recursos naturais e de maquinários. Todas essas condições são violadas na imensa maioria dos mercados da atualidade, e, no entanto, a maioria dos economistas continua a usá-las como a base das suas teorias.

Smith pensava que o sistema de mercado autoequilibrante tivesse crescimento lento e constante, com demandas continuamente crescentes por bens e trabalho. Essa ideia de crescimento contínuo foi adotada por gerações sucessivas de economistas, que, paradoxalmente, continuaram a usar suposições mecanicistas de equilíbrio, embora, ao mesmo tempo, postulassem crescimento econômico contínuo. O próprio Smith predisse que o progresso econômico finalmente chegaria a um fim quando a riqueza das nações fosse estendida até os limites naturais do solo e do clima, mas acreditava que esse ponto estivesse tão distante no futuro que era irrelevante para as teorias que propôs. Mas atualmente a nossa economia global está se aproximando rapidamente desses limites naturais, como discutimos no Capítulo 17.

Smith fez referências às estruturas sociais e econômicas como monopólios quando denunciou pessoas praticando o mesmo comércio que conspirava para aumentar os preços artificialmente, mas não conseguiu ver as implicações amplas dessas práticas. O crescimento dessas estruturas, e em particular da estrutura de classes, iria se tornar o tema central da análise econômica de Marx. Adam Smith justificava os lucros dos capitalistas argumentando que eles eram necessários para que investissem em mais máquinas e fábricas para o bem comum. Ele notou a luta entre operários e patrões e os esforços de ambos para "interferir com o mercado", mas nunca se referiu ao poder desigual de operários e capitalistas – um ponto que Marx tornou claramente compreensível, e com muita força.

3.2.3 Modelos econômicos

No início do século XIX, economistas começaram a sistematizar sua disciplina em uma tentativa de modelá-la na forma de uma ciência. O primeiro e mais influente entre esses pensadores sistemáticos foi David Ricardo (1772-1823), que introduziu o conceito de "modelo econômico", sistema lógico de postulados e leis envolvendo um número limitado de variáveis que poderiam ser usadas para descrever e predizer fenômenos econômicos.

Os esforços sistemáticos de Ricardo e outros economistas clássicos consolidaram a economia em um conjunto de dogmas que davam suporte à estrutura de classe existente e se opunham a todas as tentativas de melhoramento social com o argumento "científico" de que as "leis da natureza" estavam operando e os pobres eram responsáveis pelo seu próprio infortúnio. Ao mesmo tempo, insurreições de operários estavam se tornando frequentes e o novo corpo de pensamento econômico engendrou seus próprios críticos horrorizados muito antes de Marx.

3.3 Os críticos da economia clássica

3.3.1 John Stuart Mill

O maior entre os reformadores econômicos clássicos foi John Stuart Mill (1806-1873), uma criança prodígio que absorveu a maior parte das obras dos filósofos e economistas de sua época quando ainda tinha 13 anos. Com a idade de 42, publicou seus próprios *Princípios de Economia Política*, uma reavaliação hercúlea que chegou a uma conclusão radical. A economia, escreveu Mill, tinha uma única província: a produção e a escassez dos meios. A distribuição não era um processo econômico, mas político.

Essa visão estreitou o âmbito da economia à "economia pura", que mais tarde viria a ser chamada de "neoclássica", e permitiria focalizar mais detalhadamente o "processo econômico central", enquanto excluiria variáveis sociais e ambientais, em analogia com os experimentos controlados das ciências físicas.

Figura 3.3 Karl Marx (1818-1883). iStockphoto.com/© Rubén Hidalgo.

De acordo com Mill, a economia sofreu uma divisão entre a abordagem neoclássica, "científica" e matemática, por um lado, e a "arte" da filosofia social mais ampla, por outro lado. Essa divisão levaria à desastrosa confusão atual entre as duas abordagens, resultando em ferramentas políticas que são frequentemente derivadas de modelos matemáticos abstratos, não realistas.

3.3.2 Karl Marx

O pensamento de Karl Marx (Figura 3.3), o mais completo e mais eloquente crítico da economia clássica, gerou um fascínio intelectual no mundo todo, muito além do campo da economia. De acordo com o historiador econômico Robert Heilbroner (1978), essa fascinação está arraigada no fato de que Marx foi "o primeiro a descobrir todo um modo de investigar que viria a pertencer para sempre a ele". Esse modo de investigar de Marx foi o do crítico social. Ele se referia a si mesmo não como filósofo, historiador ou economista – embora ele fosse tudo isso –, mas como crítico social; e é por isso que sua filosofia social e sua ciência continuam a exercer forte influência sobre o pensamento social.

Como filósofo, Marx ensinou uma filosofia de ação. "Os filósofos", escreveu, "apenas *interpretaram* o mundo de várias maneiras; trata-se, agora, de *mudá-lo*" (citado em Tucker, 1972, p. 109). Como economista, Marx criticou a economia clássica de maneira mais hábil e eficiente do que qualquer um dos que a praticavam. Entretanto, sua principal influência não foi intelectual, mas política. Como observou Heilbroner (1980, p. 134), se julgarmos pelo número dos seguidores que o cultuam, reconheceremos que "Marx deveria ser considerado um líder religioso equiparável a Cristo ou Maomé".

Enquanto Marx, o revolucionário, era canonizado por milhões de pessoas ao redor do mundo, economistas tiveram de lidar com – embora com mais frequência ignorassem ou citassem erroneamente – suas previsões embaraçosamente precisas, entre elas a ocorrência de ciclos comerciais de "explosões" e "impactos", e a tendência que as economias orientadas para o mercado tinham para desenvolver "exércitos de reserva" de desempregados.

O corpo principal da obra de Marx, apresentado em seu *Das Kapital* [*O Capital*] em três volumes, representa uma exaustiva crítica do capitalismo. Ele concebia a sociedade e a economia a partir de uma perspectiva explicitamente estabelecida da luta entre operários e capitalistas, mas as suas ideias amplas a respeito da evolução social lhe permitiram reconhecer os processos econômicos em contextos muito mais amplos.

Marx reconheceu que as formas capitalistas de organização social iriam acelerar o processo da inovação tecnológica e aumentar a produtividade material, e previu que isso, "dialeticamente" (isto é, por meio de conversão em seu oposto), mudaria as relações sociais. Desse modo, ele foi capaz de prever fenômenos como monopólios e depressões, e que o capitalismo promoveria o socialismo – como de fato o fez – e que ele, algum dia, viria a desaparecer – como poderá acontecer.

Em sua "Crítica da Economia Política", subtítulo com que batizou *O Capital*, Marx usou a teoria do valor-trabalho para discutir questões de justiça, e desenvolveu novos e poderosos conceitos para se opor à lógica reducionista dos economistas neoclássicos do seu tempo. Ele sabia que, em grande medida, salários e preços são politicamente determinados. Partindo da premissa de que o trabalho humano cria todos os valores, Marx observou que o trabalho contínuo precisa, no mínimo, produzir subsistência para o trabalhador mais o suficiente para repor os materiais que foram usados. Mas, em geral, haverá um excedente sobre, e acima, desse mínimo. A forma que esse "valor excedente", ou "mais-valia", adquire será uma chave para a estrutura da sociedade, sua economia e sua tecnologia.

Em sociedades capitalistas, apontou Marx, a mais-valia é apropriada por capitalistas, que são donos dos meios de produção e determinam as condições de trabalho. Essa transação entre pessoas de poderes desiguais permite aos capitalistas fazer mais dinheiro com o trabalho dos operários, e assim o dinheiro é convertido em capital. Nessa análise, Marx enfatizou que a condição prévia para que o capital surgisse era uma relação de classe social específica, sendo ela mesma o produto de uma longa história.

Marx tinha uma rica vida intelectual, com muitas percepções aguçadas que modelaram decisivamente a nossa era. Sua crítica social inspirou milhões de revolucionários ao redor do mundo, e a análise econômica marxista, embora hoje um tanto obsoleta (como discutimos no Capítulo 17), é respeitada academicamente em países ex-socialistas ou atualmente socialistas, mas também na maioria dos outros países ao redor do mundo. Até mesmo nos EUA, ensina-se o pensamento marxista, com diferentes ênfases, em todas as principais universidades, e alguns dos mais proeminentes cientistas sociais norte-americanos – por exemplo, Michael Burawoy, em Berkeley, David Harvey, no City College, de Nova York, ou Erik Olin Wright, em Wisconsin – são explicitamente conhecidos como estudiosos marxistas. De fato, é interessante notar que, da década de 1970 para a frente, o marxismo tem crescido entre os acadêmicos norte-americanos, embora tenha quase desaparecido da França e de outros países europeus, para não falar da Rússia.

Como demonstram as obras dos estudiosos acima mencionados, o pensamento marxista é capaz de uma ampla gama de interpretações e, desse modo, continua a fascinar. De interesse particular para a nossa revisão é a relação entre a crítica marxista e o arcabouço reducionista que dominava a ciência de sua época. Como ocorria com a maior parte dos pensadores do século XIX, Marx estava muito preocupado em "ser científico", usando constantemente essa palavra na descrição de sua abordagem crítica. Em conformidade com isso, ele, com frequência, procurou formular suas teorias em uma linguagem cartesiana e newtoniana. Além disso, sua ampla visão dos fenômenos sociais permitiu-lhe transcender de maneira significativa o contexto cartesiano.

Ele não adotou a postura clássica do observador objetivo, mas enfatizou fervorosamente seu papel como participador ao afirmar que sua análise social era inseparável da crítica social. Nessa crítica, ele foi além de questões sociais e, frequentemente, revelava percepções profundamente humanistas e iluminadoras. Finalmente, embora Marx tenha, muitas vezes, argumentado em favor do determinismo tecnológico (isto é, da crença segundo a qual o desenvolvimento tecnológico determina as mudanças sociais) – fato que tornou sua teoria mais aceitável como ciência –, ele também teve outra qualidade: sua percepção profunda e iluminadora, que o levava a reconhecer as inter-relações entre todos os fenômenos, vendo a sociedade como uma totalidade orgânica na qual ideologia e tecnologia são igualmente importantes.

3.4 Economia keynesiana

3.4.1 Modelos neoclássicos e a Grande Depressão

Em meados do século XIX, a economia política clássica ramificou-se em duas grandes correntes. De um lado, estavam os reformadores: os marxistas e a minoria dos economistas clássicos que seguiam John Stuart Mill. Do outro lado, estavam os economistas neoclássicos, que se concentravam no processo econômico central e desenvolveram a escola da economia matemática. Alguns deles tentaram desenvolver fórmulas objetivas para a maximização do bem-estar e da prosperidade, enquanto outros se retiraram para dentro de matemáticas mais e mais abstrusas para escapar da devastadora crítica marxista.

Grande parte da economia matemática se dedicava – e ainda se dedica – ao estudo do "mecanismo do mercado" com a ajuda de curvas de oferta e demanda, sempre expressas como funções de preços e baseadas em várias suposições sobre o comportamento econômico, muitas delas extremamente irrealistas no mundo de hoje. Por exemplo, a competição perfeita em mercados livres, como foi postulada por Adam Smith, está integrada em muitos modelos.

À medida que os economistas matemáticos refinavam seus modelos durante o fim do século XIX e o início do século XX, a economia mundial encaminhava-se para a pior depressão de sua história, que abalou os fundamentos do capitalismo e pareceu confirmar todas as previsões marxistas. Entretanto, depois da Grande Depressão, as fortunas do capitalismo foram salvas por um novo conjunto de intervenções sociais e econômicas por parte dos governos. Esses planos de ação política baseavam-se na teoria de John Maynard Keynes (1883-1946), que exerceu influência decisiva sobre o moderno pensamento econômico.

3.4.2 John Maynard Keynes: a economia como política

Keynes estava aguçadamente interessado em toda a cena social e política e concebia a teoria econômica como um instrumento de ação política. Ele inclinou-se para os chamados métodos livres de valor da economia neoclássica para servir a propósitos e metas instrumentais e, ao fazê-lo, tornou a economia mais uma vez política, mas agora de uma nova maneira. Isso, naturalmente, envolveu desistir do ideal do observador científico objetivo, o que os economistas neoclássicos estavam relutantes em fazer. Mas Keynes acalmou os seus temores de interferir nas operações relacionadas ao equilíbrio do sistema do mercado mostrando-lhes que podia *derivar* suas intervenções políticas do modelo neoclássico. Para fazer isso, ele demonstrou que os estados de equilíbrio econômico eram "casos especiais", exceções, e não a regra no mundo real.

A fim de determinar a natureza das intervenções do governo, Keynes mudou seu enfoque do micronível para o macronível – para variáveis econômicas como a renda nacional, o consumo total e o investimento total, o volume total de empregos, e assim por diante. Ao estabelecer relações simplificadas entre essas variáveis, ele conseguiu mostrar que elas eram susceptíveis a mudanças de curto prazo que poderiam ser influenciadas por planos apropriados de ação política. De acordo com Keynes, esses ciclos comerciais flutuantes constituíam uma propriedade intrínseca das economias nacionais.

No século XX, o modelo keynesiano foi totalmente assimilado à corrente principal do pensamento econômico. A maioria dos economistas permaneceu desinteressada do problema político do desemprego, e, em vez disso, prosseguiu em suas tentativas de obter uma "sintonia fina" da economia aplicando os expedientes keynesianos de imprimir papel-moeda, aumentar ou reduzir as taxas de juros, cortar ou introduzir impostos, e assim por diante. No entanto, esses métodos ignoram a estrutura detalhada da economia e a natureza qualitativa dos seus problemas e, consequentemente, seus sucessos são muito limitados.

As falhas da economia keynesiana tornaram-se agora evidentes. O modelo keynesiano é inadequado porque ignora muitos fatores que têm importância crucial para a compreensão da situação econômica do século XXI. Ele se concentra na economia doméstica, dissociando-a das redes econômicas globais e negligenciando acordos econômicos internacionais; ele também negligencia o esmagador poder político das corporações globais da atualidade, não presta atenção nas condições políticas e ignora os custos sociais e ambientais das atividades econômicas. Na melhor das hipóteses, a abordagem keynesiana pode fornecer um conjunto de cenários possíveis, mas não pode fazer previsões específicas. Como a maior parte do pensamento econômico cartesiano, ela sobreviveu à sua utilidade.

3.5 O impasse da economia cartesiana

3.5.1 Conceitos estreitos e modelos fragmentados

A economia contemporânea é uma mistura confusa de conceitos, teorias e modelos provenientes de várias épocas da história econômica. Esses incluem várias escolas neoclássicas que usam técnicas matemáticas mais sofisticadas, mas ainda se baseiam em noções clássicas, bem como em modelos neoclássicos com ferramentas keynesianas neles enxertadas para manipular as chamadas forças de mercado enquanto, ao mesmo tempo, esquizofrenicamente, retêm velhos conceitos de equilíbrio.

Todos esses modelos e teorias ainda estão profundamente arraigados no paradigma cartesiano (veja a Seção 1.1.3). Suas abordagens são fragmentárias e reducionistas, e hoje as falhas do pensamento econômico contemporâneo são cada vez mais evidentes. Os economistas geralmente deixam de reconhecer que a economia é apenas um aspecto de todo o tecido ecológico e social. Eles negligenciam essa interdependência social e ecológica, tratando todos os bens do mesmo modo, sem levar em consideração as muitas maneiras por meio das quais esses bens estão relacionados com o restante do mundo, e reduzindo todos os valores a um único critério privado para a obtenção de lucro.

A maior parte dos economistas ainda mede a riqueza de um país pelo seu produto interno bruto (PIB). É um sistema no qual todas as atividades econômicas associadas com valores monetários são somadas indiscriminadamente, enquanto todos os aspectos não monetários da economia são ignorados. Custos sociais, como os de acidentes, guerras, litígios e assistência à saúde, são somados como contribuições positivas ao PIB, assim como também o são os "gastos com a defesa" para amenizar a poluição e exterioridades semelhantes, e considera-se o crescimento indiferenciado desse índice cru como sinal de uma economia "saudável".

A métrica unidimensional do PIB foi adotada quase universalmente por governos, pela mídia e pelos estudos acadêmicos como meio para medir o progresso social global, e é consagrada no Sistema de Contas Nacionais das Nações Unidas (United Nations System of National Accounts, UNSNA). A mídia tem desempenhado um imenso papel em perpetuar esse indicador econômico obsoleto uma vez que a maior parte dos jornalistas e editores simplesmente relatam as cifras do PIB com pouco tempo ou incentivo para questionar a sua utilidade.

3.5.2 A ilusão do crescimento econômico ilimitado

A característica mais proeminente da maioria dos modelos econômicos da atualidade – sejam eles promovidos por economistas no governo, no mundo corporativo ou no mundo acadêmico – é sua suposição de que o crescimento econômico perpétuo é possível. A meta da maior parte das economias nacionais é obter crescimento ilimitado do seu PIB por meio do acúmulo contínuo de bens materiais. Tal crescimento indiferenciado e ilimitado é considerado essencial por praticamente todos os economistas e políticos, apesar de que nos dias de hoje deveria ser mais do que suficientemente claro que a expansão ilimitada em um planeta finito só pode levar ao desastre. Uma vez que as necessidades humanas são finitas, mas a ganância humana não o é, o crescimento econômico pode ser geralmente mantido por meio da criação artificial de necessidades, para isso lançando-se mão da propaganda. Os bens que são produzidos e vendidos dessa maneira não são geralmente necessários, e por isso constituem, essencialmente, um desperdício. A poluição e o esgotamento dos recursos naturais gerados por esse enorme desperdício de bens não necessários são exacerbados pelo desperdício de energia e materiais em processos de produção ineficientes.

De fato, como examinamos no Capítulo 17, a ilusão persistente do crescimento ilimitado em um planeta finito é o dilema fundamental presente nas raízes de todos os principais problemas da nossa época. É o resultado de um conflito entre o pensamento linear e reducionista e os padrões não lineares em nossa biosfera – as redes e ciclos ecológicos que constituem a teia da vida.

3.5.3 A economia em crise

A abordagem fragmentária pelos economistas contemporâneos, sua preferência por modelos quantitativos abstratos e sua incapacidade para reconhecer as atividades econômicas no âmbito de seu contexto ecológico apropriado resultaram em uma tremenda lacuna entre a teoria e a realidade econômica. Em consequência disso, a economia se encontra atualmente em uma profunda crise conceitual. Esse fato se mostrou com notável evidência durante a crise financeira global de 2008-2009.

Como o jornalista Steve Kroft (2008), da CBS, mostrou em detalhes, a crise foi produzida por banqueiros da Wall Street em consequência de uma combinação de ganância, incompetência e fraquezas inerentes ao sistema. Começou como uma crise de hipotecas, causada pelo negligente marketing de empréstimos *subprimes*, de alto risco; em seguida, lentamente, ela evoluiu em uma crise do crédito; e, finalmente, tornou-se uma crise financeira global. Durante a crise das hipotecas, grandes casas de investimento em Wall Street compraram milhões das hipotecas menos dignas de confiança, as retalharam em minúsculos fragmentos e pedaços, e as reacondicionaram como exóticos títulos de investimento que qualquer pessoa dificilmente poderia compreender. Para esse reacondicionamento, eles recolheram enormes taxas.

Esses complexos instrumentos financeiros que se encontram no cerne da crise do crédito foram efetivamente planejados por matemáticos e físicos, que usaram modelos de computador para reconstituir os empréstimos não confiáveis por vias que se supunha que viessem a eliminar a maior parte dos riscos. Mas os seus modelos, conforme se confirmou, estavam errados, pois os matemáticos e os físicos não são especialistas no comportamento humano, e o comportamento humano não pode ser modelado matematicamente. Em seus esforços mal orientados, eles seguiram uma longa tradição de economistas que modelavam a maneira como os consumidores comportavam-se como atores racionais e como indivíduos movidos por interesse próprio, egoístas, competindo uns com os outros a fim de maximizar os seus ganhos. Esses modelos estreitos, nos quais a pura ganância é o ingrediente principal, são meras caricaturas do comportamento humano real, e por isso o seu malogro não causa surpresa.

No período que se seguiu à crise financeira global, dois professores de economia, Kamran Mofid e Steve Szeghi (2010), escreveram um ensaio muito sóbrio e reflexivo, intitulado "Economics in Crisis: What Do We Tell the Students?" [A Economia em Crise: O que Devemos Dizer aos Alunos?] Eles argumentaram que a teoria econômica padrão que estava sendo ensinada em nossas principais universidades pode ter sido a responsável não apenas pelo notável malogro em prever quando ocorreriam os eventos que se desdobraram em 2008, e como seria o *timing* desse desdobramento, bem como sua magnitude, mas também pode ter sido a responsável pela própria crise. Sua análise os levou a uma severa conclusão:

É hora de reconhecer os malogros da teoria-padrão e a estreiteza do fundamentalismo de mercado. Os tempos exigem uma revolução no pensamento econômico, bem como novas maneiras de ensinar economia. Em muitos aspectos, isso significa um retorno ao terreno em que a economia nasceu originalmente e à filosofia moral associada a temas e questões de ampla significação envolvendo a totalidade da existência humana.

3.6 A metáfora da máquina na administração

3.6.1 A mecanização das organizações humanas

Nos séculos que se seguiram a Descartes e Newton, a visão do mundo como um sistema mecânico composto de blocos de construção elementares modelou as percepções das pessoas não somente a respeito da natureza, do organismo humano e da sociedade, mas também das organizações humanas dentro da sociedade. Quando a metáfora das organizações como máquinas se afirmou, ela acabou por gerar teorias mecanicistas correspondentes para o gerenciamento com o propósito de aumentar a eficiência de uma organização ao planejá-la como uma montagem de partes que se engrenam com precisão – departamentos funcionais como os de produção, de marketing, de finanças e pessoal – ligados uns aos outros por meio de linhas de comando e de comunicação claramente definidas.

Como explica Morgan (1998) em sua revisão detalhada das teorias mecanicistas do gerenciamento, a metáfora da máquina tornou-se predominante durante a Revolução Industrial, quando os donos das fábricas e seus engenheiros compreenderam que a operação eficiente das novas máquinas exigiu mudanças importantes na organização da força de trabalho. Com especialização crescente da manufatura e divisão do trabalho intensificada, o controle das máquinas foi deslocado dos operários para os seus supervisores, e foram introduzidos novos procedimentos para disciplinar os operários e forçá-los a aceitar as rigorosas rotinas da produção fabril.

Como se expressa Morgan (1998): "As organizações que usavam máquinas tornaram-se, cada vez mais, semelhantes a máquinas".

3.6.2 Teorias clássicas da administração

Durante o século XIX, foram feitas várias tentativas para representar e promover, de maneira sistemática, a nova visão mecanicista das organizações humanas, mas apenas no início do século XX foram desenvolvidas teorias coerentes sobre a organização e a administração. Um dos primeiros teóricos organizacionais foi o influente cientista social Max Weber (1864-1920), cuja teoria sobre a origem do capitalismo nós vimos na Seção 3.1.4. Aguçado observador dos fenômenos sociais e políticos, Weber enfatizou o papel dos valores e das ideologias na modelagem das sociedades. Em conformidade com isso, ele criticou com muita veemência o desenvolvimento de formas mecanicistas de organização paralelamente ao das máquinas reais.

Weber não apenas foi um dos primeiros observadores dos paralelismos entre a mecanização da indústria e as formas burocráticas de organização, mas também foi o primeiro a oferecer uma definição abrangente de burocracia como uma forma de organização que enfatizava a precisão, a clareza, a regularidade, a confiabilidade e a eficiência. Ele estava preocupado com os efeitos psicológicos e sociais da proliferação da burocracia – a mecanização da vida humana, a erosão do espírito humano e o solapamento da democracia.

Subsequentes teóricos da administração, ao contrário, foram firmes defensores da burocratização. Eles identificaram e promoveram princípios e métodos detalhados por meio dos quais as organizações poderiam ser postas a funcionar com eficiência semelhante à da máquina. Essas teorias tornaram-se conhecidas como "teorias clássicas da administração" e "administração científica".

Frederick Taylor (1911), em particular, aperfeiçoou a abordagem da engenharia da administração em seus *Princípios de Administração Científica*. Os princípios de Taylor, atualmente conhecidos como taylorismo, forneceram a pedra angular da teoria da administração durante a primeira metade do século XX. Como Morgan (1998, pp. 27-8) assinala, o taylorismo em sua forma original ainda está vivo em numerosas cadeias de *fast-food* ao redor do mundo. Nesses restaurantes mecanizados que servem hambúrgueres, pizzas e outros produtos altamente padronizados, "o trabalho é frequentemente organizado nos seus mínimos detalhes com base em planejamentos que analisam o processo total de produção, descobrem os procedimentos mais eficientes e, em seguida, os alocam como tarefas especializadas a pessoas treinadas para realizá-las de maneira muito precisa. Todo o pensamento está a cargo de administradores e planejadores, deixando todo o trabalho concreto nas mãos dos empregados".

3.6.3 A metáfora da máquina nos dias de hoje

Na segunda metade do século XX, a metáfora da máquina continuou a exercer um profundo impacto sobre a teoria e a prática da administração, e foi apenas durante as duas últimas décadas que os teóricos organizacionais começaram a aplicar a visão sistêmica da vida à administração das organizações humanas (como examinamos no Capítulo 14). Entretanto, até mesmo hoje, a visão mecanicista das organizações ainda está amplamente difundida entre os administradores.

Uma empresa, de acordo com essa visão, é criada e possuída por pessoas fora do sistema. Sua estrutura e suas metas são planejadas por administração ou por especialistas externos e são impostas sobre a organização. Como uma máquina que precisa ser controlada por seus operadores para funcionar de acordo com suas instruções, o principal impulso da teoria da administração tem sido o de obter operações eficientes por meio de controle de cima para baixo.

Conceber uma empresa como uma máquina implica no fato de que ela acabará parando, a não ser que seja periodicamente "consertada" e reconstruída por administração. Ela não pode mudar por si mesma; todas as mudanças precisam ser planejadas por outra pessoa. Na década de 1990, uma nova frase de efeito mecanicista – "reengenharia" – foi inventada para descrever tal replanejamento das organizações humanas. Ela disparou todo um movimento dedicado à mudança de enfoque de funções burocráticas em processos comerciais de importância crucial.

Os princípios da teoria clássica da administração arraigaram-se tão profundamente nas maneiras como os administradores pensam sobre as organizações que, para a maior parte deles, o planejamento de estruturas formais, ligadas por linhas claras de comunicação, coordenação e controle, tornou-se quase uma segunda natureza. Esse abraço, em grande medida inconsciente, da abordagem mecanicista da administração, tornou-se hoje um dos principais obstáculos à mudança organizacional.

3.7 Observações finais

À medida que nos aprofundamos mais e mais no século XXI, transcender a visão mecanicista das organizações será um movimento de importância tão crítica para a sobrevivência da civilização humana quanto será transcender as concepções mecanicistas de saúde, a economia ou a biotecnologia. Todas essas questões estão ligadas, em última análise, à profunda transformação científica, social e cultural que se encontra atualmente em andamento com a emergência da nova concepção sistêmica da vida. Nos capítulos seguintes, discutiremos a ascensão do pensamento sistêmico no século XX antes de nos voltarmos para a nossa discussão detalhada das dimensões biológica, cognitiva, social e ecológica da visão sistêmica da vida.

II

A ascensão do pensamento sistêmico

4
Das partes para o todo

Como mencionamos na Introdução, a tensão entre mecanicismo e holismo tem sido um tema recorrente ao longo de toda a história da ciência ocidental. Na ciência do século XX, a perspectiva holística tornou-se conhecida como "sistêmica", e a maneira de pensar que ela implica, como "pensamento sistêmico". Neste capítulo, iremos rever a origem e o desenvolvimento inicial do pensamento sistêmico durante as três primeiras décadas do século XX.

As principais características do pensamento sistêmico emergiram na Europa durante a década de 1920 em várias disciplinas. Os pioneiros em abordar o pensamento sistêmico foram os biólogos, que enfatizaram a visão dos organismos vivos como totalidades integradas. Posteriormente, ele foi enriquecido pela psicologia da Gestalt e pela nova ciência da ecologia, e teve talvez os seus efeitos mais dramáticos na física quântica.

4.1 A emergência do pensamento sistêmico

Na virada do século, os triunfos da biologia do século XIX – a teoria celular, a embriologia e a microbiologia – estabeleceram a concepção mecanicista da vida como um dogma firme entre os biólogos. E, no entanto, elas carregavam dentro de si as sementes da próxima onda de oposição, a escola conhecida como biologia organísmica, ou "organicismo". Embora a biologia celular tenha feito enormes progressos na compreensão das estruturas e funções de muitas das subunidades da célula, ela permaneceu, em grande medida, ignorante das atividades coordenadoras que integram essas operações no funcionamento da célula como um todo.

4.1.1 O debate entre mecanicismo e vitalismo

Antes que a biologia organísmica nascesse, muitos biólogos proeminentes passaram por uma fase de vitalismo, e durante muitos anos o debate entre mecanicismo e holismo foi estruturado como outro, entre mecanicismo e vitalismo. O vitalismo e o organicismo se opuseram à redução da biologia à física e à química. Ambas as escolas sustentavam que, embora as leis da física e da química fossem aplicáveis a organismos vivos, elas eram insuficientes para compreender plenamente o fenômeno da vida. O comportamento de um organismo vivo como uma totalidade integrada não pode ser compreendido apenas a partir do estudo de suas partes. Como os teóricos sistêmicos se expressariam várias décadas mais tarde, o todo é mais do que a soma de suas partes.

Os biólogos vitalistas e organísmicos difeririam nitidamente em suas respostas à pergunta: "Em que sentido exatamente o todo é mais que a soma de suas partes?" Os vitalistas declaravam que alguma entidade, ou força, não física precisava ser acrescentada às leis da física e da química para se compreender a vida. Os biólogos organísmicos sustentavam que o ingrediente adicional é a compreensão da "organização" ou "relações organizadoras".

Uma vez que essas relações organizadoras são padrões de relações imanentes na estrutura física do organismo, os biólogos organísmicos afirmavam que nenhuma entidade separada, não física, é necessária para a compreensão da vida. Mais tarde, o conceito de organização foi refinado no de "auto-organização", que ainda é usado nas teorias contemporâneas dos sistemas vivos. Na verdade, nessas teorias, a compreensão dos padrões de auto-organização é a chave para a compreensão da natureza essencial da vida (como examinamos no Capítulo 8).

4.1.2 Biologia organísmica

Durante o início do século XX, os biólogos organísmicos, opondo-se tanto ao mecanicismo como ao vitalismo, empenharam-se no problema da forma biológica com muito entusiasmo. Algumas das principais características do que nós agora chamamos de pensamento sistêmico emergiram de suas extensas reflexões.

Ross Harrison (1870-1959), um dos primeiros expoentes da escola organísmica, explorou o conceito de organização. Ele identificou a configuração e o relacionamento como dois importantes aspectos da organização, os quais foram subsequentemente unificados no conceito de "padrão de organização" como uma configuração de relações ordenadas.

O bioquímico Lawrence Henderson (1878-1942) exerceu influência graças ao uso que fez inicialmente da palavra "sistema" para denotar organismos vivos e sistemas sociais. A partir dessa época, um sistema passou a significar uma totalidade integrada, cujas propriedades essenciais surgem das relações entre suas partes, e "pensamento sistêmico" passou a indicar a compreensão de um fenômeno dentro do contexto de um todo maior. Essa é, de fato, a raiz da palavra "sistema", que deriva do grego *syn + histanai* ("colocar junto"). Compreender as coisas sistemicamente significa, literalmente, colocá-las em um contexto, estabelecer a natureza das suas relações.

O biólogo Joseph Woodger (1894-1981) afirmou que os organismos poderiam ser descritos completamente por meio dos seus elementos químicos "mais suas relações organizadoras". Essa formulação exerceu uma notável influência sobre o pensamento biológico subsequente, e os historiadores da ciência afirmaram que a publicação de *Biological Principles*, de Woodger, em 1936, marcou o fim do debate entre mecanicistas e vitalistas. Woodger e outros biólogos organísmicos também enfatizaram que uma das características-chave da organização dos organismos vivos é a sua natureza hierárquica.

De fato, uma das propriedades proeminentes de toda vida é a tendência para formar estruturas multiniveladas de sistemas dentro de sistemas. Cada uma dessas estruturas forma um todo com relação às suas partes enquanto, ao mesmo tempo, é parte de um todo maior. Desse modo, células se combinam para formar tecidos, tecidos para formar órgãos, e órgãos para formar organismos. Estes, por sua vez, existem dentro de sistemas sociais e ecossistemas. Ao longo de todo o mundo vivo, encontramos sistemas vivos aninhados dentro de outros sistemas vivos.

O duplo papel dos sistemas vivos, como partes e totalidades, exige a interação de duas tendências opostas: uma tendência integrativa, que os inclina a funcionar como partes de um todo maior, e uma tendência autoafirmativa, ou auto-organizadora, que os leva a funcionar para a preservação de sua autonomia individual (veja o Capítulo 7).

Desde os primeiros dias da biologia organísmica, essas estruturas multiniveladas de sistemas dentro de sistemas têm sido chamadas de hierarquias. No entanto, esse termo pode ser enganador, pois deriva das hierarquias humanas, que são estruturas de dominação e controle completamente rígidas, muito diferentes da ordem multinivelada encontrada na natureza. Veremos na Seção 4.1.5 que o importante conceito de redes vivas fornece uma nova perspectiva sobre as assim chamadas "hierarquias" da natureza.

O que os primeiros pensadores sistêmicos reconheceram muito claramente é a existência de diferentes níveis de complexidade com diferentes tipos de leis operando em cada nível. Assim, a noção de "complexidade organizada" tornou-se outro conceito de importância-chave. Em cada nível de complexidade, os fenômenos observados exibem propriedades que não existem no nível inferior. Por exemplo, o conceito de temperatura, que tem importância central na termodinâmica, não tem significado no nível dos átomos individuais, onde operam as leis da teoria quântica. No início da década de 1920, o filósofo C. D. Broad (1887-1971) cunhou a expressão "propriedades emergentes" para indicar aquelas propriedades que emergem em certo nível de complexidade, mas não existem em níveis inferiores.

4.1.3 Uma nova maneira de pensar

As ideias apresentadas pelos biólogos organísmicos durante a primeira metade do século XX ajudaram a produzir uma nova maneira de pensar – um pensamento que se processa fazendo uso de termos como conexidade, relações, padrões e contexto. De acordo com a visão sistêmica, as propriedades essenciais de um organismo, ou sistema vivo, são propriedades do todo, propriedades que nenhuma das partes possui. Elas surgem das interações e relações entre as partes. Essas propriedades são destruídas quando o sistema é dissecado, física ou teoricamente, em elementos isolados. Embora possamos discernir partes individuais em qualquer sistema, essas partes não são isoladas, e a natureza do todo é sempre diferente da mera soma das suas partes. A visão sistêmica da vida é ilustrada com beleza e abundância nos escritos de Paul Weiss (1971, 1973), que, de seus estudos anteriores de engenharia, trouxe conceitos sistêmicos para as ciências da vida, e passou toda a sua vida explorando e defendendo uma concepção plenamente organísmica da biologia.

A emergência do pensamento sistêmico representou uma profunda revolução na história do pensamento científico ocidental. A crença segundo a qual em todo sistema complexo o comportamento do todo pode ser inteiramente compreendido a partir das propriedades de suas partes tem importância central no paradigma cartesiano. Era esse o célebre método de Descartes do pensamento analítico, que passou a constituir uma característica essencial do pensamento científico moderno. Na abordagem analítica, reducionista, as próprias partes não podem ser analisadas posteriormente, a não ser que as reduzamos em partes ainda menores. Na verdade, a ciência ocidental esteve progredindo dessa maneira, e em cada passo houve um nível de constituintes fundamentais que não podiam mais ser analisados.

O grande choque que golpeou a ciência do século XX foi a constatação de que os sistemas vivos não podem ser compreendidos por meio de análise. As propriedades das partes não são propriedades intrínsecas, mas só podem ser compreendidas no âmbito de um contexto maior. Desse modo, a relação entre as partes e o todo foi invertida. Na abordagem sistêmica, as propriedades das partes só podem ser compreendidas a partir da organização do todo. Em conformidade com isso, o pensamento sistêmico não se concentra em blocos de construção básicos, mas, em vez disso, em princípios de organização básicos. O pensamento sistêmico é "contextual", que significa o oposto do pensamento analítico. Análise significa separar as partes e considerar isoladamente uma delas para entendê-la; o pensamento sistêmico significa colocá-la no contexto de uma totalidade maior.

4.1.4 Psicologia da Gestalt

Quando os primeiros biólogos organísmicos atacaram o problema da forma orgânica e debateram os méritos relativos do mecanismo e do vitalismo, os psicólogos alemães contribuíram para esse diálogo desde o princípio. A palavra alemã para "forma orgânica" é *Gestalt* (enquanto *Form* significa "forma inanimada"), e o problema muito discutido da forma orgânica era conhecido como o *Gestaltproblem* [Problema da Gestalt] naqueles dias. Na virada do século, o filósofo austríaco Christian von Ehrenfels (1859-1932) foi o primeiro a usar *Gestalt* no sentido de um padrão perceptivo irredutível, pondo em ação a escola da *Gestaltpsychologie* [Psicologia da Gestalt]. Nas décadas subsequentes, os seguidores anglo-saxões dessa nova disciplina continuariam a usar o termo "Gestalt" como um termo técnico inglês para denotar um padrão perceptivo irredutível. Ehrenfels (1960/1890) caracterizou uma Gestalt ao afirmar que "o todo é mais do que a soma das partes", afirmação que se tornaria, mais tarde, a fórmula-chave do pensamento sistêmico.

4.1.5 Ecologia

Enquanto os biólogos organísmicos encontravam totalidades irredutíveis nos organismos e os psicólogos da Gestalt as encontravam na percepção, os ecologistas as descobriam em seus estudos sobre as comunidades animais e vegetais. A nova ciência da ecologia emergiu da escola organísmica de biologia durante a parte final do século XIX, quando os biólogos começaram a estudar comunidades de organismos.

A ecologia – palavra vinda do grego *oikos* ("assuntos domésticos, cuidar da casa") – é o estudo da Manutenção do Lar Terrestre. Mais precisamente, é o estudo das relações que interligam todos os membros do Lar Terrestre. O termo foi cunhado pelo biólogo alemão Ernst Haeckel (1834-1919), que o definiu como "a ciência das relações entre o organismo e o mundo externo circunvizinho" (Haeckel, 1866). A palavra *Umwelt* ("ambiente") foi usada pela primeira vez pelo biólogo alemão do Báltico e pioneiro ecologista Jakob von Uexküll (1909). Na década de 1920, os ecologistas focalizaram as relações funcionais dentro das comunidades animais e vegetais. Em um livro pioneiro, *Animal Ecology*, Charles Elton (1927) introduziu os conceitos de cadeia alimentar e ciclo alimentar, reconhecendo as relações de alimentação dentro das comunidades biológicas como seu princípio organizador central.

Uma vez que a linguagem dos primeiros ecologistas era muito próxima daquela da biologia organísmica, não é de surpreender que eles comparassem comunidades ecológicas a organismos. Por exemplo, Frederic Clements (1874-1945), ecologista norte-americano da vida vegetal e pioneiro no estudo da descendência, concebia as comunidades de plantas como "superorganismos". Esse conceito desencadeou um vívido debate, que prosseguiu durante mais de uma década até que o ecologista da vida vegetal A. G. Tansley (1871-1955) rejeitou a noção de superorganismos e cunhou o termo "ecossistema" para caracterizar as comunidades animais e vegetais. O conceito de ecossistema – definido atualmente como "uma comunidade de organismos e seu ambiente físico interagindo como uma unidade ecológica" – modelou todo o pensamento ecológico subsequente e, pelo seu próprio nome, promoveu uma abordagem sistêmica da ecologia.

A palavra "biosfera" foi usada pela primeira vez no fim do século XIX pelo geólogo austríaco Eduard Suess (1831-1914) para descrever a camada de vida que circunda a Terra. Algumas décadas mais tarde, o geoquímico russo Vladimir Vernadsky (1863-1945) desenvolveu o conceito em uma teoria bem desenvolvida em seu livro pioneiro, *Biosfera*. Vernadsky (1986/1926) concebeu a vida como uma "força geológica" que parcialmente cria e parcialmente controla o ambiente planetário. Entre todas as primeiras teorias sobre a Terra viva, a de Vernadsky é a que mais se aproxima da teoria de Gaia contemporânea (veja a Seção 8.3.3; veja também Margulis e Sagan, 1995).

Comunidades ecológicas

A nova ciência da ecologia enriqueceu a emergente maneira sistêmica de pensar introduzindo dois novos conceitos – comunidade e rede. Concebendo uma comunidade ecológica como um conjunto estruturado (*assemblage*) de organismos, ligados em uma totalidade funcional por meio de suas relações mútuas, os ecologistas facilitaram a mudança de enfoque de organismos para comunidades, e fazendo o caminho de volta, aplicando os mesmos tipos de conceitos a diferentes níveis sistêmicos.

Hoje, sabemos que, em sua maioria, os organismos não apenas são membros de comunidades ecológicas, mas também são, eles mesmos, ecossistemas complexos, contendo uma multidão de organismos menores, que têm uma autonomia considerável e, no entanto, integram-se harmoniosamente no funcionamento do todo. Desse modo, há três tipos de sistemas vivos – organismos, partes de organismos e comunidades de organismos – sendo todos eles comunidades integradas cujas propriedades essenciais surgem das interações e da interdependência de suas partes.

O conceito de rede

Desde o início da ecologia, sabe-se que as comunidades ecológicas consistem em organismos conjuntamente ligados, à maneira de uma rede, por meio de relações de alimentação. Essa ideia é encontrada repetidas vezes no escritos dos naturalistas do século XIX, e quando as cadeias e os ciclos alimentares começaram a ser estudados na década de 1920, esses conceitos foram logo expandidos até se chegar ao conceito contemporâneo de teias alimentares.

Quando o conceito de rede tornou-se cada vez mais proeminente na ecologia, os pensadores sistêmicos começaram a usar modelos de redes em todos os níveis dos sistemas, concebendo os organismos como redes de células, de órgãos e de sistemas de órgãos, assim como se entende os ecossistemas como redes de organismos individuais. De maneira correspondente, os fluxos de matéria e de energia através dos ecossistemas foram percebidos como a continuação dos caminhos metabólicos através dos organismos.

A visão dos sistemas vivos como redes fornece uma nova perspectiva sobre as assim chamadas "hierarquias" da natureza. Uma vez que os sistemas vivos, em todos os níveis, são redes, precisamos visualizar a teia da vida como sistemas vivos (redes) interagindo, à maneira de rede, com outros sistemas (redes). Por exemplo, podemos imaginar esquematicamente um ecossistema como uma rede com alguns nodos. Cada nodo representa um organismo, o que significa que cada nodo, quando amplificado, aparece, ele mesmo, como uma rede. Cada nodo da nova rede pode representar um órgão, que, por sua vez, aparecerá como uma rede quando amplificado, e assim por diante.

Em outras palavras, a teia da vida consiste em redes dentro de redes. Em cada escala, ao serem examinados mais estreitamente, os nodos da rede revelam-se como redes menores. Tendemos a arranjar esses sistemas aninhando-os todos em sistemas maiores, em um esquema hierárquico que coloca os sistemas maiores acima dos menores, à maneira de uma pirâmide. Mas essa é uma projeção humana. Na natureza, não existe "acima" ou "abaixo", e não há hierarquias. Há somente redes aninhadas dentro de outras redes.

4.2 A nova física

A percepção de que os sistemas são totalidades integradas que não podem ser compreendidas pela análise foi ainda mais chocante na física do que na biologia. Desde Newton, os físicos acreditavam que todos os fenômenos físicos podiam ser reduzidos às propriedades de partículas materiais duras e sólidas. No entanto, na década de 1920, a teoria quântica os forçou a aceitar o fato de que nós não podemos decompor o mundo em suas menores unidades, unidades essas que tenham existência independente. Quando mudamos nossa atenção dos objetos macroscópicos para os átomos e partículas subatômicas, a natureza não nos mostra nenhum bloco de construção isolado, mas, em vez disso, ela aparece como uma complexa teia de relações entre as várias partes e um todo unificado.

4.2.1 A estranha realidade dos fenômenos atômicos

No início da "nova física" destaca-se a extraordinária façanha de um único homem – Albert Einstein (1879-1955). Em dois artigos publicados em 1905, Einstein iniciou duas tendências revolucionárias no pensamento científico. Uma delas foi a sua teoria especial da relatividade; a outra foi uma nova maneira de olhar para a radiação eletromagnética, que se tornaria característica da teoria quântica, a teoria dos fenômenos atômicos. A teoria quântica completa foi elaborada vinte anos depois por toda uma equipe de físicos sob a liderança de Niels Bohr (1885-1962). No entanto, a teoria da relatividade foi construída em sua forma completa quase inteiramente pelo próprio Einstein. Os artigos científicos de Einstein são monumentos intelectuais que assinalam o início do pensamento científico do século XX.

Einstein acreditava com muita convicção na harmonia inerente da natureza e, ao longo de toda a sua vida científica, sua preocupação mais profunda era a de encontrar um fundamento unificado para a física. Ele começou a se mover em direção ao seu objetivo construindo um arcabouço comum para a eletrodinâmica e a mecânica, as duas teorias separadas da "física clássica". Esse arcabouço é conhecido como teoria especial da relatividade. Ela unificava e completava a teoria da física clássica, mas, ao mesmo tempo, introduzia mudanças radicais nos conceitos tradicionais de espaço e de tempo e, por isso, solapava um dos fundamentos da visão de mundo newtoniana. Dez anos mais tarde, Einstein propôs sua teoria geral da relatividade, na qual o arcabouço da teoria especial é estendido de modo a incluir a gravidade.

Isso é obtido por meio de modificações drásticas nos conceitos de espaço e de tempo, como discutimos na Seção 4.6.10 mais adiante.

O outro desenvolvimento importante na física de século XX foi uma consequência da investigação experimental dos átomos. Na virada do século XIX, físicos descobriram vários fenômenos conectados com a estrutura dos átomos, como os raios X e a radioatividade, que não podiam ser explicados por meio da física clássica. Além de serem objetos de estudos intensos, esses fenômenos foram usados, das mais engenhosas maneiras, como novas ferramentas para sondar mais fundo a matéria do que jamais fora possível antes disso. Por exemplo, descobriu-se que as chamadas partículas alfa, que emanam de substâncias radioativas, eram projéteis de tamanho subatômico e alta velocidade, e que podiam ser usados para explorar o interior do átomo. Eles podiam ser disparados contra os átomos e, com base na maneira como eram desviados, era possível tirar conclusões sobre a estrutura desses átomos.

Essa exploração dos mundos atômico e subatômico colocou os cientistas em contato com uma realidade estranha e inesperada, que abalava os fundamentos de sua visão do mundo e os forçava a pensar por vias inteiramente novas. Nada de semelhante já havia acontecido antes na ciência. Revoluções como as de Copérnico e Darwin introduziram profundas mudanças na concepção geral de universo, mudanças que eram chocantes para muitas pessoas, mas os próprios novos conceitos não eram difíceis de ser apreendidos. No entanto, no século XX, os físicos se defrontaram, pela primeira vez, com um sério desafio à sua capacidade para compreender o universo. Cada vez que eles faziam à natureza uma pergunta em um experimento atômico, a natureza respondia com um paradoxo, e quanto mais eles tentavam esclarecer a situação, mais aguçados os paradoxos se tornavam.

Em sua luta para assimilar essa nova realidade, os cientistas se tornaram dolorosamente cientes de que seus conceitos básicos, sua linguagem e toda a sua maneira de pensar eram inadequados para descrever os fenômenos atômicos. Seu problema não era apenas intelectual, mas envolvia uma intensa experiência emocional e até mesmo existencial, como é vividamente descrito por Werner Heisenberg (1958, p. 42) em seu relato clássico, *Physics and Philosophy*: "Lembro-me de que as discussões com Bohr prosseguiam por muitas horas, até muito tarde da noite, e terminavam quase em desespero; e quando, ao fim da discussão, eu saía para caminhar sozinho no parque da vizinhança, repetia para mim mesmo vezes e mais vezes: 'Será possível que a natureza seja tão absurda quanto parecia ser a nós nesses experimentos atômicos?'"

Esses físicos demoraram muito tempo para aceitar o fato de que os paradoxos que eles encontraram constituem um aspecto essencial da física atômica, e para perceber que eles surgiam sempre que tentavam descrever fenômenos atômicos com base em conceitos clássicos. Quando acabaram percebendo isso, os físicos começaram a aprender a fazer as perguntas corretas e a evitar contradições, e finalmente eles encontraram a formulação matemática precisa e consistente conhecida como teoria quântica, ou mecânica quântica.

A teoria quântica foi formulada durante as três primeiras décadas do século XX por um grupo internacional de cientistas, que incluíam Niels Bohr da Dinamarca, Max Planck, Albert Einstein e Werner Heisenberg da Alemanha, Louis de Broglie da França, Erwin Schrödinger e Wolfgang Pauli da Áustria, e Paul Dirac da Inglaterra. Esses homens juntaram forças, atravessando fronteiras nacionais, para modelar um dos mais excitantes e instigantes períodos da ciência moderna, um período que viu não apenas brilhantes intercâmbios intelectuais, mas também dramáticos conflitos humanos, bem como profundas amizades pessoais, vividamente retratadas nas narrativas de Heisenberg (1958, 1969).

4.2.2 Físicos e místicos

As mudanças revolucionárias em nossos conceitos da realidade que foram engendradas pela nova física foram seguidas, durante as décadas subsequentes, por revoluções conceituais em várias outras ciências, das quais uma visão de mundo coerente está emergindo na atualidade. É uma visão holística e ecológica, que estamos chamando, neste livro, de "visão sistêmica da vida". Na nova compreensão sistêmica do mundo vivo, a física não é mais vista como a ciência que fornece a descrição mais fundamental da realidade, como falamos na Introdução. No entanto, a nova física é parte integrante da visão sistêmica da vida, sendo essencial para a compreensão do comportamento das moléculas nas células vivas, da propagação dos impulsos nervosos no cérebro, e de muitos outros fenômenos biológicos.

A visão sistêmica da vida é uma visão ecológica arraigada, em última análise, na percepção espiritual. Conectividade, relacionamento e comunidade são conceitos fundamentais da ecologia; e conectividade, relacionamento e pertencimento constituem a essência da experiência espiritual. Desse modo, não é de surpreender que o paradigma sistêmico e ecológico emergente esteja em harmonia com muitas ideias das tradições espirituais. No Capítulo 13, discutimos os paralelismos entre as concepções e ideias básicas dos físicos e as dos místicos orientais, que foram exploradas detalhadamente por Capra (1975) há mais de 35 anos.

Além disso, discutimos nesse mesmo capítulo explorações mais recentes de paralelismos entre a visão sistêmica da vida e tradições místicas ocidentais, e entre o budismo e as pesquisas sobre a consciência, bem como explorações das dimensões espirituais da psicologia, da economia e da política. A convergência gradual das visões de mundo subjacentes a essas disciplinas científicas e várias tradições espirituais torna cada vez mais evidente o fato de que o misticismo, ou "filosofia perene", como às vezes é chamada, fornece um fundamento filosófico consistente para as nossas teorias científicas contemporâneas.

Os conceitos básicos da nova física foram discutidos em consideráveis detalhes por Capra (1975), Davies (1983), Hawking (1988), Greene (1999), Levin (2002), e muitos outros cientistas. Nas páginas seguintes apresentamos apenas uma breve visão geral.

4.2.3 O princípio da incerteza

A investigação experimental dos átomos no início do século XX levou a resultados sensacionais e totalmente inesperados. Longe de serem as partículas rígidas e sólidas da teoria consagrada pelo tempo, os átomos se revelaram como enormes regiões de espaço vazio nas quais partículas extremamente pequenas – os elétrons – movem-se ao redor do núcleo, ligados a ele por meio de forças elétricas.

Quando a atenção dos físicos se voltou para os componentes dos átomos – os elétrons, e os prótons e nêutrons nos núcleos –, a teoria quântica tornou claro que até mesmo essas partículas subatômicas nada tinham de parecido com os objetos sólidos da física clássica. As unidades subatômicas de matéria são entidades muito abstratas que têm um aspecto dual. Dependendo da maneira como as observamos, elas aparecem às vezes como partículas e às vezes como ondas; e essa natureza dual também é exibida pela luz, que pode tomar a forma de ondas eletromagnéticas ou a de partículas. As partículas de luz foram chamadas de "quanta", pela primeira vez, por Einstein – de onde deriva a expressão "teoria quântica" – e são hoje conhecidas como fótons.

A natureza dual da matéria e da energia é muito estranha. Parece impossível aceitar que algo possa ser, ao mesmo tempo, uma partícula – isto é, uma entidade confinada a um volume muito pequeno – e uma onda, que se espalha sobre uma grande região do espaço. E, no entanto, foi exatamente isso que os físicos tiveram de aceitar. A situação parecia irredutivelmente paradoxal até que se compreendeu que as palavras "partícula" e "onda" referem-se a conceitos clássicos que não são plenamente adequados para descrever fenômenos atômicos.

Um elétron não é nem uma partícula nem uma onda, mas pode apresentar aspectos corpusculares em algumas situações e aspectos ondulatórios em outras. Embora atue como uma partícula, ele também é capaz de desenvolver sua natureza ondulatória à custa de sua natureza corpuscular, e vice-versa, passando por transformações contínuas de partícula para onda e de onda para partícula. Isso significa que nem o elétron nem qualquer outro "objeto" atômico têm quaisquer propriedades intrínsecas independentes de seu ambiente. As propriedades que ele mostra – corpusculares ou ondulatórias – dependerão da situação experimental, isto é, do aparelho com o qual ele é forçado a interagir.

A grande façanha de Werner Heisenberg (1901-1976) foi expressar as limitações dos conceitos clássicos em uma forma matemática precisa, conhecida como princípio da incerteza. Ele consiste em um conjunto de relações matemáticas que determinam em que medida os conceitos clássicos podem ser aplicados aos fenômenos atômicos. Essas relações demarcaram, como se fossem uma cerca, os limites da imaginação humana no mundo atômico. Sempre que usamos conceitos clássicos – partícula, onda, posição, velocidade – para descrever fenômenos atômicos, descobrimos que há pares de conceitos, ou aspectos, que são inter-relacionados e não podem ser definidos simultaneamente de maneira precisa. Quanto mais nós enfatizamos um aspecto em nossa descrição, mais o outro aspecto se torna incerto, e a relação precisa entre os dois é dada pelo princípio da incerteza.

Para uma compreensão melhor dessa relação entre pares de conceitos clássicos, Niels Bohr introduziu a noção de complementaridade. Ele considerou que a imagem da partícula e a imagem da onda são descrições complementares da mesma realidade, cada uma delas apenas parcialmente correta e tendo uma faixa limitada de aplicações. Ambas as imagens são necessárias para se obter uma descrição completa da realidade atômica, e ambas devem ser aplicadas dentro das limitações estabelecidas pelo princípio da incerteza.

4.2.4 Padrões de probabilidades

A resolução do paradoxo onda/partícula forçou os físicos a aceitar uma situação que punha em questão os próprios fundamentos da visão de mundo mecanicista – o conceito de realidade da matéria. No nível subatômico, a matéria não existe com certeza em lugares definidos, mas, em vez disso, mostra "tendências para existir", e eventos atômicos não ocorrem com certeza em tempos definidos e seguindo ações definidas, mas, em vez disso, mostram "tendências para ocorrer". No formalismo da teoria quântica, essas tendências são expressas como probabilidades e estão associadas com quantidades (isto é, com funções matemáticas) que tomam a forma de ondas; elas são semelhantes às funções que se usa para descrever, digamos, uma corda de guitarra em vibração ou uma onda sonora. Essa é a maneira pela qual as partículas podem, ao mesmo tempo, ser ondas. Elas não são ondas "reais", tridimensionais, como as ondas que se propagam na água ou as ondas sonoras. Elas são "ondas de probabilidade" – quantidades matemáticas abstratas com todas as propriedades características das ondas – relacionadas às probabilidades de se encontrar as partículas em pontos particulares do espaço e em momentos particulares de tempo. Todas as leis da física atômica são expressas em função dessas probabilidades. Nunca podemos prever com certeza a ocorrência de um evento atômico; podemos apenas prever a probabilidade de sua ocorrência.

As descobertas do aspecto dual da matéria e do papel fundamental da probabilidade demoliram a noção clássica de objetos sólidos. No nível subatômico, os objetos materiais sólidos da física clássica se dissolvem em padrões de probabilidade ondulatórios. Além disso, esses padrões não representam probabilidades de coisas, mas probabilidades de interconexões. Uma análise cuidadosa do processo de observação na física atômica mostra que as partículas subatômicas não têm significado como entidades isoladas, mas podem ser compreendidas somente como interconexões, ou correlações, entre vários processos de observação e medição. Como Bohr (1934, p. 57) explicou: "Partículas materiais isoladas são abstrações, sendo suas propriedades defíniveis e observáveis apenas por meio de sua interação com outros sistemas".

Partículas subatômicas, então, não são "coisas", são, em vez disso, interconexões entre coisas, e estas, por sua vez, são interconexões com outras coisas, e assim por diante. Na teoria quântica, nunca terminamos com quaisquer "coisas", mas sempre lidamos com interconexões. É dessa maneira que a nova física revela a unicidade do universo. Ela mostra que não podemos decompor o mundo em suas menores unidades, que sejam independentemente existentes. À medida que penetramos na matéria, não percebemos nenhum bloco de construção isolado, mas, em vez disso, uma complexa teia de relações entre as várias partes de um todo unificado. Nas palavras de Heisenberg (1958, p. 107): "O mundo aparece, dessa maneira, como um complicado tecido de eventos, no qual conexões de diferentes tipos alternam-se ou se sobrepõem ou se combinam e, por meio disso, determinam a textura do todo".

Até certo ponto, o mundo material pode ser dividido em partes separadas, em objetos feitos de moléculas e átomos, os quais são feitos de partículas. Mas aqui, no nível das partículas, a noção de partes separadas colapsa. As partículas subatômicas – e, portanto, em última análise, todas as partes do universo, não podem ser entendidas como entidades isoladas, mas precisam ser definidas por meio de suas inter-relações. De acordo com o físico Henry Stapp (citado por Capra, 1986, p. 76), "uma partícula elementar não é uma entidade não analisável que tenha existência independente. É, em essência, um conjunto de relações que se estendem a outras coisas".

4.2.5 Uma nova noção de causalidade

O papel fundamental da probabilidade na física atômica estabelece uma nova noção de causalidade, que tem profundas implicações para todos os campos da ciência. A ciência newtoniana clássica foi construída por meio do método cartesiano de analisar o mundo em partes e arranjar essas partes de acordo com leis causais. A resultante imagem determinista do universo foi expressa por meio da metáfora da natureza concebida como um mecanismo de relojoaria. Na física atômica, tal imagem mecânica e determinista não é mais possível. A teoria quântica nos mostrou que o mundo não pode ser analisado em elementos isolados, que tenham existência independente. A noção de partes separadas –

átomos, moléculas ou partículas – é uma idealização de validade apenas aproximada; essas partes não estão conectadas por leis causais no sentido clássico.

Na teoria quântica, os eventos individuais nem sempre têm uma causa bem definida. Por exemplo, o salto de um elétron de uma órbita atômica para outra ou o decaimento de uma partícula subatômica podem ocorrer espontaneamente sem que haja um evento único que os cause. Nunca podemos prever quando e como tal fenômeno vai acontecer; podemos apenas prever sua probabilidade. Isso não significa que os eventos atômicos ocorrem de um modo completamente arbitrário; significa apenas que eles não são produzidos por causas locais. O comportamento de qualquer parte é determinado por suas conexões não locais com o todo, e uma vez que não conhecemos essas conexões com precisão, temos de substituir a estreita noção clássica de causa e efeito pelo conceito mais amplo de causalidade estatística.

As leis da física atômica são leis estatísticas, de acordo com as quais as probabilidades para os eventos atômicos são determinadas pela dinâmica do sistema todo. Enquanto na mecânica clássica as propriedades e o comportamento das partes determinam os do todo, a situação é invertida na mecânica quântica: é o todo que determina o comportamento das partes.

4.2.6 O observador como participador

Outra percepção iluminadora da física atômica e que tem consequências de longo alcance é a constatação de que o entrelaçamento universal revelado pela teoria quântica sempre inclui o observador humano e sua consciência. Na física atômica, os fenômenos observados podem ser compreendidos somente como conexões, ou correlações, entre vários processos de observação e de medição, e o fim dessa corrente de processos sempre reside na consciência do observador humano.

A característica de importância crucial da teoria quântica é o fato de que o observador não apenas é necessário para observar as propriedades de um fenômeno atômico, mas também é necessário até mesmo para produzir essas propriedades. Minha decisão consciente de como observar, digamos, um elétron determinará até certo ponto as propriedades do elétron. Se eu fizer a ele uma pergunta de partícula, ele me dará uma resposta de partícula; se eu fizer a ele uma pergunta de onda, ele me dará uma resposta de onda. O elétron não *tem* propriedades objetivas independentes da mente. Isso significa que na física atômica a nítida divisão cartesiana entre mente e matéria, entre o observador e o observado, não pode mais ser mantida. Nunca podemos falar sobre a natureza sem, ao mesmo tempo, falar sobre nós mesmos. Nas palavras de Werner Heisenberg (1958, p. 58): "O que nós observamos não é a própria natureza, mas a natureza exposta ao nosso método de indagação".

Embora a mecânica quântica tenha sido extremamente bem-sucedida em descrever uma grande variedade de fenômenos atômicos e subatômicos, a interpretação filosófica de seu formalismo matemático ainda contém paradoxos não resolvidos. Muitos deles têm a ver com a análise do processo na física atômica. O ponto de partida tradicional de tal análise – na física e em outras ciências – é a divisão do mundo físico em um sistema observado ("objeto") e um sistema de observação ("observador"). Na teoria quântica, o sistema observado pode ser um átomo, uma partícula subatômica, um processo atômico etc. O sistema de observação consiste no aparelho experimental e incluirá um ou vários observadores humanos.

Na teoria quântica, o problema central surge do fato de que esses dois sistemas são tratados de maneiras diferentes. O sistema de observação é descrito nos termos da física clássica, mas esses termos não podem ser usados consistentemente para a descrição do "objeto" observado. Sabemos que os conceitos clássicos são inadequados no nível atômico, e, no entanto, temos de usá-los para descrever nossos experimentos e para estabelecer os resultados. Não há maneira pela qual podemos escapar desse paradoxo. A linguagem técnica da física clássica é apenas um refinamento de nossa linguagem cotidiana, e é a única linguagem que nós temos para comunicar nossos resultados experimentais.

O contraste entre os dois tipos de descrições – termos clássicos para o arranjo experimental e "ondas de probabilidade" para os objetos observados – leva a profundos problemas metafísicos que ainda não foram resolvidos. Na prática, esses problemas são evitados descrevendo-se o sistema de observação de maneira operacional – isto é, por meio de instruções que permitem aos cientistas montar e executar seus experimentos. Dessa maneira, os dispositivos de medida e os cientistas estão efetivamente ligados em um único sistema complexo que não tem partes distintas bem definidas, e uma descrição completa desse sistema de observação não precisa ser parte da teoria.

Atualmente, a maioria dos físicos celebra o tremendo sucesso da mecânica quântica como uma teoria matemática e não está muito interessada em discutir os persistentes paradoxos conceituais. No entanto, outros acreditam que progressos ulteriores na física subatômica não serão possíveis até que os problemas relacionados aos fundamentos da teoria quântica sejam resolvidos, como discutiremos na Seção 4.2.12 a seguir.

4.2.7 A inquietação da matéria

A concepção do universo como teia interconectada de relações é um dos dois temas principais que recorrem ao longo de toda a nova física. O outro tema é a compreensão de que essa teia cósmica é intrinsecamente dinâmica. O aspecto dinâmico da matéria surge na teoria quântica como uma consequência da natureza ondulatória das partículas subatômicas, e é ainda mais importante na teoria da relatividade, a qual nos mostrou que o ser da matéria não pode ser separado de sua atividade. As propriedades de seus padrões básicos, as partículas subatômicas, podem ser compreendidas apenas em um contexto dinâmico, por meio de palavras que se referem a movimento, interação e transformação.

O fato de que as partículas não são entidades isoladas, mas padrões de probabilidade ondulatórios implica que elas se comportam de uma maneira muito peculiar. Sempre que uma partícula subatômica é confinada em uma pequena região do espaço, ela reage a esse confinamento movendo-se para lá e para cá. Quanto menor for a região de confinamento, mais depressa a partícula "bamboleará" de um lado para o outro. Esse comportamento é um típico "efeito quântico", uma característica do mundo atômico que não tem analogia na física macroscópica: quanto mais a partícula é confinada, mais depressa ela se moverá de um lado para o outro (veja Capra, 1975, para uma visão mais detalhada sobre esse fenômeno e sua relação com o princípio da incerteza). Essa tendência das partículas para reagir ao confinamento com movimento implica uma "inquietação" fundamental da matéria que é característica do mundo atômico. Nesse mundo, a maior parte das partículas materiais *está* confinada; elas estão ligadas às estruturas moleculares, atômicas e nucleares, e, portanto, não estão em repouso, mas têm uma tendência inerente para se mover de um lado para o outro.

De acordo com a teoria quântica, a matéria nunca está imóvel. Na medida em que se pode imaginar que as coisas são feitas de componentes menores – moléculas, átomos e partículas – esses componentes encontram-se em um estado de movimento contínuo. Macroscopicamente, os objetos materiais ao nosso redor podem parecer passivos e inertes, mas quando ampliamos um pedaço "morto" de pedra ou metal, vemos que está pleno de atividade. Quanto mais de perto nós o olhamos, mais inquieto ele se revela. Todos os objetos materiais em nosso ambiente são feitos de átomos que se ligam uns aos outros de várias maneiras para formar estruturas moleculares que não são rígidas e imóveis, mas vibram de acordo com suas temperaturas e em harmonia com as vibrações térmicas de seu meio ambiente. Dentro dos átomos vibrantes, os elétrons estão ligados aos núcleos atômicos por meio de forças elétricas que procuram mantê-los o mais perto possível de seus núcleos, e eles respondem a esse confinamento rodopiando com velocidade extremamente alta. Nos núcleos, finalmente, prótons e nêutrons são espremidos dentro de um volume diminuto por meio das forças nucleares fortes, e consequentemente correm de um lado para o outro com velocidades ainda maiores.

Portanto, a física moderna, de maneira alguma, concebe a matéria como passiva e inerte, mas vê nela a presença de movimentos contínuos de dança e vibração cujos padrões rítmicos são determinados pelas configurações moleculares, atômicas e nucleares. Há estabilidade, mas essa estabilidade é manifestação de um equilíbrio dinâmico, e quanto mais nós nos aprofundamos na matéria, mais precisamos compreender sua natureza dinâmica para compreender seus padrões.

4.2.8 Espaço, tempo e energia

Nessa penetração no mundo de dimensões microscópicas, o ponto decisivo é alcançado no estudo dos núcleos atômicos, nos quais as velocidades dos prótons e nêutrons são, com frequência, extremamente altas, a ponto de se aproximar da velocidade da luz. Esse fato tem importância crucial para a descrição de outras interações, pois qualquer descrição de fenômenos naturais envolvendo velocidades tão altas tem de levar em consideração a teoria da relatividade. Para entender as propriedades e interações das partículas subatômicas, precisamos de um arcabouço que incorpore não apenas a teoria quântica, mas também a teoria da relatividade; e é a teoria da relatividade que revela da maneira mais plena a natureza dinâmica da matéria.

A teoria da relatividade de Einstein produziu uma drástica mudança em nossos conceitos de espaço e de tempo. Ela nos forçou a abandonar as ideias clássicas de um espaço absoluto como o palco de fenômenos físicos e de um tempo absoluto como uma dimensão separada do espaço. De acordo com a teoria da relatividade, tanto o espaço como o tempo são conceitos relativos, reduzidos ao papel subjetivo de elementos da linguagem que um determinado observador usa para descrever fenômenos naturais. Para fornecer uma descrição precisa de fenômenos envolvendo velocidades próximas à da luz, é preciso utilizar um arcabouço "relativístico", que incorpore o tempo às três coordenadas de espaço, fazendo dele uma quarta coordenada a ser especificada relativamente ao observador. Em tal arcabouço, o espaço e o tempo estão íntima e inseparavelmente conectados e formam um *continuum* quadridimensional denominado "espaço-tempo". Na física relativística, nunca podemos falar sobre o espaço sem falar sobre o tempo, e vice-versa.

Os conceitos de espaço e tempo são tão básicos para a nossa descrição de fenômenos naturais que a modificação radical deles na teoria da relatividade acarretou uma modificação de todo o arcabouço que usamos na física para descrever a natureza. A consequência mais importante desse novo arcabouço relativístico foi a compreensão de que a massa nada mais é que uma forma de energia. Até mesmo um objeto em repouso tem energia armazenada em sua massa, e a relação entre ambos é dada pela famosa equação de Einstein

$$E = mc^2 \tag{4.1}$$

onde *c* é a velocidade da luz.

Uma vez que a massa tenha sido reconhecida como uma forma de energia, não se exige mais que ela seja indestrutível, mas apenas que ela pode ser transformada em outras formas de energia. Isso acontece continuamente, nos processos de colisão estudados na física de alta energia, processos nos quais partículas materiais são criadas e destruídas, sendo suas massas transformadas em energia de movimento e vice-versa.

As colisões de partículas subatômicas são nossa principal ferramenta para estudar suas propriedades, e a relação entre massa e energia é essencial para sua descrição. A equivalência entre massa e energia foi verificada inúmeras vezes e os físicos se tornaram completamente familiarizados com ela – tão familiarizados, na verdade, que eles medem as massas das partículas nas unidades de energia correspondentes.

A descoberta de que a massa é uma forma de energia exerceu uma profunda influência sobre a nossa imagem da matéria e nos forçou a modificar de maneira essencial o nosso conceito de partícula. Na física moderna, a massa não está mais associada com uma substância material, e consequentemente as partículas não são mais vistas como consistindo em qualquer "material" básico, sendo constituídas, em vez disso, por feixes de energia. No entanto, a energia está associada com atividade, com processos, e isso implica que a natureza das partículas subatômicas é intrinsecamente dinâmica.

Para compreender isso melhor, precisamos nos lembrar de que essas partículas só podem ser concebidas em termos relativísticos – isto é, em termos de um arcabouço onde o espaço e o tempo são fundidos em um *continuum* quadridimensional. Em tal arcabouço, as partículas não podem mais ser imaginadas como pequenas bolas de bilhar, ou pequenos grãos de areia. Se essas imagens não são mais apropriadas, isso não se deve apenas ao fato de que representam as partículas como objetos separados, mas também porque são imagens estáticas, tridimensionais. As partículas subatômicas precisam ser concebidas como entidades quadridimensionais no espaço-tempo. Suas formas precisam ser entendidas dinamicamente, como formas no espaço e no tempo. Partículas são padrões dinâmicos, padrões de atividade que têm um aspecto espacial e um aspecto temporal. Seu aspecto espacial faz com que apareçam como objetos com certa massa, e seu aspecto temporal como processos envolvendo a energia que lhes é equivalente. Por isso, o ser da matéria e a sua atividade não podem ser separados, mas constituem apenas aspectos diferentes da mesma realidade espaçotemporal.

Os padrões de energia do mundo subatômico formam as estruturas nucleares, atômicas e moleculares estáveis que constroem a matéria e dão a ela seu aspecto macroscópico sólido, levando-nos assim a acreditar que ela é feita de alguma substância material. No nível macroscópico, essa noção de substância é uma aproximação útil, mas no nível atômico ela não faz mais sentido. Átomos consistem em partículas, e essas partículas não são feitas de qualquer "estofo" material. Quando as observamos, nunca vemos qualquer substância; o que observamos são padrões dinâmicos mudando continuamente uns nos outros – uma contínua dança de energia.

4.2.9 Gravidade e espaço-tempo curvo

A teoria da relatividade que estivemos discutindo até agora é conhecida como "teoria especial da relatividade". Ela fornece um arcabouço comum para a descrição dos fenômenos associados com corpos em movimento e com a eletricidade e o magnetismo, sendo as características básicas desse arcabouço a relatividade do espaço e do tempo e sua unificação no espaço-tempo quadridimensional.

Na "teoria geral da relatividade", o arcabouço da teoria especial é estendido de modo a incluir a gravidade. O efeito da gravidade, de acordo com a relatividade geral, é curvar o espaço-tempo. Isso, mais uma vez, é extremamente difícil de imaginar. Podemos facilmente imaginar uma superfície curva bidimensional, como a superfície de um ovo, porque podemos ver tais superfícies curvas estendidas no espaço tridimensional. O significado de curvatura para superfícies curvas bidimensionais é, assim, totalmente claro; mas quando se trata de espaço tridimensional – para não falar em espaço-tempo quadridimensional – nossa imaginação nos abandona. Uma vez que não somos capazes de olhar para o espaço tridimensional observando-o do lado "de fora", não podemos imaginar como seria "curvá-lo em alguma direção".

Para compreender o significado de espaço-tempo curvo, precisamos usar superfícies bidimensionais curvas como analogias. Imagine, por exemplo, a superfície de uma esfera. O que torna possível a analogia com o espaço-tempo é o fato crucial de que a curvatura é uma propriedade intrínseca dessa superfície e pode ser medida sem que para isso precisemos ir ao espaço tridimensional. Por exemplo, em um plano, a soma dos três ângulos internos de um triângulo mede sempre 180°, mas em uma esfera essa soma é maior que 180°. Um inseto bidimensional confinado à superfície da esfera e incapaz de experimentar o espaço tridimensional poderia, apesar disso, descobrir que a superfície sobre a qual está vivendo é curva, contanto que possa fazer tais medições geométricas e comparar os resultados com aqueles previstos pela geometria euclidiana. Se houver uma discrepância, a superfície é curva; e quanto maior for a discrepância – para um dado tamanho de figuras geométricas – mais acentuada será a curvatura.

Da mesma maneira, podemos definir um espaço tridimensional curvo como aquele no qual a geometria euclidiana deixa de valer. Em tal espaço as leis da geometria serão de um tipo diferente, "não euclidiano". Tal geometria não euclidiana foi introduzida como uma ideia matemática puramente abstrata pelo matemático Georg Riemann (1826-1866), e não foi considerada mais que isso até que Einstein fez a sugestão revolucionária segundo a qual o espaço tridimensional em que vivemos é realmente curvo.

De acordo com a teoria de Einstein, a curvatura do espaço é causada pelos campos gravitacionais dos corpos massivos. Sempre que houver um objeto massivo, o espaço ao redor dele é curvo, e o grau de curvatura – isto é, o grau em que a geometria se desvia da de Euclides – depende da massa do objeto.

Uma vez que o espaço não pode jamais ser separado do tempo na teoria da relatividade, a curvatura causada pela gravidade não pode ser limitada ao espaço tridimensional, mas precisa estender-se ao espaço-tempo quadridimensional. É isso, de fato, o que a teoria geral da relatividade prevê. Em um espaço-tempo curvo, as distorções causadas pela curvatura afetam não apenas as relações espaciais descritas pela geometria, mas também o "comprimento" dos intervalos de tempo.

O tempo não flui na mesma marcha com que fluiria em um "espaço-tempo plano", e conforme a curvatura varia de lugar para lugar, de acordo com a distribuição de corpos massivos, também varia o fluxo do tempo. No entanto, é importante compreender que essa variação do fluxo do tempo só pode ser constatada por um observador que esteja em um lugar diferente daquele onde estão os relógios usados para medir a variação. Por exemplo, se o observador se dirige para um lugar em que o tempo flui mais lentamente, todos os seus relógios também diminuirão sua marcha e ele não teria meios de medir o efeito.

As equações que relacionam a curvatura do espaço-tempo com a distribuição da matéria nesse espaço são chamadas de equações de campo de Einstein. Elas podem ser aplicadas não apenas para se determinar as variações locais de curvatura nas vizinhanças de estrelas e planetas, mas também para se descobrir se há uma curvatura global do espaço em uma grande escala. Em outras palavras, as equações de Einstein podem ser usadas para determinar a estrutura do universo como um todo. Infelizmente, elas não nos dão uma resposta única. Várias soluções matemáticas das equações são possíveis; elas correspondem aos vários modelos do universo estudados por astrofísicos e cosmólogos.

4.2.10 A unificação da física

As duas teorias básicas da física contemporânea transcenderam os principais aspectos da visão de mundo cartesiana e da física newtoniana. A teoria quântica mostrou que as partículas subatômicas não são grãos isolados de matéria, mas padrões de probabilidade, interconexões em uma teia cósmica inseparável que inclui o observador humano e sua consciência. A teoria da relatividade revelou o caráter intrinsecamente dinâmico dessa teia cósmica ao mostrar que sua atividade é a própria essência do seu ser.

Pesquisas atuais em física visam unificar a teoria quântica e a teoria da relatividade em uma teoria completa da matéria subatômica. Tal teoria precisaria fazer um relato completo das quatro forças fundamentais que operam no nível subatômico: o eletromagnetismo (que liga elétrons ao núcleo e controla todos os processos químicos), a gravidade, a força nuclear forte (que mantém unidos em um todo coeso os componentes dos núcleos atômicos) e a força nuclear fraca (que é responsável pelo decaimento radioativo). Os físicos ainda não conseguiram formular tal teoria completa, mas nós agora temos várias teorias parciais que descrevem muito bem algumas das quatro forças fundamentais e os fenômenos associados a elas (veja Smolin, 2006).

4.2.11 O pensamento sistêmico e a nova física

Depois dessa breve revisão da "nova física", devemos agora retornar ao nosso relato histórico da ascensão do pensamento sistêmico durante as décadas de 1920 e 1930. Como vimos nas seções precedentes, os físicos quânticos na década de 1920 lutaram com a mesma mudança conceitual das partes para o todo que deu origem à escola da biologia organísmica. De fato, os biólogos provavelmente teriam achado muito mais difícil superar o mecanicismo cartesiano se ele não tivesse colapsado de maneira tão espetacular na física, que havia sustentado o grande triunfo do paradigma cartesiano durante três séculos. Heisenberg (1969) reconheceu que a mudança das partes para o todo é o aspecto central dessa revolução conceitual, e estava tão impressionado por ela que deu à sua autobiografia científica o título *A Parte e o Todo*.

4.3 Observações finais

Por volta da década de 1930, a maior parte das características-chave do pensamento sistêmico já havia sido formulada por biólogos organísmicos, psicólogos da Gestalt e ecologistas. Em todos esses campos, a exploração dos sistemas vivos – organismos, partes de organismos e comunidades de organismos – havia levado os cientistas à mesma nova maneira de pensar usando, para isso, palavras como conectividade, relações e contexto. Além disso, esse novo pensamento também foi suportado pelas descobertas revolucionárias na física quântica no domínio dos átomos e das partículas subatômicas, que levou os físicos a ver o universo como uma teia interconectada de relações cujas partes podem ser definidas somente por intermédio de suas conexões com o todo.

Em nossa revisão das características-chave do pensamento sistêmico (veja o Quadro 4.1), enfatizamos várias mudanças de perspectiva. Todas essas mudanças de perspectiva são, na verdade, apenas diferentes maneiras de dizer a mesma coisa. Pensamento sistêmico significa uma mudança de percepção de objetos e estruturas materiais para processos e padrões de organização não materiais que representam a própria essência da vida. Também deveríamos acrescentar que a ênfase nas relações, nas qualidades e nos processos não significa que os objetos, as quantidades e as estruturas não são mais importantes. Quando falamos em mudanças de perspectiva, não queremos dizer com isso que o pensamento sistêmico elimina completamente uma perspectiva em favor de outra, mas, em vez disso, que há uma interação complementar entre as duas perspectivas, uma mudança entre figura e fundo, como é ilustrado na Figura 4.1.

Quadro 4.1
Características do pensamento sistêmico

Mudança de perspectiva das partes para o todo

A primeira característica do pensamento sistêmico, e a mais geral, é a mudança de perspectiva das partes para o todo. Os sistemas vivos são totalidades integradas cujas propriedades não podem ser reduzidas às de partes menores. Suas propriedades essenciais, ou "sistêmicas", são propriedades do todo, que nenhuma das partes tem. Elas surgem de padrões de organização característicos de uma classe particular de sistemas. As propriedades sistêmicas são destruídas quando um sistema é dissecado, física ou conceitualmente, em elementos isolados.

Multidisciplinaridade inerente

Exemplos de sistemas vivos são abundantes na natureza. Cada organismo – animal, vegetal, microrganismo ou ser humano – é um todo integrado, um sistema vivo. Partes de organismos – por exemplo, folhas ou células – também são sistemas vivos; e sistemas vivos também incluem comunidades de organismos. Esses podem ser sistemas sociais – uma família, uma organização comercial, uma aldeia – ou ecossistemas. A visão sistêmica da vida nos ensina que todos os sistemas vivos compartilham um conjunto de propriedades e princípios de organização comuns. Isso significa que o pensamento sistêmico é inerentemente multidisciplinar. Ele pode ser aplicado a disciplinas acadêmicas integradas ou para descobrir similaridades entre diferentes fenômenos dentro de uma ampla faixa de sistemas vivos.

De objetos para relações

Ao longo de todo o mundo vivo, encontramos sistemas aninhados dentro de sistemas maiores. Células são partes de tecidos; tecidos são partes de órgãos; órgãos são partes de organismos; e organismos vivos são partes de ecossistemas e de sistemas sociais. Em cada nível, o sistema vivo é uma totalidade integrada com componentes menores, enquanto, ao mesmo tempo, é parte de um todo maior. Em última análise – como a física quântica mostrou de maneira tão impressionante –, não há partes, em absoluto. O que chamamos de parte é apenas um padrão em uma teia inseparável de relações. Portanto, a mudança de perspectiva das partes para o todo também pode ser reconhecida como uma mudança de objetos para relações.

Em certo sentido, essa é uma mudança entre figura e fundo, como é ilustrado na Figura 4.1. Na visão mecanicista (a), o mundo é uma coleção de objetos. Os objetos interagem uns com os outros e, portanto, há relações entre eles. Mas as relações (linhas pontilhadas) são secundárias. Na visão sistêmica (b), compreendemos que os próprios objetos são redes de relações, encaixadas em redes maiores. Para o pensador sistêmico, as relações têm importância primária. As fronteiras (linhas pontilhadas) dos padrões discerníveis – os assim chamados "objetos" – são secundárias.

De medição para mapeamento

A mudança de perspectiva de objetos para relações não ocorre com facilidade, pois é algo que contraria o empreendimento científico tradicional na cultura ocidental. Na ciência, somos informados de que as coisas precisam ser medidas e pesadas. Mas relações não podem ser medidas e pesadas; relações precisam ser mapeadas. Desse modo, a mudança perceptiva de objetos para relações caminha de mãos dadas com uma mudança de metodologia de medir para mapear. Quando mapeamos relações, descobrimos certas configurações que ocorrem repetidamente. É o que chamamos de padrão. Redes, ciclos e fronteiras são exemplos de padrões de organização característicos de sistemas vivos e ocupam lugar no centro das atenções na ciência sistêmica.

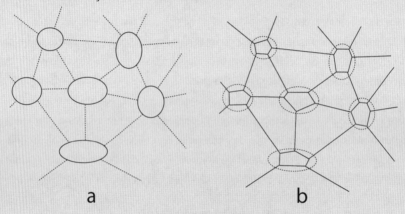

Figura 4.1 Mudança entre figura e fundo de objetos para relações (extraído de Capra, 1997).

De quantidades para qualidades

Mapear relações e estudar padrões não é uma abordagem quantitativa, mas qualitativa. Desse modo, o pensamento sistêmico implica uma mudança de quantidades para qualidades. Esse fato tem-se mostrado particularmente notável no recente desenvolvimento da teoria da complexidade (veja o Capítulo 6). A nova matemática da complexidade é uma matemática de padrões visuais, e a análise desses padrões é conhecida como análise qualitativa.

De estruturas para processos

No arcabouço mecanicista da ciência cartesiana, há estruturas fundamentais, e em seguida há forças e mecanismos por meio dos quais elas interagem, dando origem a processos. Na ciência sistêmica, toda estrutura é vista como a manifestação de processos subjacentes.

O pensamento sistêmico inclui uma mudança de perspectiva de estruturas para processos. Desde os primeiros dias da biologia, cientistas e filósofos têm reconhecido que a forma (*form*) viva é mais do que forma padronizada (*shape*), mais do que uma configuração estática de componentes em um todo. Há um contínuo fluxo de matéria através de um sistema vivo, embora sua forma seja mantida; há crescimento e decadência, regeneração e desenvolvimento. Portanto, a compreensão da estrutura viva está inextricavelmente ligada à compreensão dos processos metabólicos e do desenvolvimento.

Da ciência objetiva para a ciência epistêmica

A concepção sistêmica da realidade como uma rede inseparável de relações tem importantes implicações não apenas para a nossa visão da natureza, mas também para a nossa compreensão do conhecimento científico. Na ciência cartesiana, acreditava-se que as descrições científicas fossem objetivas – isto é, independentes do observador humano e do processo de conhecimento. A ciência sistêmica, em contrapartida, implica que a epistemologia – a compreensão do processo de conhecimento – precisa ser explicitamente incluída na descrição dos fenômenos naturais.

Esse reconhecimento ingressou na ciência com Werner Heisenberg (veja a Seção 4.2.7) e está estreitamente relacionado com a visão da realidade física como uma teia de relações. Se nós imaginamos a rede representada na Figura 4.1 como muito mais intrincada, talvez um tanto semelhante a uma mancha de tinta em um teste de Rohrschach, podemos facilmente compreender que isolar um padrão nessa rede complexa, por exemplo, traçando uma fronteira ao seu redor e chamando esse padrão de "objeto", será um tanto arbitrário. Diferentes observadores poderão fazer isso de diferentes maneiras.

Citando Heisenberg (1958, p. 58) mais uma vez: "O que nós observamos não é a própria natureza, mas a natureza exposta ao nosso método de investigação". Assim, o pensamento sistêmico envolve uma mudança da ciência objetiva para a ciência "epistêmica"; para um arcabouço no qual a epistemologia – "o método de investigação" – torna-se parte integrante das teorias científicas.

A compreensão de que a dimensão subjetiva está sempre implícita na prática da ciência não significa que nós temos de desistir do rigor científico. Quando falamos de uma descrição "objetiva" na ciência, entendemos, antes de qualquer coisa, um corpo de conhecimento que é modelado, constrangido e regulado pelo empreendimento científico coletivo, em vez de ser apenas uma coleção de relatos individuais. Tal validação intersubjetiva é prática-padrão na ciência e não precisa ser abandonada.

Da certeza cartesiana ao conhecimento aproximado

Na abordagem epistêmica da ciência, a natureza é reconhecida como uma teia de relações interligadas, na qual a identificação de padrões específicos como "objetos" depende do observador humano e do processo de conhecimento. Essa nova abordagem levanta imediatamente uma importante questão: "Se tudo está conectado com tudo, como podemos esperar vir a entender qualquer coisa?" Uma vez que todos os fenômenos naturais estão, em última análise, interconectados, então para explicar qualquer um deles precisamos compreender todos os outros, algo que, obviamente, é impossível.

O que torna possível converter a abordagem sistêmica em uma ciência adequada é a descoberta de que existe o conhecimento aproximado. Essa percepção é essencial para toda a ciência contemporânea. O paradigma mecanicista está baseado na crença cartesiana na certeza do conhecimento científico. No paradigma sistêmico, reconhecemos que todos os conceitos e teorias científicos são limitados e aproximados. A ciência nunca pode fornecer qualquer conhecimento completo e definitivo. Na ciência, para nos expressar sem rodeios, nunca lidamos com a verdade, no sentido de uma correspondência precisa entre nossas descrições e os fenômenos descritos. Nós sempre lidamos com o conhecimento limitado e aproximado.

Isso pode parecer desencorajador, mas, ao longo do século passado, os cientistas se tornaram muito familiarizados com a natureza aproximada do conhecimento científico. Na verdade, o fato de que nós *podemos* formular modelos e teorias aproximados, mas efetivos para descrever uma teia interminável de fenômenos interconectados, e que somos capazes de melhorar nossas aproximações ao longo do tempo tem sido uma fonte de confiança e de força na comunidade científica.

Na década de 1940, quando os conceitos sistêmicos básicos – sistema, nível sistêmico, organização, complexidade, propriedades emergentes, e assim por diante – foram esclarecidos, alguns pensadores sistêmicos começaram a formular as teorias sistêmicas atuais, o que significa que eles integraram conceitos sistêmicos em arcabouços teóricos coerentes descrevendo alguns dos princípios básicos da organização dos sistemas vivos. Discutiremos o desenvolvimento dessas teorias sistêmicas "clássicas" no próximo capítulo.

5
Teorias sistêmicas clássicas

5.1 Tectologia

É o biólogo austríaco Ludwig von Bertalanffy que recebe comumente o crédito por ter formulado, pela primeira vez, um arcabouço teórico abrangente descrevendo os princípios de organização dos sistemas vivos. No entanto, vinte a trinta anos antes que Bertalanffy publicasse os primeiros artigos sobre sua "teoria geral dos sistemas", Alexander Bogdanov (1873-1928), médico pesquisador, filósofo e economista russo, desenvolveu uma teoria sistêmica de igual sofisticação e igual âmbito, a qual, infelizmente, ainda é amplamente desconhecida fora da Rússia.

Bogdanov deu à sua teoria o nome de "tectologia", do grego *tekton* ("construtor"), que pode ser traduzido como "ciência das estruturas". O principal objetivo de Bogdanov foi esclarecer e generalizar os princípios de organização de todas as estruturas vivas e não vivas. Em suas próprias palavras (citadas em um resumo detalhado sobre a tectologia escrito por Gorelik, 1975):

A tectologia precisa esclarecer os modos de organização que se percebe existirem na natureza e na atividade humana; em seguida, ela precisa generalizar e sistematizar esses modos; mais adiante, ela precisa explicá-los, isto é, propor esquemas abstratos de suas tendências e leis... A tectologia lida com experiências organizacionais que não são deste ou daquele campo especializado, mas de todos esses campos juntos. Em outras palavras, a tectologia abrange as matérias de estudo de todas as outras ciências.

A tectologia foi a primeira tentativa na história da ciência a chegar a uma formulação sistemática dos princípios de organização que operam nos sistemas vivos e não vivos. Ela antecipou o arcabouço conceitual da teoria geral dos sistemas de Ludwig von Bertalanffy, e também incluiu várias ideias importantes que foram formuladas quatro décadas mais tarde por Norbert Wiener (veja a Seção 5.3.2).

O propósito de Bogdanov consistia em formular uma "ciência universal da organização". Ele definiu forma organizacional como "a totalidade de conexões entre elementos sistêmicos", o que é praticamente idêntico à nossa definição contemporânea de padrão de organização. Usando de maneira permutável as palavras "complexo" e "sistema", Bogdanov distinguiu três tipos de sistemas: complexos organizados, nos quais o todo é maior que a soma das suas partes; complexos desorganizados, nos quais o todo é menor que a soma das suas partes; e complexos neutros, nos quais as atividades organizadoras e desorganizadoras cancelam-se umas às outras.

A estabilidade e o desenvolvimento de todos os sistemas podem ser entendidos, de acordo com Bogdanov, em função de dois mecanismos organizacionais básicos: formação e regulação. Estudando ambas as formas de dinâmica organizacional e as ilustrando com numerosos exemplos extraídos de sistemas naturais e sociais, Bogdanov explorou várias ideias centrais que biólogos organísmicos *e* ciberneticistas viriam a desenvolver.

A dinâmica da formação consiste na junção de complexos por meio de vários tipos de ligações, que Bogdanov analisou com grandes detalhes. Ele enfatizou, em particular, o fato de que a tensão entre crise e transformação tem importância central para a formação de sistemas complexos. Antecipando a obra de Ilya Prigogine (veja o Capítulo 8), Bogdanov mostrou como a crise organizacional se manifesta como uma ruptura do equilíbrio sistêmico existente e, ao mesmo tempo, representa uma transição para um novo estado de equilíbrio. Ao definir categorias de crises, Bogdanov antecipou até mesmo o conceito de catástrofe, que viria a ser desenvolvido na década de 1960 pelo matemático francês René Thom, e que, mais tarde, sob o nome de "bifurcação", tornou-se um conceito-chave da teoria da complexidade (veja o Capítulo 6).

Como Bertalanffy, Bogdanov reconheceu que os sistemas vivos são sistemas abertos que operam longe do equilíbrio, e cuidadosamente estudou seus processos de regulação e autorregulação. Um sistema para o qual não há necessidade de regulação externa, pois o sistema regula a si mesmo, é chamado de "birregulador" na linguagem de Bogdanov. Usando o exemplo do regulador centrífugo de uma máquina a vapor para ilustrar a autorregulação, como os cibernetistas fariam várias décadas mais tarde, Bogdanov essencialmente descreveu o mecanismo conhecido como *feedback* [realimentação ou retroalimentação] por Norbert Wiener, que se tornou um conceito central na cibernética.

Bogdanov não tentou formular matematicamente suas ideias, mas tinha em mente o desenvolvimento futuro de um "simbolismo tectológico" abstrato, um novo tipo de matemática capaz de analisar os padrões de organização que descobrira. Meio século mais tarde, surgiria de fato uma nova matemática que responderia por tais características, a matemática dos sistemas complexos.

O livro pioneiro de Bogdanov, *Tectologia*, foi publicado em russo em três volumes entre 1912 e 1917. Uma edição alemã foi publicada e amplamente revisada em 1928. Entretanto, muito pouco se conhece no Ocidente sobre essa primeira versão de uma teoria geral dos sistemas e precursora da cibernética. Até mesmo na *Teoria Geral dos Sistemas* de Ludwig von Bertalanffy, publicada em 1968, que inclui uma seção sobre a história da teoria dos sistemas, não há nenhuma referência a Bogdanov. É difícil entender como Bertalanffy, que foi amplamente lido e que publicou toda a sua obra original em alemão, não tenha tido contato com a obra de Bogdanov.

5.2 Teoria geral dos sistemas

Antes da década de 1940, as palavras "sistema" e "pensamento sistêmico" têm sido usadas por vários cientistas, mas foram os conceitos de Bertalanffy de sistema aberto e de teoria geral dos sistemas que estabeleceram o pensamento sistêmico como um movimento científico de grande importância. Com o vigoroso apoio que se seguiu, por parte de ciberneticistas, os conceitos de pensamento sistêmico e de teoria dos sistemas, ou sistêmica, tornaram-se partes integrantes da linguagem científica estabelecida e levaram a numerosas novas metodologias e aplicações – engenharia de sistemas, análise de sistemas, dinâmica de sistemas, e assim por diante.

Ludwig von Bertalanffy (1901-1972) começou sua carreira como biólogo em Viena durante a década de 1920. Logo ele reuniu um grupo de cientistas e filósofos, que vieram a ser coletivamente conhecidos, em âmbito internacional, como "círculo de Viena", e sua obra incluía, desde o início, temas filosóficos mais amplos. Assim como outros biólogos organísmicos, ele acreditava firmemente que os fenômenos biológicos requeriam novos modos de pensar, que transcendessem os métodos tradicionais das ciências físicas. Ele se pôs a caminho no empreendimento de substituir os fundamentos mecanicistas da ciência por uma visão holística, que ele discutiu em uma série de artigos publicados entre 1940 e 1966, resumidos em Bertalanffy (1968, p. 37):

A teoria geral dos sistemas é uma ciência geral da "totalidade", que até agora era considerada um conceito vago, nebuloso e semimetafísico. Em forma elaborada, ela seria uma disciplina matemática, em si mesma puramente formal, mas aplicável a várias ciências empíricas. Para as ciências envolvidas com "totalidades organizadas", ela teria uma importância semelhante àquela que a teoria das probabilidades teve para as ciências envolvidas com "eventos probabilísticos".

Apesar de defender essa visão de uma futura teoria matemática formal, Bertalanffy também procurou estabelecer sua teoria geral dos sistemas em uma base biológica sólida. Ele fez objeção à posição dominante da física no âmbito da ciência moderna e enfatizou a diferença crucial entre sistemas físicos e biológicos.

Para atingir seu objetivo, Bertalanffy procurou definir com precisão um dilema que desconcertou os cientistas desde o século XIX, quando a então recente ideia de evolução ingressou no pensamento científico. Enquanto a mecânica newtoniana era uma ciência de forças e trajetórias, o pensamento evolutivo – isto é, o pensamento que lida com as ideias de mudança, de crescimento e de desenvolvimento – exigiu uma nova ciência da complexidade. A primeira formulação dessa nova ciência foi a termodinâmica clássica, com sua célebre "segunda lei", a lei da dissipação da energia. Como vimos na Seção 1.2.3, a segunda lei da termodinâmica apresentou aos cientistas o dilema fundamental das duas visões diametralmente opostas da mudança evolutiva – a de um mundo vivo que se desdobra em direção a uma situação de ordem e complexidade crescentes, e a de um motor que perde força e vai parando, um mundo de desordem cada vez maior. Ludwig von Bertalanffy não podia resolver esse dilema, mas deu o primeiro passo, um passo crucial, ao reconhecer que os organismos vivos são sistemas abertos que não podem ser descritos pela termodinâmica clássica. Ele chamou tais sistemas de "abertos" porque precisam se alimentar de um fluxo contínuo de matéria e energia, extraídas de seu ambiente, para se conservarem vivos.

Diferentemente dos sistemas fechados, que se estabelecem em um estado de equilíbrio térmico, os sistemas abertos se mantêm afastados do equilíbrio nesse "estado estacionário" caracterizado por fluxo e mudança contínuos. Bertalanffy cunhou a expressão em alemão *Fliessgleichgewicht* ("equilíbrio fluente") para descrever esse estado de equilíbrio dinâmico. Ele reconheceu com clareza que a termodinâmica clássica, que lida com sistemas fechados no equilíbrio ou próximos do equilíbrio, não é apropriada para descrever sistemas abertos em estados estacionários afastados do equilíbrio.

Em sistemas abertos, especulou Bertalanffy, a entropia (ou desordem) pode diminuir, e a segunda lei da termodinâmica pode não se aplicar. Ele postulou que a ciência clássica precisaria ser complementada por uma nova termodinâmica de sistemas abertos. No entanto, na década de 1940, as técnicas matemáticas necessárias para tal expansão da termodinâmica não estavam disponíveis a Bertalanffy. A formulação da nova termodinâmica de sistemas abertos teria de esperar até a década de 1970. Foi a grande realização de Ilya Prigogine (1917-2003), que utilizou a nova matemática da complexidade para reavaliar a segunda lei repensando radicalmente as concepções científicas tradicionais a respeito de ordem e desordem. Isso lhe permitiu resolver sem ambiguidades as duas concepções de evolução que no século XIX eram consideradas contraditórias, como examinamos no Capítulo 8.

5.3 Cibernética

Enquanto Ludwig von Bertalanffy trabalhava em sua teoria geral dos sistemas, tentativas para desenvolver máquinas de autoguiamento e autorreguladoras levaram a um campo de pesquisas inteiramente novo, que exerceria um enorme impacto sobre o desenvolvimento posterior da visão sistêmica da vida. Recorrendo a várias disciplinas, a nova ciência representou uma abordagem unificada de problemas de comunicação e controle, envolvendo todo um complexo de ideias novas, que inspiraram Norbert Wiener (1894-1964) a inventar um nome especial para ela – "cibernética". A palavra deriva do grego *kybernetes* ("piloto"), e Wiener (1948) definiu a cibernética como a ciência do "controle e da comunicação no animal e na máquina".

5.3.1 Os ciberneticistas

A cibernética logo se tornaria um poderoso movimento intelectual, que se desenvolveu independentemente da biologia organísmica e da teoria geral dos sistemas. Os ciberneticistas não eram nem biólogos nem ecologistas; eles eram matemáticos, neurocientistas, cientistas sociais e engenheiros. Estavam preocupados com um diferente nível de descrição, concentrando-se em padrões de comunicação, especialmente em ciclos (*loops*) fechados e redes. Suas investigações os levaram aos conceitos de *feedback* e autorregulação, e então, mais tarde, ao de auto-organização.

Essa atenção voltada para os padrões de organização, que estava implícita na biologia organísmica e na psicologia da Gestalt, tornou-se o enfoque explícito da cibernética. Wiener, em especial, reconheceu que as novas noções de mensagem, controle e *feedback* se referiam a padrões de organização – isto é, a entidades não materiais – que têm importância crucial para uma descrição plenamente científica da vida. Mais tarde, Wiener (1950, p. 96) expandiu o conceito de padrão, dos padrões de comunicação e controle, que são comuns aos animais e às máquinas, à ideia geral de padrão como uma característica-chave da vida. "Somos apenas redemoinhos em um rio cujas águas fluem incessantemente", escreveu. "Não somos material que subsiste, mas padrões que se perpetuam."

O movimento da cibernética começou durante a Segunda Guerra Mundial, quando um grupo de matemáticos, neurocientistas e engenheiros – entre eles Norbert Wiener, John von Neumann, Claude Shannon e Warren McCulloch – formaram uma rede informal para perseguir interesses científicos comuns. Sua obra estava estreitamente ligada a pesquisas militares que lidam com os problemas de rastrear e abater aeronaves, e foi financiado pelos militares, como também o seria a maior parte das pesquisas subsequentes em cibernética.

Por volta da mesma época, independentemente do grupo cibernético, o brilhante matemático e lógico inglês Alan Turing (1912-1954) desenvolveu um sistema lógico abstrato que formalizou conceitos como "algoritmo" e "computação", os quais se tornariam conceitos-chave no desenvolvimento da ciência do computador. A formulação de Turing envolvia um dispositivo de computação hipotético, atualmente conhecido como máquina de Turing. Por causa de seus conceitos e ideias desbravadores, Turing é amplamente considerado o pai da ciência do computador e da inteligência artificial (Turing, 1950; veja também Teuscher, 2010; Dyson, 2012). Durante a Segunda Guerra Mundial, ele trabalhou para o centro secreto de quebra de códigos da Inglaterra, em Bletchley Park, onde seus dispositivos e técnicas de computação foram muito importantes para quebrar o código da máquina alemã Enigma.

Os primeiros ciberneticistas (como eles chamariam a si mesmos vários anos depois) impuseram-se o desafio de descobrir os mecanismos neurais subjacentes aos fenômenos mentais e de expressá-los em linguagem matemática explícita. Desse modo, enquanto os biólogos organísmicos estavam preocupados com o lado material da divisão cartesiana, revoltando-se contra o mecanicismo e explorando a natureza da forma biológica, os ciberneticistas voltaram-se para o lado mental. Desde o começo, tinham a intenção de criar uma ciência exata da mente. Embora sua abordagem fosse totalmente mecanicista, concentrando-se em padrões comuns aos animais e máquinas, ela também envolvia muitas novas ideias que exerceram uma tremenda influência nas concepções sistêmicas subsequentes sobre os fenômenos mentais. Na verdade, a ciência contemporânea da cognição (discutida no Capítulo 12), que oferece uma concepção científica unificada do cérebro e da mente, pode ser remontada diretamente aos anos pioneiros da cibernética.

O arcabouço conceitual da cibernética foi desenvolvido em uma série de encontros, que se tornaram lendários, na Cidade de Nova York, entre 1946 e 1953, conhecidos como Macy Conferences (veja Heims, 1991). Esses encontros eram extremamente estimulantes, reunindo um grupo singular de pessoas altamente criativas, que se empenharam em intensos diálogos interdisciplinares para explorar novas ideias e novos modos de pensar. Os participantes se dividiram em dois grupos centrais. O primeiro formou-se ao redor dos ciberneticistas originais e consistia em matemáticos, engenheiros e neurocientistas. O outro grupo era formado por cientistas vindos da área de ciências humanas, e se aglomerou ao redor de Gregory Bateson e Margaret Mead. A partir do primeiro encontro, os ciberneticistas fizeram grandes esforços para preencher a lacuna acadêmica entre eles e as ciências humanas.

Norbert Wiener (1894-1964) foi a figura dominante ao longo de toda a série de conferências, impregnando-as com o seu entusiasmo pela ciência e deslumbrando seus colegas participantes com o brilho de suas ideias e suas abordagens, com frequência irreverentes. Wiener não foi apenas um matemático brilhante, mas também um filósofo claro e eloquente. Ele estava imensamente interessado em biologia e apreciava a riqueza dos sistemas vivos, naturais. Ele olhava para além dos mecanismos de comunicação e controle, para padrões mais amplos, e tentou relacionar suas ideias com uma larga faixa de questões sociais e culturais.

John von Neumann (1903-1957) era o segundo centro de atração nas Macy Conferences. Um gênio matemático, ele escreveu um tratado clássico sobre mecânica quântica, foi o criador da teoria dos jogos e se tornou mundialmente famoso como o inventor do computador digital (inspirado pela obra teórica pioneira de Turing).

Norbert Wiener exerceu uma forte influência sobre o antropólogo Gregory Bateson (1904-1980). A mente de Bateson, como a de Wiener, perambulava livremente através das disciplinas, desafiando as suposições e os métodos básicos de várias ciências ao procurar padrões gerais e poderosas abstrações universais. Bateson via a si mesmo, essencialmente, como biólogo, e considerava os muitos campos nos quais se envolveu – antropologia, epistemologia, psiquiatria e outros – como ramos da biologia. A grande paixão que ele trouxe para a ciência abrangia a plena diversidade dos fenômenos associados à vida, e seu principal objetivo era descobrir princípios de organização comuns nessa diversidade – "o padrão que conecta", como se expressaria muitos anos depois.

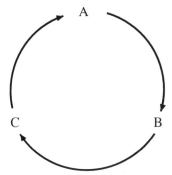

Figura 5.1 Causalidade circular de um ciclo de *feedback*.

Seus diálogos com Wiener e os outros ciberneticistas tiveram um duradouro impacto sobre a obra subsequente de Bateson. Ele foi pioneiro na aplicação do pensamento sistêmico à terapia de família, desenvolveu um modelo cibernético do alcoolismo e é o autor de uma teoria do duplo vínculo da esquizofrenia, que exerceu um enorme impacto nas obras de R. D. Laing e muitos outros psiquiatras. No entanto, talvez a mais importante contribuição de Bateson à ciência e à filosofia seja um conceito de mente baseado em princípios cibernéticos que ele desenvolveu durante a década de 1960. Essa obra revolucionária, que nós examinamos no Capítulo 12, abriu as portas para a compreensão da natureza da mente como um fenômeno sistêmico e se tornou a primeira tentativa científica bem-sucedida de superar a divisão cartesiana entre mente e corpo.

5.3.2 Feedback (Retroalimentação)

Os anos pioneiros da cibernética resultaram em uma série impressionante de realizações concretas, além do duradouro impacto sobre o pensamento sistêmico como um todo.

Todas as principais façanhas da cibernética se originaram de comparações entre organismos e máquinas – em outras palavras, de modelos mecanicistas de sistemas vivos. No entanto, as máquinas cibernéticas são muito diferentes dos mecanismos de relojoaria de Descartes. A diferença fundamental entre ambos está incorporada na concepção de *feedback* de Norbert Wiener e está expressa no próprio significado de "cibernética". Um ciclo (ou laço) de *feedback* é um arranjo circular de elementos causalmente conectados, nos quais uma causa inicial se propaga ao longo das conexões do ciclo de modo que cada elemento exerce um efeito sobre o seguinte, até que o último "realimenta" ou "retroalimenta" ("*feeds back*") o efeito no primeiro elemento do ciclo (veja a Figura 5.1). A consequência desse arranjo é que a primeira conexão (o "*input*" ou entrada) é afetada pela última (o "*output*" ou saída), resultando em uma autorregulação de todo o sistema à medida que o efeito inicial é modificado cada vez que ele viaja ao redor do ciclo.

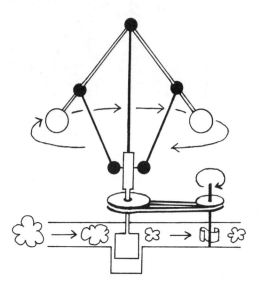

Figura 5.2   Regulador centrífugo (extraído de Capra, 1997).

Em um sentido mais amplo, *feedback* veio a significar a transmissão de informações a respeito do resultado de qualquer processo ou atividade de volta para a sua fonte.

O exemplo original de Norbert Wiener, do timoneiro, é um dos exemplos mais simples de ciclo de *feedback*. Quando o barco se desvia do curso pré-ajustado – digamos, para a direita –, o timoneiro avalia em quanto foi o desvio e então o contrabalança girando o timão para a esquerda. Isso diminui progressivamente o desvio do barco, talvez a ponto de levá-lo a ultrapassar o ângulo correto e então desviar-se para a esquerda. Em algum instante durante esse movimento o timoneiro faz uma nova avaliação do desvio do barco, contrabalança-o em conformidade com esse desvio, avalia novamente o desvio, e assim por diante. Desse modo, ele conta com uma realimentação contínua para manter o barco em seu curso correto, sendo que sua trajetória efetiva oscila ao redor da direção pré-ajustada. A habilidade de pilotar um barco consiste em manter essas oscilações tão suaves quanto possível.

Um mecanismo de retroalimentação semelhante está em ação quando andamos de bicicleta. De início, quando aprendemos a fazê-lo, achamos difícil monitorar a retroalimentação a partir das mudanças contínuas de equilíbrio e pilotar a bicicleta em conformidade com essas mudanças. Por isso, a roda frontal de um principiante tende a oscilar intensamente. Porém, à medida que a nossa habilidade aumenta, nosso cérebro monitora, avalia e responde automaticamente ao *feedback*, e as oscilações da roda frontal vão ficando cada vez menos acentuadas até se uniformizarem em uma linha reta.

Máquinas autorreguladoras envolvendo ciclos de *feedback* existiam muito antes da cibernética. O regulador centrífugo de uma máquina a vapor, inventado por James Watt no fim do século XVIII, é um exemplo clássico (veja a Figura 5.2). Ele consiste em um eixo vertical giratório com dois pesos (esferas flutuantes ["*flyballs*"]) presos a ele, de maneira tal que eles podem se afastar, impulsionados pela força centrífuga, quando a velocidade da rotação aumenta. O regulador fica posicionado no topo do cilindro da máquina a vapor, e os pesos são ligados a um pistão, que interrompe o fluxo de vapor quando se afastam um do outro. A pressão do vapor impulsiona o dispositivo, que aciona um volante. Este, por sua vez, aciona o regulador, e assim o laço de causa e efeito é fechado. Um aumento na velocidade de funcionamento da máquina aumenta a velocidade de rotação do regulador. Esse aumento, por sua vez, aumenta a distância entre os pesos, o que interrompe o suprimento de vapor. Quando o suprimento de vapor diminui, a velocidade de funcionamento da máquina também diminui, assim como a velocidade de rotação do regulador; então, os pesos se aproximam e o suprimento de vapor aumenta; a máquina volta a aumentar sua velocidade de funcionamento; e assim por diante.

Os engenheiros que planejaram esses primeiros dispositivos de retroalimentação descreveram suas operações e colocaram em imagens seus componentes mecânicos em esboços desenhados, mas nunca reconheceram o padrão de causalidade circular encaixado neles. No século XIX, o famoso físico James Clerk Maxwell escreveu uma análise matemática formal do regulador da máquina a vapor sem nunca mencionar o conceito de ciclo subjacente. Outro século se passaria antes que a conexão entre ciclo de *feedback* e causalidade circular fosse reconhecida. Nessa época, durante a fase pioneira da cibernética, máquinas envolvendo ciclos de *feedback* tornaram-se um enfoque central da engenharia e passaram, desde essa época, a ser conhecidas como "máquinas cibernéticas".

Wiener e seus colegas também reconheceram o ciclo de *feedback* como o mecanismo essencial da homeostase, a autorregulação que permite aos organismos vivos se manter em um estado de equilíbrio dinâmico. Quando Walter Cannon (1932) introduziu o conceito de homeostase uma década antes, em seu livro *The Wisdom of the Body* (A Sabedoria do Corpo), ele deu descrições detalhadas de muitos processos metabólicos autorreguladores, mas nunca identificou explicitamente os *loops* causais fechados incorporados nesses processos. Desse modo, o conceito de ciclo de *feedback* introduzido pelos ciberneticistas levou a novas percepções sobre os muitos processos autorreguladores característicos da vida. Hoje, compreendemos que os ciclos de *feedback* são ubíquos no mundo vivo, pois constituem uma característica especial dos padrões de rede não lineares característicos dos sistemas vivos (veja o Capítulo 8). Esses ciclos de *feedback* não apenas têm efeitos autoequilibradores, mas também podem ser autoamplificadores. Os ciberneticistas, em conformidade com isso, distinguiam entre *feedback* "negativo" e "positivo", respectivamente.

A retroalimentação em sistemas sociais

Desde os primeiros anos da cibernética, Norbert Wiener estava ciente de que a retroalimentação era um importante conceito para modelar não apenas organismos vivos, mas também sistemas sociais. Assim, ele escreveu em *Cibernética* (Wiener, 1948, p. 24):

> É certamente verdadeiro o fato de que o sistema social é uma organização como o indivíduo, que é mantida coesa por meio de um sistema de comunicação, e que possui uma dinâmica na qual processos circulares da natureza da retroalimentação desempenham um importante papel.

Foi a descoberta da retroalimentação como um padrão geral da vida, aplicável a organismos e a sistemas sociais, que levou Gregory Bateson e Margaret Mead a ficar tão entusiasmados pela cibernética. Como cientistas sociais, eles observaram muitos exemplos de causalidade circular implícitos nos fenômenos sociais, e durante as Macy Conferences a dinâmica desses fenômenos tornou-se explícita em um padrão coerente unificador.

A importância do conceito de retroalimentação nas ciências sociais foi analisado com grandes detalhes por Richardson (1992), o qual assinalou que ao longo de toda a história das ciências sociais, numerosas metáforas foram usadas para descrever processos autorreguladores na vida social. Talvez as mais conhecidas sejam a "mão invisível" regulando o mercado na teoria econômica de Adam Smith (veja a Seção 3.2.2), o controle mútuo exercido pelas várias instituições governamentais (ou equilíbrio de poderes) e a interação entre tese e antítese na dialética de Hegel e Marx (veja a Seção 3.2.3). Todos os fenômenos descritos por esses modelos e metáforas envolvem padrões circulares de causalidade que podem ser representados por ciclos de *feedback*, mas nenhum de seus autores tornou esse fato explícito.

Se o padrão lógico circular de *feedback* autoequilibrador não foi reconhecido antes da cibernética, o de *feedback* autoamplificador foi conhecido durante centenas de anos, na linguagem coloquial, como "círculo vicioso". A metáfora expressiva descreve uma má situação que piora ainda mais por meio de uma sequência circular de eventos. Talvez a natureza circular de tais ciclos de *feedback* autoamplificadores, que se avolumam descontroladamente ("*runaway*"), tenha sido explicitamente reconhecida muito antes, pois o seu efeito é muito mais dramático do que o autoequilíbrio dos ciclos de *feedback* negativos, que são extremamente difundidos no mundo vivo.

Há outras metáforas comuns para descrever fenômenos de retroalimentação autoamplificadora. A "profecia que se autorrealiza", na qual temores originalmente infundados levam a ações que fazem esses medos se tornarem realidade, e o "efeito comboio", a tendência para uma causa ganhar apoio simplesmente em consequência do seu número crescente de aderentes, são dois exemplos bem conhecidos.

Apesar do extenso conhecimento que a sabedoria popular comum tem sobre o *feedback* autoamplificador, ela praticamente não desempenhou nenhum papel durante a primeira fase da cibernética. Os cibernetistas que cercavam Norbert Wiener reconheceram a existência de fenômenos de *feedback* descontrolado, mas não os estudaram. Em vez disso, eles se concentraram nos processos autorreguladores, homeostáticos, nos organismos vivos. De fato, fenômenos de *feedback* puramente autoamplificadores são raros na natureza, pois geralmente são equilibrados por ciclos de *feedback* negativos que restringem suas tendências para o crescimento descontrolado.

Em um ecossistema, por exemplo, cada espécie tem o potencial para sofrer um crescimento exponencial em sua população, mas essas tendências são mantidas sob controle por meio de várias interações equilibradoras dentro do sistema. Crescimentos exponenciais só aparecerão se o ecossistema for seriamente perturbado. Então, algumas plantas se tornarão "ervas daninhas", alguns animais se tornarão "pestes", outras espécies serão exterminadas, e desse modo o equilíbrio de todo o sistema será ameaçado.

5.3.3 A teoria da informação

Uma parte importante da cibernética foi a teoria da informação desenvolvida por Norbert Wiener e Claude Shannon no fim da década de 1940. Ela teve origem nas tentativas de Shannon, no Bell Telephone Laboratories, para medir e definir quantidades de informação transmitidas por meio do telégrafo e das linhas de telefone a fim de estimar eficiências e de estabelecer uma base para fazer a cobrança das mensagens.

Shannon percebeu que, para desenvolver uma teoria matemática efetiva da informação, os sinais de comunicação precisariam ser tratados independentemente do significado da mensagem. Desse modo, a palavra "informação", como é usada na teoria da informação, nada tem a ver com significado. Ela é uma medida da ordem, ou da aleatoriedade, de um sinal; a principal preocupação da teoria da informação é o problema de como fazer uma mensagem, codificada como um sinal, ser comunicada através de um canal ruidoso.

Para medir a ordem e, assim, o conteúdo da informação, Shannon emprestou da termodinâmica o conceito de entropia. Esse conceito é definido como uma medida de desordem na termodinâmica (veja a Seção 1.2.3). Ele usou a teoria da probabilidade para expressar a precisão da transmissão de uma dada quantidade de informações sob condições conhecidas de ruído e conseguiu derivar uma fórmula que mostra como a capacidade de um canal para transmitir sinais depende de sua largura de banda (isto é, de sua capacidade teórica de emissão de sinais) e de sua razão entre sinal e ruído (a medida da interferência).

Shannon fez uma descoberta surpreendente: mesmo na presença de ruído, os sinais podem ser efetivamente transmitidos, e a capacidade do canal pode ser significativamente aumentada adotando-se vários esquemas de codificação. Desse modo, a teoria da informação tornou-se um importante arcabouço teórico para a codificação e a compressão de dados na teoria da comunicação e na ciência do computador.

5.3.4 A cibernética do cérebro

Durante as décadas de 1950 e 1960, Ross Ashby (1903-1972) tornou-se o principal teórico do movimento da cibernética. Como McCulloch, Ashby teve formação de neurologista, mas foi mais longe do que McCulloch ao explorar o sistema nervoso e construir modelos de processos neurais. Em seu livro *Design for a Brain*, Ashby (1952, p. 9) tentou explicar o comportamento adaptativo único do cérebro, sua capacidade para a memória e outros padrões do cérebro supondo que ele funcionasse de maneira puramente mecanicista e determinista. "Será suposto", escreveu, "que uma máquina ou um animal se comportou de certa maneira em certo momento porque sua natureza física e química nesse momento não lhe permitiu outra ação".

É evidente que Ashby era muito mais cartesiano em sua abordagem da cibernética do que Norbert Wiener, que fazia uma clara distinção entre um modelo mecanicista e o sistema vivo não mecanicista que ele representa. "Quando eu comparo o organismo vivo com [...] uma máquina", escreve Wiener (1950, p. 32), "eu, nem por um momento, quero dizer que os processos químicos, físicos e espirituais da vida como nós a conhecemos ordinariamente são os mesmos que aqueles de máquinas que imitam a vida".

Apesar dessa perspectiva estritamente mecanicista, Ross Ashby avançou consideravelmente a disciplina incipiente da ciência cognitiva com suas análises detalhadas de sofisticados modelos cibernéticos de processos neurais. Em particular, ele reconheceu claramente que os sistemas vivos são energeticamente abertos embora sejam – na terminologia da atualidade – organizacionalmente fechados: "A cibernética poderia [...] ser definida", escreveu Ashby (1952, p. 4), "como o estudo de sistemas que são abertos para a energia, mas fechados para a informação e o controle – sistemas que são 'impermeáveis (*tight*) à informação' ".

Quando os ciberneticistas exploraram padrões de comunicação e controle, o desafio de entender "a lógica da mente" e expressá-la em linguagem matemática sempre esteve no próprio centro de suas discussões. Desse modo, por mais de uma década, as ideias-chave da cibernética foram desenvolvidas por meio de uma fascinante interação entre biologia, matemática e engenharia. Estudos detalhados do sistema nervoso humano levaram ao modelo do cérebro como um circuito lógico com neurônios como seus elementos básicos. Essa visão teve importância crucial para a invenção dos computadores digitais, e esse desbravador avanço tecnológico, por sua vez, forneceu a base conceitual para uma nova abordagem do estudo científico da mente. A invenção do computador por John von Neumann e sua analogia entre o computador e o funcionamento do cérebro se entrelaçam tão estreitamente que é difícil saber qual veio primeiro.

O modelo de computador da atividade mental tornou-se a visão predominante da ciência cognitiva e dominou todas as pesquisas sobre o cérebro durante os trinta anos seguintes. A ideia básica foi a de que a inteligência humana assemelha-se à de um computador a tal ponto que a cognição – o processo de conhecer – pode ser definida como processamento de informações – isto é, como manipulação de símbolos baseada em um conjunto de regras.

Depois de dominar as pesquisas cerebrais e a ciência cognitiva durante trinta anos, o dogma do processamento de informações foi por fim seriamente questionado. Argumentos críticos já haviam sido apresentados durante a fase pioneira da cibernética. Por exemplo, argumentou-se que nos cérebros reais não há regras; não há processador lógico central, e a informação não é armazenada localmente. Os cérebros parecem operar com base em uma conectividade massiva, armazenando informações distributivamente e manifestando uma capacidade de auto-organização que não é encontrada em computadores. No entanto, essas ideias alternativas foram eclipsadas em favor da visão computacional dominante, até que reemergiram na década de 1970, quando pensadores sistêmicos ficaram fascinados por um novo fenômeno com um nome evocativo – auto-organização.

5.3.5 Auto-organização

Para compreender o fenômeno da auto-organização, precisamos primeiro entender a importância do padrão. A ideia de um padrão de organização – uma configuração de relações característica de um sistema em particular – tornou-se o foco explícito do pensamento sistêmico em cibernética e se manteve como um conceito essencial desde essa ocasião. A partir do ponto de vista sistêmico, a compreensão da vida começa com a compreensão do padrão.

Como discutimos na Introdução, tem ocorrido uma tensão entre as duas perspectivas – o estudo da matéria e o estudo da forma – ao longo de toda a história da ciência e da filosofia ocidentais. O estudo da matéria começa com a pergunta: "Do que é feito?"; o estudo da forma pergunta: "Qual é o seu padrão?" São duas abordagens muito diferentes, que estiveram em competição uma com a outra ao longo de toda a nossa tradição científica e filosófica.

O estudo dos componentes da matéria começou na antiguidade grega com a teoria dos quatro elementos clássicos – terra, ar, fogo, água. Nos tempos modernos, esses foram refundidos nos elementos químicos – que atualmente ultrapassam 100 em número, mas ainda é finito o número desses componentes fundamentais que, conforme se pensava, formam toda a matéria. Em seguida, Dalton identificou os elementos com átomos, e com o desenvolvimento das físicas atômica e nuclear, no século XX os átomos foram posteriormente reduzidos a partículas subatômicas.

De maneira semelhante, na biologia, os elementos básicos foram, em primeiro lugar, organismos, ou espécies, e no século XVIII os biólogos desenvolveram elaborados sistemas de classificação para as plantas e os animais. Em seguida, com a descoberta das células como os elementos comuns em todos os organismos, o enfoque mudou de organismos para células. Finalmente, a célula foi quebrada em suas macromoléculas – proteínas, aminoácidos etc. – e a biologia molecular tornou-se a nova fronteira de pesquisas. Em todos esses empreendimentos, a pergunta básica não mudou desde a antiguidade grega: "Do que a realidade é feita? Quais são seus componentes básicos?"

Ao mesmo tempo, ao longo de toda a mesma história da filosofia e da ciência, o estudo da forma, ou padrão, sempre esteve presente. Começou com os pitagóricos na Grécia e prosseguiu com Leonardo da Vinci, Paracelso, os poetas românticos e vários outros movimentos intelectuais. No entanto, durante a maior parte do tempo, o estudo do padrão foi eclipsado pelo estudo da matéria até que ele reemergiu vigorosamente em nosso século, quando foi reconhecido pelos pensadores sistêmicos como essencial para a compreensão da vida.

O estudo do padrão tem importância crucial para a compreensão dos sistemas vivos porque as propriedades sistêmicas, como vimos na Seção 4.1.2, surgem de uma configuração de relações ordenadas. Propriedades sistêmicas são propriedades de um padrão. O que é destruído quando um organismo vivo é dissecado é o seu padrão. Os componentes ainda estão lá, mas a configuração de relações entre eles – o padrão – é destruída, e por isso o organismo morre.

Quando a importância do padrão para a compreensão da vida é apreciada, é natural que se pergunte: "Há um padrão de organização comum, que pode ser identificado em todos os sistemas vivos?" Veremos no Capítulo 7 que, de fato, é esse o caso. Como os primeiros pensadores sistêmicos descobriram, a propriedade mais importante desse padrão de organização, comum a todos os sistemas vivos, é o fato de que ela é um padrão de rede. Sempre que encontramos sistemas vivos – organismos, partes de organismos ou comunidades de organismos – podemos observar que os seus componentes são arranjados à maneira de rede. Sempre que olhamos para a vida, olhamos para redes.

A apreciação da importância das redes nos sistemas vivos ingressou na ciência na década de 1920, quando os ecologistas começaram a estudar teias alimentares. Logo depois disso, modelos de rede foram estendidos a todos os níveis dos sistemas. Os ciberneticistas, em particular, tentaram compreender o cérebro como uma rede neural e desenvolveram técnicas matemáticas especiais para analisar seus padrões. A estrutura do cérebro humano é imensamente complexa. Ele contém cerca de 10 bilhões de células nervosas (neurônios), interligadas em uma enorme rede formada por um trilhão de junções (sinapses). Todo o cérebro pode ser dividido em subseções ou sub-redes, que se comunicam umas com as outras à maneira de redes. Tudo isso resulta em intrincados padrões em redes entrelaçadas, redes aninhadas dentro de outras redes maiores.

A primeira e mais óbvia propriedade de qualquer rede é sua não linearidade – ela se estende em todas as direções. Desse modo, as relações em um padrão de rede são relações não lineares. Em particular, uma influência, ou mensagem, pode viajar ao longo de um caminho cíclico, que pode se tornar um ciclo de *feedback*. Em redes vivas, o conceito de *feedback* está intimamente ligado com o padrão de rede.

Como as redes de comunicação podem gerar ciclos de *feedback*, elas são capazes de adquirir a capacidade de regular a si mesmas. Por exemplo, uma comunidade que mantenha uma rede de comunicação ativa aprenderá com seus erros, pois as consequências de um erro se espalharão pela rede e retornarão à fonte por meio de ciclos de *feedback*. Assim, a comunidade pode corrigir os seus erros, se regular e se organizar. É desse modo que o estudo da comunicação e da retroalimentação em redes vivas leva naturalmente à noção de auto-organização.

A emergência do conceito de auto-organização

O conceito de auto-organização originou-se nos primeiros dias da cibernética, quando os cientistas começaram a construir modelos matemáticos representando a lógica inerente às redes neurais. Em 1943, o neurocientista Warren McCulloch e o matemático Walter Pitts publicaram um artigo pioneiro no qual introduziram neurônios idealizados, representados por elementos de comutação binários – isto é, elementos que podem comutar entre "ligado" e "desligado" – e modelaram o sistema nervoso como redes complexas desses elementos de comutação binários.

Em tal rede McCulloch-Pitts, os nodos "ligado-desligado" estão acoplados uns aos outros de maneira tal que a atividade de cada nodo é governada pela atividade prévia de outros nodos, de acordo com alguma "regra de comutação". Por exemplo, um determinado nodo poderá comutar no momento seguinte apenas se um determinado número de nodos adjacentes estiver "ligado" nesse momento. McCulloch e Pitts foram capazes de mostrar que, embora as redes binárias desse tipo sejam modelos simplificados, eles são uma boa aproximação das redes embutidas no sistema nervoso.

Na década de 1950, os cientistas começaram a construir modelos reais dessas redes binárias, inclusive algumas com pequenas lâmpadas que acendiam e apagavam nos nodos. Para seu grande assombro, eles descobriram que depois de um curto intervalo de tempo de bruxuleio aleatório, alguns padrões ordenados passavam a emergir na maioria das redes. Eles viam ondas de luzes bruxuleantes varrerem a rede, ou observavam ciclos que se repetiam. Mesmo que o estado inicial da rede fosse escolhido aleatoriamente, depois de algum tempo esses padrões ordenados emergiam espontaneamente, e foi essa emergência espontânea da ordem que se tornou conhecida como "auto-organização".

Logo que essa evocativa expressão apareceu na literatura, pensadores sistêmicos passaram a usá-la amplamente em diferentes contextos e com diferentes significados. Ross Ashby, em sua obra inicial, foi provavelmente o primeiro a descrever o sistema nervoso como "auto-organizador". O físico e cibernético Heinz von Foerster (1911-2002) tornou-se um dos principais catalisadores para a ideia de auto-organização no final da década de 1950, promovendo conferências a respeito desse tópico, fornecendo apoio financeiro para muitos dos participantes e publicando suas contribuições.

Durante duas décadas, Foerster manteve um grupo de pesquisas interdisciplinares dedicado ao estudo de sistemas auto-organizadores na Universidade de Illinois. Esse grupo era um círculo estreito de amigos e colegas que trabalhavam afastados da corrente principal reducionista e cujas ideias, estando à frente do seu tempo, não eram amplamente divulgadas. No entanto, essas ideias foram as sementes de muitos modelos bem-sucedidos de sistemas auto-organizadores desenvolvidos no fim da década de 1970 e ao longo da de 1980.

5.4 Observações finais

Durante as décadas de 1950 e 1960, o pensamento sistêmico exerceu uma vigorosa influência sobre a engenharia e o gerenciamento, onde os conceitos sistêmicos – inclusive os da cibernética – foram aplicados na resolução de problemas práticos. Essas aplicações deram lugar às novas disciplinas da engenharia sistêmica, da análise sistêmica e da administração sistêmica (veja o Capítulo 14). Embora a abordagem sistêmica tivesse uma influência significativa sobre essas disciplinas, sua influência sobre a biologia, paradoxalmente, foi quase insignificante durante essa época. A década de 1950 foi a década dos triunfos espetaculares da genética (veja o Capítulo 2), que eclipsaram a visão sistêmica da vida durante quase três décadas.

No entanto, no fim da década de 1970, ocorreram dois desenvolvimentos que trouxeram novamente o pensamento sistêmico à linha de frente. Um desses desenvolvimentos foi a descoberta de uma nova matemática para a descrição e a análise de sistemas não lineares complexos; o outro foi a emergência do conceito de auto-organização, que estivera implícito nas discussões anteriores dos cibernéticos, mas não foi desenvolvido explicitamente durante outros trinta anos.

Uma importante diferença entre o conceito anterior de auto-organização em cibernética e os modelos posteriores mais elaborados está no fato de que esses últimos incluem a criação de novas estruturas e de novos modos de comportamento no processo auto-organizador. Para Ashby, todas as mudanças estruturais possíveis ocorreriam dentro de um "*pool* de variedades" de estruturas, e as chances de sobrevivência do sistema dependiam da riqueza, ou "variedade de requisitos", desse *pool*. Não havia criatividade, nem desenvolvimento, nem evolução. Os modelos posteriores, ao contrário, incluem a criação de novas estruturas e modos de comportamento.

Esse avanço crítico tornou-se possível na década de 1980 quando sistemas auto--organizadores foram analisados e modelados com a ajuda de uma matemática muito mais sofisticada – a recém-descoberta matemática da complexidade, que discutiremos no próximo capítulo. A aplicação da teoria da complexidade, tecnicamente conhecida como dinâmica não linear, elevou o pensamento sistêmico a um nível inteiramente novo e forneceu a base conceitual para formulações imensamente mais sofisticadas da visão sistêmica da vida.

6
A teoria da complexidade

A visão dos sistemas vivos como redes auto-organizadoras cujos componentes estão, todos eles, interconectados e são interdependentes tem sido expressa repetidas vezes, de uma maneira ou de outra, ao longo de toda a história da filosofia e da ciência. No entanto, modelos detalhados de sistemas auto-organizadores poderiam ser formulados só muito recentemente, quando se tornaram disponíveis novas ferramentas matemáticas que permitiram aos cientistas, pela primeira vez, descrever e modelar matematicamente a interconexidade fundamental das redes vivas.

O nível de complexidade dessas redes desafia a imaginação. Até mesmo o mais simples dos sistemas vivos, uma célula bacteriana, é uma rede altamente complexa envolvendo, literalmente, milhares de reações químicas interdependentes (veja a Figura 7.1). Antes da década de 1970, simplesmente não existia nenhuma maneira de essas redes poderem ser modeladas matematicamente. Mas então, poderosos computadores de alta velocidade apareceram em cena, tornando possível para os cientistas e matemáticos desenvolver um novo conjunto de conceitos e de técnicas para lidar com essa enorme complexidade. Durante as duas décadas subsequentes, essas novas concepções coalesceram em um arcabouço matemático coerente, popularmente conhecido como teoria da complexidade. Seu nome técnico é dinâmica não linear, e às vezes também é chamada de "teoria dos sistemas não lineares" ou "teoria dos sistemas dinâmicos". A teoria do caos e a geometria fractal são ramos importantes dessa nova matemática da complexidade, que foi discutida em vários livros populares (veja Stewart, 2002, para uma excelente introdução não técnica), assim como em textos mais técnicos (por exemplo, Hilborn, 2000; Strogatz, 1994). A descoberta da dinâmica não linear está levando a enormes avanços desbravadores em nossa compreensão da vida biológica e é amplamente considerada como o mais instigante desenvolvimento científico do fim do século XX.

Para evitar confusões, é importante ter em mente que os cientistas e matemáticos se referem a diferentes coisas quando falam de uma teoria. Uma teoria científica, como a teoria quântica ou a teoria da evolução de Darwin, é uma explicação de uma faixa bem definida de fenômenos naturais, baseada na observação sistemática e formulada em função de um conjunto de conceitos e princípios consistentes, mas aproximados (como vimos na Introdução). A teoria da complexidade não é uma teoria *científica*, mas em vez disso é uma teoria *matemática*, como o cálculo diferencial e integral ou a teoria das funções. Nas palavras do matemático Ian Stewart (2002, p. vii), uma teoria matemática é "um corpo coerente de conhecimento matemático com uma identidade clara e consistente". Isso implica que a própria teoria da complexidade não representa um avanço científico, mas pode ser – e tem sido – a base para novas teorias científicas quando usada adequadamente (e engenhosamente) para explicar fenômenos naturais não lineares.

A nova matemática, como veremos detalhadamente, é uma matemática de relações e padrões. Quando resolvemos uma equação não linear com essas novas técnicas, o resultado não é uma fórmula, mas uma forma visual, um padrão traçado pelo computador. Os atratores estranhos da teoria do caos e os fractais da geometria fractal são exemplos de tais padrões. São descrições visuais do comportamento complexo do sistema. A dinâmica não linear, então, representa uma abordagem qualitativa, e não quantitativa, da complexidade, e, desse modo, incorpora a mudança de perspectiva que é característica do pensamento sistêmico – de objetos para relações, de medição para mapeamento, de quantidade para qualidade.

6.1 A matemática da ciência clássica

6.1.1 Geometria e álgebra

Para apreciar a novidade da nova matemática da complexidade, é instrutivo contrastá-la com a matemática da ciência clássica. Quando Galileu (na célebre passagem que citamos na Seção 1.1.1) comparou o universo a um grande livro escrito em linguagem matemática, ele especificou que os caracteres dessa linguagem eram "triângulos, círculos e outras figuras geométricas". Em outras palavras, matemática para Galileu significava geometria. Ele herdou essa visão dos filósofos da Grécia antiga, que tendiam a geometrizar todos os problemas matemáticos e a procurar respostas em termos de figuras geométricas. Dizia-se que o portão de entrada da Academia de Platão, em Atenas, a principal escola grega de ciência e filosofia durante nove séculos, trazia as seguintes palavras: "Não deixe que entre aqui quem não estiver familiarizado com a geometria".

Vários séculos depois, uma abordagem muito diferente para a resolução de problemas matemáticos, conhecida como álgebra, foi desenvolvida por filósofos islâmicos na Pérsia, que, por sua vez, aprenderam-na de matemáticos indianos. A palavra deriva do árabe *al-jabr* ("ligar junto") e se refere ao processo de reduzir o número de quantidades desconhecidas ligando-as juntas em equações. A álgebra elementar envolve equações em que letras – convencionalmente tiradas do começo do alfabeto –

significam vários números constantes. Um exemplo bem conhecido, que a maioria dos leitores se lembrará dos seus anos de escola, é a Equação 6.1:

$$(a + b)^2 = a^2 + 2ab + b^2 \qquad (6.1)$$

A álgebra superior envolve relações, chamadas "funções", entre números variáveis desconhecidos, ou "variáveis", que são denotados por letras tiradas convencionalmente do fim do alfabeto. Por exemplo, na Equação 6.2:

$$y = x + 1 \qquad (6.2)$$

diz-se que a variável y é "uma função de x", o que é escrito, em taquigrafia matemática, como $y = f(x)$.

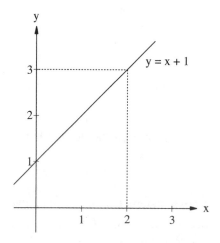

Figura 6.1 Gráfico correspondente à equação $y = x + 1$. Para qualquer ponto sobre a linha reta, o valor da coordenada y é uma unidade a mais do que o da coordenada x.

Na época de Galileu, então, havia duas diferentes abordagens para a resolução de problemas matemáticos, a geometria e a álgebra, que vieram de diferentes culturas. Essas duas abordagens foram unificadas por René Descartes, que inventou um método para tornar as fórmulas e equações algébricas visíveis como formas geométricas. A invenção de Descartes, hoje conhecida como geometria analítica, foi a maior entre suas muitas contribuições à matemática. Ela envolve coordenadas cartesianas, o sistema de coordenadas cujo nome homenageia Descartes (Cartesius).

Por exemplo, quando a relação entre as duas variáveis x e y em nosso exemplo anterior, a equação $y = x + 1$, é figurada em um gráfico com coordenadas cartesianas, vemos que ela corresponde a uma linha reta (Figura 6.1). É por isso que as equações desse tipo são chamadas de "equações lineares".

De maneira semelhante, a equação $y = x^2$ é representada por uma parábola (Figura 6.2). As equações desse tipo, correspondentes a curvas na grade cartesiana, são chamadas de equações "não lineares". Elas têm a característica distintiva segundo a qual uma ou várias de suas variáveis são elevadas ao quadrado ou a potências maiores que 2.

6.1.2 Equações diferenciais

Com o novo método de Descartes, as leis da mecânica que Galileu havia descoberto podiam ser expressas em forma algébrica, como equações, ou em forma geométrica, como formas visuais. No entanto, havia um problema matemático maior, que nem Galileu nem Descartes ou nenhum de seus contemporâneos podia resolver. Eles não eram capazes de escrever uma equação que descrevesse o movimento de um corpo com velocidade variável, acelerando-se ou desacelerando-se.

Para entender o problema, vamos considerar dois corpos em movimento, um deles viajando com velocidade constante, e o outro se acelerando. Se plotarmos as distâncias por eles percorridas contra o tempo que gastam para percorrê-las, obteremos os dois gráficos mostrados na Figura 6.3. No caso do corpo que se acelera, sua velocidade muda a cada instante, e isso é algo que Galileu e seus contemporâneos não podiam expressar matematicamente. Em outras palavras, eles não eram capazes de calcular a velocidade exata do corpo acelerado em um determinado momento.

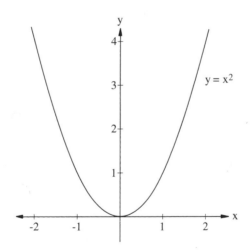

Figura 6.2 Gráfico correspondente à equação $y = x^2$. Para qualquer ponto da parábola, a coordenada y é igual ao quadrado da coordenada x.

Isso foi conseguido apenas um século depois por Isaac Newton, um gigante da ciência clássica, e, por volta da mesma época, pelo filósofo e matemático alemão Gottfried Wilhelm Leibniz. Para resolver o problema que havia atormentado matemáticos e filósofos naturais durante séculos, Newton e Leibniz, independentemente, inventaram um novo método matemático, que é hoje conhecido como cálculo diferencial, ou simplesmente "cálculo", e é considerado a porta de entrada para a "matemática superior".

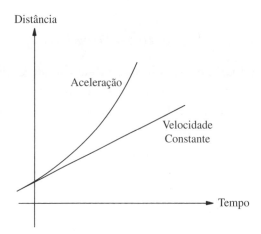

Figura 6.3 Gráficos mostrando os movimentos de dois corpos, um movendo-se com velocidade constante e o outro se acelerando.

Para a ciência, a invenção do cálculo diferencial foi um passo gigantesco. Pela primeira vez na história humana, o conceito de infinito, que havia intrigado filósofos e poetas desde tempos imemoriais, recebia uma definição matemática precisa, abrindo incontáveis novas possibilidades para a análise dos fenômenos naturais. O poder dessa nova ferramenta analítica pode ser ilustrado pelo célebre paradoxo de Zenão proveniente da antiga escola eleática de filosofia grega (veja o Quadro 6.1). Os filósofos gregos e seus sucessores argumentaram a respeito desse paradoxo durante séculos, mas não puderam resolvê-lo porque a exata definição do infinitamente pequeno se esquivava à sua apreensão.

A definição precisa do limite do infinitamente pequeno é o ponto crucial do cálculo. Os limites das diferenças infinitamente pequenas são chamados de "diferenciais", e o cálculo inventado por Newton e Leibniz é por isso conhecido como cálculo diferencial. As equações envolvendo diferenciais são chamadas de equações diferenciais. No século XVII, Isaac Newton usou seu cálculo para descrever todos os movimentos possíveis dos corpos sólidos em função de um conjunto de equações diferenciais, que passaram a ser conhecidas como "equações do movimento de Newton".

6.1.3 A complexidade na termodinâmica

Durante os séculos XVIII e XIX, as equações newtonianas do movimento foram modeladas em formas mais gerais, mais abstratas e mais elegantes por algumas das maiores mentes da história da matemática. Sucessivas reformulações por Pierre Laplace, Leonhard Euler, Joseph Lagrange e William Hamilton não mudaram o conteúdo das equações de Newton, mas a sua crescente sofisticação permitiu aos cientistas analisarem uma faixa cada vez mais ampla de fenômenos naturais.

Aplicando sua teoria ao movimento dos planetas, o próprio Newton foi capaz de reproduzir as características básicas do Sistema Solar, embora não os seus detalhes mais sutis. Laplace, no entanto, refinou e aperfeiçoou os cálculos de Newton a tal ponto que foi capaz de explicar os movimentos dos planetas, luas e cometas até os menores detalhes, bem como o fluxo das marés e outros fenômenos relacionados à gravidade.

Esses sucessos impressionantes fizeram com que os cientistas do início do século XIX acreditassem que o universo era de fato um grande sistema mecânico funcionando de acordo com as leis newtonianas do movimento. Desse modo, as equações diferenciais de Newton tornaram-se o fundamento matemático do paradigma mecanicista. A máquina do mundo newtoniana era considerada completamente causal e determinista. Tudo o que acontecia tinha uma causa definida e produzia um efeito definido, e o futuro de qualquer parte do sistema poderia – em princípio – ser previsto com certeza absoluta se o seu estado em qualquer instante fosse conhecido em todos os detalhes.

Na prática, naturalmente, as limitações ao empenho de se querer modelar a natureza por meio das equações do movimento de Newton logo se tornaram evidentes. Como Ian Stewart (2002, p. 38) assinala: "*Montar* as equações é uma coisa, mas *resolvê-las* é outra totalmente diferente". As soluções exatas estavam restritas a alguns fenômenos simples e regulares, enquanto a complexidade de imensas áreas da natureza parecia se esquivar a toda modelagem mecanicista. Por exemplo, o movimento relativo de dois corpos sujeitos à força da gravidade podia ser calculado com precisão; os de três corpos, no entanto, eram demasiadamente difíceis para que se pudesse obter uma solução exata; e quando se tratava de gases, com milhões de partículas, a situação parecia sem esperança.

Quadro 6.1
O paradoxo de Zenão

De acordo com Zenão, o grande guerreiro mítico Aquiles nunca poderá alcançar uma tartaruga em uma corrida na qual lhe seja concedida uma vantagem inicial (veja a Figura 6.4). Isso porque, quando Aquiles completar a distância correspondente a essa vantagem, a tartaruga terá percorrido uma distância a mais; quando Aquiles tiver coberto essa distância a mais, a tartaruga terá avançado novamente, e assim até o infinito. Embora a defasagem de Aquiles continue a diminuir, ela nunca desaparecerá. Em qualquer dado momento, a tartaruga sempre estará à frente. Portanto, concluiu Zenão, o veloz Aquiles nunca poderá alcançar a tartaruga.

Figura 6.4 O paradoxo de Zenão: a corrida entre Aquiles e uma tartaruga.

A falha no argumento de Zenão reside no fato de que, mesmo que Aquiles precise dar um número infinito de *passos* para alcançar a tartaruga, esse processo não demora um *tempo* infinito. Com as ferramentas do cálculo de Newton, é fácil mostrar que um corpo em movimento percorrerá um número infinito de intervalos de tempo infinitamente pequenos em um tempo finito. Em termos matemáticos, os limites da distância na qual os caminhos de Aquiles e da tartaruga convergem é a soma finita da série geométrica infinita na Equação 6.3:

$$s = a + ar + ar^2 + ar^3 + \ldots = \sum_{k=0}^{\infty} ar^k = a/(1-r) \qquad (6.3)$$

onde *a* é a vantagem inicial concedida à tartaruga e *r* é a razão entre suas velocidades.

Por outro lado, físicos e químicos já haviam observado, desde há muito tempo, regularidades no comportamento dos gases, as quais haviam sido formuladas em função das chamadas "leis dos gases" – relações matemáticas simples entre a temperatura, o volume e a pressão de um gás. Como essa aparente simplicidade podia derivar da enorme complexidade dos movimentos das moléculas individuais?

No século XIX, o grande físico James Clerk Maxwell descobriu uma resposta. Mesmo que o comportamento exato das moléculas de um gás não pudesse ser determinado, Maxwell argumentou que seu comportamento *médio* poderia dar lugar às regularidades observadas. Consequentemente, Maxwell propôs o uso de métodos estatísticos para formular as leis do movimento para os gases. O método de Maxwell foi altamente bem-sucedido. Ele permitiu aos físicos explicar imediatamente as propriedades básicas de um gás em função do comportamento médio de suas moléculas.

Por exemplo, tornou-se claro que a pressão de um gás é a força causada pelo empurrão médio das suas moléculas (a força média dividida pela área contra a qual o gás exerce o seu empurrão), enquanto a temperatura confirmou-se proporcional à energia média das moléculas em movimento. A estatística e a teoria das probabilidades, sua base teórica, foram desenvolvidas desde o século XVII e podiam ser facilmente aplicadas à teoria dos gases. A combinação de métodos estatísticos com a mecânica newtoniana resultou em um novo ramo da ciência apropriadamente chamado de "mecânica estatística", que se tornou o fundamento teórico da termodinâmica, a teoria do calor (veja a Seção 1.2.3).

6.2 Enfrentando a não linearidade

Assim, por volta do fim do século XIX, os cientistas desenvolveram duas diferentes ferramentas matemáticas para modelar os fenômenos naturais – as equações do movimento exatas, deterministas, para sistemas simples; e as equações da termodinâmica, baseadas na análise estatística de quantidades médias, para sistemas complexos.

Embora essas duas técnicas fossem muito diferentes, elas tinham uma coisa em comum: ambas lidavam com equações *lineares*. As equações newtonianas do movimento são muito gerais, apropriadas tanto para fenômenos lineares como não lineares; na verdade, ocasionalmente, equações não lineares eram formuladas. Porém, uma vez que essas eram em geral muito complexas para serem resolvidas, e como a natureza dos fenômenos físicos associados – tais como fluxos turbulentos de água e de ar – era aparentemente caótica, os cientistas geralmente evitavam o estudo de sistemas não lineares.

Talvez devamos levar em consideração um aspecto técnico. Os matemáticos distinguem entre variáveis dependentes e independentes. Na função $y = f(x)$, y é a variável dependente e x a variável independente. As equações diferenciais são chamadas de "lineares" quando todas as variáveis *dependentes* aparecem com potência igual a 1, mesmo que as variáveis independentes possam aparecer com potências superiores, e são chamadas de "não lineares" quando as variáveis *dependentes* aparecem com potências superiores.

Até recentemente, sempre que equações não lineares apareciam na ciência, elas eram imediatamente "linearizadas" – isto é, substituídas por aproximações lineares.

Desse modo, em vez de descrever os fenômenos em sua plena complexidade, as equações da ciência clássica lidam com *pequenas* oscilações, ondas *rasas*, *pequenas* mudanças de temperatura, e assim por diante. Esse hábito se tornou a tal ponto arraigado que muitas equações eram linearizadas *enquanto ainda estavam sendo montadas*, de modo que os manuais de ciência nem sequer incluem as versões não lineares completas. Consequentemente, a maior parte dos cientistas e engenheiros passou a acreditar que praticamente todos os fenômenos naturais podiam ser descritos por equações lineares. "Assim como o mundo era um mecanismo de relojoaria para o século XVIII", Ian Stewart (2002, p. 83) observa, "para o século XIX e para a maior parte do século XX ele era um mundo linear".

6.2.1 Explorações dos sistemas não lineares

A mudança decisiva que ocorreu ao longo das três últimas décadas foi a de reconhecer que a natureza, como se expressa Stewart, é "inflexivelmente não linear". Os fenômenos não lineares dominam uma parcela muito maior do mundo inanimado do que pensávamos, e constituem um aspecto essencial dos padrões em rede dos sistemas vivos. A dinâmica não linear é a primeira matemática que permite aos cientistas lidarem com a plena complexidade desses fenômenos não lineares.

A exploração dos sistemas não lineares ao longo das últimas décadas tem exercido um profundo impacto sobre a ciência como um todo, pois nos tem forçado a reavaliar algumas noções muito básicas a respeito das relações entre um modelo matemático e os fenômenos que ele descreve. Uma dessas noções refere-se à nossa compreensão da simplicidade e da complexidade.

No mundo das equações lineares, nós pensávamos que os sistemas descritos por relações simples se comportavam de maneira simples, ao passo que aqueles descritos por equações complicadas comportavam-se de maneira complicada. No entanto, no mundo não linear – que inclui a maior parte do mundo real, como descobrimos –, equações deterministas simples podem produzir uma insuspeitada riqueza e variedade de comportamentos. Por outro lado, o comportamento complexo e aparentemente caótico pode dar lugar a estruturas ordenadas, a padrões belos e sutis. De fato, na teoria do caos, a palavra "caos" adquiriu um novo significado técnico. O comportamento de sistemas caóticos apenas parece aleatório, mas na verdade mostra um nível mais profundo de ordem padronizada. Como veremos nas páginas seguintes, as novas técnicas matemáticas nos permitem tornar esses padrões subjacentes visíveis sob formas bem características.

Outra propriedade importante das equações não lineares, que tem se mostrado muito perturbadora para os cientistas, é o fato de a previsão exata ser, com frequência, impossível, mesmo que as equações possam ser estritamente deterministas. Veremos que essa notável característica da não linearidade produziu uma importante mudança de ênfase da análise quantitativa para a análise qualitativa.

6.2.2 Feedback e iterações

Uma terceira importante propriedade dos sistemas não lineares é uma surpreendente diferença nas relações de causa e efeito. Nos sistemas lineares, pequenas mudanças produzem pequenos efeitos, e grandes efeitos se devem a grandes mudanças ou a uma soma de muitas pequenas mudanças. Em sistemas não lineares, ao contrário, pequenas mudanças podem ter efeitos dramáticos porque elas podem ser amplificadas repetidamente por meio de um *feedback* que se autorreforça. Tais processos não lineares de *feedback* formam a base das instabilidades e da súbita emergência de novas formas de ordem tão características da auto-organização (veja o Capítulo 8).

Matematicamente, um ciclo de *feedback*, ou laço de retroalimentação, corresponde a um tipo especial de processo não linear denominado iteração, que deriva da palavra latina para "repetição". Nesse laço, uma função opera repetidamente sobre si mesma. Por exemplo, se a função consiste em multiplicar a variável x por 3 – isto é, f(x) = 3x – a iteração consiste em multiplicações repetidas. Em taquigrafia matemática, isso é escrito como a Equação 6.4:

$$\begin{aligned} x &\rightarrow 3x \\ 3x &\rightarrow 9x \\ 9x &\rightarrow 27x \\ &\text{etc.} \end{aligned} \qquad (6.4)$$

Cada um desses passos é chamado de "mapeamento". Se visualizarmos a variável x como uma linha de números, a operação $x \rightarrow 3x$ mapeia cada número em outro número sobre a linha. Mais geralmente, um mapeamento que consiste em multiplicar x por um número constante k é escrito como na Equação 6.5:

$$x \rightarrow kx \qquad (6.5)$$

Uma iteração encontrada com frequência em sistemas não lineares, que é muito simples e, no entanto, produz toda uma riqueza de complexidade, é o mapeamento obtido com a Equação (6.6):

$$x \rightarrow kx\,(1-x) \qquad (6.6)$$

onde a variável x está restrita a valores entre 0 e 1. Esse mapeamento, conhecido como "mapeamento logístico", tem muitas aplicações importantes. É usado por ecologistas para descrever o crescimento de uma população sujeita a tendências opostas, e, por isso, é também conhecida como "equação do crescimento".

Como Stewart (2002) demonstra detalhadamente, a exploração das iterações de vários mapeamentos logísticos é um exercício fascinante, que pode ser facilmente realizado com uma pequena calculadora de bolso. No Quadro 6.2, demonstramos que uma iteração do mapeamento logístico com o valor $k = 3$ corresponde ao estiramento e dobramento repetidos de um determinado segmento de linha numérica, e por isso esse mapeamento é conhecido como "transformação do padeiro". À medida que o estiramento e o dobramento prosseguem, pontos vizinhos sobre o segmento de reta se afastarão cada vez mais um do outro e é impossível predizer onde um determinado ponto terminará depois de muitas iterações.

A razão para essa impossibilidade é que até mesmo os computadores mais poderosos arredondam seus cálculos em certo número de casas decimais, e após um número suficiente de iterações, até mesmo os mais diminutos erros arredondados terão acrescentado incertezas suficientes para tornar impossíveis as previsões. A transformação do padeiro é um protótipo dos processos não lineares, altamente complexos e imprevisíveis, conhecidos tecnicamente como caos.

Quadro 6.2
A transformação do padeiro

Para reconhecer a característica essencial das iterações de um mapeamento logístico, vamos escolher novamente o valor $k = 3$, como na Equação 6.7:

$$x \longrightarrow 3x(1-x) \tag{6.7}$$

A variável x pode ser visualizada como um segmento de reta que vai de 0 a 1, e é fácil calcular os mapeamentos para alguns pontos, como na Equação 6.8:

$$\begin{aligned}
0 &\longrightarrow 0(1-0) = 0 \\
0{,}2 &\longrightarrow 0{,}6(1-0{,}2) = 0{,}48 \\
0{,}4 &\longrightarrow 1{,}2(1-0{,}4) = 0{,}72 \\
0{,}6 &\longrightarrow 1{,}8(1-0{,}6) = 0{,}72 \\
0{,}8 &\longrightarrow 2{,}4(1-0{,}8) = 0{,}48 \\
1 &\longrightarrow 3(1-1) = 0
\end{aligned} \tag{6.8}$$

Quando marcamos esses números sobre dois segmentos de reta, vemos que os números entre 0 e 0,5 são mapeados em números entre 0 e 0,75. Desse modo, 0,2 torna-se 0,48, e 0,4 torna-se 0,72. Números entre 0,5 e 1 são mapeados no mesmo segmento, mas em ordem inversa. Desse modo, 0,6 torna-se 0,72 e 0,8 torna-se 0,48. O efeito global é mostrado na Figura 6.5. Vemos que o mapeamento estira o segmento de modo que ele cubra a distância de 0 a 1,5, e em seguida o dobra de volta sobre si mesmo, o que resulta em um segmento que vai de 0 a 0,75 e volta.

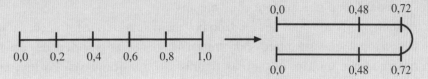

Figura 6.5 O mapeamento logístico $x \longrightarrow 3x(1-x)$.

Uma iteração desse mapeamento resultará em operações de estiramento e dobramento que vão se repetindo, de maneira muito parecida com aquela pela qual um padeiro estende e dobra repetidas vezes a massa de farinha. Por isso, essa iteração é chamada, muito apropriadamente, de "transformação do padeiro".

6.2.3 Poincaré e as pegadas do caos

A dinâmica não linear, a matemática que tornou possível trazer ordem ao caos, foi desenvolvida muito recentemente, mas seus fundamentos foram assentados na virada do século XX por um dos maiores matemáticos da era moderna, Henri Poincaré (1854-1912). Entre os matemáticos do século XX, Poincaré foi o último grande generalista. Ele fez inúmeras contribuições a praticamente todos os ramos da matemática. Suas obras reunidas se estendem por várias centenas de volumes.

Do ponto de vista do século XXI, podemos reconhecer que a maior contribuição de Poincaré foi trazer de volta à matemática as imagens visuais. Desde o século XVII, o estilo da matemática europeia mudou gradualmente da geometria, a matemática das formas visuais, para a álgebra, a matemática das fórmulas. Laplace, especialmente, foi um dos grandes formalizadores, que se gabava do fato de a sua *Mecânica Analítica* não conter figuras. Poincaré inverteu essa tendência, rompendo o garrote da análise e das fórmulas, que haviam se tornado cada vez mais opacas, e se voltando mais uma vez para padrões visuais.

No entanto, a matemática visual de Poincaré não é a geometria de Euclides. É uma geometria de uma nova espécie, uma matemática de padrões e relações conhecida como topologia. A topologia é uma geometria na qual todos os comprimentos, ângulos e áreas podem ser distorcidos à vontade. Desse modo, um triângulo pode ser convertido, por meio de uma transformação contínua, em um retângulo, o retângulo em um quadrado, o quadrado em um círculo, e assim por diante. De maneira semelhante, um cubo pode ser transformado em um cilindro, o cilindro em um cone, e o cone em uma esfera. Por causa dessas transformações contínuas, a topologia é popularmente conhecida como "geometria da folha de borracha". Todas as figuras que podem ser transformadas uma na outra por meio de dobras, estiramentos e torções são consideradas "topologicamente equivalentes".

No entanto, nem tudo pode ser mudado por meio dessas transformações topológicas. De fato, a topologia está interessada precisamente nessas propriedades das figuras matemáticas que não mudam quando as figuras são transformadas. Por exemplo, as interseções de linhas permanecem interseções, e o buraco em um toro (como o de uma rosquinha *donut*) não pode ser eliminado por meio de transformações. Uma rosquinha pode ser transformada topologicamente em uma xícara de café (com o buraco se transformando em uma alça), mas jamais em uma panqueca. Portanto, a topologia é uma matemática de relações, de padrões imutáveis, ou "invariantes".

Poincaré usou conceitos topológicos para analisar as características qualitativas de problemas dinâmicos complexos e, ao fazê-lo, assentou os fundamentos da teoria matemática da complexidade, que emergiria um século depois. Entre os problemas que Poincaré analisou dessa maneira estava o célebre problema dos três corpos da mecânica celeste – o movimento relativo de três corpos sujeitos às suas atrações gravitacionais mútuas – que ninguém foi capaz de resolver. Aplicando seu método topológico a um problema dos três corpos ligeiramente simplificado, Poincaré conseguiu determinar a forma geral de suas trajetórias, e descobriu que ela era de uma impressionante complexidade. Em suas próprias palavras (citadas por Stewart, 2002, p. 71):

Quando se tenta descrever a figura formada por essas duas curvas e sua infinidade de interseções [...] [descobre-se que] essas interseções formam uma espécie de rede, teia ou estrutura entrelaçada infinitamente estreita; nenhuma das duas curvas pode jamais cruzar a si mesma, mas precisa se dobrar de volta sobre si mesma de uma maneira muito complexa a fim de cruzar as conexões da teia uma infinidade de vezes. Fica-se chocado com a complexidade dessa figura, que eu nem sequer tento desenhar.

O que Poincaré figurou em sua mente é hoje chamado de "atrator estranho". Nas palavras de Ian Stewart (2002, p. 72), "Poincaré estava fitando as pegadas do caos".

Ao mostrar que simples equações deterministas do movimento podem produzir uma complexidade inacreditável, que desafia todas as tentativas de previsão, Poincaré desafiou os próprios fundamentos da mecânica newtoniana. No entanto, por causa de uma mudança inesperada na história, os cientistas, na virada do século XIX, não enfrentaram esse desafio. Alguns anos depois que Poincaré publicou seu trabalho sobre o problema dos três corpos, Max Planck descobriu os quanta de energia e Albert Einstein publicou seu artigo sobre a teoria especial da relatividade. Ao longo do meio século seguinte, os físicos e matemáticos estavam fascinados pelos desenvolvimentos revolucionários da física quântica e da teoria da relatividade, e a desbravadora descoberta de Poincaré se moveu para os bastidores. Foi apenas na década de 1960 que os cientistas tropeçaram novamente nas complexidades do caos.

6.3 Princípios de dinâmica não linear

6.3.1 Trajetórias em espaços abstratos

As técnicas matemáticas que, durante as últimas quatro décadas, permitiram que os pesquisadores descobrissem padrões ordenados em sistemas caóticos baseiam-se na abordagem topológica de Poincaré e estão estreitamente associados com o desenvolvimento dos computadores. Com a ajuda dos computadores de alta velocidade da atualidade, os cientistas podem resolver equações não lineares por meio de técnicas que não estavam disponíveis antes. Esses poderosos computadores podem facilmente rastrear as trajetórias complexas que Poincaré nem sequer tentou desenhar.

Como a maioria dos leitores deve se lembrar dos seus tempos de escola, uma equação é resolvida manipulando-a até que se obtenha uma fórmula final como sua solução. Isto se chama resolver a equação "analiticamente". O resultado é sempre uma fórmula. Mas, em sua maior parte, as equações não lineares que descrevem fenômenos naturais são muito difíceis de serem resolvidas analiticamente. Há, porém, outra maneira, que se chama resolver a equação "numericamente". Esse procedimento envolve tentativa e erro. Você tenta várias combinações de números para as variáveis até encontrar aquelas que se ajustam à equação. Técnicas e truques especiais foram desenvolvidos para realizar isso eficientemente, pois, para a maior parte das equações, o processo é extremamente trabalhoso, leva um tempo muito longo e só produz soluções muito toscas e aproximadas.

Tudo isso mudou quando os novos e poderosos computadores entraram em cena. Hoje temos programas para solucionar numericamente uma equação de maneira extremamente rápida e precisa. Com os novos métodos, as equações não lineares podem ser resolvidas com qualquer grau de precisão. No entanto, as soluções são de um tipo muito diferente. O resultado não é uma fórmula, mas uma grande coleção de valores para as variáveis que satisfazem à equação, e o computador pode ser programado para rastrear a solução como uma curva, ou um conjunto de curvas, em um gráfico. Essa técnica permitiu aos cientistas resolver as complexas equações não lineares associadas com os fenômenos caóticos e descobrir ordem sob o caos aparente.

Para revelar esses padrões ordenados, as variáveis de um sistema complexo são exibidas em um espaço matemático abstrato chamado "espaço de fase". É uma técnica bem conhecida, que foi desenvolvida na termodinâmica na virada do século XIX. Cada variável do sistema está associada a uma diferente coordenada nesse espaço abstrato, e cada ponto isolado no espaço de fase descreve todo o sistema (veja o Quadro 6.3). À medida que o sistema muda ao longo do tempo, os valores de suas variáveis também mudam e, desse modo, o ponto descreve uma trajetória, conhecida como atrator, que é uma representação matemática do comportamento de longo prazo do sistema.

Ao longo dos últimos vinte anos, a técnica do espaço de fase tem sido usada para explorar uma ampla variedade de sistemas complexos. Caso após caso, cientistas e matemáticos estabeleceriam equações não lineares, solucionariam numericamente essas equações e deixariam os computadores rastrearem as soluções como trajetórias no espaço de fase. Para sua grande surpresa, esses pesquisadores descobriram que o número de atratores diferentes é muito limitado. Suas formas podem ser classificadas topologicamente e as propriedades dinâmicas gerais de um sistema podem ser deduzidas da forma de seu atrator.

Há três tipos básicos de atrator: atratores pontuais, correspondendo a sistemas que atingem um equilíbrio estável; atratores periódicos, que correspondem a oscilações periódicas; e os chamados "atratores estranhos", que correspondem a sistemas caóticos. Um exemplo típico de sistema com um atrator estranho é o "pêndulo caótico", estudado, pela primeira vez, pelo matemático japonês Yoshisuke Ueda no final da década de 1970. É um circuito eletrônico não linear com uma fonte motriz externa, que embora seja relativamente simples produz um comportamento extraordinariamente complexo. Cada balanço desse oscilador caótico é único. O sistema nunca se repete, de modo que cada ciclo cobre uma região diferente do espaço de fase.

Quadro 6.3
Atratores no espaço de fase

Ilustraremos a técnica do espaço de fase com um exemplo muito simples, uma bola oscilando em um movimento pendular. Para descrever completamente o movimento do pêndulo, precisamos de duas variáveis: o ângulo, que pode ser positivo ou negativo, e a velocidade, que também pode ser positiva ou negativa, dependendo do sentido do balanço. Com essas duas variáveis, o ângulo e a velocidade, podemos descrever completamente, em qualquer momento, o estado de movimento do pêndulo.

Agora, se desenharmos um sistema de coordenadas cartesianas no qual uma das coordenadas é o ângulo e a outra é a velocidade (veja a Figura 6.6), esse sistema de coordenadas desdobrará um espaço bidimensional onde certos pontos corresponderão aos possíveis estados de movimento do pêndulo. Vejamos onde estão esses pontos. Nas elongações extremas, a velocidade é zero. Isso nos dá dois pontos no eixo horizontal. No centro, onde o ângulo é zero, a velocidade está em seu máximo, e é positiva (quando balança em um dos sentidos) ou negativa (quando balança no sentido oposto). Isso nos dá dois pontos sobre o eixo vertical. Esses quatro pontos no espaço de fase, que nós marcamos na Figura 6.8, representam os estados extremos do pêndulo – elongação máxima e velocidade máxima. A localização exata desses pontos dependerá de nossas unidades de medida.

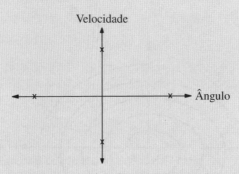

Figura 6.6 O espaço de fase bidimensional de um pêndulo.

Se prosseguirmos e marcarmos os pontos correspondentes aos estados de movimento entre os quatro extremos, constataremos que eles se distribuem em um circuito (ou *loop*) fechado. Poderíamos fazer dele um círculo escolhendo apropriadamente as nossas unidades de medida, mas em geral será algum tipo de elipse (como é mostrado na Figura 6.7). Esse *loop* é chamado de trajetória do pêndulo no espaço de fase. Ele descreve completamente o movimento do sistema. Todas as variáveis do sistema (duas em nosso caso simples) são representadas por um único ponto, que sempre estará em algum lugar desse *loop*. À medida que o pêndulo balança para a frente e para trás, o ponto no espaço de fase percorrerá o *loop*. Em qualquer momento, podemos medir as duas coordenadas do ponto no espaço de fase, e conheceremos o estado exato – ângulo e velocidade – do sistema. Note que esse *loop* não é, em nenhum sentido, uma trajetória da bola que forma o pêndulo. É uma curva em um espaço matemático abstrato, composto pelas duas variáveis do sistema.

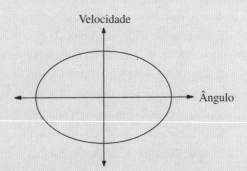

Figura 6.7 Trajetória do pêndulo no espaço de fase.

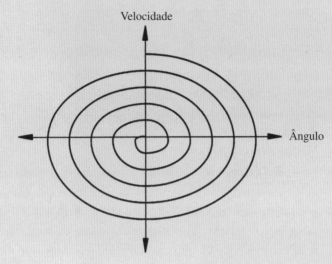

Figura 6.8 Trajetória no espaço de fase de um pêndulo com atrito.

Essa é, portanto, a técnica do espaço de fase. As variáveis do sistema são representadas em um espaço abstrato, no qual um único ponto descreve todo o sistema. À medida que o sistema muda, o ponto descreve uma trajetória no espaço de fase – um *loop* fechado em nosso exemplo. Quando o sistema não é um pêndulo simples, mas é mais complicado, ele terá muito mais variáveis, mas a técnica ainda é a mesma. Cada variável é representada por uma coordenada em uma diferente dimensão no espaço de fase. Se houver 16 variáveis, teremos um espaço de 16 dimensões. Um único ponto nesse espaço descreverá completamente o estado de todo o sistema, pois esse único ponto tem 16 coordenadas, cada uma delas correspondendo a uma das 16 variáveis do sistema.

Naturalmente, não podemos visualizar um espaço de fase com 16 dimensões; é por isso que ele é chamado de espaço matemático abstrato. Os matemáticos não parecem ter quaisquer problemas com tais abstrações. Eles estão igualmente confortáveis em espaços que não podem ser visualizados. De qualquer maneira, conforme o sistema muda, o ponto que representa seu estado no espaço de fase se moverá por esse espaço, traçando uma trajetória. Diferentes estados iniciais do sistema correspondem a diferentes pontos de partida no espaço de fase, e darão origem, em geral, a diferentes trajetórias.

Vamos agora voltar ao nosso pêndulo e notar que se tratava de um pêndulo idealizado, sem atrito, balançando para a frente e para trás em perpétuo movimento. Esse é um exemplo típico de física clássica, na qual o atrito é geralmente negligenciado. Um pêndulo real sempre terá algum atrito que irá desacelerá-lo até que, finalmente, ele acabará por parar. No espaço de fase bidimensional, esse movimento é representado por uma curva espiralando-se para dentro, em direção ao centro, como é mostrado na Figura 6.8.

> A forma da trajetória de um sistema no espaço de fase é conhecida como "atrator". Uma trajetória de circuito fechado, como a que representa o pêndulo sem atrito, é chamada de "atrator periódico", enquanto uma trajetória que se espirala para dentro é chamada de "atrator punctiforme" ou "pontual". A razão para essa escolha de metáfora está no fato de que o atrator representa a dinâmica de longo prazo do sistema. Um sistema complexo, tipicamente, se moverá diferentemente no início, dependendo de como ele começa, mas então ele se estabelecerá em um comportamento característico de longo prazo, representado pelo seu atrator. Metaforicamente falando, a trajetória é "atraída" para esse padrão qualquer que possa ser o seu ponto de partida.
>
> Nós enfatizamos a origem e a definição correta da palavra "atrator" porque parece haver uma concepção errônea comum entre não cientistas segundo a qual um atrator é uma entidade distinta do sistema, que atrai o sistema para certa porção do espaço de fase. Isso é incorreto. Na teoria da complexidade, um atrator é uma representação matemática de uma dinâmica (o comportamento de longo prazo do sistema) que é intrínseca ao sistema.

No entanto, apesar do comportamento aparentemente errático, os pontos no espaço de fase não estão distribuídos aleatoriamente. Juntos, eles formam um padrão complexo, altamente organizado – um atrator estranho, que hoje leva o nome de Ueda.

O atrator de Ueda é uma trajetória em um espaço de fase bidimensional que gera padrões que quase se repetem, mas não totalmente. Essa é uma característica típica de todos os sistemas caóticos. A imagem mostrada na Figura 6.9 contém mais de 100 mil pontos. Ela pode ser visualizada como uma seção de um pedaço de rosca que tenha sido repetidamente estendida e dobrada de volta sobre si mesma. Vemos assim que a matemática subjacente ao atrator de Ueda é a da "transformação do padeiro".

Um fato notável a respeito dos atratores estranhos é que sua dimensionalidade tende a ser muito baixa, até mesmo em um espaço de fase de muitas dimensões. Por exemplo, um sistema pode ter 50 variáveis, mas seu movimento pode estar restrito a um atrator estranho de três dimensões, uma superfície dobrada em um espaço de 50 dimensões. Isso, naturalmente, representa um alto grau de ordem.

É evidente que o comportamento caótico, no novo sentido científico da expressão, é muito diferente de movimento errático, aleatório. Com a ajuda de atratores estranhos, pode-se fazer uma distinção entre aleatoriedade, ou "ruído", e caos. O comportamento caótico é determinista e padronizado, e os atratores estranhos nos permitem transformar os dados aparentemente aleatórios em formas visíveis distintas.

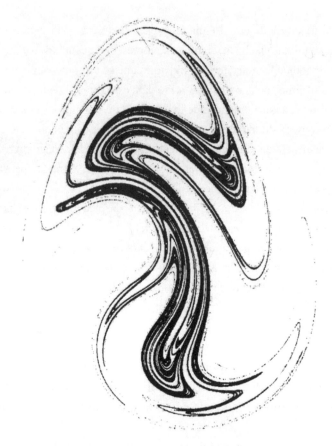

Figura 6.9 O atrator de Ueda (extraído de Capra, 1997).

6.3.2 O "efeito borboleta"

Como vimos no caso da transformação do padeiro, os sistemas caóticos são caracterizados por sensibilidade extrema com relação às condições iniciais. Mudanças diminutas no estado inicial do sistema levarão, ao longo do tempo, a consequências de grande escala. Na teoria do caos, isso é conhecido como "efeito borboleta" por causa da afirmação, parcialmente brincalhona, segundo a qual uma borboleta agitando suas asas hoje em Pequim poderá causar uma tempestade em Nova York daqui a um mês.

O efeito borboleta foi descoberto, no início da década de 1960, pelo meteorologista Edward Lorenz (1917-2008), que elaborou um modelo muito simples de condições meteorológicas consistindo em três equações não lineares acopladas. Ele descobriu que as soluções dessas equações eram extremamente sensíveis às condições iniciais. Começando praticamente no mesmo ponto de partida, duas trajetórias se desenvolveriam de maneiras completamente diferentes, tornando impossível qualquer previsão de longo alcance.

Essa descoberta enviou ondas de choque através da comunidade científica, que estava acostumada a contar com equações deterministas para prever fenômenos, tais como os eclipses solares ou o aparecimento de cometas, com grande precisão ao longo de extensos intervalos de tempo. Parecia inconcebível que equações do movimento estritamente deterministas pudessem levar a resultados imprevisíveis. No entanto, foi exatamente isso o que Lorenz descobriu.

O modelo de Lorenz não é uma representação realista de um fenômeno meteorológico particular, mas um exemplo notável de como um conjunto simples de equações não lineares pode gerar um comportamento enormemente complexo. A publicação do artigo divulgando esse modelo em 1963 marcou o início da teoria do caos, e o atrator do modelo, conhecido como atrator de Lorenz desde essa época, tornou-se o mais célebre e mais amplamente estudado dos atratores estranhos. Enquanto o atrator de Ueda está restrito a duas dimensões, o de Lorenz é tridimensional (veja a Figura 6.10). Ao rastreá-lo, verifica-se que o ponto no espaço de fase se move de maneira aparentemente aleatória com algumas oscilações de amplitude crescente ao redor de um ponto, seguidas por algumas oscilações ao redor de um segundo ponto, e então, subitamente, um retorno ao movimento oscilatório em torno do primeiro ponto, e assim por diante.

6.3.3 Da quantidade à qualidade

A impossibilidade de se prever por qual ponto do espaço de fase a trajetória do atrator de Lorenz irá passar em um certo tempo, mesmo que o sistema seja governado por leis deterministas, é uma característica comum de todos os sistemas caóticos. No entanto, isso não significa que a teoria do caos não seja capaz de fazer quaisquer previsões. Ainda podemos realizar previsões com muita precisão, mas são previsões que dizem respeito às características qualitativas do comportamento do sistema e não aos valores precisos de suas variáveis em um determinado instante. Desse modo, a nova matemática representa a mudança da quantidade para a qualidade, que é característica do pensamento sistêmico em geral. Enquanto a matemática convencional lida com quantidades e fórmulas, a dinâmica não linear lida com qualidades e padrões.

Na verdade, a análise de sistemas não lineares em função das características topológicas dos seus atratores é conhecida como "análise qualitativa". Um sistema não linear pode ter vários atratores, que, por sua vez, podem ser de diferentes tipos, "caóticos", ou "estranhos", e não caóticos. Todas as trajetórias que começam dentro de certa região do espaço de fase levarão, mais cedo ou mais tarde, ao mesmo atrator. Essa região é chamada de "bacia de atração" desse atrator. O espaço de fase de um sistema não linear pode ser frequentemente dividido em várias bacias de atração, cada uma delas encaixando seu atrator separado.

Desse modo, a análise qualitativa de um sistema dinâmico consiste em identificar os atratores e as bacias de atração do sistema, e classificá-los de acordo com suas características topológicas. O resultado é uma figura dinâmica de todo o sistema, denominada "retrato de fase". Os métodos matemáticos para analisar retratos de fase baseiam-se na obra pioneira de Poincaré e foram posteriormente desenvolvidos e refinados pelo topologista Stephen Smale no início da década de 1960.

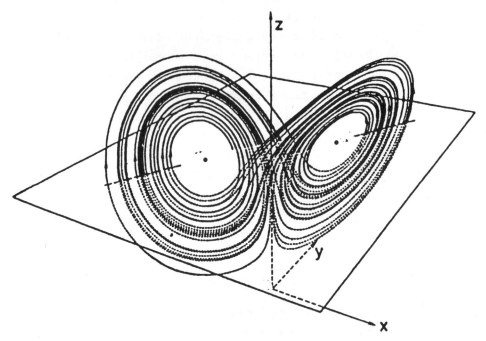

Figura 6.10 O atrator de Lorenz. Imagem reproduzida, por permissão de E. Mosekilde, J. Aracil e P. M. Allen, de "Instabilities and Chaos in Nonlinear Dynamics Systems", *System Dynamic Review*, 4, 14-5, 1988.

Smale usou sua técnica não apenas para analisar sistemas descritos por um dado conjunto de equações não lineares, mas também para estudar como esses sistemas se comportam sob pequenas alterações de suas equações. Como os parâmetros das equações mudam lentamente, o retrato de fase – isto é, as formas dos seus atratores e bacias de atração – geralmente irão passar por alterações suaves correspondentes sem quaisquer mudanças em suas características básicas. Smale usou a expressão "estruturalmente estáveis" para descrever tais sistemas nos quais pequenas mudanças nas equações deixam imutável o caráter básico do retrato de fase.

No entanto, em muitos sistemas não lineares, pequenas mudanças de certos parâmetros podem produzir mudanças dramáticas nas características básicas do retrato de fase. Atratores podem desaparecer, ou se mudar uns nos outros, ou novos atratores podem subitamente aparecer. Diz-se que tais sistemas são estruturalmente instáveis, e os pontos críticos de instabilidade são chamados de "pontos de bifurcação", pois são pontos na evolução do sistema onde uma forquilha aparece subitamente e o sistema se ramifica em uma nova direção. Matematicamente, pontos de bifurcação marcam mudanças súbitas no retrato de fase do sistema. Fisicamente, eles correspondem a pontos de instabilidade nos quais o sistema muda abruptamente e novas formas de ordem aparecem de súbito.

Essa emergência espontânea da ordem em pontos críticos de instabilidade – com frequência chamada, simplesmente, de "emergência" – está sendo reconhecida como um dos "selos de qualidade" da vida, como examinamos no Capítulo 8. A elucidação de sua dinâmica subjacente, a partir da obra pioneira do físico-químico Ilya Prigogine, é talvez a contribuição mais importante da teoria da complexidade à visão sistêmica da vida.

Assim como há somente um pequeno número de diferentes tipos de atratores, há também apenas um pequeno número de eventos de bifurcação, e, como os atratores, as bifurcações podem ser classificadas topologicamente. Um dos primeiros a fazer isso foi o matemático francês René Thom na década de 1970, que usou a palavra "catástrofe" em vez de "bifurcação", e identificou sete catástrofes elementares. Atualmente, os matemáticos conhecem um número três vezes maior de tipos de bifurcação. O teórico do caos Ralph Abraham (1982) e o artista gráfico Christopher Shaw criaram uma série de livros matemáticos visuais sem quaisquer equações ou fórmulas, que eles veem como o início de uma enciclopédia completa de bifurcações.

6.4 Geometria fractal

6.4.1 *"Uma linguagem para falar de nuvens"*

Enquanto os primeiros atratores estranhos eram explorados durante as décadas de 1960 e 1970, uma nova geometria, denominada "geometria fractal", seria inventada independentemente da teoria do caos, e forneceria uma poderosa linguagem matemática para descrever a estrutura dos atratores caóticos com um nível de precisão de sintonia fina. O autor dessa nova linguagem foi o matemático Benoît Mandelbrot (1924-2010). No fim da década de 1950, Mandelbrot começou a estudar a geometria de uma ampla variedade de fenômenos naturais irregulares e, durante a década de 1960, compreendeu que todas essas formas geométricas tinham algumas características comuns muito notáveis.

Ao longo dos dez anos seguintes, Mandelbrot inventou um novo tipo de matemática para descrever e analisar essas características. Ele cunhou o termo "fractal" para caracterizar sua invenção e publicou seus resultados em um livro espetacular, *The Fractal Geometry of Nature* (Mandelbrot, 1983), que exerceu uma tremenda influência sobre a nova geração de matemáticos que estavam desenvolvendo a teoria do caos e outros ramos de dinâmica não linear.

Uma das melhores introduções à geometria fractal é um documentário editado em vídeo pelo matemático Heinz-Otto Peitgen (Peitgen *et al.*, 1990), que contém vertiginosas animações por computador e uma cativante entrevista com Benoît Mandelbrot. Nessa entrevista, Mandelbrot explica que a geometria fractal lida com um aspecto da natureza do qual quase todas as pessoas estão cientes, mas que ninguém foi capaz de descrever em linguagem matemática formal. Algumas características da natureza são geométricas no sentido tradicional. O tronco de uma árvore é mais ou menos um cilindro; a lua cheia aparece mais ou menos como um disco circular; os planetas orbitam o sol mais ou menos em elipses. Mas esses exemplos são exceções, pois, como nos lembra Mandelbrot:

A maior parte da natureza é muito, muito complicada. Como poderíamos descrever uma nuvem? Uma nuvem não é uma esfera... Ela se parece com uma bola, mas é muito irregular. Uma montanha? Uma montanha não é um cone... Se você quer falar de nuvens, de montanhas, de rios, de relâmpagos, a linguagem geométrica que você aprendeu na escola é inadequada.

Então, Mandelbrot criou a geometria fractal – "uma linguagem para falar de nuvens" – para descrever e analisar a complexidade das formas irregulares no mundo natural que nos cerca.

6.4.2 Autossimilaridade

A propriedade mais notável dessas formas fractais está no fato de que seus padrões característicos são encontrados repetidamente em escalas descendentes, de modo que suas partes, em qualquer escala, são semelhantes ao todo em suas formas. Mandelbrot ilustra essa propriedade da "autossimilaridade" quebrando um pedaço de couve-flor e nos indicando que, por si mesmo, o próprio pedaço se parece exatamente com uma pequena couve-flor. Ele repete essa demonstração dividindo o pedaço ainda mais, e dele tirando outro pedaço, o qual, mais uma vez, assemelha-se a uma pequeníssima couve-flor. Desse modo, cada parte se parece com a hortaliça inteira. A forma do todo é semelhante a si mesma em todos os níveis de escala.

Há muitos outros exemplos de autossimilaridade na natureza. Rochas sobre montanhas se parecem com pequenas montanhas; ramificações de relâmpagos ou bordas de nuvens repetem sem cessar os mesmos padrões; linhas litorâneas dividem-se em porções progressivamente menores, cada uma delas mostrando arranjos semelhantes de praias e promontórios. Fotos de um delta de rio, ramificações de uma árvore ou vasos sanguíneos cujas veias e artérias se desdobram ramificando-se até capilares invisíveis a olho nu exibem padrões de similaridade tão impressionantes que não somos capazes de distinguir qual é qual. Essa similaridade de imagens provenientes de escalas imensamente diferentes já era conhecida há muito tempo, mas antes de Mandelbrot ninguém dispunha de uma linguagem matemática para descrevê-la.

Quando Mandelbrot publicou seu livro pioneiro, em meados da década de 1970, ele não estava ciente das conexões entre geometria fractal e teoria do caos, mas não demorou muito até que seus colegas matemáticos e ele próprio descobrissem que os atratores estranhos são exemplos extraordinários de fractais. Se amplificamos partes de suas estruturas, elas revelam subestruturas em muitas camadas nas quais os mesmos padrões se repetem incessantemente. Por isso, tornou-se comum definir atratores estranhos como trajetórias no espaço de fase que exibem geometria fractal.

6.4.3 Dimensões fractais

Outra ligação importante entre teoria do caos e geometria fractal é a mudança de quantidade para qualidade. Como vimos, é impossível prever os valores das variáveis de um sistema caótico em qualquer determinado instante, mas *podemos* prever as características qualitativas do comportamento do sistema. De maneira semelhante, é impossível calcular o comprimento de uma forma fractal ou a área que ela cobre, mas podemos definir o grau de "denteação" de uma maneira qualitativa.

Figura 6.11 Operação geométrica para se construir uma curva de Koch.

Mandelbrot destacou essa característica dramática das formas fractais fazendo uma pergunta provocadora: "Qual o tamanho do litoral da Inglaterra?" Uma vez que, como ele mostrou, o comprimento medido pode se estender indefinidamente ao longo de escalas cada vez menores, não há uma resposta bem definida a essa pergunta. No entanto, é possível definir um número entre 1 e 2 que caracteriza a denteação da linha litorânea. Para a costa britânica, esse número é aproximadamente igual a 1,58; para o litoral da Noruega, muito mais irregular, ele mede aproximadamente 1,70.

Uma vez que se pode mostrar que esse número tem as propriedades de uma dimensão, Mandelbrot deu a ela o nome de dimensão fractal. Podemos compreender intuitivamente essa ideia ao perceber que uma linha denteada em um plano enche mais espaço do que uma linha reta, que tem dimensão 1, mas menos do que o plano, que tem dimensão 2. Quanto mais denteada for a linha, mais perto de 2 estará a sua dimensão fractal. De maneira semelhante, um pedaço de papel amassado enche mais espaço do que um plano, mas menos do que uma esfera. Desse modo, quanto mais compactamente o papel for amassado, mais perto sua dimensão fractal estará de 3.

Esse conceito de dimensão fractal, que era, de início, uma ideia matemática puramente abstrata, tornou-se uma ferramenta muito poderosa para se analisar a complexidade das formas fractais, pois ele corresponde muito bem à nossa experiência da natureza. Quanto mais denteados forem os contornos do relâmpago ou as bordas das nuvens, quanto mais irregulares forem as formas das linhas litorâneas ou das montanhas, mais altas serão suas dimensões fractais.

6.4.4 Modelos de formas fractais

Para se modelar as formas fractais que ocorrem na natureza, podem ser construídas figuras geométricas que exibem autossimilaridade precisa. A principal técnica para se construir essas fractais matemáticas é a iteração – isto é, a repetição incessante de uma mesma operação geométrica. O processo da iteração, que nos leva à transformação do padeiro, a característica matemática subjacente aos atratores estranhos, revela-se assim como a característica matemática central ligando teoria do caos e geometria fractal.

Uma das formas fractais mais simples geradas por iteração é a chamada curva de Koch, ou "curva do floco de neve". A operação geométrica consiste em dividir um segmento de reta em três partes iguais e substituir a seção central por dois lados de um triângulo equilátero, como é mostrado na Figura 6.11. Repetindo-se essa operação vezes e mais vezes, cria-se um floco de neve denteado (veja a Figura 6.12). Como uma linha litorânea, a curva de Koch torna-se infinitamente longa se a iteração prosseguir rumo ao infinito. De fato, a curva de Koch pode ser considerada um modelo muito aproximado de uma linha litorânea (veja a Figura 6.13).

Figura 6.12 A curva de floco de neve de Koch (extraído de Capra, 1997).

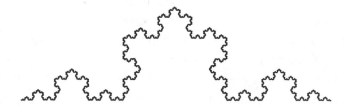

Figura 6.13 Modelagem de uma linha litorânea com uma curva de Koch (extraído de Capra, 1997).

Com essas novas técnicas matemáticas, os cientistas conseguiram construir modelos precisos de uma enorme variedade de formas naturais irregulares e, ao fazê-lo, descobriram a aparência universalmente difundida dos fractais. De todas essas, os padrões fractais das nuvens, que originalmente inspiraram Mandelbrot a procurar uma nova linguagem matemática, são, talvez, os mais assombrosos. Sua autossimilaridade estende-se ao longo de sete ordens de grandeza. Isso significa que se a borda de uma nuvem for ampliada 10 milhões de vezes, ela ainda mostrará a mesma forma familiar.

6.4.5 Padrões dentro de padrões: números complexos

A culminação da geometria fractal foi a descoberta, feita por Mandelbrot, de uma estrutura matemática que, embora tenha uma impressionante complexidade, pode ser gerada por meio de um processo iterativo muito simples. Para compreender essa assombrosa figura fractal conhecida como conjunto de Mandelbrot, precisamos em primeiro lugar familiarizar-nos com um dos mais importantes conceitos matemáticos – os números complexos.

A descoberta dos números complexos é um capítulo fascinante da história da matemática (veja, por exemplo, Dantzig, 2005). Quando a álgebra foi desenvolvida na Idade Média e os matemáticos exploraram todos os tipos de equações, classificando suas soluções, eles logo toparam com problemas que não tinham solução numérica baseada no conjunto de números conhecidos por eles. Equações como $x + 5 = 3$ os levaram a estender o conceito de número aos números negativos, de modo que a solução dessa equação podia ser escrita como $x = -2$. Mais tarde, todos os números "reais" – inteiros positivos e negativos, números fracionários e números irracionais (como certas raízes quadradas ou o famoso número π) – foram representados como pontos sobre uma reta numérica única, com os números densamente concentrados em sua extensão (como é mostrado na Figura 6.14).

Com esse conceito expandido de números, todas as equações algébricas podiam, em princípio, ser resolvidas, com exceção das que envolviam raízes quadradas de números negativos. A equação $x^2 = 4$ tem duas soluções, $x = 2$ e $x = -2$, mas, para $x^2 = -4$ parecia não haver solução, pois nem +2 nem – 2 dará –4 quando elevado ao quadrado.

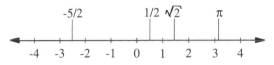

Figura 6.14 A reta numérica.

Os primeiros algebristas indianos e árabes encontravam repetidamente essas equações, mas se recusavam a escrever expressões como $\sqrt{-4}$, pois acreditavam que elas fossem completamente destituídas de significado. Foi apenas no século XVI que as raízes quadradas de números negativos apareceram em textos algébricos, e mesmo assim os autores apressavam-se a assinalar que tais expressões não significavam realmente coisa alguma.

Descartes deu à raiz quadrada de um número negativo o nome de "imaginária" e acreditava que a ocorrência de tais números "imaginários" em um cálculo significava que o problema não tinha solução. Outros matemáticos usaram os adjetivos "fictícios", "sofisticados" ou "impossíveis" para rotular essas quantidades que hoje, seguindo Descartes, nós ainda chamamos de "números imaginários".

Uma vez que a raiz quadrada de um número negativo não pode ser colocada em lugar algum da reta numérica, os matemáticos, até o século XIX, não podiam atribuir nenhum sentido real a essas quantidades. O grande Leibniz, inventor do cálculo diferencial, atribuiu uma qualidade mística à raiz quadrada de −1, reconhecendo nela uma manifestação do "Espírito Divino" e chamando-a de "esse anfíbio entre o ser e o não ser". Um século mais tarde, Leonhard Euler (1707-1783), o matemático mais prolífico de todos os tempos, expressou o mesmo sentimento em sua *Álgebra*, com palavras que, embora menos poéticas, ainda ecoam o mesmo sentido de maravilha (citado por Dantzig, 2005, p. 189):

Todas essas expressões, como $\sqrt{-1}$, $\sqrt{-2}$ etc., são, consequentemente, números impossíveis, ou imaginários, pois representam raízes de quantidades negativas; e com relação a tais números podemos com certeza afirmar que eles nem são nada, nem são maiores do que nada, nem menos do que nada, o que necessariamente os constitui em imaginários ou impossíveis.

No século XIX, por fim, outro gigante matemático, Carl Friedrich Gauss (1777-1855), declarou vigorosamente que "uma existência objetiva pode ser atribuída a esses seres imaginários" (citado por Dantzig, 2005, p. 190). Gauss compreendeu, naturalmente, que não havia espaço para números imaginários em lugar algum da reta numérica, e por isso deu o corajoso passo de colocá-los sobre um eixo perpendicular a essa reta passando pelo ponto zero, criando assim um sistema de coordenadas cartesianas. Nesse sistema, todos os números reais estão colocados sobre o "eixo real" e todos os números imaginários sobre o "eixo imaginário" (como é mostrado na Figura 6.15). A raiz quadrada de −1 é chamada de "unidade imaginária", recebendo o símbolo i, e uma vez que qualquer raiz quadrada de um número negativo pode sempre ser escrita como $\sqrt{-a} = \sqrt{-1}\sqrt{a} = i\sqrt{a}$, então todos os números imaginários podem ser colocados sobre o eixo imaginário como múltiplos de i.

Graças a esse engenhoso dispositivo, Gauss criou um lar não apenas para números imaginários, mas também para todas as combinações possíveis de números reais e imaginários, como $(2 + i)$, $(3 − i)$ etc. Tais combinações são denominadas "números complexos" e são representadas por pontos no plano definido pelos eixos real e imaginário, que é chamado de "plano complexo". Em geral, qualquer número complexo pode ser escrito como a Equação 6.9:

$$z = x + iy \qquad (6.9)$$

onde x é chamado de "parte real" e y de "parte imaginária".

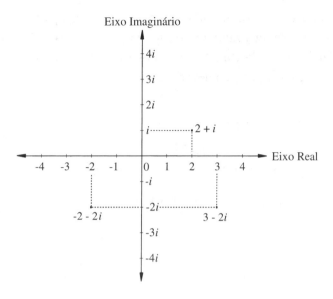

Figura 6.15 O plano complexo.

Com a ajuda dessa definição, Gauss criou uma álgebra especial de números complexos e desenvolveu muitas ideias fundamentais sobre funções de variáveis complexas. Isso acabou por levar a um ramo da matemática totalmente novo, conhecido como "análise complexa", que tem uma enorme gama de aplicações em todos os campos da ciência.

Conjuntos de Julia

A razão pela qual fizemos essa excursão na história dos números complexos é que muitas formas fractais podem ser geradas matematicamente por meio de procedimentos iterativos no plano complexo. No fim da década de 1970, depois de publicar seu livro pioneiro, Mandelbrot voltou a atenção para uma classe particular desses fractais matemáticos conhecidos como conjuntos de Julia (veja, por exemplo, Peitgen e Richter, 1986). Eles foram descobertos pelo matemático francês Gaston Julia (1893-1978) no início do século XX, mas logo caíram na obscuridade. Na verdade, Mandelbrot teve acesso ao trabalho de Julia quando ainda era estudante, passara os olhos pelos seus desenhos primitivos (feitos nessa época sem a ajuda de computador) e logo perdeu o interesse. Agora, no entanto, Mandelbrot compreendeu que os desenhos de Julia eram representações ainda toscas de complexas formas fractais, e procurou reproduzi-las em finos detalhes com os mais poderosos computadores que pôde encontrar. Os resultados foram estonteantes.

A base do conjunto de Julia é um simples mapeamento no plano complexo (veja o Quadro 6.4) que gera uma espantosa variedade de formas fractais. Algumas são peças isoladas e conectadas; outras são quebradas em várias partes desconexas; outras ainda parecem ter-se quebrado e desfeito em poeira (veja a Figura 6.16). Todas elas têm a aparência denteada característica dos fractais, e é impossível descrever a maioria delas na linguagem da geometria clássica.

Quadro 6.4
Como gerar conjuntos de Julia e o conjunto Mandelbrot

Um conjunto de Julia é gerado com o mapeamento da Equação 6.10:

$$z \longrightarrow z^2 + c \qquad (6.10)$$

onde z é uma variável complexa e c uma constante complexa. O procedimento iterativo consiste em apanhar qualquer número z no plano complexo, elevá-lo ao quadrado, adicionar a ele a constante c, elevar novamente o resultado ao quadrado, acrescentar a constante c mais uma vez, e assim por diante. Quando essa operação é feita com diferentes valores iniciais para z, alguns deles continuarão crescendo, e se dirigirão ao infinito à medida que a iteração prosseguir, enquanto outros permanecerão finitos. O conjunto de Julia é o conjunto de todos esses valores de z, ou pontos no plano complexo, que permanecem finitos sob a iteração.

Para determinar a forma do conjunto de Julia para uma determinada constante c, a iteração precisa ser realizada para milhares de pontos, e cada vez até que fique claro se os seus valores continuarão crescendo ou se permanecerão finitos. Se esses pontos que permanecem finitos são coloridos de preto, enquanto os que continuam crescendo permanecem brancos, o conjunto de Julia emergirá como uma forma negra no final. Todo o procedimento é muito simples, mas consome muito tempo. É evidente que o uso de um computador de alta velocidade é essencial se queremos obter uma forma precisa em um tempo razoável. Para cada constante c, obteremos um diferente conjunto de Julia, de modo que há um número infinito desses conjuntos.

O conjunto de Mandelbrot é a coleção de todos os pontos da constante c no plano complexo para os quais os conjuntos de Julia correspondentes são peças conectadas isoladas. Portanto, para construirmos um conjunto de Mandelbrot, precisamos construir um conjunto de Julia separado para cada ponto c no plano complexo e determinar se esse conjunto de Julia em particular está "conectado" ou "desconectado". Por exemplo, entre os conjuntos de Julia mostrados na Figura 6.16, os três conjuntos da linha de cima e o do centro da linha de baixo estão conectados (isto é, consistem em uma única peça) enquanto os dois conjuntos nos dois quadrados laterais na linha de baixo estão desconectados (isto é, consistem em várias peças).

Essa rica variedade de formas, muitas delas reminiscentes de coisas vivas, é surpreendente. Mas a verdadeira magia começa quando nós ampliamos o contorno de qualquer porção do conjunto de Julia. Como no caso de uma nuvem ou linha litorânea, a mesma riqueza é exibida ao longo de todas as escalas. Com resolução crescente (isto é, com um número cada vez maior de casas decimais do número z entrando no cálculo), mais e mais detalhes do contorno fractal aparecem, revelando uma fantástica sequência de padrões dentro de padrões – todos eles semelhantes sem jamais ser idênticos.

Quando Mandelbrot analisou diferentes representações matemáticas dos conjuntos de Julia, no fim da década de 1970, e tentou classificar sua imensa variedade, ele descobriu uma maneira muito simples de criar, no plano complexo, uma única imagem que serviria como um catálogo de todos os conjuntos de Julia possíveis (veja o Quadro 6.4). Essa imagem, que a partir daí tornou-se o mais importante símbolo visual da teoria da complexidade, é o conjunto de Mandelbrot.

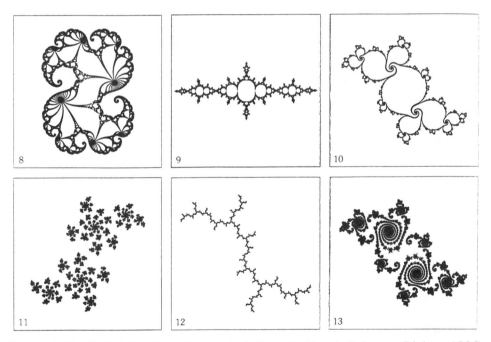

Figura 6.16 Variedades de conjuntos de Julia (extraídos de Peitgen e Richter, 1986).

O conjunto de Mandelbrot

Apesar de haver um número infinito de conjuntos de Julia, o conjunto de Mandelbrot é único. Essa estranha figura é o objeto matemático mais complexo já inventado. Embora as regras para a sua construção sejam muito simples, a variedade e a complexidade que ela revela se a inspecionarmos minuciosamente é inacreditável. Quando o conjunto de Mandelbrot é gerado sobre uma grade de baixa definição, dois discos aparecem na tela do computador; o menor é aproximadamente circular e o maior tem a vaga aparência de um coração. Cada um dos dois discos mostra vários apêndices discoidais menores anexados à sua fronteira, e uma resolução maior revela uma profusão de apêndices progressivamente menores que lembram espinhos (veja a Figura 6.17).

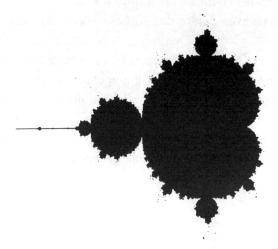

Figura 6.17 O conjunto de Mandelbrot (extraído de Peitgen e Richter, 1986).

A partir desse ponto, a riqueza de imagens revelada pela ampliação crescente das margens do conjunto (isto é, aumentando-se a resolução nos cálculos) é quase impossível de se descrever. Uma jornada como essa pelo interior do conjunto de Mandelbrot, que pode ser mais bem examinada em fita de vídeo (por exemplo, Peitgen *et al.*, 1990), é uma experiência inesquecível. À medida que a câmera vai aumentando o *zoom* e ampliando a fronteira, brotos e gavinhas parecem crescer a partir dele, que, quando a ampliação é aumentada ainda mais, dissolvem-se em uma multidão de formas – espirais dentro de espirais, cavalos-marinhos e redemoinhos de água, repetindo muitas vezes os mesmos padrões (veja a Figura 6.18). Em cada escala dessa viagem fantástica – para a qual os computadores atuais têm potência para produzir ampliações de até 100 milhões de vezes! – a figura se parece com uma linha litorânea ricamente fragmentada, mas exibindo formas que parecem orgânicas em sua complexidade que não acaba nunca. E, ocasionalmente, fazemos uma descoberta estranha e misteriosa – uma réplica minúscula de todo o conjunto de Mandelbrot profundamente enterrada na sua estrutura limítrofe.

O conjunto de Mandelbrot é um tesouro de padrões de detalhes e variações infinitos. Estritamente falando, ele não é autossemelhante, e isso porque não apenas repete os mesmos padrões muitas vezes, neles incluindo pequenas réplicas de todo o conjunto, mas também contém elementos vindos de um número infinito de conjuntos de Julia. É, portanto, um "superfractal" de complexidade inconcebível.

E, no entanto, essa estrutura, cuja riqueza desafia a imaginação humana, é gerada por algumas regras muito simples. Desse modo, a geometria fractal, assim como a teoria do caos, forçou os cientistas e os matemáticos a reexaminarem o próprio conceito de complexidade. Na matemática clássica, fórmulas simples correspondem a formas simples, fórmulas complicadas a formas complicadas. Na dinâmica não linear, a situação é dramaticamente diferente. Equações simples podem gerar atratores estranhos enormemente complexos, e regras simples de iteração dão lugar a estruturas mais complicadas do que nós não podemos sequer imaginar.

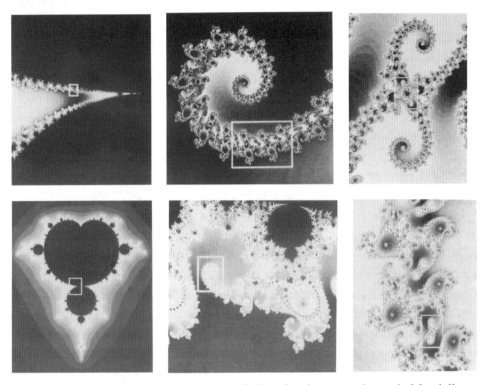

Figura 6.18 Estágios de uma jornada pelo interior de um conjunto de Mandelbrot. Em cada figura, a área da ampliação subsequente é indicada com um retângulo branco (extraído de Peitgen e Richter, 1986).

6.5 Observações finais

Desde que o conjunto de Mandelbrot apareceu na capa da *Scientific American* em agosto de 1985, centenas de entusiastas por computador têm usado o programa iterativo publicado nesse número para empreender suas próprias viagens pelo interior do conjunto em seus microcomputadores. Cores vívidas foram acrescentadas aos padrões descobertos nessas viagens e as figuras resultantes foram publicadas em numerosos livros e exibidas em mostras de arte computacional ao redor do mundo.

Mandelbrot considerou o tremendo interesse pela geometria fractal fora da comunidade matemática como um desenvolvimento muito saudável. Ele tinha a esperança de que ela pusesse um fim ao isolamento da matemática com relação às outras atividades humanas e à consequente e difundida ignorância a respeito da linguagem matemática até mesmo entre pessoas altamente instruídas.

Esse isolamento da matemática é um sinal impressionante da nossa fragmentação intelectual e, por isso, é um fenômeno relativamente recente. Ao longo dos séculos, muitos dos grandes matemáticos deram notáveis contribuições a outros campos do conhecimento humano. No século XI, o poeta persa Omar Khayyám, autor mundialmente renomado do *Rubaiyat*, também escreveu um livro pioneiro sobre álgebra e serviu como astrônomo oficial na corte do califa. Descartes, o fundador da filosofia moderna, foi um brilhante matemático e também praticou a medicina. Ambos os inventores do cálculo diferencial, Newton e Leibniz, foram ativos em muitos campos além da matemática. Newton foi um "filósofo natural" que deu contribuições fundamentais a praticamente todos os ramos da ciência conhecidos em sua época, além de estudar alquimia, teologia e história. Leibniz é basicamente conhecido como filósofo, mas também foi o fundador da lógica simbólica e atuou como diplomata e historiador durante a maior parte de sua vida. O grande matemático Gauss também foi físico e astrônomo, e inventou vários instrumentos úteis, inclusive o telégrafo elétrico.

Esses exemplos, aos quais dezenas de outros poderiam ser acrescentados, mostram que, ao longo de toda a nossa história intelectual, a matemática nunca foi separada de outras áreas do conhecimento e da atividade humanos. No entanto, no século XX, o crescente reducionismo, fragmentação e especialização levaram a um extremo isolamento da matemática, mesmo dentro da comunidade científica. A grande fascinação exercida pela teoria do caos e pela geometria fractal sobre pessoas que se dedicam a todas as disciplinas – de cientistas a gerenciadores e artistas – pode ser, de fato, um esperançoso sinal de que a matemática poderá ser libertada do seu recente isolamento. Hoje, a teoria da complexidade está fazendo com que cada vez mais pessoas percebam que a matemática significa muito mais do que fórmulas secas, e que a compreensão dos padrões tem importância crucial para a compreensão do mundo vivo ao nosso redor, e que todas as questões de padrão, ordem e complexidade são essencialmente matemáticas.

III

Uma nova concepção da vida

7

O que é vida?

7.1 Como caracterizar os seres vivos

É de conhecimento comum o fato de ser impossível apresentar uma definição científica da vida que seja universalmente aceita. Isso acontece porque o corpo de cientistas que lidam com essa questão é muito heterogêneo – biólogos, químicos, cientistas de computador, filósofos, astrobiólogos, teólogos, cientistas sociais, ecologistas –, o que os leva a diferirem consideravelmente entre si, dependendo do arcabouço conceitual de cada um. Neste livro, não nos demoraremos muito em indagar por uma definição única da vida – obter uma resposta em uma única sentença que consiga abarcar todos os vários aspectos da vida –, mas, em vez disso, consideraremos a questão mais geral: "Quais são as características essenciais de um sistema vivo?" Essa tarefa é mais acessível a uma investigação científica, e nós mostraremos que a visão sistêmica da vida representa um passo para a frente no âmbito do horizonte das ciências da vida. Ao fazer isso, contaremos em boa parte com o esquema conceitual da teoria da autopoiese, como foi desenvolvida por Humberto Maturana e Francisco Varela (1980/1972, 1980). Eles são dois biólogos chilenos cuja escola é frequentemente conhecida como "escola de Santiago". Maturana é o cientista sênior, e Varela é seu aluno e, posteriormente, seu colega na Universidade de Santiago, do Chile. Francisco, a quem dedicamos este livro, morreu prematuramente em 2001; Humberto, atualmente, ainda está muito ativo em Santiago.

Maturana ficou famoso já no início da década de 1960 pelo seu trabalho sobre a retina das rãs, que foi a semente para suas pesquisas posteriores sobre a percepção visual e a cognição. Os dois cientistas são famosos principalmente por causa de sua teoria da autopoiese, que responde à pergunta geral e ambiciosa: "O que é vida?", especificando como caracterizar o organismo vivo a partir de um ponto de vista meramente biológico e fenomenológico, começando pela singularidade da célula biológica. "Autopoiese" é um termo cunhado por Maturana e Varela na década de 1970. *Auto*, naturalmente, significa "eu" e se refere à autonomia dos sistemas auto-organizadores; e *poiesis* (que partilha da mesma raiz grega que a palavra "poesia") significa "fazer". Assim, autopoiese significa "fazer a si mesmo".

De acordo com Maturana e Varela, a principal característica da vida é a automanutenção obtida graças à rede interna de um sistema químico que continuamente reproduz a si mesmo dentro de uma fronteira de fabricação própria. Para os dois autores da escola de Santiago, juntamente com a questão "O que é vida?" há outra importante questão que lhe é concomitante: "O que é cognição [o processo de conhecer]?" Da maneira como Maturana e Varela a usam, cognição é inseparável de autopoiese, como explicaremos mais adiante neste capítulo.

7.2 A visão sistêmica da vida

O que a expressão "visão sistêmica" significa quando aplicada à vida? Significa olhar para um organismo vivo na totalidade de suas interações mútuas. Para tornar as coisas mais claras a esse respeito, vamos examinar o mais simples dos sistemas vivos possíveis, um organismo unicelular.

Faremos isso lançando mão de uma abordagem fenomenológica – a saber, uma abordagem baseada em observações feitas no nível de nossa experiência. Propositadamente, não queremos começar com um arcabouço teórico a respeito da teoria da informação, ou da entropia negativa, ou de qualquer outro construto teórico apriorístico. Vamos apenas observar a vida de um simples microrganismo como ele é. No entanto, a termo "simples" torna-se dúbio tão logo observamos a complexidade bioquímica da rede metabólica de uma simples bactéria.

Isso é ilustrado na Figura 7.1. Cada ponto na figura representa um composto químico, cada linha representa uma reação química e cada reação química é catalisada por uma enzima específica, de modo que estamos lidando com uma rede tridimensional de extrema complexidade. Cada perturbação em qualquer ponto pode afetar, em princípio, todo o sistema. O que não é evidente a partir do gráfico dessa rede metabólica é a compartimentalização celular e a sua implicação. Vamos então transformar essa complexidade em um conceito celular mais manejável. Isso é representado pelo simples esboço da Figura 7.2.

Esse esboço mostra a membrana semipermeável esférica que diferencia o mundo interno do mundo externo, e dessa maneira identifica o "eu". Dentro do compartimento, ocorrem muitas reações e transformações correspondentes. Podemos aprender muito com base nesse desenho. Em particular, há quatro principais observações fenomenológicas que podemos fazer, e cuja complementaridade dá uma resposta à nossa pergunta no nível biológico: "O que é vida?"

7.2.1 Automanutenção

A primeira observação que surge do simples esboço da Figura 7.2 é a aparente contradição entre as mudanças internas e a constância da estrutura global. Em outras palavras, há um número muito grande de transformações ocorrendo continuamente; no entanto, há também automanutenção celular – o fato de que a célula mantém sua individualidade. Uma célula de fermento continua sendo uma célula de fermento, uma célula do fígado continua sendo uma célula do fígado, no sentido de que a concentração média dos componentes celulares, bem como a estrutura global, permanece a mesma durante todo o período homeostático, o estado de equilíbrio dinâmico característico da vida normal de uma célula individual. Efetivamente, poderíamos dizer com os proponentes da teoria da autopoiese (Maturana e Varela, 1980/1972, 1980) que a principal função da célula é manter sua própria individualidade apesar da miríade de transformações químicas que ocorrem nela.

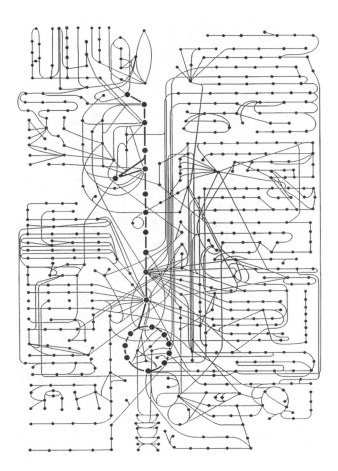

Figura 7.1 Seção da rede metabólica de uma bactéria "simples" (*E. coli*). Note que cada ponto (cada composto químico) está ligado a qualquer outro ponto por meio da complexidade da rede.

Essa aparente contradição entre mudança e constância é explicada pelo fato de que a célula regenera a partir de seu interior os componentes que são consumidos –

sejam eles o ATP (trifosfato de adenosina) ou o glicogênio, a glicose ou o RNA transportador (ou RNA de transferência, ou RNAt). Isso, naturalmente, ocorre à custa dos nutrientes e da energia que fluem dentro da célula – um aspecto que posteriormente examinaremos com mais detalhes.

O que dissemos com relação ao microrganismo também vale para um elefante. Aqui também a observação fenomenológica é a automanutenção, apesar das miríades de transformações que ocorrem em todos os níveis dentro do elefante. Isso pode ser ilustrado por meio do "jogo das duas listas" (Luisi, 2006). Olhe para esta lista de coisas vivas (apresentadas por exemplos à esquerda) colocadas ao lado de uma lista de coisas não vivas (à direita):

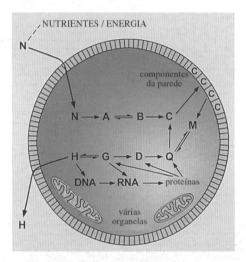

Figura 7.2 Esquematização do funcionamento de uma célula como um sistema aberto. Uma característica importante é a fronteira, que é criada pela rede interna de reações (uma fronteira de sua própria fabricação). A rede de reações produz uma grande série de transformações; no entanto, sob condições homeostáticas, todo o material que desaparece é gerado novamente pelo maquinário interno. Desse modo, a célula (e, por inferência, a vida) pode ser considerada como uma fábrica que se ocupa com a automanutenção.

Lista de coisas vivas	Lista de coisas não vivas
uma mosca	um aparelho de rádio
uma árvore	um automóvel
um mudo	um robô
um bebê	um cristal
um cogumelo	a Lua
uma ameba	um computador

Agora, faça a pergunta: "O que, além da grande diversidade dos organismos na lista da esquerda, é o seu denominador comum? Algo que não pode estar presente em nenhum dos elementos da lista não viva?" A resposta é: automanutenção por meio de um mecanismo de autorregeneração a partir de dentro. A vida é uma fábrica que constrói a si mesma a partir de dentro.

7.2.2 Não localização

Continuando a olhar para os gráficos das Figuras 7.1 e 7.2, consideramos agora a pergunta: "Onde a vida celular está localizada? Existe alguma reação particular, um lugar mágico particular, onde possamos colocar uma etiqueta indicando: 'Aqui há vida'?" Há uma resposta óbvia e muito importante a essa pergunta: A vida não está localizada. A vida é uma propriedade global, que surge das interações coletivas das espécies moleculares dentro da célula.

Isso é verdade não apenas para uma célula simples, mas também para todas as outras formas macroscópicas de vida. Onde está localizada a vida de um elefante, ou de uma determinada pessoa? Mais uma vez, não há localização; a vida de qualquer grande mamífero é a interação organizada, integrada, de coração, rins, pulmões, cérebro, artérias e veias. E cada um desses órgãos, que estão conectados a uma rede, pode, por sua vez, ser considerado como uma rede de vários tecidos diferentes e organelas especializadas; e cada organela e cada tecido é a rede de muitos diferentes tipos de células, sendo então cada célula a rede básica ilustrada nas Figuras 7.1 e 7.2.

7.2.3 Propriedades emergentes

Nenhuma das espécies moleculares simples envolvidas nas redes mostradas nas Figuras 7.1 e 7.2 é, *per se*, viva. A vida, então, é uma propriedade emergente – uma propriedade que não está presente nas partes e se origina apenas quando as peças estão montadas juntas. A emergência, segundo a interpretação mais clássica, significa, de fato, o surgimento de propriedades novas em um conjunto, novas no sentido de que não estão presentes nas partes constituintes (veja a Seção 4.1.2). Essa é uma noção que já surgiu em meados do século XIX com a escola do "emergentismo britânico" (Bain, 1870; Mill, 1872), em uma investigação que prosseguiu ao longo de todo o século XX (veja Alexander, 1920; Broad, 1925; Kim, 1984; McLaughlin,1992; Schröder, 1998; Sperry, 1986; Wimsatt, 1972, e muitos outros). Voltaremos à noção de emergência, como parte do fenômeno mais amplo da auto-organização, no próximo capítulo deste livro. A fim de indicar aqui algo de sabor filosófico, note a diferença entre a visão "emergentista" e a simples visão reducionista.

Como explicamos no Capítulo 2, o reducionismo, em sua interpretação mais clássica, significa que o todo pode ser reduzido aos seus componentes, uma visão que nós podemos aceitar se ela estiver restrita à sua estrutura física. Sim, uma célula é composta por um grande conjunto de moléculas. No entanto, o fato de que as partes *compõem* a *estrutura* de uma célula viva não implica o fato de que as propriedades da vida podem ser reduzidas às propriedades dos seus componentes isolados. As propriedades da vida são propriedades emergentes que não podem ser reduzidas às propriedades dos componentes. A diferença entre estrutura e propriedades é fundamental nesse nível: o reducionismo, então, é aceitável se ele se limita à estrutura e à composição. A emergência assume seu valor real no nível das propriedades, e a noção mesma que a define baseia-se na proposição segundo a qual as *propriedades* emergentes não podem ser reduzidas às *propriedades das partes*. Esse é um ponto um tanto sutil: por um lado, estamos afirmando que a vida biológica é apenas química; por outro lado, também afirmamos que o surgimento da vida como uma *propriedade* não é um fato que possa ser reduzido às propriedades dos componentes químicos isolados.

7.2.4 Interação com o ambiente

A célula, como qualquer organismo vivo, não precisa de nenhuma informação vinda do seu ambiente para ser ela mesma: toda a informação necessária para uma mosca ser uma mosca está contida dentro da mosca, e o mesmo fato é verdadeiro para um elefante. Na linguagem da epistemologia, dizemos que a célula, e por inferência todo organismo vivo, é um sistema *operacionalmente fechado*.

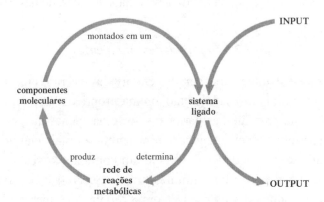

Figura 7.3 A lógica cíclica da vida celular. A célula, uma unidade autopoiética, é um sistema organizado, ligado, que determina uma rede de reações que produz componentes moleculares que são reunidos no sistema organizado que determina a rede de reações que [...] e assim por diante. Os termos *"input"* e *"output"* – em conformidade com o fato de que a célula é um sistema aberto – representam respectivamente o ingresso de nutrientes e de energia vindos de fora, e o descarte de produtos residuais.
A circularidade ilustrada na figura corresponde à noção de fechamento operacional, que dá lugar à noção mais ampla de autonomia biológica.

Isso ilustra outra contradição aparente da coisa viva: ela não precisa de qualquer informação vinda de fora para ser o que ela é, mas depende estritamente de materiais externos para sobreviver. Isso significa que não nos encontramos em uma situação de equilíbrio estático. Em uma linguagem um tanto mais precisa, podemos dizer que a célula – o ser vivo – é um *sistema termodinamicamente aberto*: o ser vivo precisa de nutrientes e de energia, e essas aquisições são partes de sua própria vida. De acordo com Maturana e Varela (1980, 1998), o organismo interage com o ambiente de uma maneira "cognitiva", por meio da qual o organismo "cria" seu próprio ambiente e o ambiente permite a atualização do organismo.

Precisamos examinar um pouco mais esse conceito de interação entre o ser vivo e o ambiente e, a fim de fazer isso de maneira adequada, precisamos começar a rever brevemente a noção básica de autopoiese.

7.3 Os fundamentos da autopoiese

Uma unidade autopoiética é a organização mais elementar do organismo. Ela pode ser definida como um sistema capaz de se sustentar em virtude de uma rede de reações que, continuamente, regeneram os componentes – e isso de dentro de uma fronteira de "fabricação própria". Podemos dizer, em outras palavras, que o produto de um sistema autopoiético é sua própria auto-organização. Também podemos dizer que esse sistema corresponde a uma lógica cíclica, a lógica cíclica do eu (Luisi, 1997, 2006; Maturana e Varela, 1980, 1998; Varela, 2000; Varela *et al.*, 1974). Isso pode ser esquematizado da maneira como é mostrada na Figura 7.3.

Mais uma vez, o que é verdadeiro para a vida celular pode ser considerado verdadeiro para qualquer forma de vida. A literatura básica distingue entre sistemas autopoiéticos de primeira ordem e de segunda ordem (pluricelulares ou multicelulares). Desse modo, um órgão como o coração pode ser considerado um sistema autopoiético, pois ele é capaz de se autossustentar por meio de uma série de processos que regeneram todos os componentes dentro de suas próprias fronteiras. Por outro lado, esse complexo sistema autopoiético é composto de unidades autopoiéticas menores, até as células isoladas de vários tipos; e o ser humano todo também pode ser considerado como um sistema autopoiético (Luisi *et al.*, 1996). Para nós, é importante ver aqui a relação com a visão sistêmica da vida: podemos agora dizer que a vida, mais precisamente, pode ser considerada como um sistema de sistemas autopoiéticos interligados.

A relação entre autopoiese, fechamento operacional, lógica circular e autonomia biológica também é importante. A autopoiese é a auto-organização particular da vida que especifica os processos que, dentro de uma lógica circular, permitem a regeneração dos componentes. Então, a noção de autonomia biológica também significa que o organismo vivo é um sistema operacionalmente fechado com uma lógica circular. A Figura 7.3 combina todas essas noções.

7.4 A interação com o meio ambiente

Mencionamos que as perguntas "O que é vida?" e "O que é cognição?" são as duas principais questões na agenda da escola de Santiago. Como já antecipamos com a Figura 7.3, é preciso, necessariamente, que o organismo vivo seja considerado em relação ao seu ambiente, e agora é adequado considerar mais detalhadamente os aspectos dessa interação. Isso nos levará às três importantes noções de *acoplamento estrutural*, *cognição* e *determinismo estrutural*.

Comecemos citando Maturana e Varela (1998, p. 95):

Considere, em primeiro lugar, que distinguimos o sistema vivo como uma unidade a partir de seu fundo como uma organização definitiva... Por outro lado, o ambiente parece ter uma dinâmica estrutural própria, operacionalmente distinta do ser vivo... Entre esses dois sistemas há uma congruência estrutural necessária, mas as perturbações do ambiente não determinam o que acontece no ser vivo – em vez disso, é a estrutura do ser vivo que determina o que acontece nele. Em outras palavras, o agente perturbador produz uma mudança simplesmente como um gatilho, mas a mudança é determinada pela estrutura do sistema perturbado. O mesmo se mantém verdadeiro no que se refere ao ambiente: o ser vivo é a fonte de perturbação e não de instruções... Podemos lidar apenas com unidades que são estruturalmente determinadas.

7.4.1 Acoplamento estrutural

Nesse nível, os autores também introduzem a noção de "acoplamento estrutural": algumas dessas interações ocorrerão em uma base recorrente ou mais estável. De acordo com a teoria da autopoiese, um sistema vivo se relaciona *estruturalmente* com seu ambiente – isto é, por meio de interações recorrentes, cada uma das quais desencadeia mudanças estruturais no sistema. Por exemplo, uma membrana celular incorpora continuamente substâncias vindas do seu ambiente; o sistema nervoso de um organismo muda sua conectividade com cada percepção sensorial.

7.4.2 Determinismo estrutural

O acoplamento estrutural, como é definido por Maturana e Varela, estabelece uma clara diferença entre as maneiras como sistemas vivos e não vivos interagem com seus ambientes. Por exemplo, se você chutar uma pedra, ela *reagirá* ao chute de acordo com uma cadeia linear de causa e efeito, e seu comportamento pode ser calculado aplicando-se as leis básicas da mecânica newtoniana. Se você chutar um cão, ele *responderá* com mudanças estruturais de acordo com sua própria natureza e com o padrão não linear de organização – o comportamento resultante é geralmente imprevisível.

Note que dizer "estruturalmente determinado" não significa dizer "previsível", como esse último exemplo, do cão, torna claro. Esse é outro ponto importante: a não previsibilidade significa que as mudanças estruturais ontogenéticas (isto é, desenvolvimentistas) de um ser vivo em um ambiente sempre ocorrem como uma "deriva" estrutural congruente com a deriva estrutural do ambiente. Dessa maneira, ligando a noção de acoplamento estrutural à noção de deriva estrutural, chegamos aos mecanismos básicos da evolução. Por exemplo, adaptação – a compatibilidade do organismo com seu ambiente – é um termo correlato com o acoplamento estrutural.

À medida que se mantém interagindo com seu ambiente, um organismo vivo passará por uma sequência de mudanças estruturais, e com o tempo formará o seu próprio caminho individual de acoplamento estrutural. Em qualquer ponto desse caminho, a estrutura do organismo é um registro de mudanças estruturais prévias e, desse modo, de interações prévias. Em outras palavras, todos os seres vivos têm uma história. A estrutura viva é sempre um registro de desenvolvimentos anteriores.

Ora, desde que a estrutura de um organismo em qualquer ponto de seu desenvolvimento é um registro de mudanças estruturais prévias, e uma vez que cada mudança estrutural influencia o comportamento futuro do organismo, isso implica que o comportamento do organismo vivo é ditado por sua estrutura. Na terminologia de Maturana, o comportamento dos sistemas vivos é estruturalmente determinado.

Essa noção de determinismo estrutural lança novas luzes sobre o antiquíssimo debate filosófico a respeito de liberdade e determinismo. De acordo com Maturana, o comportamento de um organismo vivo é determinado. No entanto, em vez de ser determinado por forças externas, é determinado pela própria estrutura do organismo – uma estrutura formada por uma sucessão de mudanças estruturais autônomas. Consequentemente, o comportamento do organismo vivo é, ao mesmo tempo, determinado e livre.

Maturana e Varela também enfatizaram esse conceito no nível do sistema nervoso, sugerindo que a operação do sistema nervoso como parte de um organismo é estruturalmente determinada. Mais uma vez, a estrutura do ambiente não pode especificar mudanças; pode somente desencadeá-las. Segue-se daí que o sistema nervoso também deveria ser considerado como um sistema operacionalmente fechado, um conceito muito apreciado por Maturana (Maturana e Poerkson, 2004).

7.5 Autopoiese social

Além de representar a "planta heliográfica" da vida em muitos níveis biológicos, o conceito de autopoiese também tem desfrutado um considerável sucesso nas ciências sociais. No entanto, sua extensão ao sistema social não é direta, uma vez que os sistemas sociais humanos não existem apenas no domínio físico, mas também em um domínio social simbólico. Embora o comportamento no domínio físico seja governado pelas "leis da natureza", o comportamento no domínio social é governado por regras geradas pelo próprio sistema social.

Desse modo, surgem duas perguntas: é significativo, de qualquer maneira, aplicar o conceito de autopoiese a esses domínios, e, se o for, a que domínio ele deveria ser aplicado? Tem havido animadas discussões sobre esses temas entre os biólogos e os cientistas sociais (Luhmann, 1984; Luisi, 2006; Mingers, 1992, 1997). Vamos resumi-las no Capítulo 14, e discutiremos, em particular, o conceito de autopoiese social desenvolvido pelo sociólogo Niklas Luhmann, que define redes autopoiéticas no domínio social como redes de comunicações.

A partir dessas generalizações, emerge a importante e iluminadora percepção segundo a qual as redes sociais exibem os mesmos princípios gerais que as redes biológicas. Há um conjunto organizado com regras internas que gera tanto a própria rede como sua fronteira (uma fronteira física em redes biológicas, e uma fronteira cultural em redes sociais). Cada sistema social – um partido político, uma organização comercial, uma cidade ou uma escola – é caracterizado pela necessidade de se sustentar de maneira estável, mas dinâmica, permitindo que novos membros, materiais ou ideias ingressem na estrutura e se tornem parte do sistema. Esses elementos recém-ingressados serão geralmente transformados pela organização interna (isto é, pelas regras) do sistema.

A observação segundo a qual a "bio-lógica", ou padrão de organização, de uma simples célula é a mesma que a de toda uma estrutura social é altamente não trivial. Ela sugere a presença de uma unidade fundamental da vida e, portanto, também a necessidade de se estudar e compreender todas as estruturas vivas a partir dessa perspectiva unificadora.

7.6 Critérios de autopoiese, critérios de vida

A circularidade expressa na Figura 7.4 vigora no intervalo limitado da homeostase, o *hic et nunc* da vida, como dissemos anteriormente. Em um âmbito mais longo, há duas perturbações óbvias. Uma delas, no nível da vida individual, é o envelhecimento; a outra, no nível da progressão das gerações ao longo do tempo, é a evolução. São essas as duas irreversíveis flechas do tempo, e cada uma delas tem suas próprias características distintivas. A evolução será discutida em maiores detalhes nos Capítulos de 8 a 10, e por isso vamos agora retornar ao envelhecimento. O envelhecimento de um organismo autopoiético é interessante por um aspecto: a organização global do ser vivo não muda, mas algumas características estruturais sim. Isso está bem de acordo com a afirmação geral da teoria de Maturana e Varela, os quais enfatizam que no mecanismo autopoiético há uma *propriedade invariante*, e essa é a auto-organização autopoiética da produção cíclica de componentes e processos sistêmicos que formam tais componentes (veja a Figura 7.4); e então há uma *propriedade variável*, que é a estrutura real, que pode variar de célula para célula, e de um indivíduo para outro, dependendo da estrutura real dos organismos celulares e de outras circunstâncias, das quais uma delas é o envelhecimento. O fim do envelhecimento é a morte, um processo por meio do qual todos os componentes moleculares são devolvidos ao meio ambiente, e usados para outros propósitos.

Uma questão importante é a que indaga se a autopoiese é equivalente à vida – a saber, se ela é uma condição necessária e suficiente para a vida biológica. A literatura básica responde afirmativamente a essa pergunta, enquanto estudos mais recentes (Bitbol e Luisi, 2004; Bourgine e Stewart, 2004) mostraram ser mais apropriado dizer que a autopoiese é apenas a condição necessária, mas não suficiente, pois, conforme se constatou, alguns sistemas artificiais são autopoiéticos, mas não são vivos. Nesses artigos recentes, particularmente em Bitbol e Luisi (2004), também se discute a relação entre autopoiese e metabolismo. No entanto, para todo o domínio do mundo biológico, a equivalência entre autopoiese e vida se mantém verdadeira, e nós podemos com segurança adotar essa generalização. Isso significa que, para se determinar se um dado sistema é vivo ou não, será suficiente verificar se ele é autopoiético.

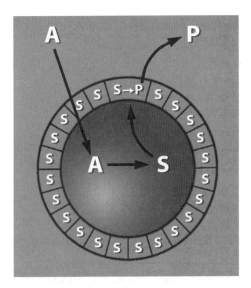

Figura 7.4 Esquematização dos três modos dinâmicos de uma unidade autopoiética, representando a homeostase, reprodução e morte de uma célula; veja o texto para detalhes.

Quais são, então, os critérios para a autopoiese? Geralmente, o critério mais simples consiste em verificar se o sistema é capaz de se sustentar em virtude de processos autogeradores ocorrendo dentro de suas fronteiras, sendo essa fronteira de fabricação própria. Considere uma célula: ela satisfaz a esses critérios, mas um vírus não. Um vírus sozinho, em um tubo de ensaio, não é capaz de construir o seu próprio revestimento, ou o DNA ou RNA dentro de si mesmo; ele não é autopoiético, e portanto não é vivo. O mesmo é verdadeiro para um cristal. O caso de Gaia, o planeta

Terra, pode ser um pouco mais complexo. Seria a Terra um sistema capaz de se sustentar regenerando todos os seus componentes a partir de dentro? Pode-se tender a responder a essa pergunta afirmativamente. Isso acontece dentro da fronteira, e a fronteira é de construção própria? Na verdade, qual é a fronteira de Gaia? São perguntas importantes, às quais nós voltaremos com mais detalhes no Capítulo 16.

É importante enfatizar que a autopoiese não indica a reprodução como um critério para a vida. De acordo com a principal filosofia da escola de Santiago, a reprodução é uma propriedade da vida que pode estar presente ou não, dependendo de certas condições. Naturalmente, ninguém nega que a reprodução é o processo principal para a biodiversidade e o desdobramento da vida sobre a Terra, mas se deveria destacar que antes de se falar sobre reprodução, seria preciso ter o "recipiente" e o padrão de auto-organização para tornar possível a reprodução, e a autopoiese é essa montagem preliminar. Dentro disso, pode-se ter a reprodução como um dos modos cinéticos do ser autopoiético, ou não (por exemplo, quando o organismo está em homeostase, ou quando é estéril, ou não precisa se reproduzir). Considere uma colônia de bactérias que perderam a capacidade de reprodução, mas se autossustentam e são providas de um metabolismo normal. Não se deveria considerar que essa colônia está viva? Ou então, considere bebês ou pessoas idosas que não podem se reproduzir – não seriam eles, por acaso, seres vivos?

7.7 O que é morte?

Mencionamos na Introdução que é muito difícil obter uma definição universal de vida; e, assim, pode não causar surpresa o fato de que o mesmo seja verdadeiro para a noção de morte. Há, de fato, uma rica literatura sobre o assunto (para referências, veja, por exemplo, o artigo escrito por Ramellini, em um livro recente editado pelo padre Alfonso Aguilar, 2009; esse livro inclui algumas das mais importantes reflexões sobre a morte nos níveis científico, filosófico e teológico).

De um ponto de vista molecular e estrutural, podemos descrever a morte como a desintegração da organização autopoiética que caracteriza a vida. A essência da vida é integração; a saber, a ligação dos vários órgãos – coração e rins, cérebro e pulmões etc. – uns com os outros. Quando essa ligação mútua desaparece, o sistema não é mais uma unidade integrada, e ocorre a morte (artigos por Damiano e Luisi, em Aguillar, 2009).

No entanto, no ponto em que a ligação principal desaparece, algumas partes autopoiéticas ainda podem estar operando, sendo suportadas pelos nutrientes residuais ainda presentes no corpo; e quando eles também se desintegram, organelas individuais ou, finalmente, células isoladas podem continuar a viver ainda durante algum tempo, dependendo do suprimento interno relativo de nutrientes e energia.

Desse ponto de vista, a morte é um processo progressivo, e corresponde à destruição das propriedades emergentes dos vários níveis, caracterizando a complexidade de todo o organismo. De fato, em um estudo recente, a morte de um organismo vivo foi descrita em função do conceito de "neg-emergência" (artigo de Damiano e Luisi em Aguillar, 2009).

Esse tipo de raciocínio impõe as seguintes indagações: "Quando se deveria considerar um organismo individual como morto? É preciso esperar até que a última célula tenha se desintegrado? Ou a desintegração da rede dos órgãos principais seria suficiente?" Isso nos leva à questão muito discutida dos critérios para a morte nos seres humanos. Em épocas anteriores, a parada dos batimentos cardíacos era considerada o critério mais direto e mais simples (artigos por Gini e Rossi em Aguillar, 2009). Mais recentemente, para se contar com um critério que seja mais objetivamente visível, a noção de "morte cerebral" passou a ser usada: com base na inspeção de um gráfico de eletroencefalograma (EEG), pode-se constatar que uma pessoa está morta quando seu EEG é uma linha reta, ou seja, quando o gráfico está "achatado". Tudo isso remonta a um relatório feito por um comitê da Harvard Medical School, publicado no verão de 1968, alguns meses depois que a primeira operação de transplante de coração foi realizada por Christiaan Barnard. Esse relatório resultou no famoso Protocolo de Harvard, que identificou morte humana a EEG cerebral horizontal. A ala mais fundamentalista do Vaticano e dos escritores católicos se colocou contra, ou apresentou sérias dúvidas sobre, a definição de Harvard para morte.

Pode parecer surpreendente que algumas vozes tenham falado abertamente, e até mesmo veementemente, contra o critério do EEG (veja artigos de Rossi e Gini em Aguilar, 2009). Uma das principais razões para essa oposição tem a ver com a questão do transplante de órgãos. A alegação é que imediatamente depois que a EEG torna-se uma linha reta, um órgão pode ser removido e afastado quando o corpo ainda está quente, mas, para alguns, ainda não se atingiu o estágio da morte verdadeira.

A partir da perspectiva sistêmica, podemos aceitar a ideia de que todos os principais órgãos têm uma conexão com o cérebro, e quando o cérebro não recebe mais nenhum sinal dos órgãos, e não envia mais nenhum sinal de volta, sua rede não está mais em operação.

É importante mencionar que o ponto de definição de morte nos seres humanos tornou-se nos últimos anos uma espinhosa questão política, estando ligada aos problemas éticos de se definir o ponto no qual, por exemplo, a nutrição artificial deveria ser interrompida em um paciente comatoso, e à legislação, de regular se e quando. Aqui, mais uma vez, o problema, do ponto de vista social, torna-se difícil por causa da interferência das autoridades religiosas estabelecidas, o Vaticano em particular, que defendem a posição segundo a qual "a tomada" nunca deveria ser puxada. Aqueles que consideram a dignidade da vida superior a uma vida vegetativa, comatosa, não concordam, obviamente.

Voltemos agora à autopoiese, integrando a morte celular com o caminho cinético normal de uma maneira muito simples, como é indicado na Figura 7.4. Nesse esboço simplificado, a vida celular, bem como a vida biológica em geral, é representada como um sistema autopoiético fechado, e caracterizado por apenas duas reações químicas: a transformação de um nutriente A que entra em um elemento S, o qual é parte da estrutura autopoiética, e a transformação de S em um elemento P, que está sendo expulso (ambas as transformações, $A \longrightarrow S$ e $S \longrightarrow P$, podem representar uma série de reações). O sistema está em equilíbrio dinâmico quando as taxas dessas duas transformações são iguais. Se a taxa de $A \longrightarrow S$ é maior que a de $S \longrightarrow P$, então pode haver crescimento da unidade e, finalmente, autorreprodução. E se a taxa de decadência, $S \longrightarrow P$, é maior que a taxa de crescimento, então a unidade está destinada a morrer. Desse modo, o simples esboço da Figura 7.4 representa três diferentes estados de ânimo operacional de uma célula, ou de qualquer forma de vida: homeostase, crescimento (e, finalmente, reprodução) e morte, de acordo com a interação de apenas dois tipos de reações químicas.

O desenho na Figura 7.4 tem importância prática: ele pode fornecer ao químico uma sugestão sobre como construir uma unidade autopoiética no laboratório. De fato, alguns sistemas autopoiéticos simples, baseados na autorreprodução de micelas e vesículas, foram realizados (Bachmann *et al*., 1992; Luisi, 2006), iniciando assim o campo da *autopoiese química*. Essas considerações são importantes para o campo geral dos modelos celulares de vida, e as tentativas para implementar em laboratório, com estruturas químicas, os modos representados na Figura 7.4 estão levando a possíveis formas de vida artificial e modelos de vida celular. Na verdade, isso já foi parcialmente tentado (Luisi, 2006; Walde *et al*., 1994), como discutimos com mais detalhes no Capítulo 10.

7.8 Autopoiese e cognição

Devemos agora nos voltar para a interação do organismo vivo com o meio ambiente. Dissemos que o organismo vivo é caracterizado por autonomia biológica, embora, ao mesmo tempo, dependa estritamente do meio externo para sua sobrevivência. A interação com o ambiente é estruturalmente determinada; a saber, é determinada pela organização interna do organismo vivo. Por sua vez, como já mencionamos, tal determinação estrutural para cada organismo em particular deve-se à evolução biológica, e de fato nós podemos reconhecer o ambiente e o organismo vivo coevoluindo.

A essa altura, podemos introduzir a qualificação adicional de que o ambiente é "criado" pelo organismo vivo por meio de uma série de interações recursivas, que, por sua vez, foram produzidas durante a coevolução mútua. O termo "criar" pode parecer forçado, mas não é. Pode ser apropriado, a esse respeito, citar um biólogo bem conhecido, Lewontin, que esteve trabalhando totalmente fora do domínio da autopoiese. Mencionando que a atmosfera que todos nós respiramos não estava na Terra antes dos organismos vivos, ele acrescenta (Lewontin, 1991, p. 109):

Não existe "ambiente" em algum sentido independente e abstrato. Assim como não há organismo sem um ambiente, não há ambiente sem um organismo. Organismos não experimentam ambientes. Eles os criam. Eles constroem seus próprios ambientes a partir dos fragmentos e pedaços do mundo físico e biológico, e eles fazem isso por suas próprias atividades.

Aqui, a ênfase e a preocupação global não consistem em definir cognição com base em um *input* vindo do mundo externo e atuando sobre o perceptor, mas, em vez disso, em explicar cognição e percepção em função da estrutura interna do organismo. Nessa visão, que examinaremos com mais detalhes no Capítulo 12, autopoiese e cognição estão estreitamente ligadas. A característica importante de ambas é que elas representam um padrão geral aplicável a todos os níveis da vida.

Desse modo, a cognição opera em vários níveis, e, à medida que a sofisticação do organismo cresce, também cresce o seu *sensorium*, com o qual ele sonda cognitivamente o ambiente, e também a extensão da coemergência entre organismo e ambiente. Desse modo, nos dirigimos dos organismos unicelulares para os pluricelulares, onde podemos encontrar flagelos e receptores sensíveis à luz ou ao açúcar, passando pelos tentáculos sensitivos nos primeiros organismos aquáticos, até as funções cognitivas mais altas nos peixes. Em todos esses casos, os organismos contribuem para a "criação" de seus ambientes. Por exemplo, o nascimento dos organismos fotossintéticos pode ter, de fato, criado um ambiente novo, rico em oxigênio. De maneira semelhante, a teia de aranha, as construções de madeira do castor, e as cidades construídas pela humanidade modificam a estrutura dos seus ambientes. Em todos esses casos, o ambiente é criado pelo organismo, e essa criação permite a existência do organismo vivo.

Em certo ponto na evolução da sofisticação do *sensorium*, ocorre o desenvolvimento de um sistema nervoso e, com ele, finalmente, a emergência da consciência (veja o Capítulo 12). Porém, dos flagelos até o cérebro, o mesmo mecanismo básico é operativo: atos de cognição e de coemergência com o ambiente familiar. Nesse processo de "enação", termo proposto por Varela (Varela, 2000), ou coemergência, como podemos dizer mais geralmente, a estrutura viva orgânica e o mecanismo da cognição são duas facetas do mesmo fenômeno da vida (Varela, 2000).

Nesse ponto, tendo reconhecido que a vida não tem significado sem a cognição, precisamos de uma maneira de representar a totalidade dessa situação complexa. Em uma primeira aproximação, isso pode ser feito com a situação mostrada na Figura 7.5. Aqui, vemos a vida representada não somente em função da unidade autopoiética, mas também de uma trilogia, onde a estrutura orgânica viva (unidade autopoiética) interage cognitivamente com o ambiente, sendo que o seu processo de cognição é um produto da evolução. Como dissemos anteriormente, cada organismo específico tem seu próprio *sensorium* cognitivo. Quando se substitui a palavra comum "mente" por cognição, chega-se à noção de "mente incorporada".*

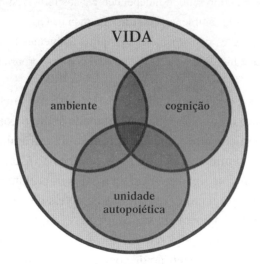

Figura 7.5 A trilogia da vida. A estrutura orgânica, viva, interage com o ambiente por meio de um *sensorium* de cognição, que é um produto específico de seu desenvolvimento e evolução. Não faz sentido considerar cada um desses três domínios como independente dos outros. A vida é a sinergia dos três domínios, como sugere a noção de "mente incorporada".

Essa noção, proposta por Varela já na década de 1990 (Varela *et al.*, 1991), é hoje amplamente aceita em ciência cognitiva (veja o Capítulo 12). Isso significa que não faz sentido falar a respeito da mente em um sentido abstrato. A mente está sempre presente em uma estrutura corporal; e, vice-versa, um organismo verdadeiramente vivo precisa ser capaz de cognição (o processo de conhecer). O mesmo vale para a consciência humana. A consciência não é uma unidade transcendente, mas sempre se manifesta dentro de uma estrutura viva orgânica, como examinamos mais detalhadamente no Capítulo 12.

Dessa maneira, descrevemos um planejamento que vai da célula até o domínio da consciência, enquanto permanecemos no domínio da biologia, sem usarmos quaisquer aspectos transcendentes ou metafísicos. Esse espectro amplo e completo aparece como um produto da imanência – a saber, uma construção a partir de dentro. Encerrando a presente seção, devemos mencionar que, no nível humano, as interações entre organismos e seus ambientes incluem tanto as interações entre seres

---

* Manuais de ciência cognitiva em língua portuguesa às vezes adotam "mente encarnada" ou "corporificada". (N.T.)

humanos (o domínio das ciências sociais) como as interações com a natureza (o domínio da ecologia). Esses domínios são discutidos em capítulos separados, mais à frente, neste livro.

7.9 Observações finais

Começamos discutindo a pergunta "O que é vida?" no nível dos microrganismos mais simples, mas poderíamos mostrar que os mesmos argumentos e conceitos também são legítimos para as formas de vida superiores: os princípios subjacentes à vida são os mesmos em todos os níveis. Esse é um ponto importante. Para reiterar isso, vamos olhar novamente para a Figura 7.1, onde se vê uma rede complexa que representa a vida de um microrganismo, cada ponto indicando um composto molecular. No entanto, um gráfico semelhante pode descrever a vida macroscópica de um mamífero se os pontos indicam os órgãos que estão ligados uns aos outros em uma rede tridimensional de interações. E se nós considerarmos cada ponto como um ser humano, a rede pode descrever uma sociedade com pessoas interagindo umas com as outras. Em todos esses casos, é evidente que, com base nesse tipo de imagem, a perturbação em um único ponto pode, em princípio, ser sentida em toda a rede, uma vez que cada interação depende de todas as outras.

O labirinto da Figura 7.1 não expressa as relações com o ambiente, relações essas que nós consideramos fundamentais para a compreensão do organismo vivo. O termo "ambiente" pode representar coisas muito diferentes, dependendo dos níveis que estamos considerando: pode ser o meio ambiente no qual as células nadam, ou o hábitat no qual os animais vivem, ou o ambiente urbano dos seres humanos. Em todos os casos, como no caso da bio-lógica da vida, há uma semelhança conceitual: a interação entre o organismo vivo e o ambiente é dinâmica e se baseia na coemergência, onde o organismo vivo e o ambiente tornam-se um só por meio de interações cognitivas. No âmbito da cognição, reconhecemos as noções de acoplamento estrutural recursivo e determinação estrutural, que se relacionam com a evolução biológica. Dessa maneira, a "trilogia da vida" expressa na Figura 7.5 adquire uma perspectiva dinâmica e histórica.

8

Ordem e complexidade no mundo vivo

8.1 Auto-organização

8.1.1 Introduzindo o campo

Depois de discutir a concepção sistêmica da vida em função de redes autopoiéticas, autogeradoras, vamos agora considerar os problemas da origem e evolução da vida a partir da mesma perspectiva sistêmica. Há, hoje, entre os biólogos, um amplo consenso segundo o qual a evolução biológica foi precedida por um tipo de evolução "pré-biótico", ou molecular, no qual a transição da matéria não viva para a viva foi produzida por um aumento gradual e espontâneo da complexidade molecular até que as primeiras células vivas emergiram, há cerca de 3,5 bilhões de anos (como examinamos no Capítulo 10).

Essa ideia, corajosamente apresentada, pela primeira vez, em 1924, pelo químico russo Alexander Oparin (veja a Seção 10.1), parece estar em desacordo com a segunda lei da termodinâmica (discutida na Seção 1.2.3) e com a crença comum segundo a qual os processos naturais são preferencialmente acompanhados por um aumento de entropia, ou desordem.

No entanto, há de fato muito poucos processos que geram um aumento de complexidade molecular em perfeito acordo com a termodinâmica. O termo geral para tais processos é "auto-organização", às vezes também chamado de "automontagem" ("*self-assembly*") (Whitesides e Boncheva, 2002; Whitesides e Grzybowski, 2002; veja também Drexler, 2007).

Alguns processos químicos de auto-organização estão "sob controle termodinâmico", o que significa que eles ocorrem "espontaneamente", por si mesmos, sem a necessidade de imposição por forças externas (o termo "espontâneo" é controvertido de um ponto de vista termodinâmico estritamente ortodoxo, mas aqui vamos usá-lo no seu significado comum, para indicar as reações que, uma vez dadas as condições iniciais, prosseguem por si mesmas).

Outro esclarecimento importante que precisamos fazer de imediato refere-se à diferença entre os aspectos estático e dinâmico da auto-organização. Reações ou processos que estejam sob controle termodinâmico levam usualmente a uma situação de equilíbrio final onde tudo está parado, no sentido de que as concentrações relativas não mudam mais. No entanto, a auto-organização também é importante nos sistemas dinâmicos que operam afastados do equilíbrio, tais como a convecção de Bénard e a reação de Belousov-Zhabotinsky (veja a Seção 8.3.2).

Na verdade, os sistemas auto-organizadores mais interessantes – muitos deles de importância central para a vida da célula – são dinâmicos, isto é, são sistemas que operam em situação de não equilíbrio, e formam sua ordem característica enquanto dissipam entropia. Neste capítulo, trataremos primeiro da auto-organização estática, e em seguida examinaremos seus aspectos dinâmicos.

A auto-organização é um campo de pesquisa extremamente amplo, e neste capítulo seremos capazes de rever apenas alguns exemplos. Para uma revisão mais ampla da literatura, veja Birdi (1999), Riste e Sherrington (1996), e Westhof e Hardy (2004), bem como a revisão já relativamente antiga feita por Jantsch (1980).

O fenômeno da emergência precisa ser considerado juntamente com o da auto-organização. A palavra "emergência" refere-se ao surgimento de novas propriedades da estrutura organizada, novas no sentido de que não estão presentes nas partes ou nos componentes. Embora a auto-organização e a emergência caminhem de mãos dadas, por razões heurísticas a emergência será discutida separadamente neste capítulo. Uma combinação particular de auto-organização e emergência dá origem à autorreprodução, que também discutiremos separadamente.

O último ponto que eu quero destacar nesta introdução refere-se à qualificação da palavra "eu". No contexto deste capítulo, e no campo da ciência da vida em geral, o "eu" denota um processo que é endógeno – isto é, ditado pelas "regras internas" do sistema. Inversamente, quando a estrutura é organizada por forças externas, que, de fora, impõem pressões sobre o sistema, ela não é auto-organizadora.

Para dar apenas alguns exemplos simples e claros: a montagem de um aparelho de TV, ou a paginação de um manuscrito, não são certamente processos de auto-organização, pois são impostos de fora sobre o sistema. O dobramento de proteínas, a formação da dupla hélice do DNA, a formação das bolhas de sabão e a cristalização constituem, ao contrário, todos eles, exemplos de auto-organização sob controle termodinâmico.

Um aspecto sutil nesse campo ocorre quando estamos lidando com sistemas biológicos complexos, como a montagem de um vírus ou de uma colmeia, bem como a de todas as outras construções animais. São casos nos quais a organização é o resultado de atividade genômica e enzimática, e a expressão "auto-organização" ainda é correta, uma vez que consideramos os genes determinantes, ou as enzimas, como partes do próprio sistema.

8.1.2 Alguns exemplos básicos de auto-organização molecular

Os exemplos mais simples de auto-organização molecular são baseados em moléculas como as de sabões e as substâncias gordurosas e oleosas conhecidas como lipídios, que tendem a se associar umas com as outras. Sabões e lipídios são típicas substâncias anfipáticas (ou anfifílicas) – isto é, suas moléculas contêm um grupo principal hidrofílico (que tem afinidade por água) e uma (ou mais de uma) longa cadeia hidrofóbica (que não tem afinidade por água) (veja a Figura 8.1a). Por causa desse caráter "esquizofrênico", as moléculas anfipáticas, quando colocadas em água, não formam soluções normais, mas tendem, em vez disso, a se associar umas às outras, formando espontaneamente estruturas ordenadas, que, dependendo das condições, podem adquirir diferentes formas e nomes, como bicamadas, micelas, micelas reversas, vesículas, e assim por diante (veja a Figura 8.1b). As forças que as mantêm juntas são frequentemente as forças hidrofóbicas.

Essas estruturas são bem conhecidas na literatura e são importantes tanto na ciência básica como na tecnologia aplicada. Geralmente, elas mudam as propriedades das superfícies de água e são, por isso, conhecidas como "surfactantes" (veja o Quadro 8.1).

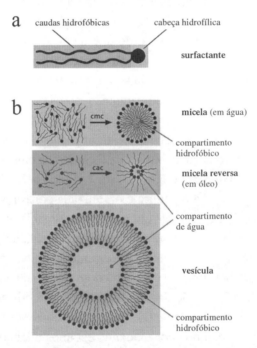

Figura 8.1 (a) Imagem esquemática de um surfactante com cabeça hidrofílica e duas caudas hidrofóbicas. (b) Em uma concentração crítica, denominada concentração micelar crítica (cmc) ou, em geral, concentração de agregação crítica (cac), as moléculas de sabão formam micelas esféricas ou vesículas muito maiores (em seção transversal, e não desenhadas em escala), dando origem também a uma série de propriedades emergentes – por exemplo, a formação de compartimentos distintos e de movimentos dinâmicos coletivos.

Por que essas substâncias se agregam? O simples esboço da Figura 8.2 explica por quê. Na sua metade superior, vemos duas gotículas de óleo flutuando sobre uma superfície de água. Depois de algum tempo, espontaneamente, as gotículas se aproximam e se fundem formando uma única gotícula maior de óleo. A força motriz é a diminuição da superfície total exposta à água. Essa diminuição de superfície "libera" moléculas de água de um contato energeticamente desfavorável com o óleo. Em consequência, há um aumento global de entropia (ou desordem) por causa da "liberação" de moléculas de água, que tornam o processo termodinamicamente favorável. Há dois aspectos notáveis nesse processo: primeiro, a formação espontânea de ordem local, assistida por um aumento global de entropia (ou desordem), e, segundo, a formação de compartimentos esféricos (veja a Figura 8.1), que, como veremos mais tarde, são muito importantes como um modelo para células biológicas.

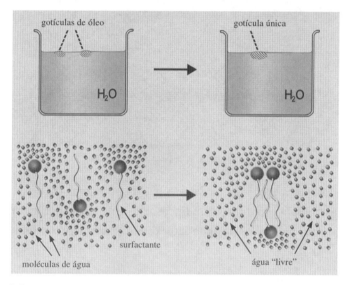

Figura 8.2 Na parte superior da figura, duas gotículas de óleo reúnem-se espontaneamente para formar uma única gotícula que tem uma superfície total menor do que a soma das duas, processo que é favorecido termodinamicamente. Na parte inferior, a mesma situação é mostrada no caso de três (ou mais) moléculas surfactantes. Sua montagem prossegue com um aumento de entropia causado pela expulsão de moléculas de água da montagem hidrofóbica formada.

A mesma coisa acontece com os lipídios. Os lipídios, em particular, os fosfolipídios (veja o Quadro 8.1), são os principais componentes de todas as nossas membranas biológicas. As partes oleosas, hidrofóbicas, tendem a se reunir e formar um microambiente oleoso, conhecido como "microfase", expulsando água de suas vizinhanças. Portanto, a formação de membranas, assim como a formação de micelas e vesículas (veja a Figura 8.3), é um processo termodinamicamente favorecido. Mais uma vez, há um aumento de ordem, apesar de também haver aumento global de entropia. Como veremos em nossa discussão sobre os aspectos dinâmicos da auto-organização, na Seção 8.3, tais "ilhas de ordem em um mar de desordem" são características das "estruturas dissipativas" dos sistemas vivos. Em nossos exemplos de lipídios, toda a estrutura permanece compatível com a água, pois a sua superfície é feita de compostos hidrofílicos, como é mostrado esquematicamente na Figura 8.3.

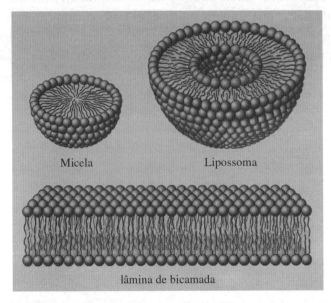

Figura 8.3 Estrutura esquemática da micela e da lipossoma (não estão em escala), mostrando a analogia estrutural entre lipossomas e as bicamadas das membranas. Em todos os casos, as moléculas de água são excluídas da microfase hidrofóbica interna.

Quadro 8.1
Surfactantes, lipídios e lipossomas

Surfactantes são compostos orgânicos anfipáticos, o que significa que eles contêm ambos os grupos, tanto os hidrofóbicos (suas "caudas") como os hidrofílicos (suas "cabeças"). O nome é uma contração de *"surface active agents"* (agentes superficiais ativos). Por causa de sua propriedade de reduzir a tensão superficial da água, os surfactantes desempenham um importante papel como sabões e como agentes umidificadores, dispersores, emulsificadores, espumejadores e antiespumejadores em muitas aplicações práticas (sua produção anual global foi de 13 milhões de toneladas métricas em 2008).

Os surfactantes podem ser classificados em catiônicos (quando têm carga elétrica positiva nas cabeças hidrofílicas), aniônicos (carga negativa), zwitteriônicos (tanto uma carga positiva como uma negativa) e não iônicos (nenhuma carga na cabeça). Quando dispersos em água, os surfactantes se associam para formar montagens ordenadas, tais como bicamadas, micelas ou vesículas.

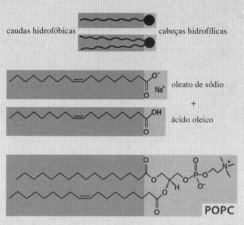

Figure 8.4 Surfactante típico com a indicação das partes hidrofílica e hidrofóbica; POPC é a notação abreviada do fosfolipídio mais conhecido, o palmitoil-oleoil-fosfatidilcolina. A parte do meio da figura mostra a estrutura de um surfactante mais simples, o ácido oleico/oleato, da classe dos ácidos graxos, muito difundidos no mundo natural, e importantes na química pré-biótica (veja mais adiante, na seção sobre autocatálise, onde os ácidos graxos desempenham um papel da maior importância).

Os lipídios (do grego *lipos* – "gordo" ou "graxo") constituem um amplo grupo de moléculas de ocorrência natural, algumas das quais são surfactantes. Elas incluem gorduras, ceras, esteróis, vitaminas solúveis em gorduras (como as vitaminas A, D, E e K) e os glicolipídios (veja a Figura 8.5). Estes últimos são compostos por ácidos graxos e glicerol, unidos por ligações éster. Os mais conhecidos são os chamados triglicerídios, mostrados na figura. As principais funções biológicas dos lipídios incluem o armazenamento de energia como componentes estruturais das membranas celulares.

Embora o termo "lipídio" seja às vezes usado como sinônimo de gorduras, estas constituem um subgrupo de lipídios que deveriam ser chamados de triglicerídios. Uma importante classe de glicolipídios é a dos glicerofosfolipídios, também conhecidos simplesmente como fosfolipídios (veja a Figura 8.5), que são onipresentes na natureza e componentes de importância-chave das bicamadas lipídicas de células. Além disso, estão envolvidos no metabolismo celular e na sinalização celular.

Os lipossomas são vesículas constituídas de surfactantes lipídicos e, em geral, por fosfolipídios.

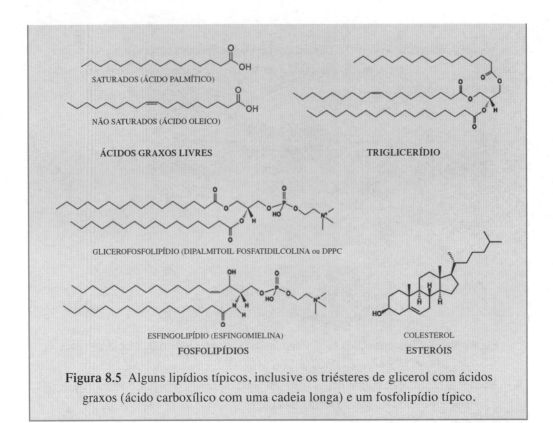

Figura 8.5 Alguns lipídios típicos, inclusive os triésteres de glicerol com ácidos graxos (ácido carboxílico com uma cadeia longa) e um fosfolipídio típico.

Com relação a isso, note a contradição aparente entre nossa vida baseada na água e a existência de tantos compostos e substâncias hidrofóbicas (que não têm afinidade por água) em nossas estruturas biológicas, como os lipídios, os esteroides, os alcaloides, as gorduras e as ceras. A natureza resolve esse problema por meio da auto-organização dessas substâncias, com a formação de microfases que excluem a água do seu interior, mas tornam-se compatíveis com a água graças a uma camada externa de grupos de cabeças hidrofílicas, como é mostrado na Figura 8.3.

8.1.3 Auto-organização em sistemas biológicos

Os mesmos princípios de organização encontrados nos lipídios podem ser observados nos ácidos nucleicos. As duas fitas complementares do DNA reúnem-se para formar uma fita dupla na qual as bases complementares hidrofóbicas escapam do contato com a água, construindo uma espécie de interior lipídico e deixando os "dedos" hidrofílicos dos grupos fosfato cuidarem da solubilidade da água (veja a Figure 8.6). Aqui a regra interna é a complementaridade das bases A–T e G–C.

O dobramento das proteínas também pode ser considerado um processo de auto--organização. O procedimento de dobramento específico da cadeia polipeptídica na estrutura nativa é ditado pela sequência primária de aminoácidos – a "regra interna" – e o dobramento nativo dá origem a um conjunto de propriedades novas e específicas, tais como o local de ligação de uma enzima, o microambiente que permite a catálise.

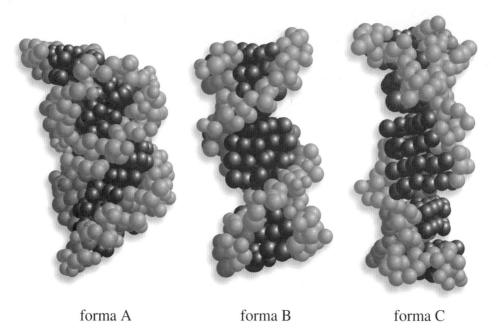

forma A　　　　　　　forma B　　　　　　　forma C

Figura 8.6 Várias formas da dupla hélice do DNA; note que as bases hidrofóbicas estão no interior da estrutura, evitando tanto quanto possível o contato com a água, enquanto a solubilidade da água é garantida pelos grupos fosfato hidrofílicos no exterior.

Também é importante observar que a estrutura nativa da proteína, que é a única que exibe a atividade biológica, é geralmente a mais estável do ponto de vista termodinâmico. Isso foi demonstrado por Chris Anfinsen (Anfinsen *et al.*, 1954) a partir da observação da "desnaturação reversível": o dobramento nativo pode ser rompido por meio de reagentes brandos – como a ureia – com perda completa da atividade biológica. Tal proteína é chamada de "desnaturada". Mas quando a ureia é removida do recipiente de vidro onde ocorre a reação, a proteína adquire novamente seu dobramento nativo *in vitro*, demonstrando assim que o processo de dobramento está sob controle termodinâmico.

8.1.4 Auto-organização e autocatálise

Quando moléculas surfactantes agregam-se na água, o processo é, com frequência, lento no início e fica mais rápido com o passar do tempo: quanto mais aumenta a bicamada de superfície que é formada, mais o processo se acelera, pois há mais e mais superfície ativa onde os próximos passos da agregação podem ocorrer. No linguajar cibernético, ciclos de *feedback* positivos entram em jogo (veja a Seção 5.3.2), e todo o processo é conhecido como autocatálise.

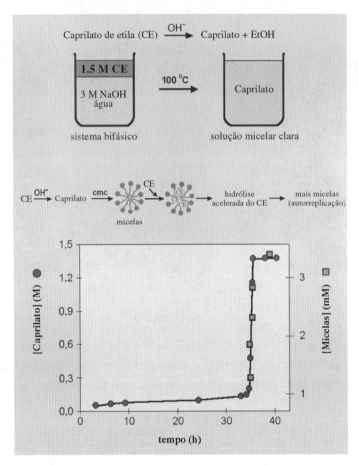

Figura 8.7   O processo autocatalítico da formação espontânea de micelas aquosas de caprilato, começando com o seu precursor insolúvel caprilato de etila (CE). Tão logo as primeiras micelas são formadas, mais CE é solubilizado em seus núcleos e hidrolizado, e então mais micelas são formadas – e se mais micelas são formadas, maior será o número das que virão a ser formadas – um processo autocatalítico típico (Bachmann *et al.*, 1992).

Um belo exemplo de auto-organização e autocatálise é mostrado na Figura 8.7. Nela, um precursor dos surfactantes, o caprilato de etila (CE), insolúvel em água, estende-se sobre uma solução aquosa com um valor de pH alcalino capaz de hidrolizar o CE. A reação é muito lenta no início, mas então, de súbito, ela se acelera exponencialmente.

O que aconteceu? Micelas aquosas podem ser consideradas como gotículas oleosas, que pronta e facilmente apreendem e solubilizam substâncias insolúveis em água, como acontece quando lavamos nossas mãos engorduradas com sabão. Da mesma maneira, o CE é rapidamente solubilizado no núcleo oleoso das micelas recém-formadas, e em seguida é hidrolizado em seu interior, e, desse modo, o caprilato surfactante é formado *in situ*, e isso, por sua vez, forma mais micelas, as quais, novamente, solubilizam mais e mais CEs – um típico processo autocatalítico. Esse processo tem sido estendido a vesículas (Walde *et al.*, 1994). Note que, dessa maneira, ocorre uma autorreprodução espontânea de compartimentos, o que levou esses autores a sugerir que esse processo, o qual é, em princípio, pré-biótico, poderia estar presente na origem da formação dos primeiros compartimentos celulares (Bachmann *et al.*, 1992).

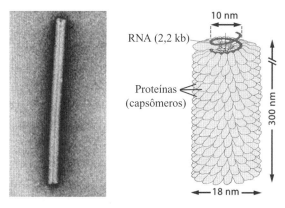

Figura 8.8 Vírus do mosaico do tabaco (VMT), formado por um núcleo de RNA helicoidal e um capsídeo de subunidades de proteínas idênticas dispostas em um arranjo helicoidal.

8.1.5 Auto-organização em sistemas biológicos complexos

Muitos outros exemplos de auto-organização podem ser encontrados em nosso complexo mundo biológico. Por exemplo, os muitos casos de interação proteína-proteína na formação de complexos "oligoméricos" ativos são geralmente processos de auto-organização. Um exemplo bem conhecido (que será examinado mais detalhadamente na Seção 8.2.2), é o da hemoglobina, a proteína que transporta oxigênio nos mamíferos.

Outro exemplo interessante de auto-organização nas interações proteína-proteína é a estrutura do vírus do mosaico do tabaco (Figura 8.8), formado por uma macromolécula de RNA helicoidal circundada por milhares de subunidades de proteínas globulares idênticas: sua montagem é um processo de auto-organização sob controle termodinâmico. De fato, Fraenkel-Conrat e Williams (1955) demonstraram que o vírus do mosaico do tabaco pode ser reconstituído reversivelmente *in vitro*, começando dos dois principais componentes, o RNA purificado e as proteínas.

Montagens de diferentes proteínas também são importantes na formação de estruturas de tecidos muito particulares. O exemplo das proteínas musculares é um dos mais interessantes nesse aspecto. O ponto a ser destacado aqui é que essa organização permite o funcionamento de um motor molecular, o do nosso movimento muscular.

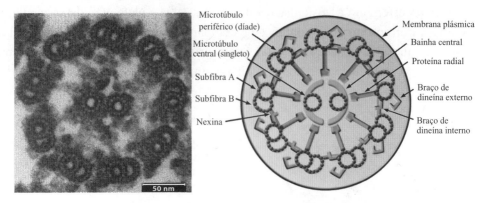

Figura 8.9   Diagrama esquemático da seção transversal de um axonema, o citoesqueleto baseado em microtúbulos dos cílios e dos flagelos. Cada forma geométrica representa um diferente tipo de proteína com sua forma particular de montagem (extraído de Stryer, 1975).

E por falar em motores moleculares, vamos examinar o belíssimo objeto representado na Figura 8.9: um axonema, o núcleo esquelético interno do flagelo de uma bactéria. É realmente uma construção maravilhosa, reminiscente de uma mandala oriental. Ela envolve a coordenação de dezenas de diferentes partes especializadas, cada uma delas sendo, por sua vez, a estrutura organizada de um feixe de proteínas específicas. A perfeita justaposição de todos esses componentes é o resultado de um ordenamento calibrado, sequencial, um processo auto-organizador no qual fatores termodinâmicos e cinéticos produzem um mecanismo combinado de extrema complexidade.

O dobramento da actina e da miosina, bem como vários outros exemplos dados até agora, são casos de processos sob *controle termodinâmico*, onde o produto se forma porque é mais estável do que os componentes de partida. Nem todos os processos de auto-organização na natureza são desse tipo. Há também casos de *controle cinético*, nos quais os produtos se formam porque a velocidade da reação para chegar até eles é muito maior do que a velocidade para chegar aos produtos mais estáveis. Na linguagem da química, a barreira de ativação da energia (a barreira da energia que precisa ser superada para que uma reação química ocorra) é muito mais baixa do que a barreira de energia para se chegar às formas termodinamicamente mais estáveis. É por isso que os produtos sob controle cinético formam-se preferencialmente.

No mundo biológico, uma auto-organização como essa, sob controle cinético, é determinada pela ação de enzimas específicas. Na origem da vida (veja o Capítulo 10), quando as enzimas ainda não existiam, simples peptídeos ou catalisadores metálicos muito provavelmente permitiram a formação catalítica de compostos que não eram particularmente estáveis do ponto de vista termodinâmico. Esse é um campo muito interessante no estudo da química pré-biótica, a cujo respeito não podemos nos estender aqui. Porém, gostaríamos de mencionar que, recentemente, foi descoberto que certos dipeptídeos simples podem catalisar a formação de ligações peptíticas – isto é, eles permitem o acoplamento de aminoácidos uns com os outros (Gorlero *et al.*, 2009).

O estudo da auto-organização de sistemas biológicos complexos levanta algumas questões intrigantes, como a de se saber se os ribossomos (as estruturas celulares onde as proteínas são sintetizadas), ou até mesmo a própria célula biológica, podem ser reconstituídos, e em que medida, a partir de seus componentes. Uma resposta positiva significaria que estamos lidando aqui com processos de auto-organização sob controle termodinâmico.

Parece agora que a reconstituição de ribossomos a partir de seus componentes (proteínas e RNA) é de fato possível (Alberts *et al.*, 1989). Mas pode a célula ser reconstituída?

Descobrimos na literatura várias tentativas para reconstituir células. Exemplos disso são a remontagem da *Amoeba proteus* (Jeong *et al.*, 2000) e da *Acetabularia mediterranea*, uma alga verde que foi remontada a partir da parede celular, do núcleo e do citoplasma (Pressman *et al.*, 1973). Kobayashi e Kanaizuka (1977) remontaram a *Bryopsis maxima* a partir de seus dois componentes dissociados. Além disso, houve experimentos com mamíferos, a saber, com células de camundongos (Veomett *et al.*, 1974). Esse experimento também foi relatado como bem-sucedido.

Entretanto, olhando para o protocolo desses experimentos de reconstituição celular e experimentos semelhantes, constata-se que a remontagem não ocorre espontaneamente, mas, pelo menos em um ou dois passos críticos, é "guiado" pela ajuda de micromanipulações; por exemplo, enzimas e reagentes específicos são acrescentados manualmente durante o decorrer do processo de reconstituição. Desse modo, a noção de "eu" não é, na verdade, completamente respeitada.

Esses experimentos, no entanto, indicam claramente que a vida celular pode ser reconstituída a partir de componentes não vivos, mesmo que as reconstituições celulares sejam baseadas em partes que já sejam estruturas muito grandes e complexas. Cada uma dessas partes é o produto de reações enzimáticas complexas, todas elas realizadas sob controle cinético. Desse modo, é seguro afirmar que a reconstituição de uma célula a partir de seus componentes moleculares isolados não é possível. Não é um processo sob controle termodinâmico; além disso, a construção de uma célula na natureza tem de seguir um caminho sequencial onde as partes são sintetizadas e reunidas uma depois da outra em uma ordem precisa, tudo sob controle cinético.

8.2 Emergência e propriedades emergentes

8.2.1 Introduzindo as principais questões

Nas páginas anteriores, vimos a importância da auto-organização para a montagem de grandes estruturas poliméricas (veja o Quadro 9.4) por organismos vivos. Obviamente, um simples aumento de tamanho ou de complexidade não é suficiente para que a vida evolua a partir da matéria não viva. Esse processo precisa ser acompanhado pela introdução de novas funções e novas propriedades. Na verdade, como já observamos na Seção 8.1.1, a auto-organização deve sempre ser considerada em conjunção com as novas propriedades correspondentes que surgem como uma consequência da montagem dos menores componentes. E aqui nós encontramos a noção de emergência, ou de propriedades emergentes, um dos conceitos mais importantes da moderna teoria da complexidade e, mais geralmente, da concepção sistêmica da vida.

As propriedades emergentes são as propriedades novas que surgem quando um nível superior de complexidade é atingido ao se reunir componentes de complexidade inferior. As propriedades são novas no sentido de que elas não estão presentes nas partes: elas *emergem* das relações e interações específicas entre as partes do conjunto organizado. Os primeiros pensadores sistêmicos expressaram esse fato na célebre frase: "O todo é mais do que a soma de suas partes" (veja a Seção 4.1).

O estudo da emergência tem sido um ativo campo de pesquisa na filosofia da ciência durante um longo tempo. Na realidade, o "emergentismo britânico" pode ser remontado a Mill (1872) e Bain (1870); e continuou até a época atual (veja, por exemplo, Bedau e Humphreys, 2007; Primas, 1998; Schröder, 1998; Sperry, 1986; Wimsatt, 1976).

Em nossa época, a emergência está sendo considerada não apenas na química e na biologia, mas também em muitos outros campos de pesquisa, como a cibernética, a inteligência artificial, a dinâmica não linear, a teoria da informação, a ciência social e a teoria da música (a harmonia que surge de uma frase musical obviamente não está presente nas notas isoladas). Aplicações na linguagem, na pintura, na memória, na evolução biológica e no sistema nervoso são mencionadas e discutidas por Farre e Oksala (1998). Uma iluminadora percepção na física, inclusive na supercondutividade e em outros fenômenos coletivos, é fornecida por Coleman (2007). A emergência no nível humano, inclusive na ética e no naturalismo religioso, é discutida por Goodenough e Deacon (2006). Em vista dessa grande variedade de estudos, não é surpreendente o fato de que a palavra "emergência" leve, frequentemente, a conotações confusas.

8.2.2 Alguns exemplos

Comecemos com a emergência em sistemas simples. Considere, por exemplo, a formação das micelas e vesículas desenhadas na Figura 8.1. A compartimentação e os movimentos coletivos das superfícies são propriedades emergentes, e também o são novas propriedades físicas, como a menor acidez dos ácidos graxos que constituem a montagem. Analogamente, as membranas biológicas mostradas na Figura 8.3 exibem uma série de propriedades coletivas que não estão presentes nas moléculas de lipídios isoladas. Finalmente, a Figura 8.7 ilustra uma propriedade emergente muito notável dos agregados surfactantes, a capacidade de autorreprodução.

As propriedades emergentes já podem ser observadas na geometria, quando consideramos que uma linha emerge do movimento de um ponto, uma superfície bidimensional do movimento de uma linha, e assim por diante. Em cada nível de complexidade surgem propriedades novas, emergentes – ângulos, superfícies, volumes etc. – que não estão presentes no nível inferior.

Voltando-nos para uma estrutura química mais complexa, consideremos as proteínas mioglobina (Mb) e hemoglobina (Hb), mostradas na Figura 8.10. Como é bem conhecido, são essas as proteínas responsáveis pelo transporte e o armazenamento de oxigênio nos mamíferos e até mesmo em certos invertebrados. Nos mamíferos, a Mb está localizada nos tecidos musculares e não circula, enquanto a Hb circula, transportando oxigênio dos pulmões para os músculos e retornando carregada de CO_2.

Para começar, a capacidade específica para ligar o oxigênio é uma propriedade emergente de todos os conjuntos (*ensembles*) moleculares em ambas as proteínas. Essa propriedade de ligação é frequentemente medida em porcentagem da cadeia que está sendo saturada de oxigênio, como é mostrado no gráfico da Figura 8.10. A comparação dessa propriedade entre Mb e Hb nos permite ilustrar um exemplo ainda mais notável de emergência.

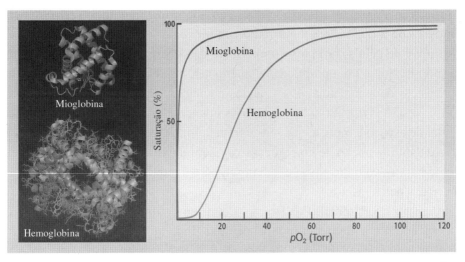

Figura 8.10 A cadeia única de mioglobina e as quatro cadeias (duas α e duas β) de hemoglobina. O comportamento cooperativo da hemoglobina (curva em forma de S) pode ser considerado uma propriedade emergente, resultante da montagem das quatro cadeias (extraído de Stryer, 1975).

A Mb é uma cadeia polipeptídica única (veja o Quadro 9.4) ao passo que a Hb é formada por quatro cadeias, cada uma delas muito semelhante à da mioglobina. Enquanto a ligação do oxigênio com a mioglobina (cadeia única) dá a curva de saturação usual, no caso da hemoglobina nos mamíferos a curva de saturação tem forma de S. Isso significa que a afinidade pelo oxigênio muda durante o próprio processo de ligação – ela é baixa quando o oxigênio se liga inicialmente à Hb, mas a ligação na primeira cadeia induz mudanças estruturais nas cadeias vizinhas, de modo que a afinidade torna-se cada vez melhor. O resultante comportamento sigmoide constitui a própria base da respiração do mamífero: na baixa concentração de oxigênio que nós temos em nossos tecidos musculares, a Hb perde sua afinidade pelo oxigênio, que pode assim ser captado pela Mb e distribuído às células dos tecidos. A forma em S da curva da saturação para a Hb pode ser considerada como uma propriedade emergente que surge da interação das quatro cadeias.

Podemos agora nos voltar para todos os exemplos de auto-organização ilustrados na Seção 8.1.3 e descobrir, em cada caso, o surgimento de propriedades emergentes. Desse modo, a Figura 8.6 mostra o caso da dupla hélice do DNA, que adquire a propriedade da autorreplicação; a Figura 8.7 ilustra o dobramento de proteínas, que produz a ligação e propriedades catalíticas.

A Figura 8.8, que mostra o vírus do mosaico do tabaco, é um lembrete de que as propriedades infecciosas emergentes do vírus estão presentes apenas quando os dois componentes básicos, o RNA e o capsídeo proteico, se reúnem. No caso da estrutura muscular, como já notamos, emerge uma propriedade muito particular: o movimento macroscópico do músculo. E o axonema da Figura 8.9 é outro caso complexo, no qual propriedades mecânicas específicas são adquiridas reunindo certo número de subunidades de proteínas em um arranjo complexo.

No nível da célula, fazemos a importante descoberta, como já mencionamos, de que a própria vida é uma propriedade emergente. Na realidade, nenhum dos componentes básicos de uma célula viva – ácidos nucleicos, proteínas, lipídios, polissacarídeos etc. – estão vivos por si mesmos. Mas quando eles se reúnem em uma situação particular de espaço/tempo, a vida – a suprema propriedade emergente – se manifesta.

No entanto, a noção de emergência vai além da vida no nível individual, estendendo-se para as colônias vivas e, em geral, para a vida social. Na verdade, as estruturas criadas pelos insetos sociais – as colmeias, os formigueiros, e assim por diante – emergem no nível social. Por exemplo, em uma colmeia, cada abelha parece se comportar como um elemento independente, agindo aparentemente por sua própria conta, mas toda a população das abelhas produz uma estrutura altamente sofisticada que emerge de suas atividades coletivas.

A relação entre propriedades emergentes e as propriedades dos componentes básicos tem sido muito debatida na literatura. Uma escola de pensamento afirma que as propriedades do nível hierárquico superior não são, *em princípio*, dedutíveis dos componentes do nível inferior. Essa é a "emergência forte" ou "emergência radical" (veja, por exemplo, Schröder, 1998). Em oposição a essa escola da "emergência forte", tem-se a escola da "emergência fraca", que afirma, de maneira mais pragmática, que a relação entre o todo e as partes não pode ser determinada, e isso simplesmente por causa de dificuldades técnicas, tais como a falta de potência computacional ou o progresso insuficiente de nossas habilidades, e não por uma questão de princípio. Atmanspacher e Bishop (2002) discutem extensamente esse ponto.

A visão segundo a qual as propriedades emergentes das moléculas não são explicáveis por uma questão de princípio com base nos seus componentes é contestada por vários cientistas, os quais argumentam que isso equivale a supor a existência de uma força misteriosa de natureza indefinível – uma espécie de princípio vital. A visão sistêmica da vida adota uma terceira posição, afirmando que não há necessidade de supor nenhuma força misteriosa para explicar propriedades emergentes, mas que o foco em relações, padrões e processos subjacentes é essencial. Uma vez que isso é aceito, as dificuldades práticas ainda serão importantes, e é possível que a distinção entre emergência forte e fraca possa nem sempre fazer sentido.

8.2.3 Causação descendente

Em geral, aceita-se que o desenvolvimento de propriedades emergentes, que é uma causalidade ascendente (ou de baixo para cima), está associado a uma corrente de causalidade descendente (ou de cima para baixo). Isso significa que o nível hierárquico superior afeta as propriedades dos componentes inferiores (veja, por exemplo, Schröder, 1998). Prosseguem discussões na literatura filosófica a respeito da relação entre emergência e causação descendente – também chamada de macrodeterminismo – veja, por exemplo, Bedau (1997), Schröder (1998), Thompson e Varela (2001), e Thompson (2007).

Geralmente, pode-se destacar que as ciências moleculares, e a química em particular, oferecem exemplos muito claros de causação descendente, como a definimos antes. Na química, qualquer forma de reação química modifica as propriedades estruturais originais dos componentes atômicos. Naturalmente, exemplos vindos da ciência molecular não são os únicos a mostrar o efeito da causação descendente. Considere a progressão dos níveis hierárquicos sociais que vão dos indivíduos para a família, para a tribo, para a nação. É claro que uma vez que os indivíduos estão em uma família, as regras da família afetam e mudam o comportamento dos indivíduos; de maneira semelhante, pertencer a uma tribo afeta o comportamento da família, e assim por diante.

Veremos no capítulo seguinte (Seção 9.6.4) que a causação descendente fornece um importante argumento (eloquentemente utilizado por Noble, 2006) contra o "determinismo genético", a visão reducionista da genética. Como é mostrado na Figura 9.6, a corrente ascendente da emergência vai dos genes para as proteínas, e daí para os tecidos, os órgãos e o organismo – sendo os genes a causa primária dessa corrente ascendente. No entanto, é todo o organismo que determina quais proteínas devem ser construídas e quando; é a causação descendente que é a fonte primária das funções biológicas e do comportamento.

8.3 Auto-organização e emergência em sistemas dinâmicos

8.3.1 Base teórica e histórica

Os exemplos químicos e biológicos de auto-organização estática apresentados anteriormente são familiares a todos os químicos e biólogos. Como já mencionamos na Seção 8.1.1, para uma crescente comunidade de cientistas que trabalham na área dos sistemas complexos (veja a Seção 6.2.1), a auto-organização e a emergência adquirem seu pleno potencial em sistemas dinâmicos – isto é, em sistemas que mudam ao longo do tempo. A característica-chave de tais sistemas dinâmicos está no fato de que eles geralmente operam afastados do equilíbrio, e, no entanto, são capazes de produzir estruturas auto--organizadoras estáveis. A análise e a descrição matemática dessas situações – de início altamente contraintuitivas – está associada, antes de tudo, ao físico-químico Ilya Prigogine e aos seus colaboradores da Universidade Livre de Bruxelas.

O avanço desbravador, de importância crucial, ocorreu durante o início da década de 1960, quando Prigogine percebeu que sistemas afastados do equilíbrio precisavam ser descritos por equações não lineares. O nítido reconhecimento dessa ligação entre "afastado do equilíbrio" e "não linearidade" abriu uma ampla via de pesquisas para Prigogine, as quais culminariam, uma década depois, em sua teoria das "estruturas dissipativas" (veja Nicolis e Prigogine, 1977; Prigogine, 1980; Prigogine e Glansdorff, 1971; para uma revisão não técnica, veja Prigogine e Stengers (1984); veja também Capra, 1997, p. 147).

A fim de resolver o quebra-cabeça da estabilidade afastada do equilíbrio, Prigogine não estudou sistemas vivos, mas se voltou para sistemas físicos e químicos muito mais simples e em situação de não equilíbrio, tais como formas especiais de convecção térmica conhecidas como células de Bérard, e oscilações químicas especiais, hoje conhecidas como "bruxeladoras", que nós examinamos na Seção 8.3.2 mais adiante. Aplicando a recém-desenvolvida matemática da complexidade, ou dinâmica não linear (veja o Capítulo 6) a esses sistemas, Prigogine e seus colaboradores conseguiram desenvolver uma nova termodinâmica não linear para descrever o fenômeno da auto-organização em sistemas abertos afastados do equilíbrio. "A termodinâmica clássica", explicam Prigogine e Stengers (1984, p. 143), "leva ao conceito de 'estruturas em equilíbrio', tais como os cristais. As células de Bérard também são estruturas, mas de natureza muito diferente. É por isso que introduzimos a noção de 'estruturas dissipativas' para enfatizar a estreita associação, em tais situações, entre estrutura e ordem por um lado e dissipação por outro." Na termodinâmica clássica, a dissipação da energia na transferência térmica, no atrito etc., é sempre associada com desperdício. O conceito de estrutura dissipativa de Prigogine introduziu uma mudança radical nessa visão ao mostrar que em sistemas abertos a dissipação se torna uma fonte de ordem.

De acordo com a teoria de Prigogine, as estruturas dissipativas não apenas se mantêm em um estado estável afastado do equilíbrio, mas também podem até mesmo evoluir. Quando o fluxo de energia e matéria que as atravessa cresce, elas podem passar por novas instabilidades e se transformar em novas estruturas emergentes de complexidade aumentada. Na linguagem da dinâmica não linear, o sistema encontra pontos de bifurcação nos quais ele pode se ramificar em estados inteiramente novos, cada um deles caracterizado por um atrator específico, e nos quais emergem novas estruturas e novas formas de ordem.

Esse fato é ilustrado na Figura 8.11 com dois diagramas de bifurcação, como são chamados, representando o comportamento da oscilação química conhecida como bruxelador (veja a Seção 8.3.2). O primeiro diagrama (a) mostra a bifurcação básica (primária). Na concentração C_{eq}, o sistema está no equilíbrio ou perto do equilíbrio e é descrito por equações lineares. À medida que aumenta a distância do equilíbrio, o sistema torna-se cada vez mais não linear, atingindo o primeiro ponto de bifurcação em λ_c. As duas linhas contínuas representam dois possíveis estados estáveis do sistema para $\lambda > \lambda_c$. O diagrama (b) mostra a série completa de bifurcações. Note que, no ponto de bifurcação, o sistema precisa "escolher" entre dois caminhos possíveis. A continuação do caminho inicial, indicado por uma linha tracejada, representa a região de instabilidade.

A detalhada análise de Prigogine do processo dinâmico de emergência mostra que, embora as estruturas dissipativas recebam a sua energia de fora, as instabilidades e saltos para novas formas de organização constituem o resultado de flutuações amplificadas por ciclos de *feedback* positivos. Desse modo, a retroalimentação que se amplifica "descontroladamente" [*"runaway" feedback*], e que sempre foi considerada destrutiva em cibernética (veja a Seção 5.3.2), aparece como uma fonte de nova ordem e complexidade na teoria das estruturas dissipativas. De fato, ambos os tipos de retroalimentação desempenham importantes papéis na auto-organização dos sistemas dinâmicos. Os ciclos de *feedback* autoequilibrantes (negativos) mantêm o sistema em um estado estável, mas que flutua continuamente, ao passo que os ciclos de *feedback* auto-amplificantes (positivos) podem levar a novas estruturas emergentes.

Uma das grandes realizações de Prigogine foi resolver o paradoxo das duas visões contraditórias da evolução na física e na biologia – uma delas, a do motor que diminui sua marcha até parar, e a outra, a de um mundo vivo que se desdobra em direção a ordem e complexidade crescentes. Na teoria de Prigogine, a segunda lei da termodinâmica (a lei da entropia – ou desordem – sempre crescente) ainda é verdadeira, mas a relação entre entropia e desordem é vista sob uma nova luz. Nos pontos de bifurcação, estados em que a ordem é maior podem emergir espontaneamente sem contradizer a segunda lei da termodinâmica. A entropia total do sistema continua crescendo, mas esse crescimento na entropia não é um crescimento uniforme da desordem. No mundo vivo, a ordem e a desordem são sempre criadas simultaneamente.

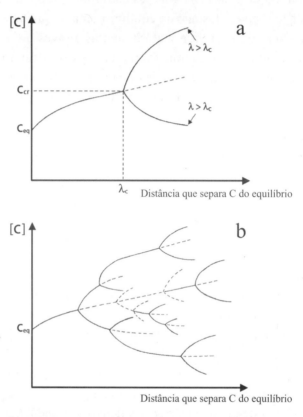

Figura 8.11 Diagramas de bifurcação de um sistema químico não linear, de acordo com a escola de Prigogine, no qual a concentração C de um sistema químico é plotada contra a distância que a separa do equilíbrio. O gráfico (a) mostra a bifurcação primária; C_{eq} é a concentração no equilíbrio ou nas proximidades dele; λ_c é a distância do ponto de bifurcação na concentração crítica C_{cr}. O gráfico (b) mostra toda a série de bifurcações.

De acordo com Prigogine, as estruturas dissipativas são ilhas de ordem em um mar de desordem, mantendo e até mesmo aumentando sua ordem à custa de uma desordem maior do ambiente que as cerca. Por exemplo, organismos vivos ingerem estruturas ordenadas (alimentos) que retiram de seu ambiente, usam-nas como recursos para o seu metabolismo e dissipam estruturas de ordem inferior (resíduos). Dessa maneira, a ordem "flutua na desordem", como se expressa Prigogine (1989), embora a entropia total continue a aumentar de acordo com a segunda lei.

Durante as décadas que se seguiram ao trabalho pioneiro de Prigogine, o estudo da emergência em sistemas dinâmicos tornou-se um campo rico e vívido, como mencionamos. Hoje, a emergência espontânea da ordem em pontos críticos de instabilidade é um dos conceitos mais importantes da nova compreensão da vida. A emergência é um dos "selos de qualidade" da vida. Ela tem sido reconhecida como a origem dinâmica do desenvolvimento, da aprendizagem e da evolução. Em outras palavras, a criatividade – a geração de novas formas – é uma propriedade de suma importância em todos os sistemas vivos. E, uma vez que a emergência é parte integrante da dinâmica dos sistemas abertos, os sistemas abertos se desenvolvem e evoluem. A vida constantemente entra em contato com a criatividade.

Figura 8.12 Visão geral e detalhe dos padrões de convecção hexagonais conhecidos como células de Bénard em uma fina camada de óleo de silicone (1 mm de espessura). Imagem adaptada, com modificações, de Coveney e Highfield, 1990.

Além disso, como examinamos no Capítulo 14, a emergência é uma característica fundamental não somente da vida biológica, mas também dos sistemas sociais, com importantes implicações para a economia, o gerenciamento e outras ciências sociais.

8.3.2 Células de Bénard e bruxeladores

O caso clássico de auto-organização em sistemas em estado de não equilíbrio, e o primeiro estudado por Prigogine, é o notável fenômeno da convecção térmica, conhecido como "instabilidade de Bénard". No início do século XX, o físico francês Henry Bénard descobriu que o aquecimento de uma fina camada de certos líquidos (como óleo de silicone) pode resultar em estruturas estranhamente ordenadas (Figura 8.12). Como mostrou a detalhada análise de Prigogine dessas "células de Bénard", à medida que o sistema se afasta do equilíbrio (isto é, de um estado com temperatura uniforme ao longo de todo o líquido), ele alcança um ponto de instabilidade crítica, no qual emergem padrões hexagonais ordenados (veja Coveney e Highfield, 1990; Prigogine e Stengers, 1984).

Outro surpreendente fenômeno de auto-organização extensamente estudado por Prigogine e seus colaboradores é o dos "relógios químicos". São reações que ocorrem afastadas do equilíbrio químico, e que produzem oscilações periódicas muito notáveis (veja Prigogine e Stengers, 1984). A primeira oscilação química desse tipo foi descoberta na década de 1950 pelo químico Boris Belousov, e mais tarde foi estudada mais detalhadamente por Anatoly Zhabotinsky. De acordo com esses estudos, toda a família de reações químicas oscilantes é hoje conhecida como reação de Belousov–Zhabotinsky. A mistura que produz essa reação complexa contém bromato de potássio, ácido sulfúrico e íons de cério, e (como foi mostrado por estudos posteriores) pode envolver cerca de trinta intermediários químicos e sub-reações químicas, algumas delas de natureza autocatalítica (Winfree, 1984).

Nesse meio-tempo, um bom número de sistemas químicos também foi estudado, os quais mostravam igualmente esse comportamento oscilante regular, além de sistemas semelhantes em biologia e engenharia (veja Strogatz, 1994, 2001; veja também Jimenez-Prieto *et al.*, 1998; Noyes, 1989). O modelo teórico que descreve essas reações (um conjunto de equações diferenciais não lineares) foi proposto por Ilya Prigogine e seus colaboradores da Universidade Livre de Bruxelas e se tornou conhecido como bruxelador em sua homenagem.

A esses exemplos de emergência em sistemas dinâmicos, gostaríamos de acrescentar um fenômeno particular observado no mundo das bactérias, conhecido como "*quorum sensing*" (comunicação entre bactérias), um mecanismo de sinalização usado por muitas espécies de bactérias (Funqua *et al.*, 2001). A *quorum sensing* controla várias funções importantes em diferentes espécies de bactérias, inclusive a formação de biofilmes, a produção dos chamados fatores de virulência por patógenos e a capacidade das bactérias para colonizar organismos superiores.

A *quorum sensing* é uma sinalização intercelular dinâmica baseada na produção de moléculas especiais, que ativam genes que, por sua vez, produzem proteínas especiais. Existem até mesmo estudos que se referem à "semântica" e à "sintaxe" desses processos de sinalização (Ben Jacob *et al.*, 2004), bem como à sinalização entre bactérias e seus hospedeiros (Shiner *et al.*, 2005). Particularmente fascinante é a produção da bioluminescência na *Vibrio fischeri* (Miller e Bassler, 2001; Smith e Iglewski, 2003).

Mais recentemente, um tipo totalmente diferente de redes de comunicação microbiana foi descoberto por microbiólogos no Craig Venter Institute, em San Diego, e na Universidade do Sul da Califórnia, em Los Angeles. Essas redes recém-descobertas são redes eletroquímicas, e, pelo que parece, sua função principal consiste em coordenar a respiração celular dos micróbios.

Assim como a *quorum sensing*, o aparecimento dessas redes eletromicrobianas é um fenômeno emergente. Certas bactérias respondem a uma escassez de oxigênio (ou de outros elementos no caso das bactérias anaeróbicas) graças a minúsculos "cabelos", conhecidos como nanofios (*nanowires*), que conduzem eletricidade. Por meio desses nanofios, as bactérias interconectam seus fluxos de elétrons para otimizar o acesso vital ao oxigênio, formando efetivamente uma comunidade integrada que se empenha em uma respiração coordenada (El-Naggar *et al.*, 2010; Ntarlagiannis *et al.*, 2007).

Observações mostraram que redes microbianas de nanofios existem em vários ambientes. No solo, elas podem se estender subterraneamente ao longo de centenas de metros. Algumas dessas redes são extraordinariamente densas e se parecem notavelmente com redes neurais. Na realidade, pesquisas têm mostrado que os processos bioquímicos que ocorrem nessas comunidades microbianas são completamente análogos à química do cérebro. Essas pesquisas abriram todo um novo campo, que o microbiólogo Yuri Gorby chamou de "eletromicrobiologia" e que tem muitas fascinantes aplicações científicas e tecnológicas.

Outro caso interessante de auto-organização dinâmica e de emergência no domínio biológico são os padrões regulares de voos dos pássaros que podem ser facilmente observados em certas estações do ano, conhecidos como "inteligência de enxame", ou "inteligência de bando". Para uma visão mais detalhada desse fenômeno fascinante, veja Bonabeau *et al.* (1999) e Eberhart *et al.* (2001).

Também devemos nos lembrar da noção bem conhecida de criticalidade auto-organizada, de Per Bak, pois nesse caso a noção de emergência diz respeito a fenômenos de grande escala de dimensões geológicas e astronômicas (Bak *et al.*, 1988).

A partir desses exemplos de auto-organização dinâmica que ocorrem em pequena escala, tanto em sistemas químicos como no mundo das bactérias, devemos agora nos voltar para a mais ampla escala de auto-organização conhecida até hoje, a do nosso planeta como um todo.

8.3.3 Gaia – a Terra auto-organizadora

Durante o início da década de 1960, enquanto Ilya Prigogine compreendia a ligação crucial existente entre os sistemas em não equilíbrio e a não linearidade (veja a Seção 8.3.1), e Humberto Maturana se empenhava em decifrar o quebra-cabeça da organização dos sistemas vivos (veja a Seção 12.1.2), o químico atmosférico James Lovelock teve uma percepção iluminadora que o levou a formular um modelo que é, talvez, a mais surpreendente e mais bela expressão de auto-organização – a ideia de que o planeta Terra como um todo é um sistema vivo, auto-organizador.

As origens da ousada hipótese de Lovelock estão nos primeiros dias do programa espacial da NASA. Embora a ideia de que a Terra é um ser vivo seja muito antiga e embora teorias especulativas a respeito do planeta como um sistema tenham sido formuladas várias vezes, como mencionamos na Introdução, os voos espaciais realizados durante o início da década de 1960 permitiram aos seres humanos, pela primeira vez, olhar para o nosso planeta do espaço externo e percebê-lo como uma totalidade integrada. Essa percepção da Terra em toda a sua beleza – um globo azul e branco flutuando na profunda escuridão do espaço – comoveu profundamente os cientistas e, como vários deles declararam a partir dessa ocasião, foi uma profunda experiência espiritual que mudou para sempre a sua relação com a Terra (veja Kelley, 1988). As magníficas fotos da Terra toda que os astronautas trouxeram consigo forneceram o símbolo mais poderoso para o movimento da ecologia global.

Nessa época, a NASA convidou James Lovelock para trabalhar no Jet Propulsion Laboratories em Pasadena, Califórnia, para ajudar a planejar instrumentos que pudessem detectar a presença de vida em Marte (veja Lovelock, 1979). Refletindo sobre esse problema, Lovelock percebeu que a característica mais geral da vida que ele conseguia identificar era o fato de todos os organismos vivos introduzirem energia e matéria em seus corpos e descartarem produtos residuais. Com base nisso, Lovelock supôs que a vida em qualquer planeta usaria a atmosfera e os oceanos como meios fluidos para servirem como suas matérias-primas e produtos residuais. Por isso, especulou, poder-se-ia, de algum modo, detectar a existência de vida analisando a composição química da atmosfera de um planeta.

A atmosfera terrestre contém gases como o oxigênio e o metano que, muito provavelmente, reagirão um com o outro, mas coexistirão em altas proporções, resultando em uma mistura de gases afastados do equilíbrio químico. Lovelock compreendeu que esse estado especial deveria estar relacionado à presença de vida na Terra. As plantas produzem oxigênio constantemente e outros organismos produzem outros gases, de modo que os gases atmosféricos estão sendo continuamente repostos enquanto sofrem reações químicas. Em outras palavras, Lovelock reconheceu a atmosfera da Terra como um sistema aberto, afastado do equilíbrio, caracterizado por um constante fluxo de energia e matéria – o sinal revelador de vida identificado por Prigogine por volta da mesma época.

O processo de autorregulação é a chave para a ideia de Lovelock. Ele sabia da astrofísica que o calor do Sol aumentou em 25% desde que a vida começou na Terra e que, apesar desse aumento, a temperatura da superfície da Terra permaneceu constante, em um nível confortável para a vida, durante esses 4 bilhões de anos. Então, ele indagou: "E se a Terra fosse capaz de regular sua temperatura, assim como outras condições planetárias – a composição de sua atmosfera, a salinidade de seus oceanos, e assim por diante –, como os organismos vivos são capazes de se autorregular e de manter constantes as temperaturas, e outras variáveis, de seus corpos?" Lovelock (1991) compreendeu que essa hipótese significava uma ruptura radical com a ciência convencional. Em vez de perceber a Terra como um planeta morto, composto de rochas, oceanos e atmosfera inanimados, ele propôs considerá-la como um sistema complexo, "abrangendo toda a vida e todo o seu ambiente estreitamente acoplados de modo a formar uma entidade autorreguladora" (Lovelock 1991, p. 12).

Em 1969, Lovelock apresentou sua hipótese da Terra como um sistema autorregulador pela primeira vez em um encontro científico em Princeton. Logo depois disso, um amigo romancista, reconhecendo que a ideia de Lovelock representava o renascimento de um poderoso mito antigo, sugeriu o nome "hipótese de Gaia" em honra da deusa grega da Terra. Lovelock aceitou prazerosamente a sugestão e, em 1972, publicou a primeira versão extensa dessa ideia em um artigo intitulado "Gaia seen through the atmosphere" [Gaia Vista Através da Atmosfera] (Lovelock, 1972).

Nessa época, a microbiologista Lynn Margulis estava estudando os próprios processos que Lovelock precisava compreender – a produção e a remoção de gases por vários organismos, inclusive – e em especial – as miríades de bactérias que habitam o solo da Terra.

Os bastidores e áreas científicas de estudo de James Lovelock e Lynn Margulis revelaram perfeita correspondência. Margulis não teve problemas em responder a muitas das perguntas de Lovelock a respeito das origens biológicas dos gases atmosféricos, enquanto Lovelock contribuiu com conceitos vindos da química, da termodinâmica e da cibernética para a emergente teoria de Gaia. Desse modo, os dois cientistas puderam identificar gradualmente uma complexa rede de ciclos de *feedback* que – conforme supuseram em sua hipótese – produzia a autorregulação do sistema planetário (Lovelock e Margulis, 1974).

A característica proeminente desses ciclos de *feedback* é que eles ligam conjuntamente sistemas vivos e não vivos. Não podemos mais pensar em rochas, animais e plantas como separados. A teoria de Gaia mostra que há um estreito entrelaçamento entre as partes vivas do planeta – plantas, microrganismos e animais – e suas partes não vivas – rochas, oceanos e atmosfera. Os ciclos de *feedback* que interligam esses sistemas vivos e não vivos regulam o clima da Terra, a salinidade de seus oceanos, e outras importantes condições planetárias. Em vista das ameaças da mudança climática e de outros apuros que afligem a situação ambiental global, a compreensão do sistema de Gaia é hoje não apenas um assunto de grande fascínio intelectual, mas também uma questão de grande urgência (como discutimos nos Capítulos 16 e 17).

A teoria de Gaia olha para a vida de maneira sistêmica, reunindo geologia, microbiologia, química atmosférica e outras disciplinas cujos estudiosos não costumavam se comunicar uns com os outros. Lovelock e Margulis desafiaram a visão convencional que considerava separadas essas disciplinas, e segundo a qual foram as forças da geologia que estabeleceram as condições para a vida na Terra, e que as plantas e animais eram meros passageiros que, por acaso, encontraram exatamente as condições corretas para a sua evolução. De acordo com a teoria de Gaia, a vida cria as condições para a sua própria existência.

De início, a oposição da comunidade científica a essa nova visão da vida foi feroz. É intrigante o fato de que, de todas as teorias e modelos de auto-organização, a teoria de Gaia foi, de longe, a que encontrou a mais forte resistência. Somos tentados a nos perguntar se essa reação altamente irracional, por parte do *establishment* científico, foi desencadeada pela evocação de Gaia, o poderoso mito arquetípico.

Cientistas afirmaram que a teoria de Gaia não era científica porque era teleológica – isto é, implicava a ideia de processos naturais que eram modelados por um propósito – embora Lovelock e Margulis jamais tivessem feito tal afirmação. O *establishment* científico atacou a teoria como teleológica porque ele não podia imaginar como a vida na Terra seria capaz de criar e regular as condições para a sua própria existência sem ser consciente e propositada. "Há reuniões de comitês de espécies para negociar qual deverá ser a temperatura no próximo ano?", indagavam esses críticos com humor malicioso (citado em Lovelock, 1991).

Lovelock respondeu com um engenhoso modelo matemático, denominado "Mundo das Margaridas", e o publicou em colaboração com Andrew Watson, cientista especializado em processos bioquímicos do mar e da atmosfera. O modelo é uma simulação computadorizada de um sistema de Gaia extremamente simplificado, no qual fica absolutamente claro que a regulação da temperatura é uma propriedade emergente do sistema que surge automaticamente, sem qualquer ação propositada, como uma consequência de ciclos de *feedback* entre os organismos do planeta e o seu ambiente (Watson e Lovelock, 1983).

Durante os anos subsequentes, Lovelock e seus colaboradores elaboraram várias versões mais sofisticadas do Mundo das Margaridas, que geraram vívidas discussões entre biólogos, geofísicos e geoquímicos (veja Harding, 2006; Schneider *et al.*, 2004). Na realidade, o Mundo das Margaridas tornou-se a base matemática para muitas outras simulações de Gaia nos campos multidisciplinares da ciência e da biogeoquímica sistêmica da Terra. Em particular, tais modelos foram aplicados com empenho crescente a estudos sobre mudança climática no prestigiado Hadley Centre for Climate Prediction and Research, no Reino Unido e em outras instituições semelhantes.

Por causa do papel central da simulação do Mundo das Margaridas na teoria de Gaia, solicitamos a um dos colaboradores de Lovelock, o ecologista Stephan Harding, para discutir o modelo, como convidado, em um ensaio (veja a página ao lado), e no qual lhe pedimos para nos mostrar como esse modelo contribuiu para transformar a ideia de Gaia de uma hipótese controvertida em uma teoria respeitada.

Para o sistema de Gaia ser considerado realmente vivo, é preciso mostrar que ele satisfaz aos vários critérios de vida que discutimos neste livro. Com relação a isso, é útil lembrar que há três diferentes níveis de organização que precisamos levar em conta nos complexos sistemas da vida. O primeiro nível é a auto-organização, sua capacidade para adotar uma estrutura organizada graças às regras internas do sistema. O segundo nível é a autopoiese, quando a auto-organização é tal que pode regenerar a partir de dentro todos os seus próprios componentes (essa é a condição necessária para a própria vida). Finalmente, há o nível do organismo vivo, quando a autopoiese se associa à cognição, e temos, por isso, tanto as condições necessárias como as suficientes para a vida. Na literatura, inclusive na literatura sobre a teoria de Gaia, esses três níveis nem sempre são claramente distinguidos, e ocasionalmente encontramos alguma confusão entre eles, por exemplo, quando se supõe que a auto-organização é equivalente à vida.

São questões fascinantes, cujos detalhes examinamos no Capítulo 16, uma vez que, primeiro, precisamos adquirir uma compreensão mais abrangente a respeito de cognição (Capítulo 12) e também de ecossistemas (Capítulo 16), que são os sistemas vivos mais semelhantes ao sistema do planeta como um todo, conhecido pelos ecologistas como o sistema da Terra.

Ensaio convidado
Mundo das Margaridas
Stephan Harding

Schumacher College, Dartington, Devon, RU

O Mundo das Margaridas é um modelo de computador de um planeta, aquecido por um sol com radiação térmica cuja intensidade cresce constantemente, e com apenas duas espécies vivas crescendo sobre ele – margaridas negras e margaridas brancas. Sementes dessas margaridas estão espalhadas por todo o planeta, que é úmido e fértil por toda parte, mas as margaridas crescerão apenas dentro de certa faixa de temperatura (entre 5°C e 40°C, com crescimento ótimo em temperaturas próximas a 22°C).

Lovelock programou seu computador com as equações matemáticas, bem conhecidas, da termodinâmica, que correspondem a todas essas condições; escolha uma temperatura planetária no ponto de congelamento, e então deixe o modelo rodar no computador. "Será que a evolução do ecossistema do Mundo das Margaridas irá levar à autorregulação do clima?", foi a pergunta crucial que ele fez a si mesmo.

Os resultados foram espetaculares. À medida que o planeta-modelo se aquece (em versões posteriores bidimensionais do modelo), em algum ponto o equador se torna suficientemente quente para permitir a vida vegetal. As margaridas negras aparecem primeiro porque elas se aquecem absorvendo a energia solar melhor do que as margaridas brancas e são por isso mais bem adaptadas à sobrevivência e à reprodução. Assim, em sua primeira fase de evolução, o Mundo das Margaridas mostra um anel de margaridas negras espalhadas ao longo do equador (Figura 8.13).

Quando o planeta se aquece mais, seu equador fica demasiadamente quente para as margaridas negras e elas começam a colonizar as zonas subtropicais. Ao mesmo tempo, margaridas brancas aparecem ao longo do equador. Como são brancas, refletem a energia solar e, portanto, se esfriam, o que lhes permite sobreviver melhor em zonas quentes do que as margaridas negras. Na segunda fase, então, há um anel de margaridas brancas ao longo do equador, e as zonas subtropical e temperada ficam cheias de margaridas negras, enquanto os polos ainda são frios demais para que neles as margaridas cresçam.

Então o sol fica ainda mais brilhante e a vida vegetal se extingue no equador, onde agora fica quente demais, até mesmo para as margaridas brancas. Nesse meio-tempo, margaridas brancas subtituíram as margaridas negras nas zonas temperadas, e as margaridas negras começam a aparecer em torno dos polos. Desse modo, a terceira fase mostra o equador vazio, as zonas temperadas povoadas de margaridas brancas e as zonas ao redor dos polos cheias de margaridas negras, sendo que apenas as próprias calotas polares estão livres de qualquer vida vegetal.

Na fase final, enormes regiões ao longo do equador, e também as zonas subtropicais, são quentes demais para quaisquer margaridas sobreviverem, enquanto há margaridas brancas nas zonas temperadas e margaridas negras nos polos. Depois disso, fica muito quente no planeta-modelo para quaisquer margaridas crescerem, e toda a vida se extingue.

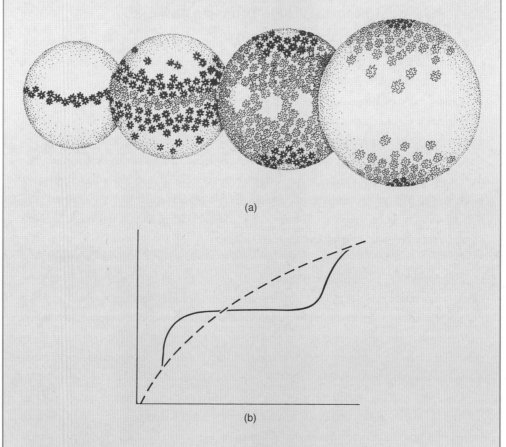

Figura 8.13 As quatro fases evolutivas do Mundo das Margaridas. A metade superior (a) mostra a evolução da temperatura no Mundo das Margaridas. Em (b), a curva tracejada mostra o aumento da temperatura quando não há vida presente; a curva contínua mostra como a vida mantém uma temperatura constante (Lovelock, 1991).

Essa é a dinâmica básica do sistema do Mundo das Margaridas bidimensional, que também se aplica no modelo inicial, mais básico, com zero dimensões. A propriedade crucial do modelo que produz a autorregulação emergente é a de que as margaridas negras, ao absorverem energia solar, não aquecem apenas elas mesmas, mas também o planeta. De maneira semelhante, embora as margaridas brancas reflitam a energia solar e se esfriem, elas também esfriam o planeta. Desse modo, a energia solar é absorvida e refletida ao longo de toda a evolução do Mundo das Margaridas, dependendo de quais espécies de margaridas estejam presentes.

Quando Lovelock plotou as mudanças de temperatura no planeta-modelo ao longo de toda a sua evolução, ele obteve o notável resultado de que a temperatura planetária é mantida constante durante um enorme lapso de tempo (Figura 8.13). Quando o sol está relativamente frio, o Mundo das Margaridas aumenta sua própria temperatura graças à absorção da energia solar pelas margaridas negras; quando o sol fica mais quente, a temperatura é gradualmente reduzida por causa da progressiva predominância de margaridas brancas, que refletem a energia. Desse modo, o Mundo das Margaridas, sem qualquer previsão ou planejamento, regula sua própria temperatura ao longo de um enorme lapso de tempo graças à dança das margaridas.

O que mais surpreendeu e deleitou Lovelock foi o fato de que o seu sistema de equações não lineares, modelando o estreito acoplamento entre o ambiente não vivo do planeta e o crescimento das duas espécies de margaridas, produziu duas espantosas propriedades emergentes. A primeira mostrou que a temperatura global do planeta-modelo permaneceu notavelmente constante ao longo de um enorme período de tempo, apesar das mutáveis populações de margaridas e do sol sempre brilhante; e a segunda mostrou que a temperatura se estabeleceu em um valor exatamente abaixo do ótimo para o crescimento das margaridas.

Meu próprio trabalho sobre o Mundo das Margaridas, conduzido juntamente com James Lovelock como guia e mentor, envolveu o planejamento de comunidades ecológicas mais complexas sobre o planeta-modelo para explorar como o aumento na complexidade afetaria a estabilidade da temperatura do planeta. Nós introduzimos muitas espécies de margaridas com pigmentos variáveis, em vez de apenas dois; em alguns modelos, as margaridas evoluíam e mudavam de cor; em outros, coelhos comiam as margaridas e raposas comiam os coelhos, e assim por diante (veja Harding, 2004).

O resultado efetivo desses modelos altamente complexos foi que as pequenas flutuações de temperatura que estavam presentes na simulação original do Mundo das Margaridas se nivelaram, e a autorregulação tornou-se cada vez mais estável à medida que a complexidade do modelo aumentava. Além disso, introduzimos catástrofes em nossos modelos, que eliminavam 30% das margaridas a intervalos regulares. Descobrimos que a autorregulação do Mundo das Margaridas é notavelmente capaz de se recuperar com facilidade sob essas perturbações severas.

Essas extensas explorações confirmaram que os ciclos de *feedback* ligando influências ambientais ao crescimento das margaridas, que, por sua vez, afetam o meio ambiente, constituem uma característica essencial do modelo do Mundo das Margaridas. Quando rompemos alguns desses ciclos, de modo que houvesse menos influência das margaridas sobre o ambiente, as populações de margaridas começaram a flutuar desenfreadamente e todo o sistema tornou-se caótico. Porém, tão logo os ciclos de *feedback* foram restaurados, voltando a ligar as margaridas ao seu meio ambiente, o modelo se estabilizou e sua auto-organização voltou a emergir. Essas simulações mostraram-me, de uma maneira impressionante, que as comunidades ecológicas mais complexas são, em geral, mais estáveis, como os ecologistas há muito tempo suspeitavam (veja Elton, 1958; MacArthur, 1955; Odum, 1953).

Outra característica interessante do modelo, que pode ter implicações perturbadoras para a Gaia real, está no que acontece no momento em que o Mundo das Margaridas morre de superaquecimento. Pouco antes de a vida desaparecer, as margaridas de cor clara tentam compensar pequenos incrementos de energia solar aumentando sua cobertura sobre o pouco que permanece de solo nu. Porém, sob um sol muito brilhante, sem mais solo nu disponível, um pequeno aumento de energia solar extinguirá a vida com súbita rapidez. Um vento semelhante ocorre em versões mais complexas do modelo. Seria possível que apenas um incremento extra de poluição ou de destruição de hábitat acabasse por desencadear uma mudança igualmente dramática para um regime de clima novo e potencialmente inóspito sobre a nossa Terra real?

8.4 Padrões matemáticos no mundo vivo

8.4.1 Quiralidade – uma assimetria da natureza

Nas seções precedentes, vimos como os fenômenos gêmeos da auto-organização e da emergência criam uma ampla variedade de intrincados e belos padrões nos domínios moleculares estudados por físicos e bioquímicos – e que vão de micelas microscópicas, proteínas dobradas e a dupla hélice do DNA até os mosaicos e espirais facilmente visíveis das células de Bénard e dos relógios químicos.

Voltaremos agora a nossa atenção para outro notável e difundido princípio de organização e de ordem na natureza, conhecido como quiralidade (ou, em inglês, "*handedness*") (do grego *chiros*, que significa "mão"). Estamos, naturalmente, muito familiarizados com a quiralidade em nossa experiência corporal. Nossas duas mãos (e pés) não são idênticas, mas são imagens de espelho uma da outra. Na linguagem da matemática (veja a Seção 8.4.3 mais à frente), diz-se que tais imagens de espelho são assimétricas, ou "quirais", sob reflexão.

Para ver como a quiralidade se relaciona com a auto-organização e a ordem na natureza, precisamos reconsiderar a química da vida, em particular, a química do átomo de carbono, que é a espinha dorsal química de todas as biomoléculas importantes, dos aminoácidos aos açúcares, e dos lipídios às bases nitrogenadas dos ácidos nucleicos. O átomo de carbono normal, na linguagem da química, é *tetravalente*, o que significa que ele pode ser ligado a quatro grupos químicos. Por exemplo, no metano (CH$_4$), o carbono é ligado a quatro átomos de hidrogênio; no clorofórmio (CHCl$_3$), a um átomo de hidrogênio e a três de cloro.

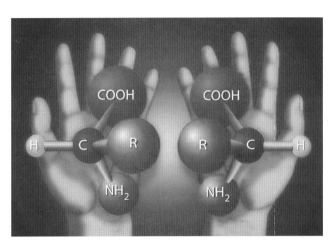

Figura 8.14 Dois diferentes α-aminoácidos, que são objetos quirais; as duas imagens de espelho não são superponíveis.

Algo interessante acontece quando o carbono é ligado a quatro grupos diferentes, como no caso dos α-aminoácidos naturais (veja a Figura 8.14). Quando isso acontece, a molécula resultante pode existir em duas formas diferentes – a saber, como duas moléculas diferentes que são imagens de espelho uma da outra: as duas formas são quirais; elas não podem ser superpostas uma sobre a outra. Das duas formas de α-aminoácidos, é intrigante que apenas a versão canhota (a chamada forma L, de *left*, esquerda) está presente na natureza, com um número negligenciavelmente pequeno de exceções.

Na linguagem da química, compostos que têm a mesma fórmula molecular, mas estruturas diferentes são conhecidos como isômeros, e isômeros que diferem na ordem espacial são geralmente chamados de estereoisômeros, enquanto as duas imagens de espelho quirais são chamadas de "enantiômeros", ou "isômeros ópticos". Esta última expressão se refere à sua propriedade óptica característica de girar o plano da luz polarizada em diferentes direções – no sentido horário ou anti-horário. Dois isômeros quirais diferentes são indistinguíveis no que se refere a todas as outras propriedades físicas.

Quando os químicos sintetizam os α-aminoácidos (ou quaisquer outras moléculas contendo átomos de carbono assimétricos) por meio de procedimentos normais de laboratório, eles produzem automaticamente uma mistura de 50:50 dos dois enantiômeros. (A síntese de um enantiômero puro é possível, mas extremamente difícil – por exemplo, usando catalisadores assimétricos – e o mesmo pode ser dito a respeito da separação entre um enantiômero e outro.) No entanto, na natureza (com muito poucas exceções) somente a forma L do α-aminoácido está presente, e as reações bioquímicas nos organismos vivos só produzem a forma L do α-aminoácido. Os bioquímicos falam de "homoquiralidade" para indicar situações em que todos os compostos exibem o mesmo tipo de quiralidade. Todas as nossas proteínas são homoquirais, sendo constituídas apenas por L-aminoácidos, e essa intrigante assimetria na natureza não está restrita a essa classe de compostos. Todos os açúcares naturais e seus polímeros são quirais, moléculas assimétricas existentes na natureza apenas como um tipo de enantiômero (veja o Quadro 9.4 para definições de polímeros, peptídeos e proteínas).

Então, parece que a natureza é intrinsecamente assimétrica e a pergunta é: "Por quê? Qual é a vantagem evolutiva dessa assimetria?" Para responder a essa pergunta, consideremos o exemplo de um hormônio polipeptídico feito de uma sequência linear de, digamos, dez aminoácidos. Biologicamente, esse hormônio funciona porque tem uma interação muito específica com um "receptor" biológico, geralmente uma proteína de membrana que reconhece a estrutura e a forma espacial do hormônio. Agora, suponha que ambas as formas, a L e a D (D de *dextrorrotatório*, a imagem de espelho da forma L), de aminoácidos estão presentes na natureza, sendo sintetizadas e incorporadas em uma cadeia crescente com a mesma probabilidade. O polipeptídeo existiria então em 2^{10}, ou cerca de 1.000, formas possíveis. É óbvio que a especificidade da interação com o receptor seria extremamente difícil, e até mesmo impossível. Extrapolando esse cálculo para uma proteína com 50 resíduos de aminoácidos, obteríamos o número astronômico de 2^{50} isômeros de proteínas, aproximadamente 10^{15}, ou 1.000 trilhões.

No entanto, esses números astronômicos de proteínas hipotéticas com combinações de L-aminoácidos e D-aminoácidos são reduzidos a *uma única proteína* simplesmente se tivermos apenas um isômero óptico – isto é, usando somente os L-aminoácidos. Que truque! É evidente que isso resulta em uma imensa vantagem evolutiva. Não há dúvida, então, de que a homoquiralidade é um princípio extremamente poderoso para levar ordem e simplicidade às estruturas da vida. Sem a homoquiralidade, a vida como nós a conhecemos seria impossível; e essa consideração também sugere que, muito provavelmente, essa assimetria molecular estava presente nos primeiros passos da origem da vida.

Isso nos leva à importante questão: "Qual é a origem da quiralidade na natureza?" Em outras palavras, o que induziu a quebra de simetria que favoreceu um tipo de molécula quiral em vez da outra? Discutiremos essa pergunta mais adiante (na

Seção 8.4.6), no contexto mais amplo da simetria e da quebra de simetria. No momento, queremos apenas acrescentar esta interessante observação: na natureza, a assimetria quiral básica no nível molecular é geralmente acompanhada por um alto grau de simetria no nível macroscópico.

Os esplêndidos padrões simétricos exibidos por flores, insetos e organismos superiores, incluindo a simetria bilateral dos mamíferos, são bem conhecidos. A relação entre simetria e ordem é evidente, e é também evidente que a simetria em nosso mundo vivo corresponde a uma estratégia econômica da natureza: para fazer uma flor com várias pétalas idênticas, ou uma borboleta com asas idênticas, o organismo precisa de um único conjunto de genes repetido várias vezes. De fato, a relação entre assimetria molecular e simetria macroscópica é um aspecto fascinante da ordem na natureza.

Naturalmente, a simetria na natureza também tem um valor evolutivo. Em muitos animais ela está diretamente relacionada com a beleza como um recurso para atrair parceiros – pense, por exemplo, na exibição espetacular das penas do pavão – e, mais geralmente, ela pode servir como padrão de reconhecimento, também entre diferentes espécies. Na civilização humana, a simetria é altamente valorizada em todas as formas de arte, desde a arquitetura dos templos mais primitivos até a pintura moderna e a computação gráfica. Voltaremos ao papel intrigante da simetria e da beleza na evolução em um capítulo subsequente, quando discutiremos as características básicas da natureza humana (veja a Seção 11.3.3).

8.4.2 "Biomatemática" – uma nova fronteira matemática

No entanto, a assimetria na natureza não está restrita ao nível molecular, mas também é evidente no mundo macroscópico. Uma espiral, ou hélice, por exemplo, pode ser destra ou canhota. As espirais, em particular, parecem manifestar-se ubiquamente na natureza, aparecendo nos padrões de crescimento de muitas plantas e animais, bem como em vários vórtices de fluxos turbulentos de água e de ar, e nos acúmulos de estrelas em galáxias espiraladas gigantes.

De fato, os padrões espiralados que se manifestam no crescimento de folhas e de pétalas de flores, bem como nos pigmentos de conchas marinhas e outros animais, já eram conhecidos há muito tempo pelos botânicos e zoólogos; e não é surpreendente o fato de que matemáticos também ficaram fascinados por essas formas extraordinárias marcadas nas peles e nos exoesqueletos de animais, e tentaram encontrar explicações matemáticas para essas formas.

Um dos primeiros a tentar essas explicações foi o matemático e biólogo escocês D'Arcy Thompson no século XIX. Em seu livro pioneiro *On Growth and Form* (1917), Thompson tirou sua inspiração do uso bem-sucedido da matemática para a compreensão dos padrões da natureza nas ciências físicas, e defendeu uma abordagem semelhante em biologia. Ele identificou numerosos padrões matemáticos no mundo vivo – as formas espiraladas das conchas, as faixas das zebras e as regularidades numéricas do crescimento das plantas – e tentou explicá-los em função dos princípios abstratos subjacentes. No entanto, ele malogrou nesse empenho, pois (como sabemos atualmente) a matemática da vida é muito mais sutil e oculta que a do mundo não vivo e, desse modo, o livro de Thompson, embora amplamente considerado nos dias de hoje como um clássico, não exerceu influência significativa sobre a corrente principal da biologia.

Com o advento da teoria da complexidade (veja o Capítulo 6), que é, essencialmente, uma matemática de padrões, a situação mudou dramaticamente. As técnicas da dinâmica não linear abriram possibilidades instigantes de modelamento e explicação de muitos detalhes na emergência de formas biológicas e revelaram várias novas conexões entre matemática e biologia. Na verdade, na década de 1990, o matemático Ian Stewart (1998, p. xii) argumentou vigorosamente que a "biomatemática" seria a nova fronteira matemática no século XXI:

Prevejo – e de modo algum estou sozinho nessa previsão – que uma das mais excitantes áreas que crescerão no século XXI será a biomatemática. O próximo século testemunhará uma explosão de novos conceitos matemáticos, de novos *tipos* de matemática, que passaram a existir por causa da necessidade de se compreender os padrões do mundo vivo.

Os métodos usados nessa nova disciplina incluem os da dinâmica não linear, da teoria dos grupos e da topologia – até mesmo a teoria dos nós. O que todos eles têm em comum é o fato de que são abordagens qualitativas, que lidam com padrões, ordem e complexidade. Na próxima seção, discutiremos somente um conceito matemático, que é de importância central na física contemporânea e está sendo atualmente usada cada vez mais na biologia: o conceito de simetria.

8.4.3 Simetria na física e na biologia

Já mencionamos a ocorrência muito difundida da simetria na natureza. Como nos explica Stewart (2011), para um matemático, a simetria de um objeto não é uma coisa, mas uma transformação, cuja aplicação deixa o objeto parecendo-se exatamente como era. Por exemplo, podemos girar um quadrado ao redor de seu centro segundo um ou mais ângulos retos, e sempre acabaremos com um quadrado idêntico. Podemos também refleti-lo no "espelho" de qualquer uma de suas duas diagonais (ou de qualquer uma das linhas que unem os pontos médios de lados opostos) com o mesmo resultado: um quadrado idêntico. Os matemáticos dizem que o quadrado tem oito simetrias. Além disso, essas transformações exibem uma importante propriedade de "fechamento": quaisquer duas operações realizadas sucessivamente são equivalentes a uma única transformação pertencente às mesmas oito simetrias. Diz-se que elas formam um grupo, e por isso a teoria matemática que lida com simetrias é conhecida como teoria dos grupos.

Na física moderna, a simetria é reconhecida como um princípio fundamental que fornece estrutura e coerência às leis da natureza. A exigência de que as equações da física devem parecer as mesmas para diferentes observadores (movendo-se com diferentes velocidades relativamente aos eventos observados) foi o fundamento sobre o qual Einstein construiu sua teoria da relatividade; e os princípios de simetria têm desempenhado um dos papéis mais importantes na física das partículas durante os últimos 50 anos, dos quarks à teoria das cordas.

A questão-chave indagada pelos físicos é a de como um universo material que exibe simetrias perfeitas – suas leis sendo as mesmas por toda parte no espaço e no tempo – pode dar origem a uma grande variedade de estruturas e comportamentos; por exemplo, diferentes partículas governadas por diferentes forças fundamentais. A resposta comprovou ser outro princípio geral conhecido como quebra de simetria. Quando um sistema simétrico encontra pequenas perturbações, a instabilidade resultante pode quebrar a simetria e dar lugar a toda uma diversidade de padrões que são menos simétricos do que o sistema era originalmente. Ao tentar identificar a dinâmica detalhada desse processo, os físicos esperam descobrir como a grande diversidade de partículas materiais e de forças entre elas surge espontaneamente do estado altamente simétrico do Big Bang primordial.

Atualmente, estão à procura de uma abordagem semelhante biólogos que tentam compreender a emergência de padrões e formas biológicos – não no passado distante, mas exatamente agora, no crescimento das sementes e dos embriões de plantas e animais. A ideia básica é a mesma: uma situação simétrica é perturbada, torna-se instável, e consequentemente dá origem a padrões notáveis e, com frequência, complexos.

8.4.4 A numerologia do crescimento vegetal

A geometria e a numerologia do crescimento vegetal, conhecidas pelos botânicos como filotaxia, é talvez o exemplo mais antigo de padrões matemáticos reconhecidos na biologia. De fato, D'Arcy Thompson dedicou todo um capítulo de seu livro *On Growth and Form* a esses notáveis padrões – o arranjo das folhas em um caule, o número de pétalas em diferentes flores, as espirais que se interpenetram formadas pelas sementes nas cabeças dos girassóis, os hexágonos encaixados na superfície dos abacaxis, as escamas dos cones de pinheiros, e assim por diante.

O que é mais notável nesses diversos padrões é que eles frequentemente apresentam espirais e, além disso, muitos deles envolvem uma curiosa sequência de números conhecida como sequência de Fibonacci, na qual cada termo é igual à soma dos dois anteriores (veja a Sequência 8.1):

$$1, 1, 2, 3, 5, 8, 13, 21, 34, ... \tag{8.1}$$

Esta sequência foi descoberta no século XIII por Leonardo di Pisa, que também era conhecido como Fibonacci (abreviatura de *filius Bonacci*, o filho de Bonaccio), em uma tentativa de tentar modelar o crescimento de populações de coelhos. Fibonacci, talvez o maior matemático da Idade Média europeia, teve muita influência na introdução do sistema numérico hindu-árabe na Europa e em demonstrar sua superioridade sobre os numerais romanos para a aritmética.

Para ver como os números de Fibonacci aparecem no crescimento das plantas, vamos examinar um padrão muito comum na filotaxia: a distribuição das folhas ao redor de um caule em uma hélice na qual folhas sucessivas são espaçadas por um mesmo ângulo. Poderíamos pensar que qualquer ângulo deveria ser possível, mas, na verdade, a natureza escolheu um número muito limitado de ângulos. Quando os expressamos como frações do círculo completo, os ângulos reais observados nas plantas formam a Sequência 8.2:

$$1/2,\ 1/3,\ 2/5,\ 3/8,\ 5/13\ldots \tag{8.2}$$

Podemos ver de imediato que os numeradores e os denominadores dessas frações seguem a sequência de Fibonacci, de tal maneira que em cada fração elas são espaçadas por dois passos. Semelhantes padrões de Fibonacci podem ser facilmente identificados no receptáculo que acondiciona as sementes de girassol e muitos outros exemplos de filotaxia (veja Huntley, 1970; Runion, 1990).

Ao longo dos dois últimos séculos, muitos matemáticos tentaram explicar a frequente ocorrência dos números de Fibonacci na filotaxia em função da dinâmica subjacente do crescimento da planta. Matemáticos vitorianos descobriram várias características de importância crítica, mas uma explicação completa só foi descoberta no fim do século XX (veja Stewart, 2011).

O ponto de partida é uma propriedade bem conhecida e muito intrigante da sequência de Fibonacci. As frações formadas por números sucessivos (Sequência 8.3)

$$1/1,\ 2/1,\ 3/2,\ 5/3,\ 8/5,\ 13/8\ldots \tag{8.3}$$

aproximam-se cada vez mais de um determinado número irracional, 1,618... O valor exato é $(1 + \sqrt{5})/2$. Esta é a famosa seção áurea, frequentemente simbolizada pela letra grega Φ (veja o Quadro 8.2). Além disso, as frações de ângulos observadas nos padrões helicoidais da filotaxia (Sequência 8.4) também se aproximam de um valor específico relacionado com a seção áurea:

$$1/2,\ 1/3,\ 2/5,\ 3/8,\ 5/13\ldots \sim 1/\Phi^2 \tag{8.4}$$

Esse valor, $1/\Phi^2$, é conhecido como "ângulo áureo". Ele é obtido dividindo-se o círculo completo em dois arcos cujas medidas, divididas uma pela outra, resultem na seção áurea (também conhecida como razão áurea). O arco menor (expresso como uma fração do círculo completo) define então o ângulo áureo $1/\Phi^2$. Numericamente, seu valor está muito perto de $137,5°$. Isso significa que as frações dos ângulos observados na filotaxia podem ser interpretados como as melhores aproximações do ângulo áureo para um dado tamanho do denominador. O problema, então, consiste em explicar por que o ângulo áureo é tão especial no crescimento das plantas.

Quadro 8.2
A seção áurea

A seção áurea, também conhecida como "razão áurea", foi definida, pela primeira vez, por Euclides, como uma proporção derivada da divisão de um segmento de reta em dois segmentos desiguais (veja Livio, 2002). Nas palavras de Euclides: "O segmento todo está para o segmento maior, assim como o segmento maior está para o menor" (veja a Figura 8.15).

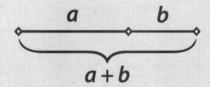

Figura 8.15 A razão áurea.

Expressa algebricamente, a proporção se lê como na Equação 8.1:

$$\Phi = (a + b)/a = a/b \qquad (8.1)$$

A razão áurea é geralmente simbolizada pela letra grega Φ (fi) em homenagem ao escultor Fídias. Φ é um número irracional (Equação 8.2) cujo valor pode ser facilmente calculado.

$$\Phi = (1 + \sqrt{5})/2 = 1,618... \qquad (8.2)$$

A partir de sua definição algébrica, também podemos derivar duas propriedades especiais de Φ (Equações 8.3 e 8.4):

$$\Phi^2 = \Phi + 1 \qquad (8.3)$$
$$1\Phi = \Phi - 1 \qquad (8.4)$$

Uma das construções clássicas da seção áurea consiste em inscrever um quadrado em um semicírculo (veja a Figura 8.16). O raio do semicírculo corta os lados verticais do quadrado, na linha da base estendida do quadrado, na proporção da razão áurea em ambos os lados.

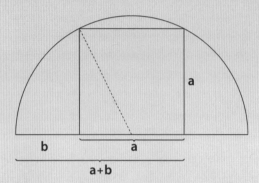

Figura 8.16 Construção clássica da seção áurea.

A razão áurea desempenha um papel de importância crucial nas propriedades de simetria de dois sólidos regulares, o dodecaedro (com doze faces pentagonais) e o icosaedro (com vinte faces triangulares). Em ambos os casos, essas propriedades são baseadas em uma notável simetria do pentágono: cada uma de suas cinco diagonais corta duas diagonais segundo uma seção áurea. Em outras palavras, a seção áurea é exibida no bem conhecido pentagrama regular, no qual cada interseção divide ambas as linhas na razão áurea. Além disso, a proporção entre a diagonal do pentágono e seu lado é novamente igual a Φ (veja a Figura 8.17).

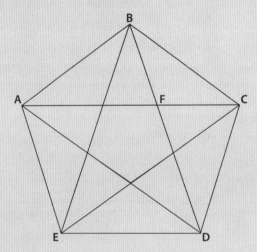

Figura 8.17 Razões áureas no pentágono; Φ = AF/FC = BE/ED.

O retângulo com lados a e b na proporção áurea é chamado de retângulo áureo. Ele tem a propriedade única de que o retângulo menor, gerado separando-se um quadrado do retângulo original, é ainda um retângulo áureo. Além disso, quando esse procedimento é continuado, os pontos que dividem os lados dos retângulos em razões áureas são conectados por meio de uma espiral logarítmica, apropriadamente conhecida como "espiral áurea". Ela pode ser facilmente construída inscrevendo-se quartos de círculos dentro dos "quadrados rodopiantes" (Figura 8.18).

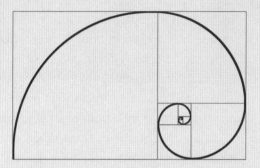

Figura 8.18 Retângulos áureos e espiral áurea.

Em vista dessas notáveis propriedades, não é de admirar que a seção áurea tenha fascinado matemáticos, filósofos e artistas ao longo de todas as eras. Na Renascença, ela era conhecida como a "divina proporção", e foi exaltada, juntamente com o quadrado e o círculo, como um dos três símbolos clássicos da perfeição. Os artistas e arquitetos da Renascença consideravam-na como a proporção mais agradável ao olho, e muitos deles incorporavam razões áureas aproximadas em suas obras (veja Livio, 2002).

Em 1868, o botânico Wilhelm Hofmeister observou minuciosamente como as primeiras folhas aparecem sobre o minúsculo broto verde de uma planta, e notou que o padrão básico do desenvolvimento da folha é determinado pelo que acontece na ponta do broto em crescimento. No centro da ponta, há uma região circular na qual pequenas protuberâncias de novas células, conhecidas como primórdios, são formadas por divisões celulares e em seguida migram para fora. Cada protuberância acabará por se tornar uma folha, e desse modo a posição das folhas é determinada pela interação de forças entre primórdios consecutivos.

No fim do século XIX, vários matemáticos tentaram construir modelos matemáticos da dinâmica de crescimento descoberta por Hofmeister, mas o modelamento detalhado das forças físicas efetivas que ocorrem entre os primórdios teve de esperar por outros cem anos, até que as simulações por computador usando o formalismo da teoria da complexidade pudessem ser desenvolvidas. Essas técnicas, finalmente, permitiram que os matemáticos demonstrassem com precisão que o ângulo áureo e as aproximações correspondentes das frações de Fibonacci são de fato o princípio organizador subjacente aos padrões de crescimento helicoidal da filotaxia (veja Stewart, 2011).

8.4.5 As espirais da natureza

A sequência de Fibonacci e a seção áurea estão estreitamente associadas com as espirais logarítmicas (veja Quadro 8.2), as quais, como observamos, estão presentes por toda parte no mundo vivo. As espirais logarítmicas têm várias propriedades que nos ajudam a compreender por que elas aparecem com tamanha frequência na natureza. Elas são definidas matematicamente como curvas que são amplificadas pelo mesmo fator (conhecido como sua taxa de crescimento) em giros sucessivos que vão se abrindo com um ângulo constante ao redor de sua origem (ou "polo"). Em outras palavras, o raio da espiral (um segmento de reta entre o polo e um ponto da curva) aumenta em progressão geométrica em cada giro. Diferentes taxas de crescimento produzirão diferentes progressões geométricas, e, portanto, diferentes espirais logarítmicas. A espiral áurea é uma espiral logarítmica particular, que cresce por um fator de Φ (a razão áurea) para cada quarto de giro.

Como consequência dessa geometria especial, a espiral logarítmica possui uma propriedade única, conhecida como autossimilaridade: ela não altera sua forma à medida que cresce em tamanho. Como o astrofísico Mario Livio (2002) assinala, essa é precisamente a propriedade exigida para muitos fenômenos de crescimento na natureza. Por exemplo, o molusco dentro da concha *Nautilus* (Figura 8.19) cresce em proporções fixas, e sua "casa" acompanha esse crescimento, em sucessivas câmaras da concha. A propósito, a taxa de crescimento da concha *Nautilus* é diferente da de uma espiral áurea, e isso significa que não há uma relação significativa entre o *Nautilus* e a razão áurea, como às vezes se afirma erroneamente (veja Stewart, 2011).

Figura 8.19   A forma espiralada do *Nautilus*, um molusco cefalópode.
iStockphoto.com/© FlamingPumpkin.

Já mencionamos o notável padrão de crescimento das sementes de girassol, que exibe dois conjuntos de espirais que se interpenetram, um deles se desdobrando no sentido horário e o outro no sentido anti-horário (Figura 8.20). Tipicamente, os números de espirais em cada conjunto se revelam como dois números de Fibonacci consecutivos. Isso significa que o ângulo áureo é o princípio gerador desse padrão, assim como também acontece na filotaxia helicoidal (veja a Seção 8.4.4). Em 1979, o biofísico Helmut Vogel criou um modelo matemático representando os padrões de crescimento dos primórdios correspondentes e conseguiu mostrar que apenas o ângulo áureo produz uma estreita compactação das sementes no miolo. A mais leve mudança de ângulo faz com que o padrão se rompa em uma única família de espirais com folgas entre as sementes (veja Stewart, 2011).

Figura 8.20 Sementes no miolo central de um girassol, estreitamente compactadas em dois conjuntos de espirais logarítmicas entrelaçadas.
iStockphoto.com/© Nicholas Belton.

Os artistas da Renascença eram fascinados não apenas pela seção áurea, mas também pela espiral logarítmica. Para Leonardo da Vinci, a forma espiralada era o código arquetípico para a natureza das formas vivas, sempre mutável e, no entanto, estável (veja Capra, 2013). Ele a viu nos padrões de crescimento das plantas e dos animais, nas ondulações das mechas de cabelos, e, acima de tudo, nos vórtices rodopiantes da água e do ar. Leonardo descreveu com precisão esses padrões espiralados em incontáveis desenhos, e sua fascinação pelos movimentos espiralados também pode ser vista em muitas de suas pinturas, especialmente nos retratos. Com seu uso frequente de configurações corporais espiraladas, Leonardo criou a forma da figura serpentina que se tornaria uma das formas fundamentais da elegância clássica. Em sua pintura *Dama com Arminho* (Figura 8.21), por exemplo, a modelo gira seu rosto em 90° para olhar, sobre o seu ombro, em direção à luz que a ilumina. Como observou o historiador de arte Daniel Arasse (1998, p. 397), "a pose é particularmente engenhosa pelo fato de que, apesar de estar torcida, a figura permanece flexível. Essa impressão de flexibilidade é enfatizada ainda mais pelo movimento curvo do colar e, mais que tudo, pelo movimento do animal. No arranjo em que Leonardo as coloca, as duas figuras participam da mesma curva espiralada que é finalmente dividida pelas direções dos seus olhares".

Figura 8.21 Leonardo da Vinci, *Dama com Arminho*, cerca de 1490. Com permissão do Museu Czartoryski, Cracóvia, Polônia.

8.4.6 Quiralidade e quebra de simetria

A emergência da sequência de Fibonacci na filotaxia e as propriedades associadas a ela podem ser remontadas a dinâmicas específicas de quebra de simetria no padrão de crescimento dos primórdios (os primeiros aglomerados de células) na ponta do minúsculo broto da planta (veja a Seção 8.4.4). No entanto, uma explicação correspondente da assimetria incorporada nas espirais logarítmicas, que se encontram tão difundidas na natureza, ainda não foi descoberta. Embora a concha *Nautilus* seja simétrica (a seção mostrada na Figura 8.19 é uma das duas metades, que se enrolam em sentidos opostos), as conchas da maioria dos moluscos na natureza são destras ou canhotas, dependendo da espécie, com a grande maioria das espécies exibindo conchas destras. A procura de uma explicação para essa assimetria aparentemente intrínseca é assunto de intensas investigações (Schilthuizen e Davison, 2005).

Como mencionamos antes, a questão-chave consiste em saber se a homoquiralidade na natureza se deve ao "acaso" ou se há um princípio físico básico que exige a preferência por um tipo de enantiômero e não pelo outro. Estão sendo realizadas várias tentativas para se desenvolver modelos teóricos de quebra de simetria quiral no nível molecular (Mason e Tranter, 1983; Quack, 2002; Quack e Stohner, 2003; Tranter, 1985). No entanto, os cálculos necessários para esses estudos não são fáceis por causa das mais leves diferenças de energia, diferenças quase negligenciáveis, entre dois enantiômeros. Consequentemente, a maioria dos químicos e biólogos que trabalham no campo permanece cética a respeito desses modelos.

No entanto, há uma interessante observação química que poderá trazer apoio à ideia de que a origem da quiralidade se deve a algum princípio fundamental. Em certos meteoritos, descobriu-se que alguns derivados de α-aminoácidos (denominados α-metil aminoácidos) têm uma proporção maior da forma L do que da forma D (Cronin e Pizzarello, 1997). Esse fato pode ser coerente com a ideia de que condições particulares no espaço externo podem favorecer uma forma sobre a outra, induzindo, por causa disso, uma quebra de simetria. Naturalmente, não é possível avaliar se esses compostos quirais em meteoritos foram as sementes da homoquiralidade da vida na Terra (Bada, 1997).

Uma razão pela qual muitos químicos e biólogos são céticos a respeito desses e de outros efeitos físicos sutis está no fato de que a quebra de simetria pode ser realizada de maneira simples nos laboratórios de química. Isso foi mostrado por Meir Lahav, um dos principais pesquisadores no campo, trabalhando com cristais como agentes de quebra de simetria (Weissbuch *et al.*, 2003). Experimentos semelhantes foram realizados por Kondepudi e colaboradores (Kondepudi *et al.*, 1990; McBride e Carter, 1991), que foram capazes de mostrar que, começando com uma mistura de um composto que pode se cristalizar em duas formas quirais, efeitos aleatórios podem induzir a cristalização seletiva de apenas uma das duas formas.

O argumento é que esses tipos de efeitos poderiam ter acontecido na Terra primordial, e teriam produzido um gabarito, ou molde, assimétrico que, assim, imprimiria as primeiras reações químicas, e com elas, a marca molecular da quiralidade. Em outras palavras, as formas L e D tinham a mesma probabilidade de ocorrer; aconteceu apenas que, por causa de algumas condições acidentais, a vida começou com a forma L.

8.5 Observações finais

A sinergia entre auto-organização e emergência modela e determina as estruturas e funções dos complexos moleculares da vida, e, como veremos no Capítulo 14, também tem importância-chave para a vida social. Em sistemas estáticos, a auto-organização e as propriedades emergentes resultantes são conceitos relativamente simples, bem explicados pela física e pela química, mas em sistemas dinâmicos os processos de auto-organização e de emergência são sutis e complexos; e seus resultados são, com frequência, imprevisíveis, tanto na vida biológica como na social. Em certo sentido, isso carrega uma mensagem positiva. Novas estruturas, novas tecnologias e novas formas de organização social podem surgir de maneira totalmente inesperada, em situações de instabilidade, caos e crises.

A visão sistêmica da vida é essencial para a compreensão desses fenômenos. Em vez de ser uma máquina, a natureza em seu todo passa a se parecer mais com a natureza humana – imprevisível, sensível ao mundo ao seu redor e influenciada por pequenas flutuações. Em conformidade com isso, a maneira apropriada de se aproximar da natureza para aprender sobre a sua complexidade e a sua beleza não é por meio da dominação e do controle, mas por meio do respeito, da cooperação e do diálogo. De fato, Ilya Prigogine e Isabelle Stengers (1984) deram ao seu livro popular, *Order Out of Chaos* [Ordem Vinda do Caos], o subtítulo "O Novo Diálogo do Homem com a Natureza".

No mundo determinista de Newton não há história e não há criatividade. No mundo vivo da auto-organização e das estruturas emergentes, a história desempenha um papel importante, o futuro é incerto e essa incerteza está no âmago da criatividade. Desse modo, Prigogine (1989), um dos arquitetos da nova perspectiva científica, refletiu, em um belo ensaio intitulado "The Philosophy of Instability" [A Filosofia da Instabilidade]:

Hoje, o mundo que vemos fora de nós e o mundo que vemos dentro de nós estão convergindo. Essa convergência de dois mundos é talvez um dos eventos culturais mais importantes da nossa era.

Outro ponto importante no que diz respeito à emergência é o fato de que a própria vida pode ser considerada como uma propriedade emergente – uma consideração que proporciona à noção de emergência um significado particularmente pungente. Nenhum princípio vitalista, nenhuma força transcendente, é invocada para se chegar até a vida. Como já mencionamos, isso tem duas consequências: (1) a vida celular, pelo menos em princípio, pode ser explicada com base em componentes moleculares e em suas complexas interações não lineares; (2) é concebível que se possa criar algumas formas de vida simples em laboratório.

A vida, como pudemos ver repetidas vezes, é um desses fenômenos que não podem ser explicados com base no reducionismo. Jamais se poderia apreender a essência de uma rosa dizendo que ela é composta de átomos e moléculas. Uma abordagem "emergentista" para a compreensão da essência de uma rosa levaria em consideração sua ontogenia (desenvolvimento), pausando em cada nível de complexidade crescente, a fim de estudar as propriedades emergentes correspondentes – desde a formação das várias células da flor, passando pelas interações entre essas células, até às características dos órgãos complexos, como as pétalas e o caule, incluindo o aroma e a cor. Consideraríamos, então, a rosa como o "florescimento" final dessas propriedades emergentes.

A noção de que se chega ao final é a de que a rosa é um *ensemble* de várias propriedades emergentes – as cores, o perfume, a simetria – sem qualquer localização central onde a essência da rosa pudesse estar condensada. Já encontramos esse conceito de *ensemble* com propriedades globais não localizadas quando fizemos a pergunta: "O que é vida?" E o encontraremos novamente quando discutirmos a natureza da mente e da consciência no Capítulo 12. De fato, muitos cientistas cognitivos da atualidade concordariam com a ideia de que a própria noção de "eu" é uma propriedade emergente que surge da ocorrência e da ressonância simultâneas de sentimentos, memórias e pensamentos, de modo que o "eu" não é localizado em parte alguma, mas, em vez disso, é um padrão organizado sem um centro. Nas palavras de um dos pioneiros nesse campo, Francisco Varela (1999):

Essa é uma das ideias-chave, e um lance de gênio da ciência cognitiva da atualidade. Existem as diferentes funções e componentes que se combinam e juntos produzem um eu transitório, não localizável, relacionalmente formado, que, não obstante, se manifesta como uma entidade perceptível [...] nunca descobriremos um neurônio, uma alma, ou alguma essência nuclear que constitua o eu emergente de Francisco Varela ou de alguma outra pessoa.

9

Darwin e a evolução biológica

Olhando para as manifestações da vida ao nosso redor, notamos importantes qualidades gerais. Uma delas é a constância da forma de uma geração para outra: rosas provêm de rosas, elefantes de elefantes. Outra está no fato de que a vida é caracterizada por uma surpreendente variedade de espécies diferentes – micróbios, insetos, mamíferos, peixes, pássaros e flores – e dentro de cada espécie há centenas ou milhares de formas diferentes. Tudo isso produz a rica biodiversidade de nosso planeta. Esses dois aspectos aparentemente contraditórios da vida – constância de forma e existência de tantas e tantas formas diferentes – constituem a vida na Terra.

A ênfase deste capítulo é na evolução biológica. Para um começo histórico adequado, temos de remontar às primeiras décadas do século XIX, na Inglaterra, a fim de introduzir a época e a obra de um dos maiores cientistas, Charles Darwin (Figura 9.1).

9.1 A visão de Darwin das espécies interligadas por uma rede de parentesco

Na época de Darwin, acreditava-se geralmente que as diferentes formas de vida foram dadas, de uma vez por todas, pela criação de Deus. E a reprodução era a maneira pela qual essas formas, criadas por Deus, perpetuariam suas espécies na Terra. Duvidar da crença segundo a qual as formas biológicas foram fixadas de uma vez para sempre era algo que se aproximava da blasfêmia – e foi isso o que Darwin fez.

Na verdade, o fundamento do darwinismo é a ideia de que todos nós viemos de um ancestral comum com modificações, e que isso equivale a dizer que todas as formas de vida, das árvores aos peixes e dos mamíferos às aves – uma vez que todos eles vêm do mesmo ancestral primordial – são ligados uns aos outros por uma rede de parentescos. Não há nada mais holístico e sistêmico do que essa noção de evolução biológica darwinista: todas as criaturas vivas estão intrinsecamente ligadas umas às outras e formam uma única família. Mas vamos proceder na ordem correta.

Vamos voltar até o muito jovem geólogo Charles e à sua viagem a bordo do Beagle em 1831-1833. Ele dividia sua cabine com o capitão do navio, Robert Fitzroy, ele mesmo um homem instruído, e um crente extremamente conservador – aparentemente ainda apegado à ideia da Arca de Noé e da imutabilidade das espécies, criadas por Deus de uma só vez e para sempre. Em contrapartida, as primeiras observações e afirmações de Darwin após os primeiros longos meses de viagens e observações – algo que muito atormentou o capitão Fitzroy – foi a de que *as espécies não são fixas, mas mudam com o tempo*.

Figura 9.1 Charles Darwin (1809-1882).
iStockphoto.com/© Carina Lochner.

Como podia ser assim? Uma vez que o ambiente muda de maneira natural, o resultado provável das mudanças deve ter sido o de que, para sobreviver, as espécies vivas precisam se adaptar ao longo do tempo, e portanto mudar. Consequentemente, os organismos precisam exibir uma *adaptação produzida por mudanças ambientais*. No entanto, é necessário que a noção de adaptação seja acompanhada pela consideração segundo a qual nem todos os membros seriam capazes de lidar igualmente bem com essas alterações ambientais. O grupo de indivíduos que se adaptasse de maneira mais eficiente seria capaz de se reproduzir e de sobreviver melhor, de modo que a próxima geração seria extremamente enriquecida por indivíduos caracterizados por essas características positivas. Isso, basicamente, é a evolução por meio da *seleção natural*.

Quadro 9.1
A "árvore da vida" de Darwin

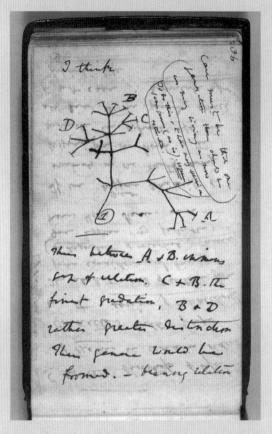

Figura 9.2 O desenho original, por Charles Darwin, da primeira "árvore da vida", extraído de seu caderno de anotações de 1837. Classmark P382.c.367.2. Reproduzido com a gentil permissão dos Syndics of Cambridge University Library.

Darwin sustentou que não se deveria usar a metáfora de uma árvore da vida, para a qual as raízes precisariam estar ainda vivas – mas, em vez disso, a do coral. De fato, uma árvore é uma estrutura hierárquica onde as raízes, ou a copa, são mais importantes que o restante. Em contrapartida com a árvore, o coral cresce sobre partes que estão mortas, e nenhum ramo é mais importante do que qualquer outro. Deveria ser enfatizado que Darwin chegou a todas essas conclusões – inclusive à da árvore da vida – sem qualquer conhecimento de genética. Como reza a história, Gregor Mendel desenvolveu uma teoria baseada no estudo das características genéticas de plantas, e após a publicação de *A Origem das Espécies* de Darwin, em 1859, quando Darwin já era muito famoso, Mendel escreveu a Darwin para lhe expor sua teoria genética. Mas Darwin jamais chegou a ler essas cartas.

Uma nova espécie é aquela que não pode cruzar com a original. Esta é a definição canônica, que se encontra nos manuais didáticos, mas a pergunta: "O que é uma espécie?" é ainda debatida entre os biólogos (veja, por exemplo, Margulis e Sagan, 2002, pp. 4ss). Por meio do mecanismo explicado acima, várias novas espécies poderiam se originar de espécies mais antigas, e até mesmo conviver paralelamente com elas. Todas elas seriam parentes compartilhando um *ancestral comum* do qual todas elas teriam se originado com modificações. O isolamento geográfico seria um elemento importante para a geração de uma nova espécie por meio do mecanismo de adaptação, conforme tenha sido causado por algum acidente geológico, ou por migração induzida por mudanças nas condições meteorológicas.

9.2 Darwin, Mendel, Lamarck e Wallace: uma interconexão multifacetada

A noção de evolução já estava no mundo científico antes de Darwin, e, nesse aspecto, deve-se prestar homenagem a Lamarck. Jean-Baptiste Pierre Antoine de Monet, Chevalier de Lamarck (1744-1829), mais conhecido como *Lamarck*, era um biólogo francês. Uma imponente figura intelectual de seu tempo, ele é creditado como tendo sido o primeiro a fazer uso da palavra "biologia" (1802).

Lamarck introduziu a noção de evolução biológica antes de Darwin, sugerindo que a evolução de uma espécie, que ele chamou de *transformação*, ocorre como resultado de *"uma nova necessidade que continua a se fazer sentir"*, e que características adquiridas durante a vida de um organismo podem ser herdadas pela prole desse organismo. O exemplo mais familiar dessa teoria são as girafas: Lamarck, conforme se conta, sugeriu que as girafas, que, esforçando-se para estender seus pescoços para ter acesso a árvores altas, acabaram tornando seus pescoços mais longos e os transferindo à sua prole. A teoria da herança de caracteres adquiridos é chamada de *herança soft* ou lamarckismo. A famosa expressão que caracteriza a teoria da evolução de Lamarck afirma que *as funções criam os órgãos* e a hereditariedade determina a mudança na prole.

Essa ideia de herança *soft* era um reflexo da sabedoria popular da época, aceita por muitos historiadores naturais. Embora os detalhes da teoria lamarckiana tivessem de ser abandonados mais tarde, Lamarck foi o primeiro a propor uma teoria coerente da evolução. Sua reversão da taxonomia tradicional – "colocar a escada da explicação de cabeça para baixo", como Gregory Bateson se expressou – foi um feito enorme (ver Secção 1.2.3).

À narrativa sobre Darwin e a teoria da evolução também pertence o bem conhecido fato de que Darwin não publicou suas observações durante vinte anos porque estava perfeitamente ciente, e receoso, dos efeitos que suas ideias teriam sobre a sociedade cristã de seu tempo, e sobre seus amigos e sua mulher. Quando lhe pediram para que publicasse seu livro, ele chegou a responder certa vez que tal publicação equivaleria a um "assassinato". De acordo com vários estudiosos do darwinismo, o assassinato não estava apenas na noção de que as espécies não são fixas, mas também na noção de que a natureza procede de maneira aleatória em seu desenvolvimento – ou seja, sem obedecer a qualquer plano predeterminado. À narrativa também pertence o fato de que um colega mais jovem, Alfred Russel Wallace, estava prestes a publicar um artigo sobre evolução com base em princípios muito semelhantes aos de Darwin, e isso apressou a própria publicação de Darwin. A relação entre os dois cientistas continua a ser um belo exemplo de cavalheirismo na história da ciência. Não que eles estivessem sempre de acordo um com o outro; pelo contrário, havia profundas diferenças filosóficas entre eles.

Pelo fato de servir ao propósito do presente livro, uma vez que discutiremos mais adiante a noção de "planejamento inteligente", é apropriado mencionar que Wallace, pelo menos nos últimos anos, adotou um ponto de vista que hoje seria definido como pertencendo à ideologia do planejamento inteligente. Na verdade, ele escreveu (em uma carta a Darwin em 17 de março de 1869): "A seleção natural teria dotado o selvagem com um cérebro um pouco superior à de um macaco [...] e precisamos, portanto, admitir a possibilidade de que no desenvolvimento da raça humana uma Inteligência Superior guiou as mesmas leis [...] para fins mais nobres". Ao que Darwin respondeu rabiscando uma série de exclamações: "Não! Não!" em seu caderno de anotações pessoal, e, em seguida, escrevendo para Wallace algo que, para o cauteloso cavalheiro que ele era, soa muito forte: "Eu discordo pesarosamente de você. Não consigo ver necessidade para invocar uma causa adicional e aproximada com relação ao homem. Espero que você não tenha assassinado o seu próprio filho, e o meu filho". (Esta e a declaração anterior, por Wallace, citadas em Pievani, 2009.) Todas essas afirmações aproximam muito Darwin do nosso pensamento moderno – ele foi realmente um pioneiro em todos os aspectos.

Mencionamos Lamarck como um precursor de Darwin pelo menos até onde isso diz respeito ao conceito geral de evolução. Outro cientista importante nesse campo, que era, na verdade, seu contemporâneo, foi o monge austríaco Gregor Mendel (1822-1884). Como vimos na Seção 2.2.3, Darwin havia lutado com a questão de como os organismos passam características aos seus descendentes. Por que parece que algumas características são transmitidas e outras não? De que maneira as características dos pais operam conjuntamente na prole – elas competem ou se combinam? O trabalho de Mendel ajudou a responder a essas perguntas (ver Quadro 9.2). Foi apenas cerca de 15 anos depois de sua morte, em 1884, que os cientistas perceberam que Mendel havia descoberto a resposta para um dos maiores mistérios da hereditariedade. A obra de Mendel tornou-se a base da genética moderna.

No paradigma científico de sua época, a teoria da evolução de Darwin equivaleu a um terremoto de consequências profundas na sociedade, bem como na vida cotidiana. E foi também o princípio de uma série de outras evoluções. Ela reforçou as visões dos geólogos sobre a deriva dos continentes e oceanos, uma ideia que já havia sido expressa por Charles Lyell, o principal geólogo da sua época, que exercera efetivamente uma vigorosa influência sobre o jovem Darwin; de modo que a própria geografia da nossa Terra se tornasse o cenário da evolução. O livro de Darwin também foi um importante instrumento para a montagem do cenário onde Oparin procurou elucidar a evolução molecular pré-biótica (como veremos no próximo capítulo), e em cujo âmbito as matérias orgânica e inorgânica evoluíram para produzir células vivas. Mais tarde, os astrônomos descreveriam a evolução de estrelas e galáxias – a visão segundo a qual todo o nosso cosmos é também um lugar de evolução. Esses primeiros exemplos de pensamento evolutivo, depois de Darwin, foram levados muito mais a sério. Nada mais era estático; tudo estava evoluindo.

Quadro 9.2
Os experimentos genéticos de Gregor Mendel

Gregor Johann Mendel nasceu de pais camponeses em uma pequena cidade rural da Silésia austríaca, agora na República Tcheca. Durante sua infância, trabalhou como jardineiro, e em 1843 ingressou em um mosteiro agostiniano em Brünn, agora Brno. Seus famosos experimentos genéticos foram realizados com ervilhas. Ele cruzou ervilhas de diferentes variedades e constatou que as características eram herdadas segundo certas razões numéricas. Em particular, Mendel selecionou 22 diferentes variedades de ervilhas e as cruzou, rastreando sete diferentes características, tais como a textura da ervilha – lisa ou rugosa.

Mendel descobriu que quando hibridizava ervilhas lisas e rugosas, produzia ervilhas que eram todas lisas. Mas se ele então produzia uma nova geração de ervilhas a partir dos híbridos, um quarto das ervilhas era de ervilhas rugosas. Ele, então, apresentou a ideia de dominância e segregação de genes e passou a testá-la meticulosamente. Com base em seus estudos, Mendel derivou certas leis básicas da hereditariedade, que não são fáceis de serem traduzidas em forma simples. Basicamente, fatores hereditários não combinam, mas são transmitidos de maneira intacta; cada membro da geração dos pais transmite apenas metade dos seus fatores hereditários para cada prole (com certos fatores "dominando" outros); e a prole diferente gerada pelos mesmos pais recebe diferentes conjuntos de fatores hereditários.

No âmbito do darwinismo, podemos fazer uma pergunta mais básica: "Seria a seleção natural tudo o que há na evolução?" Esta é uma questão importante, com que se pode lidar considerando-se o passo seguinte do darwinismo clássico, a chamada síntese moderna.

9.3 A síntese evolutiva moderna

A Origem das Espécies de Darwin introduziu dois conceitos principais: o primeiro, o de que todos os organismos descendiam, com modificações, de um ancestral comum; o segundo, o de que a seleção natural é o mecanismo da evolução. Enquanto o primeiro ponto foi aceito pela maioria dos biólogos da sua época, o mecanismo da evolução não foi, e à publicação do livro de Darwin seguiu-se um período de incerteza e confusão. O trabalho de Gregor Mendel só foi redescoberto no início do século XX, e inicialmente acreditou-se que a sua genética, baseada na ideia de unidades hereditárias distintas (hoje chamadas de genes), estivesse em oposição à visão de Darwin – até que o biólogo evolucionista R. A. Fisher (1930) conseguiu provar o contrário.

Houve também um intenso período de desenvolvimento da genética populacional, representado pelas obras de T. H. Morgan, R. A. Fisher, J. B. S. Haldane e S. Wright. Na verdade, o desenvolvimento da genética populacional teve importância fundamental para a criação do que passou a ser chamado de "síntese moderna" (também conhecida como "síntese evolutiva moderna", ou "nova síntese"; essa síntese também recebeu o nome de "neodarwinismo" na linguagem comum), para a qual os livros de Julian Huxley (1942), o neto de Thomas Huxley, contemporâneo de Darwin, e Ernst Mayr (1942) foram marcos. A incorporação da genética populacional nos permitiu reconhecer a importância da mutação e da variação dentro de uma população, de maneira que a alteração da frequência de genes dentro de uma população define a evolução. Aceitou-se que as características são herdadas como entidades discretas, chamadas de genes, e que a especiação se deve, muitas vezes, ao acúmulo gradual de pequenas mudanças genéticas – a macroevolução é simplesmente uma grande quantidade de microevoluções.

Desse modo, a síntese moderna é uma teoria sobre como a evolução funciona no nível dos genes, fenótipos (isto é, o aparecimento real dos seres vivos e do seu comportamento) e populações. A principal controvérsia se referia – e, em parte, ainda se refere – à relação entre micro e macroevolução, controvérsia que surge, por exemplo, da objeção de que o registro fóssil, em qualquer sítio arqueológico, não mostra mudança gradual, mas, em vez disso, longos períodos de estabilidade seguidos de rápida especiação. O modelo que responde por esse fenômeno é chamado de equilíbrio pontuado e é hoje amplamente aceito. A importância das mutações aleatórias também é geralmente aceita (para mais detalhes, veja Futuyma, 1998). Para uma discussão mais recente sobre a síntese moderna, veja o livro de Pigliucci e Müller (2010).

Outro aspecto importante é o campo da sociobiologia, introduzido por E. O. Wilson (1975) em meados da década de 1970, onde expõe a ideia de que comportamentos como agressão, altruísmo ou amor são determinados por genes e são produtos da evolução. Essa ideia é hoje amplamente aceita, mas sua extensão ao comportamento humano levantou muitas controvérsias na época.

9.3.1 O código genético

O próximo grande passo na compreensão do processo evolutivo foi dado no nível molecular: a descoberta da estrutura e da função do DNA. Há duas funções básicas do DNA que podem ser entendidas com base em sua estrutura. A primeira é a capacidade de autorreplicação – isto é, de fazer cópias idênticas de si mesma. Não que o DNA, por si só, seja capaz de se replicar; ele precisa para isso de um grande número de enzimas e de um contexto biológico preciso. Mas o DNA é a única estrutura macromolecular que contém informações sobre como fazer cópias de si mesma. Não temos espaço aqui para repetir noções básicas de biologia molecular, mas, como um lembrete, oferecemos, no Quadro 9.3 e na Figura correspondente, uma representação esquemática da complementaridade da dupla hélice do DNA e de seu mecanismo de replicação.

A outra função importante do DNA é a capacidade de uma sequência de DNA de "codificar" uma cadeia polipeptídica. Isso significa que uma sequência linear de DNA contém as informações necessárias para produzir uma sequência linear de aminoácidos ligados uns aos outros, uma cadeia polipeptídica. No entanto, a transformação de uma sequência de DNA em uma proteína prossegue por meio de uma macromolécula de RNA intermediária, denominada RNA mensageiro (geralmente abreviado como RNAm). A tradução da informação linear da sequência de DNA em uma cadeia polipeptídica linear (ou proteína; veja o Quadro 9.4) baseia-se em um "código genético". É um código tripleto, de acordo com o qual um tripleto de DNA codifica determinado resíduo de aminoácido em uma ordem sequencial que tem um sinal de partida preciso na sequência a ser "lida" – isto é, reconhecida e processada – pela máquina ribossômica (veja o Quadro 9.3 e a Figura 9.3 para mais detalhes).

O conjunto ordenado de tripletos que codificam os vários aminoácidos é o famoso código genético. A sequência de fita dupla do DNA, que codifica uma determinada proteína, é chamada de gene. O conjunto de genes em um dado organismo é o genoma.

Quando um gene fragmentado é copiado em uma fita de RNA, a cópia precisa ser processada antes que a montagem da proteína possa começar. Enzimas especiais entram em jogo removendo as sequências não codificadoras (*íntrons*) e, em seguida, emendando as sequências codificadoras (*éxons*) remanescentes para formar uma transcrição madura. Em outras palavras, o RNA mensageiro é editado no caminho que o leva a realizar a síntese de proteína.

9.3.2 A deriva neutralista na evolução

A moderna teoria da evolução genética ainda sustenta que a seleção natural é uma das principais forças motrizes. Um par de qualificações é importante a esse respeito. Quando um jardineiro escolhe algumas sementes de rosas em particular, a fim de obter uma espécie com uma cor mais brilhante, ele faz uma seleção com um plano preciso em mente; e também é assim que age o profissional encarregado de melhorar as linhagens dos cavalos. Na seleção natural, ao contrário, não há ninguém que faça uma seleção, e não há, *a priori*, nenhum plano.

Se as mutações não são direcionadas para um objetivo, então é concebível que certos passos na evolução sejam provavelmente aleatórios – isto é, eles podem não obedecer a qualquer critério de melhor ajuste. Eles apenas acontecem, e podem ser aceitos e incorporados se não forem prejudiciais.

Quadro 9.3
A dupla hélice do DNA e o código genético

O DNA é o ácido nucleico que transporta a informação hereditária da célula. A molécula de DNA é uma cadeia longa, constituída por duas fitas formadas por quatro diferentes monômeros, chamados nucleotídios, cada um deles contendo um açúcar, um grupo fosfato e uma das quatro "bases nitrogenadas". Estas quatro bases são a adenina, a guanina, a timina e a citosina, abreviadas por A, G, T e C, respectivamente. A autorreplicação do DNA baseia-se na estrutura da dupla hélice (dúplex) e na complementaridade entre as bases que constituem o DNA, os famosos pares adenina-timina (A–T) e guanina-citosina (G–C). Os dois filamentos de DNA são enrolados em dupla hélice de tal maneira que cada nucleotídio em uma cadeia é ligado a um nucleotídeo na outra cadeia por pontes de hidrogênio (fracas) entre suas bases (veja a Figura 9.3). Há somente dois tipos de pares de bases, A–T e G–C; isso significa que as duas fitas de DNA são complementares. Pela Figura 9.3, é fácil compreender o mecanismo de replicação: a partir de cada fita isolada, a cadeia complementar pode ser construída com base na complementaridade do emparelhamento. A outra coisa que o DNA é capaz de fazer é "codificar" proteínas – isto é, atualizar uma correspondência entre a sequência linear do DNA e a estrutura linear das proteínas. Essa correspondência é baseada no código genético, de acordo com o qual cada tripleto de DNA codifica um determinado resíduo de aminoácido. Veja o texto para mais detalhes.

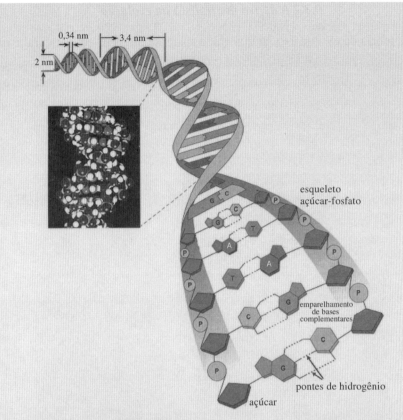

Figura 9.3 A dupla hélice do DNA e a complementaridade das fitas baseada no reconhecimento C–G e A–T.

Quadro 9.4
Polímeros, peptídeos e proteínas

Um polímero é uma sequência linear (ocasionalmente também ramificada) da mesma unidade estrutural, chamada de unidade monomérica ou unidade de repetição. O composto químico que produz a unidade monomérica é chamado de monômero. Por exemplo, no poli(propileno), representado como H–[CH$_2$–CH(CH$_3$)–]n–H, o monômero é o propileno, CH$_2$ = CH(CH$_3$), e a unidade monomérica é –CH$_2$–CH(CH$_3$)–, enquanto n representa o grau de polimerização – a saber, o número médio de unidades de repetição na cadeia. No caso das proteínas, o monômero é o aminoácido NH$_2$–CH(R)–COOH e a unidade de repetição é o resíduo de aminoácido –NH–CH(R)–CO–.

As proteínas são sequências lineares de α-aminoácidos que são ligadas entre si como é mostrado na página seguinte (formalmente perdendo uma molécula de água) para formar a chamada ligação peptídica, a unidade –CO–NH–. Há 20 aminoácidos comuns na natureza, que diferem na estrutura química do grupo R. Se R = H, nós temos glicina; se R = –CH$_3$, temos alanina; se R = CH$_2$–OH, temos serina etc. Uma cadeia polipeptídica é, portanto, uma sequência de resíduos de aminoácidos, –CO–CH(R)–NH–, e se todos os grupos R são o mesmo, temos um polímero – em particular, um poli α-aminoácido; por exemplo, uma poli(alanina). Na natureza, geralmente temos sequências com uma combinação de diferentes resíduos.

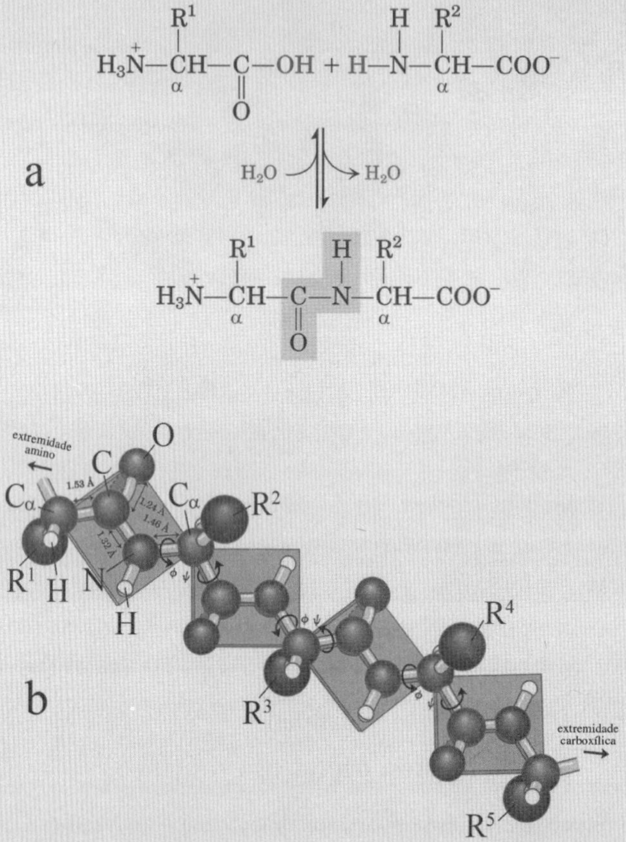

Figura 9.4 Condensação química de dois resíduos de aminoácidos com cadeias laterais R^1 e R^2 para produzir um dipeptídeo por meio da eliminação de uma molécula de água (a); seção de uma cadeia de poli(alanina), com R = –CH$_3$ (b); aqui também são mostrados os ângulos de torção; veja o texto.

Para sequências relativamente curtas, o termo "peptídeo" é usado; para as mais longas, é usado o termo *polipeptídeo* (os venenos de cobras ou de abelhas têm, por exemplo, polipeptídeos com 15 a 18 resíduos). Sequências muito mais longas dão origem a proteínas – as menores proteínas têm 45 a 50 resíduos.

> A Figura 9.4 também ilustra os "ângulos de torção" ao redor dos quais a cadeia pode assumir sua flexibilidade. Há dois ângulos de torção (chamados Φ e ψ) para cada resíduo, de modo que, em princípio, uma cadeia com 100 resíduos pode assumir um número extremamente grande de formas (conformações da cadeia). A Figura 9.4 apresenta um exemplo de proteínas bem conhecidas responsáveis pelo armazenamento e o transporte de oxigênio em nosso corpo, a mioglobina, e uma das cadeias de hemoglobina (esta é constituída por quatro cadeias, duas α-cadeias e duas β-cadeias).

É esse aspecto que constitui a base da "teoria neutralista da evolução molecular", conforme foi introduzida e desenvolvida por Motoo Kimura (1968, 1983), começando na década de 1960. Essa teoria considera que a maior parte das características genômicas não está sujeita nem pode ser explicada por meio da seleção natural. Por isso, de certa maneira, essa concepção pode ser vista como um ramo da moderna teoria da evolução. Ela também foi aplicada ao estudo de nichos ecológicos (Hubbell, 2006), e foi considerada por Gould e Eldredge (1977) em sua teoria do equilíbrio pontuado.

Essa noção também foi retomada por Maturana e Varela (1980), que preferem, no entanto, a expressão "deriva natural", que eles consideram como o processo de conservação da autopoiese e da adaptação. Eles acrescentam, de acordo com o que nós enfatizamos, que nenhuma força orientadora é necessária para explicar a direção das mudanças, que a evolução é "como um escultor com um *desejo de viajar*". Neste momento, é apropriado recordar um famoso poema do poeta espanhol Antonio Machado, "*Caminante no hay camino*" [Caminhante, não há caminho], que o nosso amigo Francisco Varela amava e utilizava frequentemente para ilustrar as andanças e ocupações aleatórias das nossas vidas:

Caminante, son tus huellas	Caminhante, são teus passos
el camino y nada más;	o caminho, e nada mais;
Caminante, no hay camino,	Caminhante, não há caminho,
se hace camino al andar.	faz-se caminho ao andar.

9.3.3 O "dogma central"

Na sua mais clássica forma, a relação direta "um gene–uma proteína" é considerada como o "dogma central da biologia molecular" (como vimos na Seção 2.3.5):

$$DNA \rightarrow RNA \rightarrow proteína$$

No entanto, logo se descobriu que a cadeia linear descrita pelo dogma central é demasiadamente simplista para representar fielmente a realidade biológica, como examinaremos na Seção 9.6. Por exemplo, como Keller (2000) explica, os genes que codificam proteínas em organismos superiores tendem a ser fragmentados em vez de formar sequências contínuas. Eles consistem em sequências codificadoras intercaladas com longas sequências repetitivas, não codificadoras, cuja função ainda é obscura. A proporção de DNA codificador (chamado "éxon") varia muito e, em alguns organismos, pode ser de apenas 1% a 2%. As sequências restantes (os "íntrons") até há poucos anos eram chamadas de "DNA lixo". No entanto, como a seleção natural preservou essas sequências não codificadoras ao longo de toda a história da evolução, é razoável supor que elas desempenham um papel importante, embora ainda em grande parte desconhecido. De fato, os biólogos moleculares estão descobrindo mais e mais funções desses íntrons, frequentemente relacionadas com a epigenética (veja a Seção 9.6.2) e a interação gene-gene.

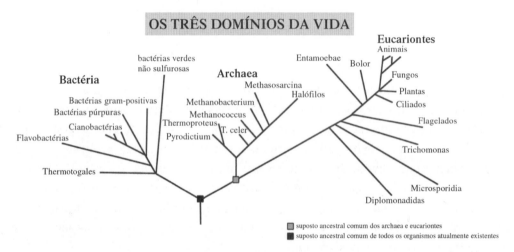

Figura 9.5 Os três domínios da árvore da vida, que se ramificam a partir do último ancestral universal comum (LUCA, de *"last common universal ancestor"*).

9.3.4 Os três domínios da vida

Estudos baseados em sequências de ácido nucleico nos permitiram esclarecer que, a partir do último ancestral comum universal (LUCA, de *Last Universal Common Ancestor*), três ramos diferentes da vida se originaram (como é ilustrado na Figura 9.5): as *archea*, as *bactérias* e os *eucariontes* (ao qual nós pertencemos). Dessa maneira, como já mencionamos, todas as espécies da Terra são ligadas umas às outras – uma rede sistêmica universal que abrange todas as espécies existentes e remonta a mais de 3,5 bilhões de anos.

Durante os primeiros 2 bilhões de anos de evolução biológica, bactérias e outros microrganismos eram as únicas formas de vida no planeta. Durante esses 2 bilhões de anos, bactérias transformaram continuamente a superfície e a atmosfera da Terra, e estabeleceram os ciclos de *feedback* globais para a autorregulação do sistema de Gaia (veja a Secção 8.3.3). Ao fazer isso, elas inventaram todas as biotecnologias essenciais da vida, incluindo a fermentação, a fotossíntese, a fixação do nitrogênio, a respiração e vários dispositivos para movimento rápido. Pesquisas recentes em microbiologia deixaram claro que, até onde isso diz respeito aos processos da vida, a rede planetária de bactérias tem sido a principal fonte de criatividade evolutiva.

9.3.5 Avenidas da evolução

Essas e outras observações levaram os biólogos sistêmicos a uma compreensão da evolução consideravelmente mais rica e diversificada do que a síntese moderna. De acordo com essa nova compreensão sistêmica, o desdobramento da vida na Terra seguiu ao longo de três avenidas principais de evolução. A primeira, mas talvez a menos importante, é a mutação aleatória de genes, a peça central da teoria neodarwinista. Essas mutações de genes, causadas por erros aleatórios na autorreplicação do DNA, não parecem ocorrer com frequência suficiente para explicar a evolução da grande diversidade de formas de vida, dado o fato bem conhecido de que a maioria das mutações é prejudicial e muito poucas resultam em variações úteis. No caso das bactérias, a situação é diferente, pois as bactérias se dividem tão rapidamente que bilhões delas podem ser geradas a partir de uma única célula em alguns dias. Por causa dessa enorme taxa de reprodução, uma única mutação bacteriana bem-sucedida pode se espalhar rapidamente através de seu ambiente, e, portanto, mutação é de fato uma importante e larga via evolutiva para as bactérias.

As bactérias também desenvolveram um segundo amplo caminho de criatividade evolutiva, que é muitíssimo mais eficiente do que a mutação aleatória. Elas passam livremente caracteríticas hereditárias de uma para outra em uma rede global de intercâmbios de poder e de eficiência incríveis. A descoberta desse comércio global de genes, conhecido tecnicamente como recombinação de DNA, precisa ser reconhecida como uma das mais espantosas descobertas da biologia moderna.

Essa transferência de genes ocorre continuamente, com muitas bactérias mudando até 15% do seu material genético em uma base diária. Uma vez que todas as linhagens bacterianas podem, potencialmente, partilhar características hereditárias dessa maneira, alguns microbiologistas argumentam que as bactérias, estritamente falando, não deveriam ser classificadas em espécies (veja Sonea e Panisset, 1993). Em outras palavras, todas as bactérias são parte de uma única teia da vida microscópica.

A terceira grande avenida da evolução, que tem implicações profundas para todos os ramos da biologia, é a evolução por meio da simbiose, também conhecida como simbiogênese, que será detalhadamente discutida na Seção 9.6.3.

Desse modo, por meio do processo evolutivo, uma rica biodiversidade apareceu em nosso planeta. O estudo das relações entre as estruturas do genoma através de diferentes espécies biológicas é uma nova e fascinante disciplina, conhecida como genômica comparativa. Por exemplo, limitando a análise à nossa espécie humana, descobrimos que mais de 99% dos nossos genes têm uma cópia aparentada nos camundongos – apesar de uma separação evolutiva de mais de 500 milhões de anos entre nós e eles. Além disso, acredita-se que as diferenças entre as raças humanas em todo o mundo são codificadas por apenas 0,1% do genoma humano. Isso significa que a genética molecular demonstrou que não há diferenças significativas entre as diversas raças humanas.

9.4 Genética aplicada

A biologia molecular dos ácidos nucleicos é importante não apenas para a ciência básica – a compreensão dos principais mecanismos da genética –, mas também pelos aspectos práticos, biotecnológicos, conhecidos como "bioengenharia", "engenharia genética", ou, mais recentemente, "biologia sintética". O conceito básico é muito simples: uma vez que, digamos, inserimos o gene da insulina no genoma de uma bactéria, essa bactéria construirá – além de todas as suas outras proteínas – também insulina. E isso pode, em princípio, ser transformado em uma produção industrial.

O desejo de manipular, de tal maneira, genes em organismos vivos surgiu logo depois da descoberta da estrutura física do DNA. Mas os biólogos moleculares precisaram de outros vinte anos para desenvolver duas técnicas essenciais que lhes permitiriam concretizar o seu sonho de engenharia genética. A primeira, conhecida como "sequenciamento de DNA", é a capacidade de determinar a sequência exata de bases nitrogenadas ao longo de qualquer trecho da dupla hélice do DNA. A segunda técnica crucial, o *splicing* do gene, é o corte e a junção de pedaços de DNA com a ajuda de enzimas especiais isoladas de microrganismos.

Por causa do termo evocativo "engenharia genética", o público geralmente supõe que a manipulação de genes é um procedimento mecânico exato e entendido com precisão. No entanto, a realidade da bioengenharia é muito mais complicada, e o processo de inserção de genes em organismos vivos é inerentemente perigoso, como discutimos com mais detalhes no Capítulo 18. Veremos que, em sua maioria, os problemas que cercam a bioengenharia atualmente são, em última análise, uma consequência do determinismo genético (veja a Seção 2.3.5) que ainda permeia o campo da biotecnologia. Considerações semelhantes poderiam ser feitas com relação às aplicações médicas da engenharia genética, como examinamos na Seção 15.1.2.

Outro conjunto de aplicações genéticas culminou no campo da biologia sintética, uma derivação da engenharia genética que tem a ambição de criar em laboratório formas de uma nova vida – isto é, alternativas para as formas de vida naturais – principalmente por meio de manipulação genética de bactérias existentes. Mais tarde neste livro (na Seção 10.5), vamos nos familiarizar com mais detalhes sobre esse ramo recente e fascinante das ciências da vida.

9.5 O Projeto Genoma Humano

Uma discussão detalhada sobre todos os sucessos e perigos da biologia molecular nos afastaria muito de nossa trilha. No entanto, entre as aplicações mais estreitamente relacionadas com este livro, devemos mencionar o Projeto Genoma Humano, o ambicioso empreendimento de identificar e mapear a sequência genética completa da espécie humana.

O Projeto Genoma Humano começou em 1990 como um programa de colaboração entre várias equipes dos principais geneticistas, que foi coordenado por James Watson e financiado pelo governo dos EUA pelo montante de 3 bilhões de dólares. Durante os anos seguintes, os esforços dessas equipes de pesquisa se transformaram em uma feroz corrida entre o projeto financiado pelo governo, que tornou suas descobertas disponíveis para o público, e um grupo privado de geneticistas em acirrada competição, financiado por capitalistas que empenham fortunas nesses empreendimentos de risco, e que mantêm seus dados em segredo a fim de patenteá-los e vendê-los a empresas de biotecnologia. Em sua dramática fase final, a corrida foi decidida por um herói improvável, um jovem estudante de graduação, James Kent, que, sozinho, escreveu o programa de computador decisivo que ajudou o projeto público a vencer a corrida durante três dias, e, portanto, impediu o controle privado da compreensão científica dos genes humanos (veja o *New York Times* de 13 de fevereiro de 2001).

O mapeamento bem-sucedido do genoma humano revelou uma complexa paisagem genética cheia de muitas surpresas, algumas das quais continham pistas intrigantes sobre a evolução humana. Para sua perplexidade, os cientistas descobriram uma espécie de registro fóssil genético consistindo em "genes saltadores", que irromperam de seus cromossomos em nosso passado evolutivo distante, replicaram-se de maneira independente, e depois reinseriram suas cópias em várias seções do genoma principal. Sua distribuição indica que algumas das sequências não codificadoras do genoma podem contribuir para a regulação global da atividade genética. Em outras palavras, eles não são "lixo", em absoluto.

O conjunto de genes no organismo humano consiste em uma sequência de 3 bilhões de pares de bases, e cada uma delas foi identificada. O genoma humano conquistou a mídia, e chega até mesmo a ser considerado "o livro da vida". No entanto, como mostraremos na próxima seção, essa ideia é muito problemática. Há no genoma humano cerca de 25 mil genes, e uma vez que a vida humana baseia-se em um número consideravelmente maior de proteínas, a noção clássica do "dogma central da biologia molecular" – "um gene – uma proteína" – não mais se sustenta. Na verdade, o Projeto Genoma Humano tem o significado de estar representando um dos impulsos mais importantes para uma revolução conceitual na genética, para a qual nos voltaremos nas páginas seguintes.

9.6 Revolução conceitual na genética

9.6.1 Problemas com o dogma central

Como vimos, o dogma central da biologia molecular descreve uma cadeia causal linear que vai do DNA ao RNA, às proteínas (enzimas) e às características biológicas. Na paráfrase coloquial que se tornou popular entre os biólogos moleculares, "o DNA faz o RNA, o RNA faz as proteínas, e as proteínas nos fazem". O dogma central inclui a afirmação de que a sua cadeia causal linear define um fluxo unidirecional de informação que vai dos genes às proteínas, sem a possibilidade de qualquer *feedback* no sentido oposto. Durante as últimas décadas, esse arcabouço tem levado a uma espécie de determinismo genético, dando origem a uma série de metáforas poderosas – sendo que se passou a se referir ao DNA como o "programa" genético ou a "planta heliográfica da vida", ao código genético como a "linguagem da vida", e ao genoma humano como "o livro da vida".

Certamente, a noção de que o gene é o aspecto central da vida parece estar bem encaixada em nossa cultura. Lemos na literatura popular – e não só nela – a respeito do gene para a obesidade, do gene para a agressividade, e, é claro, do gene para a longevidade. Tal visão da vida centralizada no gene representa uma forma exagerada de determinismo genético, uma espécie de novo reducionismo. Parcialmente responsável por isso é a noção de "gene egoísta", exposta por Richard Dawkins (1976), que se baseia na ideia de que um gene que confere uma vantagem evolutiva tende a garantir sua própria sobrevivência e sua própria transmissão. Nós nos opomos a esse determinismo genético, e na Seção 9.6.4 mais adiante, vamos deixar claro por quê.

Um dos principais problemas com o dogma central tornou-se evidente durante o final da década de 1970, quando biólogos estenderam suas pesquisas genéticas para além das bactérias. Eles logo descobriram que em organismos superiores, a simples correspondência entre sequências de DNA e sequências de aminoácidos em proteínas deixa de existir, e que o princípio do "um gene–uma proteína" teve de ser abandonado. Na verdade, parece – talvez não sem razão – que os processos de síntese de proteínas tornam-se cada vez mais complexos à medida que avançamos em direção a organismos mais complexos.

Como já mencionamos, quando um gene fragmentado é copiado em um segmento de fita de RNA, a cópia precisa ser processada antes que a montagem da proteína possa começar: em outras palavras, o RNA mensageiro é editado em seu caminho para a síntese proteica. Acontece que esse processo de edição não é único.

As sequências de codificação podem ser cortadas e emendadas entre si de mais de uma maneira, e cada *splicing* alternativo resultará em uma diferente proteína. Desse modo, muitas proteínas diferentes podem ser produzidas a partir da mesma sequência genética primária, às vezes até mesmo várias centenas, de acordo com estimativas recentes.

Isso significa que os geneticistas tiveram de desistir do princípio segundo o qual cada gene leva à produção de uma enzima específica (ou de outra proteína). Um exemplo claro disso é dado pelo genoma humano, que, de acordo com estimativas recentes, contém apenas cerca de 25 mil genes, enquanto o nosso corpo trabalha com, pelo menos, três vezes mais proteínas diferentes. Em outras palavras, já não se pode deduzir, com base na sequência genética no DNA, qual proteína será produzida. Segundo Keller (2000, p. 63), esse fato prenuncia uma enorme mudança de perspectiva na pesquisa genética.

Outra surpresa recente foi a descoberta de que a dinâmica de regulação da célula determina não apenas qual proteína será produzida a partir de um determinado gene fragmentado, mas também como essa proteína funcionará. Em suma, a dinâmica celular pode levar à emergência de muitas proteínas a partir de um único gene, e de muitas funções a partir de uma única proteína – algo de fato muito distante da cadeia causal linear do dogma central. E mais um outro golpe contra a visão clássica do dogma central vem do campo da epigenética – a herança genética sem modificação das sequências primárias do DNA – para a qual nós agora nos voltaremos.

9.6.2 Epigenética

A epigenética é o estudo das mudanças hereditárias no fenótipo, ou expressão dos genes, causadas por mecanismos diferentes das mudanças na sequência do DNA subjacente; daí o nome de *epi*-(em grego: επί, que significa "sobre", "acima") *genética*. Essas mudanças podem permanecer, graças a divisões celulares, durante o tempo restante de vida da célula e pode também durar muitas gerações. No entanto, não há nenhuma mudança na sequência de DNA subjacente do organismo; em vez disso, fatores não genéticos fazem com que os genes do organismo se comportem (ou "se expressem"), de maneira diferente.

Há, na verdade, pelo menos dois diferentes significados para esse termo, que correspondem a dois diferentes processos. Um deles refere-se genericamente à diferenciação celular e ao desenvolvimento das células; o outro à modificação química da estrutura do DNA, que não afeta a sequência primária.

O primeiro conceito deveu-se, principalmente, ao trabalho do geneticista Conrad Waddington (1905-1975), que, na verdade, cunhou o termo "epigenética" (Waddington, 1953) para se referir ao estudo dos "mecanismos causais" por meio dos quais "os genes do genótipo produzem efeitos fenotípicos". Desse modo, a epigenética para

Waddington era um assunto semelhante ao que chamaríamos hoje de biologia do desenvolvimento. Para Waddington, o curso do desenvolvimento foi determinado pela interação de muitos genes entre si e com o meio ambiente (Waddington, 1953).

> **Quadro 9.5**
> **Genótipo e fenótipo**
>
> O genótipo de um organismo é a sua plena constituição genética, ou genoma, que contém toda a informação hereditária. O fenótipo é a aparência física externa do organismo – isto é, a totalidade das suas características físicas e comportamentais. As diferenças entre o genótipo e fenótipo devem-se ao fato de que dois organismos podem ter genomas idênticos, mas os seus padrões de atividade do gene, ou sua expressão dos genes, será, em geral, diferente. Esses padrões de expressão dos genes dependem de muitos mecanismos epigenéticos – mecanismos que vão além do genoma e envolvem toda a rede metabólica do organismo (ver texto para mais detalhes).

Um exemplo de mudanças epigenéticas é o processo da diferenciação celular. Quando as células se dividem no desenvolvimento de um embrião, cada nova célula recebe exatamente o mesmo conjunto de genes, e no entanto as células se especializam em maneiras muito diferentes – as células-tronco se tornam células musculares, células sanguíneas, células nervosas plenamente desenvolvidas, e assim por diante. Esses tipos de células diferem uns dos outros não porque contêm genes diferentes, mas porque diferentes genes estão ativos neles. Em outras palavras, a estrutura do genoma é a mesma em todas essas células, mas os padrões da expressão do gene são diferentes. Como se expressa Keller (2000): "Os genes não *atuam* (*act*) simplesmente: eles precisam ser *ativados* (*activated*)".

Uma situação semelhante ocorre quando comparamos os genomas de diferentes espécies. Recentes pesquisas genéticas revelaram semelhanças surpreendentes entre os genomas de seres humanos e de chimpanzés, e até mesmo entre os de seres humanos e camundongos. Na verdade, os geneticistas acreditam agora que o plano básico do corpo de um animal é construído a partir de conjuntos de genes muito semelhantes em todo o reino animal. E, no entanto, o resultado é uma grande variedade de criaturas radicalmente diferentes. Outro exemplo são os gêmeos idênticos. As sequências de DNA de seus genes são exatamente as mesmas; eles têm o mesmo genoma. No entanto, fisicamente, os gêmeos idênticos se tornam cada vez mais diferentes ao longo do tempo.

Como dissemos, a palavra "epigenética" (veja Haig, 2004) tem um outro significado. Os biólogos moleculares estão de fato mais familiarizados com a definição de epigenética como "o estudo das mudanças hereditárias na função do gene que não podem ser explicadas por mudanças na sequência do DNA" (Riggs *et al.*, 1996). Para eles, mecanismos epigenéticos incluiriam modificações químicas do DNA (em particular, a "metilação do DNA") e a modificação das proteínas ligadas ao DNA (as chamadas histonas). O DNA e as histonas compõem a chamada cromatina.

A epigenética é uma área de pesquisa em rápida expansão, com implicações importantes para a nossa compreensão do desenvolvimento, da evolução e da saúde humana. Em seu ensaio convidado, abaixo, o biólogo do desenvolvimento Patrick Bateson discute alguns dos últimos avanços nesse campo fascinante.

9.6.3 A evolução também é simbiose, simbiogênese, cooperação e altruísmo

Como vimos, há várias razões para duvidar do dogma central e do determinismo genético correspondente. A noção do "gene egoísta" – como já mencionamos – é falaciosa em muitos aspectos. Por exemplo, ela transmite a ideia de que um gene opera isoladamente, ocupando-se apenas dos seus próprios interesses egoístas. Mas, na verdade, não faz sentido considerar que um gene isoladamente é responsável por uma função complexa. Para cada função biológica, há sempre uma série de genes trabalhando conjuntamente. A cooperação dos genes uns com os outros é a principal base operacional da genética e, portanto, da evolução. Além disso, deve-se lembrar de que cada gene é lido por proteínas e é sintetizado por proteínas, de modo que uma complexa função genética precisa ser reconhecida como uma rede de genes ligados a uma rede de proteínas. É essa a visão sistêmica da genética e da evolução. Estamos de volta a uma concepção sistêmica da vida.

Ensaio convidado
Ascensão e queda da epigenética
Patrick Bateson
Universidade de Cambridge

Epigenética é um termo que tem recebido muitos significados desde que foi cunhado por Waddington (1957). Ele utilizou o termo, na ausência de compreensão molecular, para descrever processos por meio dos quais o genótipo herdado poderia ser influenciado durante o desenvolvimento para produzir toda uma variedade de fenótipos. Mais recentemente, o termo *epigenética* tem sido usado para indicar os processos moleculares por meio dos quais características especificadas por um determinado perfil de expressão do gene podem persistir através da divisão de cada célula sem envolver mudanças na sequência de nucleotídeos do DNA. Nesse sentido mais restrito, processos epigenéticos são aqueles que resultam na inibição ou na ativação da expressão do gene por meio de tal modificação dos papéis do DNA ou de seu RNA e proteína associados. O termo, portanto, foi introduzido para descrever esses mecanismos moleculares por meio dos quais tanto mudanças dinâmicas como estáveis são obtidas na expressão do gene, e, em última análise, como variações no *input* extracelular e experiências que todo o organismo faz do seu ambiente podem modificar a regulação da expressão do DNA (Jablonka e Lamb, 2005).

O aumento do interesse pelos aspectos moleculares da epigenética é extraordinário. Em 1960, quatro trabalhos incluíam a palavra "epigenética", de acordo com o Web of Science. Por volta do ano 2000, 415 trabalhos foram publicados naquele ano só com a palavra de Waddington em seus títulos. Em 2010, apenas uma década depois, um número espantoso de 3.577 artigos usavam a palavra "epigenética" em seus títulos.

Deve-se notar, porém, que alguns autores, eu entre eles, continuam a usar a definição mais ampla de Waddington de epigenética para descrever todos os processos de desenvolvimento que preservam a característica do organismo (Bateson, 2012; Jablonka e Lamb, 2010). Em todos esses usos, a epigenética geralmente se refere ao que acontece dentro de um organismo em desenvolvimento individual. Quer se considere uma visão ampla ou restrita da epigenética, o fato é que ocorreu uma revolução no pensamento a respeito da importância dos processos de desenvolvimento (Carey, 2011).

Os processos moleculares envolvidos no desenvolvimento das características de um organismo eram inicialmente elaborados para a regulação da diferenciação e proliferação celulares (Gilbert e Epel, 2009). Todas as células do corpo contêm as mesmas informações da sequência genética, e, no entanto, cada linhagem sofreu especializações para se tornar uma célula da pele, uma célula do cabelo, uma célula do coração, e assim por diante. Essas diferenças fenotípicas são herdadas de células-mãe para células-filha. O processo de diferenciação envolve a expressão de genes específicos para cada tipo de célula, em resposta a estímulos a partir de células vizinhas e do ambiente extracelular, e a supressão de outras. Genes que foram inibidos em uma etapa anterior permanecem inibidos depois de cada divisão celular. Tal inibição do gene fornece a cada linhagem celular seu padrão característico de expressão do gene. Uma vez que essas marcas epigenéticas são fielmente duplicadas em cada divisão celular, disso resulta diferenciação de células estáveis. É provável que esses processos desempenhem muitos outros papéis no desenvolvimento, inclusive na mediação de muitos aspectos da plasticidade do desenvolvimento.

Mecanismos

A variação na expressão dos genes, que é específica do contexto, e não na sequência de genes, é fundamental para a modelagem de diferenças individuais no fenótipo. Isso não quer dizer que as diferenças nas sequências de genes específicos entre indivíduos não contribuam para as diferenças fenotípicas, mas sim que indivíduos portadores de genótipos idênticos podem divergir no fenótipo se eles vivenciam experiências ambientais separadas que, diferencial e permanentemente, alteram a expressão dos genes.

Vários mecanismos estão envolvidos na ativação ou no silenciamento dos genes. Um dos mecanismos de silenciamento envolve um processo conhecido como metilação. Cromossomos consistem em filamentos de cromatina. O DNA é organizado ao longo da cromatina em pacotes conhecidos como nucleossomos. Estes têm uma molécula com um átomo de hidrogênio em um dos seus braços. Se esse átomo é substituído por uma molécula de metila, os nucleossomos se fecham e o DNA é menos capaz de ser expresso como RNA mensageiro, que, por sua vez, forma o molde para a síntese de proteína. Por outro lado, se a molécula de metila é substituída por um átomo de hidrogênio, o DNA nos nucleossomos afetados pode ser expressado.

Outro mecanismo importante envolve pequenas moléculas de RNA não codificante (Mattick, 2011). Essas moléculas são sintetizadas a partir do DNA encontrado na parte do genoma que antes se pensava não ter nenhuma função, e que era, equivocada e incorretamente, descrita como "lixo". Quando as pequenas moléculas denominadas microRNA são expressas, elas se ligam ao RNA mensageiro com o resultado de que o gene que expressava o RNA mensageiro perde sua capacidade para codificar proteínas e é efetivamente silenciado. Essas moléculas que regulam a expressão do genoma são extremamente numerosas e desempenham um papel importante no campo, em rápida expansão, da epigenética. Os próprios reguladores têm de ser regulados, e o esforço para desvendar as redes exigirá muitas pesquisas, mas os princípios gerais envolvidos na produção de diferenças em linhas de células já são evidentes.

No importante levantamento que realizaram sobre o crescimento da epigenética, Gilbert e Epel (2009) observaram o impacto que esse crescimento está exercendo sobre a medicina. A susceptibilidade a uma ampla variedade de doenças é afetada não apenas pelos genes, mas também pelo fato de as influências ambientais impactarem ou não esses genes no sentido de inibi-los ou de ativá-los. Um novo campo que investiga as origens desenvolvimentistas da saúde e da doença cresceu a partir da observação de que as crianças que nasceram pequenas e estavam bem adaptadas a um ambiente insatisfatório tinham probabilidade muito maior de desenvolver doenças cardíacas na vida adulta se prosseguissem o seu crescimento em um ambiente afluente (Barker, 1995; Bateson, 2001). Como Gluckman *et al*. (2009) argumentaram, o crescente corpo de evidências tem implicações importantes para medidas de saúde pública. A maneira de tratar um bebê pequeno pode não se restringir a proporcionar a ele uma rica dieta, mas talvez também deva sintonizá-lo melhor com as suas adaptações metabólicas.

Epigenética e evolução

Muitos biólogos ainda acreditam que a compreensão dos processos evolutivos não requer nenhum conhecimento sobre o desenvolvimento. O argumento deles é o seguinte: genes influenciam as características do indivíduo; se os indivíduos diferem por causa de diferenças em seus genes, alguns podem ser mais capazes de sobreviver e de se reproduzir do que outros, e, como consequência, seus genes se perpetuam. A alternativa extrema a essa visão é uma caricatura das visões de Lamarck sobre a evolução biológica e a herança. Se um ferreiro desenvolve braços fortes como resultado do seu trabalho, argumentou-se, seus filhos terão braços mais fortes do que teriam se o seu pai fosse um funcionário de escritório. Essa visão foi ridicularizada praticamente por todos os biólogos contemporâneos. No entanto, como tantas vezes acontece em debates polarizados, o terreno do terceiro excluído, no qual se cogita sobre a significação evolutiva do desenvolvimento e da plasticidade, acabou por se revelar muito mais interessante e potencialmente produtivo do que qualquer uma das alternativas extremas. Essa visão foi extensamente desenvolvida por West-Eberhard (2003), que argumentou que a plasticidade do desenvolvimento é de importância crucial na evolução biológica. Essas mesmas ideias são expressas de maneira soberba no livro de Gilbert e Epel (2009) e são desenvolvidas com mais detalhes no livro editado por Pigliucci e Müller (2010). Além disso, parte do pensamento de Lamarck, desacreditado por sua associação com o espúrio argumento do ferreiro, foi reabilitada (Gissis e Jablonka, 2011).

Um crescente corpo de evidências sugere que traços fenotípicos estabelecidos em uma geração por mecanismos epigenéticos podem ser transferidos diretamente, por meio de microRNA, ou indiretamente, para a geração seguinte (Gissis e Jablonka, 2011). Um exemplo de transmissão indireta ao longo das gerações vem de estudos de laboratório com ratos. Uma ratazana que lambe muito os seus filhotes tem filhos que, quando adultos, lamberão muito sua prole. Inversamente, se as mães cuidam pouco de seus filhos, estes terão prole que será igualmente pouco cuidada por eles. Desse modo, um estilo característico de comportamento materno é transmitido de uma geração para a seguinte. A criação cruzada de um filhote nascido de uma mãe que lambia pouco os seus filhos por uma mãe que naturalmente proporcionava com mais intensidade esse tipo de cuidado comutou o padrão adulto do filhote para o da mãe adotiva (Champagne *et al.*, 2003), mostrando que essa não é uma característica transmitida geneticamente, mas adquirida. As diferenças produzidas pelo comportamento materno surgem em decorrência de variações no desenvolvimento do cérebro induzidas por modificações epigenéticas da expressão dos genes no cérebro (Champagne, 2010). A recepção de altos níveis de atividade de lambidas neonatais está associada à redução dos níveis de metilação do DNA da região promotora de um gene específico, a qual é estabelecida durante seis dias após o nascimento, e persiste durante toda a vida adulta.

Nenhuma das evidências de transmissão entre gerações se relaciona, em si mesma, ao pensamento sobre a evolução biológica, pois os efeitos transgeracionais epigenéticos poderiam ser removidos se as condições que as desencadearam em primeiro lugar não persistissem. A questão crucial consiste em indagar como as mudanças epigenéticas que não são estáveis poderiam levar a mudanças genéticas.

Os tentilhões de Galápagos são um exemplo claro de como, em um intervalo de tempo relativamente curto, pássaros que chegavam do continente eram capazes de "irradiar-se" para muitos hábitats diferentes (Grant, 1986). Tebbich *et al.* (2010) discutem como a capacidade dos tentilhões para responder a desafios ambientais – e para isso eles fornecem algumas evidências –, poderia ter desempenhado um importante papel nesse processo. Nada disso desafia o mecanismo evolutivo postulado por Charles Darwin e Alfred Russel Wallace. O processo evolutivo requer variação, sobrevivência diferencial e sucesso reprodutivo, e herança. Três perguntas para o moderno estudo da epigenética surgem dessa formulação. Primeiro, o que gera variação antes de qualquer coisa? Segundo, o que leva à sobrevivência diferencial e ao sucesso reprodutivo? Terceiro, que fatores permitem que as características de um indivíduo sejam replicadas em gerações subsequentes? Para responder a todas essas perguntas, uma compreensão do desenvolvimento é de suma importância.

A dissociação entre o desenvolvimento e a biologia evolutiva não poderia predominar para sempre. Organismos inteiros sobrevivem e se reproduzem diferencialmente, e os vencedores arrastam consigo os seus genótipos (West-Eberhard, 2003). A maneira como eles respondem fenotipicamente durante o desenvolvimento pode influenciar a maneira como os genótipos de seus descendentes evoluirão e se tornarão fixos (Bateson e Gluckman, 2011). Esse é um dos principais motores da evolução, e é a razão pela qual é tão importante compreender como organismos inteiros se comportam e se desenvolvem.

As características de um organismo podem ser tais que elas restringem o curso de sua evolução subsequente, ou podem facilitar uma determinada forma de mudança evolutiva. As teorias de evolução biológica foram revigoradas pela convergência de diferentes disciplinas. A combinação da biologia do desenvolvimento com a do comportamento, da ecologia com a biologia evolutiva está mostrando quão importantes são os papéis ativos do organismo para a evolução de seus descendentes. A combinação da biologia molecular, da paleontologia e da biologia evolutiva está mostrando como uma compreensão da biologia do desenvolvimento é importante para se conseguir explicar as restrições sobre a variabilidade e a direção da mudança evolutiva.

Conclusões

As mudanças revolucionárias na biologia, que ocorreram graças ao impacto da epigenética, têm melhorado grandemente a compreensão do que acontece quando um indivíduo se desenvolve. A visão causal linear a respeito de como os genes estão envolvidos nos processos subjacentes foi substituída por abordagens muito mais holísticas da dinâmica do desenvolvimento. Essa mudança está levando à reunião de pesquisas vindas de diferentes níveis de análise. Avanços na biologia molecular têm sido espantosos, mas, ao mesmo tempo, têm sido acompanhados por um respeito crescente por todo o organismo. Desse modo, a epigenética continuará a crescer e a provocar, cada vez mais, impactos na medicina e no estudo da evolução.

Referências

Barker, D. J. (1995). "The fetal origins of adult disease." *Proceedings of the Royal Society of London. Series B*, **262**: 37-43.

Bateson, P. (2001). "Fetal experience and good adult design." *International Journal of Epidemiology*, **30**: 928-34.

(2012). "The impact of the organism on its descendants." Article ID 640612. *Genetics Research International*, doi: 10.1155/2012/640612.

Bateson, P. e P. Gluckman (2011). *Plasticity, Robustness, Development and Evolution*. Cambridge University Press.

Carey, N. (2011). *The Epigenetics Revolution: How Modern Biology Is Rewriting Our Understanding of Genetics, Disease and Inheritance*. Londres: Icon Books.

Champagne, F. A. (2010). "Epigenetic influence of social experiences across the lifespan." *Developmental Psychobiology*, **55**: 33-41.

Champagne, F. A., D. D. Francis, A. Mar, e M. J. Meaney (2003). "Variations in maternal care in the rat as a mediating influence for the effects of environment on development." *Physiology & Behavior*, **79**: 359-71.

Gilbert, S. F. e D. Epel (2009). *Ecological Developmental Biology: Integrating Epigenetics, Medicine and Evolution*. Sunderland, MA: Sinauer.

Gissis, S. B. e E. Jablonka (2011). *Transformations of Lamarckism: From Subtle Fluids to Molecular Biology*. Cambridge, MA: MIT Press.

Gluckman, P. D., M. A. Hanson, P. Bateson, A. S. Beedle, C. M. Law, Z. A. Bhutta, *et al.* (2009). "Towards a new developmental synthesis: adaptive developmental plasticity and human disease." *Lancet*, **373**: 1.654-7.

Grant, P. R. (1986). *Ecology and Evolution of Darwin's Finches*. Princeton University Press.

Jablonka, E. e M. J. Lamb (2005). *Evolution in Four Dimensions*. Cambridge, MA: MIT Press.

(2010). "Transgenerational epigenetic inheritance", *in* Pigliucci and Müller, *Evolution – the Extended Synthesis*, pp. 137-74.

> Mattick, J. S. (2011). "The central role of RNA in human development and cognition." *FEBS Letters*, **585**: 1.600-16.
>
> Pigliucci, M. e G. B. Müller, orgs. (2010). *Evolution – the Extended Synthesis*. Cambridge, MA: MIT Press.
>
> Tebbich, S., K. Sterelny, e I. Teschke (2010). "The tale of the finch: adaptive radiation and behavioural flexibility." *Philosophical Transactions of the Royal Society of London. Series B*, **365**: 1.099-1.109.
>
> Waddington, C. H. (1957). *The Strategy of the Genes*. Londres: Allen & Unwin.
>
> West-Eberhard, M. J. (2003). *Developmental Plasticity and Evolution*. Nova York: Oxford University Press.

A cooperação também é claramente visível em muitos níveis dos organismos vivos. No nível de qualquer organismo pluricelular, vemos cooperação entre as diferentes células e tecidos. Um inseto pode consistir em dezenas de células diferentes, e, obviamente, a vida de tal organismo se baseia na cooperação harmoniosa de todas as suas partes. Uma pergunta que fazemos aqui frequentemente é esta: "Como essas diferentes partes 'sabem' que pertencem à mesma unidade?" Em um sentido literal, essa é uma pergunta falaciosa, pois as partes não podem "saber", mas é uma pergunta interessante do ponto de vista heurístico, pois nos obriga a pensar com base nos termos da biologia sistêmica, bem como com base na ideia de cooperação na evolução, uma vez que essas partes, claramente, "aprenderam" a interagir positivamente entre si por causa da seleção natural e da pressão adaptativa. Isso remonta à noção de "cognição", como é entendida por Maturana e Varela, à qual voltaremos no Capítulo 12.

Um outro aspecto muito importante da cooperação é indicado pela palavra "simbiose". A simbiose, a tendência de diferentes organismos para viver em estreita associação uns com os outros, e muitas vezes um dentro do outro (como as bactérias em nosso intestino), é um fenômeno generalizado e muito conhecido. Basta pensar em nosso próprio corpo, que hospeda um número tão grande de microrganismos que cerca de 95% das células do nosso corpo não são humanos (é claro que isso não é verdade no que se refere ao peso). Temos em nossas entranhas várias centenas de gramas de *E. coli*, que vivem felizes dentro de nós, realizando ao mesmo tempo funções importantes para o nosso corpo. Em todo o reino animal, vemos incontáveis exemplos de vida simbiótica: pássaros com paquidermes e pequenos peixes com peixes maiores, e os exemplos são ainda mais numerosos no reino vegetal. Mais uma vez, todos esses acordos cooperativos são o resultado de milhões de anos de caminhos evolutivos.

Quando certas bactérias se fundiram simbioticamente com células maiores e continuaram a viver dentro delas como organelas, o resultado foi um gigantesco passo evolutivo, que preparou o caminho para a evolução dos complexos organismos superiores que se reproduzem sexualmente e que vemos agora em nosso meio ambiente.

Quadro 9.6
Um breve glossário microbiano

procariontes, do grego *pro* (antes) + *karyon* (núcleo): grupo de microrganismos que carecem de um núcleo limitado por uma membrana e também de organelas limitadas por membranas; por isso, seu DNA é abertamente acessível dentro da célula; procariontes abrangem dois domínios: Bacteria e Archaea.

eucariontes, do grego *eu* (bom) + *karyon* (núcleo): organismos que têm um núcleo, organelas e material genético organizado em cromossomos; os eucariontes podem ser unicelulares (protistas, fungos) ou pluricelulares (plantas, animais).

archaea: grupo de procariontes que eram antigamente classificados com as bactérias, mas que recentemente foram identificados como um domínio de vida distinto; os archaea habitam alguns dos ambientes mais extremos do planeta (fontes de água quente, águas extremamente salinas etc.).

cianobactérias, do grego *kyanos* (azul): bactérias fotossintetizadoras, também conhecidas como "bactérias azuis-verdes", que no passado distante evoluíram para cloroplastos em plantas e em algas eucarióticas por meio da simbiogênese (veja texto para detalhes).

estromatólitos, do grego *stroma* (estrato) + *lithos* (rocha): acressões semelhantes a rochas de tapetes microbianos formados em águas rasas, hipersalinas, por meio do aprisionamento, da ligação e da cimentação de grãos sedimentares por microrganismos, principalmente cianobactérias.

organelas: subunidades especializadas de células eucarióticas, limitadas por membranas, análogas aos órgãos do corpo; exemplos delas são as mitocôndrias (os locais de produção de energia por meio da respiração celular) e os cloroplastos (os locais de produção da fotossíntese nas plantas).

A ideia de bactérias e outros microrganismos que vivem dentro de células maiores, com essa simbiose levando a novas formas de vida, foi enfatizada, em particular, pela microbiologista Lynn Margulis. Margulis publicou sua hipótese revolucionária, pela primeira vez, em meados da década de 1960, e ao longo dos anos a desenvolveu em uma teoria plenamente madura, agora conhecida como "simbiogênese", que vê a criação de novas formas de vida por meio de acordos simbióticos permanentes como a principal avenida de evolução para todos os organismos superiores (ver Margulis e Sagan, 2002).

Sua ideia é, por exemplo, a de que a célula eucariótica surgiu por meio da fusão de um procarionte com outro microrganismo em uma espécie de cooperação física, acabando por dar origem a uma nova forma de vida (como uma propriedade emergente), que poderia autorreproduzir-se mais eficientemente. De maneira semelhante, os cloroplastos nas plantas modernas são descendentes de antigas cianobactérias simbiônticas, que se instalaram em células vegetais há cerca de um bilhão de anos. O recente mapeamento do genoma humano proporcionou ainda mais apoio à teoria da simbiogênese, pois geneticistas descobriram que o genoma de animais superiores contém numerosas sequências de genes microbianos, o que, muito provavelmente, é a assinatura de antigas simbiogêneses.

No nível do reino animal, a noção de cooperação pode adquirir o nobre aspecto do altruísmo. Este é, de fato, um campo de pesquisas muito ativo para os biólogos evolutivos e os psicólogos cognitivos, pois, à primeira vista, não é evidente por que um único indivíduo pode sacrificar sua própria vida em benefício do grupo. No entanto, atualmente já se aceita que o altruísmo também é uma maneira de defender e preservar o patrimônio genético de todo o grupo ou espécie.

A cooperação e o altruísmo são, é claro, amplamente exibidos no nível social quando ocorre a formação de grupos de animais – famílias, matilhas, rebanhos, bandos – incluindo comunidades humanas com as famílias e todos os tipos de instituições sociais, onde a cooperação mútua é essencial. Esses agrupamentos sociais também são resultado da evolução, uma vez que sua reunião em grupos, em oposição aos indivíduos livres, é uma maneira mais segura de proteção e sobrevivência. A cooperação física provavelmente precedeu a cooperação mental; há, de fato, uma interessante interação entre esses dois domínios (Tomasello, 1999).

A cooperação também tem algumas conotações políticas. Por exemplo, no século XIX, o anarquista e aristocrata russo Piotr Kropoktin escreveu um livro com o título *Ajuda Mútua: Um Fator de Evolução* (1902) no qual argumentava que a evolução resulta mais da cooperação do que da cruel competição. E a moderna teoria dos jogos nos mostra que, em alguns casos, a cooperação é a estratégia vencedora (Axelrod, 1984).

Falando sobre o nível sociopolítico, devemos mencionar dois nomes importantes, muitas vezes ligados ao darwinismo e nem sempre de maneira positiva: Malthus e Spencer. Vamos considerar primeiramente a expressão comum que muitos associam ao darwinismo: a noção de "sobrevivência do mais apto". Essa expressão não foi usada por Darwin, que, no entanto, usou a expressão "luta pela vida". A expressão "sobrevivência do mais apto" remonta ao sociólogo Herbert Spencer e ao seu darwinismo social (Spencer, 1891/1854), segundo o qual as pessoas mais bem ajustadas na sociedade humana são as mais ricas e as mais instruídas. Seriam essas as que deveriam seguir em frente e sobreviver, enquanto os mais fracos e os pobres deveriam ser deixados à sua sorte. O economista Thomas Malthus, outra figura importante da época vitoriana, tendia a defender essa ideia, que ele considerava o cenário natural da evolução (Malthus, 1798).

O darwinismo não tinha realmente nada a ver com essas ideias do "darwinismo social", que são uma extrapolação baseada na suposição falsa de que a evolução da sociedade humana procede de acordo com a evolução biológica dos organismos simples, e na suposição adicional – e falsa – de que tudo o que é "natural" – visto no cenário da vida na natureza – deve ser correto do ponto de vista moral. No entanto, mesmo se descartarmos o darwinismo social e os aspectos conservadores da sociobiologia, permanece o fato de que a seleção natural pode ser geralmente considerada como algum tipo de competição entre diferentes grupos vivos. Voltaremos a esse ponto no próximo capítulo, quando examinarmos os determinantes do ser humano.

9.6.4 Nós não somos os nossos genes!

Voltemos agora à questão do determinismo genético. A principal crítica que se faz à visão centralizada no gene vem da simples consideração de que a relação comumente propagada "um gene – uma função" não existe. É muito difícil, se não impossível, identificar genes individuais com uma função definida; ou melhor, isso é possível, até certo ponto, com funções de baixo nível, como a produção de proteínas, mas é mais difícil fazê-lo com funções de alto nível, como o nível de comportamento.

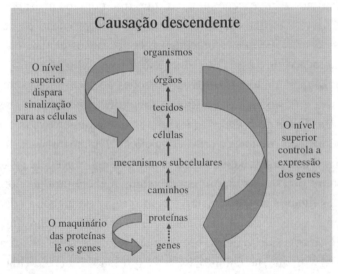

Figura 9.6 Formas de causação descendente (flechas largas). Os níveis superiores disparam a sinalização para a célula e a expressão dos genes; a flecha menor, em particular, indica que é o maquinário das proteínas que lê e interpreta a codificação dos genes (extraído de Noble, 2006, com permissão).

Um único gene pode "expressar" (isto é, induzir a síntese de) uma proteína. No entanto, nenhuma função complexa é determinada por um grande número de proteínas, de modo que deveríamos pelo menos considerar, como já dissemos antes, uma rede de genes sempre conectada com uma rede de proteínas. Mesmo assim, a ideia de que os genes são a causa linear de funções biológicas, e da própria vida, é uma aproximação muito grosseira da realidade biológica. Em nossa crítica da visão centralizada no gene, devemos seguir as ideias do eminente biólogo sistêmico Denis Noble (2006), que apresentou argumentos convincentes para sugerir que a visão determinista centralizada no gene está simplesmente errada.

Para começar, devemos considerar que o DNA sozinho não faz nada; ele precisa ser lido por proteínas para produzir outras proteínas. Noble, muito apropriadamente, faz a analogia com um CD: o DNA é como um CD, um padrão de instruções, que não faz nenhum sentido sem a leitora de CD. Proteínas específicas são as leitoras de CD. Há várias dezenas de proteínas para fazer essa leitura, e muitas outras para expressar um gene. E de onde é que vêm todas essas proteínas? Vêm do metabolismo da célula – isto é, da própria vida. Assim, a importância do DNA precisa ser compreendida nos termos da biologia sistêmica, de acordo com a qual é o próprio organismo que determina quais os genes que serão lidos e expressos. É uma visão mais de cima para baixo do que de baixo para cima. A visão convencional, de baixo para cima, de uma cadeia de causalidade – o DNA causa as proteínas; as proteínas causam as células; e, finalmente, o DNA "causa" a vida – pode ser considerada como uma forma de reducionismo; no mínimo, precisa ser compreendida como o surgimento de propriedades emergentes à medida que a complexidade aumenta.

Uma visão mais sistêmica envolve o conceito de causação descendente. Reproduzimos aqui (Figura 9.6) um diagrama extraído do livro de Noble mostrando as cadeias de causalidade linear que vão dos genes para a função (a visão reducionista/determinista) e como isso deveria ser modificado por controles de *feedback* provenientes dos níveis de organização superiores. Com base nessas considerações, Noble (2006, p. 51) passa a criticar a noção do genoma humano como sendo "o livro da vida":

Essa é a principal razão para eu me opor à metáfora, que de outro modo seria vívida e colorida, que descreve o genoma como "o livro da vida". Um livro pode descrever, explicar, ilustrar e muitas outras coisas, mas se o abrirmos até encontrar apenas cadeias de números, como o código de máquina de um programa de computador [...] diríamos que só havíamos recebido uma base de dados. Meu ponto central será que o livro da vida é a própria vida; ela não pode ser reduzida a apenas uma das suas bases de dados.

Outro conceito importante enfatizado por Noble (2006, p. 18) refere-se à sua oposição à noção de gene egoísta: "Os genes são entidades capturadas, não tendo mais uma vida própria independente do organismo. Eles são forçados a cooperar com muitos outros genes para ter qualquer chance de sobrevivência". Isso está relacionado com a nossa noção de redes operacionais de genes e proteínas e reforça a ideia de que os genes precisam cooperar uns com os outros a fim de garantir um organismo funcional. Nenhum gene é escolhido isoladamente. É interessante lembrar aqui que há também um livro de Dawkins (2003) no qual ele diz: "Os genes não são nós".

Há outra linha de argumentação contra a visão centralizada no gene: é a observação, atualmente aceita, segundo a qual a distribuição tridimensional dos segmentos de DNA é um fator importante para a maneira como as sequências de DNA são lidas. Já mencionamos essa noção na seção anterior sobre epigenética. As pesquisas sobre esse assunto estão sendo realizadas atualmente de maneira muito ativa e intensa em vários laboratórios em todo o mundo, e, embora ainda seja muito cedo para tirar uma conclusão geral, é evidente que esse será um importante novo capítulo da biologia molecular e da genética.

Tudo isso faz com que a relação entre o genoma e o organismo seja um assunto extremamente complexo. É compreensível que a mídia tenda a simplificar essa imagem, mas isso gera uma série de equívocos. Um deles é o fato de que o conhecimento da sequência do genoma pode nos dizer muito sobre a natureza do organismo, o seu estado de saúde, e, possivelmente, até mesmo o seu comportamento. Em vez disso, é importante enfatizar que o genoma é apenas uma sequência muda de letras. Por acaso o genoma é capaz de lhe dizer por que um cão é um cão, e por que um homem é um homem? A resposta é, simplesmente: "Não".

Outro aspecto, mais sutil, do determinismo genético está contido na metáfora que reconhece no genoma um *software* para o programa de construção da vida. De certa maneira, essa é uma abordagem de-baixo-para-cima, com o *software* formando a base do *hardware* para a construção de proteínas, e, em seguida, de todo o restante, até a célula. De acordo com a visão sistêmica, Noble recusa a noção de um programa e concorda com a afirmação de Enrico Coen (1999) de que os organismos não são simplesmente fabricados de acordo com um conjunto de instruções, como, de fato, não é nada fácil separar as instruções da maneira como são realizadas, para distinguir o plano da execução. Seguindo estritamente esse ponto de vista, poderíamos dizer que na vida não há nenhum *software*, há somente o *hardware*: moléculas que interagem umas com as outras em um complexo sistema de redes.

Note que essa visão sistêmica está totalmente de acordo com nossa exposição da vida celular como um sistema coletivo integrado, como discutimos no capítulo anterior. Nele apresentamos a noção de um *ensemble* coletivo sem um centro de localização. A recusa de localizar o centro da vida no genoma, ou no DNA em geral, corresponde a essa visão. A própria vida, em sua totalidade, é a expressão de um sistema operacionalmente fechado.

Gostaríamos de concluir esta seção com a vigorosa avaliação final de Noble (2006, p. 19):

Qualquer inteligência que o sistema tenha estará no nível do organismo, e não no nível dos genes. Além disso, dizer que essa inteligência está codificada no programa dos genes não é correto, pois [...] não há uma coisa que se possa chamar de programa. Nós somos o sistema que permite que o código seja lido.

9.7 Darwinismo e criacionismo

Mencionamos a relutância de Charles Darwin em publicar suas teorias, pois ele estava ciente de que as autoridades da Igreja e todo o ambiente cultural cristão seriam abalados e ergueriam armas contra ele e sua noção de que as espécies estariam mudando por causa da seleção natural. Foi realmente isso o que aconteceu, e a controvérsia que se seguiu não foi nenhuma surpresa. A surpresa está no fato de que essa controvérsia ainda esteja presente depois de mais de 150 anos depois da publicação de *A Origem das Espécies*. Muitas pessoas ainda se prendem à ideia de que as espécies são entidades fixas, criadas de uma vez por todas por Deus, e tudo de acordo com a descrição feita no Gênesis. Isso, em si mesmo, não seria um grande problema; o verdadeiro problema reside no fato de que foi criado algo que levou o nome de ciência da criação, ou criacionismo científico, que tenta fornecer apoio científico à mitologia do Gênesis de que o mundo foi criado em seis dias, *ex nihilo* há alguns milhares de anos. Essa tentativa desafia as evidências geológica e astrofísica para a idade da Terra e do universo, bem como a importância dos registros fósseis, e, é claro, de todas as formas de evolução darwinista.

Como o físico e filósofo Carl Friedrich von Weizsäcker se expressa de maneira sucinta: "Ou a Bíblia deve ser levada a sério, ou então deve ser considerada literalmente". Em geral, os criacionistas não reconhecem que o relato bíblico da criação, como todos os mitos da criação religiosos, são apenas isto: mitologia. Tal cegueira fundamentalista até poderia ser tolerada se não fosse pelo fato de que essa espécie de criacionismo transformou-se em um movimento político que desafia os currículos científicos nos sistemas escolares. Muitos conselhos escolares e elaboradores de leis e normas de educação, principalmente nos EUA, foram persuadidos a incluir o ensino da "ciência da criação" juntamente com o da evolução darwinista no currículo de ciências, a começar com Louisiana e Arkansas (Wilder-Smith, 1968, 1987).

Este foi realmente o início de uma série exasperante de processos judiciais. A decisão judicial de 1982 *McLean versus Arkansas* constatou que a ciência da criação não conseguia satisfazer às características essenciais de uma ciência e que sua intenção principal era a de promover a religião cristã. No entanto, isso não foi suficiente para aquietar os criacionistas, que continuaram pressionando e montando *lobbies*. Em 1987, houve finalmente uma decisão da Suprema Corte dos EUA (após a decisão judicial de Louisiana), afirmando que o ensino da ciência da criação lado a lado com o da evolução é inconstitucional porque seu verdadeiro objetivo é promover uma crença religiosa particular.

No entanto, mesmo isso não foi o fim da história. Na verdade, a partir dessa ocasião, o criacionismo passou a usar um novo disfarce, tornando-se mais sutil e dissimulado ao se transformar na ideologia do "planejamento inteligente" (em inglês ID, de "*intelligent design*"). O ID não menciona explicitamente o relato bíblico. Ele nem sequer nega certas formas de evolução, mas sustenta que até mesmo os sistemas vivos mais simples são demasiadamente complexos para terem se desenvolvido por meio de processos naturais, não dirigidos. Essa ideologia também apareceu em um livro polêmico e famoso, *Of Pandas and People: The Central Question of Biological Origins*, concebido como um manual acadêmico (Davis e Kenyon, 1989, 1993). Nesse livro, não havia nenhuma referência a um "criador", nem a uma "criação", e, portanto, deveria estar de acordo com a decisão da Suprema Corte. As palavras "criador" e "criação" foram substituídas por *planejador* e *planejamento*. Bastante esperto. No entanto, mais uma vez, pais entraram com uma ação judicial (em Dover, Pensilvânia) para deter o ensino do ID. Houve outros processos judiciais (por exemplo, *Kitzmiller versus Dover Area School District*), mas, a essa altura, o ID tornou-se um poderoso movimento político, que se estendeu para a Austrália e até mesmo para a Europa. E isso apesar do fato de a Academia Nacional de Ciências dos EUA (1999) ter afirmado que "a ciência da criação, na verdade, não é ciência e não deve ser apresentada como tal", e que "as afirmações da ciência da criação carecem de apoio empírico e não podem ser testadas de modo a oferecer resultados significativos". Além disso, a corrente principal do clero cristão criticou a ciência da criação por razões teológicas, afirmando que a fé religiosa, por si só, deveria ser uma base suficiente para a crença na verdade da criação ou que os esforços para comprovar o relato da criação segundo o Gênesis com base em argumentos científicos são inerentemente fúteis porque a razão está subordinada à fé e não pode, portanto, ser usada para comprovar essa última. Para mais literatura a respeito dessa controvérsia, consulte Behe (1996), Dembski (1999) e Petto e Godfrey (2007).

Não há nada de novo nos argumentos do ID. Na verdade, a noção tem um precursor clássico nos escritos de William Paley, o vigário anglicano que introduziu uma das mais famosas metáforas da filosofia da ciência, a imagem do relojoeiro (Paley, 1802, pp. 1-2):

Quando chegamos para inspecionar o relógio, percebemos [...] que as suas diversas partes são emolduradas e juntadas para um propósito, por exemplo, que são formadas e reguladas de modo a produzir movimento, e que o movimento é regulado de maneira a apontar a hora do dia; que se as diferentes partes tivessem sido modeladas de maneira diferente da que foram, ou se fossem dispostas de qualquer outra maneira ou em qualquer outra ordem, diferente daquela em que foram colocadas, então ou nenhum movimento, em absoluto, teria sido realizado na máquina, ou nenhum movimento que respondesse ao uso a que ela agora serve... [A] inferência que pensamos ser inevitável, a de que o relógio precisa ter um fabricante – que deve ter existido, em algum momento e em algum lugar ou outro, um artífice ou artífices que o construíram para o propósito ao qual nós descobrimos que ele atualmente responde, e que compreendiam como construí-lo e que planejaram o seu uso.

Os organismos vivos, argumentou Paley, são ainda mais complicados do que os relógios, e, portanto, só um planejador inteligente poderia tê-los criado, assim como apenas um relojoeiro inteligente pode fazer um relógio. De acordo com Paley, *"esse planejador deve ter sido uma pessoa. Essa pessoa é Deus"*. É claro que o ID já está implícito nessa única passagem. Os modernos ideólogos do ID nada acrescentaram a ele conceitualmente, apenas a ambição – e a ilusão – de transformar essa ideologia em ciência.

A metáfora de Paley já havia sofrido em sua época a oposição de David Hume e de outros filósofos contemporâneos, e, muito mais enfaticamente, de biólogos moleculares e evolucionistas no século XX. Na década de 1970, Jacques Monod, um dos fundadores da biologia molecular e famoso (juntamente com seu colega suíço François Jacob) por seu trabalho sobre o controle da expressão dos genes, criou uma grande agitação com seu livro *O Acaso e a Necessidade* (*Chance and Necessity*, 1971), no qual afirmou inequivocamente que a origem e a evolução da vida são produtos do puro acaso. Voltaremos à declaração radical de Monod e a qualificaremos dentro de uma perspectiva sistêmica na Seção 9.8 mais adiante.

Mais recentemente, Richard Dawkins, talvez o mais proeminente representante atual de uma inflexível visão mecanicista da vida, reviveu a famosa metáfora de Paley no título de seu livro *The Blind Watchmaker* (1986) [O Relojoeiro Cego]. Dawkins nos lembra que a natureza procede sem um propósito *a priori*, de acordo com os mecanismos de "remendo" defendidos pelo colega de Monod, François Jacob (1982), alguns anos antes.

Este é um ponto muito importante, um ponto crítico: não é a função que determina a estrutura, mas sim, é o oposto, é a estrutura que determina a função. Essa é a própria base da seleção natural e, ao mesmo tempo, é um fato contraintuitivo. Por exemplo, o flagelo das bactérias não foi "criado" e projetado de modo a permitir que as bactérias passassem a nadar – em vez disso, a partir das bactérias originais sem flagelos, uma proteína de fibra originou-se de uma mutação; os organismos providos com elas podiam se mover melhor, coletar mais alimentos, e se reproduzir mais depressa, de modo que gerações seguintes tiveram uma frequência maior dessa nova espécie. Em seguida, outras mutações transformaram essa proteína de fibra em um feixe de proteínas, e, finalmente, em um mosaico mais complexo provido de atividade motriz, até que emergiu a estrutura final – tudo no decorrer de milhões de anos de incessantes tentativas e erros. E também foi assim que aconteceu para o olho, que se originou muito provavelmente de uma única proteína sensível à luz em algumas bactérias, e finalmente se desenvolveu, por meio de mutações aleatórias, em associações estruturais cada vez mais complexas.

Os criacionistas argumentariam que os seres humanos têm olhos porque têm necessidade de visão; recusando, naturalmente, reconhecer o mecanismo evolutivo contraintuitivo. É interessante, neste momento, mencionar que até mesmo Aristóteles, em seu texto clássico *De partibus animalium* (Sobre as Partes dos Animais), ensinou que "a natureza adapta o órgão à função, e não a função ao órgão"; e Lucrécio escreveu, em seu célebre poema épico *De rerum natura* (Sobre a Natureza das Coisas), que "nada no corpo apareceu para podermos usá-lo. É o ter nascido que é a causa de seu uso".

A capacidade de previsão desses gênios filosóficos é de fato surpreendente. A última sentença de Lucrécio – "é o ter nascido que é a causa de seu uso" – poderia ter sido pronunciada em nosso tempo por Stephen Jay Gould ou qualquer biólogo evolucionista moderno. É certamente notável que algumas mentes de mais de 2 mil anos atrás podiam ver coisas que nossos modernos defensores do ID não conseguem ver.

O fato de que os argumentos a favor da evolução darwinista são contraintuitivos e ocasionalmente difíceis de serem explicados a um público amplo, ao passo que os dos criacionistas são fáceis ("O olho foi fabricado a fim de ver"), explica, em parte, a ampla difusão do movimento do ID. O outro argumento usado por proponentes do ID é centralizado na ideia de que se o darwinismo estivesse correto, a vida não teria nenhum propósito e ficaria privada de códigos morais. (Voltaremos à questão da moral em nossa abordagem da ciência e da espiritualidade no Capítulo 13.)

O problema, como já mencionamos, é que o ID está se espalhando, e carregando consigo ignorância e concepções errôneas sobre a ciência. Seu sucesso se deve a uma combinação de fatores; mas, basicamente, ele reside no fato de que pregar a ignorância e o medo é muito eficiente para convencer ouvintes não críticos, de mentes simples; e isso ocorre em combinação com uma filosofia bem enraizada no fundamentalismo, e convertida em um movimento político, com *lobbies* políticos, geralmente associado com políticos ricos, de direita. Lutar contra essa nuvem de falsidade deveria ser o dever de qualquer cientista que se preocupa com a precisão e o respeito pela razão. É a velha batalha entre Galileu e o clero, a eterna luta contra a cegueira e a superstição.

9.8 Acaso, contingência e evolução

Como mencionamos antes, um dos argumentos dos defensores do ID é que a aceitação da evolução darwinista transformaria toda a vida, incluindo a humanidade, em um produto do acaso. Vamos nos demorar um pouco nesse ponto crítico, e para isso vamos começar com base em dois marcos do moderno pensamento evolutivo.

O primeiro é a visão de que a evolução ocorre sem planos programados; mencionamos antes o conceito de "remendo" de Jacob. Se não há planos programados, então o surgimento da humanidade também não pode ser considerado programado. Isto significa que os seres humanos poderiam não ter evoluído – poderíamos não estar aqui.

O segundo marco diz respeito à noção de acaso. É verdade que tudo o que existe na natureza, incluindo os seres humanos, é produto do acaso? Para esta segunda pergunta, vamos considerar novamente a Figura 9.5, de acordo com a qual toda a biodiversidade no planeta se originou a partir de uma única espécie protocelular, o LUCA (sigla para "último ancestral comum universal", *Last Universal Common Ancestor*). Os três domínios da Figura 9.5, com todas as suas ramificações e subfamílias, originaram-se de mutações aleatórias e dos outros complexos mecanismos de intercâmbio genético que delineamos brevemente antes. Mais uma vez, essas três principais direções da vida não foram programadas. Todas elas foram, então, produtos do acaso? Na verdade, essa é a visão enfaticamente expressa por Jacques Monod em seu famoso livro *O Acaso e a Necessidade* (*Chance and Necessity*, 1971, p. 122): "Apenas o acaso está na origem de toda inovação, de toda criação na biosfera".

Monod toca em um ponto essencial, mas esse ponto precisa ser qualificado. Se o tomarmos em um sentido absoluto, obteremos uma visão da natureza e da evolução muito restrita e parcialmente distorcida. A primeira correção parcial que devemos introduzir refere-se à noção de determinismo estrutural, que já discutimos (veja a Seção 7.4.2); a segunda tem a ver com a substituição da palavra "acaso" pela palavra "contingência", no sentido que modernos pensadores evolucionistas, como Stephen Jay Gould ou Ernst Mayr, lhe atribuem, os quais consideram a contingência como a principal força motriz da evolução (Gould, 1989, 2002; Mayr, 2000; veja também Oyama *et al.*, 2003).

O que é contingência? Teremos mais a dizer sobre esse importante conceito e sua relação com o determinismo no próximo capítulo deste livro, relacionando-o com a origem da vida na Terra. Queremos, no entanto, antecipar que a contingência, definida no dicionário como "uma ocorrência imprevisível", é a ocorrência simultânea de fatores que são independentes uns dos outros, mas que, juntos, determinam um evento específico em uma situação temporal e espacial precisa. Considere o exemplo de uma telha que cai de um velho telhado, atinge um pombo em voo e o mata. Acaso? Sim, mas esse "evento aleatório" se deve a uma série de fatores independentes, tais como a velocidade com a qual o pássaro estava voando, a idade do telhado, a densidade da telha, a presença ou ausência de vento, e assim por diante. Cada um desses fatores é causalmente determinado: a telha cai obedecendo à gravidade; o telhado envelhece em consequência da erosão; a velocidade de voo do pássaro depende de suas dimensões e de sua idade. Mas todos esses fatores deterministas misturam-se uns com os outros de maneira imprevisível.

Há uma consideração adicional importante nesse exemplo simples: mude apenas um desses elementos (a velocidade do pombo, a idade do telhado, a densidade da telha ou a quantidade de ar deslocada pelo vento) e o acidente poderia não ter ocorrido. Essa é de fato a principal afirmação que caracteriza a contingência – *poderia não ter acontecido!* – E isso está, é claro, em oposição à ideia de determinismo absoluto, de algum tipo de caminho predeterminado.

Qual é a importância desse exemplo para a evolução biológica? Esse ponto foi discutido por vários dos principais teóricos evolucionistas, inclusive, em primeiro lugar, por Stephen Jay Gould, um dos representantes mais eloquentes do pensamento evolucionista contemporâneo (veja, por exemplo, Gould, 1980, 1991). Nas palavras memoráveis de Gould (1989, p. 48):

Desde que a inteligência humana surgiu, apenas há um segundo geológico, enfrentamos o fato impressionante de que a evolução da autoconsciência exigiu cerca de metade do tempo potencial da Terra. Dados os erros e incertezas, a variação das taxas e caminhos e outras rodadas da fita, que possível confiança podemos ter na eventual origem de nossas capacidades mentais distintivas? Rode a fita de novo, e ainda que os mesmos caminhos gerais emerjam, dessa vez poderia levar 20 bilhões de anos para que a autoconsciência seja alcançada – a não ser que a Terra fosse incinerada bilhões de anos antes. Rode a fita mais uma vez, e o primeiro passo, dos procariontes à célula eucariótica, poderia levar 12 bilhões de anos, em vez de 2 bilhões; e os estromatólitos, aos quais nunca seria concedido o tempo necessário para se pôr em movimento, poderiam ser então a mais desenvolvida das testemunhas biológicas mudas do Armagedom.

A implicação dessa passagem é clara: o aparecimento de organismos pluricelulares, e, por conseguinte, os passos subsequentes, ao longo de todo o caminho até a evolução dos seres humanos, poderia ter ocorrido muito depois – ou poderia nunca ter ocorrido. Isso é contingência em sua expressão mais clara. Compreensivelmente, esse papel, de importância crucial, da contingência na evolução é o que preocupa os proponentes do ID, pois ele implica claramente que a humanidade poderia nunca ter surgido. Voltaremos a esse conceito no próximo capítulo em conexão com a origem da vida, campo em que a relação entre contingência e determinismo absoluto (a visão de que a vida é um imperativo absoluto sobre a Terra) é particularmente crítica.

Voltando agora à nossa noção de "acaso", queremos enfatizar o seguinte: uma vez que ocorreu a confluência dos fatores contingentes que desencadearam o surgimento de eucariontes, não se pode considerar que os produtos tenham origem no acaso. Eles se devem à estrutura particular dos organismos unicelulares de partida. Em outras palavras, a organização interna dos procariontes de partida determina, por meio do determinismo estrutural que discutimos anteriormente, e com as condições ambientais particulares, o produto resultante: o produto não pode ser uma estrutura arbitrária, totalmente aleatória.

Vamos ilustrar esse ponto com alguns outros exemplos. Há cerca de 2 bilhões de anos, as cianobactérias inventaram o tipo de fotossíntese que vemos hoje, que produz o oxigênio como subproduto. Isso ocorreu em consequência de uma mutação, e, em princípio, não houve nenhuma razão pela qual essa mutação não deveria ter ocorrido. Por acidente, em seguida, a produção de oxigênio foi "inventada", e essa mutação determinou o curso de toda a evolução subsequente. Se essa mutação não tivesse ocorrido, não haveria oxigênio, nem clorofila e nem fotossíntese. Nesse caso, o nosso mundo ainda seria povoado pacificamente apenas por procariontes.

Teria sido uma mutação totalmente aleatória o evento que desencadeou a produção de oxigênio? Na verdade, ele poderia não ter ocorrido. Por outro lado, essa mutação específica, que envolveu a interação de vários genes diferentes, deveu-se à organização interna particular dos procariontes originais, e também se deveu à sua interação particular com o meio ambiente. Então, mais uma vez, foi um evento aleatório, mas ocorreu contra o pano de fundo do determinismo estrutural e da interação ambiental consonante. Ocorreu porque era, em um certo sentido, consonante com a estrutura interna dos organismos originais.

Com base nos argumentos de contingência discutidos nesta seção, não podemos dizer que a espécie humana é um resultado determinista das primeiras algas e peixes. A evolução poderia ter seguido por muitas diferentes avenidas. A afirmação segundo a qual a humanidade poderia não estar aqui pode ser uma pílula amarga para muitos, mas que precisa ser engolida se quisermos aceitar o cenário darwinista.

Para a maioria dos defensores do ID, isso significa que, se ninguém nos programou, a vida não vale a pena ser vivida. Acreditamos que essa é, de fato, uma conclusão estranha, quase doentia. Pelo contrário, a conduta moral, o amor por nossos companheiros seres humanos e o desejo de paz e felicidade assumem o maior valor, precisamente porque eles não são o resultado de algum programa, mas valores descobertos por nossa própria humanidade.

9.9 O darwinismo hoje

A evolução darwinista é uma teoria capaz de explicar a biodiversidade do nosso planeta, dos microrganismos aos mamíferos, e dos peixes às plantas. É uma grande tela de pintor que unifica a vida em todas as suas formas e comportamentos. Como o próprio Charles Darwin observou em sua *A Origem das Espécies*:

É interessante contemplar um riacho luxuriante, atapetado com numerosas plantas pertencentes a numerosas espécies, abrigando aves que cantam nos ramos, insetos variados que volitam aqui e ali, vermes que rastejam na terra úmida, se se pensar que estas formas tão admiravelmente construídas, tão diferentemente conformadas, e dependentes umas das outras de uma maneira tão complexa, têm sido todas produzidas por leis que atuam em volta de nós.... Não há uma verdadeira grandeza nesta forma de considerar a vida, com os seus poderes diversos atribuídos primitivamente pelo Criador a um pequeno número de formas, ou mesmo a uma só? Ora, enquanto que o nosso planeta, obedecendo à lei fixa da gravitação, continua a girar na sua órbita, uma quantidade infinita de belas e admiráveis formas, saídas de um começo tão simples, não têm cessado de se desenvolver e desenvolvem-se ainda!

(Darwin, 1859, p. 490)

A visão de Darwin é, evidentemente, uma representação perfeita da visão sistêmica da vida. Nessa visão, todos os seres vivos estão ligados uns aos outros por um fio histórico, que se estende desde o início da vida, em uma gigantesca rede de relações que fazem de todos nós parte de uma única família em todo o mundo, desde tempos imemoriais no passado a todos os futuros previsíveis. Há realmente "grandeza nessa visão da vida", e nesse sentido a afirmação dos criacionistas – a de que a vida não tem dignidade se seguirmos o darwinismo – mostra uma grande ignorância.

Naturalmente, o darwinismo, como já observamos, também tem seus lados sombrios. Mencionamos, por exemplo, a deriva do neodarwinismo para a sociobiologia e o determinismo genético. De acordo com esse último, o comportamento, inclusive o comportamento humano, é resultado de um gene em particular. Aqui também precisamos ser cuidadosos. Naturalmente, o comportamento do leão difere do da gazela por causa dos seus diferentes genomas. Isso é inegável, mas atribuir uma característica comportamental a um único gene, como é frequentemente feito na mídia ou, mais maliciosamente, por certas empresas farmacêuticas, é uma coisa completamente diferente, e geralmente falaciosa. É por isso que enfatizamos neste capítulo a abordagem sistêmica descendente, destacando que não é um único gene que é a causa da função do organismo, mas sim, é todo o organismo que ativa o gene.

Alguns dos problemas com o darwinismo, mesmo nos tempos modernos, derivam do fato de que alguns dos seus conceitos básicos não são tão fáceis como parecem à primeira vista. Considere, por exemplo, a noção de mutação aleatória e sua relação com a seleção natural. Para esclarecer essa noção, o conceito de determinismo estrutural, discutido no Capítulo 7, é muito útil, mas, novamente, é tudo menos trivial. Além disso, os argumentos a favor do equilíbrio pontuado, e, em outro nível, a favor da origem e do desenvolvimento da cognição humana e da consciência (veja o Capítulo 12) não são fáceis de se aceitar. Por outro lado, não se deve esquecer que o darwinismo, como todos os outros ramos da ciência, é uma teoria em andamento, longe de ter alcançado em todos os aspectos uma resposta completa e satisfatória.

Não há dúvida de que hoje estamos vivendo na era do gene; o projeto gigantesco sobre o genoma humano é a melhor e mais famosa evidência desse fato. Em fevereiro de 2001, o periódico *Nature* publicou um artigo de 62 páginas com o sequenciamento e análise iniciais do genoma humano, e o ex-presidente dos EUA Bill Clinton o chamou de "o mapa mais importante e mais maravilhoso já produzido pela humanidade", com seu consultor científico afirmando que agora tínhamos a possibilidade de alcançar tudo o que já esperamos obter da medicina (editorial da *Nature*, 2001).

Um outro editorial da mesma revista, redigido dez anos depois, é muito mais moderado, trazendo um subtítulo mais apropriado: "Dez anos depois que o genoma humano foi sequenciado, sua promessa ainda está para ser cumprida" (editorial da *Nature*, 2011). E naquela que é chamada de uma "visão atualizada" das perspectivas para a medicina genômica, os geneticistas Eric Green e Mark Guyer, do US National Human Genome Research Institute (2011), escreveram que não podemos esperar melhoramentos profundos por muitos anos. O biólogo Eric Lander, o primeiro autor do citado artigo de 2001 que trazia o sequenciamento do genoma humano, ecoa conceitos semelhantes (Lander, 2011). Na verdade, é uma noção bem aceita atualmente o fato de que a importância do sequenciamento do genoma humano tem se situado, até agora pelo menos, mais do lado da ciência básica – induzindo um novo conceito do gene em particular – do que do lado da aplicação. E também é claro que o passo necessário para aplicações bem-sucedidas é uma compreensão melhor da estrutura do DNA no genoma, incluindo, em particular, a relação estrutura/função tridimensional das regiões não codificantes.

Devemos, por fim, mencionar a onda de críticas que tem aparecido em recentes publicações e entrevistas com cientistas, acompanhadas de títulos retumbantes que alardeiam o fim do darwinismo, o colapso da hegemonia da cultura de Darwin, a substituição total da síntese moderna e a introdução de novas mudanças de paradigma na evolução... Fica parecendo que quase toda a noção de darwinismo está desmoronando. De fato, tudo isso precisa ser lido com cautela. Em primeiro lugar, a crítica não tem por alvos exclusivos os princípios básicos do darwinismo, investindo, em vez disso, contra o neodarwinismo (ou, como vimos, contra a síntese moderna, a combinação de genética com darwinismo). E, mais particularmente, contra a noção neodarwinista de que toda a biologia – inclusive a diversidade fenotípica, a morfologia e toda a tridimensionalidade de estruturas biológicas – é dada pelas sequências lineares de genes. Na verdade, essa última linha de pensamento representa atualmente uma minoria, e investir contra ela nem é mais particularmente original. Outro ponto: o progresso das ciências biológicas gerou novos conceitos (tais como a regulação dos genes, a importância da estrutura tridimensional dos íntrons, a plasticidade dos genes, a epigenética), que não poderiam ser contempladas anteriormente. E entender isso como uma deficiência do darwinismo significa simplesmente uma falta de compreensão de como se move o progresso científico.

9.10 Observações finais

Mencionamos que uma das razões pelas quais os proponentes do ID se opõem ao darwinismo reside no fato de eles suporem que o conceito de evolução é equivalente a dizer que a natureza está completamente nas mãos do acaso. Citamos a frase assustadora de Monod, e podemos acrescentar aqui mais uma das famosas declarações desse autor (Monod, 1971, p. 114): "O homem finalmente sabe que está sozinho na imensidão insensível do universo, do qual ele surgiu apenas por acaso".

Sim, as mutações são aleatórias, e também o é a mistura dos genes, mas a evolução como um todo não procede aleatoriamente, em absoluto. A natureza é muito exigente na escolha de uma mutação viável. A fim de ser "aceita", a mutação tem de respeitar várias condições e restrições. Em primeiro lugar, há o princípio do determinismo estrutural (veja a Seção 7.4.2), o qual implica que somente podem ser aceitas as mudanças consistentes com a estrutura e a organização interna existentes do organismo vivo. Além disso, a mutação só pode produzir uma perturbação mínima, de modo a respeitar a principal função da célula viva, que é a automanutenção. A individualidade própria da célula precisa ser preservada: uma célula do fígado tende a permanecer uma célula do fígado; uma célula nervosa permanece uma célula nervosa; e assim por diante. Além disso, a mutação precisa permitir adaptações às mudanças ambientais; e, finalmente, ela precisa satisfazer às leis da física e da química que governam o metabolismo da célula.

As mutações, como vimos, são apenas um tipo de evento que leva à variação e à evolução. Os outros dois tipos são intercâmbios laterais de genes entre bactérias e a ingestão de genomas microbianos por organismos maiores (veja a Seção 9.3.5). No entanto, os argumentos não mudam quando consideramos esses outros mecanismos. Em cada caso, as novas estruturas precisam ser integradas em seus ambientes genéticos e epigenéticos. Isso envolve a dinâmica complexa, não linear, de uma rede de reações químicas na qual apenas um número limitado de novas formas e funções é possível. Tudo isso está muito longe da máxima de Monod do "acaso sozinho".

Além disso, a visão da evolução que descrevemos também não é totalmente representada pelo determinismo, uma vez que ela sempre permite múltiplas escolhas. É aí que o conceito de contingência torna-se importante – uma constelação de fatores deterministas que, no entanto, dão origem a eventos imprevisíveis, mas que, mesmo assim, podem ser plenamente explicados depois de terem ocorrido (veja a Seção 9.8).

No âmbito da visão de evolução que apresentamos aqui, há sempre uma interação sutil entre contingência e determinismo. Embora eventos aleatórios desencadeiem mudanças evolutivas, as novas formas de vida emergentes não resultam apenas desses eventos aleatórios, mas também de uma complexa dinâmica não linear – uma teia de fatores que envolvem não apenas a genética, mas também as restrições da estrutura física do organismo e do seu contexto, bem como do ambiente em perpétua mudança. Como mencionamos, nesses processos complexos, cada invenção de contingência precisa satisfazer às leis da física e da química, e é aí que o determinismo é crítico. Teóricos evolucionistas muitas vezes usaram a imagem da água que flui descendo pela superfície irregular de uma colina para ilustrar a interação entre determinismo e contingência. O movimento descendente da água é determinado pela lei da gravidade, mas o terreno irregular, com suas rochas e fendas, determina o caminho real.

Mudanças evolutivas são disparadas pela aleatoriedade e pela contingência, mas a integração das estruturas genéticas emergentes no seu ambiente está longe de ser aleatória; é um processo complexo e altamente ordenado. De acordo com a visão sistêmica, a expressão da criatividade da vida no processo da evolução deve ser vista como um aspecto do processo muito mais amplo da vida, que está estreitamente associado com a cognição (como discutimos detalhadamente no Capítulo 12). A evolução, então, é um processo complexo, altamente ordenado e, em última análise, cognitivo. É parte integrante da auto-organização da vida.

10
A procura da origem da vida na Terra

O desdobramento evolutivo da vida na Terra é uma história de tirar o fôlego. Impulsionada pela criatividade inerente a todos os sistemas vivos, expressa por meio de três amplos caminhos distintos – mutações, intercâmbio de genes e simbiose – e afinada pela seleção natural, a pátina viva do planeta expandiu-se ao longo de bilhões de anos e intensificou-se em formas de diversidade sempre crescente. A história foi contada muitas vezes. Para um belo, detalhado e sofisticado relato, recomendo o livro *Microcosm*, de Lynn Margulis e Dorion Sagan (1986). Em vez de recontar toda a história, vamos, neste capítulo, nos concentrar em seu início, a origem da vida, e no Capítulo 11, em seu estágio mais recente, a evolução da espécie humana.

10.1 A evolução molecular de Oparin

O que a ciência pode nos dizer sobre a origem da vida na Terra? É justo afirmar desde o início que não temos uma resposta para a pergunta sobre como a vida se originou na Terra. Esse continua sendo um dos grandes mistérios na agenda dos cientistas. Geralmente, aceita-se que a vida na Terra originou-se da matéria inanimada por meio de uma longa série de passos químicos que produziram um aumento espontâneo e contínuo da complexidade e da funcionalidade moleculares, até a emergência das primeiras estruturas compartimentadas (protocélulas) capazes de fazer cópias de si mesmas à custa de suas vizinhanças (veja a Figura 10.1). Foi um químico russo, Alexander I. Oparin (1894-1980), que colocou essas ideias por escrito, em um livro pequeno, mas de importância seminal, *A Origem da Vida*, publicado em Moscou em 1924.

Oparin foi muito influenciado pelo materialismo dialético, mas também por *A Origem das Espécies*, de Darwin. Na verdade, a ideia de Oparin é, de certa forma, evolucionista. De fato, a sequência descrita na Figura 10.1 é hoje conhecida como evolução molecular pré-biótica.

A visão científica da origem da vida exclui, naturalmente, a criação divina e outras crenças em acontecimentos milagrosos. Mas a relação entre ciência e religião é uma importante questão, para a qual voltaremos mais adiante nossa atenção neste livro (Capítulo 13).

10.2 Contingência *versus* determinismo na origem da vida

Vamos agora perguntar: "Por que, ou por meio de que tipo de forças, a matéria inanimada deveria se organizar da gloriosa maneira que levou às células vivas?" Aqui nos deparamos de imediato com uma pergunta muito importante: "O caminho mostrado na Figura 10.1 é obrigatório, ou se deve a uma série de eventos aleatórios?" Já discutimos essa questão no capítulo anterior, quando introduzimos a dicotomia entre contingência e visão determinista.

Figura 10.1 Um esquema simplificado do aumento da biocomplexidade levando da matéria inanimada à primeira forma de vida celular.

A escola de pensamento determinista – talvez seja melhor chamá-la de escola do "determinismo absoluto" – sustenta que a origem da vida na Terra foi um resultado inevitável das condições iniciais que vigoravam originalmente sobre o planeta. A escola do determinismo absoluto tem o apoio de vários autores importantes. Por exemplo, o bioquímico e ganhador do Prêmio Nobel Christian de Duve (2002, p. 298) escreve:

Sou a favor da visão de que a vida estava destinada a surgir sob as condições físico-químicas que cercaram seu nascimento.

A ideia da alta probabilidade de ocorrência da vida na Terra, embora formulada de maneira diferente e, em geral, com menos ênfase, é também apresentada por Harold Morowitz. Em seu conhecido livro, *Beginnings of Cellular Life* (1992), ele afirma:

Não temos nenhuma razão para acreditar que a biogênese não foi uma série de eventos químicos sujeitos a todas as leis que governam os átomos e as suas interações.

(p. 12)

E conclui com uma clara objeção contra a ideia inicial de contingência, ou acaso, apresentada por Monod:

Também rejeitamos as sugestões de Monod de que a origem requer uma série de eventos altamente improváveis.

(p. 13)

Isso parece levar à ideia de que a vida na Terra era inevitável, e de fato Christian de Duve (2002), em oposição a Monod, reafirma esse conceito (p. 298):

É evidente por si mesmo que o universo estava grávido da vida, e a biosfera, do homem. Caso contrário, não estaríamos aqui. Ou então, nossa presença só pode ser explicada por um milagre.

A visão de que o universo estava "grávido da vida" é compartilhada por outros autores. Por exemplo, o físico Freeman Dyson (1985, p. 7), cautelosamente, talvez até mesmo com relutância, oferece a seguinte reflexão:

Ao olharmos para fora de nós, para o universo, e identificarmos os muitos acidentes da física e da astronomia que têm trabalhado juntos para o nosso benefício, quase parece que foi como se o Universo precisasse, em algum sentido, saber que estávamos chegando.

A essa escola de pensamento se opunha a visão baseada na contingência, segundo a qual a vida poderia nunca ter começado, ou poderia ter tomado outro caminho, entre muitos outros, sem nunca chegar até os seres humanos. Discutimos o conceito de contingência e suas implicações, com alguns detalhes, em nosso capítulo anterior, onde citamos a memorável passagem de Stephen Jay Gould ("rode a fita novamente") e, portanto, não precisamos nos estender mais sobre isso aqui.

No entanto, o fato de que a emergência da vida na Terra não teria sido possível se as propriedades físicas e químicas do universo tivessem sido apenas ligeiramente diferentes do que são é extraordinário e profundamente misterioso. Esse mistério tem levado alguns cientistas e filósofos a postular algo que eles chamam de "princípio antrópico", para o qual vamos agora nos voltar brevemente.

10.2.1 O princípio antrópico

Sabe-se há algum tempo que a vida na Terra só é possível porque a massa do Sol (que determina a sua luminosidade) cai dentro de uma faixa muito pequena, entre $1,6 \times 10^{30}$ kg e $2,4 \times 10^{30}$ kg. Caso contrário, ele seria muito frio ou muito quente. O fato de que a massa do Sol seja igual a 2×10^{30} kg pode ser considerado como uma feliz coincidência. Mas há muitas dessas "coincidências". Se os prótons fossem 0,2% mais pesados, nossos átomos não seriam suficientemente estáveis para existir; se a força eletromagnética fosse 4% mais fraca, não haveria hidrogênio nem estrelas normais (Tegmark, 2003) – e a lista continua com o valor da força gravitacional, a velocidade da luz, a massa da Lua (uma grande Lua estabiliza as oscilações do planeta, as quais, de outra maneira, ocasionariam variações climáticas sazonais extremas) e até a placa tectônica, que produz o ciclo do carbono. Tudo isso é mostrado em maiores detalhes no livro *Rare Earth*, escrito pelo paleontólogo Peter Ward e pelo astrônomo Donald Brownlee (2000).

Naturalmente, os valores de todas essas constantes estão relacionados com a química da vida, sobre a qual discutimos antes. Na verdade, nossa compreensão atual da evolução pré-biótica torna evidente que as vesículas delimitadas por membranas, que evoluíram nas protocélulas, só poderiam ter-se formado por causa da existência de moléculas anfifílicas, as quais, por sua vez, exigiram que as moléculas de água exibissem polaridade elétrica (seus elétrons ficam mais perto do átomo de oxigênio do que dos átomos de hidrogênio, de modo a deixarem uma carga positiva efetiva nesses últimos e uma carga negativa no primeiro). Sem essa propriedade elétrica sutil da água, a formação de vesículas – e, portanto, o surgimento da vida como a conhecemos – não teria sido possível. Então, em algum sentido, a possibilidade da vida no universo estava implícita a partir da formação da água e, de fato, da própria formação dos elementos hidrogênio e oxigênio pouco depois do Big Bang.

O fato de que o universo parece ter sido favorável à vida desde o seu início foi formulado com o nome de princípio antrópico. Ele tem sido expresso de diferentes maneiras, mas a ideia básica é que as constantes universais da natureza e que os parâmetros químicos e físicos básicos do universo têm os valores observados para que a vida, em particular a vida humana, se desenvolvesse (Barrow, 2001; Barrow e Tipler, 1986; Carter, 1974; Davies, 2006; Weinberg, 1987). Queremos fazer apenas dois comentários aqui. Em primeiro lugar, o termo "antrópico" é incorreto, pois o fato de o universo ser favorável à vida não implica a emergência da vida humana (a não ser para um determinismo absoluto). Em segundo lugar, o argumento de que vida como nós a conhecemos não poderia ter evoluído em um universo com diferentes valores de vários parâmetros é verdadeiro em si mesmo. Formalizá-lo em um "princípio antrópico" não fornece nenhuma explicação adicional (veja Smolin, 2004). Em outras palavras, o princípio antrópico é um argumento filosófico, e não científico.

Também devemos mencionar que o estudo de planetas semelhantes à Terra avançou enormemente em anos recentes (veja, por exemplo, Seager, 2010). Mais de 2.000 planetas extrassolares, ou "exoplanetas", foram descobertos desde 1988, e cientistas planetários estimam atualmente que pode haver, só em nossa galáxia, 11 bilhões de planetas do tamanho da Terra potencialmente habitáveis. Em outras palavras, é provável que a vida no universo seja ubíqua e não rara ou exclusiva do planeta Terra.

10.2.2 Universos paralelos

Como já mencionamos, a "sintonia fina" das constantes cosmológicas, que aparentemente resulta no fato de tornar a vida possível em nosso planeta, é extraordinária e profundamente misteriosa. No entanto, há uma hipótese alternativa, que pode parecer surpreendente, mas é seriamente discutida entre os astrofísicos e cosmólogos. Em vez de assumir um universo único, com uma série de coincidências extraordinárias, esses teóricos postulam que o nosso universo poderia ser apenas um em um imenso oceano de universos diferentes, cada um deles tendo, possivelmente, constantes cosmológicas e físicas muito diferentes. É a noção de "multiverso" ou de universos paralelos.

Os vários universos dentro do multiverso são geralmente chamados de universos paralelos. Seria esse um modo de pensar totalmente abstrato? O cosmólogo Tegmark (2003) faz uma interessante observação: se você solicitar em um hotel uma reserva de quarto e constatar que o número desse quarto corresponde a um ano muito particular, você poderia dizer: "Oh, que coincidência estranha!" Mas, ao mesmo tempo, você percebe que o hotel deve ter muitos quartos, de modo que realmente não é impossível que você receba um quarto com um determinado conjunto de características. Analogamente, nós, seres humanos, poderíamos estar em um universo particular do *ensemble* que forma o multiverso, um universo caracterizado pelo "nosso" conjunto particular de constantes.

De acordo com os cosmólogos contemporâneos, isso não é mais uma metáfora, mas um elemento de ciência concreta, debatido no contexto de diferentes modelos científicos – científicos no sentido de que cada um deles pode fazer previsões e pode ser falsificado (Barrow, 2001; Carr, 2007; Ellis *et al.*, 2004). Também é interessante observar que, de acordo com esses pesquisadores, a ideia de universos paralelos respeita o princípio da navalha de Occam (segundo a qual "suposições não devem ser multiplicadas sem necessidade"), uma vez que todo um *ensemble* é, frequentemente, "mais simples" que uma singularidade.

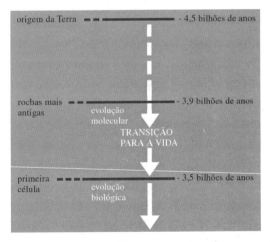

Figura 10.2 Um fluxo temporal simplificado para a origem da vida. Supõe-se que o Sistema Solar tenha se formado há 4,5 bilhões de anos, por volta de 9 milhões de anos depois do Big Bang. Aparentemente, a Terra já era fria o bastante para hospedar as primeiras reações orgânicas moderadas há cerca de 3,9 bilhões de anos, e os primeiros fósseis têm 3,45 bilhões anos (adaptado de Schopf, 1993).

10.3 Química pré-biótica

De acordo com esse panorama de várias visões filosóficas sobre a origem da vida, incluindo algumas altamente abstratas, vamos agora nos voltar para a ciência básica e reconsiderar a origem da vida na Terra do ponto de vista químico. A primeira pergunta é esta: "Quando foi que tudo começou?"

A transição para a vida pode ter começado em nosso planeta em uma janela de tempo entre 3,5 e 3,9 bilhões de anos atrás, como esquematizamos na ilustração da Figura 10.2. Os microfósseis mais antigos, descobertos na Austrália ocidental, foram datados, por J. W. Schopf (Schopf, 1992, 1993, 2002) em 3,465 bilhões de anos atrás. Outros microfósseis, oriundos da África do Sul e da América do Norte, têm uma idade semelhante. E, apesar de algumas divergências com Schopf (Brasier *et al.*, 2002), a maioria dos pesquisadores aceita que os microrganismos já existiam em nosso planeta entre 3,4 e 3,5 bilhões de anos atrás.

Porém, será que nós sabemos *como* essa transição da não vida para a vida aconteceu? Também ainda não temos uma resposta clara para essa pergunta. Ninguém foi capaz de reproduzir a vida em laboratório a partir de moléculas simples (a chamada abordagem de-baixo-para-cima). Além disso, do ponto de vista conceitual, não há nenhuma teoria específica sobre a sucessão de eventos químicos que tornaram a vida possível. Várias pessoas que defendem a hipótese do "mundo do RNA" poderiam objetar, afirmando que podemos descrever como a vida começou a partir de uma família molecular mutante e autorreplicante do RNA, mas os presentes autores, e muitos outros, não consideram que essa hipótese seja cientificamente fundamentada. A pergunta: "E de onde veio o RNA autorreplicante?", ainda está no ar (veja a Seção 10.3.2, mais adiante, sobre a não plausabilidade do "mundo do RNA pré-biótico").

Há duas boas razões para justificar o motivo pelo qual ainda somos tão ignorantes a respeito da origem da vida na Terra. Uma delas é a de que não temos fósseis ou outros sinais de intermediários químicos deixados pela protovida em evolução com os quais poderíamos contar. A segunda é que o progresso e a direção da série de passos que levam à vida é um caminho histórico, em ziguezague, que foi determinado pela contingência, conceito ilustrado no capítulo anterior. É impossível reconstruir as condições precisas que operam em cada etapa nesses tempos pré-bióticos – temperatura, pressão, pH, concentração de salinidade etc. Seria, então, o estudo da origem da vida uma empresa vazia?

Uma possível resposta a esta pergunta é apontada pelos dois químicos suíços Eschenmoser e Kisakürek (1996, p. 1.258):

O objetivo de uma química etiológica experimental não é, basicamente, o de delinear o percurso ao longo do qual nossa vida (natural) sobre a Terra poderia ter-se originado, mas sim o de fornecer evidências experimentais decisivas, por meio da realização de sistemas de modelos ("vida química artificial"), de que a vida pode surgir como resultado da organização da matéria orgânica.

Na verdade, há hoje muitíssimos pesquisadores trabalhando ativamente ao longo dessas linhas. Há muitas escolas de pensamento, e várias abordagens muito diferentes, mas, em geral, todos os investigadores aderem ao seguinte conjunto de quatro princípios:

(1) A vida originou-se da matéria inanimada por meio de um aumento espontâneo e contínuo de complexidade molecular.
(2) Os processos químicos na transição para a vida podem ser reproduzidos em laboratório com as substâncias e as técnicas químicas atualmente disponíveis.
(3) Esses experimentos podem ser implementados em um intervalo de tempo experimental razoável (horas ou dias), uma vez que saibamos as condições e as matérias-primas adequadas.
(4) Como não há nenhuma documentação a respeito de como as coisas realmente aconteceram na natureza, não há uma via obrigatória de pesquisa.

O último item da nossa lista é muito interessante. Uma vez que não sabemos qual foi o caminho que a natureza trilhou, cada pesquisador no campo é livre para escolher o seu próprio caminho, a fim de atualizar a definição de Kisakürek e Eschenmoser. Faça como quiser, mas o importante é mostrar que é possível criar vida a partir de matéria inanimada em condições pré-bióticas.

A química que lida com a origem da vida é geralmente chamada de química pré-biótica, uma ciência que teve um início eletrizante com os famosos experimentos realizados em 1953 por Stanley Miller. Ele encheu um frasco com os quatro componentes gasosos que Oparin supôs serem os componentes da atmosfera pré-biótica: hidrogênio, amônia, metano e vapor de água – a chamada atmosfera redutora (sem oxigênio). Stanley Miller foi capaz de testemunhar a formação de vários α-aminoácidos (tais como a alanina, a glicina, o ácido glutâmico e o ácido aspártico) e outras substâncias relativamente complexas e de importância biológica, como a ureia, o ácido acético e o ácido láctico (veja a Figura 10.3).

O experimento foi publicado (Miller, 1953) no mesmo ano da descoberta da dupla hélice de Watson e Crick, e por volta da mesma época em que Frederick Sanger mostrou que as proteínas são sequências lineares de aminoácidos: de fato, um ano memorável para as ciências da vida.

Há, entre os cientistas, somente uma aceitação restrita da suposição de que as condições atmosféricas primitivas foram realmente semelhantes às propostas por Oparin. No entanto, não é esse o ponto-chave. O ponto-chave é o fato de que substâncias bioquímicas relativamente complexas podem ser formadas a partir de uma mistura de componentes gasosos muito simples em um caminho químico que pode ser, efetivamente, considerado como pré-biótico.

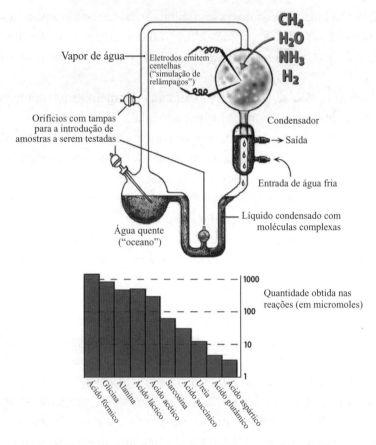

Figura 10.3 O famoso experimento que Stanley Miller realizou em 1953 mostrando que, a partir de uma mistura de componentes gasosos primitivos, e de formas de energia primordiais, biomoléculas relativamente complexas podem ser sintetizadas, como é mostrado no gráfico sob o arranjo experimental.

Depois que Miller realizou seu experimento, muitos químicos tentaram, com sucesso, obter a síntese de outros compostos de importância bioquímica sob condições pré-bióticas – inclusive açúcares e a base de ácidos nucleicos, e, muito recentemente, até mesmo os próprios mononucleotídeos – a saber, todas as unidades monoméricas de ácidos nucleicos (Matthew et al., 2009). Tudo isso demonstrou de maneira convincente que vários tijolos moleculares da vida poderiam ter sido sintetizados na Terra pré-biótica. Um enriquecimento considerável de moléculas pré-bióticas pode ter vindo de bombardeamentos cósmicos (muitas moléculas orgânicas são sintetizadas no espaço – por exemplo, metano, amônia, ácido cianídrico, ácidos graxos, aminoácidos), e de respiradouros submarinos e outras fontes hidrotermais.

Uma questão importante se impõe aqui: "Por que certos compostos se formam, e outros não?" A resposta se encontra na termodinâmica das reações químicas: os α-aminoácidos se formam porque eles são os compostos mais estáveis que podem ser formados sob essas dadas condições; eles são resultado de reações espontâneas. Como diriam os químicos, essas reações estão *sob controle termodinâmico*.

Essas descobertas mostraram que na Terra primordial havia materiais orgânicos suficientes para iniciar a vida, bem como a presença de condições para ativar reações espontâneas conducentes a biomonômeros complexos. Essa é uma condição necessária. Mas seria suficiente para começar a vida?

10.3.1 O enigma macromolecular

A resposta para a pergunta com que encerramos a seção anterior é "Não". A vida como a conhecemos hoje baseia-se em um grande número de compostos que não são formados sob controle termodinâmico. Basta pensar nos biopolímeros funcionais mais importantes, as proteínas e os ácidos nucleicos. Essas são cadeias com uma sequência específica. Por exemplo, a enzima digestiva α-quimotripsina que temos no nosso intestino é uma cadeia longa com 241 resíduos de aminoácidos, e a enzima lisozima tem 129 resíduos de aminoácidos. Para serem ativas, essas enzimas precisam ter a sua sequência específica (usualmente chamada de "sequência principal") – isto é, a própria ordem precisa dos resíduos de aminoácidos ao longo da cadeia – e assim acontece com cada uma das muitíssimas proteínas das nossas células.

A fim de compreender como é notável a existência de uma sequência linear específica, considere o exemplo da lisozima com seus 129 resíduos de aminoácidos, e faça a pergunta: "De quantas maneiras uma cadeia com 129 resíduos de aminoácidos pode existir, considerando-se que temos 20 diferentes aminoácidos para cada posição da cadeia?" A resposta é que tal cadeia pode existir em 20^{129} formas diferentes, ou 10^{168}, o que corresponde a 10 seguido por 168 zeros. Note que todos esses compostos têm a mesma composição – eles simplesmente diferem na ordem dos resíduos de aminoácidos ao longo da cadeia: na linguagem da química, eles são *isômeros*. A lisozima é apenas *um* deles!

A lisozima não está conosco, pois ela é o mais estável de todos esses isômeros. E o mesmo se pode dizer sobre todas as outras macromoléculas biologicamente funcionais: as enzimas, todos os RNAs e todos os DNAs no metabolismo da vida. Claramente, cada uma dessas formas de biopolímeros ativos não se formou espontaneamente como a forma mais estável, como no caso dos aminoácidos produzidos nos balões de vidro de Stanley Miller. Em vez disso, eles são produtos de uma longa série de eventos de contingência, cada um deles possivelmente correspondendo a um crescimento segmentar da cadeia, onde cada passo é determinado pelo conjunto contingente de parâmetros que afetam a reação nesse momento em particular. Aprendemos, no capítulo anterior, como a contingência é importante para a determinação das estruturas da vida. E é a contingência que molda uma sequência específica de cada um dos nossos biopolímeros (proteínas e ácidos nucleicos).

A importância da contingência para a formação dos biopolímeros da vida explica outra questão importante no estudo da origem da vida: "Por que não somos capazes de reconstruir em laboratório a síntese pré-biótica da α-quimotripsina ou de qualquer ácido nucleico biologicamente importante?" A razão disso é que nós não sabemos, e nunca saberemos, as condições contingentes (pressão, temperatura, concentração, salinidade, pH etc.) que estiveram presentes durante a origem e o crescimento de cada uma dessas macromoléculas em suas muitas etapas.

Isso também estabelece um limite conceitual para a ideia de se construir a vida em laboratório, começando pelos aminoácidos e por outras formas de monômeros. Se a contingência modelou as sequências e formas específicas de biopolímeros, então a contingência nos impede de reconstruir a via precisa que esse modelamento seguiu.

10.3.2 A falácia do mundo do RNA pré-biótico

Há uma oposição aparente (mas falaciosa): a de que uma polimerização aleatória de aminoácidos poderia resultar – portanto, por obra de um mero acaso – na "boa" estrutura da, digamos, molécula de RNA autorreplicante. E se uma única molécula de RNA autorreplicante precisou se formar por acaso, assim reza o argumento, então, como consequência, todo o restante da origem da vida poderia se desdobrar espontaneamente por meio de ciclos contínuos de replicação e de mutações. Novas moléculas de RNA com atividade enzimática seriam formadas ("riboenzimas", abreviadas como "ribozimas"), inclusive aquelas que catalisam a síntese do DNA e de proteínas. O enigma primordial – o que veio primeiro, os polinucleotídeos informativos ou os polipeptídeos funcionais – seria evitado graças a uma compactação simples, mas elegante de informação genética e função catalítica dentro da mesma molécula.

A essa altura, a expressão "mundo do RNA" precisa de um esclarecimento. Há um mundo do RNA real descrito pela biologia molecular moderna, no qual o RNA existente atua em conjunção com o código genético, e, muitas vezes, com a ajuda do DNA natural e de enzimas. Essa espécie de mundo do RNA deu origem a alguns dos mais belos trabalhos em biologia sintética moderna; veja o trabalho de Joyce e colaboradores (Hirao e Ellington, 1995; Lehman e Joyce, 1993; Lincoln e Joyce, 2009), ou o do grupo de Jack Szostak (Ekland *et al.*, 1995; Green e Szostak, 1992).

Quando falamos sobre a falácia do mundo do RNA, nós certamente não nos referimos a essa parte elegante da biologia molecular moderna, mas sim ao "mundo do RNA pré-biótico", como foi apelidado (Luisi, 2006). Este se refere a um cenário pré-biótico, anterior ao código genético, anterior ao DNA e às enzimas, um cenário em que as moléculas de RNA – em particular, as ribozimas de RNA autorreplicantes – devem ter "pipocado" por conta própria e iniciado – de acordo com o que Orgel e

Joyce (1993) chamam de "sonho do biólogo molecular" – um cenário que não foi, na verdade, levado muito a sério pelas pessoas que trabalham no campo.

A polimerização aleatória de uma mistura de todos os monômeros produz, em princípio, um número astronômico de cadeias diferentes, como calculamos anterior-

---

Quadro 10.1
Sobre a concentração em química

Em química, as concentrações em solução são medidas por meio da *molaridade*. Um mol de uma substância é a quantidade de gramas correspondentes ao peso molecular da substância. Uma solução molar é uma solução que tem um mol da substância em um litro. Por exemplo, a glicose $C_6H_{12}O_6$ tem um peso molecular (a soma dos pesos atômicos de todos os átomos) igual a 180, e isso significa que uma solução molar contém 180 g de glicose. Um *micromol* (indicado como 10^{-6} mol) contém 0,000180 g por litro.

Agora, voltemos à questão do mundo do RNA pré-biótico, e à afirmação de que podemos começar a pôr em funcionamento todo o maquinário de replicação macromolecular uma vez que tenhamos produzido por acaso uma única molécula de RNA autorreplicante. Suponha, então, que temos uma molécula A dotada, em princípio, com a capacidade de autorreplicação. Isso significa que A pode fazer cópias de si mesma. Para isso, em uma solução normal, como já mencionamos no texto, A precisa se ligar a outra molécula A para tornar ativo um complexo A_2 reativo (um "dímero"), de acordo com o equilíbrio químico simples representado na Equação 10.1:

$$A_2 \rightarrow \leftarrow 2A \qquad (10.1)$$

Isto significa que a concentração de A na solução precisa ser suficientemente elevada para produzir uma concentração significativa de A_2, de modo que as forças de difusão não destruam o próprio dímero. Qual é a concentração crítica de A que permite isso?

Por definição, um mol de qualquer substância contém um número de Avogadro de moléculas – isto é, $6,02 \times 10^{23}$ (1 seguido de 23 zeros). O cálculo preciso da concentração crítica mínima de A não é fácil, mas uma boa aproximação pode mostrar que não deve haver nenhuma formação de A_2 abaixo da concentração de A em picomols. Uma solução picomolar de A (definido como 10^{-12} M) ainda contém 6×10^{11} moléculas – isto é, 600 bilhões de moléculas. E mesmo lidando com um microlitro (um milésimo de mililitro), teríamos nele 6×10^5 (ou seja, 600 mil) cópias idênticas de A. Isto significa que precisaríamos de várias centenas de milhares de cópias idênticas de A a fim de iniciar a replicação, mesmo que restringíssemos o volume a um microlitro.

mente, e, sim, é possível, em princípio, que uma delas corresponda a uma única molécula de RNA autorreplicante. No entanto, esse argumento, baseado na ação de uma única molécula original, é falacioso por muitas razões.

A principal razão está nas próprias estritas leis da química, as quais exigem que, para haver reações, é necessário que os reagentes sejam fornecidos com uma concentração finita. Não faz qualquer sentido, então, falar sobre uma única molécula A: precisamos de, pelo menos, duas delas, de modo a termos um complexo "dimérico" A_2 (um complexo constituído por dois componentes), de modo que um reconheça o outro e faça cópias dele. Na verdade, precisamos de um número relativamente grande dessas moléculas, de modo a manter o dímero A_2 como uma entidade estável em solução.

Além disso, a fim de implementar a replicação, todos os monômeros (as quatro bases no caso do RNA) precisam se ligar ao A_2 dímero – de fato, uma situação muito complexa. Porém, mesmo permanecendo, por uma questão de simplicidade, apenas com A_2, precisamos notar que a formação de tal dímero ativo impõe limites restritos à replicação. Para elaborar esse argumento, precisamos nos tornar um pouco mais técnicos (veja o Quadro 10.1), mas a consequência é muito simples: com uma única molécula não podemos fazer química, nem replicação e nem evolução em solução.

A conclusão do argumento técnico é simples: para fazer química verdadeira, precisamos de uma concentração quantitativamente significativa, e – apesar dos exercícios abstratos de alguns biólogos teóricos – com uma única cópia não podemos iniciar qualquer replicação.

Essas considerações lançam luz sobre um dos problemas mais difíceis com que se defronta o campo de estudos sobre a origem da vida: o de como fazer em laboratório, com a ajuda da química pré-biótica, um polipeptídeo relativamente longo (com, digamos, 30 resíduos) ou um polinucleotídeo, com uma sequência específica em muitas cópias idênticas. Há métodos para a polimerização aleatória de polipeptídeos ou de cadeias de ácidos nucleicos, que produzem misturas naturais de todos os isômeros possíveis, mas a polimerização aleatória não é o que queremos aqui. Estamos procurando pela síntese pré-biótica de sequências específicas com uma funcionalidade bem-definida e única, e *em muitas cópias idênticas* (uma vez que, como vimos, a química não pode ser colocada em ação com apenas uma única cópia molecular). Isso é também uma maneira de reiterar por que o mundo do RNA, como cenário para a origem da vida, é atualmente insustentável. Para notas críticas adicionais sobre a origem da vida a partir do mundo do RNA, veja, por exemplo, Benner (1993), Mills e Kenyon (1996) e Shapiro (1984, 1988).

Retornemos agora ao enigma macromolecular. Na natureza, ácidos nucleicos e proteínas estão trancados um dentro do outro em um clássico *sistema operacionalmente fechado*: proteínas, na forma de enzimas, são catalisadores específicos que constroem os ácidos nucleicos; e os ácidos nucleicos, por meio do código genético, constroem proteínas. Esse é o tipo de sistema fechado que encontramos no caso da rede autopoiética da célula: a informação não vem de fora, mas da lógica interna do sistema – neste caso, o aparelho da expressão da proteína. Estamos claramente nos defrontando com um problema da galinha e do ovo: o que veio primeiro, as proteínas ou os ácidos nucleicos? Como eles poderiam se entrelaçar uns com os outros de modo que uma classe produza a outra classe? Este é o problema da origem do código genético. Ou será que as duas classes de moléculas evoluem independentemente ao mesmo tempo, passando a colaborar entre si apenas mais tarde? (Esta hipótese, conhecida como as "duas origens da vida", foi defendida por Dyson, 1985.)

Voltando a repetir, não temos respostas claras para todas essas perguntas fascinantes e importantes. Há inclusive encontros internacionais a respeito de "questões em aberto sobre a origem da vida", onde os cientistas debatem as perguntas ainda sem resposta, e o porquê de elas ainda permanecerem sem resposta (Reine e Luisi, 2012; Stano e Luisi, 2007). Tamanho grau de ignorância pode parecer surpreendente. Por outro lado, precisamos nos lembrar de que a química pré-biótica é um campo que começou há pouco mais de cinquenta anos, um período de tempo muito curto em comparação com outros ramos tradicionais da ciência. Os pesquisadores desse campo estão trabalhando intensamente; progressos contínuos estão sendo realizados, e há expectativas de que o enigma macromolecular será resolvido mais ou menos em breve, constituindo um marco na busca da origem da vida.

10.3.3 Subindo a escada: auto-organização e propriedades emergentes

A ideia de Oparin segundo a qual a origem da vida resulta de um aumento espontâneo da complexidade (e da ordem) molecular parece, à primeira vista, contradizer o senso comum da termodinâmica. No entanto, como discutimos no Capítulo 8, há, na verdade, reações espontâneas que produzem maior complexidade e maior ordem estrutural, acompanhadas por um aumento global de entropia. A ordem estrutural, por si só, não seria suficiente para que a evolução molecular prosseguisse ao longo do caminho que leva à vida. Precisamos de outro elemento importante, o fenômeno que chamamos de emergência – o surgimento de novas propriedades em vários níveis de crescente complexidade estrutural, onde a palavra "novas" significa que essas propriedades não estavam presentes nas partes ou componentes individuais.

Desse modo, o progresso que leva partes moleculares individuais até entidades biológicas funcionais é descrito em função de dois conceitos de importância-chave: auto-organização e emergência. No Capítulo 8, discutimos extensamente a interação entre essas duas características-chave, ilustrando-a com numerosos exemplos. Vimos em todos esses exemplos que, nos processos da formação da biocomplexidade, a auto-organização e as propriedades emergentes surgem inextricavelmente juntas, embora seja frequentemente útil distingui-las para propósitos heurísticos.

10.4 Abordagens de laboratório para a vida mínima

Uma vez que um de nós (P.L.L.) esteve envolvido nas pesquisas sobre a origem da vida durante os últimos 25 anos, e continua empenhado nessas pesquisas, podemos oferecer aos leitores um relato em primeira mão sobre como essa pesquisa é realizada em vários laboratórios em todo o mundo. Implicitamente, todos nós seguimos os pressupostos indicados na Seção 10.1.1, bem como o preceito de Kisakürek e Eschenmoser citado anteriormente. Tendemos a recriar nos laboratórios essas condições pré-bióticas que permitem a síntese espontânea das estruturas de vida complexas – coisas como o RNA autorreprodutor pré-biótico, as enzimas dobradas, o código genético ou os ribossomos, tendo em mente que o objetivo final é então montar todas essas subestruturas de modo a formar uma célula mínima.

Aqui, o termo "mínimo" é um lembrete de que não estamos procurando a reprodução em laboratório de algo tão complexo como a *E. coli* ou alguma outra bactéria contendo milhares de genes. Estamos, em vez disso, à procura da estrutura celular que tem os componentes mínimos e suficientes para ser chamada de viva. Vimos o quão complexa pode ser a definição de vida. No entanto, nesse nível, a maioria dos bioquímicos e biólogos moleculares concordaria que a qualidade de ser vivo poderia ser atribuída a uma estrutura celular que possuísse a seguinte trilogia de propriedades: automanutenção, autorreprodução e capacidade de evolução adaptativa (*evolvability*).

Esta seção não tem o objetivo de discutir detalhadamente as várias abordagens experimentais sobre a origem da vida. Em vez disso, limitamo-nos a mostrar esquematicamente uma maneira de pensar preferida pela abordagem de-baixo-para-cima (veja a Figura 10.4), começando com pequenos componentes iniciais. Aqui, pressupõe-se os seguintes seis pontos:

1. Esses peptídeos curtos, formados pré-bioticamente, podem atuar como catalisadores para construir macromoléculas funcionais como as proteínas.
2. Essas macromoléculas são então aprisionadas em vesículas, também pré-bioticamente presentes (por exemplo, ácidos graxos capazes de gerar membranas).
3. Um metabolismo primitivo desenvolve-se dentro dessas vesículas.
4. Esse metabolismo leva à produção de enzimas que constroem membranas feitas de lipídios.
5. Essa construção leva a uma forma superior de metabolismo e à primeira forma de código genético.
6. Isso leva à célula viva de DNA/RNA/proteína capaz de autorreprodução.

Este é apenas um caminho hipotético, e, como já mencionamos, as pesquisas para a determinação dos vários passos dessa via continuam em andamento. Em particular, os passos de 4 a 6 ainda são obscuros.

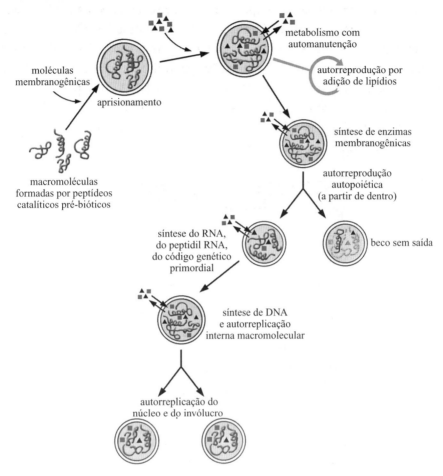

Figura 10.4 Uma hipotética abordagem de-baixo-para-cima para a origem da vida. As macromoléculas básicas são sintetizadas em primeiro lugar, e, em seguida, são aprisionadas em uma vesícula, que é semipermeável aos compostos de baixo peso molecular, mas não permite o vazamento de macromoléculas. O aumento da complexidade protocelular ocorre dentro da vesícula, até a possibilidade de autorreprodução.

Pesquisadores que seguem a abordagem de-baixo-para-cima incluem os proponentes do "mundo do RNA pré-biótico", que esperam descobrir uma química pré-biótica capaz de levar à autoconstrução de um RNA autorreprodutor, ou de uma RNA polimerase. Discutimos isso antes. O esquema conceitual básico do mundo do RNA pré-biótico é mostrado na Figura 10.7.

Mencionamos antes, em conexão com o enigma macromolecular, a impossibilidade de se implementar um esquema, como o mostrado na Figura 10.5, começando com uma única molécula de RNA que tivesse se originado por acaso no caldo pré-biótico. Porém, mesmo que esse problema pudesse ser superado, não se deveria supor que esse esquema de reação é uma coisa fácil, automática. Considere que não é suficiente que as ribozimas possam ser dotadas com a capacidade de catalisar de maneira não específica a formação de ligações peptídicas: o que é necessário, como já vimos, são sequências ordenadas de proteínas (ou DNA) que precisam ter uma sequência específica, e em muitas cópias idênticas. Além disso, ainda não estão resolvidos todos os problemas do código genético e da formação da membrana, que não são sequer considerados em tal esquema.

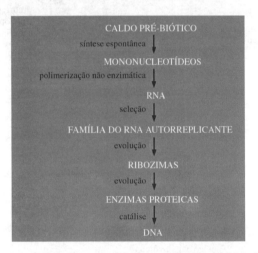

Figura 10.5 Representação esquemática da visão da origem da vida segundo o mundo do RNA, levando a proteínas e, em seguida, ao DNA graças à ação catalítica de moléculas de RNA especiais conhecidas como ribozimas.

10.5 A abordagem da origem da vida pela biologia sintética

Voltemo-nos agora para abordagens experimentais, a começar pelas tentativas de reconstruir a vida celular em laboratório. O arcabouço geral é conhecido como biologia sintética (BS). Este ramo relativamente recente da ciência da vida é considerado por muitos estudiosos como engenharia genética avançada. Na verdade, a BS tem um objetivo muito focado e ambicioso: sintetizar formas de vida ou estruturas biológicas alternativas àquelas existentes na natureza. Por que deveríamos perseguir essa meta? Com certeza, parte da resposta reside no velho sonho faustiano de criar a vida; no entanto, devemos prontamente afirmar que os nossos esforços para "criar vida" são limitados atualmente à vida microbiana, e em particular à manipulação genética de bactérias existentes para criar novas formas de vida bacteriana (Benner e Sismour, 2005; Forster e Church, 2006; Hutchison *et al.*, 1999; Luisi, 2002; Smith *et al.*, 2003). Construir novas formas de vida microbiana, ou novas estruturas biológicas, tais como novos tipos de proteínas ou de ácidos nucleicos, pode seguir duas direções científicas.

Uma é focada em aplicações no mundo da biotecnologia; por exemplo, tornando as bactérias capazes de produzir hidrogênio ou biocombustíveis (Lee *et al.*, 2008; Smith *et al.*, 2003; Waks e Silver, 2009), ou capazes de converter luz em energia (Johnson e Schmidt-Dannert, 2008), de produzir medicamentos especializados (Benner *et al.*, 2008), ou de produzir biorremediações (Pieper e Reineke, 2000). A outra direção aponta mais para a ciência básica, pois tenta usar ferramentas da BS para obter uma compreensão melhor dos mecanismos da vida.

Na verdade, essas duas diferentes "almas" da BS eram evidentes dentro dessa nova disciplina desde o início. Elas correspondem a diferentes arcabouços epistêmicos, como foi recentemente discutido (Luisi, 2011). A abordagem que se dirige mais para a ciência básica geralmente tenta responder à pergunta: "Por que isto e não aquilo?" Em outras palavras, por que a natureza faz coisas de uma certa maneira, e não de outra? Por exemplo, por que apenas o açúcar ribose está presente no DNA e no RNA, em vez do açúcar glicose, que é mais estável e mais difundido? Com as técnicas de BS, os químicos podem sintetizar DNA que contém glicose em vez de ribose, como foi feito pelo grupo de Eschenmoser (Bolli *et al.*, 1997); e, com base na comparação entre as duas formas de DNA, podemos talvez derivar uma base racional para as escolhas de seleção natural química. Analogamente, podemos sintetizar ácidos nucleicos com bases diferentes dos canônicos A, G, C e T e estudar como esses biopolímeros "alternativos" se comportam (Benner e Sismour, 2005; Breaker, 2004).

Outro exemplo: "Por que há na natureza proteínas com 20 aminoácidos diferentes?" Poderia a natureza ter criado enzimas que tivessem apenas um alfabeto parcial de aminoácidos? Proteínas contendo apenas 3, 5 ou 7 aminoácidos diferentes foram sintetizadas (Akanuma *et al.*, 2002; Doi *et al.*, 2005) e testadas quanto à sua atividade biológica, muitas vezes com resultados surpreendentes.

Nesses exemplos mais químicos, não há necessidade de alterar ou modificar as estruturas vivas existentes. Na verdade, a expressão "BS química" foi proposta para esse segundo tipo de BS que não se baseia em manipulação genética (Luisi, 2007). Nas seções seguintes, descrevemos dois projetos no âmbito da BS química, um deles voltado para a síntese da vida celular mínima, incluindo descobertas recentes sobre a origem do metabolismo celular; e o outro voltado para a síntese de proteínas que não existem na natureza.

10.5.1 A construção de células mínimas

O principal problema de nossa compreensão da evolução química pré-biótica reside no fato de que todos os passos intermediários para construir os produtos dessa evolução, como as primeiras proteínas, ou os primeiros ácidos nucleicos, são desconhecidos para nós. Não sabemos as condições sob as quais os desvios, as ramificações e os ziguezagues do caminho da contingência ocorreram – só sabemos o resultado final que daí emergiu. Desse modo, como já mencionamos, é impossível reconstruir a biogênese da lisozima ou de qualquer outra enzima moderna. Se for assim, então o projeto de reconstrução de vida em laboratório, mesmo na forma mínima da mais simples célula possível, é simplesmente impossível a partir da abordagem de-baixo-para-cima. O que podemos fazer é mostrar que, em princípio, tal caminho é possível, e já falamos sobre esse assunto na citação de Eschenmoser e Kisakürek (Seção 10.3).

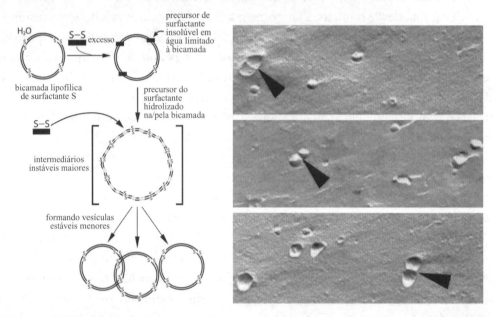

Figura 10.6 O esquema da esquerda é uma representação gráfica da autorreprodução de vesículas em consequência da adição de um precursor, o qual se liga à bicamada hidrofóbica, e cuja hidrólise produz moléculas surfactantes revigoradas. As três fotos à direita mostram as evidências dessa autorreprodução conforme obtidas por meio de uma técnica de microscopia eletrônica especial, denominada cryo-TEM (microscopia eletrônica de transmissão). É intrigante o fato de que, nesse tipo de experimento, apenas lipossomas "gêmeos" sejam produzidos (extraído de Stano e Luisi, 2008).

No entanto, há outra maneira de abordar a construção de células mínimas e que não é a abordagem de-baixo-para-cima. Vamos definir primeiro o significado da expressão "célula mínima". Uma célula mínima é uma célula que contém o número mínimo e suficiente de componentes para ser definido como vivo. Claramente, isso define toda uma família de estruturas possíveis, pois não existe uma maneira única de se construir uma tal célula mínima. O adjetivo "vivo" nos leva novamente à noção de vida e à pergunta: "O que é vida?" Discutimos sobre isso no Capítulo 7 no contexto da autopoiese. Também mencionamos que, de um ponto de vista operacional, a maioria dos biólogos usaria a palavra "vivo" para células que têm uma trilogia de propriedades: automanutenção, autorreprodução e capacidade de evolução adaptativa. Tomando como base a autopoiese, propusemos uma trilogia alternativa, e mais coerente com a visão sistêmica da vida, e que consiste em: estrutura autopoiética, meio ambiente e cognição.

Devemos repetir que há muitos tipos de aproximações para se chegar a uma célula viva plenamente madura, de modo que a expressão "célula mínima" descreve uma família de compostos em vez de uma única entidade bem definida.

A espantosa complexidade das células modernas, que incluem milhares de genes e milhares de componentes macromoleculares adicionais, suscita o anseio de saber se tal complexidade é realmente necessária para a vida, ou se a vida celular poderia ser efetivamente criada com um grau muito menor de complexidade. Afinal de contas, é razoável supor que, quando ocorreu a origem da vida, as primeiras células não poderiam ter esse alto grau de complexidade.

Como podemos proceder para criar tal célula mínima em um laboratório de bioquímica? Precisamos, antes de tudo, de um compartimento, o qual pode ser proporcionado por vesículas, que são de fato o melhor modelo de membranas celulares esféricas. Os lipossomas, como mostramos na Figura 10.7, são vesículas feitas de lipídios – a saber, agregados esféricos na forma de bicamadas. Eles contêm um reservatório interno de água, no qual os ácidos nucleicos, as enzimas e outras substâncias bioquímicas podem ser aprisionados por meio de técnicas especiais.

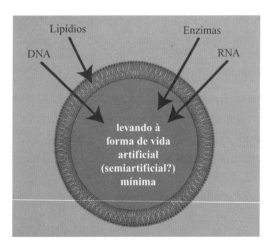

Figura 10.7 Abordagem diagramática da construção da célula mínima.

O interesse em lipossomos como modelos para a célula mínima também se deve ao fato de que foram descobertas condições sob as quais os lipossomas podem se autorreproduzir; isto é, eles podem induzir a formação de cópias de si mesmos à custa de lipídios recentes acrescentados à solução. Isso é ilustrado na Figura 10.6, que mostra esquematicamente a multiplicação de vesículas (formadas pelo surfactante S) por meio da adição de um precursor hidrofóbico S–S. Este liga-se à superfície, hidrolisando e produzindo mais compostos S, que se inserem dentro da membrana, provocando seu alargamento e, por fim, sua divisão.

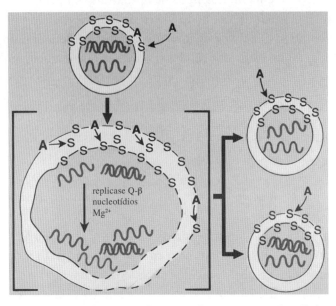

Figura 10.8   Um dos primeiros experimentos de construção de células mínimas em laboratório. Dentro da vesícula, a enzima reproduz o RNA e, simultaneamente, a vesícula se autorreproduz. É uma autorreprodução com núcleo e invólucro, mas o sistema não é vivo.

A abordagem consiste, portanto, em inserir em um lipossoma a quantidade mínima de componentes moleculares de modo a ter uma célula viva mínima, como é mostrado no diagrama da Figura 10.7.

O primeiro experimento interessante nesse campo é mostrado na Figura 10.8: uma enzima (conhecida como replicase Q-β), que é capaz de fazer cópias de um molde de RNA, foi aprisionada no lipossoma.

Simultaneamente, o lipossoma se autorreproduz por meio do mecanismo ilustrado na Figura 10.8. Assim, temos um sistema vesicular que está se autorreproduzindo, e que contém em seu núcleo a autorreprodução de ácidos nucleicos – na verdade, um bom modelo de uma célula biológica.

Esse sistema foi descrito pela primeira vez em 1995 (Oberholzer *et al.*, 1995). Os anos seguintes viram mais e mais grupos de pesquisa se envolverem em projetos de células mínimas, que prosseguiram até que se conseguiu incorporar dentro dos lipossomas todo um sistema ribossômico com um conjunto mínimo de enzimas capazes de expressar proteínas (para uma revisão, veja Stano e Luisi, 2008). O melhor *kit* até agora foi o desenvolvido por Ueda e colaboradores em Tóquio (Shimizu *et al.*, 2001), que consiste em apenas 37 enzimas. No entanto, todo o conjunto é composto por um total de cerca de 90 componentes macromoleculares, ainda um número considerável, mas uma ou duas ordens de grandeza menores que a de células bacterianas típicas. Na verdade, tem sido possível obter expressões de proteínas dentro de vesículas de diâmetros tão pequenos quanto 200 nm (2×10^{-5} cm, cerca um décimo do tamanho de uma célula bacteriana média). Isso parece sugerir que as células desse tamanho podem existir e ser viáveis (de Souza *et al.*, 2009).

Tudo isso sugere que a vida pode ser efetivamente produzida em laboratório utilizando-se componentes moleculares existentes. Além disso, como explicaremos na seção seguinte, há algo que emerge dessas pesquisas e que lança alguma luz sobre a própria origem do metabolismo celular e, portanto, sobre a origem da vida celular.

10.5.2 Sobre a origem do metabolismo celular

Antes de prosseguir, é importante mencionar como a incorporação de biomoléculas nas vesículas de fato acontece. O procedimento consiste em começar a partir de uma solução aquosa contendo as biomoléculas como soluto e, em seguida, produzir as vesículas *in situ* – isto é, na própria solução – de modo que durante a formação e o encerramento desse processo, elas aprisionam parte da solução e, portanto, parte do soluto. Dessa maneira, todo o aparelhamento bioquímico para expressar uma proteína é aprisionado no interior dos lipossomas. A proteína escolhida nos primeiros experimentos foi a proteína de fluorescência verde (GFP), por razões analíticas óbvias: quando ela é produzida, aparece uma cor verde característica, e as vesículas correspondentes também ficam verdes.

Por mais belos que sejam esses experimentos, há neles algo muito estranho. De acordo com as estatísticas do senso comum, eles não deveriam funcionar. A solução contém o *ensemble* mínimo de cerca de 90 diferentes compostos macromoleculares necessários para expressar essa proteína em particular; e, a fim de ser viável, a vesícula precisa conter *todos* esses componentes. Qual é a probabilidade de que uma vesícula relativamente pequena, ao ficar completa, aprisionará *todos* os 90 diferentes componentes macromoleculares em uma solução aquosa um tanto diluída? Segundo a estatística-padrão, o número de diferentes componentes aprisionados deveria seguir uma curva conhecida como distribuição de Poisson, na qual a frequência de vesículas aumenta com o número de componentes aprisionados, atinge um máximo de cerca de dez componentes, e depois diminui novamente à medida que o número de componentes aumenta. De acordo com essa curva (Figura 10.9), a probabilidade para uma vesícula conter todos os 90 componentes, para todos os propósitos práticos, deveria ser zero.

Por que, então, esses experimentos são bem-sucedidos? Essa questão já estava presente no início dessa pesquisa (Luisi, 2006), e naquela época nenhuma explicação poderia ser dada. Mais tarde, os efeitos da distribuição de Poisson foram calculados com precisão (Luisi *et al.*, 2010), e esses cálculos confirmaram a "impossibilidade teórica" de todos os 90 componentes serem aprisionados, por exemplo, em vesículas de apenas 200 nm de diâmetro, de acordo com a estatística-padrão de Poisson. Em outras palavras, estávamos testemunhando uma situação na qual alguns belos experimentos realmente não deveriam dar os resultados observados com base na teoria.

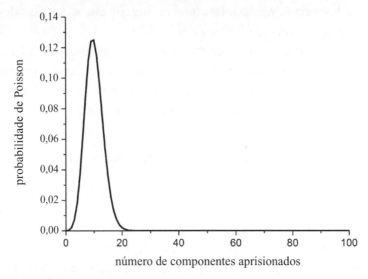

Figura 10.9 Distribuição teórica (distribuição de Poisson) de vesículas com diferentes números de componentes aprisionados. A curva em forma de sino mostra a probabilidade máxima para vesículas com o número médio de componentes e a probabilidade próxima de zero para vesículas com todos os 90 componentes.

Quando algo assim acontece na ciência, a conclusão óbvia é que não deve haver algo errado com a teoria, ou melhor, que essa teoria em particular não se aplica ao sistema com o qual se está lidando. Por isso, foram realizados experimentos a fim de esclarecer que tipo de estatística de aprisionamento se aplica efetivamente a essa situação particular. Isso foi feito com microscopia eletrônica e ferritina, uma proteína grande, que contém mais de 3 mil íons de ferro. Por causa da densidade atômica correspondentemente muito alta, essa proteína pode servir como um rótulo útil, uma vez que cada molécula de proteína é visível como uma mancha negra no campo do microscópio eletrônico (veja a Figura 10.10).

Os resultados desses experimentos foram assombrosos. Eles mostraram que, na verdade, a distribuição de ferritina nas vesículas não se conformava com uma distribuição de Poisson. Em vez disso, verificou-se que havia um grande número de vesículas "vazias" (sem ferritina aprisionada), e algumas outras que, pelo contrário, continham números extremamente grandes de moléculas de ferritina aprisionadas.

Um experimento típico, que, em uma primeira aproximação, poderia ser considerado como uma situação do tipo "tudo ou nada" é ilustrado na Figura 10.10. As vesículas "superlotadas" têm uma concentração superior a uma ordem de grandeza maior que a do restante da solução. Na verdade, a distribuição de moléculas de ferritina segue o que é conhecido como uma lei de potência (veja a Figura 10.11).

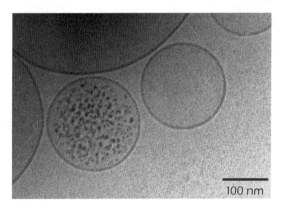

Figura 10.10 Micrografias, obtidas por meio da técnica cryo-TEM, de ferritina aprisionada em vesículas formadas *in situ*. Cada pequena mancha negra é uma molécula de proteína, e a situação "tudo ou nada" é evidente (Luisi *et al.*, 2010; de Souza *et al.*, 2011). A concentração local é muito mais alta que a da solução restante.

Vários aspectos desse fenômeno intrigante ainda não estão claros. No entanto, podemos especular a respeito de algumas semelhanças sugestivas com as características da complexidade e da auto-organização discutidas nos capítulos anteriores. A distribuição de Poisson se aplica a eventos aleatórios, independentes um do outro. O fato de ela não se aplicar aqui pode indicar que o aprisionamento dos componentes no momento do fechamento da vesícula não é uma sequência aleatória de eventos, mas é guiada por alguma coerência emergente, que talvez não difira muito da ordem coerente das células de Bénard, que emerge em certos tipos de convecção de calor (veja a Seção 8.3.2). Na linguagem da teoria da complexidade, isso significaria que o fechamento das vesículas *in situ* produz um ponto de bifurcação no qual um atrator, representando o aprisionamento de todos os 90 componentes, pode emergir (veja a Secção 6.3).

A lei de distribuição de potências mostrada na Figura 10.11 também pode ser um sinal revelador de que existe alguma coerência entre os componentes aprisionados. Estudos recentes sobre redes metabólicas mostraram que a probabilidade de que um certo nodo (composto químico) tenha um certo número de ligações (participe de um certo número de reações) não segue a distribuição-padrão de Poisson, mas, em vez disso, segue uma lei de distribuição de potências (Jeong *et al.*, 2000). Tais redes são conhecidas como "redes sem escala", ou "livres de escala", pois sua conectividade não atinge um pico em torno de uma "escala" característica para o número de ligações, como seria o caso em uma distribuição de Poisson. Os autores desses estudos enfatizam que as redes livres de escala (em outras palavras, as leis de distribuição de potência) indicam um alto grau de auto-organização.

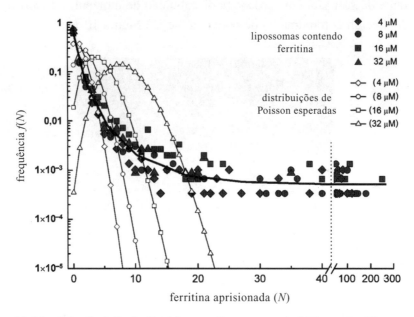

Figura 10.11 Distribuição de ferritina em lipossomas de 100 nm de diâmetro para diferentes concentrações de ferritina (pontos ao redor da curva sólida). Para efeito de comparação, as curvas em forma de sino são as curvas de distribuição de Poisson calculadas. Observe o grande número de lipossomas "vazios" experimentalmente encontrados, e o fato de que a frequência de ocupação atinge um tipo de *plateau*, mesmo com um número relativamente grande de moléculas de ferritina aprisionadas.

Na verdade, acreditamos que esses experimentos poderiam acrescentar alguns detalhes importantes aos nossos cenários da origem da vida. De fato, os autores das investigações consideram que seus resultados apontam para uma possível origem do metabolismo celular (de Souza *et al.*, 2011; Luisi *et al.*, 2010; para um artigo de revisão, consulte também Luisi, 2012). Embora muitas questões ainda precisem ser esclarecidas, já está se tornando evidente que as pesquisas sobre a célula mínima como um setor particular da BS podem projetar luz sobre o problema geral da origem da vida celular. Na próxima seção, discutiremos outro desenvolvimento notável da BS.

10.5.3 As Proteínas Nunca Nascidas

Voltemos agora à dicotomia entre determinismo e contingência, e à sua importância para a origem da vida, que examinamos na Seção 10.1.1. A pergunta central é esta: "Por que a natureza fez as coisas de uma maneira e não de outra?" A maneira como aconteceu é a única possível (determinismo) ou poderia ter acontecido de outras maneiras (contingência)? Em particular, podemos perguntar: "Por que existe na natureza o nosso conjunto particular de proteínas em vez de existir um conjunto diferente?"

Podemos estimar que o número de diferentes proteínas que existem atualmente é da ordem de milhares de bilhões – digamos, 10^{14} (100 mil bilhões) para sermos generosos. Essas proteínas são o produto de bilhões de anos de evolução, mas todos nós aceitamos o ponto de vista segundo o qual as proteínas de hoje têm as marcas, bem como as estruturas e as funções, basicamente semelhantes às que havia no início da vida na Terra. O número de 10^{14} proteínas diferentes é, com certeza, impressionante, e no entanto é ridiculamente pequeno em comparação com o número teórico de proteínas possíveis. Se em cada posição da cadeia nós podemos ter qualquer um dos 20 aminoácidos (também chamados de "resíduos"), então, para uma cadeia que tenha 100 resíduos de comprimento, o número de cadeias possíveis matematicamente diferentes é de 20^{100} (que é aproximadamente igual a 10^{130}).

É provável que uma fração extremamente grande dessas proteínas seja energeticamente impossível, mas se apenas uma em 10 bilhões fosse energicamente permitida, o número resultante ainda seria um estonteante 20^{90} (ou 10^{120}). Alguns pesquisadores argumentam que, no decorrer da evolução, a maioria das estruturas matematicamente possíveis foram testadas. Porém, mesmo que um número imensamente maior de proteínas adicionais tenha sido testado, o fato é que o número das nossas proteínas existentes é comparativamente muito pequeno, e fica a pergunta: "Como e por que essas poucas proteínas foram selecionadas?"

Para se ter uma ideia das grandezas envolvidas, podemos representar as proteínas por grãos de areia. A razão entre o nosso número de proteínas possíveis de comprimento 100 (10^{120}) e o número de proteínas efetivamente existentes (10^{14}) corresponderia, então, aproximadamente, à razão entre toda a areia do Saara e um único grão de areia (Luisi, 2006). Nossa vida humana prospera sobre esse grão de areia. E todos os outros grãos no imenso Saara representam conjuntos de "proteínas nunca nascidas" – proteínas que não estão conosco atualmente. E os códigos de DNA correspondentes representam, igualmente, segmentos de DNA e genes que nunca nasceram.

Como é que esse "grão de areia", nossas poucas proteínas existentes na Terra, foram selecionadas em meio à imensidão de possibilidades? Por que não o foi um grão diferente? Por que isto e não aquilo? Determinismo ou contingência?

Uma visão estritamente determinista exigiria que as nossas proteínas precisaram ser o que são como resultado da seleção original de características do conjunto – por exemplo, solubilidade em água, dobramento estável capaz de permitir ligações, propriedades hidrodinâmicas etc. Se fosse assim, então nossas proteínas seriam caracterizadas por uma série de propriedades particulares, específicas – por exemplo, a combinação das características listadas acima – que todos os outros grãos de areia não teriam, ou têm apenas escassamente.

No início de 2000, a equipe de pesquisas de um de nós (P.L.L.), no Instituto Federal Suíço de Tecnologia, em Zurique, e mais tarde na Universidade de Roma (Chiarabelli *et al*., 2006b), bem como um grupo liderado por Tetsuya Yomo, em Osaka (Toyota *et al*., 2008), decidiu testar experimentalmente esse cenário determinista. A consideração principal consistia em construir um diferente grão de areia e verificar com o que as proteínas correspondentes se pareceriam. Em particular, verificar como muitos deles têm dobramento e solubilidade termodinamicamente estáveis. Fizemos isso dentro de uma biblioteca de "proteínas que nunca nasceram" (veja a Figura 10.12).

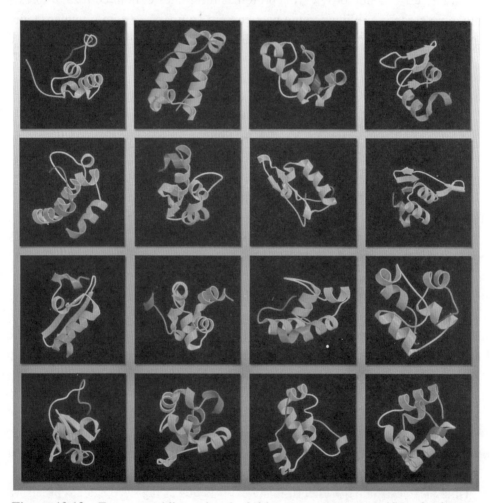

Figura 10.12 Estrutura tridimensional, obtida por computação gráfica, de algumas das Proteínas Nunca Nascidas (NBP). Algumas delas foram isoladas e caracterizadas espectroscopicamente. As poucas amostras investigadas até agora têm um dobramento termodinamicamente estável e são solúveis em solução aquosa. Cerca de 20% das NBPs produzidas pela exibição de bacteriófagos parecem ter bom dobramento (Chiarabelli *et al*., 2006b).

Essas bibliotecas foram produzidas por Chiarabelli *et al.* (2006b). Um número limitado, mas estatisticamente significativo, de clones foi selecionado aleatoriamente e investigado, e nenhuma das cadeias correspondentes de 50 resíduos de comprimento foi encontrada no banco de dados de proteínas existentes, nem mesmo sob os mais rigorosos critérios de similaridade (ou seja, eles não tinham em comum nem mesmo a mais curta sequência de aminoácidos).

Quando as estruturas tridimensionais dessas novas proteínas totalmente aleatórias foram estudadas teoricamente (infelizmente, apenas um número muito limitado), os resultados, dentro dos limites de sua significância estatística, foram muito interessantes. As poucas sequências investigadas exibiam um bom dobramento, com pronunciadas estruturas secundária e terciária. E, nos poucos casos investigados experimentalmente, essas proteínas parecem solúveis em água e termodinamicamente estáveis. Cientistas familiarizados com as proteínas poderiam facilmente reconhecer as habituais características estruturais das "nossas" proteínas, e as semelhanças entre as propriedades físico-químicas mencionadas anteriormente nos permitem dizer que "nossas" proteínas não pareciam nada especiais do ponto de vista estrutural ou termodinâmico. Será que isso quer dizer que elas não foram escolhidas por causa de algumas características especiais? A tentação é responder afirmativamente a essa pergunta, uma resposta que equivale a afirmar que as "nossas" proteínas, desprovidas de quaisquer sinais distintivos de seleção, foram produtos de contingência.

O ponto essencial desse trabalho foi mostrar que as pesquisas experimentais em biologia molecular podem ajudar a resolver questões filosóficas sutis. Além disso, é claro, as bibliotecas de NBPs (Proteínas Nunca Nascidas) têm grande importância do ponto de vista da biotecnologia, pois oferecem um imenso arsenal de agentes terapêuticos possivelmente novos, bem como novos catalisadores. Note que para construir NBPs com o procedimento usual de biologia molecular, precisamos ter o RNA intermediário correspondente, que é então o RNA nunca nascido. O estudo da estrutura e das propriedades de um RNA totalmente aleatório, que não sofreu as restrições da evolução, é outro campo de investigação da BS química (de Lucrezia *et al.*, 2006), novamente com descobertas muito surpreendentes e desafiadoras no mais alto grau (Anella *et al.*, 2011).

10.6 Observações finais

Neste capítulo, delineamos as ideias básicas sobre a busca da origem da vida na Terra. Dissemos no início que ainda não temos uma resposta sobre como a vida começou em nosso planeta. No entanto, vimos que há um amplo e rico espectro de ideias e cenários propostos – desde a meticulosa reconstrução, passo a passo, das reações químicas pré-bióticas até à intrigante visão do "princípio antrópico". Vimos também que essas discussões tocam em questões filosóficas profundas, que vão além do atual arcabouço científico e penetram no domínio do mistério que sempre envolve a pesquisa teórica na linha de frente da ciência.

No âmbito da visão química, examinamos diferentes arcabouços operacionais e diferentes filosofias. Mais uma vez, tivemos de lidar com a dicotomia entre contingência e determinismo. Usamos argumentos semelhantes aos que havíamos utilizado para discutir a evolução no capítulo anterior. No presente caso, o ziguezague da contingência refere-se ao caminho gradual das reações químicas que levam a biopolímeros e à sua complexidade organizacional. E aqui, também, indicamos uma complementaridade entre contingência e determinismo, no sentido de que a contingência não pode operar fora das leis da natureza. Porém, mais uma vez, na via química que, com o tempo, conduz à complexidade das estruturas vivas, o determinismo implica que os processos químicos devem ter um resultado final específico, previsível em princípio, ao passo que a contingência implica que tal resultado pode não acontecer, em absoluto, ou que as coisas podem seguir por um caminho totalmente diferente.

Isso nos levou a uma pergunta desafiadora, que é a base de um importante ramo da moderna BS: "Por que a natureza organizou as coisas de uma maneira e não de outra?" Neste sentido, a BS poderá se revelar, nos próximos anos, como um arcabouço conceitual e experimental muito importante para se compreender melhor a natureza. Além dessa perspectiva científica básica, a BS também inclui um ramo de bioengenharia pragmática, destinado a produzir em laboratório novos tipos de bactérias e talvez organismos ainda mais desenvolvidos. A BS tem de fato uma "alma dupla" (Luisi *et al.*, 2010).

Os três últimos capítulos foram dedicados à vida em todas as suas etapas primordiais até o advento das células biológicas e a evolução darwinista, o que produziu toda a biodiversidade que enriquece o nosso atual meio ambiente. Onde entra a espécie humana nisso tudo? E como esse animal muito particular, o último convidado na evolução da vida, está ligado e é determinado pelos seus genes e pelo seu meio ambiente? É tempo de nos demorarmos um pouco sobre essas perguntas; elas são o tema principal do nosso próximo capítulo.

11

A aventura humana

11.1 As eras da vida

Para mapear o desdobramento da vida na Terra, temos de usar uma escala de tempo geológico, na qual os períodos são medidos em bilhões de anos. Começamos com a formação do planeta Terra, uma bola de fogo de lava derretida, há cerca de 4,5 bilhões de anos. Podemos distinguir três grandes eras na evolução da vida na Terra, cada uma delas se estendendo ao longo de 1 a 2 bilhões de anos, e cada uma contendo várias fases distintas de evolução. A primeira é a era pré-biótica, na qual foram estabelecidas as condições necessárias para a emergência da vida e das primeiras protocélulas. Essa era durou 1 bilhão de anos, e se estendeu desde a formação da Terra até a criação das primeiras células, o início da vida, por volta de 3,5 bilhões de anos atrás. A segunda era, estendendo-se ao longo de todo um período de 2 bilhões de anos, é a idade do microcosmo, na qual bactérias e outros microrganismos inventaram os processos básicos da vida e estabeleceram os ciclos de *feedback* globais para a autorregulação do sistema de Gaia.

Há cerca de 1,5 bilhão de anos, grande parte da superfície e da atmosfera da Terra moderna se estabeleceu; microrganismos permeavam o ar, a água e o solo, pondo em circulação gases e nutrientes na rede planetária, como fazem hoje; e o palco estava montado para a emergência da terceira idade da vida, o macrocosmo, que viu a evolução das formas visíveis de vida, inclusive a nós mesmos.

A aventura da evolução humana é a fase mais recente do desdobramento da vida na Terra, e para nós, naturalmente, ela tem um fascínio especial. No entanto, a partir da perspectiva de Gaia, o planeta vivo como um todo, a evolução dos seres humanos é um episódio até agora muito breve, mas pode até mesmo chegar a um fim abrupto em um futuro próximo.

Para demonstrar o quão tardiamente a espécie humana chegou ao planeta, o ambientalista californiano David Brower (1995) elaborou uma narrativa muito engenhosa, comprimindo a idade da Terra nos seis dias da história bíblica da criação.

No cenário de Brower, a Terra é criada no domingo à meia-noite. A vida sob a forma das primeiras células bacterianas aparece na terça-feira de manhã, por volta das oito horas. Durante os próximos dois dias e meio, o microcosmo evolui, e na quinta-feira à meia-noite está totalmente estabelecido, regulando todo o sistema planetário. Na sexta-feira, em torno das quatro horas da tarde, os microrganismos inventam a reprodução sexual, e no sábado, o último dia da criação, todas as formas visíveis de vida evoluem.

Por volta da uma e meia da madrugada do sábado, os primeiros animais marinhos são formados, e cerca das nove e meia da manhã as primeiras plantas surgem em terra firme, seguidas, duas horas depois, pelos anfíbios e insetos. Aos dez minutos para as cinco horas da tarde, aparecem os grandes répteis, que passam a vagar pela Terra em luxuriantes florestas tropicais. Eles fazem isso durante cinco horas, ao fim das quais morrem todos, subitamente, por volta das nove horas e quarenta e cinco minutos da noite. Nesse meio-tempo, os mamíferos chegam à Terra, por volta das cinco e meia da tarde, e os pássaros um pouco mais tarde, por volta das sete horas e quinze minutos da noite.

Pouco antes das dez horas da noite, alguns mamíferos tropicais que vivem em árvores evoluem dando origem aos primeiros primatas; uma hora mais tarde, alguns deles evoluem em macacos; e por volta das onze e quarenta da noite os grandes macacos aparecem. Oito minutos antes da meia-noite, os primeiros macacos do sul se levantam e passam a caminhar sobre as duas pernas. Cinco minutos mais tarde, desaparecem novamente. A primeira espécie humana, o *Homo habilis*, surge quatro minutos antes da meia-noite, evolui para o *Homo erectus* meio minuto mais tarde, e para as formas arcaicas de *Homo sapiens* trinta segundos antes da meia-noite. Os homens de Neandertal comandam a Europa e a Ásia dos quinze segundos aos quatro segundos antes da meia-noite. Finalmente, a espécie humana moderna aparece na África e na Ásia onze segundos antes de meia-noite, e na Europa cinco segundos antes da meia-noite. A história humana escrita começa por volta de dois terços de segundo antes da meia-noite.

11.2 A era dos seres humanos

O primeiro passo em direção às formas superiores de vida foi a evolução de células nucleadas (eucariontes, ou células eucarióticas), que se tornaram os componentes fundamentais de todas as plantas e animais. Esse passo decisivo ocorreu há cerca de 2,2 bilhões de anos como resultado de uma simbiose de longo prazo, a convivência permanente de várias bactérias e outros microrganismos não nucleados (procariontes). Isso criou uma explosão de atividade evolutiva, gerando a enorme diversidade de células eucarióticas que vemos hoje e preparando o próximo grande passo na evolução dos organismos unicelulares para os pluricelulares.

Quando examinamos esses marcos evolutivos – a invenção da fotossíntese, a produção de oxigênio e o passo que levou dos procariontes aos eucariontes, seguidos pela emergência de organismos pluricelulares –, precisamos compreender (como já indicamos em nosso capítulo anterior com relação à noção de contingência) que nenhum deles foi obrigado a se manifestar da maneira como o fez.

Além disso, quando seguimos detalhadamente o desdobramento da vida na Terra desde os seus primórdios (veja, por exemplo, Margulis e Sagan, 1986), não podemos deixar de sentir uma sensação especial quando chegamos no estágio em que os primeiros macacos se levantaram e passaram a caminhar sobre duas pernas. À medida que aprendemos como os répteis evoluíram em vertebrados de sangue quente que cuidam de seus filhotes; como os primeiros primatas desenvolveram unhas planas, polegares opositivos e os princípios da comunicação vocal; e como os macacos desenvolveram tórax e braços semelhantes aos humanos, cérebros complexos e capacidade para fazer ferramentas, podemos rastrear a emergência gradual das nossas características humanas. E quando alcançamos o estágio dos macacos que caminham eretos com as mãos livres, sentimos que agora a aventura evolutiva humana começa efetivamente.

Todos os macacos que caminhavam eretos, e que se extinguiram há cerca de 1,4 milhão de anos, pertenciam ao gênero *Australopithecus*. O nome, derivado do latim *australis* ("sul") e do grego *pithekos* ("macaco"), significa, portanto "macaco do sul" e é uma homenagem às primeiras descobertas de fósseis pertencentes a esse gênero na África do Sul. As espécies mais antigas desses macacos do sul são conhecidas como *A. afarensis*, em homenagem às descobertas de fósseis na região de Afar, na Etiópia, que incluíam o famoso esqueleto denominado "Lucy". Eles eram primatas de constituição leve, talvez com 140 centímetros de altura, e, provavelmente, tão inteligentes quanto os chimpanzés atuais.

No passado, os antropólogos usavam a palavra "hominídeos" para distinguir tanto o *Australopithecus* como o *Homo sapiens* dos outros primatas. No entanto, as atuais evidências fornecidas pelo DNA indicam vigorosamente que os chimpanzés e os seres humanos compartilham de um ancestral comum que os gorilas não compartilham (veja a Figura 11.1). O Instituto Smithsonian mudou seu esquema de classificação em conformidade com essa constatação. Na segunda edição de sua obra de referência-padrão, *Mammal Species of the World* (Wilson e Reeder, 1993), todos os membros da família dos grandes macacos foram transferidos para a família dos hominídeos.

Depois de quase 1 milhão de anos de estabilidade genética, desde cerca de 3 a 4 milhões de anos atrás, a primeira espécie de macacos do sul evoluiu em várias espécies de constituição mais sólida. Estas incluíam duas espécies humanas primitivas que coexistiram com os macacos do sul, na África, durante várias centenas de milhares de anos, até que esses últimos foram extintos.

Uma diferença importante entre os seres humanos e outros primatas está no fato de que as crianças humanas pequenas precisam de muito mais tempo para fazer a passagem para a infância, e as crianças humanas precisam novamente de muito mais tempo para atingir a puberdade e a idade adulta do que qualquer macaco. Enquanto os jovens da maioria dos outros mamíferos desenvolvem-se plenamente no ventre materno e são preparados para enfrentar o mundo exterior, nossos bebês não estão completamente formados no nascimento e nascem totalmente desamparados. Em comparação com outros animais, os bebês humanos parecem ter nascido prematuramente.

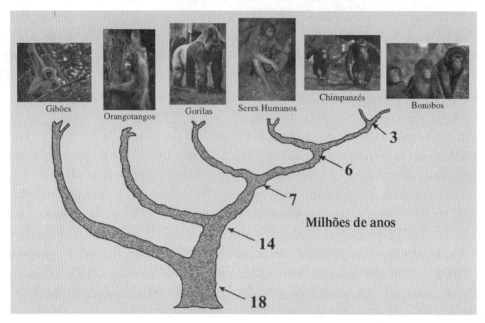

Figura 11.1   Ramificação e evolução dos macacos
(extraído de Bondi e Rickards, 2009 com modificações).

De acordo com uma hipótese amplamente aceita, o desamparo dos bebês humanos nascidos prematuramente pode ter desempenhado um papel de importância crucial no processo de transição do macaco para o homem.

Esses recém-nascidos tinham necessidade de famílias que os apoiassem, o que pode ter formado as comunidades, as tribos nômades e as aldeias que se tornaram os fundamentos da civilização humana. As fêmeas selecionavam os machos que cuidariam delas enquanto elas nutririam e protegeriam seus bebês e suas crianças pequenas. Finalmente, as fêmeas deixaram de entrar no cio em períodos específicos, e uma vez que podiam agora ser sexualmente receptivas em qualquer ocasião, os machos que cuidam de suas famílias podem ter mudado igualmente seus hábitos sexuais, reduzindo assim sua promiscuidade em favor dos novos arranjos sociais. Ao mesmo tempo, a liberdade das mãos para fazer ferramentas, manejar armas e atirar pedras estimulou o crescimento contínuo do cérebro, que é uma característica da evolução humana, e pode até mesmo ter contribuído para o desenvolvimento da linguagem.

Os primeiros descendentes humanos dos macacos do sul emergiram na África Oriental há cerca de 2 milhões de anos. Eles eram uma espécie de indivíduos pequenos e delgados com cérebros acentuadamente expandidos, o que lhes permitiu desenvolver habilidades para construir ferramentas muito superiores às de qualquer um de seus ancestrais símios. Essa primeira espécie humana recebeu, por isso, o nome *Homo habilis* ("homem hábil"). Há cerca de 1,6 milhão de anos, o *H. habilis* tinha evoluído em uma espécie mais robusta e maior, cujo cérebro havia se expandido ainda mais. Conhecido como *Homo erectus* ("homem ereto"), essa espécie persistiu bem mais de 1 milhão de anos, e tornou-se muito mais versátil do que seus antecessores, adaptando suas tecnologias e modos de vida a uma ampla faixa de condições ambientais. Há indicações de que esses primeiros seres humanos podem ter adquirido o controle do fogo por volta de 1,4 milhão de anos atrás.

O *H. erectus* foi a primeira espécie a deixar os confortáveis trópicos africanos e migrar para a Ásia, a Indonésia e a Europa, estabelecendo-se na Ásia há cerca de 1 milhão de anos e na Europa há cerca de 400 mil anos. Muito longe de sua terra natal africana, os primeiros seres humanos tiveram de suportar condições climáticas extremamente adversas, que exerceram um vigoroso impacto sobre a sua evolução posterior. Toda a história evolutiva da espécie humana, desde a emergência do *H. habilis* até a revolução agrícola, quase 2 milhões de anos mais tarde, coincidiu com a famosa era do gelo.

Durante esses períodos de frio, quando lençóis de gelo cobriram grande parte da Europa e das Américas, bem como pequenas áreas da Ásia, muitas espécies de animais de origem tropical se extinguiram e foram substituídas por espécies mais robustas, revestidas de lã – bois, mamutes, bisões e animais semelhantes – que poderiam suportar as duras condições das eras glaciais. Os primeiros seres humanos caçavam esses animais com machados e lanças com pontas de pedra, banqueteavam-se com eles junto a fogueiras em suas cavernas, e usavam a pele desses animais para se proteger do frio intenso. Caçando juntos, eles também compartilhavam seu alimento, e essa partilha dos alimentos tornou-se um outro catalisador para a civilização e a cultura humanas, acabando por produzir as dimensões mítica, espiritual e artística da consciência humana.

Entre 400 mil e 250 mil anos atrás, o *H. erectus* começou a evoluir em *H. sapiens* ("Homem sábio"), a espécie a que nós, seres humanos modernos, pertencemos. Essa evolução ocorreu gradualmente e incluiu várias espécies de transição. A transição para o *H. sapiens* estava completa por volta de 100 mil anos atrás na África e na Ásia, e por volta de 35 mil anos atrás na Europa. A partir desse momento, seres humanos totalmente modernos permaneceram como a única espécie humana sobrevivente.

Enquanto o *H. erectus* evoluiu gradualmente para o *H. sapiens*, uma linha diferente se ramificou na Europa e evoluiu na clássica forma neandertal por volta de 125 mil anos atrás. Recebendo esse nome em homenagem ao Vale de Neander, na Alemanha, onde o primeiro espécime foi encontrado, essa espécie distinta persistiu até 35 mil anos atrás. As características anatômicas únicas dos neandertais – eles eram corpulentos e robustos, com ossos maciços, testas baixas e inclinadas, mandíbulas pesadas e dentes longos e salientes – provavelmente se deviam ao fato de que eles foram os primeiros seres humanos a passar longos períodos em ambientes extremamente frios , tendo emergido no início da glaciação mais recente. Os neandertais se estabeleceram no sul da Europa e na Ásia, onde deixaram para trás sinais de enterros ritualizados em cavernas decoradas com vários símbolos e de cultos envolvendo os animais que caçavam.

É importante enfatizar que não deveríamos considerar essa evolução do *Homo* como uma progressão linear. Diferentes tipos de espécie humana coexistiram uns com os outros, embora, muitas vezes, em diferentes hábitats geográficos. Por exemplo, os homens de Neandertal coexistiram com o *Homo sapiens*, e, de acordo com Green *et al.* (2010), as evidências genéticas sugerem que eles realmente cruzaram com o *H. sapiens* (seres humanos anatomicamente modernos) entre cerca de 80 mil e 50 mil anos atrás, no Oriente Médio, resultando que 1% a 4% do genoma de pessoas da Eurásia contêm contribuições genéticas de neandertais. De acordo com alguns autores, a competição por parte dos *H. sapiens* pode ter contribuído para a extinção neandertal. Jared Diamond (1992) chegou até mesmo a sugerir um cenário de violentos conflitos e deslocamento populacional.

Por volta de 35 mil anos atrás, a espécie moderna do *H. sapiens* substituiu os neandertais na Europa e evoluiu para uma subespécie conhecida como Cro-Magnon – em homenagem ao nome de uma caverna na sul da França – à qual pertencem todos os homens modernos. Os Cro-Magnon eram anatomicamente idênticos a nós, tinham uma linguagem plenamente desenvolvida e produziram uma verdadeira explosão de inovações tecnológicas e de atividades artísticas. Ferramentas de pedra e osso finamente trabalhadas, joias de conchas e marfim, e magníficas pinturas nas paredes de cavernas úmidas e inacessíveis são testemunhos vívidos da sofisticação cultural desses primeiros membros da raça humana moderna.

Até recentemente, os arqueólogos acreditavam que os Cro-Magnon desenvolveram gradualmente sua arte rupestre, começando com desenhos muito grosseiros e desajeitados e atingindo seu ápice com as famosas pinturas de Lascaux, que têm cerca de 16 mil anos. No entanto, a sensacional descoberta da Caverna Chauvet, em dezembro de 1994, obrigou os cientistas a revisar radicalmente suas ideias. Essa grande caverna na região de Ardèche no sul da França consiste em um labirinto de câmaras subterrâneas repletas de mais de 300 pinturas altamente bem realizadas. O estilo é semelhante ao da arte de Lascaux, mas cuidadosas datações por radiocarbono demonstraram que as pinturas em Chauvet têm, pelo menos, 30 mil anos de idade (Chauvet *et al.*, 1996).

As figuras, pintadas em ocre, matizes de carvão vegetal e hematita vermelha, são imagens simbólicas e mitológicas de leões, mamutes e outros animais perigosos, muitos deles saltando ou correndo ao longo de painéis de grande tamanho (veja a

Figura 11.2). Especialistas em arte rupestre antiga ficaram surpresos com as técnicas sofisticadas – sombreamento, ângulos especiais, conjuntos assombrosos e estonteantes de figuras, e assim por diante – utilizadas pelos artistas rupestres para retratar movimento e perspectiva. Além das pinturas, a Caverna Chauvet também continha toda uma riqueza em ferramentas de pedra e objetos ritualísticos, incluindo uma laje de pedra semelhante a um altar com um crânio de urso colocado sobre ela. Talvez a descoberta mais intrigante seja um desenho preto de uma criatura xamânica, metade homem e metade bisão, na parte mais profunda e mais escura da caverna.

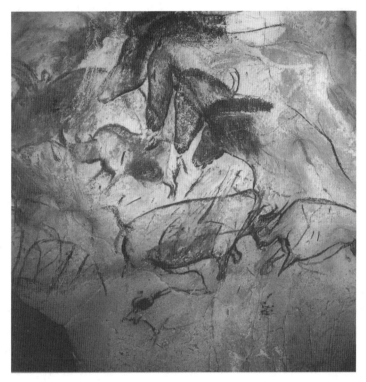

Figura 11.2 Pintura de cavalos e dois rinocerontes lutando, Caverna Chauvet, Pont-d'Arc, Ardèche, França (extraído de Chauvet *et al.*, 1996).

A data inesperadamente remota dessas pinturas magníficas significa que a grande arte era uma parte integrante da evolução dos modernos seres humanos desde o início. Como Margulis e Sagan (1986, pp. 223-24) assinalam:

Tais pinturas, por si mesmas, marcam claramente a presença do moderno *Homo sapiens* sobre a Terra. Só as pessoas pintam, só as pessoas planejam expedições até as extremidades mais afastadas de cavernas úmidas e escuras por razões cerimoniais. Só as pessoas enterram seus mortos com pompa. A procura pelos ancestrais históricos do homem é a procura pelo contador de histórias e pelo artista.

11.3 Os fatores determinantes do ser humano

Durante a maior parte da filosofia ocidental, acreditou-se que a natureza humana era única e radicalmente diferente da natureza dos animais. Aristóteles ensinava que a alma humana compartilhava certas características com a alma animal, mas também ensinava que sua característica principal e única era a razão. Filósofos cristãos medievais associavam essa faculdade com a origem divina da alma e acreditavam que ela era exclusivamente humana e imortal. E, finalmente, Descartes postulou a divisão fundamental entre mente e matéria, que implicou uma diferença ainda mais radical entre os seres humanos, habitados por uma alma racional, e os animais, que eram simplesmente máquinas.

Charles Darwin desafiou não apenas a ideia tradicional da natureza fixa das espécies, mas também a suposição da singularidade humana. Em *The Descent of Man*, ele argumentou que nosso poder para realizar o pensamento abstrato estava arraigado nas capacidades cognitivas de nossos ancestrais símios, e sugeriu que habilidades cognitivas semelhantes, inclusive o uso de ferramentas, poderiam ser encontradas em chimpanzés e outros macacos modernos.

Estudos contemporâneos em primatologia confirmaram completamente a visão revolucionária de Darwin. Hoje, sabemos que os genomas de chimpanzés e seres humanos diferem em apenas 1,6%. Como o primatologista Roger Fouts (1997, p. 57) nos explica: "Nosso esqueleto é uma versão ereta do esqueleto do chimpanzé; nosso cérebro é uma versão ampliada do cérebro do chimpanzé; nosso trato vocal é uma inovação do trato vocal do chimpanzé". Além disso, é bem conhecido que grande parte do repertório facial do chimpanzé é semelhante ao nosso.

A continuidade entre seres humanos e chimpanzés não termina com a anatomia, mas também se estende a características sociais e culturais. Como nós, os chimpanzés são criaturas sociais. Em cativeiro, eles sofrem muito com a solidão e o tédio. Na natureza, eles prosperam mudando, pilhando diferentes árvores frutíferas a cada dia, construindo diferentes ninhos para dormir a cada noite, e socializando-se com vários membros de sua comunidade enquanto viajam através da selva. Além disso, os chimpanzés nutrem laços familiares, lamentam a morte de mães, adotam órfãos, lutam pelo poder e travam guerras. Em suma, parece haver tanta continuidade social e cultural na evolução dos seres humanos e dos chimpanzés quanto há continuidade anatômica.

Além disso, estudos sobre a comunicação com os chimpanzés, em particular com a ajuda de linguagem de sinais, confirmaram que as vidas cognitiva e emocional de animais e seres humanos diferem apenas em grau (veja Fouts, 1997), que a vida é um grande *continuum* em que as diferenças entre as espécies são graduais e evolutivas. Os cientistas cognitivos estão confirmando plenamente essa concepção evolucionista da natureza humana. Nas palavras dos linguistas cognitivos George Lakoff e Mark Johnson, "a razão, até mesmo em sua forma mais abstrata, faz uso de nossa natureza animal, em vez de transcendê-la... Desse modo, a razão não é uma essência que nos separa de outros animais; em vez disso, ela nos coloca em um *continuum* com eles" (Lakoff e Johnson, 1999, p. 4).

Em vista do fato de que o nosso genoma humano é o resultado de um extenso percurso histórico ao longo do qual estamos relacionados não apenas com nossos primos macacos, mas também, em última análise, com todas as espécies vivas, é interessante perguntar a nós mesmos até que ponto algumas de nossas características humanas mais notáveis têm base genética, resultando de nossos instintos animais, e em que medida elas foram adquiridas culturalmente.

11.3.1 O instinto do macaco assassino

Uma das primeiras perguntas que nos vêm à mente diz respeito à natureza agressiva dos seres humanos, como é testemunhado por milhares de anos de guerras sangrentas e de matanças. Essa natureza é resultado de uma característica genética? Será que estamos geneticamente fadados a ser agressivos, a fazer a guerra e a nos matarmos uns aos outros como uma espécie de danação genética da nossa natureza humana? Essa pergunta torna-se razoável em vista da constatação de que muitas outras espécies animais não se comportam de tal maneira. Elas podem se matar para defender seu território ou seus companheiros, mas não se unem para empreenderem invasões ferozes em grupos e realizarem ataques premeditados contra outros grupos de animais da mesma espécie. Também não há dúvida de que a espécie humana é a mais beligerante e cruel de todas as espécies.

Em um livro interessante, *Demonic Males*, os antropólogos Wrangham e Peterson (1996), estudando os comportamentos agressivos de macacos e seres humanos, chegaram a uma triste conclusão: somente os seres humanos e os chimpanzés são "macacos assassinos", que têm o hábito, ou pelo menos a capacidade, de se organizar em equipes unidas por acordo entre os machos com o objetivo de matar a sangue frio outros indivíduos da mesma espécie. Os seres humanos e os chimpanzés divergiram uns dos outros apenas há 5 milhões de anos, enquanto os gorilas se ramificaram há 10 milhões de anos (veja a Figura 11.2). No entanto, muito curiosamente, 2 a 3 milhões de anos mais tarde, outro tipo de macaco ramificou-se a partir do chimpanzé: o bonobo (espécie de chimpanzé menor, previamente conhecido como chimpanzé-pigmeu e corretamente chamado de *Pan paniscus*).

O surpreendente é que os bonobos não são agressivos, em absoluto; eles são os mais amigáveis e mais pacíficos de todos os animais (veja, por exemplo, DeWaals, 2006; Wrangham e Peterson, 1996). Como mencionamos, o bonobo se ramificou do chimpanzé há cerca de 3 milhões de anos (veja a Figura 11.2), e, de acordo como uma hipótese, essa diversificação deveu-se ao fato de que algumas famílias de chimpanzés tiveram de viver em um ambiente diferente, mais hospitaleiro (Wrangham e

Peterson, 1996), uma diferença ambiental que poderia, por fim, ter causado uma mudança drástica no comportamento genético. Não poderia esse tipo de ramificação acontecer de novo, com o surgimento de uma nova espécie humana, semelhante aos bonobos e não aos chimpanzés?

Por enquanto, temos de aceitar as observações dos dois antropólogos já mencionados, Wrangham e Peterson (1996, p. 82), que rejeitam a noção de que haja, em nosso planeta, lugares idílicos pacíficos, sem violência, expressando assim essa visão:

Nem na história, nem em todo o mundo atual há qualquer evidência de uma sociedade verdadeiramente pacífica. Mas a sugestão de que os chimpanzés e os seres humanos têm padrões semelhantes de violência repousa sobre mais do que alegações de violência humana universal. Depende de algo mais específico – a ideia de que os homens, em particular, são sistematicamente violentos. Violentos por temperamento.

Em outras palavras, a violência não é uma característica humana geral, mas uma característica humana especificamente *masculina*.

Também precisamos levar em consideração os efeitos secundários da agressão humana; por exemplo, as touradas sangrentas e a prática bárbara de caçar e matar animais inocentes por prazer. Ou pense em esportes competitivos, que de certa forma podem ser considerados como uma sublimação da agressividade humana, mas, ocasionalmente, assumem a forma de uma feroz animosidade e violência. Outra categoria que vem à mente é o campo da economia e dos negócios. Acaso não são as recentes formas de colonialismo (inclusive o colonialismo missionário) e o atual capitalismo predatório expressões dessa agressividade humana? Como discutimos no Capítulo 17, nosso mundo de hoje é dominado por um sistema econômico global com desastrosos impactos sociais e ambientais. A trágica consequência dessa forma de violência é o fato de que somos a única espécie na Terra que destrói o seu próprio hábitat, ameaçando, no processo, incontáveis outras espécies com a extinção. Para as causas determinantes dessa agressividade, também precisamos atribuir emoções negativas, como raiva, ódio e ciúme. Toda a questão das emoções tornou-se recentemente um importante tema de pesquisa em ciência cognitiva, como discutimos no capítulo seguinte.

Felizmente, o assassinato e a agressão não constituem a única causa determinante do ser humano. Há também a característica oposta do amor e do altruísmo, para a qual nos voltaremos agora.

11.3.2 Amor e altruísmo

O amor é, certamente, um aspecto fundamental do comportamento animal. Obviamente, o amor da mãe por sua prole pode ser considerado como um instinto, e é o principal dispositivo fornecido pela natureza para a preservação da espécie, e o amor e a atração sexual entre machos e fêmeas também pode ser visto, sob essa luz, como a melhor maneira de garantir a reprodução. Nos seres humanos, o amor também pode ser visto como instinto, mas ele é acompanhado pela consciência e pelos códigos morais.

Dizer que o amor é geneticamente determinado não é negar ou diminuir a beleza do amor em todas as suas muitas e maravilhosas manifestações, nem diminuir os aspectos culturais e artísticos produzidos em nossa civilização por nossa concepção de amor. E o mesmo é verdadeiro para o altruísmo. Há uma enorme literatura sobre o altruísmo e a cooperação no âmbito da comunidade científica darwinista, que lida com a simbiose e muitos outros aspectos técnicos a cujo respeito não podemos nos estender aqui. Basta dizer que o altruísmo, a cooperação e o amor podem ser ligados à seleção natural: grupos, tribos ou estruturas sociais que foram caracterizados pelo altruísmo e pela cooperação tiveram melhores chances de sobrevivência. Este é, com certeza, um aspecto importante da nossa natureza humana. Às qualidades do amor e do altruísmo, devemos acrescentar emoções positivas como empatia, alegria, felicidade, gratidão, euforia e esperança – assim como sentimentos positivos, como se sentir satisfeito, compassivo ou realizado. Esse é, atualmente, um importante campo de investigação neurobiológica.

Os dois impulsos determinantes do ser humano discutidos até agora – o instinto do macaco assassino e o amor e o altruísmo – estão inextricavelmente ligados à consciência humana, que é a nossa próxima causa determinante.

11.3.3 Consciência e espiritualidade

Como indicamos brevemente no Capítulo 7 quando discutimos a respeito da autopoiese, a dimensão cognitiva é parte integrante da concepção sistêmica da vida (veja a Seção 7.8). Durante as três últimas décadas, o estudo da mente e da consciência com base nessa perspectiva sistêmica desenvolveu-se em um campo de estudo ricamente interdisciplinar conhecido como ciência cognitiva, que discutiremos detalhadamente no capítulo seguinte. Aqui, queremos nos limitar a apenas alguns comentários sobre a consciência e a espiritualidade como fatores determinantes do ser humano, deixando para mais tarde uma exploração mais profunda de sua natureza e de sua origem.

Vimos na seção anterior que as pinturas e artefatos encontrados nas cavernas paleolíticas indicam vigorosamente que os Cro-Magnon expressavam seu sentimento de pertencer em rituais "religiosos". Há também evidências de cerimônias fúnebres, indicando que esses primeiros seres humanos estavam pensando em sua própria morte, mas essa evidência tem apenas cerca de 25 mil anos de idade, e é, portanto, uma história relativamente "recente" (Bondi e Rickards, 2009). A questão consiste em saber se os primeiros hominídeos tinham uma consciência do ser. Estaria Lucy, há mais de 3 milhões de anos, mentalmente ciente de sua própria existência? E estaria essa percepção, se de fato estivesse presente, ligada a uma vantagem evolutiva?

É uma pergunta difícil, que não tem uma resposta clara. Uma consideração que nos vem à mente é que uma sensação de reverente espanto e admiração pode ter surgido assim que nossos ancestrais hominídeos começaram a se levantar e a andar sobre duas pernas. Tão logo eles puderam caminhar eretos e olhar para cima, eles teriam se defrontado mais diretamente com os mistérios da natureza – raios em situações meteorológicas tempestuosas, o céu noturno estrelado, as fases da Lua, o nascer do Sol, e assim por diante. E, ao mesmo tempo, esse tipo de percepção espiritual pode ter induzido um sentido de eu, de individualidade. Em outras palavras, o princípio da espiritualidade pode muito bem ter emergido sob a assistência da consciência do ser.

A ideia de que alguns poderes sobrenaturais poderiam ser responsáveis por esses fenômenos talvez tenham surgido nessa situação, bem no início da percepção humana, e pode muito bem ter sido acompanhada pelo desenvolvimento de alguns rituais religiosos. Também se pode argumentar que os rituais desse tipo podem ter exercido um impacto sobre a seleção natural, uma vez que os grupos ou tribos que estavam envolvidos neles teriam uma maior coesão e uma maior força internas, o que os teria ajudado em sua sobrevivência.

A esse respeito, deve-se mencionar uma linha de pesquisa na evolução darwinista. Alguns autores expressaram a ideia de que os seres humanos estão geneticamente caracterizados pelo fato de que "nasceram para acreditar" (veja, por exemplo, Boyer, 2008; Girotto *et al.*, 2008). A essa altura, é apropriado nos referirmos a outro autor moderno, embora não seja o mais incontroverso, Marc Hauser (2007). Ele argumenta que a moralidade, que pode ser considerada como um aspecto fundamental da espiritualidade, está arraigada na biologia. De acordo com ele, há uma gramática moral, inata e universal, que pertence à espécie humana como um produto da evolução, embora a expressão específica dessa moralidade varie para diferentes locais, dependendo de restrições contingentes. Isso implicaria que, para os seres humanos, o código moral provém do interior da natureza humana, sem qualquer necessidade de religião.

11.3.4 A curiosidade e a sede de conhecimento

Nossa lista dos fatores genéticos determinantes do ser humano não seria completa se não acrescentássemos outra característica, muito bela, da humanidade: o anseio pelo conhecimento, a busca pela compreensão da natureza ao nosso redor, e o desejo de conquistar as dificuldades apresentadas a nós pela natureza. Mencionamos o assombro reverente e a admiração de nossos ancestrais hominídeos ao se defrontarem com os mistérios da natureza – nascer do sol e pôr do sol, as fases da Lua, as cores das flores, e o nascimento e crescimento dos animais e das plantas. O que eles devem ter sentido, desde o começo, não era apenas espanto e maravilhamento, mas também curiosidade e um anseio por compreender; e, com isso, também o desejo de dominar o meio ambiente com a ajuda de ferramentas, que se tornaram cada vez mais sofisticadas com o passar do tempo.

É comumente aceito que esse desenvolvimento foi desencadeado pelo rápido crescimento do cérebro na aurora da evolução humana, há cerca de 4 milhões de anos, quando a linguagem, a consciência reflexiva, a capacidade para fazer e usar ferramentas e as relações sociais organizadas, todas elas, evoluíram em conjunto (veja a Seção 11.2). O tamanho do cérebro foi um importante fator determinante para o desenvolvimento humano, uma vez que é uma crença amplamente aceita que o tamanho do cérebro é proporcional à inteligência. O cérebro hominídeo quase quadruplicou de tamanho ao longo dos últimos 4 milhões de anos desde o chimpanzé (400 cc) ao *Australopithecus* (600 cc) ao *H. erectus* (1.200 cc) aos seres humanos modernos (1.400 cc).

No entanto, a relação entre o tamanho do cérebro e a inteligência não é direta. A inteligência como tal – a capacidade para resolver problemas – não é necessariamente hereditária; ela pode ser retida indefinidamente por um indivíduo, mas não pode ser transmitida geneticamente aos descendentes. Além disso, quando procuramos por uma possível relação direta entre o tamanho do cérebro e a inteligência, parece que a inteligência humana não é necessariamente adaptativa em um sentido evolutivo. De fato, bebês de cabeças volumosas são mais difíceis de serem dados à luz, e cérebros grandes são dispendiosos quanto às necessidades de nutrientes e de oxigênio. Mas o fato de que o benefício adaptativo direto da inteligência humana pode parecer questionável torna ainda mais claro que os seres humanos mais inteligentes podem ganhar benefícios seletivos indiretos.

A relação entre a inteligência, o pensamento e a mente é um problema complexo, que examinaremos no próximo capítulo. Para os propósitos desta seção, vamos simplesmente acrescentar a inteligência humana como um fator determinante que levou à ascensão da ciência – o desejo de lançar luz sobre a escuridão da ignorância – e da tecnologia – o desejo de aplicar esse conhecimento na prática. Essas aplicações se estendem desde a invenção do alfabeto e da roda a todas as formas da tecnologia moderna, incluindo a invenção da pólvora, de bombas e de outros dispositivos bélicos, que estão ligados ao nosso primeiro determinante genético, o instinto do macaco assassino.

11.3.5 A busca pela beleza e pela harmonia

Vamos agora considerar a busca pela beleza e pela harmonia, e a criatividade artística correspondente. Um mundo sem estátuas gregas, sem pinturas chinesas com pincel, sem bronzes indianos do império Chola, ou sem os afrescos renascentistas; sem a música de Mozart, Beethoven ou Bach, não seria o nosso mundo. Como vimos, as expressões artísticas da consciência humana começaram com as magníficas pinturas em cavernas paleolíticas há 30 mil anos, época do próprio nascimento da espécie humana moderna (veja a Figura 11.2). Mais ou menos da mesma era vieram as famosas estatuetas da Vênus paleolítica, frequentemente interpretadas como símbolos de fertilidade, bem como instrumentos musicais, como flautas.

Por que criamos esses monumentos à beleza e à harmonia? Estariam eles, também, conectados com os genes, significando com isso que fazer arte tem alguma vantagem reprodutiva? Vamos começar com animais mais simples. Do ponto de vista darwinista, a beleza é uma entre muitas outras propriedades biológicas. Em certos animais, como as aves, ela desempenha um importante papel na seleção sexual, orientando machos e fêmeas a fazer a melhor escolha de seus companheiros. Aqui, na natureza, a beleza é um símbolo de juventude, força e saúde. A cauda do pavão é o exemplo emblemático. Mas o que dizer dos seres humanos? Seria a nossa capacidade para apreciar a beleza na natureza – a exibição das cores dos pássaros, a simetria das flores, a beleza de uma Vênus pintada ou a harmonia das sinfonias de Beethoven – a apreciação de algo inato em nossa própria natureza? Ou seria simplesmente por causa da nossa educação e, portanto, um produto da cultura?

De acordo com o filósofo Denis Dutton (2009), um interesse pela arte pertence à lista de adaptações evolutivas, juntamente com o prazer do sexo, a resposta às expressões faciais, o entendimento da lógica e a aquisição da linguagem espontânea, todos os quais tornam mais fácil para nós sobrevivermos e nos reproduzirmos. Ele sugere que essa apreciação da beleza pode ter sido o que empurrou os nossos ancestrais hominídeos em direção às belas savanas da África e a outras paisagens que os teriam agradado. Dutton recorre a argumentos tirados da psicologia evolutiva para mostrar que as percepções humanas passam por uma espécie de desenvolvimento evolutivo.

Roger Scruton liga o darwinismo à beleza em seu livro *Beauty* (2009). A ideia é que a apreciação contemplativa também é instintiva, o que permite ao autor ligar altos valores artísticos à nossa biologia. Talvez seja interessante lembrar que Immanuel Kant já havia pensado que a nossa apreciação da natureza é espontânea e vem do nosso instinto.

11.4 Observações finais

O sentido estético nos seres humanos precisa ser considerado em conjunção com o desenvolvimento da consciência, bem como da espiritualidade, os fatores determinantes discutidos anteriormente. Talvez o sentido de maravilhamento diante da beleza de uma paisagem – como a nossa admiração ao dirigirmos os nossos olhos ao Grand Canyon ou aos majestosos picos dos Alpes – também seja uma das emoções preliminares experimentadas pelos primeiros hominídeos, uma emoção que alia a apreciação da beleza ao sentimento de assombro reverente diante dos mistérios da natureza e, por fim, à presença de algum poder sobrenatural.

A busca pela beleza e pela harmonia, que nós identificamos como uma característica de importância crucial da natureza humana, manifesta-se não apenas em obras de arte, mas também na busca persistente por ordem na natureza e no cosmos. A harmonia dos movimentos das estrelas e dos planetas tornou-se o fundamento da astrologia nos tempos antigos, e, mais tarde, das várias tentativas para se interpretar o universo, muitas vezes apoiadas por belas representações geométricas.

Ao concluir este capítulo, observemos que, nesta discussão, apresentamos os fatores determinantes genéticos do ser humano separados uns dos outros. Isto é, naturalmente, legítimo apenas por uma questão de simplicidade. A consciência, a espiritualidade, a criatividade artística, o pensamento abstrato e a racionalidade se entrelaçam mutuamente em um intrincado labirinto. Na maioria das manifestações de nossas ações, e nos produtos de nossa civilização, pode ser difícil discriminar alguns diante de outros. Isso reafirma a complexidade da espécie *H. sapiens* – a espécie capaz de criar os esplendores da Basílica de São Pedro e também capaz de deixar cair a bomba atômica e dizimar em segundos milhares e milhares de vidas.

12

Mente e consciência

Uma das mais importantes implicações filosóficas da nova compreensão sistêmica da vida é uma nova concepção da natureza da mente e da consciência, que finalmente superou a divisão cartesiana entre mente e matéria. No século XVII (como discutimos no Capítulo 1), René Descartes baseou sua visão da natureza na divisão fundamental entre dois domínios independentes e separados – o da mente, a "coisa pensante" (*res cogitans*), e o da matéria, a "coisa extensa" (*res extensa*). Essa ruptura conceitual entre mente e matéria assombrou a ciência e a filosofia ocidental por mais de 300 anos.

Seguindo Descartes, cientistas e filósofos continuaram a pensar a respeito da mente como uma entidade intangível e não eram capazes de imaginar como essa "coisa pensante" está relacionada com o corpo. Embora os neurocientistas já soubessem, desde o século XIX, que as estruturas cerebrais e as funções mentais estão intimamente conectadas, a relação exata entre mente e cérebro permanecia um mistério. Há menos de dez anos, os editores de uma antologia intitulada *Consciousness in Philosophy and Cognitive Neuroscience*, Revonsuo e Kamppinen (1994, p. 5), declararam francamente em sua introdução: "Mesmo que todos concordem em que a mente tem algo a ver com o cérebro, ainda não há um acordo geral sobre a natureza exata dessa relação".

12.1 A mente é um processo!

O avanço decisivo da visão sistêmica da vida ocorreu com o abandono da visão cartesiana da mente como uma coisa, e com a compreensão de que a mente e a consciência não são coisas, mas processos. Em biologia, esse novo conceito de mente foi desenvolvido durante a década de 1960 por Gregory Bateson, que usou a expressão "processo mental", e, independentemente dele, por Humberto Maturana, que focalizou na cognição, o processo de conhecer. Na década de 1970, Maturana e Francisco Varela, ambos trabalhando na Universidade do Chile, em Santiago, expandiram o trabalho inicial de Maturana em uma teoria completa, que se tornou conhecida como a teoria da cognição de Santiago. Durante as três últimas décadas, o estudo da mente a partir dessa perspectiva sistêmica floresceu em um campo ricamente interdisciplinar conhecido como ciência cognitiva, que transcende os arcabouços tradicionais da biologia, da psicologia e da epistemologia.

Ao longo dos anos, um de nós (F.C.) desenvolveu uma síntese das principais ideias de alguns dos principais cientistas cognitivos com o objetivo de chegar a uma compreensão sistêmica coerente da vida, da mente e da consciência (Capra, 1996, 2002). Este capítulo baseia-se nessa síntese, que resumimos na Seção 12.4 mais adiante. Sua extensão à dimensão social da vida é discutida no Capítulo 14.

12.1.1 O "processo mental" de Bateson

Gregory Bateson, que foi um participante regular nas lendárias Macy Conferences durante os primeiros anos da cibernética (veja o Capítulo 5), desenvolveu um conceito de mente baseado em princípios cibernéticos, definindo "processo mental" como um fenômeno sistêmico característico de todos os organismos vivos. Bateson (1972) listou um conjunto de critérios que os sistemas têm de satisfazer para que a mente ocorra. Qualquer sistema que satisfaça a esses critérios será capaz de desenvolver os processos que associamos à mente – aprendizagem, memória, tomada de decisões, e assim por diante. Na visão de Bateson, esses processos mentais são uma consequência necessária e inevitável de uma certa complexidade que começa muito antes de os organismos desenvolverem cérebros e sistemas nervosos superiores. Ele também enfatizou que a mente se manifesta não apenas em organismos individuais, mas também em sistemas sociais e ecossistemas.

Bateson apresentou seu novo conceito de processo mental, pela primeira vez, em 1969, no Havaí, em um artigo que ele apresentou em uma conferência sobre saúde mental (reimpresso em Bateson, 1972). Foi nesse mesmo ano que Maturana introduziu uma formulação diferente da mesma ideia básica em uma conferência sobre cognição organizada por Heinz von Foerster em Chicago (veja Maturana, 1980/1970). Assim, dois cientistas, ambos vigorosamente influenciados pela cibernética, haviam chegado simultaneamente ao mesmo conceito revolucionário de mente. No entanto, seus métodos foram muito diferentes, assim como também o foram as linguagens com as quais eles descreveram sua descoberta desbravadora.

Todo o pensamento de Bateson girava em torno de padrões e relações. Seu objetivo principal, que também era o de Maturana, consistia em descobrir o padrão de organização comum a todos os seres vivos. "Qual é o padrão", indagou Bateson (1979, p. 8), "que conecta o caranguejo com a lagosta e a orquídea com a prímula e todos os quatro a mim? E eu com você?"

Bateson desenvolveu seus critérios de processo mental de maneira intuitiva, baseando-se em sua observação aguçada do mundo vivo. Era claro para ele que o fenômeno da mente estava inseparavelmente conectado com o fenômeno da vida. Quando ele voltou os olhos para o mundo vivo, reconheceu que sua atividade organizadora era essencialmente mental. Em suas próprias palavras (comunicação pessoal a Capra, 1979), "a mente é a essência de estar vivo".

Apesar de seu claro reconhecimento da unidade da mente e da vida – ou da mente e da natureza, como ele iria se expressar – Bateson nunca perguntou: "O que é vida?" Ele nunca sentiu a necessidade de desenvolver uma teoria, ou mesmo um modelo, dos sistemas vivos que fornecesse um arcabouço conceitual para os seus critérios de processo mental. Desenvolver tal arcabouço foi precisamente a abordagem de Maturana.

12.1.2 Cognição – o processo da vida

Quando Maturana voltou à Universidade do Chile, em 1960, depois de seis anos de estudos e pesquisas no Reino Unido e nos EUA, duas perguntas principais se cristalizaram em sua mente. Como ele se lembrou mais tarde (Maturana, 1980/1970, p. xii), "entrei em uma situação na qual minha vida acadêmica foi dividida, e me orientei em busca das respostas a duas perguntas que pareciam levar em sentidos opostos – a saber: 'Qual é a organização do ser vivo?' e 'O que ocorre no fenômeno da percepção?'"

Maturana lutou com essas questões durante quase uma década, e foi graças ao seu gênio que ele conseguiu encontrar uma resposta comum a ambas. Ele descobriu que a "organização do ser vivo" é um padrão de rede especial, que ele e Francisco Varela mais tarde chamaram de "autopoiese" (veja o Capítulo 7), e que a compreensão desse padrão de redes autogeradoras lhe forneceu o arcabouço teórico para compreender a percepção e, mais geralmente, a cognição. A teoria completa da cognição, hoje conhecida como teoria de Santiago, foi desenvolvida por Maturana e Varela na década de 1970 e publicada em sua monografia pioneira, *Autopoiesis and Cognition*, em 1980.

A iluminadora e aguçada percepção central da teoria de Santiago é a mesma que Bateson descobrira – a identificação da cognição, o processo de conhecer, com o processo da vida. A cognição, de acordo com Maturana e Varela, é a atividade envolvida na autogeração e na autoperpetuação das redes vivas. Em outras palavras, a cognição é o próprio processo da vida. A atividade organizadora dos sistemas vivos, em todos os níveis da vida, é atividade mental. As interações de um organismo vivo – planta, animal ou ser humano – com seu ambiente são interações cognitivas. Desse modo, a vida e a cognição são inseparavelmente conectadas. A mente – ou, mais precisamente, a atividade mental – é imanente na matéria em todos os níveis da vida.

À medida que a complexidade das espécies aumentou na longa história da evolução, também aumentou a complexidade dos seus processos cognitivos. Desse modo, a cognição é uma noção estratificada (Luisi, 2003, 2006), cuja sofisticação é ampliada com o aumento da sofisticação do aparelho sensorial do organismo vivo – isto é, de flagelos a antenas a dispositivos fotossensíveis à discriminação olfativa, ao olho e ao cérebro. Assim, a interação de cada diferente ser vivo com seu ambiente, embora exiba um padrão comum de organização, é realizada, a cada momento, por meio de órgãos sensoriais específicos, que são o produto da sua filogenia.

Essa é uma expansão radical do conceito de cognição e, implicitamente, do conceito de mente. Nessa nova visão, a cognição envolve todo o processo da vida – incluindo a percepção, a emoção e o comportamento – e nem mesmo exige necessariamente um cérebro e um sistema nervoso. Como Maturana (1980/1970, p. 13) se expressou no seu artigo original, "Biology of Cognition":

Os sistemas vivos são sistemas cognitivos, e a vida como processo é um processo de cognição. Esta afirmação é verdadeira para todos os organismos, com e sem um sistema nervoso.

Também devemos mencionar que alguns cientistas cognitivos são relutantes em usar a palavra "mente" para se referir à cognição não humana, preferindo usá-la no sentido tradicional, em que a cognição está associada à consciência reflexiva. Na verdade, enquanto escrevíamos este livro, discordamos quanto a esse ponto. Um de nós (P.L.L.) prefere reservar a palavra "mente" a formas de cognição envolvendo organismos vivos com cérebro, enquanto o outro (F.C.), inspirado por Gregory Bateson, prefere estender "mente", ou melhor, "processo mental" a todos os sistemas vivos, entendendo o termo "cognitivo" como um sinônimo de "mental".

Se Maturana, com cuidado, evita usar o termo "mente", é provável que isso seja porque ele sente, em vista de sua associação cartesiana com uma "coisa", que ele não é apropriado para descrever o processo da cognição. Bateson também estava ciente desse dilema. Ele usou tanto "mente" como "processo mental", mas sempre enfatizou que "mente" significa um processo, ou melhor, um conjunto de processos mentais. De qualquer maneira, Maturana já havia deixado claro em seu primeiro artigo que, como Bateson, ele não vê diferença essencial entre o processo de cognição humana e os processos cognitivos de outros seres vivos. "Nosso processo cognitivo", escreveu Maturana (1980/1970, p. 49), "difere dos processos cognitivos de outros organismos apenas nos tipos de interações em que podemos ingressar, como interações linguísticas, e não na natureza do próprio processo cognitivo".

12.2 A teoria da cognição de Santiago

12.2.1 O acoplamento estrutural

Na teoria de Santiago, a cognição está estreitamente ligada à autopoiese, a autogeração de redes vivas. A característica definidora de um sistema autopoiético é que ele sofre contínuas mudanças estruturais embora preserve seu padrão de organização reticular. Os componentes da rede produzem continuamente uns aos outros e se transformam uns nos outros, e fazem isso de duas maneiras distintas. Um tipo de mudança estrutural é a autorrenovação. Cada organismo vivo se renova continuamente, à medida que suas células colapsam e constroem estruturas, e que seus tecidos e órgãos substituem suas células em ciclos contínuos. Apesar dessa mudança em andamento, o organismo mantém sua identidade ou seu padrão de organização global.

O segundo tipo de mudança estrutural em um sistema vivo é aquele que cria novas estruturas – novas conexões na rede. Essas mudanças, em desenvolvimento em vez de cíclicas, também ocorrem continuamente, seja como consequência de influências ambientais ou como resultado da dinâmica interna do sistema.

De acordo com a teoria da autopoiese, um sistema vivo acopla-se ao seu ambiente *estruturalmente* – isto é, por meio de interações recorrentes, cada uma das quais desencadeia mudanças estruturais no sistema (veja a Seção 7.4.1). No entanto, os sistemas vivos são autônomos. O ambiente apenas desencadeia as mudanças estruturais; ele não as especifica nem as dirige.

Como um organismo vivo responde a influências ambientais com mudanças estruturais, essas mudanças, por sua vez, irão alterar sua resposta futura, pois o organismo responde a perturbações de acordo com sua estrutura, e essa estrutura agora mudou. Mas esse processo – uma modificação de comportamento com base na experiência anterior – é o que entendemos por aprendizagem. Em outras palavras, um sistema estruturalmente acoplado é um sistema de aprendizagem. Mudanças estruturais contínuas em resposta ao ambiente – e, consequentemente, adaptação, aprendizagem e desenvolvimento contínuos – são características-chave do comportamento de todos os seres vivos. Por causa dessa dinâmica de acoplamento estrutural, podemos chamar de inteligente o comportamento de um animal, mas não aplicaríamos essa palavra para nos referirmos ao comportamento de uma rocha.

12.2.2 Dar à luz um mundo

Os sistemas vivos, então, respondem a perturbações do meio ambiente, de maneira autônoma, com mudanças estruturais – isto é, reorganizando seus padrões de conectividade. De acordo com Maturana e Varela, nunca podemos dirigir um sistema vivo; só podemos perturbá-lo. Mais que isso, o sistema vivo não só especifica suas mudanças estruturais como também especifica *quais perturbações vindas do ambiente desencadeiam essas mudanças*. Em outras palavras, um sistema vivo tem autonomia para discriminar o que deve perceber e o que o perturbará. Esta é a chave para a teoria da cognição de Santiago. As mudanças estruturais no sistema constituem atos de cognição. Ao especificar quais perturbações vindas do ambiente desencadeiam mudanças, o sistema especifica a extensão do seu domínio cognitivo; ele "dá à luz um mundo", como se expressam Maturana e Varela.

Desse modo, a cognição não é uma representação de um mundo que existe independentemente, mas sim um contínuo dar à luz um mundo por meio do processo de viver. As interações de um sistema vivo com seu meio ambiente são interações cognitivas, e o próprio processo de viver é um processo de cognição. Nas palavras de Maturana e Varela, "viver é saber". À medida que um organismo vivo realiza seu percurso individual de mudanças estruturais, cada uma dessas mudanças corresponde a um ato cognitivo, e isso significa que a aprendizagem e o desenvolvimento são apenas dois lados da mesma moeda.

12.2.3 A cognição e a alma

A identificação da mente, ou cognição, com o processo da vida, embora seja uma ideia nova na ciência, é uma das intuições mais profundas e arcaicas da humanidade. Nos tempos antigos, a mente humana racional era considerada apenas como um aspecto da alma imaterial ou espírito. A distinção básica não era entre corpo e mente, mas entre corpo e alma, ou corpo e espírito.

Embora os limites conceituais entre alma e espírito estivessem frequentemente flutuando nas escolas filosóficas da antiguidade, a alma e o espírito eram descritos nas línguas dos tempos antigos com a metáfora do sopro da vida. As palavras para "alma" em sânscrito (*atman*), em grego (*psyche*, *psique*) e em latim (*anima*) significam, todas elas, "sopro". O mesmo acontece com as palavras para "espírito" em latim (*spiritus*), em grego (*pneuma*) e em hebraico (*ruah*). Elas também significam "sopro".

A antiga ideia comum por trás de todas essas palavras é a da alma ou espírito como sopro da vida. Analogamente, o conceito de cognição na teoria de Santiago vai muito além do de mente racional, pois inclui todo o processo da vida. Descrever a cognição como o sopro da vida parece uma metáfora perfeita.

Entre as antigas concepções de alma, a que mais se aproxima do conceito de cognição na teoria de Santiago é a de Aristóteles, que também foi adotada por outros antigos filósofos gregos (veja Windelband, 2001/1901). Como mencionamos em nossa Introdução, a antiga filosofia grega percebia na alma a suprema força motriz e fonte de toda a vida. Estreitamente associada com essa força motriz, que por ocasião da morte deixa o corpo, estava a ideia de conhecer. Desde o início da filosofia grega, o conceito de alma tinha uma dimensão cognitiva. O processo de animação também era um processo de conhecimento.

Aristóteles, em particular, reconhecia na alma tanto um agente de percepção como um agente de conhecimento, e como a força subjacente à formação e aos movimentos do corpo, de maneira não muito diferente daquela como a teoria de Santiago entende a cognição atualmente. Segundo a forma como a concebera, a alma era construída em níveis sucessivos, correspondentes a níveis de vida orgânica, de maneira muito parecida com o que pensamos sobre os níveis de cognição. O primeiro nível é a "alma vegetativa", que controla os processos metabólicos do organismo. A alma das plantas está restrita a esse nível metabólico da força vital. A forma seguinte mais elevada é a "alma animal", caracterizada pelo movimento autônomo no espaço e por sentimentos de prazer e de dor. Finalmente, tem-se a "alma humana", que inclui as almas vegetal e animal, mas a sua principal característica é a razão.

12.2.4 Mente e cérebro

Podemos apreciar melhor o avanço conceitual da teoria de Santiago revisitando o espinhoso problema da relação entre a mente e o cérebro. Na teoria de Santiago, essa relação é simples e clara. A caracterização cartesiana da mente como "coisa pensante" é abandonada. A mente não é uma coisa, mas um processo – o processo da cognição, que é identificado com o processo da vida. O cérebro é uma estrutura específica por cujo intermédio esse processo opera. A relação entre mente e cérebro é, portanto, uma relação entre processo e estrutura. Além disso, o cérebro não é a única estrutura por meio da qual o processo de cognição opera. Toda a estrutura do organismo participa do processo de cognição, quer o organismo tenha ou não um cérebro e um sistema nervoso superior.

A teoria da cognição de Santiago é a primeira teoria científica que supera a divisão cartesiana entre espírito e matéria, e terá, desse modo, as implicações de mais longo alcance. A mente e a matéria já não parecem mais pertencer a duas categorias separadas, mas se pode supor que representam dois aspectos complementares do fenômeno da vida – processo e estrutura. Em todos os níveis da vida, a começar com a célula mais simples, mente e matéria, processo e estrutura, estão inseparavelmente conectados. Pela primeira vez, temos uma teoria científica que unifica mente, matéria e vida.

12.3 Cognição e consciência

A cognição, tal como é entendida na teoria de Santiago, está associada com todos os níveis da vida, e é, portanto, um fenômeno muito mais amplo do que a consciência. A consciência – isto é, a experiência consciente, vivida – desdobra-se em certos níveis de complexidade cognitiva que exigem um cérebro e um sistema nervoso superior. Em outras palavras, a consciência é um tipo especial de processo cognitivo que emerge quando a cognição alcança um certo nível de complexidade.

A característica central desse processo cognitivo especial é a experiência da autopercepção – estar consciente não apenas do próprio ambiente, mas também de si mesmo. A literatura a respeito de estudos sobre a consciência pode ser muito confusa, pois muitos autores usam a palavra "consciência" tanto para o fenômeno mais amplo da cognição, que inclui percepção e consciência do meio ambiente, como para a experiência da autopercepção.

Para distinguir entre esses dois níveis cognitivos, o filósofo cognitivo David Chalmers (1995), em um artigo muito citado, rotulou-os como o "problema fácil" e o "problema difícil" da consciência.

12.3.1 Os problemas "fáceis" e os problemas "difíceis" da consciência

Parece-nos que há duas razões principais para a generalizada confusão entre cognição e consciência na literatura. A primeira nos diz que, na linguagem cotidiana, a palavra "consciência" tem uma ampla gama de significados, nem todos correspondendo à terminologia que foi recentemente desenvolvida na ciência cognitiva.

A nossa linguagem comum é rica em expressões como "agir conscientemente" (isto é, com consciência crítica), "estar consciente" em vez de inconsciente (isto é, estar desperto, em plena posse de nossas faculdades cognitivas), ou mostrar "consciência social" (isto é, estar consciente dos problemas sociais). Em todas essas frases há uma mistura sutil de cognição (incluindo percepção, emoções e comportamento) e consciência, no sentido de autopercepção.

Além disso, o significado cotidiano de "consciência" está estreitamente ligado ao uso dessa palavra para indicar o sentido interno do que é certo ou errado nos motivos e condutas de uma pessoa, uso esse que tem sido examinado por filósofos ao longo dos séculos e, com as suas implicações éticas e morais, é parte importante da religião (como discutiremos no Capítulo 13). Na verdade, em alguns idiomas, como em inglês , a ligação entre *consciousness* e *conscience* – ambas traduzidas por consciência – é tão estreita que ambas são denotadas pela mesma palavra, o que também acontece com *conscience* em francês.

Esses muitos significados de "consciência" na linguagem cotidiana, significados esses frequentemente confusos, podem ser uma das razões pelas quais também há confusão na literatura científica e filosófica. Uma segunda razão é a de que muitos atos humanos de cognição são acompanhados por experiências conscientes subjetivas – isto é, pela consciência – bem como por pensamentos e reflexões sobre as experiências. E, uma vez que a maioria dos cientistas e filósofos cognitivos limita suas pesquisas à mente humana, eles frequentemente tendem a negligenciar a distinção entre cognição, que está associada a todos os níveis da vida, e consciência, que envolve a autopercepção e requer um cérebro e um sistema nervoso superior. Neste capítulo, continuaremos a enfatizar essa importante distinção, usando a palavra "consciência" para nos referirmos ao que Chalmers e muitos outros consideram o problema difícil.

A diferença entre o problema fácil e o problema difícil é profunda. O problema fácil (cognição) tem a ver com mecanismos cerebrais; o problema difícil tem a ver com a pergunta: "Como e por que a experiência pessoal se manifesta?" Na verdade, a razão física pela qual se deve ter uma experiência pessoal é muito esquiva. Teorias físicas da consciência baseadas no comportamento do cérebro podem evidenciar "correlatos" da consciência – por exemplo, "meneios" neurais registrados que se pode associar com a percepção de certas cores – mas esses meneios nada dizem a respeito de como e por que uma determinada experiência pessoal da cor vermelha se manifesta.

Assim, para alguns autores, há uma "lacuna" explicativa (Chalmers, 1995) entre os mecanismos cerebrais e o surgimento da experiência pessoal consciente, que só pode ser transposta com a ajuda de algumas suposições adicionais. Voltaremos a esse problema mais adiante. Outro problema, apontado, por exemplo, por Nicholas Humphrey (2006), surge do fato de que "o meu vermelho" é a minha experiência pessoal, e não parece haver nenhuma maneira de comunicar essa sensação para outras pessoas. Como, então, se pode construir uma ciência com base em tal experiência de primeira pessoa? Veremos nas páginas seguintes como a abordagem sistêmica da cognição e da consciência permitiu que, nos últimos anos, os cientistas cognitivos superassem esses problemas conceituais e fizessem avanços significativos no estudo científico da consciência.

12.3.2 O estudo científico da consciência

É interessante observar que a noção da consciência como processo apareceu na ciência no fim do século XIX, nos escritos de William James (1842-1910), que muitos consideram o maior psicólogo norte-americano. James era um fervoroso crítico das teorias reducionistas e materialistas que dominavam a psicologia em sua época, e um defensor entusiasta da interdependência da mente e do corpo. Ele enfatizou, por um lado, o fato de que a consciência não é uma coisa, mas um fluxo em constante mudança, e por outro a natureza pessoal, contínua e intensamente integrada desse fluxo de consciência.

No entanto, nos anos seguintes, a visão e as concepções excepcionais de William James não foram capazes de quebrar o feitiço cartesiano que atuava em psicólogos e cientistas naturais, e sua influência não reemergiu até as últimas décadas do século XX. Mesmo durante as décadas de 1970 e 1980, quando novas abordagens humanistas e transpessoais foram formuladas por psicólogos norte-americanos, o estudo da consciência como experiência vivida ainda era tabu em ciência cognitiva.

Durante a década de 1990, a situação mudou dramaticamente. Enquanto a ciência cognitiva se estabelecia como um amplo campo interdisciplinar de estudos, foram desenvolvidas novas técnicas não invasivas para analisar as funções cerebrais, tornando possível observar complexos processos neurais associados com imagens mentais e outras experiências humanas. E, de repente, o estudo científico da consciência tornou-se um campo de pesquisa respeitável e vigoroso. Em um lapso de poucos anos, vários livros sobre a natureza da consciência, de autoria de Prêmios Nobel e outros eminentes cientistas, foram publicados (por exemplo, Crick, 1994; Dennett, 1991; Edelman, 1992; Penrose, 1994). Além disso, dezenas de artigos escritos pelos principais cientistas e filósofos cognitivos apareceram no recém-criado *Journal of Consciousness Studies*; e "Em Direção a uma Ciência da Consciência" tornou-se um tema popular para grandes conferências científicas.

Hoje, há uma desconcertante variedade de abordagens para o estudo da consciência, nas quais se empenham físicos quânticos, biólogos, cientistas cognitivos e filósofos. Uma das melhores documentações dessa enorme diversidade intelectual é fornecida no recente robusto volume (mais de 1.000 páginas) editado por Roger Penrose et al. (2011) e intitulado *Consciousness and the Universe*. Ele contém uma coleção de 67 artigos de cientistas e filósofos sobre numerosos aspectos dos estudos da consciência, que vão dos efeitos quânticos no cérebro até a origem biológica da consciência, a origem da vida, a consciência animal, a espiritualidade, as experiências de quase morte, e outros estados alterados de consciência. É uma leitura fascinante, embora esmagadora. No entanto, neste capítulo, vamos nos limitar aos estudos sobre a consciência no âmbito da ciência cognitiva e, especificamente, a uma abordagem sistêmica consistente com o tema global do nosso livro – a visão sistêmica da vida.

12.3.3 Dois tipos de consciência

Embora os cientistas cognitivos tenham proposto muitas diferentes abordagens do estudo da consciência, e tenham, por vezes, se envolvido em debates acalorados, parece que há um crescente consenso sobre dois pontos importantes. O primeiro, como foi mencionado antes, é o reconhecimento de que a consciência é um processo cognitivo, emergindo de complexas atividades neurais. O segundo ponto é a distinção entre dois tipos de consciência – em outras palavras, entre dois tipos de experiências cognitivas – que emergem em diferentes níveis de complexidade neural.

O primeiro tipo, conhecido como "consciência primária" ou "consciência nuclear (*core*)", surge quando processos cognitivos são acompanhados por experiências básicas, perceptivas, sensoriais e emocionais. "A consciência nuclear", escreve o neurologista António Damásio (1999, p. 16), "fornece ao organismo um sentido de eu a respeito de um momento – agora – e de um lugar – aqui. O alcance da consciência nuclear é o aqui e agora". O biólogo Gerald Edelman (1992) acredita que esse sentido transitório de eu é provavelmente experimentado pela maioria dos mamíferos e, talvez, por alguns pássaros e outros vertebrados.

O segundo tipo de consciência, qualificado por vários nomes, entre os quais "consciência de ordem superior", "consciência expandida" ou "consciência reflexiva", envolve a autopercepção mais elaborada – um conceito de eu, sustentado por um sujeito pensante e reflexivo. Essa experiência expandida de autopercepção, identidade e personalidade se baseia em memórias do passado e antecipações do futuro. Ela emergiu durante a evolução dos grandes macacos, ou "hominídeos" (veja a Seção 11.2), juntamente com a linguagem, o pensamento conceitual e todas as características que se desdobraram plenamente na consciência humana. Por causa do papel crítico da reflexão nessa experiência consciente expandida, vamos chamá-la de "consciência reflexiva".

A consciência reflexiva envolve um nível de abstração cognitiva que inclui a capacidade para manter imagens mentais, e que nos permite formular valores, crenças, objetivos e estratégias. Esse estágio evolutivo estabeleceu um elo fundamental entre a consciência e fenômenos sociais, pois, com a evolução da linguagem, surgiu não apenas o mundo interior dos conceitos e ideias, mas também o mundo social dos relacionamentos organizados e da cultura. Voltaremos a esse importante elo evolutivo quando discutirmos a dimensão social da vida (Capítulo 14).

12.3.4 A natureza da experiência consciente

O desafio central de uma ciência da consciência é o de explicar as experiências associadas com eventos cognitivos. Diferentes estados de experiência consciente são, às vezes, chamados de *qualia* por cientistas cognitivos, pois cada estado é caracterizado por uma "sensação qualitativa" especial. O desafio de explicar esses *qualia* é o "problema difícil" identificado por Chalmers (1995). Depois de passar em revista as tentativas convencionais da ciência cognitiva, Chalmers afirma que nenhuma delas pode explicar por que certos processos neurais dão lugar a experiências. "Para responder pela experiência consciente", conclui ele, "precisamos de um *ingrediente extra* nessa explicação".

Essa declaração é uma reminiscência do debate entre mecanicistas e vitalistas a respeito da natureza dos fenômenos biológicos durante as primeiras décadas do século XX (veja a Seção 4.1.1). Enquanto os mecanicistas afirmavam que todos os fenômenos biológicos podiam ser explicados por meio das leis da física e da química, os vitalistas sustentavam que uma "força vital" devia ser adicionada a essas leis como um "ingrediente" suplementar, não físico, para explicar fenômenos biológicos.

A profunda e aguçada percepção que emergiu desse debate, embora só viesse a ser formulada muitas décadas depois, entendia que, a fim de explicar os fenômenos biológicos, precisamos levar em consideração não apenas as leis convencionais da física e da química, mas também a complexa dinâmica não linear que atua nas redes vivas. Uma plena compreensão dos fenômenos biológicos só é alcançada quando os abordamos por meio da interação de três diferentes níveis de descrição – a biologia dos fenômenos observados, as leis da física e da bioquímica, e a dinâmica não linear dos sistemas complexos.

Parece-nos que os cientistas cognitivos se encontram em uma situação muito semelhante, embora em um diferente nível de complexidade, quando abordam o estudo da consciência. A experiência consciente é um fenômeno emergente, significando isso que ele não pode ser explicado apenas com base em mecanismos neurais. A experiência emerge da dinâmica não linear complexa das redes neurais e só pode ser explicada se a nossa compreensão da neurobiologia for combinada com uma compreensão dessas dinâmicas.

Para chegarmos a uma compreensão plena da consciência, precisamos abordá-la por meio de uma análise cuidadosa da experiência consciente; da física, da bioquímica e da biologia do sistema nervoso; e da dinâmica não linear de redes neurais. Uma verdadeira ciência da consciência só será formulada quando compreendermos como esses três níveis de descrição podem ser entretecidos naquilo que Francisco Varela (1999) chamou de "entrelaçamento triplo (*triple braid*)" das pesquisas sobre a consciência.

Quando o estudo da consciência é abordado entrelaçando conjuntamente a experiência, a neurobiologia e a dinâmica não linear, o "problema difícil" se transforma no desafio de compreender e de aceitar dois novos paradigmas científicos. O primeiro é o paradigma da teoria da complexidade. Uma vez que, em sua maioria, os cientistas estão acostumados a trabalhar com modelos lineares, eles são muitas vezes relutantes em adotar o arcabouço não linear da teoria da complexidade e têm dificuldade para apreciar plenamente as implicações da dinâmica não linear. Isso se aplica, em particular, ao fenômeno da emergência.

Parece muito misterioso o fato de que a experiência deva emergir de processos neurofisiológicos. No entanto, isso é típico de fenômenos emergentes, como discutimos na Seção 8.2. A emergência resulta na criação de novidade, e essa novidade é, com frequência, qualitativamente diferente dos fenômenos dos quais ela emergiu.

Além de teoria da complexidade, os cientistas terão de aceitar um novo paradigma: o reconhecimento de que a análise da experiência vivida – isto é, dos fenômenos subjetivos – tem de ser parte integrante de qualquer ciência da consciência. Como Varela e Shear (1999) argumentaram, isso equivale a uma profunda mudança de metodologia, que muitos cientistas cognitivos estão relutantes em abraçar, e que se encontra na própria raiz do "problema difícil de consciência".

A grande relutância dos cientistas em lidar com fenômenos subjetivos faz parte da nossa herança cartesiana. A divisão fundamental de Descartes entre mente e matéria, entre o eu e o mundo, nos fez acreditar que o mundo poderia ser descrito objetivamente – isto é, sem jamais mencionar o observador humano. Tal descrição objetiva da natureza tornou-se o ideal de toda ciência. No entanto, três séculos depois de Descartes, a teoria quântica mostrou-nos que esse ideal clássico de uma ciência objetiva não pode ser mantido quando lidamos com fenômenos atômicos (veja a Seção 4.3.4). E, mais recentemente, a teoria da cognição de Santiago deixou claro que a própria cognição não é a representação de um mundo que existe independentemente, mas sim um "dar à luz" um mundo por meio do processo de viver.

Viemos a perceber que a dimensão subjetiva está sempre implícita na prática da ciência. No entanto, em geral, esse não é o foco explícito. Em uma ciência da consciência, ao contrário, alguns dos próprios dados a serem examinados são experiências subjetivas, interiores. Coletar e analisar esses dados de maneira sistemática requer um exame disciplinado da experiência subjetiva, de "primeira pessoa". Só quando tal exame se torna parte integrante do estudo da consciência, ele merecerá ser chamado de "ciência da consciência". Como argumentamos na Seção 4.3.4, isso não significa que temos de desistir do rigor científico. Mesmo quando o objeto de investigação consiste em relatos de primeira pessoa da experiência consciente, a validação intersubjetiva, que é uma prática-padrão na ciência, não precisa ser abandonada.

12.3.5 As escolas de estudo sobre a consciência

O uso da teoria da complexidade e da análise sistemática da experiência consciente de primeira pessoa terá importância crucial para a formulação de uma adequada ciência da consciência. Na última década, já foram dados vários passos significativos em direção a esse objetivo. Na verdade, o quanto a dinâmica não linear e a análise da experiência de primeira pessoa são utilizadas dá um medida que pode servir para identificar várias amplas escolas de pensamento em meio à grande variedade de abordagens atuais do estudo da consciência.

A primeira delas é a escola de pensamento mais tradicional. Ela inclui, entre outros, a neurocientista Patricia Churchland e o biólogo molecular Francis Crick. Essa escola foi chamada de "neurorreducionista" por Francisco Varela (1996), pois ela reduz a consciência a mecanismos neurais. Desse modo, a consciência é "explicada (*explained away*)", como se expressa Churchland, de maneira muito parecida com aquela como o calor em física foi explicado ao ser reconhecido como a energia de moléculas em movimento. Nas palavras de Francis Crick (1994, p. 3):

"Você", suas alegrias e tristezas, suas memórias e suas ambições, seu sentido de identidade pessoal e livre-arbítrio, nada mais são, na verdade, que o comportamento de um enorme conjunto de células nervosas e suas moléculas associadas. Como a Alice de Lewis Carroll poderia ter se expressado: "Você não passa de um pacote de neurônios".

Esta afirmação certamente soa como a posição reducionista clássica – a experiência consciente reduzida a um disparo de neurônios – e em seu livro Crick descreve com um número considerável de detalhes técnicos a neurofisiologia correspondente. No entanto, em outras partes do livro, de maneira um tanto inconsistente, ele afirma que as experiências conscientes são propriedades emergentes que "surgem no cérebro a partir das interações entre suas muitas partes". Ele nunca trata da dinâmica não linear desses processos de emergência e, por isso, não consideramos sua teoria como verdadeiramente sistêmica. No entanto, sentimos que a identificação categórica de Varela (1996), de Crick como reducionista, pode ser rigorosa demais.

A segunda escola de estudos sobre a consciência, conhecida como "funcionalismo", é a mais popular entre os cientistas e filósofos cognitivos da atualidade. Seus proponentes afirmam que os estados mentais são definidos por sua "organização funcional" – isto é, por padrões de relações causais no sistema nervoso. Os funcionalistas não são reducionistas cartesianos, pois eles prestam cuidadosa atenção nos padrões neurais não lineares. No entanto, eles negam que a experiência consciente seja um fenômeno emergente irredutível. Pode parecer uma experiência irredutível, mas, em sua visão, um estado consciente é definido completamente pela sua organização funcional e, portanto, é compreendido uma vez que o padrão de organização seja identificado. Por isso, Daniel Dennett (1991), um dos principais funcionalistas, deu a seu livro o chamativo título *Consciousness Explained*. Muitos padrões de organização funcional foram postulados por cientistas cognitivos e, consequentemente, há hoje muitas diferentes vertentes do funcionalismo.

Finalmente, há uma pequena, mas crescente escola de estudos sobre a consciência, que abraça tanto o uso da teoria da complexidade como a análise da experiência de primeira pessoa. Francisco Varela (1996), que foi um dos pioneiros dessa escola de pensamento, deu-lhe o nome de "neurofenomenologia". A fenomenologia é um importante ramo da filosofia moderna, fundado por Edmund Husserl no início do século XX e mais tarde desenvolvido por muitos filósofos europeus, incluindo Martin Heidegger e Maurice Merleau-Ponty. A preocupação central da fenomenologia é o exame disciplinado da experiência, e a esperança de Husserl e seus seguidores era, e é, a de que uma verdadeira ciência da experiência será finalmente estabelecida em parceria com as ciências naturais.

A neurofenomenologia é uma abordagem do estudo da consciência que combina o exame disciplinado da experiência consciente com a análise dos padrões e processos neurais correspondentes. Com essa abordagem dupla, os neurofenomenologistas exploram vários domínios da experiência e tentam compreender como esses domínios emergem de complexas atividades neurais. Ao fazer isso, esses cientistas cognitivos estão realmente dando os primeiros passos em direção à formulação de uma verdadeira ciência da experiência.

12.3.6 A visão a partir de dentro

A premissa básica da neurofenomenologia é a de que a fisiologia cerebral e experiência consciente devem ser tratadas como dois domínios interdependentes de pesquisa com o mesmo *status*. O exame disciplinado da experiência e a análise dos padrões e processos neurais correspondentes irá gerar restrições recíprocas, de modo que as atividades de pesquisa nos dois domínios podem orientar um ao outro em uma exploração sistemática da consciência.

Os neurofenomenologistas de hoje são um grupo muito diversificado. Eles diferem na maneira pela qual a experiência de primeira pessoa é levada em consideração, e também propuseram diferentes modelos para os processos neurais correspondentes. No seu início, o campo todo foi apresentado com alguns detalhes em uma edição especial do *Journal of Consciousness Studies* (vol. VI, n°s 2 e 3, 1999), intitulado "The View from Within" e organizado por Francisco Varela e o filósofo Jonathan Shear.

Até onde isso diga respeito à experiência de primeira pessoa, três abordagens principais estão sendo seguidas. Os adeptos de todas as três insistem em que eles não estão falando sobre uma inspeção casual da experiência, mas sobre o uso de metodologias rigorosas, que exigem habilidades especiais e treinamento contínuo, assim como também acontece com as metodologias em outras áreas da observação científica. A primeira abordagem é a introspecção, método desenvolvido no início da psicologia científica. A segunda é a abordagem fenomenológica, no sentido estrito, tal como foi desenvolvida por Husserl e seus seguidores. A terceira abordagem consiste em usar a riqueza dos dados recolhidos da prática meditativa em várias tradições espirituais.

Ao longo de toda a história humana, o exame disciplinado da experiência tem sido usado dentro de tradições filosóficas e religiosas muito diferentes, incluindo o hinduísmo, o budismo, o taoismo, o sufismo e o cristianismo. Podemos, portanto, esperar que a verdade de algumas das percepções iluminadoras proporcionadas por essas tradições ultrapassará os arcabouços metafísicos e culturais particulares.

Isso se aplica especialmente ao budismo, que floresceu em muitas culturas diferentes, originando-se com o Buda, na Índia, e, em seguida, difundindo-se para a China e o sudeste da Ásia, chegando ao Japão, e, muitos séculos depois, atravessando o Pacífico em direção à Califórnia. Nesses diferentes contextos culturais, a mente e a consciência sempre foram os objetos primários das investigações contemplativas budistas. Os budistas consideram a mente indisciplinada como um instrumento não confiável para a observação de diferentes estados de consciência, e, seguindo as instruções iniciais de Buda, desenvolveram uma grande variedade de técnicas para estabilizar e refinar a atenção.

Ao longo dos séculos, os estudiosos budistas formularam teorias elaboradas e sofisticadas sobre muitos aspectos sutis da experiência consciente, que são susceptíveis de serem férteis fontes de inspiração para os cientistas cognitivos. Na verdade, o diálogo entre a ciência cognitiva e as tradições contemplativas budistas já começou, e os primeiros resultados indicam que as evidências provenientes de práticas meditativas será um componente valioso de qualquer futura ciência da consciência (veja Luisi, 2009; Shear e Jevning, 1999; Siderits *et al.*, 2011).

12.3.7 Mente sem biologia?

As escolas de estudos sobre a consciência mencionadas anteriormente partilham, todas elas, da aguçada e profunda percepção básica segundo a qual a consciência é um processo cognitivo que emerge da atividade neural complexa. No entanto, há outras tentativas, a maior parte delas realizada por físicos e matemáticos, para explicar a consciência como uma propriedade da matéria no nível da física quântica, em vez de considerá-la como um fenômeno associado com a vida. Um notável exemplo dessa posição é a abordagem, realizada pelo matemático e cosmólogo Roger Penrose (1994), o qual postula que a consciência é um fenômeno quântico e afirma que nós não a entendemos porque não conhecemos o suficiente sobre o mundo físico.

De acordo com Penrose, é possível que a consciência surja de um nível físico mais profundo dentro dos neurônios, onde certas minúsculas estruturas tubulares, conhecidas como "microtúbulos", poderiam exibir efeitos quânticos (até agora misteriosos) capazes de desempenhar um papel crucial no funcionamento das sinapses. A consciência, nessa visão altamente especulativa, não é uma propriedade emergente das redes neurais vivas, mas é produzida por efeitos quânticos em suas estruturas mais íntimas.

Visões como essa, de uma "mente sem biologia", na apropriada frase do neurocientista Gerald Edelman (1992), também incluem a visão do cérebro como um computador complicado. Como muitos cientistas cognitivos (por exemplo, Edelman, 1992; Searle, 1984, 1995; Varela, 1996), nós acreditamos que essas visões extremadas são fundamentalmente falhas, e a experiência consciente é uma expressão da vida, emergindo de complexas atividades neurais.

No entanto, outra abordagem postula uma forma de consciência elementar, que não emerge da complexa atividade neural, mas como uma realidade primária. (Note-se que "primário" é usado aqui em um sentido diferente da "consciência primária" discutida na Seção 12.3.3). Essa visão está difundida entre as tradições espirituais, sendo que muitas delas ensinam que o mundo material emergiu da consciência pura. Discutiremos a concepção budista de consciência como um exemplo desse ponto de vista espiritual no Capítulo 13.

Recentemente, alguns filósofos cognitivos desenvolveram uma variação de tal ponto de vista, de acordo com a qual alguma "experiência pura", ou "consciência elementar", pode não ser uma característica secundária emergindo da atividade neural, mas pode ter importância primária, no sentido mais forte da palavra, a própria base de todas as nossas observações. Não existe atualmente nenhuma evidência científica para tal hipótese. No entanto, uma vez que se tornou um tema popular de discussões, convidamos o físico quântico e filósofo cognitivo Michel Bitbol para explicá-lo em um ensaio convidado (ver página seguinte).

12.3.8 A emergência da experiência consciente

Voltemo-nos agora para a atividade neural que embasa a experiência consciente. Nos últimos anos, cientistas cognitivos fizeram avanços significativos na identificação das ligações entre a neurofisiologia e a emergência da experiência. Dois modelos sistêmicos promissores foram desenvolvidos na década de 1990 por Francisco Varela (1995) e Gerald Edelman em colaboração com Giulio Tononi (Tononi e Edelman, 1998); veja também Edelman e Tononi, 2000). Mais recentemente, António Damásio (1999) propôs uma teoria neurofisiológica da consciência que acrescenta várias ideias importantes a esses modelos mais antigos.

A ideia central de ambos os modelos é a mesma: a experiência consciente não está localizada em uma parte específica do cérebro, nem pode ser identificada com base em estruturas neurais especiais. É uma propriedade emergente de um processo cognitivo particular – a formação de aglomerados funcionais transitórios de neurônios. Varela chama tais aglomerados de "conjuntos (*assemblies*) de células ressonantes", enquanto Edelman e Tononi (2000) se referem a um "núcleo dinâmico".

Tononi e Edelman (1998) também abraçam a premissa básica da neurofenomenologia, segundo a qual a fisiologia do cérebro e a experiência consciente deveriam ser tratadas como dois domínios de pesquisa interdependentes. "É uma declaração central deste artigo", escrevem eles, "que a análise da convergência entre [...] propriedades fenomenológicas e neurais pode produzir valiosas percepções sobre os tipos de processos neurais que podem responder pelas propriedades correspondentes da experiência consciente".

As dinâmicas detalhadas dos processos neurais nesses dois modelos são diferentes, mas não incompatíveis. Elas diferem, em parte, porque os autores não enfocam as mesmas características da experiência consciente e, por isso, enfatizam diferentes propriedades dos aglomerados neurais correspondentes.

Ensaio convidado
Sobre a natureza primária da consciência
Michel Bitbol

**CREA (Centre de Recherche en Épistémologie Appliquée),
CNRS (Centre National de la Recherche Scientifique) / École Polytechnique, Paris**

Ninguém pode negar que as características complexas da consciência, como a reflexividade (a percepção de que *há* percepção de algo) ou a autoconsciência (a percepção da própria identidade) são resultados tardios de um processo de adaptação biológica. Mas e quanto à pura experiência não reflexiva? E quanto à mera "sensação" de sentir e de ser, independentemente de qualquer percepção de segunda ordem dessa sensação? Há boas razões para se pensar que a experiência pura, ou consciência elementar, ou a consciência fenomênica, não é uma característica secundária de um item objetivo, mas claramente situado *aqui*, primário no sentido mais vigoroso da palavra.

Começamos com este fato simples: o mundo como o encontramos (para usar a expressão de Wittgenstein) não é uma coleção de objetos; é, indissoluvelmente, uma *experiência-perceptiva-de-objetos*, ou uma experiência imaginativa desses objetos *na qualidade de* eles estarem fora do alcance da experiência perceptiva. Em outras palavras, a experiência consciente é autoevidentemente difundida e *existencialmente primária*. Além disso, qualquer empreendimento científico pressupõe tanto a própria experiência do indivíduo como as experiências de outros. Na história, e em uma base diária, as descrições objetivas que são características da ciência surgem como um enfoque estrutural invariante para sujeitos dotados de experiência consciente. Nesse sentido, as descobertas científicas, incluindo resultados da neurofisiologia e da teoria da evolução, são metodologicamente secundárias para a experiência. Pode-se dizer que a experiência, ou a consciência elementar, é *metodologicamente fundamental* para a ciência. Por conseguinte, a afirmação da natureza fundamental da consciência elementar não é uma afirmação científica: ela apenas expressa um pré-requisito mais básico da ciência.

Mas, reciprocamente, isso significa que a ciência objetiva da natureza não tem nenhum efeito real sobre a experiência pura que tacitamente a sustenta. Essa última alegação parece difícil de engolir em vista dos muitos sucessos memoráveis das neurociências. No entanto, se pensarmos com um pouco mais de rigor, qualquer sentido de paradoxo desaparece. Na verdade, é em virtude da própria eficiência das neurociências que elas não podem ter controle sobre a consciência fenomênica. De fato, assim que essa eficiência é totalmente posta em uso, nada nos impede de oferecer um relato puramente neurofisiológico da cadeia de causas que operam a partir de um *input* sensorial recebido por um organismo até o comportamento elaborado desse organismo. Em nenhum momento se faz necessário invocar a circunstância que esse organismo está percebendo e na qual está agindo de maneira consciente (no sentido mais elementar de "ter uma sensação"). Em neurociência cognitiva madura, o fato da consciência *fenomênica*, com certeza, parecerá irrelevante ou incidental.

Como resultado, qualquer tentativa de fornecer um relato científico sobre a consciência fenomênica por meio de teorias neurológicas ou evolutivas está condenada ao fracasso (não por causa de qualquer deficiência dessas ciências, mas precisamente como um efeito colateral de sua opção metodológica mais frutífera). Teorias neurológicas modernas, como a teoria do espaço de trabalho global ou a teoria da informação integrada, têm sido extraordinariamente bem-sucedidas em responder pelas principais características dos níveis superiores de consciência, tais como a capacidade para unificar o campo da percepção e para elaborar automapeamentos. Elas também se revelaram excelentes preditoras do estado de vigília comportamental e da capacidade ou incapacidade para fornecer relatórios em situações clínicas, tais como ataque epiléptico e coma. Mas não fornecem absolutamente nenhuma pista sobre a origem da consciência fenomênica. Elas explicaram as *funções* da consciência, mas não a circunstância de que existe *alguma coisa que se parece com* um organismo executando essas funções. O mesmo é verdadeiro para os argumentos evolucionistas. A evolução pode selecionar algumas funções úteis atribuídas à consciência (como a emotividade comportamental do organismo, o planejamento de ações integradas ou o automonitoramento), mas não o mero fato de que existe *alguma coisa que parece* implementar essas funções. Na verdade, apenas as funções têm valor adaptativo, não o fato de serem experimentadas.

Mesmo a capacidade da investigação neurofisiológica para identificar *elementos correlatos* da consciência fenomênica pode ser contestada com base nisso. Depois de tudo, a identificação desses elementos correlatos depende muito da capacidade do sujeito para discriminar, memorizar e *relatar*, o que é usado como o critério experimental definitivo de consciência. Podemos excluir a possibilidade de que a sincronização em larga escala da atividade neural complexa do córtex cerebral, frequentemente considerada indispensável para a *consciência*, é, de fato, requerida apenas para *interligar* várias funções cognitivas, inclusive aquelas necessárias para a *memorização*, a *autorreflexão* e a *atividade de relatar*? Reciprocamente, extrapolando a sugestão de Semir Zeki, podemos excluir que qualquer área (grande ou pequena) do cérebro ou até mesmo do corpo esteja associada com algum tipo de experiência pura transitória, embora nenhum relato possa ser obtido a partir dele?

Dados provenientes da administração de anestesia geral alimentam essa dúvida. Quando as doses de certas classes de drogas anestésicas são aumentadas e a frequência do EEG coerente é diminuída, as capacidades mentais se perdem passo por passo, uma após a outra. De início, os indivíduos perdem parte de sua apreciação da dor, mas ainda podem manter um diálogo com médicos e se lembrar de cada evento. Em seguida, eles perdem sua capacidade para recordar memórias explícitas de longo prazo do que está acontecendo, mas ainda são capazes de reagir e de responder a perguntas com presteza. Com doses mais elevadas de drogas, os pacientes perdem a capacidade para responder a solicitações, além de também perder sua memória explícita; mas eles ainda têm "memórias implícitas" da situação. Recapitulando, faculdades que são usualmente consideradas *em conjunto* como necessárias para a consciência são, na verdade, dissociáveis uma da outra. E a experiência pura, instantânea, não memorizada, não reflexiva poderia muito bem ser o último item deixado intacto. Isso se parece com uma sugestão científica quanto à onipresença e à natureza fundamental da consciência fenomênica. É claro que uma sugestão científica não significa uma prova científica (de qualquer maneira, a afirmação de que existe uma prova científica da natureza fundamental da consciência elementar contradiz frontalmente nosso reconhecimento inicial de que a ciência objetiva não pode ter um verdadeiro controle da experiência pura). Tal sugestão científica é apenas uma indicação indireta vinda do próprio ponto cego da ciência: a pura experiência de passagem que ela pressupõe, e da qual ela retém apenas um resíduo estrutural estabilizado e intersubjetivamente partilhado.

> Devemos nos contentar com essas observações negativas? Como Francisco Varela nos mostrou, podemos superá-las propondo uma definição mais ampla de ciência. Em vez de permanecer fixada dentro da atitude da terceira pessoa, a nova ciência deveria incluir uma "dança" de mútua definição que ocorre entre relatos de primeira pessoa e de terceira pessoa, mediados pelo nível de intercâmbio social de segunda pessoa. Assim que se realiza essa importante virada, a consciência elementar deixa de ser um mistério para uma ciência truncada, passando a ser um dado reconhecido a partir do qual um tipo mais completo de ciência pode se desdobrar.
>
> **Bibliografia**
>
> Bitbol M. (2002). "Science as if situation mattered", *Phenomenology and the Cognitive Science*, **1**, 181-224.
>
> _____. (2008). "Is consciousness primary?", *NeuroQuantology*, **6**, 53-71.
>
> Bitbol, M. & P. L. Luisi. (2011). "Science and the self-referentiality of consciousness", *Journal of Cosmology*, **14**, 4.728-4.743.
>
> Varela, F. (1998). "Neurophenomenology: a methodological remedy for the hard problem", *in* Shear J. (org.), *Explaining Consciousness: the Hard Problem*, MIT Press.
>
> Wittgenstein, L. (1968). "Notes for lectures on private experience and sense data", *Philosophical Review*, **77**, 275-320.
>
> Zeki, S. (2008). "The disunity of consciousness", *in* R. Banerjee e B. K. Chakrabarti (orgs.), *Progress in Brain Research,* Vol. 168, Elsevier.

Apesar das diferenças na detalhada dinâmica que eles descrevem, os dois modelos de conjuntos de células ressonantes e de núcleo dinâmico têm muito em comum. Ambos concebem a experiência consciente como uma propriedade emergente de um processo transitório de integração, ou sincronização, de grupos de neurônios amplamente distribuídos. Ambos oferecem propostas concretas, testáveis, para a dinâmica específica desse processo e, por isso, são susceptíveis de levar a avanços significativos na formulação de uma ciência adequada da consciência nos anos que virão.

A consciência nuclear e o protoeu

A abordagem de António Damásio parece complementar as de Varela e de Edelman e Tononi. Embora estes últimos autores focalizem os processos de sincronização de aglomerados de neurônios sem especificar as funções exatas desses aglomerados neurais, Damásio (1999) descreve as suas funções em detalhes, mas não explica como a experiência consciente emerge dessas funções. No entanto, a teoria de Damásio oferece um relato detalhado das raízes da consciência em processos biológicos. Em outras palavras, ele mostra como a consciência cresce a partir da cognição, o processo auto-organizador da vida.

Embora a teoria da consciência de Damásio não use o arcabouço conceitual da dinâmica não linear para analisar redes neurais, sua visão a respeito da introspecção e da neurofisiologia como duas amplas vias paralelas de pesquisa com o mesmo *status* é plenamente coerente com a escola de neurofenomenologia de Varela:

A ideia de que as experiências subjetivas não são cientificamente acessíveis é um disparate. Entidades subjetivas exigem, como também acontece com as objetivas, que observadores em número suficiente realizem observações rigorosas de acordo com o mesmo planejamento experimental... Conhecimentos coletados de observações subjetivas, por exemplo, percepções introspectivas aguçadas e de grande impacto, podem inspirar experimentos objetivos, e – o que não é menos importante – experiências subjetivas podem ser explicadas com base no conhecimento científico disponível.

(Damásio, 1999, p. 309)

De acordo com Damásio, as raízes profundas da consciência e do sentido de eu residem em um grande *ensemble* de estruturas cerebrais (localizadas em vários níveis do sistema nervoso central, a partir da medula espinhal e do tronco encefálico até os córtices cerebrais) que mantêm continuamente, e de maneira não consciente, o estado do corpo dentro da estreita faixa de valores de variáveis bioquímicas e biofísicas e de estabilidade relativa necessários para a sobrevivência – em outras palavras, em homeostase.

Para manter a homeostase do corpo, o cérebro mapeia continuamente o estado do corpo vivo em estruturas que regulam a vida do organismo; e, à medida que o estado do corpo muda, seu mapa neural também muda. Damásio chama de "protoeu" esse mapa neural do organismo em constante mudança, e o considera o precursor não consciente do "eu nuclear", que é experimentado com a emergência da consciência fundamental, primária ou nuclear. Uma vez que o mapeamento do corpo como protoeu está ligado com a manutenção do processo da vida, é evidente que a vida e a consciência estão indelevelmente entrelaçadas. Na terminologia da teoria de Santiago, podemos dizer que o mapeamento do corpo como protoeu é a atividade cognitiva da qual emerge a consciência.

A hipótese básica de Damásio sobre a consciência nuclear afirma que ela surge do relato não verbal do cérebro a respeito de como o estado do próprio organismo é afetado pela percepção de um objeto (seja ela externa ou proveniente da memória). Ele explica que o cérebro mapeia não apenas todo o estado do organismo em suas muitas dimensões, mas também o objeto percebido nas estruturas sensoriais e motrizes ativadas pela interação do organismo com o objeto.

Uma característica fundamental da teoria de Damásio é o reconhecimento do papel de importância crítica das emoções no funcionamento da consciência nuclear. Sua discussão detalhada de casos clínicos mostra que, quando a consciência nuclear é suspensa por causa de lesão cerebral, a emoção, geralmente, também é suspensa. Pacientes cuja consciência nuclear é prejudicada não revelam emoções por meio da expressão facial, da expressão corporal ou da vocalização. Damásio também argumenta que a razão pela qual atribuímos com tanta confiança uma consciência à mente de alguns animais, especialmente animais domésticos, vem da nossa observação das emoções que eles exibem.

Damásio distingue entre emoções, que podem ser desencadeadas e exibidas de maneira não consciente, e sentimentos, que são emoções tornadas conscientes. Emoções são padrões complexos de respostas químicas e neurais que têm funções reguladoras específicas. A maioria das respostas emocionais tem uma longa história evolutiva; elas fornecem aos organismos, automaticamente, comportamentos orientados para a sobrevivência. Um sentimento, na terminologia de Damásio, é a experiência consciente, ou "imagem mental", de uma emoção.

A consciência nuclear surge, de acordo com Damásio, quando os mapas neurais do protoeu tornam-se imagens mentais; e uma vez que esses mapas neurais incluem as respostas emocionais do organismo a objetos percebidos, as imagens mentais correspondentes são sentimentos. A consciência nuclear, então, é um sentimento que acompanha a construção de uma imagem no ato da percepção.

A consciência nuclear de Damásio é criada em pulsos, cada pulso desencadeado por um objeto com o qual interagimos ou que recordamos. O "fluxo de consciência" contínuo surge da geração constante de pulsos de consciência que correspondem ao processamento incessante de miríades de objetos cujas interações, efetivamente realizadas, ou recordadas, modificam o protoeu.

12.3.9 A consciência reflexiva

Como seres humanos, não só experimentamos os estados transitórios da consciência primária, mas também pensamos e refletimos, comunicamo-nos por meio de linguagem simbólica, fazemos julgamentos de valor, mantemos crenças e agimos intencionalmente com autopercepção e uma experiência de liberdade pessoal. O fato de que a consciência humana está inextricavelmente entrelaçada com o pensamento e a reflexão tem a consequência interessante, e problemática, de que, em ciência cognitiva, a experiência consciente não é apenas um objeto de investigação, mas também é a precondição de qualquer investigação, de modo que qualquer questionamento sobre a consciência é radicalmente autorreferencial (veja Bitbol e Luisi, 2011).

O "mundo interior" da nossa consciência reflexiva emergiu na evolução juntamente com a evolução da linguagem e das relações sociais organizadas. Isso significa que a consciência humana está inextricavelmente ligada à linguagem e ao nosso mundo social de relações interpessoais e de cultura. Em outras palavras, nossa consciência não é apenas um fenômeno biológico, mas também social.

Consciência e linguagem

Humberto Maturana foi um dos primeiros cientistas a ligar a biologia da consciência humana com a linguagem de uma maneira sistemática. Ele o fez abordando a linguagem por meio de uma cuidadosa análise da comunicação. A comunicação, de acordo com Maturana, não é fundamentalmente uma transmissão de informações, mas sim, é uma coordenação de comportamentos entre organismos vivos. Essa coordenação mútua de comportamentos é a característica-chave da comunicação para todos os organismos vivos, com ou sem sistemas nervosos, e torna-se cada vez mais sutil e elaborada com sistemas nervosos de complexidade crescente.

A linguagem surge quando é alcançado um nível de abstração em que há comunicação simbólica. Isso significa que nós usamos símbolos – palavras, gestos e outros sinais – como ferramentas efetivas para a coordenação mútua de nossas ações. Nesse processo, os símbolos tornam-se associados com imagens mentais abstratas de objetos. A capacidade para formar essas imagens mentais revela-se como uma característica fundamental da consciência reflexiva. Imagens mentais abstratas constituem a base de conceitos, valores, metas e estratégias. (Observe que o nosso uso de "imagens mentais", no sentido de imagens abstratas criadas pela consciência reflexiva, é diferente do uso que Damásio faz delas como experiências conscientes de padrões neurais.)

Maturana enfatiza que o fenômeno da linguagem não ocorre no cérebro, mas em um fluxo contínuo de coordenações de comportamentos. Como seres humanos, existimos na linguagem e continuamente tecemos a teia linguística em que estamos incorporados. Coordenamos o nosso comportamento na linguagem, e juntos, na linguagem, damos à luz nosso mundo. "O mundo que todos nós vemos", escrevem Maturana e Varela (1980, p. 245), "não é *o* mundo, mas *um* mundo, que damos à luz com as outras pessoas". Esse mundo humano inclui centralmente o nosso mundo interior do pensamento abstrato, dos conceitos, das crenças, das imagens mentais, das intenções e da autopercepção. Em uma conversa humana, nossos conceitos e ideias, emoções e movimentos corporais tornam-se estreitamente ligados em uma complexa coreografia de coordenação comportamental.

A natureza do eu

A teoria de Damásio está contribuindo significativamente para a nossa compreensão da consciência reflexiva. Ela nos permite formar um conceito de eu que supera aquilo que Francisco Varela chamou de nossa "ansiedade cartesiana": nós somos autoconscientes, cientes da nossa identidade individual – e, no entanto, quando procuramos um eu independente dentro do nosso mundo da experiência, não conseguimos encontrar nenhuma entidade assim.

De acordo com Damásio, há dois tipos de eu, associados com os dois tipos de consciência, que ele chama de eu nuclear e de eu autobiográfico. O eu nuclear é uma experiência transitória do eu, que é continuamente recriada à medida que interagimos com objetos em nosso ambiente. O eu autobiográfico, associado com a consciência reflexiva, é uma coleção de imagens mentais que parece manter-se constante (embora evolua ao longo da vida de uma pessoa). Damásio enfatiza que o eu autobiográfico requer a presença de um eu nuclear para dar início ao seu desenvolvimento gradual. O conteúdo do eu autobiográfico só pode ser conhecido quando há uma construção recém-formada do eu nuclear. Em resumo, o eu nuclear é um sentimento, enquanto o eu autobiográfico é uma ideia. Ambos são reais, mas nenhum deles é uma entidade ou estrutura separada.

12.4 Linguística cognitiva

A investigação das conexões entre consciência reflexiva e linguagem, campo de pesquisa em que Maturana foi pioneiro, deu origem à nova disciplina científica da linguística cognitiva, que examina a natureza da linguagem a partir da perspectiva da ciência cognitiva. Em anos recentes, esse novo campo levou a vários avanços significativos em nossa compreensão da mente humana. De acordo com George Lakoff e Mark Johnson (1999), esses avanços podem ser resumidos com base em três descobertas importantes: o pensamento é, em sua maior parte, inconsciente; a mente é inerentemente incorporada; e os conceitos abstratos são, em grande medida, metafóricos.

A primeira descoberta significa que a maior parte do nosso pensamento opera em um nível que é inacessível à percepção comum, consciente. Esse "inconsciente cognitivo" inclui não apenas as nossas operações cognitivas automáticas, mas também o nosso conhecimento tácito e as nossas crenças. Sem a nossa percepção, o inconsciente cognitivo modela e estrutura todo o pensamento consciente.

12.4.1 A mente incorporada

O conceito de mente incorporada, introduzido por Francisco Varela no início da década de 1990 (veja Varela *et al.*, 1991) foi consideravelmente expandido durante os anos seguintes. Quando os cientistas cognitivos dizem que a mente é incorporada, querem dizer com isso muito mais do que o fato óbvio segundo o qual precisamos de um cérebro para pensar. Estudos recentes em linguística cognitiva indicam vigorosamente que a razão humana não transcende o corpo, como grande parte da filosofia ocidental sustentou e tem sustentado, mas é modelada fundamentalmente pela natureza detalhada do nosso corpo e cérebro, e pela nossa experiência corporal. A própria estrutura da razão surge do nosso corpo e cérebro.

Essa noção de mente incorporada é coerente com a hipótese, apresentada pelo primatologista Roger Fouts (1997), segundo a qual a linguagem foi originalmente incorporada no gesto e evoluiu a partir do gesto juntamente com a consciência humana. De acordo com Fouts, os primeiros hominídeos comunicavam-se com as mãos e desenvolveram a habilidade de movimentar as mãos com precisão tanto para realizar gestos como para fazer ferramentas. A fala teria evoluído mais tarde a partir da capacidade para a "sintaxe" – uma capacidade para acompanhar o desdobramento de sequências padronizadas complexas na criação de ferramentas, no uso de gestos e na formação de palavras.

A noção de mente incorporada também é coerente com a afirmação de Damásio (1999, p. 284) segundo a qual todos os processos cognitivos conscientes "dependem, para a sua execução, de representações do organismo. Sua essência compartilhada é o corpo". Em outras palavras, a mente é inerentemente incorporada.

A incorporação da mente pode ser facilmente ilustrada pelo nosso uso de relações espaciais, que estão entre os nossos conceitos mais básicos. Como Lakoff e Johnson (1999, pp. 34-5) explicam, quando percebemos um gato "na frente de" uma árvore, essa relação espacial não existe objetivamente no mundo, mas é uma projeção da nossa experiência corporal. Temos corpos com frentes e costas inerentes, e projetamos essa distinção sobre outros objetos. Desse modo, "nossos corpos definem um conjunto de relações espaciais fundamentais que usamos não apenas para nos orientarmos, mas também para percebermos a relação entre um objeto e outro".

Alguns dos nossos conceitos incorporados também constituem a base de certas formas de raciocínio, significando com isso que a nossa maneira de pensar também é incorporada. Por exemplo, quando distinguimos entre "dentro" e "fora", tendemos a visualizar essa relação espacial imaginando um recipiente com um interior, uma fronteira e um exterior. Essa imagem mental, que está arraigada na experiência do nosso corpo como recipiente, torna-se a base de uma certa forma de raciocínio, como Lakoff e Johnson persuasivamente ilustram. Suponha que colocamos um copo dentro de uma tigela e uma cereja dentro do copo. Saberíamos de imediato, só de olhar para ela, que a cereja, estando dentro do copo, também está dentro da tigela.

Essa inferência corresponde a um argumento, ou "silogismo", bem conhecido na lógica clássica aristotélica. Em sua formulação mais familiar, ele diz: "Todos os homens são mortais. Sócrates é homem. Portanto, Sócrates é mortal". O argumento parece conclusivo porque, como a nossa cereja, Sócrates está dentro do "recipiente" (ou categoria) dos homens, e os homens estão dentro do "recipiente" (ou categoria) dos mortais. Projetamos a imagem mental de recipientes sobre categorias abstratas, e em seguida usamos nossa experiência corporal de um recipiente para raciocinar a respeito dessas categorias.

Em outras palavras, o silogismo aristotélico clássico não é uma forma de raciocínio "desencarnado", mas se desenvolve a partir de nossa experiência corporal. Lakoff e Johnson argumentam que isso também é verdadeiro para muitas outras formas de raciocínio. As estruturas de nosso corpo e cérebro determinam os conceitos que podemos formar e o raciocínio em que podemos nos empenhar.

12.4.2 Metáforas

Quando projetamos a imagem mental de um recipiente sobre o conceito abstrato de uma categoria, podemos usá-la como uma metáfora. Esse processo de projeção metafórica se revela como um elemento de importância crucial na formação do pensamento abstrato. A descoberta de que a maior parte do pensamento humano é metafórica foi outro grande avanço na ciência cognitiva. Metáforas tornam possível estender nossos conceitos incorporados, ou encarnados, básicos para domínios teóricos abstratos. Por exemplo, quando dizemos: "Eu não me vejo capaz de captar essa ideia" ou "isso está além da minha compreensão", usamos a nossa experiência corporal de agarrar um objeto para raciocinar a respeito de compreender uma ideia. Da mesma maneira, falamos de uma "recepção calorosa", ou um "grande dia", projetando experiências sensoriais e corporais sobre domínios abstratos.

Esses são exemplos de "metáforas primárias" – os elementos básicos do pensamento metafórico. Lakoff e Johnson teorizam que adquirimos a maior parte das nossas metáforas primárias automática e inconscientemente na nossa primeira infância. Por exemplo, para crianças pequenas, a experiência do afeto ocorre normalmente em conjunto com a do calor, e com a de ser segurado e abraçado. Assim, associações entre os dois domínios vivenciais são construídas, e os caminhos correspondentes através de redes neurais são estabelecidos. Mais tarde na vida, essas associações continuam como metáforas, quando falamos de um "sorriso cálido" ou de um "amigo íntimo".

Nosso pensamento e nossa linguagem contêm centenas de metáforas primárias, a maioria das quais nós usamos mesmo sem estar conscientes delas; e uma vez que elas se originam em experiências corporais básicas, elas tendem a ser as mesmas na maioria dos idiomas de todo o mundo. Em nossos processos de pensamento abstratos, combinamos metáforas primárias com outras mais complexas, o que nos permite usar imagens ricas e estruturas conceituais sutis quando refletimos sobre nossa experiência. Por exemplo, pensar sobre a vida como uma viagem nos permite usar o nosso rico conhecimento sobre as viagens ao refletir sobre como levar uma vida com propósito.

12.5 Observações finais

Vamos agora resumir os recentes avanços na ciência cognitiva discutidos neste capítulo. A principal realização, a nosso ver, foi a cura gradual, mas consistente, da divisão cartesiana entre mente e matéria. Na década de 1970, alguns cientistas cognitivos reconheceram que a mente e a consciência não são "coisas", mas processos cognitivos, e decidiram dar um passo radical no sentido de identificar esses processos de cognição com o próprio processo da vida. Desse modo, a cognição passou a ser associada com todos os níveis da vida. Isso significa que a mente e o corpo não são entidades separadas, como Descartes acreditava, mas são dois aspectos complementares da vida – seu processo e sua estrutura.

Pesquisas mais recentes em ciência cognitiva confirmaram e refinaram essa visão mostrando como o processo de cognição evoluiu em formas cada vez mais complexas, juntamente com a evolução das estruturas biológicas correspondentes. A consciência – isto é, a experiência vivida, consciente – se desdobrou em certos níveis de complexidade cognitiva que exigem um cérebro e um sistema nervoso superior. As raízes biológicas da consciência residem no protoeu inconsciente – um mapa neural do organismo em constante mudança, que é uma característica dos mamíferos e de outros vertebrados superiores. A consciência primária, ou consciência nuclear, emerge com a emergência de imagens mentais provenientes desses mapas neurais.

A consciência primária fornece ao organismo um sentido transitório de eu (o eu nuclear) no ato da percepção. O fluxo de consciência surge da geração constante de pulsos de consciência que correspondem ao processamento incessante de miríades de objetos, reais ou relembrados. Na história da evolução, gestos evoluíram na linguagem falada quando o cérebro hominídeo desenvolveu regiões motrizes que controlam movimentos precisos das mãos e movimentos precisos da língua. E, juntamente com a linguagem, a consciência reflexiva e o pensamento conceitual evoluíram nos primeiros seres humanos como partes de processos de comunicação cada vez mais complexos.

Enquanto a consciência primária está associada com uma experiência transitória do eu que é incessantemente repetida, a consciência reflexiva está associada com um sentido expandido do eu. Esse sentido mais amplo do eu surge quando as imagens transitórias do eu nuclear são enriquecidas por imagens autobiográficas memorizadas e aparentemente invariantes.

No nível da consciência reflexiva, o processo da cognição é o fluxo contínuo de imagens mentais que experimentamos como pensamento. A maior parte dessas imagens, e portanto a maior parte dos nossos processos de pensamento, permanece inconsciente. Esse inconsciente cognitivo modela e estrutura todo o pensamento consciente.

Todas as imagens mentais e, portanto, todos os processos de pensamento, sejam eles conscientes ou não, emergem dos mapas neurais do protoeu. Desse modo, a mente humana é inerentemente incorporada. A própria estrutura da razão surge de nosso corpo e cérebro. O uso de metáforas é fundamental para o pensamento humano porque nos permite projetar a experiência corporal sobre conceitos abstratos. De fato, nossos conceitos abstratos são, em grande medida, metafóricos.

Muitos detalhes dessa ciência da mente e da consciência ainda precisam ser esclarecidos e integrados. No entanto, agora nós temos o esboço de uma teoria científica que supera a divisão cartesiana entre mente e matéria, que assombrou a ciência e a filosofia no Ocidente durante mais de 300 anos. Nessa nova ciência da cognição, a mente e a matéria não mais aparecem pertencendo a duas categorias separadas, mas podem ser consideradas representando dois aspectos complementares do fenômeno da vida – processo e estrutura. Em todos os níveis da vida, a começar com a mais simples célula, mente e matéria, processo e estrutura estão inseparavelmente conectados. Pela primeira vez, temos uma teoria científica que unifica mente, matéria e vida.

13
Ciência e espiritualidade

13.1 Ciência e espiritualidade: uma relação dialética

Durante sua longa história evolutiva, a humanidade desenvolveu vários caminhos e métodos para obter e expressar conhecimento a respeito do eu e do mundo, incluindo filosofia, ciência, religião, arte e literatura. Entre esses, a ciência e a espiritualidade têm sido duas das principais forças impulsionadoras da civilização.

O poder da ciência (e suas aplicações na tecnologia) é responsável pelo progresso material e tecnológico. Desde a revolução da tecnologia da informação no século passado, em particular, estivemos testemunhando uma incrível expansão de nossas capacidades de comunicação global e dos nossos meios de transporte e facilidades de viagem (até mesmo ao espaço exterior), enquanto, em medicina, desfrutamos a descoberta de dispositivos e técnicas cirúrgicos até então inimagináveis, os quais exerceram muitos impactos benéficos sobre a nossa saúde. A espiritualidade (e sua codificação em religião), por outro lado, é responsável pelo crescimento interior dos indivíduos, bem como pelas restrições éticas sobre o consumo excessivo dos recursos do planeta.

Desde a virada do século, acumularam-se em abundância evidências de que, embora o poder da ciência e da tecnologia tenha nos trazido benefícios nunca antes experimentados, as maneiras pelas quais esses benefícios são obtidos, e como eles são distribuídos entre os países e dentro deles, estão agora ameaçando o nosso bem-estar futuro, e, na verdade, a própria existência da humanidade. Basta que mencionemos a contínua ameaça das armas nucleares e os perigos da radiação nuclear; as muitas guerras que parecem assolar continuamente todo o planeta; as crises dramáticas do colapso do clima global, o esgotamento dos recursos; a extinção de espécies; e a distribuição severamente desigual de riqueza, assim como o aumento da pobreza em tantos países – tudo isso contribuindo para uma crise existencial da humanidade (que será discutida detalhadamente no Capítulo 17).

Argumentamos na Seção 11.3.3 que esses aspectos ameaçadores podem estar arraigados em algumas características genéticas básicas da humanidade – e, em particular, do sexo masculino – como a agressividade e o desejo de poder, que se manifestam no capitalismo predatório da atualidade. No entanto, vimos que os seres humanos também têm características positivas, contrastantes, que podemos amplamente associar com a espiritualidade – a tendência para se tornar um ser humano melhor, que engloba a elevação interior em direção ao numinoso e aos mistérios do cosmos; bem como o amor e o respeito pelos seres humanos, nossos companheiros. A religião e, mais geralmente, a religiosidade são expressões dessa segunda força importante da humanidade. Assim como o progresso técnico é o lado pragmático da ciência, a religião pode ser considerada como o lado pragmático da espiritualidade.

É evidente, com base nessa breve visão geral introdutória, que o destino e o bem-estar da civilização moderna será modelado significativamente pelo equilíbrio (ou pela ausência dele) entre os dois desenvolvimentos opostos do progresso tecnológico e da sabedoria espiritual. É claro que uma ciência "sem alma" levaria ao desastre. Reciprocamente, não podemos gerenciar o nosso complexo mundo moderno com uma abordagem puramente espiritual. Neste capítulo, analisaremos a base e as implicações dessa relação dialética entre ciência e espiritualidade.

13.2 Espiritualidade e religião

A visão da ciência e da religião como uma dicotomia tem uma longa história, especialmente na tradição cristã, e foi recentemente revivida em vários livros escritos por cientistas (por exemplo, Dawkins, 2006; Gould, 1999; Hawking e Mlodinow, 2010), como discutiremos brevemente na Seção 13.3 mais adiante. Por outro lado, há muitos cientistas que não reconhecem oposição intrínseca entre ciência e religião, ou ciência e espiritualidade. No âmago dessa situação confusa, em nossa opinião, está o malogro de muitos autores em distinguir claramente entre espiritualidade e religião. Para resolver a confusão, examinaremos cuidadosamente os significados de ambos os termos, bem como a relação entre religião e espiritualidade. Também queremos lembrar aos nossos leitores que discutimos o significado e a natureza da ciência com alguns detalhes na Introdução, logo no início deste livro. Em particular, vamos examinar se as visões de mundo religiosas e espirituais são compatíveis com a visão sistêmica da vida que estamos discutindo.

13.2.1 Espírito e espiritualidade

A espiritualidade é uma experiência humana muito mais ampla e mais básica do que a religião. Ela tem duas dimensões: uma vai para dentro, ou "para cima", por assim dizer, e a outra vai para fora, abraçando o mundo e os seres humanos nossos companheiros. Qualquer uma dessas duas manifestações da espiritualidade pode ou não ser acompanhada pela religião. Assim, quando dizemos que cientistas como Einstein ou Bohr eram almas espirituais, queremos dizer que eles eram animados por um vigoroso anseio para se aproximar, ou talvez até mesmo para se identificar, com os mistérios do cosmos.

Por outro lado, quando vemos pessoas como Gandhi ou Martin Luther King como seres espirituais, queremos dizer que eles estavam expressando por meio de suas vidas os ideais superiores de uma humanidade melhor. Nesses casos, há uma união das dimensões interiores e exteriores da espiritualidade e podemos falar a respeito de uma "espiritualidade leiga", uma maneira de ser espiritual sem a necessidade de estar associado com uma religião em particular.

A espiritualidade, nesse sentido amplo, não precisa estar em conflito com a ciência. De fato, como mostraremos na Seção 13.4 mais adiante, ela é plenamente coerente com a visão sistêmica da vida. No entanto, ela pode estar em oposição a certas formas de tecnologia, tais como organismos geneticamente modificados (OGMs), clonagem, poluição, desmatamento ou, simplesmente, o consumismo excessivo. É aqui que o argumento se torna político, e tais formas de espiritualidade, ou até mesmo a religião, não são, de modo algum, incompatíveis com o ativismo político, o que é demonstrado com evidência impressionante por "ativistas espirituais" como Gandhi, Martin Luther King, Desmond Tutu ou os teólogos da libertação da América Latina.

Para uma compreensão mais profunda da espiritualidade, é útil rever o significado original da palavra "espírito". A palavra latina *spiritus* significa "sopro", como também é esse o significado da palavra latina a ela relacionada, *anima*, o da grega *psyche* e o da sânscrita *atman*. O significado comum dessas palavras de importância-chave indica que o significado original de espírito, em muitas tradições filosóficas e religiosas antigas, tanto no Ocidente como no Oriente, é o de sopro da vida.

Uma vez que a respiração é de fato um aspecto central do metabolismo de todas as formas de vida, exceto as mais simples, o sopro da vida parece uma metáfora perfeita para a rede de processos metabólicos que é a característica capaz de definir todos os sistemas vivos. O espírito – o sopro da vida – é o que temos em comum com todos os seres vivos. Ele nos alimenta e nos mantém vivos.

A espiritualidade, ou a vida espiritual, é geralmente entendida como um modo de ser que flui de uma certa experiência profunda da realidade, que é conhecida como "mística", "religiosa" ou "espiritual". Há numerosas descrições dessa experiência na literatura das religiões do mundo, que tendem a concordar que ela é uma experiência direta, não intelectual, da realidade, dotada de algumas características fundamentais que são independentes de contextos culturais e históricos. Uma das mais belas descrições contemporâneas pode ser encontrada em um curto ensaio intitulado "Spirituality as Common Sense", pelo monge beneditino, psicólogo e autor David Steindl-Rast (1990).

De acordo com o significado original de espírito como sopro da vida, o irmão David caracteriza a experiência espiritual como uma experiência não ordinária da realidade, realizada durante momentos de vitalidade intensificada. Nossos momentos espirituais são momentos em que nos sentimos intensamente vivos. A vitalidade sentida durante tal "experiência de pico", como o psicólogo Abraham Maslow (1964) a chamou, não envolve apenas o corpo, mas também a mente. Os budistas se referem a esse estado de alerta mental como "atenção plena", e enfatizam, curiosamente, que esse estado de atenção plena está profundamente arraigado no corpo. A espiritualidade, então, é sempre incorporada, encarnada. Nós experimentamos o nosso espírito, nas palavras do irmão David, como "a plenitude da mente e do corpo".

É evidente que essa noção de espiritualidade é muito consistente com a noção de mente incorporada, que está sendo atualmente desenvolvida em ciência cognitiva (veja Seção 12.4.1). A experiência espiritual é uma experiência em que a vitalidade da mente e do corpo é percebida como uma unidade. Além disso, essa experiência de unidade transcende não apenas a separação entre a mente e o corpo, mas também a separação entre o eu e o mundo. A percepção central, nesses momentos espirituais, é um profundo sentimento de unidade com tudo, um sentimento de pertencer ao universo como um todo.

Esse sentimento e sentido de unidade com o mundo natural é plenamente confirmado pela nova concepção sistêmica da vida. Quando entendemos como as raízes da vida mergulham profundamente na física e na química básicas, como o desdobramento da complexidade começou muito antes da formação das primeiras células vivas, e como a vida evoluiu durante bilhões de anos usando repetidas vezes os mesmos padrões e processos básicos, percebemos o quão estreitamente estamos conectados com todo o tecido da vida.

A experiência espiritual – a experiência direta, não intelectual, da realidade em momentos de vitalidade intensificada – é conhecida como experiência mística porque é um encontro com o mistério. Os mestres espirituais de todas as eras têm insistido em que a experiência de um profundo sentido de conexão, de pertencer ao cosmos como um todo, que é a característica central da experiência mística, é inefável – incapaz de ser adequadamente expressa em palavras ou conceitos – e com frequência eles a descrevem como sendo acompanhada por um profundo sentimento de assombro e admiração, juntamente com um sentimento de grande humildade.

Os cientistas, em suas observações sistemáticas dos fenômenos naturais, não consideram sua experiência da realidade como inefável. Pelo contrário, tentamos expressá-la em linguagem técnica, que inclui a matemática, da maneira mais precisa possível. No entanto, a interconexão fundamental de todos os fenômenos também é um tema dominante na ciência moderna, e muitos dos nossos grandes cientistas têm expressado o seu sentimento de assombro e admiração quando se confrontam com o mistério que está além dos limites de suas teorias. Albert Einstein, por exemplo, expressou repetidamente esses sentimentos, como na seguinte passagem célebre (Einstein, 1949, p. 5):

A coisa mais bela que podemos experimentar é a sensação do mistério. É a emoção fundamental que está no berço da verdadeira arte e da verdadeira ciência [...] o mistério da eternidade da vida, e o pressentimento da maravilhosa estrutura da realidade, juntamente com o esforço sincero para compreender uma porção, mesmo que seja sempre tão minúscula, da razão que se manifesta na natureza.

O sentimento de perplexidade e admiração que está no cerne da experiência espiritual ou mística pode ter-se desenvolvido muito cedo na evolução humana. Talvez tenha sido ele, na verdade, a fonte original da espiritualidade. Na Seção 11.3.3, especulamos que esse sentimento de perplexidade e admiração pode ter surgido assim que nossos ancestrais hominídeos começaram a se levantar, permanecer em pé e andar sobre as duas pernas, permitindo-lhes voltar os olhos livremente para cima e fitar o Sol, a Lua e o céu estrelado.

Na verdade, a experiência de um intenso sentimento de reverência e humildade que se tem quando se olha para o céu estrelado é um tema antigo e predominante na literatura e na arte. Ela é bem expressa em uma célebre gravura reproduzida por Flammarion no século XIX (Figura 13.1), que retrata um peregrino vestido com um longo manto e carregando um cajado, rastejando sob a borda do céu estrelado e observando atentamente um mundo misterioso além, conhecido na literatura cristã como o "empíreo". Na legenda da gravura se lê: "Um missionário medieval conta o que viu no lugar onde o Céu e a Terra se encontram".

A busca mística de conhecimento pelo missionário e a sua visão de mundos secretos além da realidade ordinária é uma representação apropriada da visão de mundo medieval. A existência e os movimentos dos corpos celestes eram atribuídos a forças misteriosas que os seres humanos não poderiam conceber nem compreender. A astrologia era uma ferramenta importante na maioria das civilizações para a adivinhação do destino humano a partir das posições e dos movimentos dos corpos celestes. Na verdade, desde a antiguidade até o Renascimento, a astrologia e a astronomia eram conhecidas no Ocidente pelo mesmo nome, *astrologia*. De fato, as duas disciplinas coexistiram como uma só durante séculos, tornando-se empreendimentos distintos apenas gradualmente, durante a Revolução Científica.

Com a ascensão da astronomia, primeiro sob a forma ptolomaica e em seguida sob a forma copernicana (veja a Seção 1.1), a visão mística do missionário medieval da Figura 13.1 foi transformada em modelos científicos racionais que descreviam os movimentos do Sol, da Lua e das estrelas. Ainda assim, o primeiro motor dos corpos celestes era Deus, que também era o divino criador da vida na Terra e de suas miríades de espécies, incluindo, em primeiro lugar, o "homem", na linguagem da época. Assim, o sentido do mistério persistiu na noção de uma misteriosa ordem divina, cuja explicação definitiva estava escondida na mente de Deus.

No século XIX, os mistérios percebidos pelo missionário em nossa figura foram reduzidos ainda mais por Charles Darwin, que demonstrou que a grande diversidade da vida na Terra não era o resultado de um planejamento divino, mas se devia à interação de forças naturais. E, em nosso tempo, os cientistas começaram a sondar até mesmo a natureza da alma (ver Seção 12.3.3), que, na tradição cristã, sempre foi considerada de natureza divina, e, portanto, profundamente misteriosa.

Figura 13.1 Gravura de artista desconhecido, documentada pela primeira vez em 1888. *Fonte*: Camille Flammarion, *L'atmosphere: météorologie populaire* (Paris: 1888), p. 163 (http://commons.wikimedia.org/wiki/File:Flammarion.jpg).

Será que isso significa que a perspectiva espiritual precisa ficar mais e mais reduzida com o progresso científico contínuo? Não pensamos assim. Como mencionamos com relação à busca da origem da vida na Terra (Capítulo 10), há sempre um domínio de mistério circundando as pesquisas teóricas na linha de frente da ciência. Mesmo que os limites do mundo conhecido pelo nosso peregrino lendário sejam empurrados mais e mais para longe no mundo exterior, o "empíreo" ainda estará lá, para ser sentido toda vez que alcançarmos os limites do conhecimento científico. Como o grande cientista e filósofo Blaise Pascal se expressou de maneira sucinta no século XVII: "O conhecimento é como uma esfera; quanto maior for o seu volume, maior será o seu contato com o desconhecido".

13.2.2 A natureza da religião

Para resumir nossas conclusões da seção anterior, tanto o conceito de espiritualidade como a essência da experiência espiritual são plenamente consistentes com a visão sistêmica da vida. No entanto, isso não é necessariamente verdade para a religião, e aqui é importante distinguir entre ambas. A espiritualidade é uma maneira de estar fundamentado em uma certa experiência da realidade que é independente de contextos culturais e históricos. A religião é a tentativa organizada de compreender a experiência espiritual para interpretá-la com palavras e conceitos, e usar essa interpretação como a fonte de diretrizes morais para a comunidade religiosa.

Há três aspectos básicos da religião: teologia, moral e ritual (veja Capra e Steindl--Rast, 1991). Nas religiões teístas, a teologia é a interpretação intelectual da experiência espiritual, do sentido de pertencer, com Deus como último ponto de referência. Moral, ou ética, são as regras de conduta derivadas desse sentimento de pertencer; e ritual é a celebração do pertencer pela comunidade religiosa. Todos esses três aspectos – teologia, moral e ritual – dependem dos contextos histórico e cultural da comunidade religiosa.

13.2.3 Teologia

A teologia era originalmente entendida como a interpretação intelectual da própria experiência mística dos teólogos. Na verdade, de acordo com o estudioso beneditino Thomas Matus (citado em Capra e Steindl-Rast, 1991), durante os primeiros mil anos do cristianismo, praticamente todos os principais teólogos – os "Padres da Igreja" – também eram místicos. No entanto, ao longo dos séculos seguintes, durante o período escolástico, a teologia se tornou progressivamente fragmentada e divorciada da experiência espiritual que se encontrava originalmente em seu núcleo.

Com a nova ênfase no conhecimento teológico puramente intelectual, ocorreu um endurecimento da linguagem. Enquanto os Padres da Igreja afirmavam repetidamente a natureza inefável da experiência religiosa e expressavam suas interpretações por meio de símbolos e metáforas, os teólogos escolásticos formularam os ensinamentos cristãos em linguagem dogmática e exigiram que os fiéis aceitassem essas formulações como a verdade literal. Em outras palavras, a teologia cristã (até onde isso dizia respeito à instituição religiosa) tornou-se cada vez mais rígida e fundamentalista, desprovida de espiritualidade autêntica.

A percepção dessas relações sutis entre religião e espiritualidade é importante quando comparamos as duas com a ciência. Enquanto os cientistas tentam explicar os fenômenos naturais, o propósito de uma disciplina espiritual não é o de fornecer uma descrição do mundo. Seu objetivo, em vez disso, é o de facilitar experiências que mudarão o eu de uma pessoa e seu modo de vida. No entanto, nas interpretações de suas experiências, místicos e mestres espirituais também são muitas vezes levados a fazer afirmações sobre a natureza da realidade, as relações causais, a natureza da consciência humana, e considerações semelhantes. Isso nos permite comparar suas descrições da realidade com descrições correspondentes feitas por cientistas.

Nessas tradições espirituais – por exemplo, nas várias escolas do budismo – a experiência mística é sempre fundamental; suas descrições e interpretações são consideradas secundárias e provisórias, insuficientes para descrever plenamente a experiência espiritual. De certa maneira, essas descrições não diferem muito dos modelos limitados e aproximados da ciência, que estão sempre sujeitos a modificações e melhoramentos posteriores.

Na história do cristianismo, ao contrário, as afirmações teológicas sobre a natureza do mundo, ou a natureza humana, eram frequentemente consideradas verdades literais, e qualquer tentativa de questioná-las ou modificá-las era acusada de herética. Essa posição rígida da Igreja levou aos bem conhecidos conflitos entre a ciência e o cristianismo fundamentalista, que continuam até os dias de hoje. Nesses conflitos, posições antagônicas são frequentemente adotadas por fundamentalistas de ambos os lados, pois nenhum deles consegue ter em mente, por um lado, a natureza limitada e aproximada de todas as teorias científicas, e por outro lado a natureza metafórica e simbólica da linguagem das escrituras religiosas. Em anos recentes, esses debates fundamentalistas tornaram-se especialmente problemáticos no que se refere ao conceito de um Deus criador.

Nas religiões teístas, o sentido de mistério, presente no âmago de qualquer autêntica experiência espiritual, está associado com o divino. Na tradição cristã, o encontro com o mistério é um encontro com Deus, e os místicos cristãos, repetidamente, enfatizavam que a experiência de Deus transcende todas as palavras e conceitos. Desse modo, Dionísio, o Areopagita, um místico de enorme influência, que viveu no início do século VI, escreve: "No final de todo o nosso conhecimento, conheceremos Deus como o desconhecido", e São João Damasceno escreve no início do século VIII: "Deus está acima de todo conhecimento e acima de toda essência" (ambos citados em Capra e Steindl-Rast, 1991, p. 47).

No entanto, a maioria dos teólogos cristãos quer falar sobre sua experiência de Deus, e para isso os Padres da Igreja usavam uma linguagem poética, símbolos e metáforas. O erro central dos teólogos fundamentalistas nos séculos subsequentes foi o de adotar uma interpretação literal dessas metáforas religiosas. Uma vez que façam essa adoção, qualquer diálogo entre religião e ciência torna-se frustrante e improdutivo.

13.2.4 A ética, o ritual e o sagrado

A religião não envolve apenas a interpretação intelectual da experiência espiritual, mas também está intimamente associada com a moral e os rituais. Moral ou ética significa as regras de conduta derivadas do sentido de pertencer que está no âmago da experiência espiritual, e o ritual é a celebração desse estado de pertencer.

Tanto a ética como o ritual desenvolvem-se no contexto de uma comunidade espiritual ou religiosa. De acordo com David Steindl-Rast, o comportamento ético está sempre relacionado com a comunidade particular à qual pertencemos. Quando pertencemos a uma comunidade, comportamo-nos em conformidade com ela. No mundo de hoje, há duas comunidades importantes às quais todos nós pertencemos. Somos todos membros da humanidade, e todos pertencemos à biosfera global. Somos membros de *oikos*, o Lar Terrestre, que é a raiz grega da palavra "ecologia", e como tal deveríamos nos comportar como se comportam os outros membros do grande lar – as plantas, os animais e os microrganismos que formam a imensa rede de relações que chamamos de teia da vida.

A característica marcante do Lar Terrestre é sua capacidade inerente para sustentar a vida. Como membros da comunidade global dos seres vivos, cabe a nós comportarmo-nos de tal maneira que não interfira com essa capacidade inerente. Esse é o significado essencial da sustentabilidade ecológica. Como membros da comunidade humana, nosso comportamento deve refletir um respeito pela dignidade humana e pelos direitos humanos básicos. Uma vez que a vida humana abrange dimensões biológicas, cognitivas, sociais e ecológicas, os direitos humanos devem ser respeitados em todas essas quatro dimensões. As consequências políticas de se respeitar esses dois valores fundamentais – a dignidade humana e a sustentabilidade ecológica – serão discutidas com mais detalhes na última parte do livro (Capítulos 16 e 17).

O propósito original das comunidades religiosas era fornecer oportunidades para que os seus membros revivessem as experiências místicas dos fundadores das religiões. Para essa finalidade, líderes religiosos planejavam rituais especiais dentro de seus contextos históricos e culturais. Esses rituais podiam envolver lugares especiais, mantos, música, drogas psicodélicas e vários objetos ritualísticos. Em muitas religiões, esses meios especiais para facilitar a experiência mística tornaram-se intimamente associados com a própria religião e são considerados sagrados.

No entanto, lugares, objetos ou formas de arte sagrados são mais do que apenas ferramentas ou técnicas para facilitar a experiência do pertencer. Eles são sempre partes integrantes de rituais, e são esses rituais as portas para a experiência mística.

13.3 Ciência *versus* religião: um "diálogo de surdos"?

Os debates entre ciência e religião, especialmente no cristianismo, foram acontecendo durante séculos – desde os julgamentos infames de Galileu, Giordano Bruno e Scopes (o professor de biologia de escola secundária processado no Tennessee, em 1925, por ensinar a teoria de Darwin) aos ataques atuais contra a teoria da evolução por fundamentalistas cristãos sob a bandeira do criacionismo ou do planejamento inteligente (veja a Seção 9.7). Por outro lado, tem havido recentemente um florescimento de livros e ensaios sobre religião escritos por cientistas de renome, que tendem a contrastar ciência e religião como duas ideologias opostas. No entanto, outros cientistas consideram que a natureza essencial da experiência religiosa está em perfeita harmonia com as concepções da ciência moderna, em particular com a visão sistêmica da vida.

Argumentamos neste capítulo que essa aparente confusão pode ser resolvida se voltarmos a nossa atenção, cuidadosamente, para a diferença entre religião e espiritualidade. Quando a espiritualidade é entendida como crescimento interior, associada com a experiência de um profundo sentido de conexão, de pertencer ao universo como um todo, combinado com um forte sentimento de assombro, temor reverente e maravilhamento, e com respeito por uma ética humanitária e ecológica, então não pode haver nenhuma dicotomia entre espiritualidade e ciência, nem entre a ciência e uma religião que tenha tal experiência espiritual em seu âmago.

A religião, como explicamos, é a tentativa organizada de compreender e interpretar a experiência espiritual, e, por isso, frequentemente corre o perigo de se tornar dogmática, exigindo que seus fiéis aceitem seus pronunciamentos, seus códigos morais e suas estruturas hierárquicas como verdades literais.

Veremos, no entanto, que tais atitudes fundamentalistas não se limitam a líderes religiosos. Os cientistas também podem ser fundamentalistas, esquecendo-se de que todos os seus modelos e teorias são limitados e aproximados, e ignorando o importante papel das metáforas na religião, bem como na ciência. Quando isso acontece, o debate entre cientistas e líderes religiosos logo se transforma em um *dialogue de sourds* ("diálogo de surdos").

Com essas ressalvas, vamos agora rever as considerações de alguns cientistas representativos sobre a relação entre ciência e religião. Por causa do grande número de recentes publicações sobre o assunto, precisamos nos limitar a mencionar apenas alguns autores; e também precisamos nos restringir a debates entre a ciência e o cristianismo, deixando de lado todas as outras religiões.

O conceito de um Deus monoteísta, criador do mundo, da natureza, da vida humana e da consciência humana é de importância central para a maioria desses debates. Como já mencionamos, o malogro em compreender como metáforas todos os atributos de um tal Deus, e, desse modo, em aceitar um conceito literal de Deus como um ato de fé ou rejeitar esse conceito como não científico é a razão pela qual a maioria desses debates permanece em um nível fundamentalista infrutífero.

Uma ideia que tem sido amplamente discutida e ganhou muita aceitação é a de "magistérios não sobrepostos" (NOMA, de "*non-overlapping magisteria*"), apresentada pelo biólogo evolucionista Stephen Jay Gould (1999). De acordo com Gould, deve haver uma clara demarcação entre ciência e religião, que seja tanto uma separação metodológica como uma clara distinção entre seus objetivos finais. O "*magisterium*" (latim eclesiástico para "autoridade de ensino") das ciências naturais deveria lidar com a interpretação do funcionamento do mundo, baseado em leis naturais, enquanto o *magisterium* da religião deveria lidar com o mundo espiritual e humanista. Para Gould, essa separação não significa que os dois domínios não possam se comunicar um com o outro. Deveria haver perguntas em número suficiente ao longo da fronteira entre ambos, e as discussões deveriam prosseguir com base no respeito mútuo e na tolerância; mas não deveria haver nenhuma interferência, ou invasão, de um sobre o outro.

Isso soa como senso comum, fácil de aceitar, e é por isso que a ideia de NOMA é relativamente popular entre os cientistas. Mas as coisas não são tão simples assim. Na verdade, a experiência comum mostra que a separação estrita defendida por Gould raramente é mantida (veja Pievani, 2011). Por exemplo, considere o criacionismo e seu rebento, o planejamento inteligente (ID, de *intelligent design*). Aqui, claramente, há uma forte intromissão da religião na ciência, uma vez que os defensores da reivindicação ID alegam possuir uma visão "científica" mais legítima que a visão darwinista. Ou então, considere a interferência do Vaticano nas pesquisas com células-tronco, anticoncepcionais, identidade genética, problemas referentes ao fim da vida, e até mesmo as próprias definições de vida e de consciência.

Estamos testemunhando quase diariamente uma invasão do *"magisterium"* da ciência pelo pensamento religioso, com impacto político considerável. Para não mencionar os exemplos infames do passado: o julgamento de Galileu ou a condenação à fogueira de filósofos como Giordano Bruno e de "bruxas" que, na verdade, eram agentes de cura naturais praticando medicina popular; isso foi, certamente, algo muito mais grave do que interferência benigna! Por outro lado, há um bom número de cientistas fundamentalistas que afirmam ter encontrado uma demonstração racional da inexistência de Deus.

Além disso, NOMA não funciona bem no nível pessoal para um cientista que é também um crente. Deveria ele ou ela aceitar a ideia de que a vida na Terra se originou a partir de matéria inanimada ou deveria aceitar o relato bíblico da criação como verdade literal? Aceitar a ambos corresponderia a uma espécie de esquizofrenia. Ou deveria o cientista investigar um em laboratório e acreditar no outro na igreja? Como dissemos, esse dilema só pode ser resolvido a partir de uma perspectiva não fundamentalista, quando a linguagem da Bíblia é aceita como narrativa metafórica, e as teorias da ciência como modelos limitados e aproximados.

Assim, NOMA é um princípio teórico bom, mas não funciona no nível da prática cotidiana. Como Pievani (2011) indicou, a maioria dos cientistas, mesmo que eles não estejam familiarizados com a ideia de NOMA, ou são agnósticos (por exemplo, eles não tomam uma posição a respeito da existência de Deus, uma vez que a questão de Deus não pertence ao domínio da ciência) ou professam um ateísmo metodológico restrito à ciência (a hipótese de Deus é excluída na medida em que consideramos questões pertencentes ao mundo natural).

Outro biólogo bem conhecido que discute apaixonadamente a questão de Deus de um ponto de vista fundamentalista é Richard Dawkins, autor de *The Selfish Gene*, cujo determinismo genético nós discutimos criticamente na Seção 9.6. Como foi indicado por Pievani (2011), o título do livro de Dawkins, *The God Delusion* (Dawkins, 2006), já resume a natureza polêmica de sua campanha. É sem dúvida um bom exemplo da interferência deliberada de um cientista no *magisterium* da religião. Na verdade, Dawkins tenta justificar o ateísmo de maneira racional e científica. A existência, ou inexistência, de Deus se torna para ele uma hipótese científica com a qual se pode lidar como se lida com qualquer outra hipótese científica.

Dawkins reconhece que não existe uma maneira de demonstrar conclusivamente a inexistência de Deus. No entanto, ele desenvolve argumentos baseados na probabilidade e no senso comum. Ele conclui que a ideia de Deus é altamente improvável. Por exemplo, explicar como um ato de Deus a combinação numérica das constantes físicas que tornam possível a vida na Terra seria para ele explicar algo improvável por meio de algo ainda mais improvável. Deus, para Dawkins, é estatisticamente improvável porque essa hipótese precisa de mais hipóteses e explicações do que nós somos capazes de fornecer. Concordamos com o comentário final de Pievani segundo o qual Dawkins, com esse tipo de argumentação, é o contribuidor perfeito para um "diálogo entre surdos".

Os biólogos não são os únicos cientistas envolvidos em discussões fundamentalistas a respeito da existência de Deus. Também há vários físicos que têm contribuído para o debate, em primeiro lugar, e de maneira mais destacada, o célebre astrofísico e cosmólogo Stephen Hawking. Em sua *A Brief History of Time*, Hawking (1988, p. 6) escreve:

Enquanto podemos dizer que o universo teve um começo, também podemos supor que teve um criador. Mas se o universo é de fato completamente encerrado em si mesmo, não tendo fronteira nem bordas, ele não teria começo nem fim: ele simplesmente seria. Que lugar, então, haveria para um criador?

Desse modo, é tudo muito simples: tão logo os físicos puderem mostrar que não houve Big Bang, a noção de um Deus criador desaparecerá. É surpreendente para nós que um conceito tão simplista e linear de Deus seja levado em consideração por um dos mais brilhantes cientistas atuais.

Os físicos parecem gostar especialmente de usar Deus como uma metáfora, geralmente de maneira fundamentalista. A afirmação mais conhecida, talvez, seja a de Albert Einstein de que "Deus não joga dados". Mais recentemente, o físico e cosmólogo Paul Davies expressou sua crença de que é por meio da ciência que nós podemos realmente ver o interior da "mente de Deus". Na verdade, Deus aparece nos títulos de dois livros de Davies: *God and the New Physics* (1983) e *The Mind of God* (1992). Outro cientista e autor bem conhecido, Stuart Kauffman (2008), iguala Deus à criatividade do universo, uma metáfora com a qual nós certamente podemos concordar.

Fornecemos apenas uma breve análise dos pensamentos de alguns cientistas brilhantes sobre a relação entre ciência e religião. Repetidas vezes, vimos que as posições fundamentalistas em ambos os lados do debate constituem o principal obstáculo. Do nosso ponto de vista, a dicotomia aparente se dissolve quando passamos da religião organizada para o domínio mais amplo da espiritualidade, e quando reconhecemos que tanto a experiência espiritual como o mistério que encontramos nas bordas de toda teoria científica transcendem todas as palavras e todos os conceitos. Com essa atitude, podemos nos maravilhar diante da narrativa científica a respeito de como a matéria se condensou nas primeiras formas de vida e desenvolveu estruturas e processos cognitivos cada vez mais complexos, em um percurso completo até a emergência da consciência, enquanto podemos desfrutar a riqueza de ensinamentos espirituais recolhidos das tradições religiosas do mundo em cada etapa desse desdobramento. Esse é um diálogo de tolerância e respeito mútuo, um diálogo que pode promover uma interação dialética capaz de ser instrutiva e inspiradora tanto para os líderes da ciência como para os da religião.

Tendo indicado uma possível resolução da dicotomia entre ciência e religião, vamos agora examinar as fascinantes semelhanças entre as visões de mundo dos cientistas e de místicos recentemente descobertas.

13.4 Paralelismos entre ciência e misticismo

Como já mencionamos, os cientistas e mestres espirituais perseguem objetivos muito diferentes. Enquanto o propósito dos primeiros é encontrar explicações para os fenômenos naturais, o dos últimos é mudar o eu e o modo de vida de uma pessoa. No entanto, em suas diferentes buscas, ambos são levados a fazer afirmações sobre a natureza da realidade que podem ser comparadas.

Entre os primeiros cientistas modernos a fazer tais comparações estão alguns dos principais físicos do século XX, que tinham se esforçado para compreender a estranha e inesperada realidade que lhes fora revelada em suas explorações dos fenômenos atômicos e subatômicos (veja a Seção 4.2). Na década de 1950, vários desses cientistas publicaram livros populares sobre a história e a filosofia da física quântica, no quais sugeriram notáveis paralelismos entre a visão de mundo sugerida pela física moderna e as visões presentes nas tradições espirituais e filosóficas orientais. As três citações seguintes são exemplos dessas primeiras comparações que então já se fazia.

As noções gerais sobre a compreensão humana [...] que são ilustradas por descobertas em física atômica não têm a natureza de coisas totalmente não familiares, ou a cujo respeito jamais se ouviu falar seja o que for, ou totalmente novas. Até mesmo em nossa própria cultura elas têm uma história, e nos pensamentos budista e hinduísta elas desempenham um papel ainda mais considerável e central.

(J. Robert Oppenheimer, 1954, pp. 8 e 9)

Para um paralelismo com a lição da teoria atômica... [precisamos nos voltar] para esses tipos de problemas epistemológicos com os quais pensadores como Buda e Lao-Tsé se defrontaram.

(Niels Bohr, 1958, p. 20)

A grande contribuição científica em física teórica que veio do Japão desde a última guerra pode ser uma indicação de uma certa relação entre ideias filosóficas existentes na tradição do Extremo Oriente e a substância filosófica da teoria quântica.

(Werner Heisenberg, 1958, p. 202)

Durante a década de 1960, houve um vigoroso interesse pelas tradições espirituais orientais na Europa e na América do Norte, e muitos livros acadêmicos sobre o hinduísmo, budismo e taoismo foram publicados por autores orientais e ocidentais (por exemplo, Rahula, 1967; Ross, 1966; Suzuki, 1963; Watts, 1957). Naquela época, os paralelismos entre essas tradições orientais e a física moderna foram discutidos com maior frequência (veja, por exemplo, LeShan, 1969), e alguns anos mais tarde eles foram explorados sistematicamente por Capra 2010/1975) em um livro intitulado *O Tao da Física*.[*]

A principal tese em *O Tao da Física* é a de que as abordagens de físicos e místicos, mesmo que, à primeira vista, pareçam muito diferentes uma da outra, compartilham algumas características importantes. Para começar, os métodos de ambas são totalmente empíricos. Os físicos derivam seu conhecimento de experimentos; os místicos o obtêm de intensas e iluminadoras percepções obtidas em estado meditativo. Ambos provêm de observações, e em ambos os campos essas observações são reconhecidas como a única fonte de conhecimento. Os objetos de observação, naturalmente, são muito diferentes nos dois casos. O místico olha para dentro e explora sua consciência em vários níveis, inclusive o dos fenômenos físicos associados com a encarnação da mente. O físico, pelo contrário, começa sua investigação da natureza essencial das coisas pelo estudo do mundo material. Explorando domínios progressivamente mais profundos da matéria, ele se torna ciente da unidade essencial de todos os fenômenos naturais. Mais do que isso, ele também percebe que ele mesmo e sua consciência são parte integrante dessa unidade. Desse modo, o místico e o físico chegam à mesma conclusão; um deles a partir do domínio interior, e o outro do mundo exterior. A harmonia entre suas visões confirma a antiga sabedoria hinduísta segundo a qual *brahman*, a suprema realidade externa, é idêntica a *atman*, a realidade interior.

Uma outra semelhança importante entre os caminhos do físico e do místico está no fato de que suas observações ocorrem em domínios inacessíveis aos sentidos comuns. Na física moderna, eles são os domínios dos mundos atômico e subatômico; no misticismo, eles são estados de consciência não comuns, nos quais o mundo sensorial cotidiano é transcendido. Em ambos os casos, o acesso a esses níveis de experiência não comuns só é possível depois de longos anos de treinamento em uma disciplina rigorosa, e em ambos os campos os "especialistas" afirmam que suas observações frequentemente desafiam as expressões que recorrem à linguagem comum.

A física do século XX foi a primeira disciplina em que os cientistas experimentaram mudanças dramáticas em suas ideias e conceitos básicos – uma mudança de paradigma da visão de mundo mecanicista de Descartes e Newton para uma concepção holística e sistêmica da realidade. Subsequentemente, a mesma mudança de paradigma ocorreu nas ciências da vida, com a gradual emergência da visão sistêmica

---

[*] Publicado pela Editora Cultrix, São Paulo, 1985.

da vida, o assunto deste livro. Não deveria, portanto, causar surpresa o fato de que as semelhanças entre as visões de mundo dos físicos e dos místicos orientais são importantes não apenas para a física, mas também para a ciência como um todo.

Após a publicação de *The Tao of Physics* em 1975 [*O Tao da Física*], apareceram numerosos livros nos quais físicos e outros cientistas apresentaram explorações semelhantes dos paralelismos entre física e misticismo (por exemplo, Davies, 1983; Talbot, 1980; Zukav, 1979). Outros autores ampliaram suas investigações para além da física, encontrando semelhanças entre o pensamento oriental e certas ideias sobre o livre-arbítrio; a morte e o nascimento; e a natureza da vida, da mente, da consciência e da evolução (veja Mansfield, 2008). Além disso, os mesmos tipos de paralelismos também foram reconhecidos com relação às tradições místicas ocidentais (veja Capra e Steindl-Rast, 1991).

Algumas das explorações dos paralelismos entre a ciência moderna e o pensamento oriental foram iniciadas por mestres espirituais orientais. O Dalai Lama, em particular, organizou uma série de diálogos com cientistas ocidentais que tinham por tema "Mente e Vida" em sua casa em Dharamsala, na Índia, que vamos descrever a seguir.

13.4.1 O Mind and Life Institute: a ciência e o budismo

Tenzin Gyatso, o 14º Dalai Lama, é não apenas um dos mais carismáticos e autênticos mestres espirituais que vieram do Oriente como também teve, desde a sua juventude, um aguçado interesse pela ciência e pela tecnologia (veja Dalai Lama, 2005). A ideia de organizar uma série de diálogos entre cientistas e budistas originou-se em 1983 em uma conferência internacional em Alpbach, na Áustria, sobre "Realidades Alternativas: Convergência entre Novas Ciências e Antigas Tradições Espirituais". Nesse encontro memorável (que teve a participação de nós dois, P.L.L. e F.C.), o Dalai Lama encontrou-se com Francisco Varela, que, inspirado por esse encontro, viria a fundar, alguns anos depois, o Mind & Life (M&L) Institute.

Desde 1987, o Instituto passou a organizar uma série de diálogos entre cientistas e budistas, que ocorrem a cada dois anos, em Dharamsala, sob o patrocínio do Dalai Lama. Um de nós (P.L.L.) participou de todas essas reuniões (veja Luisi, 2009). Para dar a nossos leitores uma ideia do sabor das conversas entre cientistas e budistas, reproduzimos a seguir uma breve troca de palavras com o Dalai Lama sobre a visão budista da consciência (Quadro 13.1).

Os diálogos M&L duram uma semana. Em cada dia, um importante cientista, em geral do Ocidente, apresenta ao Dalai Lama e seus companheiros monges para discussão algumas das ideias-chave que ele está desenvolvendo em uma determinada disciplina. O assunto tem sido principalmente a ciência cognitiva, mas também houve discussões sobre cosmologia, física quântica e biologia. Essas reuniões são restritas a 40 a 50 participantes convidados. No entanto, o Instituto também organiza reuniões mais amplas, abertas ao público, em universidades norte-americanas e europeias (veja www.mindandlife.org).

Desde 1987, um grande número de cientistas aceitou o convite de Francisco Varela para participar das reuniões do M&L, que também adquiriram uma reputação considerável nas instituições científicas estabelecidas, algumas das quais colaboraram na organização das reuniões. Essas instituições incluem o Massachusetts Institute of Technology, o Instituto Federal de Tecnologia suíço, da Universidade de Innsbruck, na Áustria, a Universidade de Wisconsin e a Universidade de Medicina Johns Hopkins. Vários livros foram publicados sobre os resultados dessas reuniões (veja Luisi, 2009, para referências); e muitos dos cientistas participantes, para quem esse foi muitas vezes

---

Quadro 13.1
A visão budista da consciência

Esta breve troca de palavras entre Pier Luigi Luisi e o Dalai Lama (veja Luisi, 2009) refere-se à natureza da consciência. Na maior parte da literatura budista atual, em particular na tradição tibetana, o termo "consciência" é usado em dois níveis: o primeiro refere-se à percepção, à intencionalidade e ao estado de vigília consciente (em vez do inconsciente), todos os quais fazem parte do "problema fácil", e que, neste capítulo, nós associamos com a cognição. O segundo nível é o que os budistas tibetanos chamam de "consciência sutil", que é considerada como a própria fonte da capacidade humana de experiência consciente. Segundo eles, essa consciência sutil não se baseia na matéria. No seguinte diálogo, o Dalai Lama, em sua linguagem vívida e vigorosa, transmite uma ideia clara da posição budista sobre esse assunto.

P.L.L.: Sua Santidade aceita a visão segundo a qual a consciência surge naturalmente como uma propriedade emergente num certo nível de complexidade cerebral e neural?

D.L.: É muito claro que modos específicos de consciência encarnada, como a psique humana, ou a percepção visual humana, não surgem na ausência do cérebro ou da faculdade apropriada. Mas se examinarmos o aspecto claro, luminoso e consciente desses processos mentais – em outras palavras, a própria consciência – então a perspectiva budista é a de que o evento da consciência não emerge do cérebro nem da matéria.

P.L.L.: Esta é uma diferença importante. Muitos cientistas aceitam a ideia de que todas as propriedades da humanidade vêm de dentro, até mesmo a consciência e a ideia de Deus, como valores autogerados. No budismo também não é assim?

D.L.: Está correto.

o seu primeiro encontro com o budismo, ficaram e permaneceram fascinados por essa tradição espiritual e pessoalmente envolvidos com ela. Por outro lado, o Dalai Lama foi convidado a abrir a reunião internacional de 2005 da Society for Neuroscience em Washington, D.C. – outro sinal de reconhecimento do M&L Institute.

Há um fato importante a ser destacado: esses contatos de budistas com o mundo acadêmico têm levado à realização de novas pesquisas experimentais. De particular ressonância na comunidade científica foram os experimentos neurobiológicos conduzidos por Richie Davidson e sua equipe na Universidade de Wisconsin em praticantes budistas experientes. A equipe de Davidson foi capaz de mostrar que a meditação induz um determinado conjunto de oscilações neurais que diferem significativamente das do grupo de controle. É importante destacar que os dados sugerem que o treinamento mental envolve mecanismos temporais de integração e podem induzir mudanças neurais de curto e de longo prazos. Esses resultados foram publicados em um dos mais conceituados periódicos científicos, os *Proceedings of the National Academy of Sciences of the USA* (Lutz *et al*., 2004).

Esse tipo de trabalho deu origem a uma nova disciplina científica, agora chamada de "neurociência contemplativa": o estudo dos efeitos de práticas contemplativas e do treinamento mental propositado sobre o cérebro e o comportamento humanos. E essa disciplina, por sua vez, deu origem à "ciência clínica contemplativa", voltada para a prevenção e o tratamento de doenças por meio de práticas de meditação. Também devemos mencionar o sucesso do M&L Summer Research Institute, um retiro anual para cerca de 200 participantes, que trabalham juntos durante uma semana para investigar os efeitos da prática contemplativa.

Com esses programas, o M&L Institute estabeleceu um importante canal de comunicação entre instituições acadêmicas e representantes de importância crucial da espiritualidade budista, ajudando a desenvolver elos conceituais e organizacionais entre espiritualidade antiga e ciência moderna.

13.5 A prática espiritual hoje

O vigoroso interesse pelas tradições espirituais orientais que emergiu na Europa e na América do Norte na década de 1960 foi gerado pela chamada contracultura da época (ver Roszak, 1969). Durante as décadas seguintes, muitos dos valores dessa subcultura foram abraçados pela corrente principal da sociedade, incluindo, em particular, o interesse pelas práticas de meditação orientais. Hoje, há inúmeros centros de meditação em todo o hemisfério ocidental, onde várias técnicas de yoga, tai chi, qi-gong e muitas formas de meditação sentada estão sendo ensinadas e praticadas. Embora muitas pessoas pratiquem essas técnicas por motivos de saúde e relaxamento, muitas outras estão envolvidas na vida espiritual que flui dos estados de consciência não ordinários experimentados na meditação profunda.

13.5.1 A difusão do budismo no Ocidente

Entre as filosofias espirituais ou religiosas ensinadas nessas tradições orientais, a do budismo tem sido, de longe, a mais popular no Ocidente, provavelmente porque o budismo é uma religião não teísta e não dogmática, com uma abordagem muito pragmática (veja Rahula, 1967; Suzuki, 1970). Hoje, há numerosos centros budistas na Europa, na América do Norte, na América Latina e na Austrália, representando uma ampla variedade de escolas diferentes, incluindo o zen, a vipassana e várias escolas do budismo tibetano. Na verdade, em muitas dessas regiões, o budismo tem sido a filosofia religiosa de mais rápido crescimento nos últimos anos.

Ao longo de toda a sua história, o budismo tem demonstrado que pode facilmente se adaptar a várias situações culturais. Originou-se com Buda, na Índia, no século V a.C., espalhou-se pela China e pelo Sudeste Asiático, chegou ao Japão no século I d.C. e, quase dois milênios depois, saltou através do Oceano Pacífico para a Califórnia. Lá, a escola japonesa de zen-budismo foi abraçada, pela primeira vez na década de 1950, pelos "poetas beat" – Jack Kerouac, Allen Ginsberg, Gary Snyder e outros (ver Cook, 1971; Watson, 1995). No fim dessa década, o primeiro mestre zen, Suzuki Roshi, chegou a São Francisco, onde estabeleceu o San Francisco Zen Center, que ainda floresce atualmente.

Centros zen semelhantes foram fundados em outras cidades norte-americanas e na Europa, onde o monge budista vietnamita e ativista pela paz Thich Nhat Hanh tornou-se um mestre muito influente. O início da década de 1970 testemunhou um dramático aumento de interesse pelo budismo tibetano, principalmente em consequência da chegada de lamas exilados vindos de várias linhagens tibetanas, que estabeleceram centros de meditação em muitas partes da Europa e dos EUA. No entanto, mais do que qualquer um deles, a figura carismática do Dalai Lama introduziu para um público de âmbito mundial os princípios básicos da filosofia budista.

13.5.2 Filosofia budista e ciência

Com a sua abordagem pragmática, empírica, a filosofia budista parece ter uma afinidade especial com a ciência moderna. Um dos aspectos da sua filosofia que é especialmente atraente para os cientistas atuais é que ele nega a dualidade entre mente e matéria. Na visão budista, a atividade mental é um dos sentidos físicos (e nisso ela se parece muito com a ciência cognitiva), de maneira que não há nenhuma oposição entre sujeito e objeto, eu e mundo.

Além disso, para os budistas, nenhum fenômeno isolado no mundo tem uma realidade independente, intrínseca; todos os fenômenos surgem em dependência mútua, e são dependentes de causas e condições contextuais. Esta é a célebre doutrina budista da "originação codependente". Nagarjuna, talvez o mais intelectual entre os primeiros filósofos budistas, introduziu o termo "vazio" (*sunyata*) para indicar a falta de qualquer realidade intrínseca nos fenômenos que percebemos:

As coisas derivam o seu ser e a sua natureza por dependência mútua e, em si mesmas, nada são.

Esta afirmação notável pode ser considerada, a partir da nossa perspectiva moderna, como uma expressão quintessencial da concepção sistêmica da realidade. Os budistas também aplicam sua concepção de fenômenos – que os consideram como processos e relações – às estruturas da mente. De acordo com o princípio do vazio, eles sustentam que não há um eu que tenha existência independente, um eu imutável (veja Siderits *et al.*, 2011). Em vez disso, o eu é uma propriedade emergente que muda de momento a momento – uma noção cara para a maioria dos cientistas cognitivos modernos.

Outro ponto de atração no budismo é sua grande tolerância: todos são aceitos, sem perguntas, independentemente da sua filiação política ou religiosa, de sua casta, ou classe social, ou de suas preferências pessoais. No que se refere à moralidade, isso significa o reconhecimento da diversidade e da relatividade das normas éticas. Em vez de julgar o comportamento antiético como mau em um sentido absoluto, os budistas o consideram "inábil", pois é um obstáculo para a autorrealização.

Muitos cientistas estão sendo atraídos para a filosofia budista por causa da sua natureza intelectual, especulativa. No entanto, este é apenas um lado do budismo. Complementar a ele, há uma vigorosa ênfase no amor e na compaixão (veja Luisi, 2008). A sabedoria iluminada (*bodhi*) é considerada como uma composição de dois elementos-chave: a inteligência intuitiva (*prajna*) e a compaixão (*karuna*) por todos os seres sensíveis. Para o cientista consciencioso, isso significa que a nossa ciência é de pouco valor a não ser que seja acompanhada pela preocupação social e ecológica.

13.6 Espiritualidade, ecologia e educação

13.6.1 Ecologia profunda e espiritualidade

As extensas explorações das relações entre ciência e espiritualidade ao longo das três últimas décadas tornaram evidente que o sentido de unidade, que é a característica-chave da experiência espiritual, é plenamente confirmado pela compreensão da realidade na ciência contemporânea. Por isso, há numerosas semelhanças entre as visões de mundo dos místicos e dos mestres espirituais – tanto orientais como ocidentais – e a concepção sistêmica da natureza que está sendo atualmente desenvolvida em várias disciplinas científicas.

A percepção de estar conectado com toda a natureza é particularmente forte em ecologia. Os estados de conexão, de relacionamento e de interdependência são conceitos fundamentais da ecologia (como discutiremos no Capítulo 16); e os estados de conexão, de relacionamento e de pertencer também são a essência da experiência espiritual. Acreditamos, por isso, que a ecologia – em particular, a escola filosófica da ecologia profunda (veja a Introdução) – é a ponte ideal entre ciência e espiritualidade.

Quando olhamos para o mundo à nossa volta, descobrimos que não estamos jogados no caos e na aleatoriedade, mas somos parte de uma grande ordem, uma grande sinfonia da vida. Cada molécula do nosso corpo já foi parte de corpos anteriores – vivos ou não vivos – e será parte de corpos futuros. Nesse sentido, nosso corpo não morrerá, mas irá sobreviver, vezes e mais vezes, pois a vida sobrevive. Além disso, nós compartilhamos não apenas moléculas da vida, mas também os seus princípios básicos de organização com o restante do mundo vivo. E uma vez que a nossa mente também é incorporada, nossos conceitos e metáforas estão encaixados na teia da vida, juntamente com nossos corpos e cérebros. Na verdade, nós pertencemos ao universo, e essa experiência de pertencer pode tornar a nossa vida profundamente significativa.

13.6.2 A dimensão espiritual da educação

Como veremos no Capítulo 16, no século XXI, o bem-estar, e mesmo a sobrevivência da humanidade, dependerá fundamentalmente da nossa "alfabetização ecológica" – nossa capacidade para compreender os princípios básicos da ecologia, ou princípios da sustentabilidade, e de viver em conformidade com essa compreensão. Isso significa que a alfabetização ecológica precisa se tornar uma habilidade crítica para os políticos, líderes empresariais e profissionais de todas as esferas, e deveria ser a parte mais importante da educação, especialmente no nível universitário, onde certos tipos de conhecimento e certos valores são ensinados para os líderes de amanhã.

A alfabetização ecológica envolve não apenas a compreensão intelectual dos princípios básicos da ecologia, mas também a profunda percepção ecológica da interdependência fundamental de todos os fenômenos e do fato de que, como indivíduos e sociedades, estamos encaixados nos processos cíclicos da natureza, e dependemos deles. Além disso, uma vez que essa percepção, em última análise, está arraigada na percepção espiritual (veja a Seção 13.6.1), é evidente que a alfabetização ecológica tem uma importante dimensão espiritual.

No mundo acadêmico de hoje, é muito difícil explorar a dimensão espiritual da educação. Nossas instituições acadêmicas clássicas produzem especialistas tecnológicos ou humanistas em uma disciplina particular de cada vez, e só muito raramente são capazes de se empenhar em manter a abordagem interdisciplinar do conhecimento que estamos defendendo neste livro. Tal abordagem, no entanto, é urgentemente necessária nos dias de hoje, uma vez que nenhum dos principais problemas do nosso tempo pode ser entendido isoladamente (como discutiremos no Capítulo 17). Todos eles são problemas sistêmicos – interconectados e interdependentes – e têm, portanto, necessidade de soluções sistêmicas.

Incluir a dimensão espiritual na educação é ainda mais difícil do que manter uma abordagem sistêmica por causa da confusão generalizada entre espiritualidade e religião (veja a Seção 13.2). Desse modo, a maioria dos nossos alunos universitários – que serão os líderes mundiais de amanhã – são privados da experiência estimulante dos diálogos interdisciplinares; e a maior parte dos futuros cientistas são impedidos de examinar os valores da ética, da arte, da música, da poesia e da introspecção pessoal. Consequentemente, há um grande perigo de estarmos educando líderes em vários campos que não conhecem uns aos outros, e que não são sensíveis aos valores do espírito humano.

Felizmente, nas duas últimas décadas, temos visto a criação de muitos institutos de pesquisa e de centros de aprendizagem nos quais se procura o conhecimento de maneira interdisciplinar, e onde se enfatiza explicitamente as dimensões ecológica e espiritual da educação. Como discutiremos com mais detalhes no Capítulo 18, essas novas instituições são parte integrante da sociedade civil global que emergiu ao longo dos últimos vinte anos. Algumas delas têm ligações com instituições acadêmicas tradicionais, enquanto outras não. Em sua maioria, esses institutos de pesquisa e centros de aprendizagem são comunidades de pensadores e ativistas, e todos eles se empenham em suas atividades de pesquisa e de ensino dentro de uma estrutura explícita de valores compartilhados.

A dimensão espiritual é enfatizada nessas instituições alternativas em diferentes graus. Para concluir este capítulo, traçaremos os perfis de duas organizações europeias desse tipo, nas quais nós dois estivemos profundamente envolvidos: a Cortona Week na Itália e o Schumacher College no Reino Unido. Em ambas as instituições, a relação entre ciência e espiritualidade é um frequente tema de discussões, e em ambas a espiritualidade não é apenas discutida, mas também vivenciada em várias formas de prática.

No entanto, devemos acrescentar uma palavra de cautela. Os fundadores tanto da Cortona Week como do Schumacher College já não estão envolvidos na direção e na programação desses cursos, seminários e *workshops*; e pode muito bem ser que o caráter de ambas as instituições possa mudar consideravelmente ao longo dos próximos anos. O que passaremos a descrever nas páginas seguintes é a maneira como esses centros de aprendizagem estiveram funcionando ao longo dos últimos 20 a 25 anos.

13.6.3 O experimento Cortona Week

A Cortona Week é uma escola de verão para estudantes universitários do Instituto Federal Suíço de Tecnologia (ou ETH – Eidgenössische Technische Hochschule). Foi concebida e criada em 1985 por um de nós (P.L.L.) quando ele era professor de química no ETH. Ele dirigiu a Cortona Week desde sua criação até 2003, ano em que se aposentou do ETH. Curiosamente, a inspiração para a Cortona Week veio do mesmo encontro em Alpbach, em 1983, que inspirou Francisco Varela a fundar o M&L Institute (veja a Seção 13.4.7). No início, a universidade não aprovou o projeto, que foi financiado por um patrocinador privado (o dr. Branco Weiss), durante seus primeiros cinco anos; mas, finalmente, a ETH passou a apoiar o projeto e, até hoje, ela continua sendo a única escola de ensino superior no mundo que comporta uma tal iniciativa holística, interdisciplinar.

Nessa escola que funciona no verão, em Cortona, linda cidade etrusca e medieval da Toscana, estudantes universitários de faculdades de ciências e de outros departamentos de ensino superior misturam-se com artistas, músicos e líderes religiosos, trabalhando e morando juntos durante uma semana inteira (a participação parcial não é permitida nem para professores nem para alunos). A cada manhã, há palestras ou mesas-redondas em um ambiente que honra toda a gama de experiências humanas e análises intelectuais. Os participantes das mesas-redondas e os palestrantes são profissionais de alto nível que apresentam exemplos de integração e visões holísticas de suas próprias vidas.

Além das conferências plenárias, uma característica importante das Cortona Weeks é o "*workshop* experimental", que é realizado durante a tarde. Os participantes (cerca de 150) optam por se juntar em pequenos grupos, nos quais podem pintar, esculpir ou praticar improvisação teatral, dança, treinamento psicológico ou disciplinas de orientação somática. Há também práticas meditativas no início da manhã – yoga, tai chi e similares. A ideia é a de que os participantes podem descobrir, ou redescobrir, algumas práticas que eles sentem que precisam em suas vidas.

Desde 1985, muitos cientistas, filósofos e escritores importantes, bem como políticos e líderes religiosos, ensinaram nas Cortona Weeks; e um total de mais de mil estudantes de nível superior já participaram de uma ou mais Cortona Weeks. O *feedback* que recebem deles geralmente tem sido muito positivo e encorajador. Pelo que parece, eles têm potencial para se tornar uma nova geração de líderes bem conscientes das dificuldades ecológicas do nosso tempo e da importância de se adotar uma abordagem sistêmica para a resolução dos problemas do mundo. Cada Cortona Week é dedicada a um tema diferente; assuntos relacionados à neurociência, à ciência cognitiva, à espiritualidade e à ética têm importância central.

Enquanto a Cortona Week segue o seu curso com o apoio do ETH, Pier Luigi Luisi, recentemente, dedicou esforços para promover a exportação desse experimento a outros lugares do mundo sob o título "International Cortona Week on Science and Spirituality". Uma dessas reuniões internacionais foi realizada em 2009 em Cortona (veja www.cortona-week.org), e outra, a "Cortona-India", em Hyderabad (veja www.cortona.ethz.ch). Luisi acredita que esse é um dos meios mais eficientes para produzir uma nova geração de líderes mundiais, onde uma alta capacidade profissional está em harmonia com um alto grau de espiritualidade.

Para concluir esta breve introdução ao experimento Cortona Week, listamos abaixo uma seleção de perguntas recolhidas pelos alunos e discutidas nas duas últimas sessões (2009-2010) da International Cortona Week dedicada à ciência e à espiritualidade. Sentimos que poderia ser interessante saber que perguntas a respeito da relação entre ciência e espiritualidade inquietam a mente desses estudantes de nível superior. Suas perguntas incluem as seguintes:

- Toda realidade pode ser explicada por meio de átomos e de suas interações?
- A natureza é "razoável e racional", isto é, o cosmos pode ser compreendido como ele realmente é?
- Quem é o juiz final da realidade: a ciência ou a espiritualidade?
- Será que precisamos realmente da espiritualidade para dar um sentido à vida?
- Será que percepções espirituais iluminadoras terão importância crucial para a ciência futura? Será que a ciência terá importância crucial para a compreensão das dimensões espirituais da mente humana?
- O mistério da ordem: a ordem do universo é espiritual ou natural?
- Será que o cérebro é o único órgão responsável pela experiência de estados extraordinários, como os estados fora do corpo, as experiências de quase morte, o êxtase etc.?
- A consciência tem por base a matéria (o cérebro) ou terá igualmente uma dimensão transpessoal?
- A mente tem poderes de cura?
- Como podemos garantir a dignidade e a liberdade pessoais em uma sociedade dominada pela ciência e pela tecnologia?

Algumas dessas perguntas foram examinadas neste capítulo; outras serão discutidas em capítulos posteriores. Note que a maior parte delas se refere à dimensão interna, ou "vertical", da espiritualidade. As respostas, naturalmente, nem sempre são fáceis e, de qualquer maneira, são altamente pessoais, deixando impressões profundas em cada pessoa por muitos anos, talvez por toda a vida.

13.6.4 O Schumacher College: uma experiência única de aprendizagem

O Schumacher College (www.schumachercollege.org.uk), um centro internacional para estudos ecológicos localizado em Devon, na Inglaterra, é uma instituição única de aprendizagem. Não é uma faculdade tradicional com um corpo docente bem definido e um corpo discente, e, ao contrário da maioria das faculdades e universidades, não foi fundada por qualquer órgão do governo ou individual, e sua fundação não foi associada com negócios. O colégio cresceu com base na sociedade civil global que emergiu durante a década de 1990. Desse modo, desde o início, seu corpo docente é parte de uma rede internacional de estudiosos e ativistas, uma rede de amigos e colegas que já existe há várias décadas.

O colégio foi fundado por Satish Kumar, mestre espiritual indiano e ativista gandhiano, que vive no Reino Unido, onde publica *Resurgence*, um dos mais importantes e belos periódicos ecológicos (www.resurgence.org). Satish (como é conhecido entre seus amigos e discípulos em todo o mundo) foi um colaborador próximo de E. F. Schumacher, pioneiro ambientalista e autor do livro clássico *Small Is Beautiful* (1975), e em cuja homenagem o colégio recebeu o seu nome.

Antes de sua fundação, em 1991, não havia nenhum centro de aprendizagem onde a ecologia pudesse ser estudada de maneira rigorosa e em profundidade, a partir de muitas perspectivas diferentes. Durante os anos seguintes, a situação mudou significativamente quando a coalizão global de organizações não governamentais (ONGs), agora conhecida como sociedade civil global, formou-se ao redor dos valores nucleares da dignidade humana e da sustentabilidade ecológica (veja o Capítulo 17). Para colocar seu discurso político dentro de uma perspectiva sistêmica e ecológica, a sociedade civil global desenvolveu uma rede de estudiosos, institutos de pesquisa, *think tanks* e centros de aprendizagem que operam, em grande medida, fora de nossas principais instituições acadêmicas, organizações comerciais e agências governamentais. Hoje, há dezenas dessas instituições de pesquisa e de aprendizagem em todas as partes do mundo. O Schumacher College foi uma das primeiras e continua a desempenhar um papel de liderança. Esses institutos de pesquisa são comunidades de estudiosos e ativistas envolvidos em uma ampla variedade de projetos e campanhas. À medida que o seu alcance cresceu e se diversificou durante as duas últimas décadas, o corpo docente e o currículo do Schumacher College também se ampliou e se diversificou.

Desde o início, Satish teve a visão de que a faculdade não deve representar uma perspectiva eurocêntrica, mas, isto sim, deve dar voz a uma ampla gama de opiniões – que deveria ser internacional. Quando norte-americanos e europeus discutem ciência, tecnologia e filosofia no Schumacher College, eles são unidos por vozes vindas da África, da Índia, do Japão e de outras partes do mundo.

Existe a mesma diversidade étnica, cultural e intelectual entre os alunos. Um de nós (F.C.) lecionou na Faculdade Schumacher desde o início da década de 1990, e durante esses anos não era incomum que seu curso incluísse 24 participantes (o limite que fora estabelecido) vindos de dez ou mais países diferentes. Os participantes são, em geral, muito instruídos. São profissionais em vários campos. Alguns deles são jovens estudantes, mas também há pessoas mais velhas; e assim eles contribuem para as discussões a partir de toda uma multiplicidade de perspectivas.

O nível de educação e de experiência dos participantes do curso, que vêm de todas as partes do mundo e envolvem uns aos outros em intensos debates, é verdadeiramente surpreendente. Em certo sentido, essas diversas perspectivas espelham a riqueza do campo da ecologia, que é o foco central da Faculdade. Há ecologia como ciência, como política, como tecnologia e como uma filosofia fundamentada na espiritualidade. Essa grande diversidade da ecologia está incorporada na própria estrutura e currículo da Faculdade Schumacher.

Outra característica-chave do Schumacher College é o forte senso de comunidade que ele engendra. Os participantes permanecem no local durante várias semanas, onde vivem juntos, aprendem juntos e trabalham juntos para sustentar a comunidade de aprendizagem. São divididos em grupos de trabalho para cozinhar, fazer a limpeza, praticar jardinagem – em suma, para fazer todo o trabalho que é necessário para manter o Schumacher em conformidade com uma prática espiritual gandhiana.

Nesses grupos, conversas prosseguem praticamente durante as 24 horas do dia. Enquanto estão cortando vegetais na cozinha, eles conversam; enquanto estão limpando o chão, ou rearranjando cadeiras para um evento especial, eles conversam. Todos estão imersos em uma experiência contínua de comunidade e em diálogos e discussões intelectuais instigantes.

Tudo isso estimula uma tremenda criatividade. No Schumacher College, muitas coisas são criadas coletivamente, desde refeições na cozinha a ideias na sala de aula. A criatividade floresce porque há total confiança na comunidade. Satish criou ali um ambiente de aprendizado único, no qual as discussões ocorrem em uma atmosfera intelectualmente intensa e desafiadora, mas também emocionalmente muito segura. Para o corpo docente que ensina na faculdade, ele se sente quase como estivesse em família, e esse forte sentimento de comunidade emerge depois de todos estarem juntos durante não mais do que uma ou duas semanas. Para a maioria dos estudiosos, essa situação é extremamente atraente, uma vez que lhes oferece uma oportunidade única para examinarem o seu trabalho em profundidade e experimentarem novas ideias em um ambiente seguro. Por isso, o Schumacher College é um lugar único não apenas para os participantes do curso aprenderem, mas também para o corpo docente se envolver em um profundo empenho durante um período relativamente longo com um grupo de estudantes altamente instruídos e motivados, e se entregar a um processo de autoexploração sustentada.

13.7 Observações finais

Neste capítulo, argumentamos que as tensões antigas entre ciência e espiritualidade geralmente têm surgido quando a espiritualidade é confundida com a religião, e quando posições antagônicas são adotadas por fundamentalistas de ambos os lados. Tentamos esclarecer a natureza da verdadeira espiritualidade e mostramos que tanto o conceito de espiritualidade como o da natureza das experiências espirituais da realidade são plenamente coerentes com a ciência moderna e, em particular, com a visão sistêmica da vida. Além disso, argumentamos que a ecologia profunda parece fornecer uma ponte ideal entre ciência e espiritualidade.

Em nossa visão, é de extrema importância atualmente introduzirmos as dimensões ecológica e espiritual na educação em todos os níveis. Delineamos os perfis de duas instituições que fazem isso de maneira exemplar: a Cortona Week, uma escola de verão para estudantes de nível superior do Instituto Federal Suíço de Tecnologia, e o Schumacher College, um centro internacional para estudos ecológicos que oferece cursos durante todo o ano. Acreditamos que ambas as instituições podem servir como modelos valiosos para os centros de aprendizagem em outras partes do mundo, dedicados a abordagens interdisciplinares para a educação, as quais incluem, explicitamente, dimensões ecológicas e espirituais.

Consideramos esse alargamento da perspectiva educacional como um elemento essencial para dar à luz uma nova geração de líderes mundiais capazes de suceder nossos políticos contemporâneos, muitos dos quais são corruptos, perseguem objetivos mesquinhos, têm visão estreita e carecem de uma "bússola moral", como se expressa o dramaturgo e estadista tcheco Václav Havel. Em seu discurso de abertura do Fórum 2000, uma série de simpósios internacionais realizados em Praga, Havel (1997) lamentou o fato paradoxal de que a humanidade de hoje, embora esteja muito ciente das múltiplas ameaças de crise global, não faz quase nada para enfrentá-la nem para evitá-la. E concluiu com as seguintes palavras memoráveis:

Tenho a profunda convicção de que a única opção é que algo mude na esfera do espírito, na esfera da consciência humana, na atitude atual do homem com relação ao mundo e à sua compreensão de si mesmo e de seu lugar na ordem global da existência.

É evidente que para uma nova direção como essa passar a dominar a educação, precisaremos de uma profunda transformação em nossas instituições acadêmicas e, mais geralmente, nos valores que atualmente dominam as sociedades industriais. Isso nos leva à dimensão social da visão sistêmica da vida, o tema do nosso próximo capítulo.

14

Vida, mente e sociedade

14.1 O elo evolutivo entre consciência e fenômenos sociais

Por volta de 4 milhões de anos atrás, uma extraordinária confluência de eventos ocorreu na evolução dos primatas com o aparecimento dos primeiros macacos que caminhavam eretos, pertencentes ao gênero *Australopithecus* (veja a Seção 11.2). A nova liberdade de suas mãos permitiu a esses primeiros hominídeos fazer ferramentas, manejar armas e atirar pedras. Isso estimulou o rápido crescimento do cérebro, o que se tornou talvez a principal característica da evolução humana, e acabou por levar ao desenvolvimento da linguagem e da consciência reflexiva. No entanto, embora eles desenvolvessem cérebros complexos, habilidades na construção e no uso de ferramentas e linguagem, a impotência de seus bebês prematuramente nascidos levou à formação das famílias e das comunidades necessárias para lhes dar apoio, e que se tornaram o fundamento da vida social humana. Desse modo, a evolução da linguagem e da consciência humana estava inextricavelmente ligada com a da tecnologia e a das relações sociais organizadas desde o início da vida humana. Em particular, o estágio evolutivo dos hominídeos australopitecos estabeleceu um elo fundamental entre os fenômenos sociais e a consciência. Com a evolução da linguagem, surgiu não apenas o mundo interior dos conceitos e ideias, mas também o mundo social dos relacionamentos organizados e da cultura, que é o assunto deste capítulo.

Desse modo, com base em uma perspectiva evolucionista, é muito natural fundamentar a compreensão dos fenômenos sociais em uma concepção unificada da vida e da consciência. De fato, a visão sistêmica da vida tenta integrar as dimensões biológica, cognitiva e social da vida (veja Capra, 2002). Como discutimos na Seção 12.3.3, nossa capacidade para manter imagens mentais abstratas – uma propriedade fundamental da consciência reflexiva – tem importância particular para uma tal abordagem integrativa. Ser capaz de reter imagens mentais nos permite escolher entre várias alternativas, uma capacidade que é necessária para formular valores e regras sociais de comportamento. Por outro lado, diferenças de valores dão lugar a conflitos de interesses, que constituem a origem de relações de poder, como examinaremos a seguir. Desse modo, a capacidade da consciência humana para formar imagens mentais abstratas de objetos materiais e de eventos está na origem das principais características da vida social.

14.2 A sociologia e as ciências sociais

O estudo da sociedade é o domínio da sociologia, também conhecido como ciência social ou teoria social. É um campo muito amplo, que inclui várias disciplinas acadêmicas, comumente referido como ciências sociais e contrastado com as ciências naturais. Além da disciplina nuclear da sociologia, as ciências sociais incluem campos de estudo como a antropologia, a economia, a ciência política, a ciência administrativa, a história e o direito, para citar apenas alguns.

14.2.1 A teoria social no século XX

Como examinamos no Capítulo 3, o pensamento social no fim do século XIX e início do século XX foi muito influenciado pelo positivismo, doutrina formulada pelo filósofo social Auguste Comte, para quem as ciências sociais deveriam procurar por leis gerais do comportamento humano, enfatizar a quantificação e rejeitar todas as explicações que recorressem a fenômenos subjetivos, tais como intenções ou propósitos. O arcabouço positivista foi claramente padronizado de acordo com a física newtoniana. De fato, Comte inicialmente chamou o estudo científico da sociedade de "física social" antes de introduzir o termo "sociologia".

As principais escolas de pensamento da sociologia no início do século XX foram diferentes tentativas de emancipação com relação aos estreitos limites do positivismo (veja Baert, 1998). Nessas tentativas, vários sociólogos foram influenciados pela nova escola do pensamento sistêmico que estava sendo desenvolvida em torno da mesma época (veja o Capítulo 4). No entanto, nenhum deles conseguiu integrar efetivamente sua compreensão dos fenômenos sociais com as ideias básicas sobre os fenômenos biológicos e cognitivos importantes para as ciências naturais da sua época.

Em nossa opinião, isso se deveu ao fato de que, apesar de as conexões fundamentais entre consciência, cultura e área social terem sido reconhecidas por muitos teóricos sociais, eles careciam de um arcabouço conceitual que lhes permitisse integrar verdadeiramente as dimensões biológica, cognitiva e social da vida. Mesmo os cientistas sociais que foram vigorosamente influenciados pelas novas teorias sistêmicas mostraram-se incapazes de preencher a lacuna existente entre as ciências naturais e as ciências sociais (que ainda existe na maior parte do mundo acadêmico atual).

Uma verdadeira integração dessas "duas culturas", para usar a frase memorável de C. P. Snow (1960), teve de esperar até o fim do século XX, quando o desenvolvimento da teoria da complexidade, o conceito de redes autopoiéticas cognitivas e a ampla apreciação da importância das redes de comunicação (redes sociais) proporcionou um arcabouço conceitual apropriado. Deveremos discutir detalhadamente esse arcabouço integrativo na Seção 14.3 mais adiante.

Mas, por enquanto, voltemos aos primórdios da teoria social no início do século XX. Uma herança do positivismo que se manifestou durante essas primeiras décadas da sociologia foi o enfoque em uma noção estreita de "causação social", que ligava conceitualmente a teoria social à física, e não às ciências da vida. Émile Durkheim (1858-1917), que, juntamente com Max Weber (1864-1920), é considerado um dos principais fundadores da sociologia moderna, identificava os "fatos sociais" – por exemplo, as crenças ou as práticas – como as causas dos fenômenos sociais. Apesar de esses fatos sociais serem claramente não materiais, Durkheim insistiu em que eles deveriam ser tratados como objetos materiais. Ele considerava que os fatos sociais eram causados por outros fatos sociais, em analogia com as operações das forças físicas.

14.2.2 Estruturalismo e funcionalismo

As ideias de Durkheim exerceram grande influência tanto sobre o estruturalismo como sobre o funcionalismo, as duas escolas dominantes da sociologia no início do século XX. Essas duas escolas de pensamento supunham que a tarefa dos cientistas sociais consistia em desvendar uma realidade causativa oculta por baixo do nível superficial dos fenômenos observados. Essas tentativas de identificar alguns fenômenos ocultos – forças vitais ou outros "ingredientes extras" – têm ocorrido repetidamente nas ciências da vida, quando cientistas se esforçam para compreender a emergência da novidade, que é característica de toda vida (veja o Capítulo 8), e não pode ser explicada por meio de relações lineares de causa e efeito.

Para os estruturalistas, o domínio oculto consiste em "estruturas sociais" subjacentes. Embora os primeiros estruturalistas lidassem com essas estruturas sociais como objetos materiais, eles também as compreendiam como totalidades integradas e usavam o termo "estrutura" de maneira não muito diferente daquela pela qual os primeiros pensadores sistêmicos usavam "padrão de organização".

Enquanto os estruturalistas procuravam estruturas sociais ocultas, os funcionalistas postulavam a existência de uma racionalidade social subjacente que leva os indivíduos a agir de acordo com as "funções sociais" de suas ações – ou seja, a agir de tal maneira que suas ações satisfaçam às necessidades da sociedade. Durkheim insistiu em que uma explicação completa dos fenômenos sociais precisa combinar análises causais e funcionais, e também enfatizou que se deveria distinguir entre funções e intenções. Parece que, de alguma forma, ele tentou levar em consideração os fenômenos cognitivos de intenções e propósitos sem abandonar o arcabouço conceitual da física clássica, com suas estruturas materiais, forças e relações lineares de causa e efeito. A ênfase na intenção e no propósito foi identificada por teóricos sociais subsequentes que tinham por foco a "ação humana" ou ação proposta.

Vários dos primeiros estruturalistas também reconheceram as conexões entre realidade social, consciência e linguagem. O linguista Ferdinand de Saussure (1857-1913) foi um dos fundadores do estruturalismo, e o antropólogo Claude Lévi-Strauss (1908-2009), cujo nome está intimamente associado com a tradição estruturalista, foi um dos primeiros a analisar a vida social empregando sistematicamente analogias com sistemas linguísticos. O enfoque na linguagem intensificou-se por volta da década de 1960 com o advento das chamadas sociologias interpretativas, as quais enfatizam que os indivíduos interpretam a realidade que os cerca e agem em conformidade com isso.

14.2.3 Giddens e Habermas: duas teorias integrativas

Durante a segunda metade do século XX, a teoria social foi modelada significativamente por várias tentativas de transcender as escolas das décadas anteriores, que se opunham umas às outras, e de integrar as noções de estrutura social e de ação humana por meio de uma análise explícita do significado. Talvez o mais influente dos arcabouços teóricos integrativos sejam as teorias de dois eminentes sociólogos europeus: a teoria da estruturação de Anthony Giddens e a teoria crítica da Jürgen Habermas.

Anthony Giddens foi um dos principais nomes que contribuíram para a teoria social desde o início da década de 1970. Sua teoria da estruturação foi planejada para explorar a interação entre as estruturas sociais e a ação (*agency*) humana de tal maneira que ela integra ideias provenientes do estruturalismo e do funcionalismo, por um lado, e de sociologias interpretativas, por outro. Para fazer isso, Giddens emprega dois métodos de investigação diferentes, mas complementares. A análise institucional é seu método para estudar estruturas e instituições sociais, enquanto a análise estratégica lhe permite investigar como as pessoas recorrem às estruturas sociais para procurar seus objetivos estratégicos.

Giddens enfatiza que a conduta estratégica das pessoas baseia-se principalmente na maneira como elas interpretam seu ambiente. Na verdade, ele aponta que os cientistas sociais têm de lidar com uma "dupla hermenêutica" (palavra derivada do grego *hermeneuein*, que significa "interpretar"). Eles interpretam o assunto com que estão lidando, o qual, por sua vez, está envolvido em interpretações. Consequentemente, Giddens acredita que as percepções fenomenológicas subjetivas precisam ser levadas a sério se quisermos compreender a conduta humana.

Como seria de esperar de uma teoria integrativa que tenta transcender os opostos tradicionais, o conceito de estrutura social de Giddens é muito complexo. Como acontece na maioria das teorias sociais contemporâneas, esse conceito é definido como um conjunto de regras encenadas em práticas sociais, e Giddens também inclui recursos em sua definição de estrutura social.

A interação entre estruturas sociais e ação humana é cíclica, de acordo com Giddens. As estruturas sociais constituem tanto a precondição como o resultado não intencional das ações das pessoas. As pessoas recorrem a elas a fim de se envolver em suas práticas sociais cotidianas, e, ao fazê-lo, não podem deixar de reproduzir as mesmíssimas estruturas.

Por exemplo, quando falamos, necessariamente recorremos às regras da nossa linguagem, e, à medida que usamos a linguagem, continuamente reproduzimos e transformamos as mesmíssimas estruturas semânticas. Desse modo, as estruturas sociais nos permitem interagir e também são reproduzidas pelas nossas interações. Giddens chama isso de "dualidade de estrutura", e reconhece a semelhança com a natureza circular das redes autopoiéticas em biologia (citado em Baert, 1998).

As ligações conceituais com a teoria da autopoiese ficam ainda mais evidentes quando nos voltamos para a visão de Giddens da ação (*agency*) humana. Ele insiste em que tal ação não consiste em atos discretos, mas é um fluxo contínuo de conduta. Analogamente, uma rede metabólica viva incorpora um processo de vida em andamento. E assim como os componentes da rede viva se transformam continuamente ou substituem outros componentes, da mesma maneira as ações no fluxo da conduta humana têm uma "capacidade transformadora" na teoria de Giddens.

Durante a década de 1970, enquanto Anthony Giddens desenvolvia sua teoria da estruturação na Universidade de Cambridge, Jürgen Habermas formulou uma teoria de igual alcance e profundidade, que ele chamou de "teoria da ação comunicativa" na Universidade de Frankfurt. Integrando numerosas correntes filosóficas, Habermas tornou-se uma das principais forças intelectuais e uma grande influência sobre a filosofia e a teoria social. Ele é o mais proeminente expoente contemporâneo da teoria crítica, a teoria social com raízes marxistas que foi desenvolvida pela Escola de Frankfurt na década de 1930 (veja, por exemplo, Held, 1990). Fiel às suas origens marxistas (veja a Seção 3.3.2), os teóricos críticos não querem simplesmente explicar o mundo. Sua tarefa suprema, de acordo com Habermas, é descobrir as condições estruturais das ações das pessoas e ajudá-las a transcender essas condições. A teoria crítica lida com o poder e se destina à emancipação.

Como Giddens, Habermas afirma que duas perspectivas diferentes, mas complementares são necessárias para se compreender plenamente os fenômenos sociais. Uma dessas perspectivas é a do sistema social, que corresponde ao foco voltado para as instituições na teoria de Giddens; a outra é a perspectiva do "mundo da vida" (*Lebenswelt*), que corresponde ao enfoque de Giddens na conduta humana.

Para Habermas, o sistema social tem a ver com as maneiras pelas quais as estruturas sociais restringem as ações das pessoas, o que inclui questões de poder e, especificamente, as relações de classe envolvidas na produção. O mundo da vida, por outro lado, levanta questões de significado e comunicação. Desse modo, Habermas reconhece a teoria crítica como a integração de dois diferentes tipos de conhecimento. O conhecimento empírico-analítico está associado com o mundo exterior e se interessa por explicações causais. A hermenêutica, a compreensão do significado, está associada com o mundo interior, e se interessa pela linguagem e a comunicação.

Como Giddens, Habermas reconhece que as percepções hermenêuticas são importantes para o funcionamento do mundo social porque as pessoas atribuem significado às suas vizinhanças e agem em conformidade com isso. No entanto, ele também assinala que as interpretações das pessoas sempre contam com várias suposições implícitas encaixadas na história e na tradição, e, conforme argumenta, isso significa que todas as suposições não são igualmente legítimas. Segundo Habermas, os cientistas sociais deveriam avaliar criticamente diferentes tradições, identificar distorções ideológicas e descobrir suas conexões com as relações de poder. A emancipação ocorre sempre que as pessoas são capazes de superar as restrições do passado que resultaram de comunicação distorcida.

14.3 Estendendo a abordagem sistêmica

As teorias de Giddens e Habermas são tentativas notáveis de integrar estudos sobre o mundo exterior das causas e efeitos, o mundo social das relações humanas e o mundo interior dos valores e significados. Ambos os teóricos sociais integram percepções provenientes das ciências naturais, das ciências sociais e das filosofias cognitivas, rejeitando as limitações do positivismo.

Acreditamos que essa integração possa avançar significativamente estendendo ao domínio social a visão sistêmica da vida que apresentamos nos capítulos anteriores. Para fazer isso, vamos recorrer a uma síntese conceitual desenvolvida por um de nós há vários anos (Capra, 1996, 2002).

14.3.1 Três perspectivas sobre a vida

Voltemos mais uma vez para a autopoiese, a característica que define a vida biológica. Em sua teoria, Maturana e Varela (1980) distinguem entre dois aspectos fundamentais dos sistemas vivos: organização e estrutura. O *padrão de organização* de qualquer sistema, vivo ou não vivo, é a configuração de relações entre os componentes do sistema, que determina as características essenciais do sistema. Em outras palavras, determinadas relações precisam estar presentes para que algo seja reconhecido como, digamos, uma cadeira, uma bicicleta ou uma árvore. A configuração de relações que proporciona a um sistema suas características essenciais é o que nós entendemos como seu padrão de organização.

A *estrutura* de um sistema é a incorporação física do seu padrão de organização. Enquanto a descrição da organização do sistema envolve um mapeamento abstrato de relações, a descrição da sua estrutura envolve a descrição dos componentes físicos reais do sistema – suas formas, composições químicas, e assim por diante.

Para ilustrar a diferença entre organização e estrutura, vamos examinar um sistema não vivo bem conhecido, uma bicicleta. Para que alguma coisa seja chamada de bicicleta, é preciso haver várias relações funcionais entre componentes conhecidos como chassi, pedais, guidão, rodas, corrente, coroa, e assim por diante. A configuração completa dessas relações funcionais constitui o padrão de organização da bicicleta. Todas essas relações precisam estar presentes para dar ao sistema as características essenciais de uma bicicleta.

A estrutura da bicicleta é a incorporação física de seu padrão de organização em seus componentes de formas físicas específicas, feitas de materiais específicos. O mesmo padrão "bicicleta" pode ser incorporado em muitas estruturas diferentes. O guidão será modelado de diferentes maneiras em uma bicicleta para cicloturismo, uma bicicleta de corrida ou uma bicicleta de montanha; o chassi pode ser pesado e sólido, ou leve e delicado; os pneus podem ser estreitos ou largos, constituídos por tubos ou borracha sólida. Todas essas combinações e muitas mais serão facilmente reconhecidas como diferentes incorporações do mesmo padrão de relações que define uma bicicleta.

Em uma máquina como uma bicicleta, as peças foram planejadas, fabricadas e, em seguida, reunidas de modo a formar uma estrutura com componentes fixos. Em um sistema vivo, em contrapartida, os componentes mudam continuamente. Há um fluxo incessante de matéria através de um organismo vivo. Cada célula, continuamente, sintetiza e dissolve estruturas, e elimina produtos residuais. Tecidos e órgãos substituem suas células em ciclos contínuos. Há crescimento, desenvolvimento e evolução. Desde o início da biologia, a compreensão da estrutura viva tem-se revelado inseparável da compreensão dos processos metabólicos e desenvolvimentais.

Essa extraordinária propriedade dos sistemas vivos sugere o *processo* como uma terceira perspectiva para uma descrição abrangente da natureza da vida. O processo da vida é a atividade envolvida na incorporação contínua do padrão de organização do sistema. Desse modo, a perspectiva processual é a ligação entre organização e estrutura. No caso da bicicleta, o padrão de organização é representado pelos esboços e croquis que são usados para construir a bicicleta, a estrutura é uma bicicleta física específica e a ligação entre padrão e estrutura está na mente do *designer*. No caso de um organismo vivo, diferentemente, o padrão de organização está sempre incorporado na estrutura do organismo, e a ligação entre padrão e estrutura reside no processo de incorporação contínua.

Derivadas da autopoiese, as três perspectivas de *organização*, *estrutura* e *processo* fornecem um arcabouço conceitual integrativo para a compreensão da vida biológica (Capra, 1996). Todas as três são totalmente interdependentes. O padrão de organização só pode ser reconhecido se estiver incorporado em uma estrutura física, e em sistemas vivos essa incorporação é um processo contínuo. Os três aspectos –

organização, estrutura e processo – são três perspectivas diferentes, mas inseparáveis capazes de nos oferecer uma visão do fenômeno da vida.

Quando estudamos os sistemas vivos a partir da perspectiva da organização, descobrimos que seu padrão de organização é o de uma rede autogeradora (autopoiética). A partir da perspectiva da estrutura, a estrutura material de um sistema vivo é uma estrutura dissipativa – isto é, um sistema aberto que opera longe do equilíbrio (como vimos na Seção 8.3). Finalmente, a partir da perspectiva processual, os sistemas vivos são sistemas cognitivos nos quais o processo de cognição está estreitamente ligado com o padrão de autopoiese. Em resumo, essa é a nossa síntese da nova compreensão sistêmica da vida biológica.

É interessante notar que essa síntese também está implícita na "trilogia da vida" representada na Figura 7.5. Lá, a "unidade autopoiética" representa o padrão de organização do sistema, enquanto a "cognição" representa a perspectiva processual, e a perspectiva da estrutura está implícita no domínio do "ambiente", uma vez que o sistema autopoiético está ligado ao seu ambiente por meio do acoplamento estrutural (veja a Seção 7.4.1).

Também deveríamos nos lembrar de que, apesar de a estrutura de um sistema vivo ser sempre uma estrutura dissipativa, nem todas as estruturas dissipativas são redes autopoiéticas. Desse modo, uma estrutura dissipativa pode ser um sistema vivo ou não vivo. Por exemplo, as células do Bénard e os relógios químicos amplamente estudados por Prigogine (veja a Seção 8.3.2) são estruturas dissipativas, mas não são sistemas vivos.

Vamos ilustrar, por meio de uma célula viva, a interdependência fundamental das nossas três perspectivas básicas. Ela consiste em uma rede (*padrão*) de reações químicas (*processos*) que envolvem a produção dos componentes da célula (*estruturas*), as quais respondem cognitivamente – isto é, por meio de mudanças estruturais autodirigidas (*processos*) – a perturbações vindas do ambiente. Analogamente, o fenômeno da emergência em sistemas dinâmicos (como é discutido na Seção 8.3) é um *processo* característico de uma *estrutura* dissipativa, que envolve múltiplos ciclos de *feedback* (*padrão*).

A maioria dos cientistas tem dificuldades para dar igual importância a cada uma dessas três perspectivas por causa da influência persistente da nossa herança cartesiana. Supõe-se que as ciências naturais lidam com fenômenos materiais, mas apenas a perspectiva da estrutura está interessada no estudo da matéria. As outras duas perspectivas lidam com relações, qualidades, padrões e processos, os quais são, todos eles, não materiais (veja a Seção 4.3). Naturalmente, nenhum cientista negaria a existência de padrões e processos, mas a maioria deles tende a conceber um padrão de organização como uma ideia abstraída da matéria, em vez de uma força geradora.

Focalizar em estruturas materiais e nas forças entre elas e entender os padrões de organização resultantes dessas forças como fenômenos secundários revelou-se como uma abordagem muito eficiente em física e em química, mas quando nos voltamos para os sistemas vivos, essa abordagem não é mais adequada. A característica essencial que distingue sistemas vivos de sistemas não vivos – a autopoiese – não é uma propriedade da matéria, nem é uma "força vital" especial. É um padrão específico de relações entre processos químicos. Embora esses processos produzam componentes materiais, o próprio padrão de rede é não material.

Os processos de auto-organização nesse padrão de rede são compreendidos como processos cognitivos que, finalmente, deram origem à experiência consciente e ao pensamento conceitual. Todos esses fenômenos cognitivos são não materiais, mas são *incorporados*; eles surgem do corpo e são modelados pelo corpo. Desse modo, a vida nunca é divorciada da matéria, mesmo que suas características essenciais – organização, complexidade, processos, e assim por diante – sejam não materiais.

14.3.2 Significado – a quarta perspectiva

A extensão do nosso arcabouço conceitual integrativo ao domínio social não é trivial, pois os teóricos sociais têm usado tradicionalmente o termo "estrutura" em um sentido muito diferente do que aparece nas ciências naturais. Como já mencionamos, os estruturalistas usavam a expressão "estrutura social" de maneira um tanto parecida com aquela pela qual os primeiros pensadores sistêmicos falavam em "padrão de organização" e como os sociólogos de hoje geralmente definem estrutura social: um conjunto de regras sancionadas em práticas sociais.

Para acomodar esses diferentes usos do termo "estrutura", modificaremos ligeiramente a nossa terminologia usando os conceitos mais gerais de "forma" e "matéria" em vez de "padrão" e "estrutura". Nessa terminologia mais geral, as três perspectivas sobre a natureza da vida correspondem ao estudo da *forma* (ou padrão de organização), o estudo da *matéria* (ou estrutura material) e o estudo do *processo*.

Quando tentamos estender essas três perspectivas ao domínio social, confrontamo-nos com uma desconcertante multidão de fenômenos – regras de comportamento, valores, intenções, objetivos, estratégias, planejamentos, relações de poder – que não desempenham nenhum papel na maior parte do mundo não humano, mas são essenciais para a vida social humana. No entanto, como mencionamos no início deste capítulo, todas essas diversas características da realidade social, em última análise, baseiam-se na capacidade da consciência humana para formar imagens mentais abstratas.

Essa ligação fundamental entre as dimensões cognitiva e social da vida fornece uma maneira natural de estender a abordagem sistêmica, uma vez que torna evidente que o nosso mundo interior de conceitos e ideias, imagens e símbolos é uma dimensão crítica da realidade social. Os cientistas sociais frequentemente se referem a ela como a dimensão "hermenêutica". Com isso, eles expressam a visão segundo a qual a linguagem humana, sendo de natureza simbólica, envolve a importância essencial da comunicação de significado, e essa ação humana flui do significado que nós atribuímos às nossas vizinhanças.

Em conformidade com isso, vamos estender a compreensão sistêmica da vida ao domínio social adicionando a perspectiva do significado às outras três perspectivas. Ao fazer isso, estamos usando a palavra "significado" como uma notação "taquigráfica" para o mundo interior da consciência reflexiva, o qual contém uma multidão de características inter-relacionadas. Desse modo, uma plena compreensão dos fenômenos sociais precisa envolver a integração de quatro perspectivas – forma, matéria, processo e significado. A interconectividade fundamental dessas quatro perspectivas sobre a vida é indicada no diagrama da Figura 14.1, onde são representadas como os vértices de uma figura geométrica. As primeiras três perspectivas formam um triângulo. A perspectiva do significado é representada fora do plano desse triângulo para indicar que ela abre uma nova dimensão "interior", de modo que toda a estrutura conceitual forma um tetraedro.

Integrar as quatro perspectivas significa reconhecer que cada uma delas contribui de maneira significativa para a compreensão de um fenômeno social. Por exemplo, veremos que a cultura é criada e sustentada por uma rede (*forma*) de comunicações (*processos*) nas quais se gera *significado*. As incorporações (*matéria*) materiais da cultura incluem artefatos e textos escritos, por meio dos quais o significado é transferido de geração em geração.

É interessante notar que esse arcabouço conceitual de quatro perspectivas interdependentes sobre a vida mostra algumas semelhanças com os quatro princípios, ou "causas", postulados por Aristóteles como as fontes interdependentes de todos os fenômenos. Aristóteles distinguia entre causas internas e externas. As duas causas internas são a matéria e a forma. As causas externas são a causa eficiente, que gera o fenômeno por meio de sua ação, e a causa final, que determina a ação da causa eficiente, dando-lhe um objetivo ou propósito.

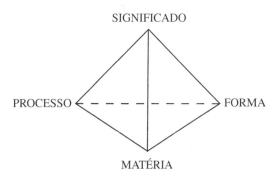

Figura 14.1 A interconexão das quatro perspectivas sobre a vida, representada como um tetraedro (extraído de Capra, 2002); compare com a Figura 7.5, que apresenta essas relações a partir de uma diferente perspectiva.

A descrição detalhada de Aristóteles das quatro causas e de suas inter-relações é muito diferente do nosso esquema conceitual (veja, por exemplo, Windelband,

2001/1901). Em particular, a causa final, que corresponde à perspectiva que associamos com o significado, opera através de todo o mundo material, de acordo com Aristóteles, enquanto que a ciência contemporânea afirma que ele não desempenha nenhum papel na natureza não humana. Apesar disso, achamos fascinante que, depois de mais de 2 mil anos de filosofia, nós ainda analisamos a realidade com base nas quatro perspectivas identificadas por Aristóteles.

14.3.3 Redes vivas

Nossa extensão da visão sistêmica da vida para a realidade social baseia-se na suposição de que há uma unidade fundamental para a vida, que diferentes sistemas vivos exibem padrões de organização semelhantes. Essa suposição é sustentada pela observação de que a evolução se processou durante bilhões de anos usando repetidas vezes os mesmos padrões. À medida que a vida evolui, esses padrões tendem a se tornar cada vez mais elaborados, mas são sempre variações sobre os mesmos temas básicos.

O padrão de rede, em particular, é um dos padrões básicos de organização em todos os sistemas vivos. Em todos os níveis da vida – desde as redes metabólicas de células até os ciclos alimentares de ecossistemas – os componentes e processos de sistemas vivos estão interligados como redes. Portanto, estender a compreensão sistêmica da vida ao domínio social significa aplicar o nosso conhecimento dos padrões e princípios de organização básicos da vida, e, especificamente, a nossa compreensão das redes vivas, à realidade social.

No entanto, embora as percepções que tenhamos sobre a *organização* de redes biológicas possam nos ajudar a compreender redes sociais, não devemos esperar para transferir nossa compreensão das *estruturas* materiais das redes do domínio biológico para o domínio social. Tomemos como exemplo a rede metabólica de células para ilustrar esse ponto. Uma rede celular é um padrão de organização não linear, e nós precisamos da teoria da complexidade (dinâmica não linear) para compreender sua trama complicada. Além disso, a célula é um sistema químico, e nós precisamos da biologia molecular e da bioquímica para compreender a natureza das estruturas e processos que formam os nodos e ligações da rede. Se não sabemos o que é uma enzima e como ela catalisa a síntese de uma proteína, não podemos esperar compreender a rede metabólica da célula.

Uma rede social também é um padrão não linear de organização, e é provável que conceitos desenvolvidos na teoria da complexidade, como os de retroalimentação ou de emergência, também sejam susceptíveis de apresentarem importância em um contexto social. No entanto, os nodos e as ligações da rede não são meramente bioquímicos. As redes sociais são, antes de tudo, redes de comunicação que envolvem linguagem simbólica, restrições culturais, relações de poder, e assim por diante. Para compreender as estruturas dessas redes, precisamos recorrer a ideias vindas de disciplinas como teoria social, filosofia, ciência cognitiva e antropologia. Um arcabouço sistêmico unificado para a compreensão dos fenômenos biológicos e sociais somente emergirá quando os conceitos da dinâmica não linear forem combinados com ideias colhidas nesses campos de estudo.

Para aplicar aos fenômenos sociais o nosso conhecimento sobre as redes vivas, precisamos descobrir, entre outras coisas, se o conceito de autopoiese é verdadeiro no domínio social. Tem ocorrido um número considerável de discussões a respeito desse ponto essencial nos últimos anos, mas a situação ainda está longe de ser clara (veja Mingers, 1992, 1995, 1997). Até agora, a maioria das pesquisas em teoria da autopoiese tem-se preocupado com sistemas autopoiéticos mínimos – células simples e simulações por meio de computador, bem como as estruturas químicas autopoiéticas, ou "células mínimas", recentemente criadas em laboratório (veja a Seção 10.5.1). Muito menos trabalho tem sido feito para se estudar a autopoiese de organismos pluricelulares, ecossistemas e sistemas sociais. Ideias atuais a respeito dos padrões de rede nesses sistemas vivos ainda são, portanto, muito especulativas.

Todos os sistemas vivos são redes de componentes menores, e a teia da vida como um todo é uma estrutura em muitas camadas, na qual sistemas vivos aninham-se dentro de outros sistemas vivos – redes dentro de redes. Organismos são agregados de células autônomas, mas estreitamente acopladas; populações são redes de organismos autônomos pertencentes a uma única espécie; e ecossistemas são teias de organismos, tanto unicelulares como pluricelulares, pertencentes a muitas diferentes espécies.

O que é comum a todos esses sistemas vivos é o fato de que seus menores componentes de vida são sempre células e, portanto, podemos dizer com confiança que todos os sistemas vivos, em última análise, são autopoiéticos. No entanto, também é interessante indagar se os sistemas maiores formados por essas células autopoiéticas – os organismos, as sociedades e os ecossistemas – são em si mesmos redes autopoiéticas.

Em seu livro *The Tree of Knowledge* (1998), Maturana e Varela propuseram que o conceito de autopoiese deveria se restringir à descrição de redes celulares, e que o conceito mais amplo de "fechamento operacional", que não especifica processos de produção, deveria ser aplicado a todos os outros sistemas vivos. Os autores também apontaram que os três tipos de sistemas vivos pluricelulares – organismos, ecossistemas e sociedades – apresentam grandes diferenças nos graus de autonomia de seus componentes. Em organismos, os componentes celulares apresentam um grau mínimo de existência independente, enquanto os componentes das sociedades humanas, os seres humanos individuais, têm um grau máximo de autonomia, desfrutando muitas dimensões de existência independente. As sociedades animais e os ecossistemas ocupam várias posições entre esses dois extremos.

Organismos e sociedades humanas são, portanto, tipos muito diferentes de sistemas vivos. Regimes políticos totalitários frequentemente restringem com severidade a autonomia de seus membros e, ao fazê-lo, os despersonalizam e desumanizam.

Desse modo, sociedades fascistas funcionam mais como organismos, e não é uma coincidência o fato de as ditaduras muitas vezes gostarem de usar a metáfora da sociedade como um organismo vivo.

14.3.4 Autopoiese no domínio social

O problema central com todas as tentativas de estender o conceito de autopoiese para o domínio social está no fato de que ele foi definido com precisão apenas para sistemas no espaço físico e para simulações de computador em espaços matemáticos. No entanto, sistemas sociais humanos não existem apenas no domínio físico, mas também em um domínio social simbólico modelado pelo "mundo interior" dos conceitos, ideias e símbolos que surgem com o pensamento, a consciência e linguagem humanos.

Desse modo, uma família humana pode ser descrita como um sistema biológico, definido por certas relações de sangue, mas também como um "sistema conceitual", definido por certos papéis e relações que podem ou não coincidir com quaisquer relações de sangue entre seus membros. Esses papéis dependem de convenções sociais e podem variar consideravelmente em diferentes períodos de tempo e diferentes culturas. Por exemplo, como assinala Mingers (1995), na cultura ocidental contemporânea, o papel de "pai" pode ser desempenhado pelo pai biológico, por um pai adotivo, um padrasto, um tio ou um irmão mais velho. Em outras palavras, esses papéis não são características objetivas do sistema familiar, mas são constructos sociais flexíveis e continuamente renegociados.

Embora o comportamento no domínio físico seja governado pelas leis de causa e efeito, as chamadas "leis da natureza", o comportamento no domínio social é governado por regras geradas pelo sistema social, que são muitas vezes codificadas em lei. A diferença crucial é que as regras sociais podem ser quebradas, mas as leis naturais não podem. Os seres humanos podem escolher se eles aceitam ou não obedecer a uma regra social, e em que condições, mas as moléculas não podem escolher se elas devem ou não interagir.

Dada a existência simultânea de sistemas sociais em dois domínios, o físico e o social, é significativo aplicar a eles, em qualquer condição, o conceito de autopoiese, e, em caso afirmativo, em que domínio ele deve ser aplicado?

Embora Maturana e Varela deixem essa questão em aberto em sua obra original, outros autores afirmaram que uma rede social autopoiética *pode* ser definida se a descrição de sistemas sociais humanos permanecer inteiramente dentro do domínio social. Essa escola de pensamento foi introduzida na Alemanha pelo sociólogo Niklas Luhmann (1990, p. 3), que desenvolveu o conceito de autopoiese social com detalhes consideráveis. O ponto central da visão de Luhmann consiste em identificar os processos sociais da rede autopoiética como processos de comunicação:

Os sistemas sociais usam a comunicação como seu modo particular de reprodução autopoiética. Seus elementos são comunicações [...] produzidas e reproduzidas por uma rede de comunicações e que não podem existir fora dessa rede.

Um sistema familiar, por exemplo, pode ser definido como uma rede de conversas que exibem circularidades inerentes. Cada conversa cria pensamentos e significados, que dão origem a mais conversas, e, portanto, toda a rede gera a si mesma – ela é autopoiética. Os atos comunicativos da rede de conversas incluem a "autoprodução" dos papéis por meio dos quais os vários membros da família são definidos e também a da fronteira do sistema da família.

De acordo com Luhmann, esse é um padrão geral que ocorre nas redes sociais. Como as comunicações recorrem em múltiplos ciclos de *feedback*, elas produzem um sistema compartilhado de crenças, explicações e valores – um contexto comum de significado – que é continuamente sustentado por mais comunicações. Por meio desse contexto compartilhado de significado indivíduos adquirem identidades como membros da rede social, e dessa maneira a rede gera a sua própria fronteira. Ela não é uma fronteira física, mas uma fronteira de expectativas, de confiança e de lealdade, que é continuamente mantida e renegociada pela própria rede.

Para explorar as implicações de se conceber os sistemas sociais como redes de comunicações, é útil lembrar a natureza dual da comunicação humana, discutida na Seção 12.3.9. Como toda comunicação entre organismos vivos, ela envolve uma coordenação contínua de comportamentos, e pelo fato de também envolver o pensamento conceitual e a linguagem simbólica, ela também gera imagens mentais, pensamentos e significados. Em conformidade com isso, podemos esperar que as redes de comunicações tenham duplo efeito. Elas, por um lado, irão gerar ideias e contextos de significado e, por outro lado, regras de comportamento, ou, na linguagem dos teóricos sociais, estruturas sociais.

14.4 Redes de comunicação

14.4.1 Significado, propósito e liberdade humana

Tendo identificado a organização dos sistemas sociais como redes autogeradoras de comunicações, precisamos agora voltar a nossa atenção para as estruturas que são produzidas por essas redes e para a natureza das relações que são engendradas por elas. Mais uma vez, uma comparação com as redes biológicas será útil. A rede metabólica de uma célula, por exemplo, gera várias estruturas moleculares. Algumas delas se tornam componentes estruturais da rede, formando partes da membrana celular ou de outros componentes da célula. Outras são trocadas entre os nodos da rede como portadoras de energia ou de informação, ou como catalisadoras de processos metabólicos.

As redes sociais também geram estruturas materiais – edifícios, estradas, tecnologias etc. – que se tornam componentes estruturais da rede; e elas também produzem bens materiais e artefatos que são trocados entre os nodos da rede. No entanto, a produção de estruturas materiais nas redes sociais é muito diferente da produção que ocorre em redes biológicas e ecológicas. As estruturas são criadas com um propósito, de acordo com algum planejamento, e incorporam algum significado. Para entender as atividades dos sistemas sociais, é, portanto, de importância crucial estudá-las a partir dessa perspectiva.

A perspectiva do significado inclui uma multidão de características inter-relacionadas que são essenciais para a compreensão da realidade social. O próprio significado é um fenômeno sistêmico; ele sempre tem a ver com o contexto. A definição geral dos dicionários para *significado* é "uma ideia transmitida para a mente e que requer ou considera a interpretação", ao passo que a *interpretação* pode ser definida como "conceber à luz da crença individual, do julgamento ou da circunstância". Em outras palavras, interpretamos alguma coisa colocando-a em um contexto particular de conceitos, valores, crenças ou circunstâncias. Para compreender o significado de qualquer coisa, precisamos relacioná-la com outras coisas em seu ambiente, em seu passado ou em seu futuro. Nada é significativo em si mesmo.

Por exemplo, para compreender o significado de um texto literário, é preciso estabelecer os múltiplos contextos de suas palavras e frases. A realização disso pode ser um esforço puramente intelectual, mas também pode atingir um nível mais profundo. Se o contexto de uma ideia ou expressão inclui relações que envolvem nossos próprios eus, ele se torna significativo para nós de uma maneira pessoal. Esse sentido associado a um significado mais profundo inclui uma dimensão emocional e pode até mesmo passar completamente por cima da razão. Alguma coisa pode ser profundamente significativa para nós por intermédio de uma experiência direta do contexto.

O significado é essencial para os seres humanos. Precisamos continuamente manter coerência entre nossos mundos exterior e interior, de modo que ambos façam sentido para nós, encontrar significado em nosso ambiente e em nossas relações com os outros seres humanos, e agir em conformidade com esse significado. Isso inclui, em particular, nossa necessidade de agir com um propósito ou objetivo em mente. Por causa da nossa capacidade para projetar imagens mentais no futuro, nós agimos com a convicção, legítima ou não, de que nossas ações são voluntárias, intencionais e propositadas.

Como seres humanos, somos capazes de dois tipos de ações. Como todos os organismos vivos, empenhamo-nos em atividades involuntárias, inconscientes, como digerir os alimentos que ingerimos ou manter a circulação do nosso sangue, atividades que fazem parte do processo de vida e, por conseguinte, cognitivo, no sentido da teoria da cognição de Santiago (veja a Seção 12.2). Além disso, empenhamo-nos em atividades voluntárias, intencionais, e é agindo com intenção e propósito que experimentamos a liberdade humana (veja Searle, 1984).

Como mencionamos na Seção 7.4.2, a compreensão sistêmica da vida lança uma nova luz sobre o antiquíssimo debate filosófico a respeito de liberdade e determinismo. O ponto-chave é que o comportamento de um organismo vivo é constrangido, mas não é determinado, por forças externas. Os organismos vivos são auto-organizadores, e isso significa que o seu comportamento não é imposto pelo ambiente, mas é estabelecido pelo próprio sistema. Mais especificamente, o comportamento do organismo é determinado pela sua própria estrutura, uma estrutura formada por uma sucessão de mudanças estruturais autônomas.

A autonomia dos sistemas vivos não deve ser confundida com independência. Os organismos vivos não são isolados do seu ambiente. Eles interagem continuamente com ele, mas o ambiente não determina sua organização. No nível humano, experimentamos essa autodeterminação como a liberdade de agir de acordo com nossas próprias escolhas e decisões. Experimentar essas últimas como "nossas" significa que elas são determinadas pela nossa natureza, incluindo nossas experiências passadas e nossa herança genética. Na medida em que não estamos limitados por relações humanas de poder, nosso comportamento é autodeterminado e, portanto, livre.

14.4.2 A dinâmica da cultura

Nossa capacidade de reter imagens mentais e projetá-las no futuro não apenas nos permite identificar metas e propósitos e desenvolver estratégias e projetos, mas também nos permite escolher entre várias alternativas e, portanto, formular valores e regras sociais de comportamento. Todos esses fenômenos sociais são gerados por redes de comunicações, como consequência do papel dual da comunicação humana. Por um lado, a rede gera continuamente imagens mentais, pensamentos e significado; por outro lado, ela coordena continuamente o comportamento dos seus membros. A partir da dinâmica e da interdependência complexas desses processos emerge o sistema integrado de valores, crenças e regras de conduta que associamos com o fenômeno da cultura.

A palavra "cultura" tem uma história longa e intrincada e é atualmente utilizada em diferentes disciplinas intelectuais com significados diversos e, às vezes, confusos. Em seu texto clássico, *Culture*, o historiador Raymond Williams (1981) rastreia o significado da palavra remontando até o seu uso mais antigo, como substantivo que denota um processo: a cultura (isto é, o cultivo) de plantações, ou a cultura (isto é, a criação e procriação) de animais. No século XVI, esse significado foi estendido metaforicamente para indicar o cultivo ativo da mente humana; e no fim do século XVIII, quando a palavra foi emprestada do francês por escritores alemães (que primeiro a pronunciavam como *Cultur* e posteriormente *Kultur*), adquiriu o significado de um modo de vida distintivo de um povo. No século XIX, as "culturas", no plural, tornaram-se especialmente importantes no desenvolvimento da antropologia comparativa, onde ela continuou a designar modos de vida distintivos.

Nesse meio-tempo, o uso mais antigo da palavra "cultura" como o cultivo ativo da mente continuou. Na verdade, ele se expandiu e se diversificou, passando a abranger toda uma gama de significados a partir de um estado desenvolvido da mente ("uma pessoa culta"), passando pelo processo desse desenvolvimento ("atividades culturais"), até os meios desses processos (administrados, por exemplo, por um "Ministério da Cultura"). Em nosso tempo, os diferentes significados de "cultura", que estão associados com o cultivo ativo da mente, coexistem – muitas vezes com um relacionamento nada fácil, como observa Williams – com o uso antropológico que indica um modo de vida característico de um povo ou grupo social (como em "cultura aborígine" ou "cultura corporativa"). Além disso, o significado biológico original de "cultura" como cultivo continua a ser usado, por exemplo, em "agricultura", "monocultura", ou "cultura bacteriológica".

Para a nossa análise sistêmica da realidade social, precisamos nos concentrar no significado antropológico de cultura, que a *Columbia Encyclopedia* define como "o sistema integrado de valores socialmente adquiridos, crenças e regras de conduta, que delimitam a faixa de comportamentos aceitos em qualquer sociedade. "Quando exploramos os detalhes dessa definição, descobrimos que a cultura surge de uma dinâmica complexa, altamente não linear. Ela é criada por uma rede social que envolve múltiplos ciclos de *feedback* por meio dos quais os valores, as crenças e as regras de conduta são continuamente comunicados, modificados e sustentados. Ela emerge de uma rede de comunicações entre os indivíduos e, à medida que emerge, produz restrições sobre suas ações. Em outras palavras, as estruturas sociais, ou regras de comportamento, que restringem as ações dos indivíduos são produzidas e continuamente reforçadas por sua própria rede de comunicações.

A rede social também produz um corpo de conhecimento compartilhado – incluindo informações, ideias e habilidades – que modela o modo de vida distintivo da cultura, além de seus valores e crenças. Além disso, os valores e as crenças da cultura afetam o seu corpo de conhecimento. Eles são parte da lente através da qual vemos o mundo. Eles nos ajudam a interpretar nossas experiências e a decidir que tipo de conhecimento é significativo. Esse conhecimento significativo, continuamente modificado pela rede de comunicações, é transmitido de geração em geração juntamente com os valores, as crenças e as regras de conduta da cultura.

O sistema de valores e crenças compartilhadas cria uma identidade entre os membros da rede social com base em um sentido de pertencer. Pessoas em diferentes culturas têm diferentes identidades porque compartilham diferentes conjuntos de valores e crenças. Ao mesmo tempo, um indivíduo pode pertencer a várias culturas diferentes. O comportamento das pessoas é informado e restringido por suas identidades culturais, e essas, por sua vez, reforçam o seu sentido de pertencer. A cultura está encaixada no modo de vida das pessoas, e tende a estar tão difundida que escapa da nossa percepção cotidiana.

A identidade cultural também reforça o fechamento da rede, criando uma fronteira de significado e expectativas que limitam o acesso de pessoas e informações à rede. Desse modo, a rede social está empenhada em comunicações dentro de uma fronteira cultural, que seus membros continuamente recriam e renegociam. Essa situação não é muito diferente daquela da rede metabólica de uma célula, que continuamente produz e recria uma fronteira – a membrana celular – a qual a confina e lhe dá sua identidade.

No entanto, há algumas diferenças de importância crucial entre fronteiras celulares e sociais. As fronteiras sociais, como enfatizamos, não são necessariamente fronteiras físicas, mas fronteiras de significado e de expectativas. Elas não cercam literalmente a rede, mas existem em um domínio mental que não tem as propriedades topológicas do espaço físico. As semelhanças e diferenças entre fronteiras biológicas e sociais constituem um assunto fascinante que, a nosso ver, merece ser explorado com profundidade muito maior.

14.4.3 A origem do poder

Uma das características mais notáveis da realidade social é o fenômeno do poder. Nas palavras do economista John Kenneth Galbraith (1984), "o exercício do poder, a submissão de alguns à vontade de outros, é inevitável na sociedade moderna; absolutamente nada é conseguido sem ele... O poder pode ser socialmente maligno; é também socialmente essencial (citado em Lukes, 1986). "O papel essencial do poder na organização social está ligado a inevitáveis conflitos de interesse. Por causa da nossa capacidade para afirmar preferências e fazer escolhas de acordo com essas preferências, conflitos de interesse aparecerão em qualquer comunidade humana, e poder é o meio pelo qual esses conflitos são resolvidos.

Isso não implica, necessariamente, a ameaça ou o uso da violência. Em seu livro lúcido, Galbraith distingue três tipos de poder, dependendo dos meios que são empregados. O poder coercitivo ganha submissão infligindo ou ameaçando sanções; o poder compensatório, oferecendo incentivos ou recompensas; e o poder condicionado, mudando crenças por meio da persuasão ou da educação. A arte da política destina-se a encontrar a mistura certa desses três tipos de poder, a fim de resolver conflitos e de equilibrar interesses em competição.

A associação do poder com o avanço dos interesses da própria pessoa é a base das análises mais contemporâneas do poder. Nas palavras de Galbraith (1984), citado em Lukes (1986), "os indivíduos e os grupos procuram o poder para promover os seus próprios interesses e para estender aos outros os seus valores pessoais, religiosos ou sociais". Isto ocorre quando o poder se liga com a exploração. Um estágio mais avançado é atingido quando se procura o poder não apenas para que ele promova os interesses pessoais, os valores ou as percepções sociais da própria pessoa, mas também o seu próprio benefício. É bem conhecido o fato de que, para a maioria das pessoas, o exercício do poder traz altas recompensas emocionais e materiais, transmitidas por elaborados símbolos e rituais de homenagem – desde ovações com todos de pé, fanfarras e saudações militares até suítes de escritório, limusines, jatos corporativos e desfiles em automóveis de luxo.

À medida que uma comunidade cresce e aumenta em complexidade, suas posições de poder também aumentarão. Em sociedades complexas, resoluções de conflitos e decisões sobre como agir só serão eficientes se a autoridade e o poder estão organizados dentro de estruturas administrativas. Na longa história da civilização humana, numerosas formas de organização social foram geradas por essa necessidade de organizar a distribuição de poder.

Desse modo, o poder desempenha um papel central na emergência de estruturas sociais. Na teoria social, todas as regras de conduta estão incluídas no conceito de estruturas sociais, sejam elas informais, resultantes de coordenações contínuas de comportamento, ou formalizadas, documentadas e impostas por leis. Todas essas estruturas formais, ou instituições sociais, são, em última análise, regras de comportamento que facilitam as tomadas de decisão e incorporam relações de poder. Essa ligação crucial entre poder e estrutura social foi extensamente discutida nos textos clássicos sobre o poder. O sociólogo e economista Max Weber afirma: "A dominação desempenhou o papel decisivo [...] nas estruturas sociais economicamente mais importantes do passado e desempenha nas do presente"; e, de acordo com a teórica política Hannah Arendt: "Todas as instituições políticas são manifestações e materializações do poder" (ambos citados, respectivamente, em Lukes, 1986, p. 28 e p. 62).

Poder nas redes sociais

Nos últimos anos, as redes sociais tornaram-se um dos principais focos de atenção, não só em ciência, mas também na sociedade em geral e ao longo de toda a cultura global que passou a emergir recentemente. As redes sociais existiram em todas as comunidades humanas ao longo da história, mas a recente revolução da tecnologia da informação deu a elas flexibilidade sem precedentes e escala global, e fez delas a característica dominante da nossa era. De acordo com o sociólogo Manuel Castells (2000), a sociedade no início do século XXI é caracterizada por uma estrutura social que ele chama de "sociedade em rede".

Nessa sociedade em rede, a natureza do poder em uma rede social é uma questão importante, e intrigante, tanto de um ponto de vista teórico como prático. Ela é explorada em detalhes consideráveis por Castells (2009) em um livro intitulado *Communication Power*. Castells distingue entre vários diferentes tipos de poder em redes sociais. Ele argumenta que a forma suprema de poder na sociedade em rede é o poder para constituir redes – para conectar pessoas e instituições a essas redes, ou para excluí-las, e para interconectar diferentes redes.

Uma discussão detalhada sobre a análise de Castells está além do âmbito deste livro. No entanto, queremos acrescentar um comentário geral sobre o poder nas redes. Além do poder como dominação de outras pessoas, que surge a partir de conflitos de interesse, há também, como vimos, outro tipo de poder – o poder como fortalecimento da capacidade de decisão, de conhecimento e de ação com que a rede investe seus usuários, que desse modo o incorporam. Enquanto o poder como dominação é mais eficazmente exercido por meio de uma hierarquia, a estrutura social mais eficiente para promover a incorporação de poder é a rede. Em uma rede social, as pessoas incorporam poder pelo fato de se conectar à rede.

Em tal rede, o sucesso de toda a comunidade depende do sucesso de seus membros individuais, enquanto o sucesso de cada membro depende do sucesso da comunidade como um todo. Por isso, qualquer enriquecimento dos indivíduos, ocasionado pela intensificação da conectividade na rede, também enriquecerá toda a rede. Em redes sociais, os centros de articulação (*hubs*) com as conexões mais ricas tornam-se centros de poder. Como eles ligam grande número de pessoas à rede, eles são procurados como autoridades em vários campos. Por isso, em uma rede social, os centros de poder são centros que promovem a incorporação de poder e centros de autoridade.

14.4.4 A estrutura em sistemas biológicos e sociais

À medida que explorávamos a dinâmica das redes sociais, da cultura e do poder nas páginas anteriores, vimos repetidamente que a geração de estruturas, sejam elas sociais ou materiais, é uma característica de suma importância dessas dinâmicas. A essa altura, será útil rever, de maneira sistemática, o papel da estrutura nos sistemas sociais.

Um foco central da compreensão sistêmica da vida é o conceito de organização, ou "padrão de organização". Os sistemas vivos são redes autogeradoras, e isso significa que o seu padrão de organização é um padrão de rede, no qual cada componente contribui para a produção dos outros componentes. Essa ideia é estendida ao domínio social identificando-se as redes vivas importantes como redes de comunicações.

No entanto, no âmbito social, o conceito de organização adquire um significado adicional. As organizações sociais, tais como as instituições comerciais ou políticas, são sistemas cujos padrões de organização são planejados especificamente para organizar a distribuição de poder. Esses padrões formalmente planejados são conhecidos como estruturas organizacionais e são visualmente representados pelos organogramas-padrão. Eles são, em última análise, regras de comportamento que facilitam a tomada de decisões e incorporam as relações de poder. (As interações complexas entre essas estruturas organizacionais formais e redes informais de comunicação, que existem no âmbito de todas as organizações, são examinadas na Seção 14.5.3 mais adiante.)

Em sistemas biológicos, todas as estruturas são estruturas materiais. Os processos em uma rede biológica são processos de produção dos componentes materiais da rede, e as estruturas resultantes são as incorporações materiais do padrão de organização do sistema. Todas as estruturas biológicas mudam continuamente; portanto, o processo de incorporação material é um processo contínuo.

Os sistemas sociais produzem estruturas materiais, e também não materiais. Os processos que sustentam uma rede social são processos de comunicação, que geram significado compartilhado e regras de comportamento (a cultura da rede), bem como um corpo de conhecimento compartilhado. As regras de comportamento, sejam elas formais ou informais, são conhecidas em sociologia como estruturas sociais.

As ideias, valores, crenças e outras formas de conhecimento gerados pelos sistemas sociais constituem estruturas de significado, ou estruturas semânticas. Nas sociedades modernas, as estruturas semânticas da cultura são documentadas – isto é, materialmente incorporadas – em textos escritos e digitais. Eles também se incorporam em artefatos, obras de arte e outras estruturas materiais, como também acontece nas culturas tradicionais, sem linguagem escrita. De fato, as atividades dos indivíduos nas redes sociais incluem especificamente a produção organizada de bens materiais. Todas essas estruturas materiais – textos, obras de arte, tecnologias e bens materiais – são criadas para um propósito e de acordo com algum planejamento. Elas são incorporações do significado gerado e compartilhado pelas redes de comunicação da sociedade.

14.4.5 Tecnologia e cultura

Em biologia, o comportamento de um organismo vivo é modelado pela sua estrutura (veja a Seção 14.4.1). Assim como a estrutura muda durante o desenvolvimento do organismo e durante a evolução de sua espécie, o mesmo acontece com seu comportamento. Uma dinâmica semelhante pode ser observada em sistemas sociais. A estrutura biológica de um organismo corresponde à infraestrutura material de uma sociedade, que incorpora a cultura dessa sociedade. À medida que a cultura evolui, o mesmo acontece com sua infraestrutura – elas coevoluem por meio de contínuas influências mútuas. As influências da infraestrutura material sobre o comportamento e a cultura das pessoas são especialmente significativas no caso da tecnologia, e, portanto, a análise da tecnologia tornou-se um assunto importante na teoria social (veja, por exemplo, Fischer, 1985).

O significado de "tecnologia", assim como o de "ciência", mudou consideravelmente ao longo dos séculos. A palavra grega original, *technologia*, deriva de *techne* ("arte"), que significa um discurso sobre as artes. Quando a palavra foi usada pela primeira vez em inglês, no século XVII, ela significava uma discussão sistemática das "artes aplicadas", ou artesanato, e gradualmente passou a designar o próprio artesanato. No início do século XX, seu significado foi estendido de modo a incluir não apenas ferramentas e máquinas, mas também métodos e técnicas não materiais, com o entendimento de uma aplicação sistemática de tais técnicas. Desse modo, falamos sobre "a tecnologia da gestão", ou as "tecnologias da simulação". Hoje, a maioria das definições de tecnologia enfatiza sua conexão com a ciência. O sociólogo Manuel Castells (2000) define tecnologia como "o conjunto de ferramentas, regras e procedimentos por meio dos quais o conhecimento científico é aplicado a uma dada tarefa de maneira reprodutível".

A tecnologia, porém, é muito mais antiga do que a ciência. Na verdade, as suas origens na fabricação de ferramentas remontam aos primórdios da espécie humana, quando a linguagem, a consciência reflexiva e a capacidade para fazer ferramentas evoluíram juntas (veja a Seção 9.4.1). Em conformidade com isso, a primeira espécie humana recebeu o nome de *Homo habilis* ("homem hábil") para denotar sua capacidade para fazer ferramentas sofisticadas. Assim, a tecnologia é uma característica definidora da natureza humana: sua história abrange toda a história da evolução humana.

Como um aspecto fundamental da natureza humana, a tecnologia modelou de maneira decisiva épocas sucessivas da civilização. De fato, nós caracterizamos os grandes períodos da civilização humana em função de suas tecnologias – desde a Idade da Pedra, a Idade do Bronze e a Idade do Ferro até a Era Industrial e a Era da Informação. Ao longo de todos esses milênios, mas especialmente desde a Revolução Industrial, vozes críticas têm apontado que as influências da tecnologia sobre a vida e a cultura humanas nem sempre são benéficas. No início do século XIX, William Blake denunciou os "tenebrosos moinhos satânicos" da industrialização crescente da Grã-Bretanha, e várias décadas depois, Karl Marx descreveu a exploração horrível de trabalhadores das indústrias britânicas de artigos de renda e de cerâmica em um dos capítulos mais vívidos e comoventes de *O Capital*.

Mais recentemente, críticos enfatizaram as tensões crescentes entre valores culturais e alta tecnologia (ver Ellul, 1964; Mander, 1991; Postman, 1992; Winner, 1977). Os defensores da tecnologia frequentemente não levam em consideração essas vozes críticas afirmando que a tecnologia é neutra; que ela pode ter efeitos benéficos ou prejudiciais dependendo de como é usada. No entanto, esses promotores da tecnologia não percebem que uma tecnologia específica sempre modela a natureza humana de maneiras específicas, pois o uso da tecnologia é um aspecto fundamental do ser humano.

14.5 Vida e liderança nas organizações

14.5.1 Complexidade e mudança

Nas ciências sociais, a visão sistêmica da vida encontrou seus maiores defensores na ciência do gerenciamento. Nos últimos anos, a natureza das organizações humanas tem sido extensamente discutida nos círculos empresariais e gerenciais em resposta a um sentimento generalizado de que as empresas comerciais da atualidade precisam se submeter a uma transformação fundamental para se adaptarem a um novo ambiente empresarial e organizacional global, que é quase irreconhecível do ponto de vista da teoria e prática tradicionais de gerenciamento (veja, por exemplo, Beerel, 2009; Wheatley e Kellner-Rogers, 1998). Além disso, um número crescente de líderes de negócios está se tornando ciente de que nossos complexos sistemas industriais, tanto organizacionais como tecnológicos, constituem a principal força motriz da destruição ambiental global, e precisam ser fundamentalmente reorganizados para se tornarem ecologicamente sustentáveis (como discutiremos no Capítulo 17).

Este duplo desafio – a complexidade do ambiente de negócios no mundo de hoje e a necessidade de ele tornar-se ecologicamente sustentável – é urgente e real, e as extensas discussões recentes sobre mudança organizacional, ou "gerenciamento de mudança", são plenamente justificadas. No entanto, apesar dessas prolongadas discussões e de alguns relatos de casos a respeito de tentativas bem-sucedidas para transformar as organizações, o histórico global dessas empresas parece muito deficiente. Em levantamentos recentes, CEOs relataram repetidas vezes que os esforços que eles empreenderam para realizar mudanças organizacionais não produziram os resultados prometidos. Em vez de gerenciar novas organizações, eles acabaram gerenciando os efeitos colaterais indesejados de seus esforços (veja Wheatley e Kellner-Rogers, 1998).

Do ponto de vista sistêmico, é evidente que um dos principais obstáculos para a mudança organizacional nos dias de hoje é a adoção – em grande parte inconsciente –, pelos líderes de negócios, da abordagem mecanicista do gerenciamento (examinada na Seção 3.6). Os princípios da teoria clássica do gerenciamento estão a tal ponto profundamente arraigados nas maneiras como pensamos sobre as organizações que, para a maioria dos gerentes, o planejamento de estruturas formais, ligadas por linhas claras de comunicação, coordenação e controle, tornou-se quase uma segunda natureza.

Pelo que parece, o principal problema é uma confusão decorrente da natureza dual de todas as organizações humanas (veja Capra, 2002). Por um lado, elas são instituições sociais planejadas para fins específicos, como obter dinheiro para seus acionistas, gerir a distribuição do poder político, transmitir conhecimento ou espalhar a fé religiosa. Ao mesmo tempo, as organizações são comunidades de pessoas que interagem umas com as outras para construir relacionamentos, ajudar umas às outras e tornar suas atividades diárias significativas em um nível pessoal.

Esses dois aspectos das organizações correspondem a dois tipos muito diferentes de mudança. Muitos CEOs ficaram desapontados com os seus esforços sem sucesso para obter mudança, em grande parte porque eles consideram sua empresa como uma ferramenta bem projetada para a obtenção de propósitos específicos, e quando eles tentam mudar seu planejamento, eles querem mudanças previsíveis, quantificáveis em toda a estrutura. No entanto, a estrutura planejada sempre cruza com os indivíduos e comunidades vivos da organização, para os quais a mudança não pode ser planejada.

É comum ouvir dizer que as pessoas nas organizações resistem à mudança. Na verdade, as pessoas não resistem à mudança; elas resistem a que a mudança seja *imposta sobre elas*. Sendo vivos, os indivíduos e suas comunidades são ambos estáveis *e* sujeitos a mudança e desenvolvimento, mas seus processos de mudança naturais são muito diferentes das mudanças organizacionais planejadas por especialistas em "reengenharia" e ordenadas a partir do topo.

Com base em nossa perspectiva da visão sistêmica da vida, parece que, a fim de resolver o problema da mudança organizacional, precisamos, em primeiro lugar, compreender os processos de mudança naturais que são incorporados em todos os sistemas vivos. Assim que tivermos essa compreensão, poderemos começar a planejar processos de mudança organizacional em conformidade com essa compreensão e a criar organizações humanas que espelhem a adaptabilidade, a diversidade e a criatividade da vida.

Como aprendemos com base na teoria da autopoiese (Capítulo 7), os sistemas vivos continuamente criam, ou recriam, a si mesmos transformando ou substituindo seus componentes. Eles passam por mudanças estruturais contínuas enquanto preservam seus padrões de organização semelhantes a teias. Compreender a vida significa compreender seus processos de mudança inerentes. Portanto, parece que a mudança organizacional aparecerá sob uma nova luz quando compreendermos com clareza em que medida e de que maneira as organizações humanas são vivas. De fato, vários teóricos organizacionais adotaram essa abordagem em anos recentes (De Geus, 1997; Senge, 1990; Wheatley, 1999; Wheatley e Kellner-Rogers, 1998).

14.5.2 As comunidades de prática

Sistemas sociais vivos, como vimos (na Seção 14.3.4), são redes autogeradoras de comunicações. Isso significa que uma organização humana será um sistema vivo apenas se for organizada como uma rede ou se contiver redes menores dentro de suas fronteiras. De fato, os teóricos organizacionais vieram a compreender que as redes sociais informais existem dentro de cada organização. Elas surgem de várias alianças e amizades, canais informais de comunicação e outras teias entrelaçadas de relacionamentos que crescem continuamente, mudam e se adaptam a novas situações.

O teórico de aprendizagem social Étienne Wenger (1998) cunhou a expressão "comunidades de prática" para caracterizar essas redes autogeradoras informais dentro das organizações. Wenger assinala que, em nossas atividades diárias, a maioria de nós pertence a várias comunidades de prática – no trabalho, nas escolas, nos esportes e nos *hobbies* ou na vida cívica. Algumas delas podem ter nomes explícitos e estruturas formais; outras podem ser tão informais que nem sequer são identificadas como comunidades. Seja qual for o seu *status*, as comunidades de prática constituem uma parte integrante da nossa vida.

Até onde isso diz respeito às organizações humanas, podemos ver agora que sua dupla natureza de pessoas jurídicas e econômicas, por um lado, e de comunidades de pessoas, por outro, deriva do fato de que várias comunidades de prática invariavelmente surgem e se desenvolvem no âmbito das estruturas formais da organização. Dentro de cada organização, há um aglomerado de comunidades de prática interconectadas. Quanto mais as pessoas estiverem envolvidas nessas redes informais, e quanto mais desenvolvidas e sofisticadas forem essas redes, mais a organização será capaz de aprender, de responder de maneira criativa às novas circunstâncias inesperadas, de mudar e de evoluir. Em outras palavras, a vitalidade da organização reside nas suas comunidades de prática.

14.5.3 A organização viva

A fim de maximizar o potencial criativo e as capacidades de aprendizagem de uma empresa, é de importância crucial para os gestores e os líderes empresariais compreender a interação entre as estruturas formais, planejadas, da organização e suas redes informais, autogeradoras. As estruturas formais são conjuntos de regras e regulamentos que definem as relações entre pessoas e tarefas, e determinam a distribuição do poder. As fronteiras são estabelecidas por meio de acordos contratuais que delineiam subsistemas bem definidos (departamentos) e funções. As estruturas formais são descritas nos documentos oficiais da organização – os organogramas, as leis ou regimentos internos, os manuais e os orçamentos que descrevem os planos de ação política formais da organização, suas estratégias e procedimentos.

As estruturas informais, por outro lado, são redes fluidas e flutuantes de comunicações. Estas incluem formas não verbais de empenho mútuo em um empreendimento conjunto por meio do qual habilidades são intercambiadas e conhecimento tácito compartilhado é gerado. A prática compartilhada cria fronteiras flexíveis de significados que muitas vezes não são proferidos. A distinção de pertencer a uma rede pode ser tão simples como a disposição de ser capaz de seguir certas conversas, ou de saber qual é a última fofoca.

Redes informais de comunicação estão incorporadas nas pessoas que se empenham na prática comum. Quando novas pessoas se juntam, toda a rede pode se reconfigurar; quando as pessoas a deixam, a rede mudará de novo, ou poderá até mesmo se romper. Na organização formal, por outro lado, as funções e as relações de poder são mais importantes do que as pessoas, persistindo ao longo dos anos enquanto as pessoas vêm e vão. Também deveríamos notar que nem todas as redes informais são fluidas e autogeradoras. Por exemplo, as bem conhecidas "redes de ex-colegas de escola"* são estruturas patriarcais informais que podem ser muito rígidas e também

---

* As old-boys networks também significam sistemas de ajuda mútua nos quais "empregos, influência ou informações são trocados entre pessoas do mesmo background social, educacional ou profissional" (Longman Webster English College Dictionary). (N.T.)

podem exercer um poder considerável. Quando falamos em "estruturas informais" nos parágrafos seguintes, referimo-nos a redes de comunicações, ou comunidades de prática, continuamente autogeradoras.

Em toda organização há uma interação contínua entre suas redes informais e suas estruturas formais. Políticas e procedimentos formais são sempre filtrados e modificados pelas redes informais, que permitem que os trabalhadores usem sua criatividade quando se confrontam com situações inesperadas e novas. O poder dessa interação adquire extraordinária evidência quando funcionários participam de um protesto "*work-to-rule*".* Ao trabalhar estritamente de acordo com os manuais e procedimentos oficiais, eles prejudicam seriamente o funcionamento da organização. Na verdade, a organização formal reconhece e apoia suas redes informais de relações e incorpora suas inovações em suas estruturas.

Repetindo, o vigor e a vivacidade de uma organização – sua flexibilidade, seu potencial criativo e sua capacidade de aprendizagem – residem em suas comunidades de prática informais. As partes formais da organização podem estar "vivas" em diferentes graus, dependendo do quão estreitamente estão em contato com suas redes informais. Gerentes experientes sabem como trabalhar com a organização informal. Eles, tipicamente, deixarão as estruturas formais lidar com o trabalho de rotina e contar com a organização informal para ajudar com tarefas que vão além da rotina habitual. Eles também podem comunicar informações críticas a certas pessoas, sabendo que assim elas serão espalhadas e discutidas por meio dos canais informais. Essas considerações implicam que a maneira mais efetiva de melhorar o potencial de uma organização para a criatividade e a aprendizagem, de modo a mantê-la vibrante e viva, consiste em apoiar e fortalecer suas comunidades de prática. O primeiro passo nesse esforço será o de proporcionar o espaço social necessário para que as comunicações informais floresçam.

Quanto mais os gerentes saibam sobre os processos detalhados envolvidos nas redes sociais autogeradoras, mais efetivas elas serão em trabalhar com as comunidades de prática da organização. Vejamos, então, que tipos de lições para o gerenciamento podem ser derivados da compreensão sistêmica da vida.

De acordo com a teoria da cognição de Santiago, uma rede viva responde a perturbações com mudanças estruturais, e ela escolhe a ambos, *que* perturbações devem ser percebidas e *como* responder a elas (veja a Seção 12.2.2). O que as pessoas percebem depende de quem elas são como indivíduos, e das características culturais de suas comunidades de prática. Uma mensagem irá chegar até elas não só por causa de seu volume ou frequência, mas também porque ela é significativa para elas.

---

* Forma de protesto na qual os funcionários de uma empresa não quebram nenhuma regra de trabalho, mas o reduzem ao mínimo, recusando-se a fazer qualquer trabalho extra e prejudicando o andamento normal da empresa. (N.T.)

Estamos lidando aqui com uma diferença crucial entre um sistema vivo e uma máquina. Uma máquina pode ser controlada; um sistema vivo só pode ser perturbado. Isso implica que organizações humanas não podem ser controladas por meio de intervenções diretas, mas podem ser influenciadas imprimindo-lhes impulsos em vez de lhes dar instruções. Alterar o estilo convencional de gerenciamento em conformidade com essa transmissão de influência requer uma mudança de percepção que não é nada fácil, mas também traz grandes recompensas. Trabalhar com os processos inerentes aos sistemas vivos significa não precisar gastar muita energia para mover uma organização. Não há necessidade de empurrá-la, puxá-la ou forçá-la a mudar. A força, ou a energia, não é a questão; a questão é o significado. Perturbações significativas irão chamar a atenção da organização e desencadear mudanças estruturais.

Oferecer impulsos e princípios orientadores em vez de instruções rígidas é algo que, evidentemente, equivale a introduzir mudanças significativas nas relações de poder, mudanças de dominação e controle para cooperação e parcerias. Essa é também uma implicação fundamental da nova compreensão da vida. Como mencionamos em nosso capítulo sobre a evolução (na Seção 9.6.3), os biólogos e ecologistas foram levados a perceber que, em sua maior parte, as relações entre os organismos na natureza são essencialmente cooperativas. A tendência para associar, estabelecer vínculos, cooperar e manter relações simbióticas é uma das marcas essenciais da vida.

Em conformidade com o nosso exame anterior do poder na Seção 14.4.3, poderíamos dizer que a mudança de dominação para parceria corresponde a uma mudança de poder coercitivo – que usa ameaças de sanções para garantir a adesão a ordens, e poder compensatório, que oferece incentivos financeiros e recompensas – para poder condicionado, que procura tornar as instruções significativas por meio de persuasão e educação.

14.5.4 Emergência e planejamento

Se a vitalidade de uma organização reside em suas comunidades de prática, e se a criatividade, o aprendizado, a mudança e o desenvolvimento são inerentes a todos os sistemas vivos, como esses processos efetivamente se manifestam nas redes e comunidades vivas da organização? Para responder a essa pergunta, precisamos nos voltar para uma característica fundamental da vida que discutimos no Capítulo 8 – a emergência espontânea de uma nova ordem. Como mostramos com muitos exemplos, as propriedades emergentes são onipresentes na química (veja a Seção 8.2.2), e a emergência adquire seu pleno potencial em sistemas dinâmicos que operam afastados do equilíbrio (veja a Seção 8.3). Neles, o fenômeno da emergência ocorre em pontos críticos de instabilidade que surgem de flutuações no ambiente, amplificadas por ciclos de *feedback*. A emergência resulta na criação de novidade, a qual, com frequência, difere qualitativamente dos fenômenos dos quais ela emergiu. A geração constante de novidade – o "avanço criativo da natureza", como o filósofo Alfred North Whitehead a chamava – é uma propriedade fundamental de todos os sistemas vivos.

Em uma organização humana, o evento que desencadeia o processo de emergência pode ser um comentário casual, que talvez nem sequer pareça importante para a pessoa que o fez, mas que é significativo para algumas pessoas em uma comunidade de prática. Como ele é significativo para essas pessoas, elas "optam por ser perturbadas" e fazem a informação circular rapidamente ao longo das redes da organização. À medida que a informação circula por meio de vários ciclos de *feedback*, ela pode ser amplificada e expandida, até mesmo em tal medida que a organização não consiga mais absorvê-la em seu estado atual. Quando isso acontece, um ponto de instabilidade é atingido. O sistema não pode integrar a nova informação em sua ordem existente; ele é forçado a abandonar algumas de suas estruturas, comportamentos ou crenças. O resultado é um estado de caos, confusão, incerteza e dúvida; e desse estado caótico, emerge uma nova forma de ordem, organizada em torno de um novo significado. A nova ordem não foi planejada por qualquer indivíduo, mas emergiu como resultado da criatividade coletiva da organização.

Esse processo de emergência envolve vários estágios distintos. Para começar, é preciso haver uma certa abertura dentro da organização, uma disposição para ser perturbada, a fim de colocar o processo em movimento; e também é preciso que haja uma rede ativa de comunicações com muitos ciclos de *feedback* para amplificar o evento que disparou o processo. O próximo estágio é o ponto de instabilidade, que pode ser experimentado como tensão, caos, incerteza ou crise. Nesse estágio, o sistema pode colapsar (break *down*) ou pode irromper (break *through*) em direção a um novo estado de ordem, que é caracterizado pela novidade e envolve uma experiência de criatividade que frequentemente nos dá a impressão de ser mágica. Uma vez que o processo de emergência é completamente não linear, envolvendo muitos ciclos de *feedback*, ele não pode ser plenamente analisado com as nossas maneiras convencionais, lineares de raciocinar e, portanto, tendemos a experimentá-lo com uma sensação de mistério.

Em todo o mundo vivo, a criatividade da vida expressa-se por meio do processo da emergência. As estruturas que são criadas nesse processo – estruturas biológicas de organismos vivos, bem como estruturas sociais em comunidades humanas – podem ser apropriadamente chamadas de "estruturas emergentes". Antes da evolução dos seres humanos, todas as estruturas vivas no planeta eram estruturas emergentes. Com a evolução humana, a linguagem, o pensamento conceitual e todas as outras características da consciência reflexiva entraram em jogo. Isso nos permitiu formar imagens mentais de objetos físicos, formular metas e estratégias, e, assim, criar estruturas por meio de planejamento.

Às vezes, referimo-nos ao "planejamento" (ou "projeto") estrutural de uma folha de grama ou da asa de um inseto, mas, ao fazer isso, usamos uma linguagem metafórica. Essas estruturas não foram projetadas; em vez disso, elas se formaram durante a evolução da vida e sobreviveram por meio da seleção natural. São estruturas emergentes. O planejamento requer a capacidade para formar imagens mentais e, uma vez que essa capacidade, até onde nós sabemos, é limitada aos seres humanos e aos grandes símios, não há nenhum planejamento na natureza em seu todo.

Organizações humanas sempre contêm estruturas planejadas e estruturas emergentes. As estruturas planejadas são as estruturas formais da organização, como são descritas nos seus documentos oficiais. As estruturas emergentes são criadas pelas redes informais da organização e pelas comunidades de prática. Os dois tipos de estruturas são muito diferentes, como vimos, e toda organização precisa de ambos os tipos. Estruturas planejadas fornecem as regras e rotinas necessárias para o funcionamento efetivo da organização. Estruturas planejadas fornecem estabilidade.

Estruturas emergentes, por outro lado, fornecem novidade, criatividade e flexibilidade. Elas são adaptativas, capazes de mudar e de evoluir. No complexo ambiente de negócios da atualidade, estruturas puramente planejadas não têm a responsividade e a capacidade de aprendizagem necessárias. Não se trata de descartar estruturas planejadas em favor de estruturas emergentes. Precisamos de ambas. Em toda organização humana há uma tensão entre suas estruturas planejadas, que encarnam relações de poder, e suas estruturas emergentes, que representam a vitalidade e a criatividade da organização. Gerentes habilidosos compreendem a interdependência entre planejamento e emergência. Eles sabem que no ambiente comercial turbulento da atualidade, o desafio que precisam vencer é o de encontrar o equilíbrio correto entre a criatividade da emergência e a estabilidade do planejamento.

14.6 Observações finais

Trazer vida para as organizações humanas fortalecendo o poder de decisão de suas comunidades de prática não apenas aumenta sua flexibilidade, sua criatividade e seu potencial de aprendizagem, mas também intensifica a dignidade e a humanidade dos indivíduos da organização à medida que eles se conectam com essas qualidades em si mesmos. Em outras palavras, o enfoque na vida e na auto-organização fortalece o poder de decisão do eu. Ele cria ambientes de trabalho mental e emocionalmente saudáveis, nos quais as pessoas sentem que são apoiadas em seus esforços para atingir seus próprios objetivos e não têm de sacrificar sua integridade para cumprir as metas da organização.

O problema é que as organizações humanas não são apenas comunidades vivas, mas também instituições sociais planejadas para fins específicos e funcionando em um ambiente econômico específico. Hoje, esse ambiente não promove o melhoramento da vida, mas, ao contrário, promove cada vez mais a destruição da vida. Quanto mais nós compreendemos a natureza da vida e nos tornamos cientes de quão viva uma organização pode ser, mais dolorosamente percebemos a natureza do nosso atual sistema econômico, que promove a drenagem da vida.

Quando os acionistas e outros organismos externos avaliam a "saúde" de uma organização empresarial, eles geralmente não perguntam sobre o grau de vitalidade de suas comunidades, a integridade e o bem-estar de seus funcionários, ou a sustentabilidade ecológica dos seus produtos. Eles perguntam sobre lucros, valor para o acionista, participação de mercado e outros parâmetros econômicos; e aplicarão qualquer tipo de pressão que puderem para garantir retornos rápidos sobre seus investimentos, independentemente das consequências de longo prazo para a organização, o bem-estar de seus funcionários ou os impactos sociais e ambientais mais amplos.

É evidente que as características de importância-chave do ambiente de negócios da atualidade – competição global, mercados turbulentos, fusões com rápidas mudanças estruturais, aumento de cargas de trabalho e exigências de disponibilidade de acesso aos funcionários durante os sete dias da semana e as 24 horas do dia – combinam-se para criar uma situação altamente estressante e profundamente insalubre. Nesse clima comercial, é muitas vezes difícil se prender à visão de uma organização que é viva, criativa e preocupada com o bem-estar dos seus membros e de todo o mundo vivo.

Paradoxalmente, o ambiente de negócios atual, com suas turbulências e complexidades, é também um ambiente em que a flexibilidade, a criatividade e a capacidade de aprendizagem que acompanham a vitalidade da organização se revelam necessários no mais alto grau. Isso está sendo reconhecido atualmente por um número cada vez maior de líderes empresariais visionários, que estão mudando suas prioridades, dirigindo-as para o desenvolvimento do potencial criativo de seus funcionários, melhorando a qualidade das comunidades internas da empresa e integrando os desafios da sustentabilidade ecológica em suas estratégias (veja Petzinger, 1999).

No longo prazo, as organizações que forem verdadeiramente vivas serão capazes de florescer somente quando conseguirmos mudar nosso sistema econômico de modo que ele passe a promover a vida, e não a sua destruição. A compreensão sistêmica da vida deixa claro que nos próximos anos essa mudança será imperativa não apenas para o bem-estar das organizações humanas, mas também para a sobrevivência e a sustentabilidade da humanidade como um todo. Este é o assunto dos três últimos capítulos deste livro.

15

A visão sistêmica da saúde

Nos últimos oito capítulos, discutimos as dimensões biológica, cognitiva e social da visão sistêmica da vida, enfatizando os padrões fundamentais de auto-organização e de emergência que envolvem todas as três dimensões e nos permitem integrá-las em uma visão unificadora. Não menos importantes são as dimensões ecológicas da vida, que examinaremos no Capítulo 16.

Essa nova visão unificadora da vida, que surgiu na ciência ao longo das últimas três décadas, tem implicações importantes para quase todos os campos de estudo e todos os empreendimentos humanos. Isso não deve nos surpreender, uma vez que a maioria dos fenômenos com que lidamos em nossas vidas profissional e pessoal tem a ver com sistemas vivos. Quer falemos sobre economia, meio ambiente, educação, assistência à saúde, direito ou gerenciamento, estamos lidando com organismos vivos, sistemas sociais ou ecossistemas. E, consequentemente, a mudança fundamental de percepção da visão mecanicista para a visão sistêmica da vida é importante para todas essas áreas.

Dentro do âmbito limitado deste livro, podemos rever apenas alguns desses campos. No capítulo anterior, examinamos a influência da visão sistêmica da vida sobre a ciência e a prática do gerenciamento (Seção 14.5). Neste capítulo, vamos nos concentrar na importante área da saúde e da assistência à saúde, talvez o campo no qual os limites da visão mecanicista da vida são mais claramente visíveis.

A crítica da abordagem mecanicista convencional da saúde e da cura, e os esboços de uma concepção sistêmica alternativa já foram desenvolvidos durante o fim da década de 1970 (veja Capra, 1982, e as referências aí indicadas). No entanto, a abordagem sistêmica ainda não encontrou ampla aceitação na medicina científica de hoje. Na verdade, podemos observar duas correntes paralelas na área da assistência à saúde contemporânea. Por um lado, a abordagem biomédica (veja a Seção 15.1.1) tornou-se cada vez mais eficiente dentro de seu próprio âmbito, com diagnósticos aperfeiçoados e obtidos com a ajuda de computador, uma farmacologia enormemente expandida e novas técnicas cirúrgicas minimamente invasivas – todas as quais, no entanto, aumentaram extraordinariamente os custos da assistência à saúde e são frequentemente criticadas por serem aplicadas sem suficiente discriminação.

Por outro lado, a visão sistêmica e integrativa da saúde e da cura (veja a Seção 15.2) é hoje amplamente aceita pelo público e pela mídia; e, no entanto, ela existe, em grande medida, como uma estrutura paralela, fora do sistema "oficial" de assistência à saúde. Acreditamos, por isso, que é importante rever a crítica sistêmica da medicina convencional, bem como os contornos de um sistema alternativo, integrativo, de assistência à saúde. A plena implementação de tal sistema de "medicina integrativa" (veja a Seção 15.3) é agora, essencialmente, uma questão de poder financeiro e vontade política – temas aos quais retornaremos na última parte deste livro.

15.1 Crise na assistência à saúde

Apesar dos grandes avanços da ciência médica do século passado, estamos testemunhando uma insatisfação generalizada com as instituições médicas. Muitas razões são apresentadas para justificar esse descontentamento – inacessibilidade de serviços, falta de simpatia e de cuidado, negligência –, mas o tema central de todas as críticas é a desproporção gritante entre o custo e a efetividade global da medicina moderna. As manifestações dessa disparidade diferem de país para país em consequência de seus diferentes sistemas de assistência à saúde, mas o quadro geral é o mesmo. Apesar de um aumento vertiginoso dos custos da assistência à saúde ao longo das últimas décadas, e em meio a avanços surpreendentes em técnicas de diagnóstico e procedimentos cirúrgicos, a saúde geral da população não parece ter melhorado significativamente (veja World Health Statistics, publicado anualmente pela World Health Organization (www.who.int); veja também McMichael, 2001).

As causas da nossa crise da assistência à saúde são múltiplas; elas podem ser encontradas tanto dentro como fora da ciência médica, e estão inextricavelmente ligadas à crise global maior, multifacetada (que examinaremos no Capítulo 17). Ainda assim, um número crescente de pessoas, tanto dentro como fora da área médica, percebe que muitas deficiências do atual sistema de assistência à saúde estão arraigadas no arcabouço conceitual que suporta a teoria e a prática médicas.

15.1.1 O modelo biomédico

O fundamento conceitual da moderna medicina científica é o chamado modelo biomédico, que está firmemente arraigado no pensamento cartesiano (veja a Seção 2.4). Como já examinamos, o problema conceitual presente no centro da assistência à saúde contemporânea é a confusão entre as origens da doença e os processos por meio dos quais ela se manifesta. Em vez de perguntar por que uma doença ocorre e tentar remover as condições que levam a ela, os pesquisadores médicos e os profissionais muitas vezes limitam-se a compreender os mecanismos por meio dos quais a doença opera, de modo que possam interferir com eles.

A abordagem sistêmica, ao contrário, ampliaria o âmbito a partir dos níveis dos órgãos e células para a pessoa inteira – para o corpo e para a mente do paciente, bem como suas interações com um ambiente natural e social particular. Tal perspectiva, ampla e sistêmica, permitiria aos profissionais de saúde compreender melhor o fenômeno da cura, que hoje é frequentemente considerado fora do âmbito científico. Embora todo médico praticante saiba que a cura é parte essencial de toda assistência médica, o fenômeno, atualmente, não é parte da medicina científica. A razão é evidente: é um fenômeno que não pode ser entendido quando a saúde está reduzida a um funcionamento mecânico.

15.1.2 Genes e doença

No processo de reduzir uma doença do paciente em sua totalidade à doença de um determinado órgão, médicos têm concentrado sua atenção em partes progressivamente menores do corpo – deslocando sua perspectiva do estudo de órgãos do corpo e de suas funções para o estudo das células, e finalmente, com o desenvolvimento da engenharia genética, para o estudo das moléculas. Com efeito, quando as técnicas de sequenciamento do DNA e de *splicing* do gene foram desenvolvidas na década de 1970, os geneticistas, antes de tudo, se voltaram para as aplicações médicas da engenharia genética. Como se pensava que os genes determinavam as funções biológicas, era natural que os geneticistas passassem a se empenhar na tarefa de identificar com precisão os genes que causam doenças específicas. Se eles fossem bem-sucedidos em fazê-lo, pensaram, eles poderiam ser capazes de prevenir ou curar essas doenças "genéticas" corrigindo ou substituindo os genes defeituosos.

Este foi, em grande parte, o sonho por trás do Projeto Genoma Humano (veja a Seção 9.5), o qual supunha que genes defeituosos específicos seriam reconhecidos como as causas da maioria das doenças – sonho que não se realizou. Em uma recente revisão da genética médica, publicada no periódico *Nature*, T. A. Manolio (2009) e outros 26 proeminentes geneticistas chegaram à conclusão de que, apesar de mais de 700 artigos publicados sobre o escaneamento do genoma, os geneticistas ainda não haviam encontrado mais que uma base genética fracionária para as doenças humanas.

Na verdade, logo se descobriu que há uma imensa lacuna entre a capacidade para identificar os genes envolvidos no desenvolvimento de uma doença e a compreensão da sua função precisa, sem falar na sua manipulação para se obter um resultado desejado. Essa lacuna é uma consequência direta do mau emparelhamento entre as cadeias causais lineares do determinismo genético e as redes genéticas e epigenéticas não lineares da realidade biológica, como examinamos na Seção 9.6.4.

Inicialmente, havia a ideia de associar doenças específicas a genes individuais, mas se descobriu que as enfermidades associadas a um único gene são extremamente raras, respondendo por menos de 2% de todas as doenças humanas. Até mesmo nesses casos bem definidos – por exemplo, anemia falciforme, distrofia muscular ou fibrose cística – nos quais uma mutação causa um mau funcionamento em uma única proteína de importância crucial, as conexões entre o gene defeituoso e o início, bem como o desenvolvimento, da doença ainda são pouco compreendidas.

Os problemas encontrados nas raras enfermidades de um único gene aumentam quando os geneticistas estudam doenças comuns, como câncer e doenças cardíacas, que envolvem redes de muitos genes. Como o biólogo molecular Richard Strohman (1997) explicou,

No caso de doença da artéria coronária [por exemplo], foram identificados mais de 100 genes que oferecem algumas contribuições interativas. Com redes de 100 genes e seus produtos interagindo com ambientes sutis para afetar [funções biológicas], é ingênuo pensar que algum tipo de teoria de redes não lineares pudesse ser omitido de uma análise diagnóstica.

Outro problema é que os genes defeituosos em doenças de um único gene são, com frequência, muitíssimo grandes. Por exemplo, o gene que tem importância crucial para a fibrose cística, doença que afeta principalmente lactentes e crianças, consiste em cerca de 230 mil pares de bases e codifica uma proteína composta por quase 1.500 aminoácidos. Mais de 400 mutações diferentes foram observadas nesse gene. Apenas uma delas resulta na doença, e mutações idênticas podem levar a diferentes sintomas em diferentes indivíduos. Tudo isso torna extremamente problemático o rastreamento do "defeito de fibrose cística".

15.1.3 Terapia genética?

O que acabamos de descrever deve deixar claro que o caminho que leva dos genes às doenças está longe de ser suficientemente bem compreendido para aplicações clínicas. Apesar disso, com o advento da biologia sintética (veja a Seção 10.5) e com os notáveis melhoramentos das ferramentas analíticas dentro da genética, a "genética médica" foi desenvolvida como um novo campo da medicina, inicialmente muito promissor, dedicado ao estudo da relação entre estrutura genética e distúrbios da saúde.

Em princípio, diferentes abordagens podem ser usadas com esse propósito. Em primeiro lugar, pode-se pensar no uso de técnicas de engenharia genética. Com base nelas, uma vez que o gene defeituoso é identificado como a causa da doença, ele pode ser extirpado e substituído por um novo gene, um gene correto. Há também, em princípio, um procedimento alternativo menos drástico de terapia genética: em vez de cortar fora o gene defeituoso, eliminando-o, poder-se-ia simplesmente acrescentar o sistema do gene saudável ao organismo, fazendo-o trabalhar em paralelo de modo a produzir as proteínas corretas e as funções corretas. E, finalmente, pode-se tentar "abater" os genes que funcionam mal, extirpando-os em uma espécie de cirurgia molecular.

É importante compreender que, nos dois primeiros casos, o novo gene precisa ser, em primeiro lugar, transportado para dentro das células identificadas. Fazer isso não é nada fácil. Se o gene é administrado em uma solução intravenosa, sua sequência de DNA será dividida e destruída (hidrolisada) antes de atingir o alvo. Assim, o gene estrangeiro precisa ser protegido durante o seu percurso até as células-alvo. Isso pode ser feito por meio de "vetores" especiais. Por exemplo, o gene, uma macromolécula de DNA de carga negativa, pode ser associado com vesículas carregadas positivamente, uma associação que pode aumentar consideravelmente o tempo de circulação desse gene no organismo. Teoricamente, em seguida, as células "doentes" acabarão sendo atingidas pelos vetores, e o gene será incorporado às células, dentro das quais poderá, em princípio, realizar sua função.

Há, no entanto, vários problemas associados a esse tipo de "serviço de entrega" de DNA. Um deles está no fato de que as células saudáveis também são atingidas por esses vetores; o outro resulta do fato de que o rendimento obtido por esse método é, em geral, extremamente modesto no que diz respeito às doses terapêuticas necessárias. Na verdade, apesar de muitos estudos e tentativas realizadas ao longo dos últimos anos, esse método nunca atingiu o limiar de uma terapia sólida. Por outro lado, a entrega com vesículas é bem aceita, e é mais bem-sucedida quando são usadas drogas simples em vez de genes – por exemplo, drogas que combatem o câncer e são insolúveis em água. Isso foi demonstrado em um projeto de pesquisa em que um de nós (P.L.L.) estava envolvido (Stano *et al.*, 2004).

O uso de vírus como vetores se revela, em princípio, como uma maneira mais eficiente de entregar o gene dentro da célula. Um vírus tem a capacidade de infectar células, e de transferir a elas seu próprio material genético. Isso poderá ser convertido em uma característica positiva se uma parte da estrutura do vírus – devidamente modificado, se necessário – contiver a informação genética que está com defeito na célula. É claro que, nesse caso, é importante que o vírus seja, em primeiro lugar, desativado, de modo a perder a capacidade de se autorreproduzir dentro da célula.

É preciso afirmar claramente que os avanços científicos em todo esse campo ainda não estão na fase de garantir um procedimento terapêutico seguro para os seres humanos. Na verdade, a US Food and Drug Administration (FDA) ainda não aprovou para venda nenhum produto de genes humanos voltado para a terapia. Na verdade, muito pouco progresso foi feito desde que o primeiro ensaio clínico de uma terapia genética começou, na década de 1990. O fato é que ocorreram alguns resultados muito negativos, que resultaram em um grande retrocesso em terapia genética. Em 1999, houve a morte de um voluntário de 18 anos de idade que participava de um teste de terapia com genes; e, quatro anos depois, crianças tratadas em um teste francês de terapia genética desenvolveram uma condição semelhante à leucemia (veja Johnston e Baylis, 2004).

Como David Weatherall (1998), diretor do Institute of Molecular Medicine da Universidade de Oxford, resume, "transferir genes para um novo ambiente e induzi-los a [...] realizar suas tarefas, com todos os sofisticados mecanismos reguladores envolvidos, mostrou ser, até agora, uma tarefa demasiadamente difícil para os geneticistas moleculares".

Em resposta a essas dificuldades, tem ocorrido, recentemente, entre alguns dos principais geneticistas, uma grande mudança de perspectiva de genes para redes epigenéticas, como examinamos na Seção 9.6. No entanto, a afirmação central do determinismo genético, a de que os genes determinam o comportamento, continua a ser vigorosamente promovida pela indústria de biotecnologia e constantemente repetida na mídia popular. Quando soubermos a sequência exata das bases genéticas no DNA – é assim que se conta para o público –, compreenderemos como os genes causam o câncer, o alcoolismo ou a criminalidade.

É claro que o interesse principal das empresas de biotecnologia não é o avanço da ciência, a cura das doenças ou a alimentação dos famintos (mesmo que eles professem publicamente todos esses nobres objetivos), mas sim o seu próprio lucro financeiro. Uma das maneiras mais efetivas de garantir que os valores para os acionistas de seus empreendimentos continuem elevados, mesmo que quaisquer benefícios tangíveis ainda estejam longe no futuro, é perpetuar em meio ao público em geral a percepção de que os genes determinam o comportamento. Desse modo, ano após ano, arrogantes manchetes em jornais e artigos de capa em revistas têm relatado excitantes descobertas de novos genes "causadores de doenças" e de terapias potenciais correspondentemente novas, em geral com sérias advertências científicas aparecendo algumas semanas mais tarde, mas publicadas como pequenos comentários em meio ao grande volume das outras notícias.

A nosso ver, esta é mais uma indicação de que os cientistas médicos precisam urgentemente desviar sua atenção dos genes para as redes genéticas e epigenéticas, das partes que formam o corpo para a pessoa como um todo, e de uma visão mecanicista para uma visão sistêmica da saúde.

15.2 O que é saúde?

No modelo biomédico, a saúde é definida como a ausência de doença, e a doença como o mau funcionamento dos mecanismos biológicos. Uma concepção alternativa de saúde, baseada na visão sistêmica da vida, começa com a constatação de que é impossível obter uma definição precisa de saúde. A razão disso é que a saúde, em grande medida, é uma experiência subjetiva, cuja qualidade pode ser conhecida intuitivamente, mas nunca pode ser exaustivamente descrita ou quantificada. A saúde é um estado de bem-estar que surge quando o organismo funciona de uma certa maneira.

A descrição desse modo de funcionamento dependerá de como descrevemos o organismo e suas interações com o meio ambiente. Em outras palavras, a nossa compreensão da saúde sempre estará ligada à nossa compreensão da vida. Diferentes modelos de organismos vivos levarão a diferentes definições de saúde. Portanto, o conceito de saúde e os conceitos relacionados de doença e patologia não se referem a entidades bem definidas, mas são partes integrantes de modelos limitados e aproximados que espelham o complexo e fluido fenômeno da vida.

Uma vez que reconhecemos a natureza relativa e subjetiva do conceito de saúde, podemos começar a explorar a maneira como a visão sistêmica da vida pode nos ajudar a desenvolver uma correspondente visão sistêmica da saúde. O pensamento sistêmico é pensamento processual (veja a Seção 4.3.3) e, portanto, a visão sistêmica concebe a saúde como um processo em andamento. Em vez de definir a saúde como um estado estático de perfeito bem-estar, a concepção sistêmica de saúde implica atividade e mudança contínuas, refletindo uma resposta criativa do organismo a desafios ambientais. Uma vez que a condição de uma pessoa sempre dependerá do ambiente natural e social, não pode haver nenhum nível absoluto de saúde independente desse ambiente. As mudanças contínuas do próprio corpo em relação ao ambiente em mudança incluirão naturalmente fases temporárias de saúde deficiente, e muitas vezes será impossível traçar uma linha nítida entre saúde e doença.

Além disso, a saúde é um processo multidimensional. Do ponto de vista sistêmico, a experiência da doença resulta de padrões de desordem que podem se manifestar em vários níveis do organismo – biológicos, bem como psicológicos – e também nas várias interações entre o organismo e os sistemas maiores nos quais ele está encaixado. Isso significa que as dimensões biológicas, cognitivas, sociais e ecológicas da vida, que enfatizamos ao longo de todo este livro, correspondem a dimensões semelhantes de saúde.

A visão sistêmica da vida reconhece que os sistemas vivos da natureza incluem organismos individuais, partes de organismos e comunidades de organismos, e que todos eles compartilham um conjunto de propriedades e princípios de organização comuns (veja a Seção 4.3). De acordo com isso, a visão sistêmica da saúde pode ser aplicada a diferentes níveis sistêmicos, com níveis correspondentes de saúde sendo mutuamente interconectados. Em particular, podemos discernir três níveis interdependentes de saúde – individual, social e ecológico.

Em resumo, a visão sistêmica da vida nos leva a conceber a saúde como um processo, e também como um fenômeno multidimensional e multinivelado. Com essas características gerais em mente, temos agora condições de reconhecer como a saúde pode ser efetivamente definida a partir de uma perspectiva sistêmica.

15.2.1 A concepção sistêmica de saúde

Como já vimos, um sistema vivo é compreendido como uma rede autogeradora, auto-organizadora e que apresenta um alto grau de estabilidade. Esta estabilidade é totalmente dinâmica e é caracterizada por flutuações contínuas, múltiplas e interdependentes (veja a Seção 8.3). Todas as variáveis de um sistema vivo flutuam continuamente entre limites de tolerância: quanto mais dinâmico for o estado do sistema, maior será sua flexibilidade. Qualquer que seja a natureza dessa flexibilidade – física, mental, social, tecnológica ou econômica – ela é essencial para que a capacidade do sistema se adapte às mudanças ambientais. Perda de flexibilidade significa perda de saúde.

Além disso, o sistema vivo responde autônoma e cognitivamente a perturbações vindas do seu ambiente (veja a Seção 12.3). As mudanças estruturais resultantes podem ser ou mudanças de autorrenovação ou mudanças de desenvolvimento nas quais emergem novas formas de ordem.

Essa visão dos sistemas vivos sugere a noção de equilíbrio dinâmico como um conceito útil para se definir a saúde. Tal estado de equilíbrio não é um equilíbrio estático, mas sim um padrão flexível de flutuações. Tendo em mente esse significado de "equilíbrio dinâmico", podemos definir a saúde como

"Um estado de bem-estar, resultante de um equilíbrio dinâmico que envolve os aspectos físicos e psicológicos do organismo, bem como suas interações com seu ambiente natural e social."
(Capra, 1982, p. 323)

Um aspecto importante dessa definição sistêmica da saúde está no fato de que o equilíbrio dinâmico do sistema saudável envolve tanto o aspecto físico como o aspecto mental, ou psicológico, do organismo. Como mostramos no Capítulo 12, a concepção sistêmica da vida inclui um conceito radicalmente novo de mente. Quando esse novo conceito de mente, ou cognição, é adotado, fica evidente que toda doença tem aspectos mentais. Ficar doente (afastar-se do equilíbrio) e ficar curado (recuperar o equilíbrio) são partes integrantes do processo da vida, e se esse processo é identificado com a cognição (veja a Seção 12.1.2), o processo de ficar doente – assim como o processo de se curar – pode ser considerado como um processo cognitivo. Isto significa que em toda doença há uma dimensão mental, mesmo que ela, com frequência, resida no domínio do inconsciente.

Isso equivale a redefinir radicalmente o termo "psicossomático". No modelo biomédico, esse termo é usado para se referir a desordens sem uma base orgânica claramente diagnosticada, e por causa da inclinação mecanicista desse modelo, tais "desordens psicossomáticas" tendiam a ser frequentemente consideradas como imaginárias, e não reais. O uso sistêmico do termo é muito diferente. Pesquisadores e médicos clínicos estão se tornando cada vez mais conscientes de que todas as doenças são psicossomáticas, no sentido de que todas elas envolvem a interação contínua da mente e do corpo em sua origem, desenvolvimento e cura. Essa noção refinada de "psicossomático" está levando, nos dias atuais, a muitas novas, importantes e iluminadoras percepções (veja Borysenko, 2007; Harrington, 1997; Pelletier, 2000; Pert, 1997; Pert *et al.*, 1998; Siegel, 2010; Weil, 1995).

A nova compreensão sistêmica de "psicossomático" deixa claro por que as atitudes mentais e as técnicas psicológicas são meios importantes para a cura das doenças. Uma atitude positiva exercerá um vigoroso impacto positivo sobre o sistema mente/corpo e, muitas vezes, será capaz de reverter o processo da doença, e até mesmo de curar sérios distúrbios biológicos. Uma demonstração impressionante do poder de cura exercido exclusivamente por expectativas positivas é oferecida pelo bem conhecido efeito placebo (veja abaixo o ensaio convidado, escrito por Fabrizio Benedetti, M.D.) Um placebo é um remédio de "mentira", revestido com a aparência de uma pílula autêntica e dada a pacientes que pensam que estão recebendo a coisa real. Estudos mostraram que 35% dos pacientes experimentam constantemente "alívio satisfatório" quando os placebos são usados em vez dos medicamentos regulares para uma ampla gama de problemas médicos (veja Benedetti, 2009; Harrington, 1997).

Ensaio convidado
Respostas ao placebo e ao nocebo
Fabrizio Benedetti, M.D.

Departamento de Neurociência, Escola de Medicina da Universidade de Turim, e Instituto Nacional de Neurociência, Turim, Itália

Definição

A resposta ao placebo é um fenômeno psicológico e biológico que ocorre no cérebro do paciente após a administração de uma substância inerte, ou de um tratamento físico simulado, juntamente com sugestões verbais, ou qualquer outra sugestão, de benefício clínico. O efeito que se segue à administração de um placebo não se deve ao tratamento inerte *per se*, pois soluções salinas ou pílulas de açúcar nunca irão adquirir propriedades terapêuticas, mas ao contexto psicossocial que circunda a substância inerte e o paciente. Nesse sentido, para a pessoa submetida ao placebo e para o neurobiologista, a expressão "efeito placebo" ou "resposta ao placebo" tem diferentes significados. O primeiro está interessado em qualquer melhoria que possa ocorrer no grupo de pacientes que recebem o tratamento inerte, independentemente de sua causa, pois ele só quer verificar se os pacientes que receberam o verdadeiro tratamento estão melhores do que aqueles que tomam o placebo, independentemente do fato de tal melhora observada se dever ou não à remissão espontânea da doença, da inclinação do médico em sua seleção dos pacientes ou dos preconceitos do paciente em relatar sintomas. Por outro lado, o psicólogo e o neurocientista só estão interessados no melhoramento que deriva de processos ativos ocorrendo no cérebro do paciente, tais como as expectativas do paciente com relação ao melhoramento clínico. Os mesmos conceitos são verdadeiros com relação à resposta ao nocebo, um fenômeno oposto à resposta ao placebo, por meio do qual um tratamento inerte é administrado juntamente com sugestões verbais negativas de piora. Levando em conta essas considerações, o placebo e o nocebo não se restringem aos tratamentos inertes, mas incluem sua administração no âmbito de um conjunto de estímulos sensoriais e sociais que informam ao paciente estar sendo administrado a ele um tratamento, respectivamente, benéfico ou prejudicial.

Mecanismos

Não há um único efeito placebo, mas muitos, com diferentes mecanismos em diferentes doenças e em sistemas diferentes. A maioria das pesquisas sobre placebos tem por foco as expectativas como o principal fator envolvido na resposta ao placebo. Nos muitos estudos na literatura em que as expectativas são analisadas, as expressões "efeitos de placebos" e "efeitos de expectativas" são frequentemente usadas como sinônimos. Há vários mecanismos pelos quais a expectativa de um evento futuro pode afetar diferentes funções fisiológicas. Em primeiro lugar, descobriu-se que a ansiedade é reduzida após a administração de placebo e aumentada após a administração de nocebo. Portanto, a expectativa de melhora ou piora de um sintoma pode, respectivamente, diminuir ou aumentar a ansiedade. Em segundo lugar, as expectativas de eventos futuros podem também induzir mudanças fisiológicas por meio de mecanismos de recompensa. Esses mecanismos são mediados por circuitos neurais específicos, que ligam respostas cognitivas, emocionais e motrizes, e são tradicionalmente estudados no contexto da procura de recompensas naturais (por exemplo, alimentos), monetárias e obtidas por meio de drogas. Há evidências experimentais convincentes de que o chamado "sistema dopaminérgico mesolímbico" (uma via cerebral que contém dopamina, substância que controla os centros de prazer e de recompensa do cérebro) pode ser ativado em algumas circunstâncias em que um sujeito espera obter melhora clínica depois da administração do placebo. Nesse caso, a recompensa é representada pelo próprio benefício terapêutico. Em terceiro lugar, a aprendizagem é outro mecanismo de importância essencial para a resposta ao placebo. Sujeitos que sofrem de uma condição dolorosa, como dor de cabeça, e que consomem regularmente aspirina, podem associar a forma, a cor e o sabor da pílula à diminuição da dor. Além da forma, da cor e do sabor das pílulas, incontáveis outros estímulos podem ser associados ao benefício terapêutico, tais como hospitais, equipamentos de diagnóstico e equipamentos terapêuticos, bem como recursos médicos e pessoais. Em quarto lugar, há algumas evidências experimentais apoiando o papel dos genes em alguns tipos de respostas ao placebo – por exemplo, uma modulação geneticamente controlada da atividade da amígdala por um neurotransmissor, a serotonina, que está ligado ao alívio da ansiedade induzido por placebo.

Neurobiologia

Além desses mecanismos gerais, recentes pesquisas neurocientíficas lançaram luzes sobre os neurotransmissores e as áreas do cérebro envolvidas nas respostas ao placebo e ao nocebo. Por exemplo, pesquisas sobre a dor mostram que a administração de placebo ativa sistemas reguladores envolvendo opiatos e endocanabinoides endógenos. Esses sistemas representam uma rede reguladora de-cima-para-baixo que se estendem desde as regiões cognitivas e afetivas do cérebro cortical até os cornos dorsais da medula espinhal, com a capacidade para modular negativamente a entrada de sinais que causam dor. Outro neurotransmissor identificado na analgesia por placebo é a colecistoquinina (CCK), que desempenha um papel inibidor na analgesia por placebo. Curiosamente, a CCK é também o neurotransmissor que induz o agravamento da dor no nocebo, conhecido como hiperalgesia. A dopamina está igualmente envolvida na resposta analgésica ao placebo, mas o seu papel é mais bem compreendido na doença de Parkinson. De fato, demonstrou-se que a administração de placebo em pacientes com Parkinson leva à ativação da dopamina no prosencéfalo subcortical, conhecido como *striatum*, junto com mudanças na atividade neural em diferentes regiões dos gânglios basais.

O papel crucial dos lobos pré-frontais na resposta ao placebo é mostrada por vários estudos sobre a redução de capacidade do funcionamento do córtex pré-frontal. Em primeiro lugar, os pacientes com Alzheimer com capacidade cognitiva reduzida e conectividade dos lobos pré-frontais, igualmente reduzida, mostram respostas ao placebo reduzida. Em segundo lugar, respostas analgésicas ao placebo são rompidas pelo bloqueio farmacológico da rede pré-frontal de opiatos. Em terceiro lugar, a inativação de regiões pré-frontais por estimulação magnética transcraniana abole respostas ao placebo. Por conseguinte, em presença de uma perda de controle pré-frontal, também testemunhamos uma perda de resposta ao placebo.

O desempenho físico

Como acontece na clínica, também no mundo dos esportes há uma zona onde os placebos e nocebos podem exercer sua influência. Aqui, também, substâncias químicas como as vitaminas, recursos para melhorar o desempenho ou suplementos dietéticos são fornecidos ao atleta, ou tratamentos e manipulações físicos de diferentes tipos lhe são liberados, e expectativas sobre os seus efeitos são postas em movimento no seu cérebro. Apesar de condições experimentais muito diferentes, variando de curtas e intensas corridas anaeróbicas até ciclismo aeróbico de longa duração e de resistência, e passando por muitas diferentes medidas de resultados, tais como produção de potência média, tempo, velocidade, peso levantado ou percepção de esforço, todos os dados indicam expectativas dos atletas como fatores importantes para o desempenho físico, a serem levados em consideração em estratégias de treinamento.

> Além de um papel que opiatos endógenos desempenham na resistência à dor obtida por efeito placebo, não se sabe muito mais atualmente a respeito desse contexto. Em muitos estudos, pede-se aos atletas para que mantenham seu desempenho no limite, em um esforço completo. Os placebos agem, aparentemente, empurrando esse limite para a frente, talvez exercendo impacto sobre um governador central de fadiga que, embora não identificado, foi proposto como um centro cerebral que integraria sinais periféricos e processos de controle centrais de modo a regular continuamente o desempenho nos exercícios e a evitar que o organismo do atleta alcance sua capacidade fisiológica máxima. Isso forneceria, por um lado, proteção contra danos, e por outro, constante disponibilidade de uma capacidade de reserva. Ao alterar as expectativas, os placebos poderiam então representar um meio psicológico para sinalizar o governador central a "soltar o freio", permitindo um aumento de desempenho.
>
> **Referências**
>
> Benedetti, F. (2008). *Placebo Effects: Understanding the Mechanisms in Health and Disease*. Oxford University Press.
> (2010). *The Patient's Brain: The Neuroscience Behind the Doctor-Patient Relationship*. Oxford University Press.

Placebos foram notavelmente bem-sucedidos em reduzir ou eliminar sintomas físicos, e produziram dramáticas recuperações de doenças para as quais não há cura médica conhecida. Parece que o único ingrediente ativo nesses tratamentos é o poder das expectativas positivas do paciente, apoiadas pela interação com o terapeuta. O efeito placebo não é limitado à administração de pílulas, mas pode ser associado com qualquer tipo de tratamento. Na verdade, a vontade do paciente de melhorar e a confiança no tratamento são aspectos de importância crucial em qualquer terapia, desde os rituais de cura xamânica até os modernos procedimentos médicos.

15.2.2 A doença como desequilíbrio

A visão da saúde como um estado de equilíbrio dinâmico implica que a doença é uma consequência de desequilíbrio e de desarmonia, que pode surgir em vários níveis do organismo e pode gerar sintomas de natureza física, psicológica ou social. Para descrever o desequilíbrio de um organismo, comprovou-se que o conceito de estresse é muito útil. O estresse temporário é um aspecto essencial da vida, mas o estresse prolongado ou crônico pode ser prejudicial e desempenha um papel significativo na origem e no desenvolvimento da maioria das doenças. Da perspectiva sistêmica, o estresse é um desequilíbrio no organismo, que ocorre quando uma ou várias das suas variáveis flutuantes são empurradas para os seus valores extremos, o que induz um aumento de rigidez em todo o sistema e, portanto, uma perda de flexibilidade. Um elemento-chave na ligação entre estresse e doença é o fato de que o estresse prolongado suprime o sistema imunológico do corpo, que desempenha um papel importante na auto-organização do organismo.

O reconhecimento do papel do estresse no desenvolvimento da doença leva à importante noção de doença como um "solucionador de problemas". Por causa do condicionamento social e cultural, as pessoas frequentemente acham impossível liberar seus estresses de maneira saudável e, portanto, escolher – consciente ou inconscientemente – ficar doente como uma saída. Sua doença pode ser física ou mental, ou pode manifestar-se como comportamento violento e negligente, podendo ser apropriadamente chamada de doença social. Todas essas "rotas de fuga" são formas de saúde precária, sendo a doença física apenas uma das várias maneiras não saudáveis de se lidar com situações de vida estressantes. Nesse sentido, curar uma doença não será necessariamente o mesmo que tornar o paciente saudável. Se a fuga em direção a uma determinada doença é efetivamente bloqueada por meio de intervenção médica enquanto a situação estressante persistir, isso pode simplesmente deslocar a resposta do paciente para um modo diferente, como a doença mental ou o comportamento antissocial, que será igualmente insalubre.

A ideia de doença como uma maneira de lidar com situações de vida estressantes leva naturalmente à noção de "significado" de uma doença, ou da "mensagem" que é transmitida por uma doença específica. Para entender essa mensagem, a saúde precária deve ser considerada como uma oportunidade para a introspecção, de modo que o problema original pode ser trazido para um nível consciente, onde tem condições de ser resolvido. É aí que o aconselhamento psicológico e a psicoterapia podem desempenhar um papel importante, mesmo no tratamento de doenças físicas. Integrar dessa maneira terapias físicas e psicológicas equivale a realizar uma importante reconceituação da assistência à saúde, uma vez que ela exige o pleno reconhecimento da interdependência da mente e do corpo na saúde e na doença.

15.2.3 A natureza da cura

A compreensão sistêmica da saúde e da doença, que esboçamos nas seções anteriores, implica uma compreensão sistêmica correspondente da cura. Muitos modelos tradicionais de saúde e cura reconhecem as capacidades autocurativas inerentes a cada organismo vivo – isto é, a tendência inata do organismo para se restabelecer de um estado equilibrado quando foi perturbado. Em linguagem sistêmica, essa tendência está associada com ciclos de *feedback* autoequilibradores inerentes aos sistemas vivos (veja a Seção 8.3), por meio dos quais o sistema auto-organizador retorna, mais ou menos, ao estado flutuante original. Exemplos desse fenômeno seriam períodos de saúde precária envolvendo sintomas de menor importância. São estágios normais e naturais no processo do organismo de restabelecer o equilíbrio interrompendo nossas atividades habituais e forçando uma mudança de ritmo. Como consequência, os sintomas dessas doenças menores geralmente desaparecem depois de alguns dias, com ou sem qualquer tratamento recebido.

Doenças mais graves exigirão maiores esforços para a recuperação do nosso equilíbrio, geralmente incluindo a ajuda de um médico ou terapeuta, e podem incluir estágios de crise e transformação, levando à emergência de um estado de equilíbrio inteiramente novo.

Mais uma vez, fica evidente aqui a importância dos ciclos de *feedback*, mas dessa vez o *feedback* é autoamplificador, e todo o processo é o processo da emergência (veja a Seção 8.3). Importantes mudanças no estilo de vida de uma pessoa, induzidas por doenças graves, muitas vezes são exemplos de tais respostas criativas, que podem até mesmo deixar a pessoa em um nível de saúde mais alto do que aquele que essa pessoa desfrutava antes do desafio.

15.3 Uma abordagem sistêmica da assistência à saúde

A visão sistêmica da saúde que estamos examinando neste capítulo implica várias diretrizes para uma abordagem sistêmica correspondente da assistência à saúde. Na verdade, tal abordagem sistêmica foi desenvolvida, ao longo das últimas quatro décadas, por numerosos médicos, biólogos, profissionais de saúde pública, enfermeiros, psicólogos e cientistas de outras disciplinas. Para uma breve seleção da literatura representativa, veja Micozzi, 2006; Moyers *et al.*, 1993; Ornish, 1998; Spencer e Jacobs, 1999; Sternberg, 2000; Weil, 2009; veja também o documentário, patrocinado pelo US Public Broadcasting Service (PBS), "The New Medicine", 2006 (www.thenewmedicine.org).

No fim da década de 1970 e início da de 1980, os principais *slogans* dessa nova abordagem da saúde e da cura eram "assistência à saúde holística", "medicina holística", "medicina alternativa" e "bem-estar". Nas décadas seguintes, a expressão "medicina integrativa" estabeleceu-se como o termo unificador. Hoje, medicina integrativa é uma disciplina bem estabelecida, com seu próprio Consortium of Academic Health Centers, periódicos profissionais e congressos internacionais (veja o ensaio convidado escrito por Helmut Milz, M.D., na página seguinte) Os médicos que a praticam compreendem-na como uma abordagem orientada para a cura que tenta combinar o melhor das terapias convencional e alternativa, ou "complementar". Nas páginas a seguir, delinearemos brevemente a visão de um futuro sistema de assistência à saúde baseado na abordagem sistêmica da medicina integrativa.

15.3.1 Assistência à saúde individual e social

Um sistema integrativo de assistência à saúde consistirá, antes de tudo, em um sistema de promoção da saúde e de assistência preventiva abrangente, eficiente e bem integrado. A assistência à saúde consistirá em manter e restaurar o equilíbrio dinâmico de indivíduos, famílias e outros grupos sociais. A manutenção da saúde será, em parte, uma questão individual e, em parte, um assunto coletivo, e durante a maior parte do tempo os dois estarão estreitamente inter-relacionados.

A assistência à saúde individual baseia-se no reconhecimento de que a saúde dos seres humanos é determinada, acima de tudo, pelo seu comportamento, sua alimentação e a natureza do ambiente em que vivem. Como indivíduos, temos o poder e a responsabilidade de manter o nosso organismo em equilíbrio observando uma série de regras simples de comportamento relativas ao sono, à alimentação, aos exercícios e aos medicamentos.

O papel dos terapeutas e dos profissionais de saúde será principalmente o de nos ajudar a fazer isso. Na verdade, este é o significado original da palavra "terapeuta", que deriva do grego *therapeuein* ("prestar assistência"). Os escritos de Hipócrates, que constituem a base da medicina ocidental, definem o papel do terapeuta como o de um atendente, ou assistente, que promove as forças curativas naturais.

Enquanto a responsabilidade do indivíduo terá importância crucial para um futuro sistema integrativo de assistência à saúde, será igualmente crucial reconhecer que essa responsabilidade está sujeita a severas restrições. Muitos problemas de saúde surgem de forças econômicas e políticas que só podem ser modificadas por meio de uma ação coletiva. Portanto, a responsabilidade individual precisa ser acompanhada pela responsabilidade social, e a assistência à saúde individual, por ações sociais e planos de ação política. A "assistência à saúde social" parece uma expressão apropriada para esses planos de ação política e essas atividades coletivas, dedicados à manutenção e ao melhoramento da saúde pública (veja a Ottawa Charter for Health Promotion of the World Health Organization www.who.int/healthpromotion/conferences/previous/ottawa/en/).

Ensaio convidado

Prática integrativa na assistência à saúde e na cura

Helmut Milz, M.D.

Professor Honorário de Saúde Pública, Universidade de Bremen

A biomedicina fez grandes progressos no que diz respeito à obtenção de diagnóstico por meio de tecnologias de formação de imagem, intervenções de emergência, procedimentos cirúrgicos de alta tecnologia e diagnósticos relacionados com a genética. Mas apresenta grandes problemas com o reconhecimento público, especificamente quando se trata de sua credibilidade e de resultados para a maioria das queixas que são apresentadas na assistência ambulante. O estreito enfoque da biomedicina sobre o tratamento específico de doenças, principalmente com medicamentos ou cirurgia, perdeu a sua eficiência. Esse é um problema particular no que diz respeito ao espectro cada vez mais amplo de problemas de saúde crônica, como diabetes, obesidade, problemas cardíacos, dores musculoesqueléticas, dores abdominais, depressão, doença de Alzheimer ou as muitas outras doenças que não apresentam qualquer origem somática clara. Esses problemas respondem hoje por três quartos dos nossos gastos com assistência à saúde. Muitos deles são problemas relacionados ao estilo de vida, que precisam de uma avaliação mais ampla, cooperativa. Muitos poderiam ser evitados, ou até mesmo revertidos, por meio de mudanças de estilo de vida.

Problemas de saúde relacionados com o estilo de vida precisam ser examinados de uma perspectiva participatória, o que coloca as opções de mudanças comportamentais ativas de volta na agenda dos pacientes, dos profissionais de saúde, das comunidades e das políticas de saúde pública. Eles exigem estratégias de assistência à saúde que reconsideram algumas habilidades perdidas em biomedicina, tais como encontros iniciais mais longos, que cobrem os muitos detalhes da história e da situação do paciente; uma atmosfera mais calma; um enfoque nos riscos gerais para a saúde na vida de uma pessoa, em vista de uma redução do estresse cotidiano, de mudanças de dieta e de exercícios, e de opções de tratamento que consideram a capacidade do organismo vivo para curar a si mesmo; e consultas com acompanhamento mais frequentes. Tudo isso quase não está na agenda da apressada assistência médica da atualidade.

Os médicos modernos não recebem treinamento suficiente para a compreensão da doença em seu contexto. Eles são pagos para realizar intervenções curtas, que evitam a exploração de questões emocionais ou ansiedades. Eles tendem a interromper as declarações dos pacientes depois de alguns momentos e fornecem poucas informações sobre suas prescrições e tratamentos. Eles quase não têm tempo para escutar com atenção, nem para ajudar e aconselhar seus pacientes a respeito de atitudes e comportamentos mais saudáveis.

Esse é o lugar em que alguns dos pontos fortes da assistência alternativa, ou complementar, preenchem a lacuna. Muitos clínicos gerais alternativos gastam mais tempo explorando os problemas e codesenvolvendo opções para mudanças de estilo de vida. Outra afirmação, às vezes não provada, é a de que, em geral, métodos alternativos têm efeitos colaterais menos graves. Os críticos dizem que os métodos alternativos têm frequentemente "apenas efeitos subjetivos", que podem nada mais ser do que placebos. O efeito placebo, que havia sido reconhecido em biomedicina apenas na periferia dos testes de medicamentos, tem recebido, nos últimos anos, um interesse muito mais rigorosamente científico [consulte o ensaio convidado escrito por Fabrizio Benedetti, M.D., na p. 406]. O domínio da consciência, que foi considerado, durante décadas, apenas uma questão filosófica, ganhou interesse científico muito sério nas neurociências, particularmente com as novas tecnologias de formação de imagem [veja o Capítulo 12]; e, consequentemente, técnicas de visualização, *biofeedback* e estratégias de formação de imagens de processos mentais e motores são agora o foco de pesquisas médicas realizadas no âmbito da corrente principal da pesquisa científica.

Cerca de 40% dos norte-americanos tentam recorrer a alguma forma de medicina alternativa, e cerca de 35 bilhões de dólares são gastos anualmente com essas formas de medicina. Alguns métodos que são considerados "alternativos" nos EUA, como a homeopatia e a massagem terapêutica, fazem parte do sistema tradicional e são cobertos pelo seguro em muitos países europeus. Alguns tipos de profissionais de saúde, como o *Heilpraktiker* na Alemanha, seriam considerados alternativos nos EUA.

No momento, nós temos frequentemente dois sistemas paralelos de assistência à saúde: um sistema biomédico tradicional, coberto por seguro, e um sistema alternativo amplo, não regulado e pago principalmente por meios privados. Suas fronteiras, durante a maior parte do tempo, são rígidas. No entanto, muitos profissionais da medicina são individualmente abertos e interessados em aprender com o outro sistema. Por outro lado, os princípios biológicos da medicina convencional são fortemente influenciados pela prática de alternativas nascidas no Ocidente. Além disso, muitas práticas de cura tradicionais, restritas a fronteiras culturais, continuam a existir para imigrantes como sistemas alternativos de assistência à saúde que muitas vezes atuam escondidos.

Centros de ensino acadêmico tornaram-se mais sensíveis ao dilema dessa divisão. Anne Harrington, uma historiadora da ciência da Universidade Harvard, publicou uma excelente revisão da história da medicina mente-corpo, intitulada *The Cure Within* (Harrington, 2008). Hoje, a educação e o treinamento em "medicina mente-corpo" estão sendo lentamente reintroduzidos nos currículos das escolas de medicina. Formas alternativas e complementares estão sendo usadas, cada vez mais, em meios integrativos com o conhecimento biomédico, em uma abordagem que se tornou conhecida como "medicina integrativa".

Nas duas últimas décadas, muitas organizações e periódicos profissionais internacionais que promovem a medicina complementar, alternativa e integrativa foram estabelecidos. A lista a seguir é uma amostra representativa:

- O National Center for Complementary and Alternative Medicine (NCCAM) nos EUA (www.nccam.nih.gov/) descreve-se como a "principal agência do governo federal para pesquisas científicas sobre os diversos sistemas médicos e de assistência à saúde e sobre práticas e produtos que não são geralmente considerados parte da medicina convencional". Fundado originalmente em 1992 como "Office of Alternative Medicine", com um orçamento de 2 milhões de dólares, o NCCAM se tornou, em 1998, um dos 27 National Institutes of Health. Seu orçamento atual é de 127 milhões de dólares. O Conselho Consultivo do Instituto inclui membros de conceituados conselhos acadêmicos e profissionais. O extenso website do Instituto fornece informações detalhadas sobre descobertas de pesquisas importantes para a

- missão que desempenha, e que são constantemente atualizadas com o objetivo de ajudar consumidores informados em suas escolhas sobre opções de medicina complementar e alternativa (CAM, *complementary and alternative medicine*).
- O Consortium of Academic Health Centers for Integrative Medicine (www.imconsortium.org), financiado pela Fundação Fetzer, foi oficialmente reunido pela primeira vez em 1999. Sua ideia era definir mecanismos confiáveis que pudessem ajudar grandes centros médicos a desenvolver "oportunidades clínicas, educacionais e de pesquisa capazes de surgir nesse campo em rápido crescimento" de "perspectivas complementares e integrativas da mente com o corpo", que "possam influenciar positivamente a medicina do futuro". Hoje, o consórcio inclui 51 centros médicos acadêmicos altamente conceituados e instituições a eles filiadas nos EUA.
- A CAMbrella (www.cambrella.eu), fundada em 2009, é uma rede europeia de pesquisas para promover a medicina complementar e alternativa. O objetivo dessa colaboração é desenvolver um roteiro para futuras pesquisas de CAM europeias que sejam apropriadas para as necessidades de assistência à saúde dos cidadãos da União Europeia e aceitáveis para o Parlamento da UE, bem como para os financiadores de pesquisas nacionais e pelos provedores de assistência à saúde.
- O European Information Center for Complementary and Alternative Medicine (EICCAM) foi criado com o objetivo de proporcionar e disseminar informações compreensíveis, objetivas e de alta qualidade sobre a segurança, a eficácia e a eficiência da medicina complementar e alternativa. O EICCAM (www.eiccam.eu) foi criado como uma Fundação de Utilidade Pública sob lei belga, com um Conselho de Administração e um Conselho Científico.
- A European Federation for Complementary and Alternative Medicine (EFCAM) foi formada em dezembro de 2004 como uma federação na qual representantes de organizações de pacientes, praticantes de CAM, pesquisadores e representantes do comércio e da indústria se reúnem para discutir e preparar as ações políticas necessárias para que a CAM seja reconhecida em toda a Europa (www.efcam.eu).

As iniciativas dessas organizações de pesquisa e políticas são discutidas em vários periódicos fundados durante os últimos trinta anos. Os mais importantes entre eles são: *Advances in Mind-Body Medicine* (www.advancesjournal.com), *Integrative Medicine* (www.imjournal.com), *Journal of Complementary and Integrative Medicine* (www.degruyter.com/view/j/jcim), e *European Journal of Integrative Medicine* (www.europeanintegrativemedicinejrnl.com).

Referência

Harrington, A. (2008). *The Cure Within: A History of Mind-Body Medicine*. Nova York: Norton.

A assistência social à saúde terá dois componentes básicos – educação para a saúde e planos de ação política para a saúde –, propostas que se espera realizar simultaneamente e em estreita coordenação. O objetivo da educação para a saúde será o de fazer as pessoas compreenderem como o seu comportamento e o seu ambiente afetam sua saúde, e ensiná-los a lidar com o estresse da vida diária. Programas abrangentes de educação para a saúde com essa ênfase podem ser integrados no sistema escolar e receber importância central. Ao mesmo tempo, podem ser acompanhados por educação para a saúde pública por meio da mídia para combater os efeitos da propaganda de produtos e estilos de vida insalubres, que hoje são onipresentes.

Um objetivo importante da educação para a saúde será o de promover a responsabilidade corporativa. A comunidade empresarial precisa aprender muito mais sobre os perigos para a saúde de seus processos de produção e de seus produtos. Ela precisa desenvolver e demonstrar interesse pela saúde pública, ficar ciente dos custos para a saúde gerados por suas atividades e formular planos de ação política corporativos em conformidade com essa consciência.

As políticas de saúde, a serem estabelecidas por governos em vários níveis administrativos, consistirão em legislações para impedir que ocorram riscos para a saúde, e também em políticas sociais que proveem as necessidades básicas das pessoas de modo a minimizar o estresse social. As medidas necessárias para proporcionar um ambiente que incentive e torne possível para as pessoas adotarem maneiras saudáveis de viver incluem o seguinte:

- restrições sobre toda publicidade de produtos insalubres;
- "taxas de saúde" cobradas de indivíduos, empresas e corporações que geram riscos para a saúde, para compensar os custos médicos que inevitavelmente surgem desses riscos;
- políticas sociais para melhorar a educação, o emprego, os direitos civis e os níveis econômicos de grande número de pessoas pobres;
- desenvolvimento de políticas nutricionais que oferecem incentivos para a indústria produzir mais alimentos nutritivos, livres de produtos químicos tóxicos.

O estudo cuidadoso dessas políticas sugeridas mostra que qualquer uma delas, em última análise, requer um diferente sistema econômico se quisermos que ela seja bem-sucedida. Não há como evitar a conclusão de que a própria atual economia global se tornou uma ameaça fundamental para a nossa saúde. Além disso, é também cada vez mais evidente que a saúde social e a ecológica – a saúde do nosso planeta – estão inextricavelmente interligadas. Essas questões serão examinadas com alguns detalhes nos três últimos capítulos deste livro.

15.3.2 Terapia integrativa

Na abordagem sistêmica da terapia, o primeiro passo, e o mais importante, consistirá em tornar os pacientes, tão plenamente quanto possível, conscientes da natureza e extensão do seu desequilíbrio. Isso significa que seus problemas terão de ser colocados no contexto mais amplo do qual eles surgem, o que deverá envolver um exame cuidadoso dos múltiplos aspectos de uma doença em particular por terapeuta e paciente. O aconselhamento psicológico desempenhará um importante papel nesse processo.

O principal objetivo do primeiro encontro entre o paciente e o clínico geral, além das medidas de emergência, será o de explorar com o paciente a natureza e o significado da doença, e encontrar possibilidades de mudar os padrões de vida do paciente que levaram a ela. Avaliar a contribuição relativa de fatores biológicos, psicológicos, sociais e ambientais para o desenvolvimento da doença de uma pessoa em particular é a essência da ciência e da arte da medicina clínica geral. Ela requer não apenas algum conhecimento básico da biologia, da psicologia e da ciência social humanas, mas também experiência, sabedoria, compaixão e preocupação com o paciente como ser humano.

Os profissionais de saúde que administram cuidados primários desse tipo não precisam ser médicos, nem especialistas em qualquer uma das disciplinas científicas envolvidas, mas terão de ser sensíveis às múltiplas influências que afetam a saúde e a doença, e capazes de decidir quais delas são mais importantes, mais conhecidas e mais fáceis de serem tratadas em um caso particular. Se for necessário, eles encaminharão o paciente para especialistas nas áreas que interessam, mas até mesmo quando esses tratamentos especiais forem necessários, o objeto da terapia ainda será a pessoa em sua totalidade.

O objetivo básico de qualquer terapia será restaurar o equilíbrio do paciente, e, uma vez que o modelo subjacente de saúde reconheça a tendência inata do organismo para curar a si mesmo, o terapeuta tentará se intrometer nesse processo o mínimo possível e ajudar a criar o ambiente mais propício para a cura. Tal abordagem da terapia será multidimensional, envolvendo tratamentos em vários níveis do sistema mente/corpo, o que, muitas vezes, exigirá um esforço de equipe multidisciplinar. Uma assistência à saúde desse tipo também exigirá muitas novas habilidades em disciplinas que anteriormente não eram associadas com a medicina, e é provável que ela seja intelectualmente mais rica, mais estimulante e mais desafiadora do que a prática médica que adere exclusivamente ao modelo biomédico.

A reorganização da assistência à saúde também significará que os hospitais terão de ser transformados em instituições mais humanas, em conformidade com a orientação holística da visão sistêmica da saúde. Isso envolverá a criação de ambientes confortáveis e terapêuticos, com alimentos bons e nutritivos, membros da família incluídos na assistência ao paciente, e outros melhoramentos sensíveis como esses.

Medicamentos serão utilizados principalmente em casos de emergência e tão parcimoniosa e especificamente quanto possível. Isso significa que a assistência à saúde terá de ser libertada da atual influência excessiva da indústria farmacêutica. Os médicos e os farmacêuticos irão colaborar selecionando, entre os muitos milhares de produtos farmacêuticos, apenas um número limitado de medicamentos que, segundo a medicina "baseada nas evidências", são plenamente adequados para proporcionar uma efetiva assistência médica – veja a Cochrane Collaboration (www.cochrane.org).

Essas mudanças só serão possíveis com uma reorganização completa da educação médica. Preparar os estudantes de medicina e outros profissionais de saúde para a nova abordagem sistêmica exigirá um considerável alargamento de sua base científica e uma ênfase muito maior nas ciências do comportamento e na ecologia humana. Tal programa educacional, lidando com vários níveis de saúde individual e social, será baseado na visão sistêmica da vida e estudará a condição humana na saúde e na doença dentro de um contexto ecológico. Ele constituirá uma boa base para estudos médicos mais detalhados e fornecerá a todos os profissionais de saúde uma linguagem comum para sua futura colaboração em equipes de saúde.

15.4 Observações finais

As forças que promovem a nova concepção sistêmica de saúde e cura operam tanto dentro como fora do sistema médico. Enquanto a medicina integrativa estabelece-se como uma nova disciplina científica, ocorre uma revolução tranquila da saúde entre o público em geral, realizada por indivíduos e por organizações recém-formadas, e insatisfeitos com os sistemas existentes de cuidados médicos.

Esses grupos deram origem a uma extensa exploração de abordagens alternativas, incluindo a promoção de hábitos de vida saudáveis, combinados com o reconhecimento da responsabilidade pessoal pela saúde e do potencial do indivíduo para a autocura; um vigoroso interesse em artes de cura tradicionais provenientes de várias culturas que integram abordagens físicas e psicológicas da saúde; e a formação de centros de assistência à saúde integrativa, muitos deles experimentando uma ampla gama de terapias alternativas.

Essa revolução da saúde caminha de mãos dadas com um renascimento, em âmbito mundial, da agricultura sustentável, voltada para a comunidade e baseada no reconhecimento da interdependência fundamental entre um solo saudável, pessoas saudáveis e comunidades saudáveis. A partir de uma perspectiva ainda mais ampla, a atual revolução da saúde pode ser considerada como parte de um movimento global dedicado à criação de um mundo sustentável para nossos filhos e para as gerações futuras – uma visão que é plenamente coerente com a visão sistêmica da vida. Vamos discutir a estrutura, os valores, as estratégias e os desafios desse movimento global na última parte deste livro.

IV

A sustentação da teia da vida

16

A dimensão ecológica da vida

Tendo discutido a visão sistêmica da vida em sua dimensão biológica (Capítulos 7 a 11), sua dimensão cognitiva (Capítulos 12 e 13) e sua dimensão social (Capítulo 14), e tendo proposto um arcabouço conceitual que integra essas três dimensões (Seção 14.3), incluiremos agora, na última parte deste livro, a dimensão ecológica em nossa síntese da concepção sistêmica da vida.

Na verdade, poderíamos ter (e, talvez, deveríamos ter) de começar essa discussão com a dimensão ecológica, uma vez que se sabe muito bem que nenhum organismo individual pode existir isoladamente. Animais dependem da fotossíntese das plantas para as suas necessidades energéticas; plantas dependem do CO_2 produzido por animais, bem como do nitrogênio fixado por microrganismos nas suas raízes; e, juntos, plantas, animais e microrganismos regulam toda a biosfera e mantêm as condições que levam à vida. Como nos lembra Harold Morowitz (1992, p. 54):

A sustentação da vida é uma propriedade de um sistema ecológico, em vez da de um único organismo ou espécie. A biologia tradicional tende a concentrar sua atenção em organismos individuais e não no *continuum* biológico. A origem da vida é, por isso, procurada como um evento único, no qual um organismo surge a partir do meio que o envolve. Um ponto de vista mais ecologicamente equilibrado examinaria os ciclos protoecológicos e os sistemas químicos subsequentes que precisaram ter-se desenvolvido e florescido enquanto apareciam objetos que se assemelhavam a organismos.

De fato, de acordo com a teoria de Gaia (discutida na Seção 8.3.3), a evolução dos primeiros organismos vivos acompanhou lado a lado a transformação da superfície do planeta desde um ambiente inorgânico até a biosfera autorreguladora. "Nesse sentido", escreve Morowitz (1992, p. 6), "a vida é uma propriedade dos planetas, e não de organismos individuais".

Por outro lado, a ecologia é uma ciência relativamente nova em comparação com as disciplinas tradicionais da biologia, da psicologia e da sociologia. É por isso que optamos por introduzir a perspectiva ecológica depois de discutir as dimensões biológica, cognitiva e social da vida, seguindo mais ou menos a sequência histórica na qual as disciplinas correspondentes se desenvolveram.

16.1 A ciência da ecologia

A ecologia, do grego *oikos* ("lar", isto é "espaço e unidade domésticos"), é o estudo do "Lar Terrestre". Mais precisamente, é o estudo científico das relações entre os membros do Lar Terrestre – plantas, animais e microrganismos – e seu ambiente natural, vivo e não vivo. A unidade ecológica básica é o ecossistema, definido como uma comunidade de diferentes espécies em uma determinada área, interagindo com seu ambiente não vivo, ou abiótico (ar, minerais, água, luz solar etc.) e com seu ambiente vivo, ou biótico (isto é, com outros membros da comunidade). O ecossistema, então, consiste em uma comunidade biótica e seu ambiente físico.

É evidente, a partir dessas definições, que a ciência da ecologia é inerentemente multidisciplinar. Uma vez que os ecossistemas interligam o mundo vivo com o mundo não vivo, a ecologia precisa estar fundamentada não apenas na biologia, mas também na geologia, na química atmosférica, na termodinâmica e em outros ramos da ciência. E quando se trata de avaliar os impactos das atividades humanas sobre a biosfera, o que está se tornando cada vez mais urgente, temos de acrescentar à ecologia uma gama totalmente nova de campos, que incluem a agricultura, a economia, o planejamento industrial e a política.

A importância de se estudar, dentro do arcabouço geral da ecologia, a penetrante influência das atividades humanas sobre os ecossistemas, bem como a influência recíproca da deterioração desses ecossistemas sobre a saúde e o bem-estar humanos, também fica claro que a ecologia, hoje, não é apenas uma área de estudos rica e fascinante, mas também é extremamente importante para avaliar, e – espero – influenciar, o destino futuro da humanidade. Um dos grandes desafios que o nosso tempo precisa vencer é o de construir e alimentar comunidades sustentáveis, e para fazê-lo podemos aprender muitas lições dos ecossistemas, pois os ecossistemas são, na verdade, comunidades de plantas, animais e microrganismos que têm sustentado a vida durante bilhões de anos. Voltaremos a esse papel fundamental da ecologia mais adiante neste capítulo (na Seção 16.3).

16.1.1 O desenvolvimento de conceitos ecológicos básicos

A natureza inerentemente multidisciplinar da ecologia sugere que a visão sistêmica da vida, que também é multidisciplinar, poderia fornecer um arcabouço e uma linguagem ideais para os estudos ecológicos. De fato, como mostramos em nossa revisão histórica da emergência do pensamento sistêmico (Seção 4.1), o desenvolvimento da ecologia e o do pensamento sistêmico estiveram estreitamente ligados desde o início. A ecologia originou-se na tradição naturalista do fim do século XIX, e seus primeiros conceitos-chave foram refinados nas décadas de 1920 e 1930 em uma série de diálogos interdisciplinares com biólogos organísmicos, psicólogos da Gestalt e outros dos primeiros pensadores sistêmicos.

Como examinamos na Seção 4.1, os conceitos formulados e explorados nos anos em que a ecologia estava sendo fundamentada incluíam os de biosfera, ecossistema, ambiente natural e comunidade ecológica. Desde o começo da ecologia, as comunidades ecológicas foram concebidas como redes de organismos interligados por relações de alimentação. Essa ideia levou não apenas aos conceitos de cadeias alimentares e de ciclos alimentares, que mais tarde seriam expandidos no conceito contemporâneo de teias alimentares, mas, finalmente, também ao importante reconhecimento da rede como o padrão básico de organização de todos os sistemas vivos.

Quando o zoólogo inglês Charles Elton (1927) introduziu os conceitos de cadeias alimentares e ciclos alimentares em seu livro pioneiro *Animal Ecology*, ele também introduziu na ecologia uma perspectiva dinâmica que se tornaria o principal arcabouço teórico para gerações posteriores de ecologistas – o fluxo de energia e matéria de um organismo para outro. Elton também introduziu o conceito de nicho ecológico, definindo-o como o papel que um animal desempenha em uma comunidade em função do que ele come e de quem o come; e foi um dos primeiros ecologistas a estudar populações – grupos de indivíduos da mesma espécie que vivem em uma área particular, ou hábitat particular, em um determinado tempo.

G. Evelyn Hutchinson, um limnologista (cientista da água doce) norte-americano fortemente influenciado pelas ideias de Elton, desenvolveu ainda mais a teoria do nicho e a tornou popular entre os ecologistas. Outro limnologista e aluno de Hutchinson, Raymond Lindeman, cunhou o adjetivo "trófico" – do grego *trophe* ("alimento") – para analisar as relações de alimentação. Lindeman introduziu a noção de "nível trófico" para descrever a posição que um organismo ocupa em uma cadeia alimentar. O primeiro nível trófico é o das plantas verdes, ou produtores primários. No processo de fotossíntese, as plantas convertem a energia solar em energia química e a retêm em substâncias orgânicas, enquanto o oxigênio é liberado no ar para ser absorvido por outras plantas, e por animais, no processo de respiração.

O segundo nível trófico é o dos herbívoros ou consumidores primários, que comem plantas e transferem a energia de sua matéria orgânica para a cadeia alimentar quando, por sua vez, são devorados por carnívoros, os consumidores secundários. Outros níveis de carnívoros e omnívoros (animais que tanto comem plantas como outros animais) constituem níveis tróficos sucessivos. Desse modo, nutrientes são transferidos ao longo da cadeia alimentar, enquanto alguma energia é dissipada na forma de calor por meio da respiração e como resíduo por meio da excreção. No entanto, em cada nível, os chamados decompositores (bactérias, fungos, insetos e outros) quebram organismos mortos ou em decomposição, reduzindo-os em seus nutrientes básicos, para serem absorvidos, mais uma vez, por plantas verdes. Ao fazer isso, os decompositores transformam a cadeia alimentar em um ciclo de alimentos (veja a Figura 16.1), na qual os nutrientes e outros elementos básicos circulam continuamente pelo ecossistema, enquanto a energia é dissipada em cada estágio. O único resíduo gerado pelo ecossistema como um todo é a energia térmica da respiração, que é irradiada para a atmosfera e reabastecida continuamente do sol por meio da fotossíntese.

Além da dinâmica dos ciclos e fluxos ecológicos, os ecologistas, desde o começo, estudaram as mudanças estruturais direcionadas de um ecossistema como um todo, conhecidas como sucessão ecológica. Um dos primeiros a fazer isso foi o botânico Henry Cowles (1899), que mostrou, em um estudo pioneiro sobre as dunas de areia no Lago Michigan, como essas dunas são inicialmente colonizadas por plantas resistentes à seca, que dão origem a arbustos, que são sucedidos por pequenas árvores, e, finalmente, por florestas.

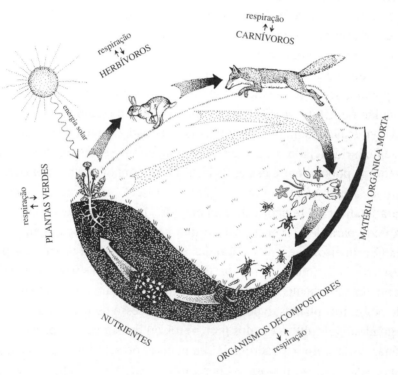

Figura 16.1 Uma cadeia alimentar típica (extraído de Capra, 1997).

Uma década depois, o fitoecologista Frederic Clements (1916) propôs uma teoria da sucessão na qual padrões previsíveis de desenvolvimento da vegetação acabam levando a uma "comunidade clímax" estável, característica de um clima particular. Clements sugeriu que tal sucessão ecológica em direção a uma comunidade clímax é análoga ao desenvolvimento de um organismo até a idade adulta. Essa visão foi contestada na década de 1920 por Henry Gleason (1926), que ofereceu uma teoria mais complexa e menos determinista da sucessão, na qual fatores aleatórios desempenham um papel muito mais significativo. Ao longo das décadas seguintes, esse debate levou a extensas pesquisas sobre a dinâmica da mudança da vegetação em ecossistemas terrestres (veja Chapin *et al*., 2002).

Há ecossistemas de todos os tamanhos. Eles podem ser tão pequenos quanto troncos apodrecidos ou tão grandes quanto um oceano. Um princípio básico da ecologia é o reconhecimento de que os ecossistemas, como todos os sistemas vivos, formam estruturas multiniveladas de sistemas aninhados dentro de outros sistemas. Nos níveis mais amplos, as comunidades regionais de plantas e animais que se estendem ao longo de milhões de quilômetros quadrados são conhecidas como biomas. Entre os ecossistemas terrestres, os ecologistas identificaram oito biomas principais: florestas tropicais, temperadas e de coníferas; savana tropical, pastagem temperada, chaparral (terreno arbustivo), tundra e deserto. E, finalmente, a maior unidade ecológica é a biosfera, a soma global de todos os ecossistemas. De acordo com a teoria de Gaia (Seção 8.3.3), a biosfera está estreitamente acoplada às rochas da Terra (litosfera), aos oceanos (hidrosfera) e à atmosfera de maneira tal que, em conjunto, formam um sistema planetário autorregulador.

Na década de 1950, o ecologista norte-americano Eugene Odum (1953) escreveu o primeiro manual escolar de ecologia, *Fundamentals of Ecology*, no qual os princípios e conceitos básicos de ecologia foram discutidos pela primeira vez em uma exposição clara e sistemática. O texto de Odum influenciou toda uma geração de ecologistas. Além das discussões lúcidas e detalhadas de conceitos ecológicos fundamentais, o livro também ofereceu uma visão geral dos principais ramos da ecologia de acordo com os hábitats estudados: ecologia de água doce, ecologia marinha e ecologia terrestre.

O manual de Odum teve a coautoria, em parte, de seu irmão, Howard Odum, e, juntos, os irmãos Odum também publicaram vários estudos sobre ecossistemas nos quais documentaram os movimentos de energia e de materiais através do sistema em uma série de fluxogramas. Esses "fluxogramas de Odum", desde essa época, tornaram-se uma prática comum na análise de ecossistemas.

16.1.2 Ramos da ecologia

Quando os ecologistas desenvolveram e refinaram os conceitos básicos discutidos na seção anterior, eles organizaram os vários ramos da sua ciência em conformidade com esse aperfeiçoamento. Assim, a ecologia populacional está interessada na estrutura, na distribuição espacial, no crescimento e na migração de populações de animais e de plantas; a ecologia evolutiva é o estudo da seleção natural e da evolução de populações;

e a ecologia de comunidades está interessada em interações entre espécies, focalizando especialmente a compreensão da natureza e das consequências da biodiversidade dentro de comunidades ecológicas.

Recentes avanços na ciência e na tecnologia (por exemplo, fotografias aéreas e de formação de imagens por satélites), bem como uma crescente preocupação a respeito dos impactos humanos sobre o meio ambiente, deram origem a vários novos ramos da ecologia. Esses incluem a ecologia da conservação, preocupada com a manutenção da diversidade biológica; a ecologia humana, que estuda a ampla faixa de relações entre os seres humanos e o ambiente natural; e a ecologia global, interessada por fenômenos ecológicos em uma escala global.

Dentro do nosso arcabouço conceitual da visão sistêmica da vida, precisamos discutir, com alguns detalhes, duas áreas da ecologia. A primeira é a ecologia dos ecossistemas, também conhecida como ecologia sistêmica – o estudo teórico da estrutura e da dinâmica dos ecossistemas –, e a segunda é a ecologia humana, que inclui questões críticas, como a sustentabilidade e as manifestações globais das mudanças climáticas.

16.2 Ecologia sistêmica

A ecologia sistêmica, ou ecologia dos ecossistemas, está interessada no estudo dos ecossistemas como sistemas integrados e interativos de componentes biológicos e físicos. Por isso, esse ramo da ecologia deve refletir de maneira muito explícita a visão sistêmica da vida que estamos discutindo ao longo de todo este livro. Nesta seção, examinaremos em que medida esse é, efetivamente, o caso. Para fazê-lo, listamos abaixo as características sistêmicas básicas da vida biológica, como discutimos nos Capítulos 7 e 8, de modo a determinar se os ecossistemas satisfazem ou não a essas características.

Características da vida biológica

(1) Um sistema vivo é material e energeticamente aberto; é uma estrutura dissipativa, operando afastada do equilíbrio. Há um fluxo contínuo de energia e matéria atravessando o sistema.
(2) É auto-organizadora, sendo a sua estrutura continuamente organizada pelas próprias regras internas do sistema.
(3) Sua dinâmica é não linear e pode incluir a emergência de uma nova ordem em pontos de instabilidade crítica.
(4) É operacionalmente fechada – uma rede autopoiética, limitada por fronteira.
(5) É autogeradora; cada componente ajuda a transformar e a substituir outros componentes, inclusive os de sua fronteira semipermeável.
(6) Suas interações com o meio ambiente são cognitivas – isto é, determinadas por sua própria organização interna.

16.2.1 Ecossistemas como estruturas dissipativas

Quando examinamos a literatura sobre ecologia sistêmica, podemos perceber facilmente que os ecologistas, até agora, têm-se concentrado quase que exclusivamente nas três primeiras características anteriores. Desde os estudos pioneiros de Howard Odum, as pesquisas sobre os fluxos de energia e de matéria que percorrem os ecossistemas – provenientes do Sol, da atmosfera e do solo e dirigidos aos produtores primários, consumidores, e decompositores – constituem o principal assunto investigado pela ecologia sistêmica. O comportamento energético dos ecossistemas é analisado no âmbito da termodinâmica em função de fluxos e de reservatórios de nutrientes; cadeias alimentares, teias alimentares e níveis tróficos; e decomposição e circulação de nutrientes (veja, por exemplo, Chapin *et al.*, 2002; Smith e Smith, 2006).

Nessas análises, os ecologistas logo perceberam que um ecossistema é material e energeticamente aberto, sua principal fonte de energia é o Sol, e seu resíduo efetivo é a energia térmica da respiração, que é irradiada para a atmosfera (veja a Figura 16.1). Além disso, eles reconheceram que a natureza não linear de toda a dinâmica trófica da teia alimentar era um padrão básico de organização em ecossistemas. De acordo com esse reconhecimento, os ecologistas sistêmicos logo passaram a prestar atenção no fenômeno da auto-organização.

Como a bióloga molecular e historiadora da ciência Evelyn Fox Keller (2005) assinala, é útil distinguir entre diferentes significados do termo "auto-organização" durante diferentes períodos da ciência moderna quando analisamos sua aplicação aos ecossistemas. Para os ciberneticistas na década de 1940, auto-organização significava a emergência espontânea da ordem em máquinas que trabalhavam com ciclos de *feedback*, os quais eram concebidos como modelos de sistemas vivos (veja a Seção 5.3.5). Essa ideia passou a ser aplicada, apenas alguns anos depois de sua criação, na análise de mecanismos autorreguladores e autoequilibradores (ou autobalanceadores) em ecossistemas em um artigo clássico, escrito por Evelyn Hutchinson (1948) e intitulado "Circular Causal Systems in Ecology". Algumas décadas depois, o conceito cibernético de auto-organização foi explorado extensamente nos fluxogramas introduzidos por Howard Odum.

Com o advento da teoria da complexidade na década de 1980, a concepção cibernética original de auto-organização mudou. A auto-organização passou então a significar a emergência espontânea da nova ordem em sistemas complexos governados pela dinâmica não linear (veja a Seção 8.3). No entanto, como enfatizamos, o *feedback* (tanto o autoequilibrador como o autoamplificador) é ainda uma característica importante desses processos de emergência em sistemas dinâmicos.

Nessa concepção mais recente de auto-organização, os ecossistemas são entendidos como estruturas dissipativas que operam afastadas do equilíbrio, e as formas da nova ordem são representadas matematicamente por meio de atratores que emergem nos pontos de bifurcação. Por causa de sua complexidade e de sua sofisticação matemática, esse arcabouço conceitual é muito mais desafiador, e só recentemente os ecologistas começaram a utilizá-lo em suas análises de ecossistemas (veja, por exemplo, Kay, 2000).

16.2.2 Os ecossistemas são autopoiéticos?

No entanto, nossas três primeiras características da vida biológica foram aplicadas com sucesso por ecologistas sistêmicos no estudo das estruturas e processos ecossistêmicos. Infelizmente, não se pode dizer o mesmo a respeito das outras três características relativas à autopoiese. Na verdade, o conceito de autopoiese está ostensivamente ausente da literatura a respeito de ecologia sistêmica. Por exemplo, em um livro escrito por vários autores, intitulado *Theoretical Studies of Ecosystems: The Network Perspective* (Higashi e Burns, 1991), os editores afirmam no prefácio: "A diversidade dos pontos de vista e das abordagens para o estudo teórico dos ecossistemas que são recolhidos aqui compartilha da percepção dos ecossistemas como redes, e representa o estado atual do conhecimento sobre o assunto". Mas a questão que indaga se essas redes são autogeradoras ou autopoiéticas não é discutida por nenhum dos autores do livro. Também não é abordada em outro livro que reúne vários autores, *Handbook of Ecosystem Theories and Management* (Jørgensen e Müller, 2000), publicado uma década depois. Talvez isso não deva ser muito surpreendente, uma vez que a teoria da autopoiese ainda não é amplamente aceita na biologia oficial, mesmo que tenha sido abraçada entusiasticamente em muitos "nichos" biológicos.

Como já mencionamos, Maturana e Varela propuseram originalmente que o conceito de autopoiese deveria se restringir à descrição de redes celulares, e que o conceito mais amplo de "fechamento operacional", que não especifica processos de produção, deveria ser aplicado a todos os outros sistemas vivos (veja a Seção 14.3.3). Outros autores distinguem entre autopoiese de primeira ordem (unicelular) e autopoiese de segunda ordem (multicelular), e em nossa discussão sugerimos que a vida biológica poderia ser considerada como um sistema de sistemas autopoiéticos engrenados uns nos outros (Seção 7.3). Também revisamos o debate muito animado sobre a autopoiese em sistemas sociais (Seção 14.3.3), que está em total contraste com o silêncio quase total a respeito da questão da autopoiese nos ecossistemas.

É bem possível que os caminhos e processos que ocorrem nas redes ecológicas ainda não sejam conhecidos com detalhes suficientes para que se possa decidir se é ou não apropriado descrever essas redes como autopoiéticas. No entanto, com certeza seria interessante se envolver em discussões sobre a autopoiese com ecologistas, como tem acontecido com cientistas sociais.

Para começar, podemos dizer que uma função de todos os componentes em uma teia alimentar consiste em transformar outros componentes dentro da mesma rede.

Uma vez que as plantas absorvem matéria inorgânica de seu ambiente para produzir compostos orgânicos, e uma vez que esses compostos são transmitidos por todo o ecossistema a fim de servir de alimento para a produção de estruturas mais complexas, toda a rede regula a si mesma por meio de múltiplos ciclos de *feedback*. Os componentes individuais da teia alimentar morrem continuamente para serem decompostos e substituídos pelos próprios processos de transformação da rede. Só resta saber se isso é suficiente para definir um ecossistema como autopoiético. De qualquer maneira, se esse for o caso, isso dependerá, entre outras coisas, de uma clara compreensão da fronteira do sistema.

A característica que define um sistema autopoiético é o fato de que ele se recria continuamente dentro de uma fronteira por ele próprio construída (veja a Seção 7.1). Por exemplo, em uma célula, a membrana que a envolve é continuamente regenerada e mantida por meio de processos celulares internos, e, por sua vez, contribui para esses processos regulando o fluxo de nutrientes vindos do ambiente da célula.

Nos ecossistemas, a situação é menos clara. Para começar, há várias diferentes fronteiras: a atmosfera, o solo, a fronteira entre um pequeno ecossistema e um ecossistema maior dentro do qual o primeiro está aninhado, e as fronteiras entre ecossistemas de grande escala ou *patches* [porções de terreno], como são chamados em ecologia da paisagem. Como essas diferentes fronteiras influenciam o funcionamento dos ecossistemas correspondentes, e, em particular, como afetam os fluxos de materiais que os atravessam ainda são processos pouco compreendidos (veja Cardenasso *et al.*, 2003).

De acordo com a teoria de Gaia, há um estreito acoplamento entre a atmosfera e a vida na Terra, seus gases sendo continuamente retirados e repostos por organismos vivos. Por outro lado, a atmosfera pode ser considerada como "semipermeável", não diferindo muito de uma membrana celular, uma vez que ela deixa passar determinadas frequências de radiações presentes na luz solar, mas absorve outras, além de proteger a biosfera contra os raios cósmicos de alta energia (veja Capra, 1975). Desse modo, pode-se argumentar que a atmosfera constitui uma fronteira no sentido da autopoiese. No entanto, parece discutível que essa noção possa ser aplicada a um ecossistema em particular e à porção de atmosfera acima dele; e é ainda menos evidente se um argumento semelhante pode valer para o solo entre um ecossistema terrestre e a crosta terrestre.

No que se refere às fronteiras entre *patches* de uma paisagem, a situação é muito diferente da que ocorre nas membranas que envolvem células. Em um organismo pluricelular, cada célula tem sua própria membrana, e as células são interligadas pelos chamados canais de proteínas por meio dos quais eles trocam sinais químicos e elétricos. Ecossistemas adjacentes, ao contrário, compartilham uma única fronteira, que pode ter alguma característica em comum com um *patch* ou com o outro, ou pode ser completamente diferente deles. Essas fronteiras podem ser largas ou estreitas, dependendo dos gradientes de mudança das características de um *patch* para o outro (Cardenasso *et al.*, 2003).

Por exemplo, se um prado adjacente a uma floresta é ceifado até junto às árvores, a fronteira pode ser muito estreita. Mas se algumas partes do prado perto das árvores não são ceifadas, a transição entre gramíneas e árvores pode ser mais gradual, e, assim, a fronteira será muito mais larga, com arbustos e árvores jovens crescendo na interface. Em ambos os casos, a fronteira influenciará os fluxos de materiais, de organismos e de energia entre os dois *patches*. No entanto, está longe de ser clara a maneira como essa regulação de fluxos pode estar associada a um dos ecossistemas ou ao outro, no sentido da autopoiese.

Concluímos, com base nessas considerações, que a questão de se saber se o conceito de autopoiese se aplica aos ecossistemas, e, em caso positivo, como exatamente ele se aplica, ainda está em aberto, e sem dúvida vale a pena discuti-la em profundidade no arcabouço conceitual da ecologia sistêmica.

16.2.3 A autopoiese e o sistema de Gaia

Quando mudamos a nossa percepção dos ecossistemas para o planeta como um todo, deparamo-nos com uma rede global de processos de produção e transformação, que foi descrita com alguns detalhes na teoria de Gaia de James Lovelock e Lynn Margulis (veja a Seção 8.3.3). Na verdade, parece haver mais evidências para a natureza autopoiética do sistema de Gaia do que para os ecossistemas.

O sistema da Terra opera em uma escala muito grande no espaço e também envolve escalas de tempo muito longas. Assim, não é tão fácil pensar em Gaia como sendo viva de uma maneira concreta. Todo o planeta estaria vivo ou apenas certas partes dele? E nesse último caso, quais partes? Para nos ajudar a figurar Gaia como um sistema vivo, Lovelock (1991) sugeriu uma sequoia como analogia. Conforme a árvore cresce, há somente uma fina camada de células vivas (conhecida como câmbio) em torno de seu perímetro, logo abaixo da casca. Toda a madeira interna, mais de 97% da árvore, está morta. De maneira semelhante, a Terra é coberta com uma fina camada de organismos vivos – a biosfera – afundando-se no oceano até cerca de 8 km a 9,6 km e subindo na atmosfera até cerca da mesma distância. Desse modo, a parte viva de Gaia é apenas uma delgada película ao redor do globo.

Assim como a casca de uma árvore protege contra danos sua fina camada de tecido vivo, a vida na Terra é cercada pela camada protetora da atmosfera, que forma uma blindagem contra a penetração da luz ultravioleta e de outras influências nocivas, e mantém a temperatura do planeta dentro de um faixa apropriada para a vida florescer. Nem a atmosfera acima de nós nem as rochas abaixo de nós são vivas, mas ambas foram modeladas e transformadas consideravelmente por organismos vivos, assim como a casca e a madeira da árvore. O espaço exterior e o espaço interior da Terra fazem parte do ambiente de Gaia.

De acordo com a teoria de Gaia, a atmosfera da Terra é criada, transformada e mantida pelos processos metabólicos da biosfera. As bactérias desempenham um papel de importância crucial nesse processo, influenciando a velocidade das reações químicas e, desse modo, atuando como o equivalente biológico das enzimas em uma célula. Como mencionamos, a atmosfera é semipermeável, como a membrana de uma célula, e constitui parte integrante da rede planetária. Por exemplo, ela criou a estufa protetora na qual a vida primitiva no planeta foi capaz de se desdobrar há 3 bilhões de anos, mesmo que o Sol fosse nessa era 25% menos luminoso do que é agora.

O sistema de Gaia é claramente autogerador. O metabolismo planetário converte substâncias inorgânicas em matéria orgânica, viva, e a reconduz de volta ao solo, aos oceanos e ao ar. Todos os componentes da rede de Gaia, inclusive os de sua fronteira atmosférica, são produzidos por processos que ocorrem no interior da rede. Uma característica fundamental de Gaia é o complexo entrelaçamento de sistemas vivos e não vivos dentro de uma única teia. Isso resulta em ciclos de *feedback*, conhecidos pelos ecologistas como ciclos biogeoquímicos, os quais abrangem escalas que diferem imensamente entre si. Elas podem se estender ao longo de centenas de milhões de anos, enquanto os organismos a elas associados têm vidas de duração muito curta.

O ciclo do CO_2 é um exemplo impressionante de um tal gigantesco ciclo de *feedback* (veja Harding, 2009; Lovelock, 1991). Os vulcões da Terra têm vomitado na atmosfera imensas quantidades de CO_2 durante milhões de anos. Uma vez que o CO_2 é um dos principais gases que causam o efeito estufa, Gaia precisa bombeá-lo para fora da atmosfera, que de outra maneira ficaria quente demais para a vida. Plantas e animais reciclam enormes quantidades de CO_2 e de oxigênio nos processos da fotossíntese, da respiração e da decomposição. No entanto, essas trocas estão sempre em equilíbrio e não afetam o nível de CO_2 na atmosfera. De acordo com a teoria de Gaia, o excesso de CO_2 na atmosfera é removido e reciclado por um enorme ciclo de *feedback*, que envolve, como um ingrediente-chave, a erosão de rochas por agentes atmosféricos.

No processo dessa erosão meteorológica, rochas de silicato (granito e basalto) combinam-se com água da chuva e CO_2 para formar várias substâncias químicas conhecidas como carbonatos. O CO_2 é, desse modo, retirado da atmosfera e retido em soluções líquidas.

Esses processos são puramente químicos, não requerendo a participação da vida. No entanto, Lovelock (1991) e outros descobriram que a presença de bactérias do solo, fungos, líquens e plantas aumenta imensamente a velocidade de erosão das rochas. Em certo sentido, esses organismos atuam como catalisadores biológicos para o processo de desagregação das rochas.

Os carbonatos são então arrastados pela água em direção ao oceano, onde algas minúsculas, invisíveis a olho nu, os absorvem e os usam para fazer requintadas carapaças de giz (carbonato de cálcio). Desse modo, o CO_2 que estava na atmosfera acaba nas carapaças dessas algas minúsculas (Figura 16.2). Além disso, as algas dos oceanos também absorvem CO_2 diretamente do ar.

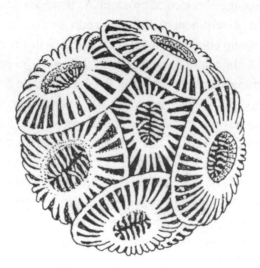

Figura 16.2 Alga oceânica (cocolitóforo) com carapaça de giz (extraído de Capra, 1997).

Quando as algas morrem, suas carapaças descem até o leito oceânico, onde se acumulam em sedimentos maciços de giz e calcário (duas formas de carbonato de cálcio). Graças à tectônica de placas, esses sedimentos afundam gradualmente no manto da Terra e derretem. Daí resulta que parte do CO_2 contido nas rochas derretidas é novamente vomitada por vulcões e reencaminhada para mais uma rodada no grande ciclo de Gaia.

Todo o ciclo – ligando vulcões à erosão de rochas de silicato, a bactérias do solo, a algas oceânicas, a sedimentos de calcário e novamente a vulcões – atua como um gigantesco ciclo de *feedback* que contribui para a regulação da temperatura da Terra. À medida que o Sol fica mais quente, o crescimento de organismos sobre as rochas e no solo é estimulado, o que aumenta a velocidade de erosão das rochas. Isso, por sua vez, bombeia mais CO_2 para fora da atmosfera e, desse modo, esfria o planeta. De acordo com Lovelock e Margulis, semelhantes ciclos de *feedback* – interligando plantas e rochas, animais e gases atmosféricos, microrganismos e oceanos – regulam o clima da Terra, a quantidade de oxigênio na atmosfera e outras importantes condições planetárias.

No sistema de Gaia, os componentes dos oceanos, do solo e do ar, assim como todos os organismos da biosfera, são continuamente substituídos pelos processos planetários de produção e transformação. Parece, portanto, que a afirmação segundo a qual Gaia é uma rede autopoiética é muito forte. Na verdade, Lynn Margulis, coautora da teoria de Gaia, afirmou confiante: "Há poucas dúvidas de que a pátina planetária – que inclui a nós mesmos – é autopoiética" (Margulis e Sagan, 1986, p. 66).

A confiança de Margulis na ideia de uma teia autopoiética planetária resulta de três décadas de trabalho pioneiro em microbiologia. Para entender a complexidade, a diversidade e a capacidade de auto-organização da rede de Gaia, uma compreensão do microcosmo – a natureza, extensão, metabolismo e evolução dos microrganismos – é absolutamente essencial. A vida na Terra começou há cerca de 3,5 bilhões de anos, e para os primeiros 2 bilhões de anos o mundo vivo consistia inteiramente de microrganismos unicelulares (veja o Capítulo 11). Durante o primeiro bilhão de anos de evolução, as bactérias – as formas mais básicas de vida – cobriram o planeta com uma intrincada teia de processos metabólicos e passaram a regular a temperatura e a composição química da atmosfera de modo que ela se tornou propícia – e ganhou condições de conduzir – à evolução de formas superiores de vida.

Plantas, animais e seres humanos são retardatários na Terra, pois emergiram do microcosmo há 1 bilhão de anos. E até mesmo hoje os organismos vivos visíveis só funcionam por causa de suas conexões bem desenvolvidas com a teia bacteriana da vida. "Longe de deixar os microrganismos para trás na 'escada' evolutiva", escreveram Margulis e Sagan (1986, pp. 14, 21), "somos tanto circundados por eles como compostos por eles... [Precisamos] pensar em nós mesmos e em nosso ambiente como um mosaico evolutivo de vida microcósmica".

Durante a longa história evolutiva da vida, mais de 99% de todas as espécies que já existiram foram extintas, mas a teia planetária das bactérias sobreviveu, continuando a regular as condições para a vida na Terra, como tem feito nos últimos 3 bilhões de anos. De acordo com Margulis, o conceito de uma rede autopoiética planetária é justificado porque toda a vida está encaixada em uma teia auto-organizadora de bactérias, envolvendo redes elaboradas de sistemas sensoriais e de controle que estamos apenas começando a reconhecer. Miríades de bactérias, que vivem no solo, nas rochas e nos oceanos, assim como dentro de todas as plantas, animais e seres humanos, regulam continuamente a vida na Terra: "É o crescimento, o metabolismo e as propriedades de intercâmbio de gases entre micróbios [...] que formam os complexos sistemas de *feedback* físicos e químicos que modulam a biosfera em que vivemos" (Margulis e Sagan, 1986, p. 271). E, uma vez que a visão sistêmica da vida define esses processos auto-organizadores, em última análise, como cognitivos, a teia microbiana da vida precisa ser considerada como um sistema cognitivo.

16.3 Sustentabilidade ecológica

No desdobramento da vida na Terra durante os últimos 3,8 bilhões de anos, a emergência e extinção de espécies não foi um processo constante, mas produziu várias flutuações dramáticas – as chamadas extinções em massa, nas quais pereceram mais de 50% das espécies animais (veja G. T. Miller, 2007). Com base em evidências fósseis e geológicas, paleontólogos identificaram cinco dessas extinções em massa durante os últimos 500 milhões de anos (isto é, desde que começou a evolução das plantas e dos animais terrestres; veja a Figura 11.1), incluindo a extinção dos dinossauros há 65 milhões de anos.

Estimativas atuais sobre as taxas de extinção ocasionadas pelo desmatamento e por destruições de outros hábitats indicam que a Terra está hoje no meio de uma sexta extinção em massa (Leaky e Lewin, 1995). O atual evento de extinção, no entanto, é único, tanto pela sua magnitude como pela sua causa. Enquanto todas as extinções anteriores foram causadas por fenômenos físicos naturais – explosões vulcânicas, glaciações ou o impacto de um asteroide – a atual extinção em massa é causada, pela primeira vez, pelas atividades de uma única espécie: *Homo sapiens*. Como observou um recente relatório da Royal Society of London (Magurran e Dornelas, 2010):

Há indícios muito fortes de que a atual taxa de extinção de espécies ultrapassa em muito qualquer coisa que nos tenha sido informada por meio dos registros fósseis... Nunca antes uma única espécie provocou mudanças tão profundas nos hábitats, na composição e no clima do planeta.

Por causa dessa situação calamitosa, que ameaça a própria sobrevivência da humanidade (como discutiremos com mais detalhes no Capítulo 17), o problema da sustentação da vida na Terra passou a ocupar o centro do palco nos últimos anos. A preocupação com o meio ambiente não é mais uma das muitas "questões isoladas". É o contexto de todas as outras coisas – nossas vidas, nossos negócios, nossa política. O grande desafio do nosso tempo é o de como construir e nutrir comunidades e sociedades sustentáveis. Por isso, transmitir uma compreensão clara sobre a sustentabilidade transformou-se em um papel crítico da ecologia (veja G. T. Miller, 2007; Steffen *et al.*, 2004).

16.3.1 A definição de sustentabilidade

O conceito de sustentabilidade foi introduzido, no início da década de 1980, por Lester Brown, fundador do Worldwatch Institute (veja a Seção 17.4) e um dos mais conceituados e competentes pensadores ambientais (Brown, 1981). Poucos anos depois, Brown, Flavin e Postel definiram uma sociedade sustentável como aquela que "satisfaz às suas necessidades sem colocar em perigo as perspectivas das gerações futuras" (Brown *et al.*, 1990). Por volta da mesma época, o relatório da World Commission on Environment and Development (1987), também conhecido como "Brundtland Report" [Relatório Brundtland], apresentou a noção de "desenvolvimento sustentável":

A humanidade tem capacidade para alcançar o desenvolvimento sustentável – satisfazer às necessidades do presente sem comprometer a capacidade das gerações futuras para satisfazer às suas próprias necessidades.

Essas definições de sustentabilidade são importantes exortações morais. Elas nos lembram da nossa responsabilidade de transmitir aos nossos filhos e netos um mundo com tantas oportunidades quantas aquelas que herdamos. No entanto, elas não nos dizem nada sobre como devemos construir uma sociedade sustentável. É por isso que tem havido muita confusão a respeito do significado de sustentabilidade, mesmo dentro do movimento ambientalista. Também devemos observar aqui que a noção de "desenvolvimento sustentável" é muito problemática, como discutiremos na Seção 17.2.2.

A chave para uma definição operacional de sustentabilidade ecológica é a percepção de que não precisamos inventar comunidades humanas sustentáveis a partir do zero, mas podemos modelá-las de acordo com os ecossistemas da natureza, que *são* comunidades sustentáveis de plantas, animais e microrganismos. Uma vez que a característica proeminente do "Lar Terrestre" é sua capacidade inerente para sustentar a vida, uma comunidade humana sustentável é planejada de tal maneira que seus modos de vida, negócios, economia, estruturas físicas e tecnologias *não interferem na capacidade inerente da natureza para sustentar a vida* (Capra, 2002). Comunidades sustentáveis desenvolvem seus padrões de vida ao longo do tempo em interação contínua com outros sistemas vivos, humanos e não humanos. Desse modo, a sustentabilidade não significa que as coisas não mudam. Pelo contrário, ela é um processo dinâmico de coevolução em vez de um estado estático.

16.3.2 Alfabetização ecológica

Nossa definição operacional de sustentabilidade – planejar uma comunidade humana de tal maneira que suas atividades não interfiram na capacidade inerente da natureza para sustentar a vida – implica que o primeiro passo nesse esforço precisa ser o de compreender como a natureza sustenta a vida. Em outras palavras, precisamos compreender os princípios de organização que os ecossistemas desenvolveram para sustentar a teia da vida. Nos últimos anos, essa compreensão passou a ser conhecida como alfabetização ecológica, ou "ecoalfabetização" (Capra, 1993, 1996; Orr, 1992). Ser ecoalfabetizado significa compreender os princípios básicos da ecologia, ou princípios de sustentabilidade, e viver em conformidade com essa compreensão.

A visão sistêmica da vida discutida neste livro fornece um arcabouço apropriado para a ligação conceitual entre comunidades ecológicas e humanas. Ambas são sistemas vivos exibindo princípios comuns de organização. São redes operacionalmente fechadas, mas abertas a fluxos contínuos de energia e de recursos; são auto-organizadoras, operam afastados do equilíbrio e evoluem por meio de sua criatividade inerente, resultando na emergência de novas estruturas e de novas formas de ordem.

Naturalmente, há muitas diferenças entre ecossistemas e comunidades humanas. Não existe autopercepção nos ecossistemas, não há linguagem, nem consciência, nem cultura (como examinamos no Capítulo 12) e, portanto, não há justiça ou democracia; mas também não há cobiça nem desonestidade. Não podemos aprender nada sobre esses valores humanos e essas falhas provenientes dos ecossistemas. Mas o que *podemos* aprender, e precisamos e devemos aprender com eles, é como viver de maneira sustentável. Durante mais de 3 bilhões de anos de evolução, os ecossistemas do planeta têm se organizado recorrendo a meios sutis e complexos, de modo a maximizar a sua sustentabilidade. Essa sabedoria da natureza é a essência da ecoalfabetização.

Com base na compreensão sistêmica dos ecossistemas brevemente examinados na Seção 16.2, podemos formular um conjunto de princípios de organização que podem ser identificados como princípios básicos da ecologia, e usá-los como diretrizes para construir comunidades humanas sustentáveis.

O primeiro desses princípios é a interdependência. Todos os membros de uma comunidade ecológica estão interconectados em uma imensa e intrincada rede de relações, a teia da vida. Eles derivam suas propriedades essenciais e, de fato, sua própria existência de suas relações com outras coisas. A interdependência – a dependência mútua de todos os processos de vida uns em relação aos outros – é a natureza de todas as relações ecológicas. O comportamento de cada membro vivo do ecossistema depende do comportamento de muitos outros membros. O sucesso de toda a comunidade depende do sucesso de seus membros individuais, enquanto o sucesso de cada membro depende do sucesso da comunidade como um todo.

Compreender a interdependência ecológica significa compreender relações. Para isso, requer as mudanças de percepção características do pensamento sistêmico – das partes para o todo, de objetos para relações, de quantidades para qualidades (veja a Seção 4.3). Uma comunidade humana sustentável está ciente das múltiplas relações entre seus membros, bem como das relações entre a comunidade como um todo e seu ambiente natural e social. Nutrir a comunidade significa nutrir todas essas relações.

O fato de o padrão básico da vida ser uma rede significa que as relações entre os membros de uma comunidade ecológica são não lineares, envolvendo múltiplos ciclos de *feedback*. Cadeias lineares de causa e efeito só existem muito raramente nos ecossistemas. Desse modo, uma perturbação não será limitada a um único efeito, mas provavelmente se espalhará em padrões que se alargam sempre mais. Essa perturbação pode até mesmo ser amplificada por meio de ciclos de *feedback* interdependentes, que podem obscurecer completamente a fonte original da perturbação.

A natureza cíclica dos processos ecológicos é um importante princípio de ecologia. Os ciclos de *feedback* do ecossistema são as vias ao longo das quais os nutrientes são continuamente reciclados. Sendo sistemas abertos, todos os organismos em um ecossistema produzem resíduos, mas o que é resíduo para uma espécie é alimento para outra, de modo que o ecossistema como um todo permanece sem resíduos sólidos. As comunidades de organismos evoluíram dessa maneira ao longo de bilhões de anos, usando e reciclando continuamente as mesmas moléculas de minerais, água e ar. Aqui, a lição para as comunidades humanas é óbvia. Um dos grandes impactos entre a economia e a ecologia deriva do fato de que a natureza é cíclica, enquanto nossos sistemas industriais são lineares. Nossos negócios coletam recursos, transformam esses recursos em produtos mais resíduos, e vendem os produtos para os consumidores, que descartam ainda mais resíduos depois de terem consumido os produtos. Padrões sustentáveis de produção e consumo precisam ser cíclicos, imitando os processos cíclicos na natureza. Para obter esses padrões cíclicos, precisamos replanejar fundamentalmente nossas atividades comerciais e nossa economia, como discutimos mais detalhadamente no Capítulo 18.

A energia solar, transformada em energia química pela fotossíntese das plantas verdes, é a principal fonte de energia que aciona os ciclos ecológicos. As implicações para mantermos comunidades humanas sustentáveis são, mais uma vez, evidentes. A energia solar em suas muitas formas – luz solar para o aquecimento e a produção de eletricidade fotovoltaica, energia eólica e hidráulica, biomassa etc. – é o único tipo de energia que é renovável, economicamente eficiente e ambientalmente benigno. Ao negligenciar esse fato ecológico, nossos líderes políticos e empresariais de novo colocam incessantemente em risco a saúde e o bem-estar de milhões de pessoas ao redor do mundo.

A descrição da energia solar como economicamente eficiente presume que os custos de produção de energia são computados honestamente. Mas esse não é o caso na maioria das economias de mercado da atualidade. O "livre mercado" não fornece aos consumidores informações adequadas, pois os custos sociais e ambientais de produção não são incluídos nos modelos econômicos atuais (veja a Seção 3.5). Os economistas corporativos tratam não apenas o ar, a água e o solo como mercadorias grátis, mas também tratam da mesma maneira a delicada teia de relações sociais, que é severamente afetada pela contínua expansão econômica. Os lucros privados estão sendo obtidos à custa do dinheiro público e da deterioração do meio ambiente e da qualidade de vida em geral, e em detrimento das gerações futuras. O mercado simplesmente nos dá a informação errada. Há uma falta de *feedback*, e a alfabetização ecológica básica nos diz que esse sistema não é sustentável.

A parceria é uma característica essencial das comunidades sustentáveis. Os intercâmbios cíclicos de energia e de recursos em um ecossistema são sustentados por uma cooperação generalizada. De fato, desde a criação das primeiras células nucleadas há mais de 2 bilhões de anos, a vida na Terra tem se processado por meio de arranjos progressivamente mais intrincados de cooperação e coevolução (veja a Seção 9.6.3). A parceria – a tendência para se associar, para estabelecer vínculos, para viver um dentro do outro, e para cooperar – é um dos "selos de qualidade" da vida, indicando seu grau de excelência e de legitimidade. Nas palavras memoráveis de Margulis e Sagan (1986, p. 15): "A vida não toma posse do globo pelo combate, mas pelo trabalho em rede".

Aqui, notamos novamente a tensão básica entre o desafio da sustentabilidade ecológica e a maneira pela qual nossas sociedades atuais são estruturadas, a tensão entre a economia e a ecologia. A economia enfatiza a competição, a expansão e a dominação; a ecologia enfatiza a cooperação, a conservação e a parceria.

Todos os princípios da ecologia mencionados até agora estão estreitamente inter-relacionados. Eles são apenas diferentes aspectos de um único padrão fundamental de organização que permitiu à natureza sustentar a vida durante bilhões de anos. Em poucas palavras, a natureza sustenta a vida criando e alimentando comunidades. A sustentabilidade não é uma propriedade individual, mas uma propriedade de toda uma teia de relações. Ela sempre envolve toda uma comunidade. Essa é uma lição profunda que precisamos aprender com a natureza. A maneira de sustentar a vida é construir e nutrir a comunidade. Uma comunidade humana sustentável interage com outras comunidades – humanas e não humanas – seguindo caminhos que lhes permitem viver e se desenvolver de acordo com sua natureza.

Uma vez que tenhamos entendido o padrão básico de organização que os ecossistemas desenvolveram para se sustentar ao longo do tempo, podemos fazer perguntas mais detalhadas. Por exemplo: "Qual é a resiliência dessas comunidades ecológicas? Qual é seu poder de recuperação, sua flexibilidade? Como é que elas reagem a perturbações externas?" Essas perguntas nos levam a outros dois princípios da ecologia – flexibilidade e diversidade – que permitem aos ecossistemas sobreviverem a perturbações e se adaptarem a condições em mudança.

A flexibilidade de um ecossistema é consequência de seus múltiplos ciclos de *feedback*, que tendem a trazer o sistema de volta ao equilíbrio sempre que houver um desvio da norma produzido por mudanças nas condições ambientais. Por exemplo, se um verão excepcionalmente quente resulta em um aumento de crescimento de algas em um lago, algumas espécies de peixes que se alimentam dessas algas podem prosperar e aumentar sua prole de modo que o número de peixes aumenta e eles começam a esgotar as algas. Uma vez reduzida a sua principal fonte de alimentos, os peixes começam a morrer. Com a diminuição da população de peixes, as algas se recuperam e se expandem novamente. Dessa maneira, a perturbação original gera uma flutuação ao redor de um ciclo de *feedback*, que acaba por levar o sistema peixes/algas de volta ao equilíbrio.

Perturbações desse tipo acontecem o tempo todo, pois as coisas no ambiente mudam o tempo todo e, assim, o efeito efetivo é uma flutuação contínua. As variáveis que observamos em um ecossistema – a densidade populacional, a disponibilidade de nutrientes, os padrões meteorológicos etc. – sempre flutuam. Essa é a maneira pela qual os ecossistemas se mantêm em um estado flexível, pronto para se adaptar a condições mutáveis. A teia da vida é uma rede flexível, em constante estado de flutuação. Quanto maior for o número de variáveis que são mantidas flutuando, mais dinâmico será o sistema, maior será sua flexibilidade e maior sua capacidade para se adaptar a condições em mudança. Como examinamos em nosso capítulo anterior, perda de flexibilidade sempre significa perda de saúde.

Todas as flutuações ecológicas ocorrem entre limites de tolerância. Há sempre o perigo de que todo o sistema entre em colapso quando uma flutuação ultrapassa esses limites e o sistema não consegue compensar o desvio. O mesmo acontece com as comunidades humanas. A falta de flexibilidade se manifesta como tensão ou estresse (veja a Seção 15.2.2). Em particular, a tensão ocorre quando uma ou mais variáveis do sistema são empurradas até os seus valores extremos, o que induz a um aumento de rigidez ao longo de todo o sistema. A tensão temporária é um aspecto essencial da vida, mas a tensão prolongada é prejudicial e destrutiva para o sistema. Essas considerações levam à importante conclusão de que gerenciar um sistema social – uma empresa, uma cidade ou uma economia – significa encontrar os valores *ótimos* para as variáveis do sistema. Se tentarmos maximizar qualquer variável isoladamente em vez de otimizá-la, isso, invariavelmente, danificará o sistema como um todo.

A diversidade de um ecossistema está estreitamente ligada à estrutura de rede do sistema. Um ecossistema diversificado é flexível, pois contém muitas espécies com funções ecológicas que se sobrepõem e, por isso, uma delas é capaz de substituir parcialmente a outra. Quando uma determinada espécie é destruída por uma perturbação grave, de modo que um elo na rede é quebrado, uma comunidade diversificada será capaz de sobreviver e de se reorganizar, pois outros elos da rede podem, pelo menos parcialmente, desempenhar a função da espécie destruída. Em outras palavras, quanto mais complexa for a rede, mais rico será o seu padrão de interconexões, e mais flexível ela será; e uma vez que a complexidade da rede é uma consequência de sua biodiversidade, uma diversificada comunidade ecológica é flexível, ou seja, tem grande resiliência, e grande poder de recuperação.

Nas comunidades humanas, a diversidade étnica e cultural pode desempenhar o mesmo papel. Diversidade significa muitas relações diferentes, muitas abordagens diferentes do mesmo problema. Uma comunidade diversificada é uma comunidade elástica, capaz de se adaptar a situações de mudança. No entanto, a diversidade só é uma vantagem estratégica se houver uma comunidade verdadeiramente interconectada, sustentada por uma teia de relações. Se a comunidade estiver fragmentada em grupos isolados e em indivíduos, a diversidade pode facilmente se tornar uma fonte de preconceitos e de atrito. Mas se a comunidade estiver ciente da interdependência de todos os seus membros, a diversidade enriquecerá todas as relações e, assim, enriquecerá a comunidade como um todo, bem como cada membro individual.

16.3.3 Educação para uma vida sustentável

Nas próximas décadas, a sobrevivência da humanidade dependerá de nossa alfabetização ecológica – nossa capacidade para compreender os princípios básicos da ecologia e de viver em conformidade com eles. Isso significa que a ecoalfabetização precisa se tornar uma habilidade de importância crucial para políticos, líderes empresariais e profissionais em todas as esferas, e deveria ser a parte mais importante da educação em todos os níveis – desde as escolas primárias e secundárias até as faculdades, as universidades, e os cursos de especialização e de treinamento de profissionais.

Precisamos ensinar aos nossos filhos, nossos alunos e nossos líderes empresariais e políticos fatos fundamentais da vida – por exemplo, o de que o resíduo de uma espécie é alimento de outra espécie; o de que a matéria circula continuamente ao longo da teia da vida; o de que a energia que põe em movimento os ciclos ecológicos provém do Sol; o de que a diversidade assegura a flexibilidade; o de que a vida, desde o seu início, há mais de 3 bilhões de anos, não toma conta do planeta pelo combate, mas pelo trabalho em rede.

Esse conhecimento ecológico básico, que também é sabedoria antiga, agora está sendo ensinado cada vez mais nas escolas, nas universidades e em vários centros de aprendizagem. Nas Seções 13.6.3 e 13.6.4, traçamos os perfis de duas dessas instituições – a Cortona Week e o Schumacher College – nas quais se procura conhecer de maneira interdisciplinar, e nas quais as dimensões ecológica e espiritual da educação são explicitamente enfatizadas (Seção 13.6). No capítulo seguinte, mencionaremos vários outros centros de aprendizagem, todos eles se afirmando como parte da nova sociedade civil global, e compartilhando uma perspectiva sistêmica e ecológica. Nesta seção, queremos nos concentrar especificamente sobre a maneira como a ecoalfabetização está sendo ensinada atualmente nas escolas, faculdades e universidades.

Educação para a sustentabilidade

No Center for Ecoliteracy (CEL) (www.ecoliteracy.org), em Berkeley, Califórnia, cofundado por um de nós (F.C.), cientistas e educadores desenvolvem uma pedagogia especial para ensinar alfabetização ecológica nas escolas primárias e secundárias (Stone, 2009; Stone e Barlow, 2005). Denominada "educação para a sustentabilidade", é uma pedagogia que se empenha em ensinar os princípios básicos da ecologia e as habilidades necessárias para construir e manter comunidades sustentáveis. A educação para a sustentabilidade oferece uma abordagem sistêmica, participativa e vivencial. Desde a época da sua criação, há quase vinte anos, o CEL tem trabalhado com centenas de escolas em cidades em seis continentes para implementar sua pedagogia.

A natureza sistêmica da ecoalfabetização deriva do fato de que a própria ecologia é essencialmente uma ciência de relações e, além disso, é inerentemente multidisciplinar, como discutimos no início deste capítulo. O ensino da ecologia, portanto, requer um arcabouço conceitual muito diferente do que é adotado nas disciplinas acadêmicas convencionais, e os professores notam isso em todos os níveis de ensino, desde crianças muito pequenas até estudantes universitários. Desde o início, o currículo de ecoalfabetização tem por foco as relações, os padrões e o contexto.

O mapeamento das relações e o estudo dos padrões envolve a visualização. Essa é a razão pela qual, ao longo de toda a nossa história intelectual, os artistas têm contribuído significativamente para o avanço da ciência, sempre que o estudo dos padrões estava na linha de frente. Os dois exemplos mais famosos talvez sejam os de Leonardo da Vinci, o grande gênio da Renascença, cuja vida científica era, em sua totalidade, uma exploração de padrões, e o poeta alemão Goethe, no século XVIII, que deu contribuições significativas à biologia por meio do seu estudo sobre padrões (veja a Introdução). Para os educadores, essa percepção aguçada para trabalhar com padrões abre as portas para a integração das artes no currículo escolar. Dificilmente poderia haver algo mais eficaz do que as artes – sejam elas as artes visuais ou a música e as outras artes do espetáculo – para desenvolver e refinar a capacidade natural de uma criança para reconhecer e expressar padrões. Assim, as artes podem ser uma ferramenta poderosa para o ensino do pensamento sistêmico.

Além disso, as artes intensificam a dimensão emocional, que está sendo, cada vez mais, reconhecida como um componente essencial do processo de aprendizagem. Na verdade, a expressão artística é usada extensivamente, em especial com crianças mais jovens, nas escolas que adotaram a pedagogia do CEL. Uma forma particular é um concurso de poesia, realizado anualmente pela organização River of Words (www.riverofwords.org), no qual as crianças são incentivadas a explorar e expressar sua compreensão da natureza por meio da poesia enquanto estão vivenciando o mundo natural. Como a fundadora da organização, Pamela Michael, ilustra com exemplos tirados de vários finalistas e ganhadores dos prêmios, os testemunhos poéticos dessas crianças, com idades entre 8 e 17 anos, são belíssimos e profundamente comoventes (Pamela Michael, "Helping Children Fall in Love with the Earth" [Ajudando Crianças a se Apaixonar pela Terra], em Stone e Barlow, 2005).

O fato de a ecologia ser inerentemente multidisciplinar significa que a ecoalfabetização não pode ser ensinada como uma única disciplina isolada. Na verdade, a educação para a sustentabilidade envolve o estreito entrelaçamento dos princípios da ecologia com disciplinas de todo o currículo, de modo que, idealmente, a ecoalfabetização torna-se o foco central da escola. Experiências realizadas em dezenas de escolas nos mostram que a melhor maneira de se fazer isso é fazer com que os alunos se envolvam, intelectual e emocionalmente, em um projeto ecológico concreto – cultivar uma horta escolar, reverdecer o *campus* por meio do ecoplanejamento ou cultivar colaborações e parcerias em toda a comunidade escolar – e, em seguida, replanejar todo o currículo em torno desse projeto central (veja Stone, 2009).

Integrar o currículo dessa maneira só será possível se houver uma colaboração que se difunda entre professores, administradores e pais, uma vez que essa tarefa envolve uma coordenação complexa de horários, planejamento de equipes, reestruturação de blocos de ensino, preparativos que se estendem por todo o verão, e assim por diante. Em outras palavras, as relações conceituais entre as várias disciplinas só poderão ser explicitadas em uma pedagogia sistêmica se houver relações humanas correspondentes entre os professores e os administradores das escolas. Na verdade, toda a escola é transformada em uma comunidade de aprendizagem na qual professores, estudantes, administradores e pais estão todos interligados em uma rede de relações, trabalhando em conjunto para facilitar a aprendizagem.

Isto destaca mais uma vez a importância central da comunidade na educação para a sustentabilidade. Como discutimos na Seção 16.3.2, os princípios básicos de sustentabilidade podem ser considerados, por um lado, como princípios da ecologia, e por outro, como princípios da comunidade. A compreensão da comunidade é essencial para a compreensão da sustentabilidade, e a construção da comunidade nas escolas é essencial para o ensino da ecoalfabetização da maneira sistêmica e multidisciplinar adequada.

Descrever a pedagogia do CEL como participativa significa que o ensino não flui a partir do topo, mas ocorre em intercâmbios cíclicos de ideias e informações entre professores e alunos. O enfoque é na aprendizagem, e todos na comunidade são professores e discípulos. Além disso, as dimensões vivenciais e emocionais são características importantes da educação para a sustentabilidade. A intenção é a de que os alunos não apenas *compreendam* a ecologia, mas que também a *experimentem* na natureza – em um jardim-horta escolar, em uma fazenda ou no leito de um rio – e que também experimentem a comunidade enquanto se tornam ecologicamente alfabetizados. De outra maneira, eles poderiam deixar a escola e ser excelentes ecologistas teóricos, mas se preocupariam muito pouco com a natureza e com a Terra. A educação para a sustentabilidade dedica-se a criar experiências que levem a uma relação emocional com o mundo natural.

Quando a ecoalfabetização é ensinada dessa maneira sistêmica, participativa e vivencial, o conteúdo das aulas é planejado por professores e alunos. O CEL fornece um arcabouço conceitual integrativo e de base ampla que pode ser usado para selecionar e projetar várias unidades específicas. O núcleo desse arcabouço consiste em seis "princípios da ecologia" – ou seja, em seis conceitos ecológicos básicos que representam um resumo conveniente dos princípios de organização de todos os sistemas vivos.

Em suas explorações conjuntas da ecoalfabetização realizadas em numerosas escolas ao longo de muitos anos, os educadores do CEL descobriram que o cultivo de um jardim-horta escolar e o seu uso como recurso para cozinhar merendas escolares são maneiras ideais de experimentar esses conceitos ecológicos básicos. O metabolismo – a ingestão, digestão e transformação dos alimentos – é uma característica central da vida (veja a Seção 7.4.3) e, portanto, o alimento é um veículo ideal para ensinar os princípios da ecologia. A horticultura reconecta as crianças aos fundamentos da alimentação, e, desse modo, aos fundamentos da vida, e é também uma maneira ideal de ensiná-las sobre a cultura, a saúde e o meio ambiente.

Nesse esquema, os três primeiros princípios da ecologia são redes, fluxos e ciclos. Como examinamos neste livro, a compreensão sistêmica das redes vivas é expressa na teoria da autopoiese (veja o Capítulo 7), e a compreensão sistêmica dos fluxos de energia e de matéria através de um sistema vivo se reflete na teoria das estruturas dissipativas (veja o Capítulo 8). Essas teorias são demasiadamente técnicas para ser ensinadas nas escolas. No entanto, o que pode ser ensinado é que uma das características-chave das redes vivas é o fato de que todos os nutrientes que as alimentam se movem ao longo de ciclos. Em um ecossistema, a energia flui através da rede, enquanto a água, o oxigênio, o carbono e todos os outros nutrientes se movem nos ciclos ecológicos bem conhecidos. Analogamente, o sangue circula através do nosso corpo, assim como também o fazem o ar, o fluido linfático e assim por diante. Onde quer que vemos vida, vemos redes, e onde quer que vemos redes vivas, vemos fluxos percorrendo ciclos. Essa é uma parte essencial da compreensão sistêmica da vida, e é por isso que o ensino da ecoalfabetização enfatiza a teia da vida, os fluxos de energia e os ciclos da natureza.

No jardim-horta escolar, os alunos aprendem como as plantas dependem da luz do sol, da água vinda do solo e do CO_2 vindo do ar para sua fotossíntese, assim como também dependem de fungos e bactérias nas suas raízes para absorver nitrogênio, de polinizadores para se reproduzir, e assim por diante. Todos esses são diferentes fios da teia da vida; todos são interdependentes.

No jardim-horta, eles aprendem sobre os ciclos alimentares, e integram os ciclos alimentares naturais em seus ciclos de plantio, crescimento, colheita, compostagem e reciclagem. Por meio dessa prática, eles também aprendem que o jardim-horta como um todo está encaixado em sistemas maiores que são, mais uma vez, redes vivas com seus próprios ciclos. Os ciclos alimentares cruzam-se com esses ciclos maiores – o ciclo da água, o ciclo das estações do ano, e assim por diante – todos os quais são elos da teia planetária da vida.

No jardim-horta escolar, eles aprendem que a energia que impulsiona os ciclos ecológicos flui do sol. Essa energia solar, juntamente com a água e o CO_2, é transformada em energia química pela fotossíntese das plantas verdes. E, a partir daí, a energia flui ao longo de toda a teia alimentar, com os animais se alimentando de plantas e sendo devorados por outros animais, e a matéria orgânica morta que sobra é decomposta por vermes e minhocas, bactérias e fungos no solo.

Depois que os alunos compreendem esses princípios de redes, ciclos e fluxos, eles são introduzidos a três outros conceitos ecológicos básicos: sistemas aninhados, equilíbrio dinâmico e desenvolvimento. Eles aprendem que, em toda a natureza, encontramos sistemas vivos aninhados dentro de outros sistemas vivos. Por meio da jardinagem e da horticultura, eles se tornam cientes de como eles próprios fazem parte da teia da vida, e ao longo do tempo a experiência da ecologia na natureza lhes proporciona um sentido de lugar. Eles se tornam cientes de como estamos encaixados em muitos sistemas aninhados – em um ecossistema, em uma paisagem com uma flora e uma fauna particulares, e em um sistema social e uma cultura particulares.

O princípio do equilíbrio dinâmico é um pouco mais complexo. Compreendê-lo significa compreender que todos os ciclos ecológicos atuam como ciclos de *feedback*, de modo que a comunidade ecológica se regule e se organize, mantendo um estado de equilíbrio dinâmico caracterizado por flutuações contínuas. No jardim, os alunos podem observar pulgões em certas plantas e joaninhas comendo esses pulgões. O professor poderia aproveitar essa oportunidade para explicar que, se um inverno inusitadamente ameno resulta em um aumento do número de pulgões, as joaninhas, que se alimentam deles, podem proliferar de modo que seu número também aumentará. E aumentará tanto que elas começarão a eliminar os pulgões. Uma vez que o número de pulgões, sua principal fonte de alimento, for reduzida, as joaninhas começarão a morrer. À medida que a população de joaninhas cair, os pulgões se recuperarão e seu número aumentará novamente. Por fim, o sistema pulgões/joaninhas se equilibrará por meio de flutuações contínuas.

Além disso, os alunos podem igualmente observar com facilidade que nem todas as mudanças são cíclicas, pois também há mudanças de desenvolvimento. De fato, por meio da jardinagem-horticultura, eles vivenciam o crescimento e o desenvolvimento em uma base diária. Além disso, a compreensão do crescimento e do desenvolvimento é essencial não apenas para a jardinagem, mas também para a educação. Enquanto as crianças aprendem que o seu trabalho no jardim-horta escolar muda com o desenvolvimento e a maturação das plantas, os métodos de instrução dos professores e todo o seu discurso na sala de aula muda com o desenvolvimento e o amadurecimento dos alunos.

Para as crianças, estar no jardim ou na horta é algo mágico. Como se expressou um professor de ecoalfabetização, "uma das coisas mais excitantes sobre o jardim é que estamos criando um lugar de infância mágico para as crianças, crianças que não teriam, de outro modo, um lugar assim, que não teriam oportunidade de estar em contato com a terra e com as coisas que crescem. Você pode ensinar tudo que você quer, mas estar lá, crescendo, cozinhando e comendo, isso é uma ecologia que toca o seu coração".

A ecoalfabetização no ensino superior

O CEL não funciona no ensino superior, concentrando seus esforços nas escolas primária e secundária. No entanto, uma organização correspondente em Boston, chamada Second Nature (www.secondnature.org), promove a ecoalfabetização no nível universitário. Durante vinte anos, ela trabalhou com mais de 500 faculdades e universidades para ajudar a tornar os princípios da sustentabilidade fundamentais para todos os aspectos do ensino superior. A Second Nature lançou um movimento nacional nos EUA, conhecido como "Education for Sustainability" (EFS), e ela mantém redes de EFS nos níveis estadual, regional e nacional.

A fim de promover a educação para a sustentabilidade no nível universitário, a Second Nature advoga a adoção do pensamento sistêmico e da aprendizagem interdisciplinar, que inclui a comunidade acadêmica como um todo. Ela trabalha empenhando-se em superar a atual fragmentação que impera no mundo acadêmico, demonstrando as interdependências e interconexões existentes entre temas sociais desafiadores aparentemente separados e que competem entre si – como os problemas da população, a economia, a saúde, a justiça social, a segurança nacional e o meio ambiente. Como os educadores no CEL, eles ensinam que o pensamento sistêmico é essencial para se compreender os sistemas complexos, não lineares, que caracterizam tanto a sociedade como o mundo natural.

Em 2011, representantes de duas dezenas de organizações-membros da EFS publicaram um relatório intitulado "EFS Blueprint" (www.secondnature.org/efsblueprint), no qual mapearam uma estratégia para promover a mudança sistêmica na educação superior a fim de acelerar a educação para a sustentabilidade. Ao rever o atual estado de coisas em faculdades e universidades norte-americanas, o relatório observa que, na grande maioria dos *campi*, o progresso ainda é irregular, com muitas iniciativas em alguns deles, que, no entanto, operam isoladamente um do outro, e sem uma visão integrativa sistêmica.

Porém, durante os últimos cinco anos, observou-se no movimento EFS vários estimulantes indicadores de progresso. Mais de 113 novos programas de grau acadêmico sobre sustentabilidade foram implantados, e mais de 1.100 programas de grau interdisciplinar sobre educação ambiental passaram a existir; 70 novos centros de sustentabilidade abriram seus *campi*; 905 edifícios em outros *campi* ganharam certificação LEED (o padrão de reconhecimento para a "arquitetura verde"), e mais de 3 mil edifícios foram registrados com o LEED, isto é, estão em processo de certificação; mais de 500 *campi* relataram em seus inventários suas taxas de emissão de gases causadores do efeito estufa, e 330 formularam planos de ação política em vista de promover soluções para problemas climáticos.

Como seria de esperar, a educação para a sustentabilidade em faculdades e universidades envolve mais ativismo político do que programas semelhantes implantados em escolas primárias e secundárias. Por exemplo, uma rede de faculdades e universidades foi criada há alguns anos para enfrentar o desafio das mudanças climáticas assumindo, para isso, compromissos institucionais destinados a reduzir de seus *campi* emissões de gases que provocam efeito estufa, e para promover esforços de pesquisa e de ensino em conformidade com essas iniciativas. Conhecida como American College & University Presidents' Climate Commitment (ACUPCC), a rede tem agora cerca de 700 membros. Sua missão é implementar planos abrangentes que se empenham na busca pela neutralidade climática, instruir alunos a respeito da sustentabilidade, e servir como um modelo para a sociedade como um todo.

O ativismo político em faculdades e universidades segue de mãos dadas com os esforços globais por uma rede mundial de organizações não governamentais (ONGs). Faremos, em nosso último capítulo, uma revisão dos principais projetos e campanhas dessa rede global, juntamente com os principais problemas que ela procura abordar. Nossa revisão mostrará que um grande número de organizações nessa nova sociedade civil global adota explicitamente a visão sistêmica da vida que estivemos examinando ao longo de todo este livro.

16.4 Observações finais

Neste capítulo, estendemos a nossa síntese da concepção sistêmica da vida à dimensão ecológica. Como observamos, atualmente, o estudo dos ecossistemas e de nossas interações com eles é fundamental para a sobrevivência e o bem-estar da humanidade no planeta. Desse modo, a ecologia não é apenas um campo rico e instigante para estudos teóricos, no qual a visão sistêmica da vida desempenha um papel essencial, mas também é de importância prática fundamental.

Depois de discutir, neste capítulo, os aspectos teóricos da ecologia, vamos agora nos voltar para os seus aspectos práticos – suas implicações tecnológicas, sociais e políticas – examinando-os nos dois últimos capítulos deste livro.

17

Ligando os pontos
O pensamento sistêmico e o estado do mundo

O grande desafio com que o nosso tempo se defronta, como mencionamos no capítulo anterior, é o de construir e nutrir comunidades e sociedades sustentáveis, planejadas de maneira tal que nossas atividades não interfiram com a capacidade inerente da natureza para sustentar a vida. O primeiro passo nesse esforço é o de compreender os princípios de organização que os ecossistemas da natureza desenvolveram para sustentar a teia da vida; precisamos nos tornar, por assim dizer, ecologicamente alfabetizados.

Também destacamos no capítulo anterior que os princípios básicos da ecologia – interdependência, natureza cíclica dos processos ecológicos, flexibilidade, diversidade etc. – são propriedades sistêmicas básicas de todos os sistemas vivos. Por isso, a compreensão sistêmica da vida não apenas exerce e conserva um grande fascínio intelectual, mas também é extremamente importante de um ponto de vista prático. É o fundamento cognitivo do esforço que precisamos fazer para nos movermos em direção a um futuro sustentável.

17.1 Interconexão dos problemas do mundo

Quando nos tornamos ecologicamente alfabetizados, quando entendemos os processos e padrões de relações que permitem aos ecossistemas sustentar a vida, também passamos a compreender as muitas maneiras pelas quais a nossa civilização humana, principalmente a partir da Revolução Industrial, tem ignorado esses padrões e processos ecológicos e interferido neles. E também compreenderemos que essas interferências são as causas fundamentais de muitos dos problemas que atualmente impactam nosso mundo.

Quando examinamos o estado em que o mundo se encontra nos dias de hoje, o que se destaca com mais evidência é o fato de que os principais problemas do nosso tempo – energia, meio ambiente, mudanças climáticas, segurança alimentar, segurança financeira – não podem ser entendidos isoladamente. São problemas sistêmicos, e isso significa que todos eles estão interconectados e são interdependentes. Uma das documentações mais detalhadas sobre a interconexão fundamental dos problemas do mundo é o recente livro de Lester Brown, *Plan B* (Brown, 2008; veja também Brown, 2009, 2011a). Lester Brown, fundador do Worldwatch Institute e, mais recentemente, do World Policy Institute, tem sido, durante muitos anos, um dos mais competentes e conceituados pensadores ambientais. Nesse livro, ele demonstra com clareza impecável como o círculo vicioso da pressão demográfica e da pobreza levam ao esgotamento dos recursos – redução do volume dos lençóis freáticos, retração das florestas, colapso das indústrias da pesca, erosão do solo, e assim por diante – e como esse esgotamento dos recursos, agravado pela mudança climática, produz estados deficientes cujos governos não podem mais garantir a segurança de seus cidadãos, alguns dos quais, em desespero, voltam-se para o terrorismo.

Como mencionamos no Prefácio deste livro, todos esses problemas, em última análise, precisam ser considerados, simplesmente, como diferentes facetas de uma única crise, que é, em grande medida, uma crise de percepção. Ela deriva do fato de que a maioria das pessoas em nossa sociedade, e especialmente nossas grandes instituições sociais, concorda com os conceitos de uma visão de mundo ultrapassada, uma percepção da realidade inadequada para lidar com o nosso mundo superpovoado e globalmente interconectado.

O plano B é o "roteiro para salvar a civilização", de Lester Brown. É a alternativa aos negócios como são geralmente realizados (Plano A), e que levam ao desastre. A principal mensagem do livro é que *há* soluções para os principais problemas do nosso tempo – e algumas delas são até mesmo simples. Porém, elas requerem uma mudança radical em nossas percepções, nosso pensamento, nossos valores. Uma vez que são problemas sistêmicos, exigem soluções sistêmicas; e uma vez que as únicas soluções viáveis são as ecologicamente sustentáveis, elas precisam incorporar os princípios básicos da ecologia, ou princípios de sustentabilidade.

Para analisar a interligação fundamental dos problemas globais da atualidade, desenhamos um mapa conceitual, baseado no Plano B de Brown, que mostra suas interconexões complexas (Figura 17.1). Começaremos com uma breve visão geral de todo o mapa conceitual e, em seguida, nas seções seguintes, discutiremos mais detalhadamente as principais áreas problemáticas antes de nos voltarmos para as soluções sistêmicas correspondentes.

Pelo que parece, o dilema fundamental subjacente aos principais problemas do nosso tempo é a ilusão de que o crescimento ilimitado é possível em um planeta finito. Essa ilusão, por sua vez, reflete a desarmonia entre o pensamento linear e os padrões não lineares que ocorrem em nossa biosfera – as redes e ciclos ecológicos que constituem a teia da vida. Essa rede global altamente não linear contém incontáveis ciclos de *feedback* por meio dos quais o planeta equilibra e regula a si mesmo. Nosso atual sistema econômico, pelo contrário, é alimentado pelo materialismo e pela ganância, que, pelo que parece, não reconhecem quaisquer limites.

Na verdade, há três tipos de crescimento que provocam sérios impactos em nosso ambiente natural e em nosso bem-estar: o crescimento econômico, o crescimento corporativo e o crescimento populacional. A ilusão da viabilidade do crescimento ilimitado é mantida por economistas que se recusam a incluir os custos sociais e ambientais das atividades econômicas em suas teorias (veja a Seção 3.5). Consequentemente, há enormes diferenças entre os preços de mercado e os custos reais, como no caso dos combustíveis fósseis. Como Nicholas Stern, ex-economista-chefe do Banco Mundial, assinalou em seu estudo pioneiro sobre os custos da mudança climática, isso equivale a um maciço fracasso do mercado (Stern, 2006).

O crescimento econômico e o crescimento corporativo são os objetivos que o capitalismo global, o sistema econômico que domina atualmente, persegue. No centro da economia global, há uma rede de fluxos financeiros, que foi planejada sem o respaldo de nenhum monitoramento ético. De fato, a desigualdade social e a exclusão social são características inerentes à globalização da economia, ampliando a lacuna entre os ricos e os pobres e aumentando a pobreza no mundo.

Nessa nova economia, o capital opera em tempo real, movendo-se continuamente através de redes financeiras globais. Esses movimentos são facilitados pelas regras do "livre comércio", planejadas para suportar o contínuo crescimento das empresas. O crescimento econômico e o crescimento corporativo são objetivos perseguidos implacavelmente porque promovem o consumo excessivo e uma economia do desperdício que é intensiva no consumo de energia e de recursos, gerando resíduos e poluição, e esgotando os recursos naturais da Terra.

O crescimento populacional e a pobreza formam um círculo vicioso, ou um ciclo de *feedback* autoamplificador. O rápido crescimento populacional reduz a área de colheitas disponível e os suprimentos de água por pessoa. Por sua vez, a pobreza resultante, muitas vezes acoplada com o analfabetismo, aumenta a pressão demográfica, pois mulheres analfabetas normalmente têm menos acesso ao planejamento familiar e, portanto, suas famílias são muito maiores que as das mulheres alfabetizadas. Os resultados desse reforço mútuo entre pressão demográfica e pobreza são os crescentes desafios impostos à saúde por epidemias de HIV e de outras doenças infecciosas, por um lado, e o esgotamento ainda maior dos recursos, por outro lado.

O consumo excessivo e o desperdício nos países industrializados, bem como o rápido crescimento populacional em muitos países em desenvolvimento combinam-se para exercer violentas pressões sobre os nossos recursos naturais, levando ao pastoreamento excessivo, ao desmatamento e à pesca predatória. Os resultados são bem conhecidos – redução do volume de água dos lençóis freáticos, rios secando, lagos desaparecendo, florestas se retraindo, indústrias de pesca entrando em colapso, solos erodindo, pastagens transformando-se em desertos – tudo isso se constituindo em sérias ameaças à segurança alimentar.

A escassez de água está levando a intensos conflitos entre agricultores e metrópoles, nos quais os agricultores geralmente saem perdendo, além de resultar em mui-

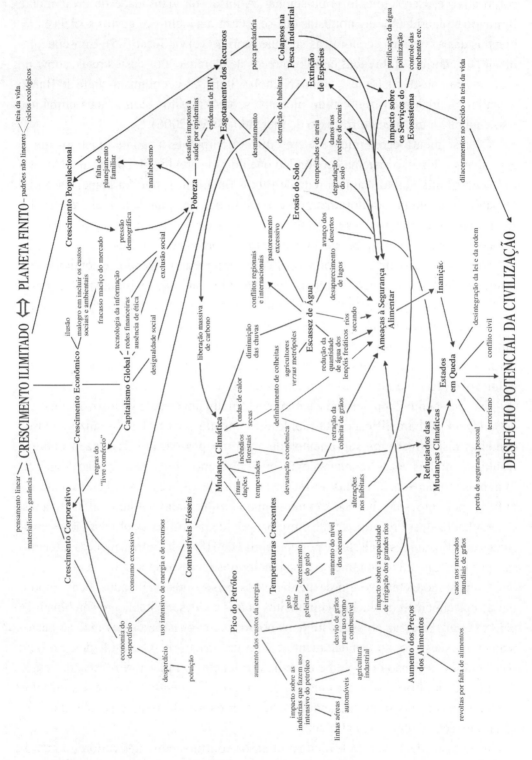

Figura 17.1 Interconexão dos problemas do mundo (com base em Brown, 2008).

tas tensões políticas em conflitos regionais e internacionais. A erosão do solo resulta não apenas no declínio da fertilidade do solo, mas também no crescente número de tempestades de areia, que podem viajar milhares de quilômetros e causar ainda mais degradações de terra, além de danos aos recifes de corais.

O desmatamento, especialmente das florestas tropicais, resulta na destruição de hábitats de numerosas espécies vegetais e animais, e, consequentemente, em sua extinção. Na verdade, estamos agora nos estágios iniciais de uma extinção em massa de espécies, a qual, pela primeira vez na história do planeta, não é causada por fenômenos naturais, mas pelo comportamento humano (veja a Seção 16.3). À medida que várias formas de vida desaparecem, também desaparecem os serviços que elas prestam – purificação da água, polinização, controle de enchentes etc. Se a perda desses inestimáveis serviços do ecossistema continuar, poderão ocorrer dilacerações no tecido da teia da vida que nele abrirão enormes lacunas.

Todos esses problemas ambientais são exacerbados pela mudança climática global, causada por nossas tecnologias que fazem uso intensivo de energia e de combustíveis fósseis. Isso é agravado pelo desmatamento, por meio da liberação de quantidades massivas de carbono na atmosfera. A mudança climática se manifesta no aumento do número de enchentes, de tempestades destrutivas e de incêndios florestais, o que causa devastações na economia e dá origem a grandes números de refugiados climáticos. Outras manifestações da mudança climática são severas ondas de calor e secas que ocasionam o definhamento das plantações e, em consequência, a retração das colheitas de grãos, ameaçando ainda mais a segurança alimentar. Em muitas regiões do mundo, a resultante diminuição da frequência das chuvas intensifica uma escassez de água que já é grave.

O aumento das temperaturas causa não apenas a redução das colheitas de grãos, mas também o derretimento do gelo – tanto das geleiras como do gelo polar – e, consequentemente, o aumento do nível do mar. O encolhimento das geleiras impacta severamente a irrigação dos campos de arroz e de trigo por grandes rios alimentados por essas geleiras. Esses efeitos são enormes ameaças adicionais à segurança alimentar. A elevação dos mares poderia potencialmente resultar em milhões de refugiados climáticos nos próximos anos. E, finalmente, o aumento das temperaturas globais altera muitos hábitats e ameaça de extinção espécies que vivem neles.

A dependência excessiva com relação aos combustíveis fósseis não causa apenas o aquecimento global, mas também nos aproxima do "pico do petróleo": depois que a produção de petróleo atingir o seu pico, ela diminuirá no mundo todo, a extração das reservas remanescentes ficará cada vez mais dispendiosa e, consequentemente, os preços do petróleo continuarão a aumentar. Os setores mais afetados serão os segmentos da economia global que fazem uso intensivo do petróleo, em especial a indústria automobilística, a indústria aérea e a agricultura industrial. Desse modo, os preços dos alimentos subirão com o aumento dos preços do petróleo, ameaçando ainda mais a segurança alimentar. Há hoje um sério risco de que o aumento dos preços dos grãos leve ao caos o mercado mundial de grãos e a revoltas por alimentos em países de baixa e média renda importadores de grãos.

A busca por fontes de energia alternativas levou, recentemente, ao aumento da produção de etanol e de outros biocombustíveis, e desde que o valor do grão para combustível é maior nos mercados do que o seu valor como alimento, mais e mais grãos são desviados de fins alimentares para a produção de combustíveis. Ao mesmo tempo, o preço do grão está subindo em direção ao seu valor equivalente ao petróleo.

O fato de que o preço do grão está agora ajustado ao preço do petróleo só é possível porque o nosso sistema econômico global não tem nenhuma dimensão ética. Em tal sistema, como assinala Brown (2008), a pergunta: "Devemos usar grãos para abastecer carros ou para alimentar pessoas?", tem uma resposta clara. O mercado diz: "Vamos abastecer os carros". Isto é ainda mais perverso em vista do fato de que toda a produção de etanol nos EUA poderia ser substituída elevando-se a eficiência média dos combustíveis em 20%, como se poderia fazer com facilidade por meio de tecnologias atualmente disponíveis.

A análise de Lester Brown deixa muito claro que praticamente todos os nossos problemas ambientais são ameaças à nossa segurança alimentar – escassez de água, erosão do solo, colapsos na pesca industrial, eventos climáticos extremos, e, mais recentemente, o aumento dos preços dos alimentos por causa do aumento dos custos da energia e também por causa da intensificação do desvio de grãos para serem usados como biocombustível. Além disso, o aumento do consumo de combustível acelera o aquecimento global, que resulta em perdas de colheitas em ondas de calor, e em perda de geleiras que alimentam rios essenciais para a irrigação. Quando pensamos sistemicamente e compreendemos como todos esses processos estão inter-relacionados, percebemos que os veículos que dirigimos, e outras opções de consumo que fazemos, exercem grande impacto sobre o suprimento de alimentos para grandes populações em outras partes do mundo.

Como resultado dessas muitas ameaças à segurança alimentar, a fome no mundo está hoje novamente em ascensão depois de um declínio longo e constante. Essa ameaça de inanição que ocorre em âmbito mundial e o grande número de refugiados climáticos resultaram em um número crescente de Estados assolados por deficiências em vários níveis, e que se manifestam, em particular, pela desintegração da lei e da ordem pública e pelo aumento do número de conflitos civis. Os governos desses Estados já não podem mais garantir a segurança de seus cidadãos. Com um número crescente de Estados assolados por deficiências, e por rasgões dilacerando cada vez mais o tecido da teia da vida, causados pela contínua extinção de espécies, a própria civilização poderia começar a preparar seu desfecho.

17.2 A ilusão do crescimento perpétuo

A obsessão de políticos e economistas pelo crescimento econômico ilimitado precisa ser reconhecida como uma das causas originais, talvez *a* causa original, da nossa multifacetada crise global. Como examinamos na Seção 3.5.2, o objetivo de praticamente todas as economias nacionais consiste em obter crescimento ilimitado, mesmo que o absurdo de tal empreendimento em um planeta finito deva ser óbvio para todas as pessoas.

Como o educador e analista em questões de energia Richard Heinberg argumenta com eloquência em seu livro recente, *The End of Growth*, o mundo está hoje colidindo com três barreiras fundamentais à continuidade da expansão econômica (Heinberg, 2011). A primeira é o esgotamento de importantes recursos naturais, em particular, o acesso cada vez mas reduzido a combustíveis fósseis baratos e abundantes, situação também conhecida como "pico do petróleo". A segunda barreira é a proliferação de impactos prejudiciais sobre o meio ambiente decorrentes da extração e do uso de recursos, resultando em custos sempre crescentes provenientes tanto dos próprios impactos como dos esforços para evitá-los. Os mais catastróficos desses impactos ambientais são as múltiplas manifestações globais de mudança climática, que examinaremos com mais detalhes na Seção 17.3.5.

A terceira barreira ao crescimento perpétuo é mais abstrata, mas não menos grave: é uma barreira financeira. Como Heinberg explica com muitos detalhes, nós criamos um sistema monetário e financeiro global que exige crescimento. As atividades econômicas são movidas pelo dinheiro que entra na economia por meio de empréstimos, e os juros sobre esses empréstimos só podem ser pagos se a economia continuar a crescer. No entanto, quando o crescimento econômico se choca com as duas barreiras naturais do pico do petróleo e do colapso climático, os sistemas financeiros construídos sobre as expectativas de crescimento perpétuo são obrigados a falhar, gerando os sintomas múltiplos que viemos a conhecer muito bem – massivas dívidas não pagas, altas taxas de desemprego, reações em cadeia de calotes e falências, e assim por diante.

Heinberg argumenta persuasivamente que o esgotamento dos recursos, os impactos ambientais e os malogros financeiros e monetários sistêmicos estão se combinando atualmente para fazer com que a retomada do crescimento econômico convencional seja uma quase impossibilidade, e que os elaboradores dos planos de ação política que insistem em perseguir a ideologia do crescimento perpétuo estão realmente fugindo da realidade.

O perfeito reconhecimento desse dilema é dificultado pelo fato de que a maioria dos economistas usa indicadores econômicos inadequados. Como examinamos na Seção 3.5, os países medem sua riqueza por meio do produto interno bruto (PIB), um indicador bruto resultante da soma indiscriminada de todas as atividades econômicas associadas com os valores monetários, enquanto ignora os muitos aspectos não monetários importantes da economia. O crescimento ilimitado do PIB por meio do acúmulo contínuo de bens materiais é adotado inflexivelmente por quase todos os economistas e políticos, e é celebrado como sinal de uma economia "saudável". O problema que reconhecemos ao perceber que o crescimento também pode ser prejudicial ou patológico, como no caos do crescimento de um câncer, raramente é abordado; como também não se aborda o dilema de que o crescimento material ilimitado em um finito planeta só pode levar ao desastre.

De fato, fica evidente, quando examinamos o nosso gráfico na Figura 17.1, que o crescimento econômico indiferenciado é a causa original de nossas montanhas de resíduos sólidos, de nossas metrópoles poluídas, do esgotamento de nossos recursos naturais, bem como da crise de energia; e, pelo fato de que a expansão contínua da produção é impulsionada principalmente pelos combustíveis fósseis, ela é também a causa original dos múltiplos desastres decorrentes do pico do petróleo e da mudança climática.

Essa dinâmica fatal está sendo cada vez mais reconhecida atualmente. Em um artigo conjunto elaborado para a Cúpula da Terra Rio + 20, realizada em junho de 2012, os dezoito vencedores anteriores do Blue Planet Prize – o "Prêmio Nobel" não oficial para o meio ambiente – escrevem: "O mito do crescimento perpétuo [...] promove a ideia equivocada de que o crescimento econômico indiscriminado é a cura para todos os problemas mundiais, ao mesmo tempo que ele é na verdade a própria causa das atuais práticas globais insustentáveis" (veja Brundtland *et al.*, 2012, p. 41); entre esses autores estão incluídos Paul Ehrlich, James Hansen, Amory Lovins, James Lovelock, Karl-Henrik Robèrt e Nicholas Stern).

17.2.1 Do crescimento quantitativo ao crescimento qualitativo

Parece, então, que o nosso principal desafio consiste em mudar de um sistema econômico baseado na noção de crescimento ilimitado para outro que seja ecologicamente sustentável e socialmente justo. A partir da perspectiva da visão sistêmica da vida, o "não crescimento" não pode ser a resposta. O crescimento é uma característica central de toda a vida. Uma sociedade, ou economia, que não cresce morre mais cedo ou mais tarde. No entanto, o crescimento na natureza não é linear e ilimitado. Enquanto certas partes dos organismos, ou ecossistemas, crescem, outras decaem, liberando e reciclando seus componentes, que se tornam recursos para um novo crescimento.

Esse tipo de crescimento equilibrado, multifacetado, é bem conhecido por biólogos e ecologistas. Capra e Henderson (2009) se propuseram a chamá-lo de "crescimento qualitativo" para contrastá-lo com o conceito de crescimento quantitativo usado pelos economistas de hoje. O reconhecimento da falácia do conceito convencional de crescimento econômico, como os dois autores sugerem, é o primeiro passo essencial para a superação da nossa crise econômica. Nas palavras da ativista pela mudança social Frances Moore Lappé (2009):

Uma vez que aquilo que chamamos de "crescimento" é, em grande parte, resíduos, vamos chamá-lo assim! Vamos chamá-lo de uma economia de resíduos e destruição. Vamos definir crescimento como aquilo que intensifica a vida – como a geração e a regeneração – e declarar que aquilo de que o nosso planeta mais precisa é de mais do mesmo.

Esta noção de "crescimento que intensifica a vida" é o que se entende por crescimento qualitativo – crescimento que aumenta a qualidade de vida. Em organismos vivos, ecossistemas e sociedades, o crescimento qualitativo inclui um aumento de complexidade, de sofisticação e de maturidade. O crescimento quantitativo ilimitado em um planeta finito é claramente insustentável, mas o crescimento econômico qualitativo pode ser sustentado se envolver um equilíbrio dinâmico entre crescimento, declínio e reciclagem, e se também incluir o crescimento interior do aprendizado e do amadurecimento.

O foco no crescimento qualitativo é totalmente coerente com a visão sistêmica da vida. Como enfatizamos várias vezes neste livro, essa nova ciência da vida é, essencialmente, uma ciência de qualidades. Esse fato é particularmente importante para a compreensão da sustentabilidade ecológica, uma vez que os princípios básicos da ecologia – princípios como a interdependência e a natureza cíclica dos processos ecológicos – são expressos em função dos padrões de relacionamentos, ou qualidades.

Na verdade, a nova concepção sistêmica da vida torna possível formular um conceito científico de qualidade. Pelo que parece, essa palavra tem dois diferentes significados – um objetivo e outro subjetivo. No sentido objetivo, as qualidades de um sistema complexo referem-se a propriedades do sistema que nenhuma de suas partes apresenta. Quantidades como massa ou energia nos informam a respeito das propriedades das partes, e a sua soma é igual à propriedade correspondente do todo – por exemplo, a massa total ou a energia total. Qualidades como estresse ou saúde, pelo contrário, não podem ser expressas como a soma das propriedades das partes. Qualidades surgem de processos e de padrões de relações entre as partes. Por isso, não podemos compreender a natureza de sistemas complexos, tais como organismos, ecossistemas, sociedades e economias se tentarmos descrevê-los em termos puramente quantitativos. As quantidades podem ser medidas; as qualidades precisam ser mapeadas (veja a Seção 4.3).

Com a recente ênfase na complexidade, nas redes e nos padrões de organização, a atenção dos cientistas que investigam as ciências da vida começou a mudar de quantidades para qualidades, e também está ocorrendo uma mudança conceitual correspondente na matemática. Na verdade, isso começou na física durante a década de 1960, com sua vigorosa ênfase na simetria (veja a Seção 8.4.3), que é uma qualidade, e intensificou-se durante as décadas seguintes, com o desenvolvimento da teoria da complexidade, ou dinâmica não linear, que é uma matemática de padrões e de relações.

Os atratores estranhos e os fractais da geometria fractal são padrões visuais que representam as qualidades de sistemas complexos (veja as Seções 6.3 e 6.4).

No domínio humano, a noção de qualidade sempre parece incluir referências a experiências humanas, que são aspectos subjetivos. Isso não deveria ser surpreendente. Uma vez que todas as qualidades surgem de processos e de padrões de relacionamentos, elas, necessariamente, incluirão elementos subjetivos se esses processos e relacionamentos envolverem seres humanos.

Por exemplo, a qualidade da saúde de uma pessoa pode ser avaliada por meio de fatores objetivos, mas inclui uma experiência subjetiva de bem-estar como elemento significativo (veja a Seção 15.2). Analogamente, a qualidade de um relacionamento humano deriva, em grande medida, de experiências subjetivas mútuas. A descrição e a explicação das qualidades de tais experiências subjetivas no âmbito de um arcabouço científico são conhecidas como o "problema difícil" dos estudos sobre a consciência, como examinamos no Capítulo 12.

Essas considerações implicam o fato de que, para avaliar adequadamente a saúde de uma economia, precisamos de indicadores qualitativos de pobreza, saúde, equidade, educação, inclusão social e estado do ambiente natural – nenhum dos quais pode ser reduzido a coeficientes monetários ou agregado em um número simples. Na verdade, vários indicadores econômicos desse tipo foram propostos recentemente. Eles incluem o HDI (Human Development Index, Índice de Desenvolvimento Humano) das Nações Unidas, lançado em 1990, e os Calvert-Henderson Quality of Life Indicators (Indicadores Calvert-Henderson de Qualidade de Vida), que avaliam doze critérios e utilizam coeficientes monetários apenas se eles se mostrarem necessários (ver Capra e Henderson, 2009).

17.2.2 Crescimento e desenvolvimento

Poucos anos depois que o conceito de sustentabilidade ecológica foi introduzido por Lester Brown (1981), a ONU o incorporou no chamado Brundtland Report (Relatório Brundtland) (veja a Seção 16.3.1). No entanto, nesse relatório a palavra "sustentável" foi acoplada com a palavra "desenvolvimento", e essa noção de "desenvolvimento sustentável" passou a ser amplamente utilizada desde essa época, infelizmente, muitas vezes sem o contexto ecológico que daria a ela o seu significado apropriado.

Todo o conceito de "desenvolvimento sustentável" é muito problemático, uma vez que ambas as palavras, "crescimento" e "desenvolvimento", são atualmente utilizadas em dois sentidos muito diferentes – um qualitativo e outro quantitativo. Para os biólogos, o desenvolvimento é uma propriedade fundamental da vida. Segundo a teoria da autopoiese, um organismo vivo responde continuamente a influências ambientais com mudanças estruturais e, ao longo do tempo, ele formará o seu próprio caminho individual de desenvolvimento (veja a Seção 7.4). A dinâmica fundamental subjacente a esse processo é a emergência espontânea de ordem em pontos críticos de instabilidade. Como enfatizamos em nossa exposição sobre a auto-organização e a emergência (Seção 8.3), a criatividade – a geração de novas formas – é reconhecida na visão sistêmica da vida como uma propriedade fundamental de todos os sistemas vivos. A vida procura continuamente entrar em contato com a novidade.

Essa compreensão sistêmica do desenvolvimento implica um sentido de desdobramento multifacetado de organismos vivos, ecossistemas ou comunidades humanas em movimento para alcançar o seu pleno potencial. A maioria dos economistas, ao contrário, restringe o uso do "desenvolvimento" a uma única dimensão econômica, geralmente medida por meio do PIB *per capita*. A enorme diversidade da existência humana é comprimida nesse conceito linear e quantitativo e depois convertido em coeficientes monetários.

O economista Paul Ekins (1992) resumiu o conceito de desenvolvimento econômico, como é atualmente encenado no palco mundial em função de três características básicas: ele é economicista, orientado para o norte, e de cima para baixo. O desenvolvimento, assinala Ekins, é um conceito econômico relativamente recente. Antes da Segunda Guerra Mundial, ninguém teria pensado em considerar o desenvolvimento como uma categoria econômica. Mas a partir da segunda metade do século XX, esse conceito tem sido usado quase que exclusivamente no estreito sentido economicista. O mundo inteiro é arbitrariamente categorizado em países "desenvolvidos", "em desenvolvimento" e "menos desenvolvidos", como em uma clasificação de times de futebol, de acordo com uma única dimensão econômica. O desenvolvimento é medido apenas em dinheiro e fluxos de caixa, ignorando-se todas as outras formas de riqueza – todos os valores ecológicos, sociais e culturais.

Além disso, essa "tabela de times" econômica é organizada de acordo com critérios do Norte. Países considerados desenvolvidos são aqueles que adotaram o modo de vida industrial do Norte. Isso torna o desenvolvimento um conceito nortista profundamente monocultural: ser um país em desenvolvimento significa ser bem-sucedido na aspiração de se tornar mais parecido com o Norte. E, finalmente, o desenvolvimento econômico é um processo de cima para baixo. As decisões e o controle permanecem firmemente nas mãos de especialistas, gerenciadores do capital internacional, burocratas de governos estatais e instituições financeiras globais, como o Banco Mundial e o Fundo Monetário Internacional (FMI).

A visão linear, unidimensional do desenvolvimento econômico, como é usada pela maior parte dos economistas "oficiais" e empresariais, bem como pela maioria dos políticos, corresponde ao estreito conceito quantitativo de crescimento econômico, enquanto o sentido biológico e ecológico de desenvolvimento corresponde à noção de crescimento qualitativo. Na verdade, o conceito de desenvolvimento biológico inclui tanto o crescimento quantitativo como o qualitativo.

Um organismo, ou ecossistema, em desenvolvimento cresce de acordo com seu estágio de desenvolvimento. Normalmente, um organismo jovem vai passar por períodos de rápido crescimento físico. Nos ecossistemas, essa fase inicial de crescimento rápido é conhecida como um ecossistema pioneiro, caracterizado pela rápida expansão e colonização do território. O crescimento rápido é sempre seguido por um crescimento mais lento, por uma maturação, e, finalmente, por decadência e decomposição, ou, em ecossistemas, pela chamada sucessão (veja a Seção 16.1). À medida que os sistemas vivos amadurecem, seus processos de crescimento mudam do quantitativo para o qualitativo.

A distinção entre o desenvolvimento biológico e o atual sentido econômico de "desenvolvimento", bem como a associação do crescimento econômico qualitativo com o primeiro e o crescimento puramente quantitativo com o segundo ajudam a esclarecer o conceito amplamente usado, mas problemático de "desenvolvimento sustentável". Se a palavra "desenvolvimento" é usada no estreito sentido econômico atual, associada com a noção de crescimento quantitativo ilimitado, tal desenvolvimento econômico nunca poderá ser sustentável, e a expressão "desenvolvimento sustentável" seria, portanto, um oxímoro, uma junção de dois conceitos contraditórios. No entanto, se o processo de desenvolvimento é compreendido como sendo mais que um processo puramente econômico, incluindo dimensões sociais, ecológicas, culturais e espirituais, e se ele está associado com o crescimento econômico qualitativo, então tal processo sistêmico multidimensional pode realmente ser sustentável.

Essa ampla visão alternativa de desenvolvimento é hoje defendida por vários estudiosos e ativistas, que reconhecem o desenvolvimento como um processo criativo que aumenta as capacidades do indivíduo – o que é uma característica de toda vida – o que exige, em primeiro lugar, o controle sobre os recursos locais (veja Escobar, 1995; Esteva e Prakash, 1998; W. Sachs, 1992). De acordo com essa visão, o desenvolvimento não é um processo puramente econômico, mas inclui dimensões sociais, ecológicas, culturais e éticas. É um processo multidimensional e sistêmico, no qual os atores principais do desenvolvimento são as instituições da sociedade civil – as ONGs baseadas em interesses comuns, de vizinhança ou de família.

Uma vez que as pessoas são diferentes e os lugares em que vivem são diferentes, podemos esperar que o desenvolvimento produza uma diversidade cultural de todos os tipos. Os processos por meio dos quais ele acontece serão muito diferentes do sistema de comércio global dos dias de hoje. Ele terá como base a mobilização de recursos locais para satisfazer necessidades locais, e será informado pelos valores da dignidade humana e da sustentabilidade ecológica. Esse desenvolvimento verdadeiramente sustentável baseia-se no reconhecimento de que somos partes inseparáveis da teia da vida, de comunidades humanas e não humanas, e que a intensificação da dignidade e da sustentabilidade de qualquer uma delas intensificará todas as outras.

17.2.3 Qualificação do crescimento econômico

Voltemos agora ao desafio central que nos é imposto pela nossa crise econômica e ecológica. Como podemos transformar a economia global, baseada em um sistema que se esforça para promover um crescimento quantitativo ilimitado, um sistema que é manifestamente insustentável, em outra, que seja ecologicamente saudável e socialmente justa? O conceito de crescimento econômico qualitativo será uma ferramenta de fundamental importância nessa tarefa. Em vez de avaliar o estado da economia com base na medida quantitativa bruta do PIB, precisamos distinguir entre "bom" crescimento e "mau" crescimento, e, em seguida, aumentar o primeiro à custa do segundo, de modo que os recursos naturais e humanos amarrados a processos de produção desperdiçadores e insalubres possam ser liberados e reciclados como recursos para processos eficientes e sustentáveis. Um primeiro passo nessa direção foi a conferência "Beyond GDP" (Além do PIB) apresentada no Parlamento Europeu em novembro de 2007, liderada pela Comissão Europeia em conjunto com o Clube de Roma, a OECD – Organization for Economic Cooperation and Development e o WWF – World Wildlife Fund (veja www.beyond-gdp.eu).

Do ponto de vista ecológico, a distinção entre crescimento econômico "bom" e "mau" é óbvia. O mau crescimento é o crescimento dos processos de produção e dos serviços que exteriorizam custos sociais e ambientais, baseiam-se em combustíveis fósseis, envolvem substâncias tóxicas, esgotam nossos recursos naturais e degradam os ecossistemas da Terra. O bom crescimento é o crescimento de processos e serviços mais eficientes, que interiorizam plenamente os custos e envolvem energias renováveis, nenhuma emissão de poluentes, reciclagem contínua de recursos naturais e restauração dos ecossistemas da Terra.

Desde a sua primeira conferência de 2007, os parceiros do "Beyond GDP" continuam a trabalhar na elaboração de um roteiro para qualificar o crescimento econômico. Muitas das reformas sugeridas envolverão mudanças de percepção, a qual, atualmente orientada para os produtos, passará a se orientar para os serviços, e a "desmaterialização" das nossas economias produtivas. Por exemplo, uma empresa de automóveis deveria perceber que ela não está necessariamente no negócio da venda de carros, mas sim na atividade de fornecer mobilidade, que também pode ser obtida, entre muitas outras coisas, produzindo-se mais ônibus e trens e replanejando nossas metrópoles. De maneira semelhante, os países, e especialmente os EUA, deverão reconhecer que a luta contra a mudança climática é o mais importante e mais urgente problema de segurança da atualidade. O governo dos EUA deverá reduzir o orçamento do Pentágono em conformidade com esse problema, ao mesmo tempo que aumenta os fundos para a diplomacia, a mitigação das ameaças à segurança global relacionadas ao clima, e a construção de uma nova economia "verde".

17.2.4 Do materialismo à comunidade

A mudança do crescimento quantitativo para o qualitativo exigirá mudanças profundas não apenas nos níveis sociais e econômicos, mas também no nível individual. Isso significará superar o penetrante condicionamento cultural do materialismo e nos desviar de uma situação em que encontramos satisfação no consumo material para outra situação em que essa satisfação é encontrada nas relações humanas e na comunidade. Para a maioria de nós, essa mudança de valor não é nada fácil, pois somos bombardeados diariamente por uma enxurrada de mensagens publicitárias assegurando-nos de que o acúmulo de bens materiais é a estrada real para a felicidade, o verdadeiro propósito da nossa vida (veja Dominguez e Robin, 1999).

Os EUA projetam seu tremendo poder ao redor do mundo a fim de manter condições ótimas para perpetuar e expandir a produção. O objetivo central do seu vasto império – seu esmagador poderio militar, sua impressionante gama de agências de inteligência e suas posições dominantes em ciência, tecnologia, mídia e entretenimento – não consiste em expandir seu território, nem promover a liberdade e a democracia, mas certificar-se de que tem acesso global aos recursos naturais e que os mercados ao redor do mundo permanecem abertos aos seus produtos (Ramonet, 2000). Desse modo, a retórica política na América move-se rapidamente da "liberdade" para o "livre comércio" e os "mercados livres". O livre fluxo de capitais e mercadorias é considerado equivalente ao grandioso ideal da liberdade humana, e a aquisição material é retratada como um direito humano básico e, cada vez mais, até mesmo como uma obrigação.

Essa glorificação do consumo material tem profundas raízes ideológicas, que vão muito além da economia e da política. Pelo que parece, suas origens estão assentadas na associação universal da virilidade com as posses materiais nas culturas patriarcais. O antropólogo David Gilmore estudou imagens da virilidade em todo o mundo – "ideologias masculinas", como ele se expressa – e encontrou notáveis semelhanças entre elas quando examinou o cruzamento de culturas (Gilmore, 1990, p. 2). Há uma noção recorrente segundo a qual a "verdadeira virilidade" é diferente da simples masculinidade biológica, que é algo que precisamos conquistar. Na maioria das culturas, mostra-nos Gilmore, os meninos "precisam ganhar o direito" de ser chamados de homens. Embora as mulheres também sejam julgadas por padrões sexuais que, muitas vezes, são rigorosos, Gilmore observa que a própria condição feminina delas raramente é questionada. No entanto, curiosamente, Gilmore não menciona o fato, amplamente discutido na literatura feminista, de que as mulheres não têm necessidade de comprovar sua feminilidade, por causa de sua capacidade de dar à luz, o que era percebido como um poder terrível e transformador em culturas pré-patriarcais (veja Rich, 1977).

Além de imagens de masculinidade muito conhecidas, como força física, dureza e agressão, Gilmore constatou que em cultura após cultura, os "verdadeiros" homens têm sido aqueles que, tradicionalmente, produzem mais do que consomem. O autor enfatiza que a antiga associação da masculinidade com a produção material significava produção em nome da comunidade: "Repetidas vezes constatamos que os 'verdadeiros' homens são aqueles que dão mais do que recebem; eles servem outros. Homens de verdade são generosos, até mesmo em excesso." (Gilmore, 1990, p. 15). Ao longo do tempo, houve uma mudança nessa imagem, da produção pelo bem de outras pessoas para a posse material pelo bem de si mesmo. A humanidade era agora medida em função da posse de bens valiosos – terra, gado ou dinheiro vivo – e em função do poder exercido sobre outras pessoas, especialmente mulheres e crianças. Essa imagem foi reforçada pela associação universal da virilidade com "grandeza" – medida em força muscular, realizações ou quantidade de posses. Na sociedade moderna, assinala Gilmore, a "grandeza" do macho é medida, cada vez mais, pela riqueza material: "O Grande Homem em qualquer sociedade industrial é também o rapaz mais rico do quarteirão, o mais bem-sucedido, o mais competente... Ele tem o máximo do que a sociedade precisa ou quer".

A associação da virilidade com o acúmulo de posses ajusta-se bem a outros valores que são favorecidos e recompensados na cultura patriarcal – expansão, competição e uma consciência "centralizada no objeto". Na cultura chinesa tradicional eles eram chamados de valores *yang* e estavam associados com o lado masculino da natureza humana. Eles não eram considerados intrinsecamente bons ou maus. No entanto, de acordo com a sabedoria chinesa, os valores *yang* precisavam ser equilibrados pelas suas contrapartidas *yin*, ou valores femininos – a expansão pela conservação, a competição pela cooperação, e o enfoque em objetos pelo enfoque em relações. Como um de nós (F.C.) argumentou extensamente, o movimento em direção a esse equilíbrio apresenta perfeita coerência com a mudança do pensamento mecanicista para o pensamento sistêmico e ecológico, que é uma característica da nossa época (Capra 1982, 1996).

Os valores de conservação, cooperação e comunidade são promovidos atualmente por muitos movimentos e organizações populares da nova sociedade civil global (veja a Seção 17.4). Entre eles, o movimento feminista e o movimento ecológico defendem as mais profundas mudanças de valores, o primeiro por meio de uma redefinição das relações de gênero sexual e o segundo por meio de uma redefinição da relação entre os seres humanos e a natureza. Ambos os movimentos poderiam contribuir de maneira significativa para superar a glorificação do consumo material pela nossa cultura.

Ao desafiar o sistema de valores e a ordem patriarcais, o movimento das mulheres introduziu uma nova compreensão da masculinidade e da personalidade, a qual não precisa associar a masculinidade com posses materiais. No nível mais profundo, a percepção feminista baseia-se no conhecimento vivencial das mulheres de que toda a vida está conectada, e de que a nossa existência está sempre encaixada nos processos cíclicos da natureza (veja Spretnak, 1981). Em conformidade com isso, a consciência feminista se concentra em encontrar satisfação nos relacionamentos nutritivos e não no acúmulo de bens materiais.

O movimento da ecologia chega à mesma posição a partir de uma abordagem diferente. A alfabetização ecológica requer pensamento sistêmico, que inclui uma mudança de perspectiva de objetos para relações (veja a Seção 4.3), e os ecoplanejadores defendem uma transição de uma economia de bens para uma economia de "serviços e de fluxos", como examinaremos em nosso último capítulo. Nesse tipo de economia, a matéria circula continuamente, de modo que o consumo efetivo de matérias-primas é drasticamente reduzido.

Desse modo, a ascensão da percepção feminista e o movimento em direção à sustentabilidade ecológica poderiam combinar-se para dar origem a uma profunda mudança de pensamento e de valores – dos sistemas lineares de extração de recursos e de acumulação de produtos e resíduos em fluxos cíclicos de matéria e energia; do foco em objetos e recursos naturais no foco em serviços e recursos humanos; da procura da felicidade nas posses materiais no seu encontro em relacionamentos nutritivos. Nas palavras eloquentes do biólogo e ativista ambiental David Suzuki:

Família, amigos, comunidade – são essas as fontes do maior amor e alegria que experimentamos como seres humanos. Visitamos membros da família, mantemos contato com professores favoritos, compartilhamos e trocamos brincadeiras com amigos. Empreendemos projetos difíceis para ajudar outras pessoas, salvar sapos ou proteger um deserto, e no processo descobrimos extrema satisfação. Encontramos realização espiritual na natureza ou ajudando outras pessoas. Nenhum desses prazeres nos obriga a consumir coisas da Terra, e no entanto cada uma delas é profundamente gratificante. São prazeres complexos, e eles nos aproximam muito mais da verdadeira felicidade do que o fazem os mais simples, como uma garrafa de Coca-Cola ou uma nova minivan.

(Suzuki e Dressel, 1999, pp. 263-64)

Essas reflexões atestam o importante papel da comunidade em nossa tarefa de criar um futuro sustentável. Como examinamos na Seção 16.3, a construção e a alimentação da comunidade está no cerne da sustentabilidade ecológica, e a comunidade é também o antídoto mais eficaz contra o consumo material excessivo. Como Suzuki e Dressel assinalam na passagem citada acima, a felicidade que derivamos do fato de que somos membros ativos de uma comunidade – seja ela humana ou ecológica – nos proporciona, em última análise, um sentido de realização espiritual. Na verdade, a incitação por uma mudança de valores que nos desvie do consumo material para as relações humanas e a comunidade pode ser encontrada nos ensinamentos de muitas tradições espirituais. O Dalai Lama (2000) expressou isso com grande beleza:

Todos os seres sensíveis buscam a felicidade. Todos querem superar a dor e o sofrimento no nível sensorial. As metas e os desejos humanos vêm não apenas da experiência sensorial, mas também da imaginação pura. Isso cria um nível mental de prazer e dor além do sensorial. Realização material – dinheiro, bens materiais, e assim por diante – nos dá satisfação no nível sensorial. Mas, no nível mental, no nível da nossa imaginação e dos nossos desejos, precisamos de um outro tipo de satisfação, que o nível físico não nos pode fornecer. Apenas o conforto material não é uma resposta para a humanidade. Conheci muitas pessoas que vivem em grande conforto material e, no entanto, estão cheias de ansiedade; e elas me contam sobre os seus muitos problemas. A força que se contrapõe a essa perturbação mental é a bondade amorosa. O afeto humano, o carinho, um sentido de responsabilidade e um sentido de comunidade – isto é espiritualidade.

17.3 As redes do capitalismo global

Voltemos agora ao impacto produzido pelo crescimento econômico irrestrito, indiferenciado, especificamente, ao capitalismo global, o sistema econômico que domina atualmente, que é a principal força motriz do crescimento econômico e empresarial. Esse novo tipo de capitalismo é profundamente diferente daquele que se formou durante a Revolução Industrial (veja a Seção 3.3) e do capitalismo keynesiano que foi o modelo econômico dominante durante várias décadas depois da Segunda Guerra Mundial (veja a Seção 3.4).

O novo capitalismo, que emergiu da revolução da tecnologia da informação durante as três últimas décadas, é caracterizado por três características fundamentais. Suas atividades econômicas nucleares são globais; as principais fontes de produtividade e de competitividade são a geração de conhecimento e o processamento de informações; e ele está estruturado, em grande parte, em torno de redes de fluxos financeiros. Esse novo capitalismo global também é conhecido como "a nova economia", ou simplesmente como "globalização". Por causa das redes globais de fluxos informacionais e financeiros, que formam seu próprio âmago, é especialmente interessante analisar a nova economia global a partir de uma perspectiva sistêmica. Para isso, começamos por uma breve revisão de vários aspectos da globalização.

17.3.1 A compreensão do processo de globalização

Durante a última década do século XX, um reconhecimento cresceu entre os empresários, políticos, cientistas sociais, líderes comunitários, ativistas de movimentos populares, artistas, historiadores da cultura, e mulheres e homens comuns de todas as posições sociais e profissionais: o reconhecimento de que um novo mundo estava emergindo – um mundo modelado por novas tecnologias, novas estruturas sociais, uma nova economia e uma nova cultura. A "globalização" se tornou o termo usado para resumir as mudanças extraordinárias e o *momentum* aparentemente irresistível que foram sentidos por milhões de pessoas.

Na verdade, dentro de alguns anos, ficamos muito acostumados a muitas facetas da globalização. Contamos com redes de comunicações globais para notícias, esportes e eventos culturais; usamos rotineiramente a World Wide Web como um sistema de informação global; e, por meio de várias redes sociais, podemos desfrutar de uma permanência diária em contato com amigos em todo o mundo. No entanto, dentro do contexto desta seção, vamos nos concentrar na nova economia global, cujo impacto sobre o nosso bem-estar tem-se revelado muito mais problemático.

Com a criação da Organização Mundial do Comércio (OMC), em meados da década de 1990, a globalização econômica, caracterizada pelo "livre comércio", foi saudada por líderes empresariais e políticos como uma nova ordem que beneficiaria todas as nações, produzindo expansão econômica mundial cuja riqueza "gotejaria" para todos. No entanto, logo se tornou evidente para números cada vez maiores de ambientalistas e ativistas de movimentos populares que as novas regras econômicas estabelecidas pela OMC eram manifestamente insustentáveis e estavam produzindo inúmeras consequências fatais interconectadas – desintegração social, degradação da democracia, deterioração mais rápida e extensa do ambiente, uma série de crises financeiras e aumento da pobreza e da alienação.

Em 1996, foram publicados dois livros que forneceram as primeiras análises sistêmicas da globalização econômica. Escritos em estilos muito diferentes, seus autores seguiram abordagens também muito diferentes, mas o seu ponto de partida foi o mesmo – a tentativa de compreender as profundas mudanças produzidas pela combinação de inovações tecnológicas extraordinárias e de alcance corporativo global.

The Case Against the Global Economy é uma coleção de ensaios escritos por mais de quarenta ativistas de organizações de base popular e líderes comunitários, organizada por Jerry Mander e Edward Goldsmith, e publicada pelo Sierra Club, uma das organizações ambientalistas mais antigas e respeitadas dos EUA (Mander e Goldsmith, 1996). Os autores desse livro representam tradições culturais de muitos países ao redor do mundo. Em sua maioria, eles são ativistas bem conhecidos por sua militância em prol da mudança social. Seus argumentos são apaixonados, destilados das experiências de suas comunidades e destinados a remodelar a globalização de acordo com diferentes valores e diferentes visões. *The Rise of the Network Society*, de Manuel Castells, professor de Tecnologia da Comunicação e Sociedade na Universidade do Sul da Califórnia, é uma brilhante análise dos processos fundamentais subjacentes à globalização econômica, publicado pela Blackwell, uma das maiores editoras acadêmicas (Castells, 1996).

Durante os anos que se seguiram à publicação desses dois livros, alguns dos autores de *The Case Against the Global Economy* formaram o International Forum on Globalization [Fórum Internacional sobre Globalização], uma organização sem fins lucrativos que realiza *teach-ins* sobre globalização econômica em vários países. Em 1999, esses *teach-ins* proporcionaram o fundamento filosófico para a coalizão mundial de organizações de base popular que bloquearam com sucesso a reunião da Organização Mundial do Comércio que seria realizada em Seattle e fizeram sua oposição aos planos de ação política da OMC conhecidos do mundo (veja a Seção 17.4).

Na frente teórica, Manuel Castells publicou dois outros livros para completar uma série de três volumes sobre *The Information Age: Economy, Society and Culture* (Castells, 1997, 1998). Essa trilogia é uma obra monumental, enciclopédica em sua rica documentação, que o sociólogo Anthony Giddens (1996) comparou com *Economia e Sociedade*, de Max Weber, escrito quase um século antes.

A tese de Castells é ampla e esclarecedora. Seu foco central são as revolucionárias tecnologias da informação e da comunicação que emergiram durante as três últimas décadas do século XX. Assim como a Revolução Industrial deu origem à "sociedade industrial", a nova revolução da tecnologia da informação está agora gerando uma "sociedade informacional". E, uma vez que a tecnologia da informação tem desempenhado um papel decisivo na ascensão da rede como uma nova forma de organização da atividade humana nos negócios, na política, na mídia e nas ONGs, Castells também chama a sociedade informacional de "sociedade em rede" (veja a Seção 14.4).

Durante a primeira década do nosso novo século, as tentativas de estudiosos, políticos e líderes comunitários para compreender a natureza e as consequências da globalização têm continuado e se intensificado (Cavanagh e Mander, 2004; Grewal, 2008; Hutton e Giddens, 2000). Nas páginas seguintes, sintetizaremos as principais ideias sobre a globalização econômica a partir das publicações mencionadas antes. Aplicando nossa perspectiva sistêmica, tentaremos mostrar como a ascensão da globalização ocorreu por meio de um processo característico de todas as organizações humanas – a interação entre estruturas planejadas e emergentes (veja a Seção 14.5).

17.3.2 A revolução da tecnologia da informação e o nascimento do capitalismo global

A característica comum dos múltiplos aspectos da globalização é uma rede global de informações e comunicações baseada em tecnologias novas e revolucionárias. A revolução da tecnologia da informação é o resultado de uma dinâmica complexa de interações tecnológicas e humanas que produziu efeitos sinérgicos em três das principais áreas da eletrônica – computadores, microeletrônica e telecomunicações. Todas as inovações de importância-chave que criaram o ambiente eletrônico radicalmente novo da década de 1990 ocorreram 20 anos antes, durante a década de 1970.

Todas essas medidas baseavam-se fundamentalmente nas novas tecnologias da informação e da comunicação, que tornaram possível transferir fundos entre vários segmentos da economia e vários países quase instantaneamente e gerenciar a enorme complexidade produzida pela desregulamentação rápida e também pela nova engenhosidade financeira. No final, a revolução da tecnologia da informação ajudou a dar à luz uma nova economia global – um capitalismo rejuvenescido, flexível e muito expandido.

17.3.3 O cassino financeiro

Na nova economia, o capital funciona em tempo real, movendo-se rapidamente ao longo de redes financeiras mundiais. A partir dessas redes, ele é investido em todos os tipos de atividade econômica, e a maior parte daquilo que é extraído como lucro é canalizada de volta na metarrede de fluxos financeiros. Sofisticadas tecnologias da informação e da comunicação permitem que o capital financeiro se mova rapidamente de uma opção para outra em uma incansável pesquisa global por oportunidades de investimento. As margens de lucro são geralmente muito mais altas nos mercados financeiros do que na maioria dos investimentos diretos; por isso, todos os fluxos monetários, em última análise, convergem nas redes financeiras globais em busca de maiores ganhos.

O duplo papel dos computadores, como ferramentas para o rápido processamento de informações e para sofisticados modelamentos matemáticos, levou à substituição virtual do ouro e do papel-moeda por produtos financeiros cada vez mais abstratos. Estes incluem "opções futuras" (ganhos financeiros no futuro, como são antecipados por projeções realizadas por computador), "fundos de investimentos aplicados simultaneamente em vários mercados (*hedge funds*)" (fundos de investimento de alto risco usados para comprar e vender enormes quantidades de dinheiro vivo para, logo depois, lucrar a partir de margens diminutas) e "derivativos" (pacotes de diversos fundos, que representam coleções de valores financeiros reais ou potenciais). O resultado final de todas essas inovações tecnológicas e financeiras é a transformação da economia global em um cassino gigantesco, operado eletronicamente. Eis como Castells (1996, pp. 434-35) descreve as operações desses novos mercados financeiros, que, desde a época em que esse processo foi estabelecido, ficaram conhecidas como "cassino financeiro":

O mesmo capital é impelido para trás e para a frente entre economias em uma questão de horas, minutos e, às vezes, segundos. Favorecida pela desregulamentação [...] e pela abertura de mercados financeiros domésticos, poderosos programas de computador e hábeis analistas financeiros/magos dos computadores, posicionados junto aos nodos globais de uma seletiva rede de telecomunicações, jogam jogos, literalmente, com bilhões de dólares [...] esses jogadores globais não são especuladores obscuros, mas importantes bancos de investimentos, fundos de pensão, corporações multinacionais [...] e fundos mútuos organizados precisamente por causa da manipulação financeira.

No nível humano existencial, a característica mais alarmante da nova economia pode ser a de que ela é fundamentalmente modelada por máquinas. O "mercado global", estritamente falando, não é um mercado, mas sim uma rede de máquinas programadas de acordo com um único valor – ganhar dinheiro com o objetivo único de ganhar dinheiro – com a exclusão de todos os outros valores. Em outras palavras, a economia global foi planejada de tal maneira que todas as dimensões éticas são excluídas. No entanto, as mesmas redes eletrônicas de fluxos financeiros e informacionais *poderiam* ter outros valores nelas embutidos. A questão crítica não é a tecnologia, mas a política e os valores humanos. E os valores humanos podem mudar; eles não são leis naturais.

O processo de globalização econômica foi propositadamente planejado pelos principais países capitalistas (as "nações do G7"), pelas principais corporações transnacionais e pelas instituições financeiras globais que foram criadas com esse propósito (veja Mander, 2012). As mais importantes dessas instituições financeiras são o Banco Mundial, o FMI e a OMC. Elas são conhecidas coletivamente como "as instituições de Bretton Woods", porque foram estabelecidas em uma conferência das Nações Unidas em Bretton Woods, New Hampshire, em 1944, com o propósito de criar um arcabouço institucional para uma economia pós-guerra mundial coerente.

O Banco Mundial foi originalmente criado para financiar a reconstrução da Europa no pós-guerra, e o FMI para garantir a estabilidade do sistema financeiro internacional. No entanto, ambas as instituições logo mudaram o seu foco para promover e impor um estreito modelo de desenvolvimento econômico no Terceiro Mundo, muitas vezes com desastrosas consequências sociais e ambientais (veja as Seções 17.3.4 e 17.3.5). O papel ostensivo da OMC é o de regular o comércio, evitar guerras comerciais e proteger os interesses das nações pobres. Na realidade, a OMC implementa e impõe globalmente a mesma agenda que o Banco Mundial e o FMI têm imposto sobre a maior parte do mundo em desenvolvimento.

Apesar das regras estritas estabelecidas pelas instituições de Bretton Woods, o processo de globalização econômica está longe de ser suave. Quando as redes financeiras globais atingiram um certo nível de complexidade, suas interconexões não lineares geraram rápidos ciclos de *feeedback*, que deram origem a muitos insuspeitados fenômenos emergentes. A nova economia resultante é tão complexa e turbulenta que desafia a análise nos termos econômicos convencionais. Por isso, Anthony Giddens admitiu em 2000, quando era diretor da prestigiosa London School of Economics, que "o novo capitalismo, que é uma das forças motrizes da globalização, é, até certo ponto, um mistério. Até agora, não sabemos totalmente como ele funciona" (em Hutton e Giddens, 2000, p. 10).

No cassino global, os fluxos financeiros não seguem qualquer lógica de mercado. Os mercados são continuamente manipulados e transformados por estratégias de investimento decretadas por computador, percepções subjetivas de analistas influentes, eventos políticos em qualquer parte do mundo, e – mais significativamente – turbulências insuspeitadas causadas pelas complexas interações de fluxos de capital nesse sistema altamente não linear. Essas turbulências amplamente descontroladas são tão importantes na determinação de preços e tendências de mercado como são as forças tradicionais de oferta e demanda.

Mercados monetários globais, por si sós, envolvem o intercâmbio diário de mais de 3 trilhões de dólares, e, uma vez que esses mercados determinam, em grande medida, o valor da moeda corrente nacional, eles contribuem de maneira significativa para a incapacidade dos governos para controlar a política econômica. Como resultado, a década de 1990 viu uma série de graves crises financeiras, do México (1994) ao Pacífico Asiático (1997), Rússia (1998) e Brasil (1999). Essas crises evidenciaram que as redes financeiras da nova economia são inerentemente instáveis. Elas produzem padrões aleatórios de turbulência informacional que podem desestabilizar qualquer empresa, bem como países ou regiões inteiras, independentemente dos seus desempenhos econômicos.

Nos anos seguintes, as instituições financeiras globais foram capazes de evitar mais crises durante quase uma década fazendo, para isso, certos ajustes estruturais nos mercados. Ao mesmo tempo, a economia global tornou-se cada vez mais interconectada e seus produtos financeiros cada vez mais abstratos; e, em 2008, o sistema expandiu-se a ponto de ficar novamente fora do controle, e dessa vez em uma escala global.

A crise financeira mundial e a recessão de 2008-2009 foram produzidas por banqueiros de Wall Street por meio de uma combinação de ganância, incompetência e fraqueza inerentes ao sistema (veja Heinberg, 2011; Kroft, 2008). Começou como uma crise de hipotecas, causada pela comercialização irresponsável de empréstimos hipotecários de alto risco, denominados "*subprime*"; então, lentamente, evoluiu para uma crise do crédito; e, finalmente, tornou-se uma crise financeira global já plenamente desenvolvida.

Durante a crise das hipotecas, as grandes casas de investimento de Wall Street compraram milhões das hipotecas menos confiáveis, fatiaram-nas em minúsculos pedaços e fragmentos, e as reembalaram como exóticos títulos de investimento que quase ninguém conseguia entender. Para esse processo de recondicionamento, coletaram taxas enormes. A complexidade desses instrumentos financeiros está no cerne da crise do crédito. Ninguém sabia exatamente do que eles eram feitos, nem como eles se comportariam.

Estes instrumentos financeiros complexos foram realmente planejados por matemáticos e físicos que usaram modelos de computador para reconstituir os empréstimos não confiáveis de maneira que, assim o supunham, eliminasse a maior parte dos riscos. No entanto, como ficou evidente, seus modelos estavam errados, pois físicos e matemáticos não são especialistas em comportamento humano, e o comportamento humano não pode ser modelado matematicamente.

A fase seguinte da crise do crédito envolveu a criação dos chamados *Credit Default Swaps* (CDSs), que escondiam os riscos até que fosse tarde demais para fazer qualquer coisa a respeito deles. CDSs são, essencialmente, apostas colaterais sobre o desempenho dos mercados de hipotecas dos Estados Unidos e sobre a solvência de algumas das maiores instituições financeiras do mundo; é uma forma de jogo legalizado que permite apostar em resultados financeiros sem ter de comprar as ações e hipotecas.

Com suas vendas maciças de CDSs para investidores de hipotecas, os bancos de investimento criaram um enorme mercado não regulamentado que multiplicou suas perdas. Quando os proprietários começaram a falhar no pagamento de suas hipotecas, e os títulos de alto risco de Wall Street também começaram a falhar, as grandes firmas de investimento e as companhias de seguros que vendiam os CDSs não tinham separado o dinheiro para pagar todos os contratos de seguros que haviam escrito. Isso derrubou três das maiores empresas em Wall Street (Bear Stearns, Lehmann Brothers e AIG) e ameaçou todas as outras. A essa altura, o governo dos EUA entrou em cena com um gigantesco conjunto de pacotes de resgate para os maiores bancos e agências de seguro de Wall Street, usando o dinheiro dos contribuintes norte-americanos para cobrir as perdas dessas empresas privadas, que eram consideradas "grandes demais para falir". Logo depois de receber seus empréstimos e garantias, os bancos de Wall Street continuaram a pagar aos seus altos executivos bônus exorbitantes.

No novo capitalismo global, considerações éticas têm sido sistematicamente excluídas, quer se refiram aos direitos humanos, à proteção do meio ambiente para as gerações futuras ou até mesmo à integridade básica necessária para se realizar negócios honestamente. O foco agora recai exclusivamente no empenho de fazer dinheiro, e a escala de recompensas pessoais em Wall Street é tão grande no topo que a ganância eclipsou todas as considerações de justiça e integridade.

Nos últimos anos, vieram à luz tantas práticas antiéticas que toda a confiança entrou em colapso. De fato, durante a crise do crédito de 2008-2009, essa quebra de confiança foi tão completa que até mesmo as instituições financeiras mais respeitáveis não faziam mais empréstimos umas às outras ou, na melhor das hipóteses, o faziam apenas em aplicações *overnight*. Como consequência, os mercados monetários que os bancos organizavam entre si congelaram-se completamente. O crédito – a própria força vital da economia – secou, e o pânico tomou conta.

O escândalo financeiro mais recente, conhecido como escândalo LIBOR, também é, de longe, o mais amplo, afetando os pagamentos sobre instrumentos financeiros no valor de trilhões de dólares. Ele envolveu manipulação generalizada de taxas de juros que tinham importância essencial – usadas para determinar a London Interbank Offered Rate (LIBOR) – para servir a ganhos pessoais por comerciantes no Barclays e vários outros dos maiores bancos. Em um *exposé* intitulado "The Rotten Heart of Finance" [O Coração Podre das Finanças], o periódico *The Economist* (7 de julho de 2012) observou que esse imenso escândalo global "corrói ainda mais o pouco que restou de confiança pública nos bancos e naqueles que os dirigem".

Durante as duas últimas décadas, vários autores têm assinalado que o nosso sistema econômico global ainda é insatisfatoriamente compreendido e susceptível a sérias turbulências desestabilizadoras. No entanto, parece que nenhum deles foi capaz de prever a dimensão do colapso que se abateu sobre o sistema e que nós recentemente testemunhamos em Wall Street. Também não sabemos o que ainda pode estar para acontecer. A teoria da complexidade diz-nos que, em sistemas altamente não lineares, pequenas perturbações podem dar origem a mudanças dramáticas e imprevisíveis. A atual ansiedade generalizada sobre a economia global tem por base tais temores.

Na verdade, não demorou muito para que os efeitos da crise de Wall Street reverberassem em toda a Europa, Ásia e Oriente Médio. Os países da zona do euro e o Reino Unido experimentaram dramáticas diminuições de crescimento; alguns países asiáticos tiveram uma significativa redução de atividade, e, por volta de maio de 2009, o mundo árabe havia perdido um montante estimado em 3 trilhões de dólares em consequência da crise – em parte por causa de uma queda dos preços do petróleo. Um ano depois, a Grécia enfrentou uma crise da dívida pública que ameaçou a integridade econômica da União Europeia, sendo a Irlanda, o Reino Unido, a Espanha e Portugal os países que mais correram o risco de perder a fé em seus investidores (Heinberg, 2011). Hoje, a instabilidade inerente à economia global, por causa de suas turbulências recorrentes e amplamente descontroladas, é evidente para todos.

É interessante aplicar a compreensão sistêmica da vida na análise desse fenômeno. A nova economia consiste em uma metarrede global de complexas interações tecnológicas e humanas, envolvendo múltiplos ciclos de *feedback* que operam afastados do equilíbrio, e que produzem uma variedade interminável de fenômenos emergentes. Sua criatividade, sua adaptabilidade e suas capacidades cognitivas são, com certeza, reminiscentes das redes vivas. No entanto, ela não exibe a estabilidade que é também uma propriedade fundamental da vida. Os circuitos de informação da economia global operam com uma velocidade tal e usam uma tamanha multiplicidade de fontes que eles, constantemente, são forçados a reagir a rajadas de informações, e, por isso, o sistema como um todo gera turbulências extremamente difíceis de controlar.

Organismos vivos e ecossistemas também podem tornar-se continuamente instáveis, mas, se o fizerem, acabarão por desaparecer por causa da seleção natural, e apenas os sistemas que têm processos estabilizadores embutidos neles sobreviverão. No domínio humano, mecanismos reguladores correspondentes terão de ser introduzidos na economia global por meio de políticas financeiras adequadas, como examinamos na Seção 17.2.3.

17.3.4 O impacto social da globalização econômica

Em sua trilogia sobre a Era da Informação, Manuel Castells nos oferece uma análise detalhada dos impactos sociais e culturais do capitalismo global. Descreve, em particular, a maneira como a nova "economia de rede" tem transformado profundamente as relações sociais entre o capital e a mão de obra. Na economia global, o dinheiro tornou-se quase inteiramente independente da produção e dos serviços por escapar para o âmbito da realidade virtual das redes eletrônicas. O capital é global em seu âmago, enquanto a mão de obra, via de regra, é local. Desse modo, o capital e a mão de obra, cada vez mais, existem em diferentes espaços e tempos: o espaço virtual dos fluxos financeiros e o espaço real dos lugares locais e regionais onde as pessoas são empregadas; o tempo instantâneo das comunicações eletrônicas e o tempo biológico da vida cotidiana (Castells, 1996).

O poder econômico reside nas redes financeiras globais, que determinam o destino da maioria dos empregos, enquanto a mão de obra permanece localmente restrita no mundo real. Assim, o trabalho tornou-se fragmentado e destituído de poder. Por exemplo, atualmente, muitos trabalhadores, sejam eles sindicalizados ou não, por temerem que seus empregos poderão ser deslocados para lugares distantes, não lutarão por melhores salários ou por melhores condições de trabalho.

À medida que cada vez mais empresas reestruturarem-se como redes descentralizadas – redes de unidades menores que, por sua vez, estão ligadas a redes de fornecedores e de subempreiteiros –, trabalhadores serão, cada vez mais, empregados por meio de contratos individuais, e, desse modo, a mão de obra está perdendo sua identidade coletiva e seu poder de barganha. De fato, na nova economia, todas as tradicionais comunidades da classe trabalhadora desapareceram.

Castells ressalta que é importante distinguir entre dois tipos de mão de obra. A mão de obra "genérica", não habilitada, não é necessária para se ter acesso a informações e conhecimentos além da capacidade de compreender e executar ordens. Na nova economia, massas de trabalhadores genéricos entram em vários empregos e saem deles para entrar em vários outros. Eles podem ser substituídos em qualquer momento, tanto por máquinas como por mão de obra genérica em outras partes do mundo, dependendo das flutuações que ocorrem nas redes financeiras globais.

Diferentemente dessa última, a mão de obra "autodidata" tem capacidade para acessar níveis de educação superiores, para processar informações e para criar conhecimento. Em uma economia onde o processamento de informações, a inovação e a criação de conhecimento são as principais fontes de produtividade, esses trabalhadores autodidatas são altamente valorizados. Empresas gostariam de manter relações de longo prazo, seguras, com seus trabalhadores essenciais, de modo a manter sua lealdade e se certificar de que seu conhecimento tácito é transmitido por toda a organização.

Como incentivos para permanecerem no emprego, são oferecidos a esses trabalhadores, cada vez mais, opções de participação acionária nos lucros da empresa, isto é, nos valores por ela criados, além de seus salários básicos. Esse fato solapou ainda mais a solidariedade da mão de obra que, tradicionalmente, unia a classe trabalhadora.

A desigualdade econômica

Em consequência da fragmentação e da individualização da mão de obra e do gradual desmantelamento do estado de bem-estar social sob as pressões da globalização econômica, a ascensão do capitalismo global foi acompanhada pela intensificação da desigualdade social e da polarização (Castells, 1998). A lacuna entre os ricos e os pobres aumentou significativamente, tanto no nível internacional como dentro dos países. De acordo com o UN Human Development Report (UNDP), a diferença na renda *per capita* entre o Norte e o Sul triplicou de 5.700 dólares em 1960 para 15.000 dólares em 1993. Os 20% mais ricos da população mundial possuem agora 85% de toda a riqueza, enquanto os 20% mais pobres (que respondem por 80% da população mundial total) detêm apenas 1,4% (PNUD, 1996). Os ativos das três pessoas mais ricas do mundo, sozinhas, excedem o PIB combinado dos países menos desenvolvidos e dos seus 600 milhões de pessoas (PNUD, 1999).

Dentro dos países, os EUA têm, de longe, o mais alto nível de desigualdade entre os países industriais avançados. Como o economista Joseph Stiglitz documenta com grandes detalhes em seu livro surpreendente *The Price of Inequality*, a América vinha crescendo com uma taxa cada vez mais rápida antes da recente crise financeira (Stiglitz, 2012). Durante as três últimas décadas, os 90% que constituem a faixa populacional do fundo viram sua renda crescer apenas 15%, enquanto a faixa de 1% do topo cresceu cerca de 150% e a "casca" de 0,1% que cobre o topo cresceu mais de 300%.

Em 2007, um ano antes da crise, a renda dos 0,1% de domicílios norte-americanos do topo foi 220 vezes maior que a renda média dos 90% do fundo. A riqueza era distribuída ainda mais desigualmente do que a renda, com os 1% mais ricos possuindo mais de um terço da riqueza da nação.

A crise financeira exacerbou essas desigualdades de muitas maneiras. Os ricos perderam mais em valores do mercado de ações, mas os recuperaram com relativa rapidez. Na verdade, a "recuperação", uma vez que ocorrera a recessão, beneficiou esmagadoramente os norte-americanos mais ricos, os 1% do topo que ganhavam 93% da renda adicional criada no país em 2010, enquanto quase um em cada seis norte-americanos (e quase um quarto das crianças norte-americanas) eram deixados na pobreza, e a insegurança econômica ameaçava muitas pessoas da classe operária e da classe média cujos empregos, rendas de aposentadoria e lares estavam todos em risco.

Os CEOs, por outro lado, foram notavelmente bem-sucedidos em manter seus altos salários. Por volta de 2010, a razão matemática entre sua remuneração anual e a do operário típico havia retornado ao valor que vigorava antes da crise – uma chocante proporção de 243 para 1. Essa lacuna entre o salário do CEO e o do trabalhador típico é muito mais elevada nos Estados Unidos do que em outros países. No Japão, por exemplo, ela é de 16 para 1. Eis como Stiglitz (2012, p. 7) resume a situação:

A simples história dos EUA é esta: os ricos estão ficando mais ricos, os mais ricos entre os ricos estão ficando ainda mais ricos, os pobres estão cada vez mais pobres e mais numerosos, e a classe média está se esvaziando. Os rendimentos da classe média estão estagnados ou em queda, e a diferença entre os que pertencem a essa classe e os verdadeiramente ricos está aumentando.

Essas desigualdades, que se acentuam rapidamente, foram produzidas não apenas pela ascensão do capitalismo mundial, mas também – e talvez até mais – por políticas governamentais específicas, como cortes de impostos para os muito ricos, respostas à consulta fiscal favoráveis a manter o dinheiro protegido contra regulamentação fiscal, desregulamentação, antissindicalismo e condições favoráveis para opções de compra de ações em quantidades massivas para os CEOs. O resultado disso tem sido uma transferência sistemática de riqueza dos pobres para os ricos. Como explica Stiglitz (p. 32), "há duas maneiras de se enriquecer: criar riqueza ou tirar riqueza dos outros", e nos EUA grande parte da riqueza dos que estão no topo resulta de transferências de riqueza, e não da criação de riqueza.

Colapso da democracia

A crescente desigualdade econômica é acompanhada por um desequilíbrio cada vez maior do poder político, na medida em que os super-ricos – 400 bilionários, com mais de 1 trilhão de dólares em patrimônio líquido entre eles – estão, cada vez mais, assumindo o controle do sistema político norte-americano. Em um círculo vicioso (ou ciclo de *feedback* autoamplificador) entre política e economia, doadores super-ricos e grandes *lobbies* financiam todas as campanhas eleitorais importantes em troca de planos de ação política favoráveis, que aumentam ainda mais sua riqueza, levando a contribuições ainda maiores para suas campanhas, seguidas por políticas financeiras ainda mais favoráveis e por uma influência corporativa ainda maior sobre o processo político (Sachs, 2011).

Na verdade, os planos de ação política de importância-chave da primeira administração de Obama foram significativamente modelados por interesses corporativos. O Big Oil e o Big Coal silenciaram completamente o presidente e seu secretário de energia (um ganhador do Prêmio Nobel de Física) sobre a questão da importância crítica da mudança climática e impediram o Senado dos EUA de sequer discutir um plano de ação política apropriado para o clima e a energia. As empresas privadas de seguros de saúde obrigaram a administração a excluir a possibilidade de um sistema nacional de assistência à saúde, que fosse o "único ordenante", de todas as discussões sobre a reforma da assistência à saúde; e o complexo militar-industrial pilota a política externa norte-americana em um grau notável (Sachs, 2011).

O Movimento Occupy

Em 2011, ficou extremamente claro que a crise financeira global e a posterior recessão perpetuaram, e até mesmo agravaram, as desigualdades econômicas criadas pelo capitalismo global em todo o mundo. E, de repente, pessoas de todo o mundo começaram a se levantar e, vigorosamente, expressar sua indignação. A rápida disseminação desses levantes populares e, em grande medida, sem líderes, bem como suas declarações mútuas de solidariedade, foram guiadas pela vasta gama de mídias sociais que se tornaram ferramentas políticas de importância crucial para as comunidades e organizações em nossa era de globalização.

Essas revoltas começaram com um movimento de jovens na Tunísia, em dezembro de 2010, que se espalhou para o vizinho Egito e, depois, para outros países do Oriente Médio, crescendo até se tornar enormes movimentos sociais contra os ditadores da região, o que se tornou coletivamente conhecido como a Primavera Árabe. Os protestos na Praça Tahrir, no Cairo, em janeiro e fevereiro de 2011, mantiveram-se vivos por centenas de milhares de manifestantes ao longo de quase três semanas, e forneceram um modelo para a ocupação de praças públicas e prédios que inspiraram a atual ocupação do capitol do Estado norte-americano de Wisconsin por dezenas de milhares de pessoas que protestavam contra a legislação antissindical; o movimento de massas de *los indignados* ("os indignados" ou "ultrajados"), na Espanha, durante maio e junho subsequentes; e, finalmente, o movimento "Occupy Wall Street" [Ocupem Wall Street], que começou em setembro de 2011 com a ocupação do Zuccotti Park, no distrito financeiro de Nova York, e que, posteriormente, deu origem a um movimento mais amplo, o "Ocuppy Movement" [Movimento de Ocupação] nos EUA e ao redor do mundo (veja van Gelder, 2011).

As queixas específicas dessas revoltas variaram de país para país; as no Oriente Médio, em particular, eram muito diferentes das queixas no Ocidente. No entanto, como Joseph Stiglitz (2012) assinala, houve alguns temas comuns – uma compreensão comum segundo a qual em todos esses países os sistemas econômicos e políticos fracassaram e eram fundamentalmente injustos. O Movimento Occupy Wall Street identificou a essência desse sentimento com o brilhante *slogan* "Nós somos os 99%", que, rapidamente, popularizou-se na mídia e, de maneira decisiva, modelou o diálogo político norte-americano. Logo as agências do governo, os *think tanks* e a mídia confirmaram, com numerosas estatísticas, que os super-ricos, os "1%", de fato desfrutavam altos e injustificados níveis de desigualdade; e, apesar de o número de manifestantes reais que participaram dos protestos ser relativamente pequeno, dois terços do público norte-americano afirmaram que o Movimento Occupy expressava os seus valores e que eles o apoiavam.

Durante o inverno de 2011-2012, a visibilidade do Movimento Occupy diminuiu, em parte por causa do frio do inverno e de alguma fragmentação interna, mas, principalmente, por causa da repressão policial que, com frequência, faz uso da brutalidade e, pelo que parece, fora coordenado nacionalmente (veja La Botz *et al.*, 2012). Neste momento em que escrevo, um ano depois da ocupação do Zuccotti Park, a evolução que o Movimento Occupy terá é incerta. No entanto, até mesmo nesse estágio de transição, as conquistas do movimento são substanciais. Ao destacar o contraste entre os 1% e os 99%, ele voltou a colocar em foco o debate político norte-americano, convertendo a desigualdade econômica em um dos principais temas da eleição presidencial de 2012 e tornando possível a formação de novas alianças políticas. Para citar, mais uma vez, Joseph Stiglitz, "os '99%' marcam uma tentativa de forjar uma nova coalizão – um novo sentido de identidade nacional, baseado não na ficção de uma classe média universal, mas na realidade das divisões econômicas dentro da nossa economia e da nossa sociedade".

17.3.5 O impacto ecológico

De acordo com a doutrina da globalização econômica – conhecida como "neoliberalismo" ou "o Consenso de Washington" – os acordos de livre comércio impostos pela OMC sobre seus países membros (veja a Seção 17.3.3) intensificarão o comércio global; isso, por sua vez, criará uma expansão econômica global; e o crescimento econômico global reduzirá a pobreza, pois seus benefícios finalmente "gotejarão" para todos. Como os líderes políticos e empresariais gostam de dizer, a maré montante da nova economia erguerá todos os barcos.

A análise feita por Manuel Castells (1996) mostra com clareza que esse raciocínio é fundamentalmente falho. O capitalismo global não mitiga a pobreza nem a exclusão social; pelo contrário, as agrava. O consenso de Washington foi cego para esse efeito, pois os economistas empresariais tradicionalmente excluem os custos sociais da atividade econômica dos seus modelos (veja a Seção 3.5). Analogamente, os economistas convencionais, em sua maioria, ignoram o custo ambiental da nova economia – o aumento e a aceleração da destruição ambiental global, que é tão grave quanto o seu impacto social, e até mesmo mais grave.

Como discutimos na Seção 17.2, o empreendimento central da teoria e da prática econômica atual – o esforço para dar continuidade ao crescimento econômico indiferenciado – é claramente insustentável. De fato, desde a virada deste século, ficou muito claro que as nossas atividades econômicas estão prejudicando a biosfera e a vida humana por vias que logo poderão se tornar irreversíveis (veja Brown, 2008, 2009, 2011). Nessa situação precária, é de suprema importância para a humanidade reduzir sistematicamente o nosso impacto sobre o ambiente natural. Como Al Gore (que na época era senador dos EUA) declarou corajosamente em 1992, "precisamos fazer do resgate do meio ambiente o princípio organizador central da civilização" (Gore, 1992, p. 269).

Infelizmente, em vez de seguir essa advertência, o capitalismo global intensificou de maneira significativa nosso impacto nocivo sobre a biosfera. Em *The Case Against the Global Economy* (veja a Seção 17.3.1), o falecido Edward Goldsmith, editor-fundador do pioneiro periódico ambientalista europeu *The Ecologist*, fez um resumo sucinto sobre o impacto ambiental da globalização econômica (Goldsmith, 1996). Ele ilustrou como o aumento da destruição do meio ambiente pode estar ligado com a intensificação do crescimento econômico recorrendo aos exemplos de Coreia do Sul e de Taiwan. Durante a década de 1990, ambos os países alcançaram taxas impressionantes de crescimento e foram apontados pelo Banco Mundial como exemplos de modelos econômicos para o Terceiro Mundo. Ao mesmo tempo, o prejuízo ambiental resultante foi devastador.

Em Taiwan, por exemplo, venenos agrícolas e industriais poluíram severamente quase todos os rios principais. Em alguns lugares, a água não apenas ficou desprovida de peixes e imprópria para beber, como também chegou até mesmo a se tornar combustível. O nível de poluição do ar atingiu uma proporção duas vezes maior do que aquela considerada prejudicial nos EUA; as taxas de câncer duplicaram desde 1965, e o país teve a maior incidência de casos de hepatite em todo o mundo. Em princípio, Taiwan poderia ter usado sua nova riqueza para limpar seu meio ambiente. No entanto, a competitividade na economia global era tão extremada que os regulamentos ambientais foram eliminados, em vez de ser fortalecidos, a fim de reduzir os custos da produção industrial.

O esgotamento dos recursos e a destruição do meio ambiente

Um dos princípios do neoliberalismo afirma que os países pobres deveriam se concentrar na produção de alguns bens especiais para a exportação, a fim de obter divisas, e importar a maioria das outras *commodities*. Essa ênfase na exportação está levando, em um país após o outro, ao rápido esgotamento dos recursos naturais necessários para produzir colheitas para exportação – desvio de água potável de arrozais de importância vital para reservatórios destinados à criação de camarões; foco em plantações que fazem uso intensivo de água, tais como a cana-de-açúcar, o que deu como resultado leitos secos de rios; conversão de boas terras agrícolas em plantações para a obtenção de dinheiro vivo; e a migração forçada de um grande número de agricultores para fora de suas terras. Em todo o mundo, há inúmeros exemplos de como a globalização econômica está agravando a destruição ambiental (Goldsmith, 1996).

O desmantelamento da produção local em favor das exportações e importações, as quais compõem o principal impulso proporcionado pelas regras de livre comércio da OMC, aumenta dramaticamente a distância "entre a fazenda e a mesa". Nos EUA, a onça média [cerca de ¼ de quilo] de alimento agora viaja mais de 8 mil quilômetros antes de ser consumida (Weber e Matthews, 2008), impondo uma enorme tensão sobre o meio ambiente. Novas rodovias e aeroportos abrem caminho em florestas primárias destruindo os hábitats presentes na faixa por onde passam ou onde são implantados; novos portos destroem terras úmidas e hábitats litorâneos; e o maior volume de transporte aumenta a poluição do ar e provoca frequentes derramamentos de petróleo e de produtos químicos. Estudos realizados na Alemanha demonstraram que, além disso, a produção não local de alimentos contribui para a intensificação das mudanças climáticas em uma proporção entre seis e doze vezes maior que a produção local, por causa do aumento das emissões de CO_2 (Shiva, 2000).

Como assinala o ecologista e ativista agrícola Vandana Shiva (2000, p. 112), o impacto da instabilidade climática e a destruição da camada de ozônio nascem desproporcionalmente no Sul, onde a maioria das regiões depende da agricultura e ligeiras mudanças climáticas podem destruir totalmente os meios de vida rurais. Além disso, muitas empresas transnacionais usam as regras do livre comércio para realocar no Sul suas poluentes indústrias que fazem uso intensivo de recursos, agravando assim, ainda mais, a destruição ambiental. O efeito efetivo, nas palavras de Shiva, se expressa no fato de que "os recursos se movem dos pobres para os ricos, e a poluição se move dos ricos para os pobres".

A destruição do meio ambiente natural em países do Terceiro Mundo anda de mãos dadas com o desmantelamento dos modos de vida tradicionais das populações rurais, em grande parte autossuficientes, à medida que programas de televisão norte-americanos e agências de publicidade transnacionais promovem reluzentes imagens da modernidade para bilhões de pessoas em todo o mundo, sem mencionar que o estilo de vida pressuposto nessa incessante atividade de consumo material é totalmente insustentável. Edward Goldsmith (1996) estimou que, se todos os países do Terceiro Mundo alcançassem o nível de consumo dos EUA até 2060, o dano ambiental anual proveniente das atividades econômicas resultantes seria 220 vezes pior do que é hoje, situação que não podemos sequer remotamente conceber.

Uma vez que fazer dinheiro é o valor dominante do capitalismo global, seus representantes procuram eliminar as regulamentações ambientais sob o disfarce do "livre comércio" onde puderem fazê-lo, a fim de que essas regulamentações não interfiram com os lucros. Assim, a nova economia causa destruição ambiental não apenas intensificando o impacto de suas operações sobre os ecossistemas do mundo, mas também eliminando as leis ambientais nacionais em um país depois do outro. Em outras palavras, a destruição do meio ambiente não é apenas um efeito colateral, mas é também parte integrante do planejamento do capitalismo global.

A mudança climática

Entre todos os problemas ambientais gerados pelo capitalismo global, a mudança climática é de longe o mais perigoso, ameaçando a própria existência da vida como a conhecemos em nosso planeta. A ciência da mudança climática é hoje um campo científico bem estabelecido, com uma história de várias décadas (veja McKibben, 2012a). Suas conclusões são inequívocas. As emissões de gases causadores do efeito estufa, produzidos pelas atividades humanas, estão agora provocando um perigoso aquecimento do planeta. Os cientistas do clima estimam que, para evitar uma catástrofe irreversível, precisamos reduzir as emissões globais de CO_2 em cerca de 80% até por volta de 2020 (veja o Quadro 17.1). Isso exigirá uma ação global decisiva – "uma mobilização para salvar a civilização", como afirma Lester Brown (2008).

Quadro 17.1
Os princípios básicos da ciência da mudança climática

Quando a luz solar aquece a superfície da Terra, grande parte da radiação térmica refletida é absorvida por gases que causam o efeito estufa na atmosfera. No início da história do planeta, esse "efeito estufa" criou o invólucro protetor em que a vida foi capaz de se desdobrar, e os gigantescos ciclos de *feedback* do sistema de Gaia mantiveram a atmosfera da Terra em uma faixa estável de temperaturas propícias à vida (veja a Seção 16.2.3).

No entanto, desde a Revolução Industrial, as atividades humanas têm gerado quantidades excessivas de emissões desses gases que causam o efeito estufa. Por isso, quantidades excessivas de calor foram aprisionadas por meio desse efeito, resultando no aquecimento global da atmosfera da Terra para além de níveis seguros. As principais fontes desses gases produzidos pela atividade humana são a queima de combustíveis fósseis, o desmatamento (ambos emitindo CO_2) e o gerenciamento da pecuária (emissões de metano).

O ar mais quente significa que há mais energia e mais umidade na atmosfera, e isso pode levar a uma ampla variedade de consequências – inundações, tornados e furacões, mas também secas, ondas de calor e incêndios florestais. Com efeito, durante 2011 e 2012, vimos a irrupção de toda uma série de catástrofes climáticas, que são coerentes com os efeitos previstos do aquecimento global. Ondas de calor recorde no Paquistão, na região central da Rússia e na Europa Ocidental, desencadeando incêndios florestais e secas; megainundações na Austrália, Brasil, Sri Lanka, Filipinas e África do Sul, causando chuvas catastróficas e massivos deslizamentos de terra; e a mais mortal e destrutiva temporada de tornados já vista na América do Norte.

A ciência da mudança climática é altamente complexa e fazer previsões exatas é algo muito difícil. No entanto, os cientistas do clima têm sido capazes, recentemente, de identificar alguns padrões gerais que parecem coerentes com as catástrofes climáticas observadas nos dias atuais. A descoberta mais alarmante foi a de que as emissões, causadas pela atividade humana, de gases causadores do efeito estufa fizeram com que o Ártico passasse a se aquecer duas vezes mais depressa do que o restante do Hemisfério Norte, por causa do efeito único de dois ciclos de *feedback* que atuam no sistema climático do Ártico. O primeiro desses ciclos é conhecido há muito tempo. À medida que o gelo derrete, ele expõe o oceano mais escuro que fica por baixo dele, o qual absorve calor em vez de refleti-lo de volta para o espaço, acelerando assim o derretimento do gelo.

O segundo ciclo de *feedback* também tem a ver com a refletividade, ou "albedo", do gelo. Recentes estudos do manto de gelo da Groenlândia revelaram que o seu albedo diminui gradualmente à medida que o gelo é aquecido, até mesmo antes de seu derretimento efetivo. À medida que os cristais de gelo se aquecem, eles perdem suas bordas serrilhadas, arredondando-se e refletindo menos luz. Dados transmitidos por satélites mostraram um escurecimento constante do albedo da Groenlândia desde a média de julho de 2000, que era de 74%, até uma porcentagem inferior a 65% em 2011 (McKibben, 2012c). Além disso, o manto de gelo foi escurecido por fuligem proveniente de incêndios florestais no Colorado e na Sibéria – eles mesmos provocados pela mudança climática. O efeito efetivo é um círculo vicioso semelhante àquele que é envolvido no derretimento completo do gelo. A perda de albedo leva a uma maior absorção de calor, que, por sua vez, acelera o derretimento.

Uma descoberta ainda mais recente refere-se aos efeitos surpreendentes da autoperpetuação do derretimento do gelo ártico sobre os climas do norte da Europa e da América do Norte. Aqui o fenômeno-chave é a corrente de jato polar norte, uma poderosa corrente de ar que pilota os sistemas meteorológicos do oeste para o leste em torno do hemisfério norte. Essa corrente forma uma fronteira entre massas de ar adjacentes, separando o ar frio e úmido para o norte do ar mais quente e seco para o sul. O caminho percorrido pela corrente de jato tem um forma sinuosa, com seus próprios meandros propagando-se em direção ao leste.

Em um artigo recente, os cientistas do clima Jennifer Francis e Stephen Vavrus mostram como o aquecimento do Ártico poderia ser a causa das condições meteorológicas extremas observadas atualmente em zonas antes temperadas (Francis e Vavrus, 2012). Os autores explicam que o rápido aquecimento do Ártico exerce dois efeitos distintos sobre a corrente de jato polar: aprofunda os meandros e diminui a velocidade com que a corrente progride em direção ao leste. Os meandros, em seus desvios abruptos, podem arrastar tremendas quantidades de gelo e neve do Ártico até regiões muito avançadas para o sul e, inversamente, podem empurrar condições meteorológicas quentes e secas de regiões do sul para bem longe em direção ao norte; e, por causa de uma progressão mais lenta dos meandros, essas condições meteorológicas extremas – por exemplo, secas ou inundações – podem ser muito mais persistentes do que costumavam ser.

A autoridade mundial sobre a crise climática é o Intergovernmental Panel on Climatic Change (IPCC), que reúne mais de 2.500 dos principais cientistas especialistas em clima. Depois de passar 20 anos realizando estudos detalhados e de editar quatro relatórios unânimes, o IPCC afirmou que é "inequívoco" o fato de que o clima está mudando e continuará a mudar, e que a geração de gases causadores do efeito estufa resultantes da atividade humana é responsável pela maioria das mudanças que ocorrem desde a década de 1950 (www.ipcc.ch).

O IPCC informa que a temperatura da Terra aumentou 0,6°C desde 1970, e que mudanças climáticas perigosas são consideradas inevitáveis quando esse aumento de temperatura ultrapassar 2°C. Concentrações de CO_2 na atmosfera foram medidas durante os últimos 650 mil anos utilizando-se bolhas de ar aprisionadas no gelo do Ártico. Em nenhum momento antes da Era Industrial a concentração de CO_2 ultrapassou 300 partes por milhão (ppm). A atual concentração de CO_2 é de 390 ppm e está aumentando em cerca de 2 ppm a cada ano. Os cientistas do clima estimam que, para evitar uma mudança climática descontrolada, precisamos reduzir as concentrações de CO_2 para um nível seguro de 350 ppm. Isso significa que precisamos cortar as emissões globais de CO_2 em cerca de 80% até por volta de 2020.

Devemos notar que as catástrofes climáticas verificadas em todo o mundo durante os últimos dois anos ocorreram com um aumento de temperatura de menos de 1°C e com concentrações de CO_2 inferiores a 400 ppm. Os cientistas do clima preveem que se não houver a interferência de uma ação dramática, a temperatura aumentará em até 6°C e a concentração de CO_2 chegará em até 550 ppm por volta do fim deste século.

Até agora, tal mobilização decisiva não ocorreu, e o principal obstáculo que dificulta o andamento de sucessivas conferências internacionais sobre o clima é o governo dos Estados Unidos. Como já mencionamos, os *lobbies* do petróleo e do carvão norte-americanos bloquearam efetivamente todas as tentativas por parte do presidente e do Senado para desenvolver uma política coerente sobre o clima e a energia.

Mais do que isso, os *lobbies* dos combustíveis fósseis, que estão se opondo a que se aprove uma legislação sobre as mudanças climáticas, têm financiado campanhas sofisticadas visando enganar ativamente o público sobre a natureza e a gravidade da crise climática. Essas campanhas são modeladas nas campanhas de desinformação da indústria do tabaco. Sua finalidade é criar sistematicamente a dúvida e a confusão a respeito do consenso científico esmagador a respeito da ameaça do aquecimento global (Oreskes e Conway, 2010). Em consequência disso, o público norte-americano permanece, em grande medida, ignorante sobre essa questão vital.

A obstrução mutuamente planejada pelos participantes dos *lobbies* do combustível fóssil é típica das grandes corporações que atuam no sistema capitalista global, e que sempre tendem a colocar os lucros acima de considerações éticas. Mas esse fato não é suficiente para explicar sua resistência feroz, e apoiada por recursos, contra uma legislação que se oponha às causas das alterações climáticas. Como Bill McKibben, um dos escritores mais eloquentes sobre o aquecimento global, aponta em um artigo recente intitulado "Global Warming's Terrifying New Math" [A Nova Matemática Aterrorizante do Aquecimento Global], a situação da indústria de combustíveis fósseis está encapsulada em dois números importantes (McKibben, 2012b).

O primeiro desses números é 565 gigatoneladas (bilhões de toneladas métricas). É a quantidade de CO_2 que ainda podemos derramar na atmosfera por volta de meados do século enquanto permanecemos abaixo de um aumento de temperatura de 2°C (o limite além do qual é provável que as mudanças climáticas rodopiem fora de controle). Na atual taxa de emissões anuais globais, de cerca de 32 gigatoneladas, o limite de 565 gigatoneladas nos deixaria com apenas 17 anos antes que ocorra o colapso do clima global.

Se esse número é assustador, o segundo número é ainda mais apavorante, escreve McKibben. É a quantidade de carbono aprisionada nas reservas comprovadas de petróleo e de carvão das empresas de combustíveis fósseis e dos Estados produtores de petróleo: 2.800 gigatoneladas. Esta é a quantidade de combustíveis fósseis que essas empresas e Estados estão atualmente planejando queimar – e é uma quantidade cerca de cinco vezes maior que o limite seguro de 565 gigatoneladas!

Como explica McKibben, essas 2.800 gigatoneladas de carbono ainda estão tecnicamente no solo, mas, do ponto de vista econômico, já estão acima dele, uma vez que são listadas como ativos nos balanços dos seus proprietários. Elas dão às companhias de combustíveis fósseis o seu valor, e figuram nos orçamentos nacionais dos países produtores de petróleo. Se essas empresas fossem admitir que, a fim de evitar o colapso total do clima, elas pudessem bombear na atmosfera não mais que 20% de suas reservas, seus valores despencariam. Pelo valor de mercado de hoje, elas perderiam coletivamente 20 trilhões de dólares em ativos.

Isso explica por que a Big Oil e a Big Coal lutam com tanto vigor contra quaisquer restrições sobre as emissões de carbono, até mesmo a ponto de negar sistematicamente a ciência da mudança climática. Como McKibben (2012b) conclui: "Você pode ter um saudável balancete dos combustíveis fósseis, ou um planeta relativamente saudável, mas agora que sabemos os números, parece que você não pode ter ambos".

17.4 A sociedade civil global

Durante as duas últimas décadas, os impactos sociais e ecológicos da nova economia têm sido amplamente discutidos por estudiosos e líderes comunitários, como examinamos e documentamos nas páginas precedentes (Seção 17.3). Suas análises deixam bem claro que o capitalismo global, em sua forma contemporânea, é insustentável – socialmente, ecologicamente e até mesmo financeiramente –, e precisa ser fundamentalmente replanejado (Cavanagh e Mander, 2004; Hutton e Giddens, 2000; Mander, 2012; Mander e Goldsmith, 1996; Korten, 2001; Shiva, 2005).

17.4.1 Valores fundamentais da dignidade humana e da sustentabilidade ecológica

Em qualquer discussão realista a respeito de como replanejar a economia global, é útil lembrar que a forma atual da globalização econômica foi conscientemente planejada e, portanto, pode ser remodelada. Como já salientamos, o "mercado global" é, na verdade, uma rede de máquinas programadas de acordo com o princípio fundamental que afirma: ganhar dinheiro deve ter precedência sobre qualquer outro valor humano (veja a Seção 17.3.3). No entanto, os valores humanos podem mudar; eles não são leis naturais. As mesmas redes eletrônicas de fluxos financeiros *poderiam* ter outros valores neles embutidos. A questão crítica não é a tecnologia, mas a ética e a política.

Como discutimos em nosso capítulo sobre ciência e espiritualidade, a ética refere-se a um padrão da conduta humana que flui de um sentido de pertencer (veja a Seção 13.2.4). Quando pertencemos a uma comunidade, comportamo-nos em conformidade com isso. No contexto da globalização, há duas comunidades cuja importância devemos destacar e às quais todos nós pertencemos. Somos todos membros da humanidade, e todos nós pertencemos à biosfera global. Como membros do *oikos*, o "Lar Terrestre", compete-nos que nos comportemos de tal maneira que não interfiramos na capacidade inerente da natureza para sustentar a teia da vida. Como membros da comunidade humana, nosso comportamento deveria refletir um respeito pela dignidade humana e pelos direitos humanos básicos.

Uma vez que a concepção sistêmica da vida abrange as dimensões biológica, cognitiva e social, os direitos humanos, de um ponto de vista sistêmico, deveriam ser respeitados em todas essas três dimensões. A dimensão biológica inclui o direito a um ambiente saudável e a alimentos seguros e saudáveis. Os direitos humanos na dimensão cognitiva incluem o direito de acesso à educação e ao conhecimento, bem como às liberdades de opinião e de expressão. Na dimensão social, enfim, há uma vasta gama de direitos humanos – desde a justiça social até o direito da reunião pacífica, da integridade cultural e da autodeterminação.

A fim de combinar o respeito a esses direitos humanos com a ética da sustentabilidade ecológica, precisamos nos lembrar de que a sustentabilidade – em ecossistemas, assim como na sociedade humana – não é uma propriedade individual, mas uma propriedade de toda uma teia de relações: ela envolve toda uma comunidade (veja a Seção 16.3). Uma comunidade humana sustentável interage com outras comunidades – humanas e não humanas – por meios que lhes permitam viver e se desenvolver de acordo com sua natureza. Por isso, no domínio humano, a sustentabilidade é plenamente consistente com o respeito pela integridade cultural, pela diversidade cultural e pelo direito básico das comunidades à autodeterminação e à auto-organização.

17.4.2 A Coalizão de Seattle

Os valores da dignidade humana e da sustentabilidade ecológica, como descrevemos anteriormente, formam a base ética para remodelarmos a globalização. Na virada deste século, uma impressionante coalizão global de ONGs se formou em torno desses valores centrais. O número de ONGs internacionais aumentou dramaticamente ao longo das últimas décadas, desde algumas centenas na década de 1960 para mais de 20 mil por volta do fim do século XX. Durante a década de 1990, uma elite em informática emergiu dentro dessas ONGs internacionais. Elas começaram a usar habilidosamente novas tecnologias de comunicação, especialmente a internet, para formarem redes entre si e mobilizarem seus membros.

Esse trabalho em rede tornou-se especialmente intenso quando eles preparavam ações de protesto conjuntas para responderem ao encontro da OMC em Seattle, em novembro de 1999. Durante muitos meses, centenas de ONGs interligaram-se eletronicamente para coordenar seus planos e lançar uma enxurrada de panfletos, documentos sobre tomadas de posição, comunicados de imprensa e livros nos quais articulavam claramente sua oposição aos planos de ação política da OMC (Barker e Mander, 1999). Essa literatura foi praticamente ignorada pela OMC, mas teve um impacto significativo na opinião pública. A campanha educacional das ONGs culminou em um *teach-in* de dois dias em Seattle realizado antes da reunião da OMC, e que fora organizado pelo International Forum on Globalization por mais de 2.500 pessoas de todo o mundo (Hawken, 2000).

Em 30 de novembro de 1999, cerca de 50 mil pessoas pertencentes a mais de 700 organizações participaram de um protesto apaixonado, quase totalmente não violento e soberbamente bem coordenado, e que mudou permanentemente a paisagem política da globalização.

A polícia de Seattle interveio usando a força para manter os manifestantes longe do centro da convenção onde ocorreu o encontro da OMC, mas não estava preparada para as ações de rua programadas por uma rede maciça e bem organizada, totalmente comprometida em paralisar a OMC. A isso, seguiu-se o caos, quando centenas de delegados tiveram sua passagem obstruída nas ruas ou foram confinados aos seus hotéis. Com isso, a cerimônia de abertura teve de ser cancelada.

A reunião da OMC fracassou, não só por causa dessas manifestações massivas, mas também – e talvez ainda mais em consequência disso – por causa da maneira como as grandes potências dentro da OMC intimidaram os delegados do Sul (Khor, 1999, 2000). Depois de ignorar dezenas de propostas apresentadas por países em desenvolvimento, os líderes da OMC excluíram os delegados que representavam esses países de reuniões críticas realizadas nos bastidores, em "sala verde", e, em seguida, os pressionou para que assinassem um acordo negociado secretamente. Enfurecidos, muitos países em desenvolvimento se recusaram a fazê-lo, juntando-se, assim, à oposição maciça à OMC que estava acontecendo fora do centro de convenções. Diante da perspectiva de rejeição por parte de países em desenvolvimento na sessão final, as grandes potências preferiram deixar que a reunião de Seattle sofresse um colapso sem sequer tentar emitir uma declaração final. Desse modo, a reunião de Seattle, que fora planejada com a intenção de celebrar a solidificação da OMC, tornou-se, em vez disso, um símbolo de resistência em nível mundial.

Depois de Seattle, manifestações menores, mas igualmente eficazes ocorreram em outras reuniões internacionais, e, por volta do fim de 2000, mais de 700 organizações vindas de 79 países tinham se juntado àquela que agora fora oficialmente batizada de International Seattle Coalition [Coalizão Internacional de Seattle]. Naturalmente, há uma grande diversidade de interesses nessas ONGs, que vão desde organizações trabalhistas a organizações que lutam pelos direitos humanos, direitos das mulheres, organizações religiosas, ambientais e a favor dos povos indígenas. No entanto, há um notável acordo entre elas no que se refere aos valores fundamentais da dignidade humana e da sustentabilidade ecológica.

17.4.3 *"Outro mundo é possível!"*

Durante os anos seguintes, a Coalizão de Seattle, ou "Global Justice Movement" [Movimento de Justiça Global], como veio a ser chamada mais tarde, não somente organizou uma série de protestos muito bem-sucedidos em vários encontros da OMC, do G7 e do G8 como também realizou várias reuniões do World Social Forum [Fórum Social Mundial], a maioria deles no Brasil, com o lema oficial "Outro mundo é possível!" (Sen e Waterman, 2009). Nessas reuniões, as ONGs propuseram todo um conjunto de planos de ação política comerciais alternativos, incluindo propostas concretas e radicais para reestruturar as instituições financeiras globais que mudariam profundamente a natureza da globalização (veja a Seção 18.1.1).

O Global Justice Movement [Movimento de Justiça Global] exemplifica um novo tipo de movimento político que é típico da nossa Era da Informação. Por causa de seu habilidoso uso da internet e das novas mídias sociais, as ONGs da coalizão são capazes de trabalhar em rede umas com as outras, compartilhar informações e mobilizar seus membros com uma velocidade sem precedentes. Como resultado, as novas ONGs globais emergiram como atores políticos efetivos, que são independentes das instituições tradicionais nacionais ou internacionais. Elas constituem um novo tipo de sociedade civil global.

A sociedade civil é tradicionalmente definida como um conjunto de organizações e instituições – igrejas, partidos políticos, sindicatos, cooperativas e várias associações voluntárias – que formam uma interface entre o Estado e os seus cidadãos. As instituições da sociedade civil representam os interesses do povo e constituem os canais políticos que os conectam ao Estado. Com a ascensão da sociedade em rede global, o Estado-nação e suas instituições tradicionais estão perdendo poder, enquanto um novo tipo de sociedade civil, organizada em torno do remodelamento da globalização, está emergindo gradualmente (Castells, 1996). Ela não se define *vis-à-vis* ao Estado, mas é global em seu âmbito e em sua organização. Está incorporada em poderosas ONGs internacionais – Oxfam, Anistia Internacional e Greenpeace, entre outras –, bem como em coalizões de centenas de organizações menores, todas as quais se tornaram atores sociais em um novo ambiente político.

De acordo com os cientistas políticos Craig Warkentin e Karen Mingst (2000), a nova sociedade civil é caracterizada por uma mudança de foco das instituições formais para as relações sociais e políticas entre seus atores. Essas relações são estruturadas em torno de dois diferentes tipos de redes. Por um lado, as ONGs contam com organizações de base popular locais (isto é, com redes humanas vivas); por outro lado, elas habilmente usam as novas tecnologias de comunicação global (isto é, redes eletrônicas). Ao criar essa conexão única entre redes humanas e eletrônicas, a coalizão global de ONGs remodelou a paisagem política.

17.5 Observações finais

Esperamos ter demonstrado neste capítulo que os principais problemas do nosso tempo são problemas sistêmicos – todos eles interligados e interdependentes – e que, em conformidade com esse fato, exigem soluções sistêmicas. É por isso que a visão sistêmica da vida que discutimos ao longo de todo este livro não apenas é intelectualmente fascinante, mas também possui uma tremenda importância prática.

Além dos campos acadêmicos em que a visão sistêmica da vida está sendo desenvolvida, o pensamento sistêmico é praticado atualmente em numerosos institutos de pesquisa e centros de aprendizagem estabelecidos pela sociedade civil global (veja o Capítulo 18). Na verdade, há um intercâmbio contínuo de ideias entre as duas áreas, e alguns pensadores sistêmicos acadêmicos também estão ensinando em instituições da sociedade civil e estão envolvidos em vários projetos e campanhas que desenvolvem soluções sistêmicas para os problemas do mundo.

Um dos "selos de qualidade" de uma solução sistêmica está no fato de que ela resolve vários problemas ao mesmo tempo. A agricultura oferece um bom exemplo. Se mudássemos da nossa agricultura química, industrial, de larga escala para a agricultura orgânica, sustentável, voltada para a comunidade, isso contribuiria de maneira significativa para a solução de três dos nossos maiores problemas. Reduziria em grande medida a nossa dependência energética, pois estamos agora usando (nos EUA) um quinto dos nossos combustíveis fósseis para cultivar e processar alimentos. Os alimentos saudáveis, organicamente cultivados, teriam um enorme efeito positivo sobre a saúde pública, pois muitas doenças crônicas – doenças cardíacas, derrames, diabetes e cerca de 40% dos cânceres – estão ligadas à nossa dieta. E, finalmente, a agricultura orgânica contribuiria de maneira significativa para combater a mudança climática, pois um solo orgânico é um solo rico em carbono, e isso significa que ele atrai o CO_2 da atmosfera e o aprisiona na matéria orgânica.

Hoje, centenas de soluções sistêmicas estão sendo desenvolvidas em todo o mundo para resolver problemas da economia, da degradação ambiental, da energia, das alterações climáticas, da insegurança alimentar, e assim por diante (veja Brown, 2008, 2009). No próximo capítulo, o último deste livro, colocaremos em destaque algumas dessas soluções, as de maior alcance e mais promissoras.

18

Soluções sistêmicas

18.1 Mudando o jogo

Nas páginas anteriores, descrevemos brevemente a ascensão de uma sociedade civil global que tem por base os valores fundamentais da dignidade humana e da sustentabilidade ecológica, e que exemplifica um novo movimento político, independente das instituições nacionais e internacionais tradicionais, sendo, além disso, típica da nossa Era da Informação.

Para colocar o discurso político dentro de uma perspectiva sistêmica e ecológica, observamos que a sociedade civil global conta com uma rede de estudiosos, instituições de pesquisa, *think tanks* e centros de aprendizagem que, em grande medida, operam fora das nossas principais instituições acadêmicas, organizações empresariais e agências governamentais. Atualmente, há dezenas dessas instituições de pesquisa e de aprendizagem em todas as partes do mundo (veja o Quadro 18.1 para uma lista sucinta). Todas elas têm seus próprios websites e estão interligadas entre si e com as ONGs de orientação mais ativista, para as quais fornecem os recursos intelectuais necessários. Sua característica comum é o fato de que se empenham em suas pesquisas e em seus ensinamentos no âmbito de um arcabouço explícito de valores fundamentais compartilhados.

Em sua maioria, essas instituições de pesquisa são comunidades de estudiosos e ativistas empenhados em uma grande variedade de projetos e campanhas. Entre esses, há quatro *clusters* que parecem pontos focais para as maiores e mais ativas entre essas coalizões de base popular. O primeiro desses *clusters* responde ao desafio de remodelar as regras governantes e as instituições da globalização; o segundo empenha-se nas tarefas de intensificar entre as pessoas a percepção da crise climática, sensibilizando-as para essa realidade, e de catalisar as lideranças para que desenvolvam planos de ação política apropriados aos problemas energéticos e climáticos; o terceiro *cluster* abrange as iniciativas de oposição aos alimentos geneticamente modificados (GM) e de promoção da agricultura sustentável; e o quarto é o ecoplanejamento – um esforço coordenado para replanejar nossas estruturas físicas, metrópoles e cidades, tecnologias e indústrias de modo a torná-las ecologicamente sustentáveis.

Neste capítulo, vamos rever vários aspectos desses empreendimentos que oferecem soluções sistêmicas para os principais problemas do nosso tempo. Começaremos, nesta seção, por revisar as propostas destinadas a remodelar a globalização, desenvolvidas por uma força-tarefa das principais ONGs internacionais, e então discutiremos a emergência em todo o mundo de novas estruturas de propriedade como alternativas às estruturas corporativas dominantes – uma crescente revolução da propriedade.

Quadro 18.1
Instituições de pesquisa e centros de aprendizagem da sociedade civil global

Organizamos esta pequena lista de ONGs em três grupos, de acordo com três dimensões da visão sistêmica da vida: a cognitiva, a social e a ecológica. Na dimensão cognitiva, encontramos organizações que coletam dados sobre o estado do mundo e sobre soluções sistêmicas propostas, bem como organizações que oferecem educação em vários níveis. Na dimensão social, encontramos organizações que lidam com a economia, as relações internacionais, a justiça social global e as atividades comerciais sustentáveis; e na dimensão ecológica, encontramos as questões da mudança climática, energia, água, biodiversidade, alimentos e agricultura, e ecoplanejamento. Para listas mais extensas, veja Edwards (2010); Hawken (2008).

I Dimensão cognitiva
Estado do mundo; soluções sistêmicas

Earth Policy Institute	www.earth-policy.org
Worldwatch Institute	www.worldwatch.org
Wuppertal Institute	www.wupperinst.org
Tellus Institute	www.tellus.org
Global Footprint Network	www.footprintnetwork.org
Redefining Progress	www.rprogress.org

Educação

Center for Ecoliteracy	www.ecoliteracy.org
Second Nature	www.secondnature.org
Schumacher College	www.schumachercollege.org.

Resurgence Magazine	www.resurgence.org
Bioneers	www.bioneers.org

II Dimensão social

Economia
International Forum on Globalization — www.ifg.org
New Economics Foundation — www.neweconomics.org
Foundation on Economic Trends — www.foet.org

Relações internacionais
Institute for Policy Studies — www.ips-dc.org
Global Trade Watch — www.citizen.org/trade

Justiça social global
Third World Network — www.twnside.org.sg
The Cultural Conservancy — www.nativeland.org
Grameen Foundation — www.grameenfoundation.org

Negócios sustentáveis
Natural Capitalism Solutions — www.natcapsolutions.org
Social Venture Network — www.svn.org
Business for Social Responsibility — www.bsr.org
Ecotrust — www.ecotrust.org

III Dimensão ecológica

Mudança climática
The Climate Reality Project — www.climaterealityproject.org
350.org — www.350.org
Sierra Club — www.sierraclub.org
Greenpeace — www.greenpeace.org
Rainforest Action Network — www.ran.org
Transition Network — www.transitionnetwork.org

Energia, água
Rocky Mountain Institute — www.rmi.org
Council of Canadians — www.canadians.org
Pacific Institute — www.pacinst.org

Biodiversidade
Navdanya — www.navdanya.org
Green Belt Movement — www.greenbeltmovement.org

Alimentos e agricultura

Via Campesina	www.viacampesina.org
Slow Food	www.slowfood.org
Sociedad Cientifica LatinoAmericana de Agroecologia (SOCLA)	www.agroeco.org/socla

Ecoplanejamento

Zero Emissions Research Initiatives	www.zeri.org
Biomimicry Institute	www.biomimicryinstitute.org
World Green Building Council	www.worldgbc.org
Global Ecovillage Network	www.gen.ecovillage.org

18.1.1 O remodelamento da globalização

Mesmo antes que ocorresse o *teach-in* de Seattle realizado em novembro de 1999, as principais ONGs da Coalizão de Seattle formaram uma "Força-Tarefa Alternativa", sob a liderança do International Forum on Globalization (IFG) para sintetizar as ideias-chave sobre alternativas à forma atual de globalização econômica. Além do IFG, a força-tarefa incluía o Institute for Policy Studies (EUA), a Global Trade Watch (EUA), o Council of Canadians (Canadá), o Focus on the Global South (Tailândia e Filipinas), a Third World Network (Malásia) e a Research Foundation for Science, Technology, and Ecology (Índia).

Depois de mais de dois anos de reuniões, a Força-Tarefa Alternativa elaborou um projeto de relatório intercalar, "Alternatives to Economic Globalization", e o divulgou dentro da coalizão global de ONGs. Ao longo dos três anos seguintes, esse relatório foi enriquecido e refinado por meio de diálogos e *workshops* com estudiosos e ativistas de base popular em todo o mundo, antes de ser publicado em sua versão final (Cavanagh e Mander, 2004).

A síntese do IFG de alternativas à globalização econômica contrasta os valores e os princípios de organização subjacentes ao consenso neoliberal de Washington (veja a Seção 17.3.5) com um conjunto de princípios e valores alternativos. Estes incluem uma mudança de governos que servem a corporações para governos que servem a pessoas e comunidades; a criação de novas regras e estruturas que favoreçam o nível local e seguem o princípio da subsidiariedade ("Sempre que o poder puder residir no nível local, é aí que ele deve residir"); o respeito pela integridade e pela diversidade culturais; e uma vigorosa ênfase na soberania alimentar (o direito a alimentos salubres e seguros, produzidos localmente e sustentavelmente); bem como direito a mão de obra essencial, a direito social e a outros direitos humanos.

O relatório sobre alternativas deixa claro que a Coalizão de Seattle não se opõe ao comércio e ao investimento globais, contanto que eles ajudem a construir comunidades saudáveis, respeitadas e sustentáveis. No entanto, ele enfatiza que as recentes práticas do capitalismo global mostram que precisamos de um conjunto de regras que afirmem explicitamente o fato de que certos bens e serviços não devem ser transformados em mercadorias, comercializados, negociados, patenteados ou sujeitos a acordos comerciais.

Além das já existentes regras desse tipo e que dizem respeito a espécies ameaçadas de extinção e a bens que são prejudiciais ao meio ambiente ou à saúde e à segurança públicas – resíduos tóxicos, tecnologia nuclear, armamentos etc. –, as novas regras também contemplariam bens que pertencem aos "bens comuns globais" – isto é, bens que fazem parte dos blocos de construção fundamentais da vida ou da herança comum da humanidade. Entre eles incluem-se grandes volumes de água doce, que não deveriam ser negociados, mas doados aos que precisam deles; sementes, plantas e animais que são comercializados em comunidades agrícolas tradicionais, mas não deveriam ser patenteados em vista do lucro; e sequências de DNA que não deveriam ser patenteadas nem negociadas.

Os autores do relatório reconhecem que essas questões constituem, talvez, a parte mais difícil, mas também a mais importante, do debate sobre a globalização. Sua principal preocupação é lutar contra a maré de um sistema global de comércio onde tudo está à venda, até mesmo a nossa herança biológica, ou o acesso a sementes, alimentos, ar e água – elementos da vida que antes eram considerados sagrados.

Além das discussões sobre valores alternativos e princípios de organização, a síntese do IFG inclui propostas concretas e radicais para reestruturar as instituições "Bretton Woods" (veja a Seção 17.3.3). Em sua maioria, as ONGs da Coalizão de Seattle sentiram que as reformas da OMC, do Banco Mundial e do FMI não eram estratégias viáveis, pois suas estruturas, mandatos, propósitos e processos operacionais estão fundamentalmente em desacordo com os valores fundamentais da dignidade humana e da sustentabilidade ecológica. Em vez disso, as ONGs propuseram um processo de reestruturação em quatro partes: o desmantelamento das instituições Bretton Woods, a unificação da governança global sob um sistema reformado da ONU, o fortalecimento de certas organizações da ONU já existentes, e a criação de várias novas organizações dentro da ONU que preenchessem a lacuna deixada pelas instituições Bretton Woods.

O relatório assinala que temos agora dois conjuntos notavelmente diferentes de instituições de governança global: a tríade Bretton Woods e a ONU. As instituições Bretton Woods têm-se mostrado mais eficazes na implementação de agendas bem definidas, mas, em grande medida, a atuação dessas agendas tem sido destrutiva e imposta à humanidade de maneira coerciva, não democrática. De fato, da maneira como a Coalizão de Seattle vê essas instituições, é enorme a responsabilidade que elas carregam por impor aos países do Terceiro Mundo dívidas externas que, simplesmente, não podem ser pagas e por implementar um conceito equivocado de desenvolvimento, que tem tido consequências sociais e ecológicas desastrosas (veja as Seções 17.3.4 e 17.3.5). A ONU, por sua vez, tem sido menos eficaz, mas os seus mandatos – seus comandos e sua ação administrativa – são muito mais amplos, seus processos de tomada de decisão mais abertos e democráticos, e suas agendas dão um peso muito maior às prioridades sociais e ambientais.

As ONGs argumentam que limitar os poderes e mandatos do FMI, do Banco Mundial e da OMC criaria espaço para que uma ONU reformada cumprisse de fato as funções que pretendia desempenhar. O principal impulso de suas propostas é o de descentralizar o poder das instituições globais em favor de um sistema pluralista de organizações regionais e internacionais, sendo que cada uma delas seria checada por outras organizações, acordos e agrupamentos regionais. Parece, de fato, que um sistema de governança global como esse, menos estruturado e mais fluido, seria mais apropriado para o mundo de hoje, no qual a autoridade política está mudando, cada vez mais, para níveis regionais e locais, originando novos tipos de organizações políticas, que Manuel Castells (1998) denominou "estados de rede".

18.1.2 A reforma da corporação

Como observamos no capítulo anterior (na Seção 17.2), a busca pelo crescimento econômico ilimitado parece ser a causa fundamental da nossa crise global multifacetada. A obsessão pelo crescimento econômico perpétuo, por sua vez, é impulsionada pela procura inflexível e incessante do crescimento corporativo, que está embutida na própria estrutura da corporação, e no seu próprio arcabouço legal. Por isso, entre os ativistas da mudança social da atualidade, há um amplo consenso segundo o qual o remodelamento do capitalismo global não será possível sem a introdução de mudanças fundamentais nas estruturas corporativas, produzidas por uma reforma total da legislação corporativa (Cavanagh e Mander, 2004; Heinberg, 2011; Kelly, 2001; Korten, 2001; Mander, 2012).

Para discutir essa questão, será útil primeiramente rever alguns termos básicos. Embora as palavras "companhia" e "empresa" sejam, em geral, usadas como sinônimos de "organização empresarial", uma corporação é entendida como uma pessoa jurídica, isto é, como uma entidade legal incorporada (isto é, registrada), pertencente a acionistas e controlada por um conselho de diretores nomeados pelos acionistas. No próprio cerne da estrutura corporativa está o mandato legal para maximizar o lucro para os acionistas da corporação, mesmo que isso signifique sacrificar o bem-estar (e, na verdade, a continuidade do emprego) de seus funcionários, as condições para a subsistência das comunidades locais, ou a proteção do meio ambiente natural. Esse mandato rigoroso, frequentemente conhecido como "dever fiduciário", é considerado como o único objetivo da corporação. O aumento dos preços das ações é exaltado como a própria definição de sucesso empresarial, e os diretores que não conseguem maximizar o lucro dos acionistas podem ser processados.

Dentro de uma corporação, os gerentes individuais podem ser pessoas muito cuidadosas, que abraçam os ideais de justiça social e de responsabilidade pelo meio ambiente. Mas a estrutura organizacional da corporação e as severas restrições associadas às suas demonstrações financeiras os forçam a se comportar de determinadas maneiras, independentemente de seus valores pessoais. Os acionistas, por sua vez, em geral não são excessivamente gananciosos e não exigem riqueza cada vez maior. Com muita frequência, eles nem sequer estão conscientes do que acontece com o seu dinheiro, deixando os detalhes para os seus consultores financeiros. Como no caso dos gerentes da corporação, eles podem ter grande integridade pessoal, mas estão presos em uma estrutura corporativa desprovida de toda ética. Em outras palavras, o problema do crescimento corporativo incessante e inflexível está integrado no próprio projeto do sistema – ou seja, é um problema sistêmico.

É preciso notar que a primazia do interesse dos acionistas pela governança corporativa é uma invenção relativamente recente. As primeiras grandes corporações – a Companhia das Índias Ocidentais, a Hudson's Bay Company, e outras – foram contratadas no século XVII por nações europeias para conduzir seus empreendimentos colonialistas. Dois séculos mais tarde, corporações menores eram contratadas nos EUA, no nível estatal, para propósitos que serviam ao bem público, como a construção de estradas e de pontes. Elas eram estreitamente regulamentadas e só tinham permissão de existir por um tempo limitado. No fim do século XIX, depois da Guerra Civil, esse sistema foi eliminado. As corporações tornaram-se privadas, receberam concessões de toda uma gama de novos direitos (inclusive a limitação dos compromissos financeiros dos acionistas), e passaram a considerar o ganho financeiro de seus acionistas como seu único objetivo.

Hoje, a compreensão do dever fiduciário como um mandato para maximizar o lucro dos acionistas está profundamente arraigada em nossa cultura empresarial. No entanto, surpreendentemente, ele não tem uma base jurídica sólida. Como explica o estudioso das leis D. Gordon Smith (1998), ele desenvolveu-se no chamado direito comum (ou consuetudinário) – o direito formulado por juízes por meio de decisões tomadas em uma corte de justiça, e não o direito estabelecido recorrendo-se a estatutos adotados por meio de legislação. Somente nos últimos anos, o conceito de dever fiduciário foi redigido nos estatutos constitutivos, e mesmo nesses, aponta Smith, geralmente se solicita aos diretores para que ajam "no interesse da corporação". Foram novamente os juízes, e não os legisladores, que definiram estreitamente o interesse corporativo como interesse acionista individual. No entanto, o direito comum pode ser facilmente anulado pela legislação. Assim, de um ponto de vista legal, seria fácil expandir o conceito de dever fiduciário de modo a incluir o bem-estar dos funcionários, da comunidade local e de outras partes interessadas.

Fazer isso seria coerente com a compreensão sistêmica segundo a qual todas as organizações humanas têm uma natureza dupla. Por um lado, elas são instituições sociais designadas para propósitos específicos; por outro, são comunidades de pessoas interligadas por meio de várias redes informais (veja a Seção 14.5). A crença, generalizada nos dias de hoje, segundo a qual as corporações existem, fundamentalmente, para maximizar os lucros de seus acionistas favorece a riqueza desses acionistas sobre o bem-estar das comunidades de corporações, e que são tão importantes para a prosperidade da organização como um todo.

Na visão corporativa da economia, os acionistas devem ser pagos tanto quanto possível e os funcionários tão pouco quanto possível. E, no entanto, são os funcionários que contribuem para as empresas, ano após ano, enquanto os acionistas contribuem muito pouco além do seu investimento inicial. Na verdade, até mesmo os conselhos de diretores não governam de maneira significativa, a não ser para proteger os lucros dos acionistas. Os funcionários, ao contrário, mantêm a empresa funcionando diariamente. No entanto, na governança corporativa, eles são, em grande medida, invisíveis, e não têm direitos sobre o valor que ajudam a criar.

A missão central das corporações, de maximizar os lucros de seus acionistas enquanto minimizam a renda de seus funcionários, é uma das principais causas das desigualdades social e econômica crescentes que discutimos na Seção 17.3.4. Em seu livro iluminador, *The Divine Right of Capital,* a jornalista de negócios Marjorie Kelly (2001) argumenta que essa forma de discriminação da riqueza está enraizada na antiga ideologia aristocrática para a qual aqueles que possuem propriedade ou riqueza são superiores, e seus direitos foram concedidos por autoridade divina. Na verdade, o privilégio da riqueza é a "marca de qualidade" da aristocracia.

No século XX, a aristocracia cedeu lugar à democracia em muitos países ao redor do mundo, mas a aristocracia financeira permanece encaixada na estrutura da corporação moderna. "Essa riqueza concentrada", destaca Kelly, "controla não somente as empresas, mas também o governo. E o governo imposto pela aristocracia financeira é a realidade da vida nos Estados Unidos de hoje" (2001, p. 10).

Entre os privilégios dos aristocratas do século XIX, o mais proeminente era o direito de receber fluxos contínuos de renda sem qualquer obrigação de se empenhar em atividades produtivas. Hoje, o mesmo privilégio é concedido aos acionistas da empresa e é negado aos seus funcionários. Outro privilégio aristocrático básico era a isenção do pagamento de impostos. Esse privilégio também vive na aristocracia financeira de hoje, cujos membros consideram justo que devam pagar impostos sobre ganhos de capital inferiores ao nível de impostos salariais pagos por trabalhadores.

Identificar a corporação somente com as suas estruturas jurídicas e financeiras, e não também com as suas comunidades de funcionários levou à noção de que as corporações são pedaços de propriedade pertencentes aos acionistas, assim como as propriedades feudais pertenciam à aristocracia. Ao mesmo tempo, paradoxalmente, leis feitas para os seres humanos eram aplicadas, cada vez mais, a corporações. Nos EUA, a "expressão comercial" (ou seja, a publicidade) é protegida, com poucas exceções, pela Primeira Emenda, que garante aos cidadãos a liberdade de expressão. Mais recentemente (21 de janeiro de 2010), essa decisão de permitir que as corporações exerçam a "liberdade de expressão" foi interpretada pela Corte Suprema (no caso *Citizens United* versus *Federal Election Commission*) no sentido de terem elas o direito de dar contribuições financeiras ilimitadas a campanhas políticas, aumentando assim, em uma enorme medida, o já excessivo domínio que elas exercem sobre o sistema político norte-americano. Entretanto, embora as corporações recebam os direitos das pessoas, elas não assumem as responsabilidades dos indivíduos humanos, sendo planejadas de modo que nenhum de seus executivos possa ser totalmente responsabilizado por atividades corporativas.

As monarquias europeias desmoronaram e deram lugar a democracias quando o mito do divino direito dos reis, que as sustentava, perdeu sua credibilidade. De maneira semelhante, Marjorie Kelly argumenta que a aristocracia financeira de hoje vai desmoronar e dar lugar a uma democracia econômica quando seu mito central, o da primazia do interesse acionista, perder sua credibilidade. Por isso, a estratégia mais importante na tentativa de reformar a corporação será a de expor o mito central, o de que os lucros dos acionistas precisam ser maximizados em detrimento das comunidades humanas e ecológicas.

Uma vez que isso tenha sido obtido, será possível expandir o conceito legal de responsabilidade fiduciária de modo a incluir o bem-estar dos funcionários da corporação, das comunidades locais e das gerações futuras. Na verdade, isso significaria reviver o objetivo tradicional da corporação, o de servir ao bem público; e, como Kelly assinala, não será necessário abandonar a crença em uma economia de mercado a fim de mudar a estrutura corporativa, assim como não foi necessário abandonar a crença em Deus a fim de mudar a monarquia.

18.1.3 O replanejamento da propriedade

Depois da publicação de seu livro, em 2001, Marjorie Kelly continuou a explorar maneiras de reformar as corporações em sua qualidade de editora do periódico *Business Ethics*, e mais tarde como membro do Tellus Institute, um centro de pesquisa que desenvolve estratégias para a transição para uma civilização justa e sustentável. Enquanto discutiam estratégias para mudar estruturas corporativas, ela e seus colegas do Tellus Institute perceberam que a questão fundamental que define atualmente as corporações e os mercados de capitais é a da propriedade. "De uma maneira que muitos de nós raramente percebem", escreve Kelly (2012, p. 10), "a propriedade é a arquitetura subjacente à nossa economia. É a base sobre a qual se assenta o nosso mundo... Questões sobre quem possui a infraestrutura produtora da riqueza de uma economia, quem a controla, a quais interesses ela serve, estão entre as mais abrangentes questões com que qualquer sociedade pode se defrontar. Perguntas sobre quem é o dono do céu no que se refere aos direitos de emissão de carbono, quem é o dono da água, quem possui direitos de desenvolvimento, têm alcance planetário. As crises que enfrentamos hoje, e que se multiplicam, estão entrelaçadas, nas suas raízes, com a forma particular de propriedade que domina o nosso mundo – a corporação de capital aberto".

Com essa percepção, Kelly começou a examinar minuciosamente formas de propriedade que, de maneira alguma, envolvem corporações. Ela passou os dez anos seguintes viajando pelo mundo, estudando as atividades comerciais de propriedade comunitária que incorporam uma ampla variedade de maneiras de planejar a propriedade. No fim de sua jornada, Kelly concluiu que estamos no início de uma emergente revolução na propriedade (veja o ensaio convidado, por Marjorie Kelly, na próxima página). As novas formas de propriedade vão além do capitalismo (propriedade privada) e além do socialismo (propriedade estatal). Incluem uma opção radicalmente nova de propriedade privada para o bem comum.

Em seu novo livro, *Owning Our Future*, Kelly (2012) conta a história de sua jornada e analisa os projetos de propriedade que encontrou. Esses incluem atividades comerciais de propriedade de trabalhadores que operam lavanderias "verdes", a instalação de painéis solares e a produção de alimentos em estufas urbanas, bem como a maior cadeia de lojas de departamentos do Reino Unido, 100% pertencente aos seus funcionários; os parques eólicos na Dinamarca, operados por "guildas eólicas", criadas por pequenos investidores; as *community land trusts* [comunidades de terras comuns ou propriedade comunal de terras], nas quais famílias individuais são proprietárias de suas casas e uma comunidade sem fins lucrativos é proprietária da terra sob suas casas, proibindo, assim, especulações em torno de patrimônios imobiliários; uma empresa de laticínios orgânicos em Wisconsin pertencente a 1.700 famílias de agricultores; viveiros de peixes marinhos com *catch shares* [compartilhamento da quantidade de peixes capturada] que conseguiram interromper ou reverter declínios catastróficos nas populações de peixes criados; cooperativas e organizações sem fins lucrativos na América Latina formando uma "economia de solidariedade" para proteger comunidades e ecossistemas; servidões de conservação (ou para garantir a preservação), cobrindo dezenas de milhões de hectares, as quais permitem o uso e o cultivo da terra enquanto ela é protegida contra as intenções de desenvolvimento; e inúmeros bancos comunitários, cooperativas de crédito e outras variedades de bancos de propriedade dos clientes, prosperando em meio à crise financeira.

O que todos esses projetos de propriedade têm em comum é que eles criam e mantêm condições para o florescimento de comunidades humanas e ecológicas. Eles servem às necessidades da vida embutindo no próprio tecido de suas estruturas organizacionais tendências para ser socialmente justos e ecologicamente sustentáveis. Kelly chama esse novo tipo de propriedade de "propriedade geradora" porque ela gera bem-estar e riqueza viva e verdadeira. Kelly a contrasta com a "propriedade extrativista" do modelo de propriedade corporativa convencional, cuja característica central é a máxima extração financeira. Na verdade, ela ressalta que "nossa civilização da Era Industrial tem sido alimentada por processos extrativistas gêmeos: extração de combustíveis fósseis da Terra e extração de riqueza financeira da economia" (Kelly, 2012, p. 11). No âmbito do arcabouço conceitual da visão sistêmica da vida, podemos reconhecer a propriedade extrativista como a força motriz do crescimento quantitativo ilimitado e, portanto, como uma das causas-raiz da nossa crise multifacetada, enquanto a propriedade geradora é plenamente coerente com o conceito de crescimento qualitativo discutido no capítulo anterior (Seção 17.2).

Ensaio convidado
A empresa viva como fundamento de uma economia geradora
Marjorie Kelly

Tellus Institute, Boston, Massachusetts

"Que tipo de economia é coerente com o viver dentro de um ser vivo?" Esta foi uma questão colocada sob um frondoso dossel, bem no fundo de uma floresta do sul da Inglaterra, não muito longe da Faculdade Schumacher, onde eu cheguei como professora. Eu estava de pé com um grupo de estudantes escutando o que dizia o ecologista residente Stephan Harding quando ele perguntou o que para mim seria uma questão de importância crucial – a única questão que realmente se impõe quando negociamos a passagem da Era Industrial para uma nova era da civilização.

Eu tinha chegado a Schumacher para compartilhar o aprendizado que recebera nos quatro anos em que trabalhei como cofundadora da Corporation 20/20 no Tellus Institute, em Boston, onde eu ajudara a levar centenas de especialistas em negócios, legislação, governo, trabalhadores e sociedade civil a explorar uma questão crítica: *"Como as corporações poderiam ser replanejadas de modo a incorporar objetivos sociais e ecológicos tão profundamente como objetivos financeiros?"* Em minha experiência de mais de vinte anos como cofundadora e editora da revista *Business Ethics*, vi como as corporações e os mercados financeiros tornaram-se as instituições dominantes da sociedade, e como o seu sistema operacional de maximização do lucro acabara por se tornar o sistema operacional do planeta. Esse projeto estava na raiz de muitas das principais doenças enfrentadas pela nossa sociedade. Mas as palavras de Stephan ajudaram-me a compreender por que o replanejamento das corporações não chegou a acertar o alvo como a solução: *Você não começa com a corporação e indaga como replanejá-la. Você começa com a vida, com a vida humana e a vida do planeta, e pergunta: "Como é que vamos gerar as condições para o florescimento da vida?"*

Se você está dentro de uma grande corporação e pergunta: "Como construir uma economia sustentável?", a conversa tem de se encaixar no quadro da maximização do lucro ("Eis como você pode fazer mais dinheiro por meio de práticas sustentáveis.") Pedir para as empresas mudarem o seu arcabouço fundamental é como pedir a um urso para mudar o seu DNA e se tornar um cisne.

Um melhor ponto de partida – como o que foi adotado pela geração fundadora da América – consiste em articular verdades que consideramos evidentes por si mesmas. Foi isso o que Stephan fez na floresta, dizendo simplesmente isto: *"Uma coisa está certa quando aumenta a estabilidade e a beleza do ecossistema total. Está errada quando as prejudica"*. A sustentabilidade do sistema maior vem em primeiro lugar. Todo o resto deve caber dentro desse arcabouço.

Da maximização dos lucros para a sustentação da vida

O ponto central para o mandato de maximização do lucro é o imperativo de crescer – e esse crescimento imperativo ameaça a Terra. O que mantém esse mandato em marcha acelerada é a exigência de Wall Street para que se mantenha em crescimento os lucros e os preços das ações. As corporações e os mercados de capitais onde são negociadas suas parcelas de propriedade constituem o motor de combustão interna da economia capitalista. Esses sistemas organizacionais tornaram-se a principal força motriz dos sistemas ecológicos.

No curto prazo, as empresas que visam a maximização do lucro podem ajudar em uma rápida transição para uma economia mais verde. Mas essa transição poderia representar um breve momento no tempo. Se a civilização e os ecossistemas planetários ainda estiverem funcionando bem daqui a cinquenta anos (e esse não é um pequeno *se*), o que dizer sobre os cinquenta anos que sucederão aos próximos cinquenta? E os próximos cem ou mil anos à frente deles? Que tipo de economia será conveniente à vida em andamento dentro da Terra viva? Será uma economia dominada por corporações maciças com a intenção de dar continuidade ao crescimento dos lucros? Isso não parece provável. Na visão de longo prazo, a pergunta, por assim dizer, volta os seus olhos para o sentido oposto: *"Será que podemos sustentar indefinidamente uma economia de baixo crescimento ou de não crescimento sem mudar os planejamentos de propriedade dominantes?"*

Isso parece improvável. Provavelmente é impossível. Como é que vamos fazer a volta? Quais são as alternativas ao *planejamento extrativista*, que procuram a extração infindável de riqueza financeira? Será que podemos planejar arquiteturas econômicas que sejam auto-organizadas para servir às necessidades da vida?

Depois da minha estada na Inglaterra, essa pergunta me colocou em uma busca, e eu estava animada para encontrar alternativas que emergissem de experimentos não valorizados e desconectados ao longo do globo. Estudei a propriedade do funcionário, a propriedade tribal, a propriedade municipal, a propriedade comunitária de terras, a empresa social, as *community land trusts*, e outros modelos. Se a propriedade da Era Industrial representa um modelo de monocultura, os projetos emergentes são ricos em biodiversidade. Mas, além disso, eles incorporam uma escola coerente de planejamento – uma forma comum de organização que leva os interesses vivos das comunidades humanas e ecológicas até o mundo dos direitos de propriedade e do poder econômico. Chamo isso de uma família de *projetos de propriedade geradora*, destinados a gerar as condições para a vida prosperar. Juntos, eles potencialmente formam a base para uma economia geradora, uma economia viva com uma tendência embutida para ser socialmente justa e ecologicamente sustentável.

No planejamento da propriedade, cinco padrões essenciais trabalham juntos para criar projetos extrativos ou geradores: propósito, qualidade de ser membro, governança, capital e redes. A propriedade extrativista tem um *propósito financeiro*: maximizar os lucros. A propriedade geradora tem um *propósito vivo*: criar as condições para a vida. Enquanto as corporações da atualidade têm membros ausentes, com os proprietários desconectados da vida da empresa, a propriedade geradora tem membros arraigados, com a propriedade mantida por mãos humanas. Enquanto a propriedade extrativista envolve a governança pelos mercados, que mantém o controle pelos mercados de capitais no piloto automático, os projetos geradores têm governança controlada por missão, mantendo o controle nas mãos daqueles focados na missão social. Enquanto os investimentos extrativistas envolvem o cassino financeiro, abordagens alternativas envolvem finanças das partes interessadas, onde o capital torna-se um parceiro em vez de um mestre. Em vez de redes de *commodities*, onde as mercadorias são negociadas exclusivamente com base no preço, as relações econômicas geradoras são suportadas por redes éticas, que oferecem suporte coletivo para normas sociais e ecológicas.

Vi o poder das finanças dos acionistas interessados nas guildas eólicas da Dinamarca, grupos de pequenos investidores que se uniram para financiar parques eólicos. Essas guildas eólicas deram um novo impulso à indústria eólica na Dinamarca, onde um quinto da energia elétrica do país vem hoje do vento, mais do que acontece em qualquer outra nação.

Vi o poder do propósito vivo e do membro arraigado nas florestas comunitárias do México, onde o controle sobre as florestas tem sido frequentemente concedido aos povos tribais indígenas – como os índios zapotecas de Ixtlán de Juárez no sul do México. Em Ixtlán, problemas de desmatamento e extração ilegal de madeira tornaram-se relativamente desconhecidos. Os membros da comunidade têm incentivo para ser administradores, pois as empresas florestais empregam centenas de pessoas que fazem a extração e a coleta da madeira, fabricam móveis e cuidam das florestas. Estas são florestas vivas, comunidades de árvores e de seres humanos, onde o objetivo é viver bem juntos.

Vi mais uma vez o poder do membro arraigado – combinado com o da governança controlada por missão – na Ilha de Martha's Vinegard, ao largo da costa de Massachusetts, onde visitei a South Mountain Company, uma empresa de propriedade dos seus funcionários, especializada em planejamento e construção sustentáveis. É uma empresa conscientemente voltada para o pós-crescimento. Após a quebra de 2008, ela optou por encolher, da maneira mais humana possível. Ela pôde fazer essa escolha porque pertencia e era governada não por proprietários ausentes, mas pelos seus próprios funcionários.

Em uma escala maior, vi a governança controlada por missão na Dinamarca, onde a importante companhia farmacêutica Novo Nordisk produz 40% da insulina do mundo em Kalundborg. Essa cidade é lar de um famoso exemplo de "simbiose industrial", onde os resíduos da fabricação da insulina são usados por agricultores como alimento para porcos ou para fertilizantes. Esse projeto ecológico – que permanece estável há décadas – é possível porque a governança dessa grande empresa de capital aberto é também estável. Ela é legalmente controlada por uma fundação, comprometida com o propósito vivo de derrotar o diabetes.

O que torna os planejamentos geradores uma única família são os propósitos vivos presentes em seu âmago, e os resultados benéficos que eles tendem a gerar. Mais pesquisas ainda precisam ser realizadas, mas há evidências de que esses modelos tendem a criar amplos benefícios, e a permanecer flexíveis durante as crises. Vimos isso, por exemplo, no sucesso do Bank of North Dakota, de propriedade estatal, na crise de 2008, que levou mais de uma dúzia de Estados a buscar modelos semelhantes. Vimos isso na resiliência e no comportamento responsivo das cooperativas de crédito, que tendiam a não criar hipotecas tóxicas e exigiam poucas atividades de resgate. Vimos isso no fato de que trabalhadores em empresas com planos de propriedade de ações pelos seus funcionários desfrutam os ativos de aposentadoria 2,5 vezes mais do que os funcionários correspondentes de outras empresas. E vimos isso no fato de que na região basca da Espanha – lar da enorme cooperativa Mondragon – o desemprego atingiu, recentemente, uma taxa substancialmente menor que a do país como um todo.

Para passar de exemplos isolados para uma economia totalmente geradora, podemos precisar de um movimento global de cidadãos, investidores e empresas, tanto lucrativo como sem fins lucrativos, trabalhando em conjunto para criar uma estratégia de pinça – um dos braços movimentando-se no sentido de reformar as grandes empresas existentes,

> e o outro empenhando-se em promover alternativas geradoras. Podemos precisar adotar diferentes planejamentos em diferentes setores; por exemplo, a propriedade privada geradora poderia ser apropriada para a produção de bens e serviços, enquanto a propriedade coletiva da terra é mais adequada para os recursos naturais. O governo poderia incentivar e, finalmente, requerer a introdução paulatina, de uma etapa por vez, da propriedade geradora. Em algum ponto, a sociedade precisa replanejar o sistema operacional das grandes corporações; caso contrário, os projetos alternativos poderão permanecer marginais, ou ser integrados apenas por meio de uma mera absorção cutânea. No entanto, forçar todas as grandes empresas a mudarem seu propósito central talvez seja o lugar errado para servir de ponto de partida. Promover alternativas geradoras poderia ser um lugar mais provável para se obter sucessos iniciais – preparar o terreno para alcançar vitórias maiores no futuro.
>
> Por meio do trabalho com planejamentos geradores, podemos promover o conhecimento necessário para se criar uma economia verdadeiramente geradora, uma economia que poderia ter uma tendência embutida para ser socialmente justa e ecologicamente sustentável – uma economia que, por fim, seria coerente com o viver dentro de um ser vivo.

De acordo com Kelly, a família dos projetos de propriedade geradora está formando, conjuntamente, uma economia geradora nascente, que envolve nada menos que o replanejamento da arquitetura econômica fundamental nos níveis do propósito organizacional e da estrutura. Ela enfatiza que esse é um fenômeno emergente, produzido por comunidades auto-organizadoras para sustentar e melhorar o florescimento da vida.

18.2 A energia e a mudança climática

A energia, definida em física como "a capacidade para realizar trabalho", é um pré-requisito indispensável para qualquer atividade em sistemas naturais e tecnológicos. Na verdade, a raiz grega da palavra, *energeia*, significa "atividade". A energia é uma medida quantitativa da quantidade de atividade real ou potencial.

A moderna sociedade industrial depende fundamentalmente de um fornecimento contínuo de energia abundante para seus processos de produção de alimentos e de produção industrial, para a iluminação e o aquecimento de nossos lares e de nossas cidades, e para o funcionamento das nossas redes mundiais de transporte e de comunicação. O próprio tecido da civilização moderna é sustentado por maciços fluxos de energia. Se os nossos suprimentos globais de energia fossem secar ou fossem, até mesmo, ficar substancialmente reduzidos, toda a nossa infraestrutura entraria em colapso.

Esse uso massivo de energia é um fenômeno relativamente recente. Durante os séculos que precederam a Revolução Industrial, o vento, a água e a energia muscular (exercida por animais e seres humanos), forneceram a energia para mover carros e navios, operar usinas e impulsionar todas as outras máquinas. A luz solar, captada por gramíneas e culturas alimentares, foi a fonte fundamental da energia muscular; e a energia solar armazenada na lenha forneceu o calor para cozinhar e para fundir minérios de bronze e de ferro.

No século XVIII, as máquinas a vapor, acionadas principalmente por carvão, impulsionaram a Revolução Industrial. Como a densidade de energia do carvão é cerca de duas vezes maior que a da madeira, essa nova fonte de energia aumentou dramaticamente a eficiência das máquinas utilizadas para a fabricação, a mineração e o transporte; e essas mudanças, por sua vez, introduziram profundas transformações nas condições sociais, econômicas e culturais da época.

No fim do século XVIII e início do século XIX, o gás natural, inicialmente produzido a partir de carvão, foi usado na iluminação de casas e ruas da cidade; e, na segunda metade do século XIX, surgiu o petróleo como uma fonte de energia poderosa e conveniente. No século XX, os combustíveis líquidos refinados a partir do petróleo, com densidades de energia três vezes maiores que a da madeira, tornaram-se os principais meios para abastecer de energia as sociedades industriais modernas.

As máquinas a vapor da Revolução Industrial não apenas introduziram a fabricação e o transporte baseado em máquinas como também estimularam os cientistas e engenheiros a explorar mais profundamente a natureza da energia. Entre os conceitos básicos da mecânica, o de energia é o que levou mais tempo para ser identificado e formulado com precisão. Ele é muito mais abstrato do que os conceitos de massa, força ou *momentum*, e tornou-se um dos conceitos mais importantes da física moderna.

Sua importância se deve ao fato de que a energia total em qualquer processo físico é sempre conservada. A energia pode transformar-se em muitas formas diferentes – gravitacional, cinética, térmica, química etc. –, mas a quantidade total de energia em um determinado processo, ou conjunto de processos, nunca muda. Não há nenhuma exceção conhecida para a conservação da energia. É uma das leis mais fundamentais e de mais longo alcance da física.

O famoso filósofo e matemático alemão Gottfried Wilhelm Leibniz, que foi contemporâneo de Isaac Newton, é geralmente creditado como sendo o primeiro a reconhecer a conservação da energia. Ele a chamou de "força viva" (*vis viva*) e definiu-a como o produto da massa de um objeto pela sua velocidade elevada ao quadrado. Isto corresponde à definição moderna de energia cinética: $E_{cin} = \frac{1}{2} mv^2$. A palavra "energia", em seu sentido moderno, foi usada pela primeira vez no início do século XIX, e os cientistas e filósofos discutiram durante muitos anos a questão que indagava se a energia era algum tipo de substância ou meramente uma quantidade física. Foi apenas com a formulação da termodinâmica em meados do século XIX que a energia foi definida como a capacidade para realizar trabalho, e a conservação da quantidade total de energia através de múltiplas transformações em processos mecânicos e termodinâmicos foi claramente formulada.

Como discutimos na Seção 1.2.3, a lei da conservação da energia é também conhecida como a primeira lei da termodinâmica. A segunda lei da termodinâmica é a lei da dissipação da energia. Embora a energia total envolvida em um processo seja sempre constante, a quantidade de energia útil diminui, dissipando-se em calor, atrito, e assim por diante. Esse fato é importante porque permite determinar a eficiência de várias fontes de energia. Análises cuidadosas revelaram recentemente uma ineficiência maciça e a produção de resíduos na maioria dos projetos industriais atuais. Os planejadores ecológicos estão hoje confiantes em que surpreendentes reduções em energia e materiais de até 90% – o chamado fator dez, porque corresponde a um aumento de dez vezes na eficiência de recursos – são possíveis nos países desenvolvidos com as tecnologias existentes e sem qualquer declínio nos padrões de vida das pessoas (Hawken *et al.*, 1999).

18.2.1 Energia, uma questão sistêmica

Uma vez que todos os processos industriais e econômicos são movidos por fluxos contínuos de energia, a busca ilusória do crescimento econômico perpétuo (que discutimos na Seção 17.2) gera demandas de energia progressivamente maiores; e como o nosso acesso a combustíveis fósseis baratos e abundantes atinge o seu pico e começa a declinar, nossa crise econômica e nossa crise de energia tornam-se inextricavelmente ligadas (Butler, Wuerthner e Heinberg, 2012).

No entanto, os suprimentos cada vez mais reduzidos de combustíveis fósseis constituem apenas uma das muitas facetas de nossas crises gêmeas da energia e do crescimento econômico. Além do carvão, do petróleo e do gás natural facilmente acessíveis, também estamos esgotando muitos outros recursos naturais – desde água, cobre e aço até minerais raros como escândio, térbio ou ítrio, que são extensamente utilizados nas indústrias aeroespacial e automotiva, bem como na fabricação de painéis solares, turbinas eólicas e lâmpadas eficientes no uso da energia (veja *The Guardian*, Reino Unido, 27 de janeiro de 2012).

Ainda mais sinistros são os múltiplos impactos ambientais resultantes do crescimento econômico ilimitado, acionado pelos combustíveis fósseis e resultando em desmatamento, erosão do solo, escassez de água e extinção massiva de espécies. No entanto, as consequências mais dramáticas são as diversas manifestações da mudança climática – ondas de calor de intensidade nunca vista antes, megainundações e tempestades cada vez mais violentas – que ameaçam a existência da vida como a conhecemos em nosso planeta (veja a Seção 17.3.5). Essas catástrofes climáticas tornaram imperativa a redução drástica das emissões de gases causadores do efeito estufa e a implementação de planos de ação política empenhados no enfrentamento sustentável das mudanças climáticas em uma escala global.

Um efeito secundário prejudicial do "pico do petróleo" é o aumento da frequência e da gravidade dos acidentes que envolvem a extração de combustíveis fósseis. Como as reservas convencionais de petróleo e de gás natural estão se esgotando, as empresas de energia estão comprometidas com métodos de extração cada vez mais extremados, que frequentemente operam em condições próximas dos limites de suas capacidades técnicas. As explorações de tais "energias extremas" podem ocorrer em regiões inóspitas – por exemplo, em profundidades oceânicas de até 3.000 m, ou no Ártico, onde os custos operacionais e os riscos ambientais são extremamente elevados. Ou podem envolver tecnologias não comprovadas, como a da extração de gás natural de xisto por meio de fraturamento hidráulico, ou *fracking*, que converte água potável em fluidos tóxicos, contamina aquíferos com substâncias cancerígenas e libera metano (um gás de efeito estufa muito mais poderoso que o CO_2) na atmosfera. Em tais situações extremas, é apenas uma questão de tempo até que ocorram acidentes da maior gravidade. De fato, durante os anos 2010, 2011 e 2012, assistimos não só à devastadora catástrofe da plataforma Deepwater Horizon no Golfo do México, mas também a numerosas, e desproporcionalmente altas, incidências de asma, infertilidade e câncer em comunidades que vivem nas proximidades das operações extrativas por *fracking* (Dachille, 2011; Steingraber, 2012).

Essas considerações evidenciam o fato de que a nossa crise de energia é uma crise sistêmica que requer soluções sistêmicas (Nader, 2010). Várias soluções desse tipo, que serão revisadas nas seções seguintes, foram propostas por estudiosos e ativistas nos últimos anos. Mas, infelizmente, o pensamento sistêmico necessário para planejá-las e implementá-las ainda é muito raro entre os nossos líderes empresariais e políticos. Em vez de levar em consideração a interconexão dos nossos maiores problemas, suas "soluções" tendem a focalizar uma única questão, simplesmente transferindo o problema para outra parte do sistema – por exemplo, produzindo mais energia em detrimento da biodiversidade, da saúde pública ou da estabilidade climática.

Em sua maior parte, os esforços das empresas produtoras de energia são direcionados para a exploração de combustíveis fósseis marginais – petróleo em águas profundas, areias betuminosas, óleo de xisto e gás de xisto – por meio de tecnologias cada vez mais avançadas e com riscos cada vez maiores, ignorando completamente as ameaças do aquecimento global. Na verdade, a indústria de combustíveis fósseis coloca uma enorme pressão sobre os políticos e se empenha em campanhas publicitárias enganosas para impedir que o público compreenda a natureza e a gravidade da crise climática, como vimos na Seção 17.3.5.

18.2.2 Soluções falsas: "carvão limpo"

O carvão, o primeiro combustível fóssil usado extensamente na história da Era Industrial, ainda é o principal emissor de gases responsáveis pelo efeito estufa, respondendo por 40% das emissões globais de CO_2. Os grandes depósitos de carvão nos EUA, Rússia, China e Austrália são as maiores fontes de combustíveis fósseis de CO_2; e o carvão também é, de longe, o combustível mais sujo. Quando ele é extraído pela remoção de topos de montanhas, as empresas de mineração, literalmente falando, explodem esses topos para extrair a camada de carvão que se estende sob eles. No processo, milhões de toneladas de entulhos e resíduos tóxicos são despejados nos córregos e vales abaixo dos locais de mineração. Quando o carvão é queimado, ele produz não apenas emissões de carbono, mas também de muitos outros poluentes, que são responsabilizados nos EUA por milhares de ataques cardíacos e mortes prematuras a cada ano. Esses poluentes incluem mercúrio altamente tóxico, que desce com as chuvas até córregos e rios, acabando por se acumular na cadeia alimentar. Além disso, a mineração, o processamento e a queima do carvão produzem grandes quantidades de cinzas de combustão e outros resíduos tóxicos.

Há vários anos, a indústria do carvão começou a promover a noção de "carvão limpo" em suas campanhas de marketing. No entanto, é evidente que o carvão, o combustível fóssil mais sujo e mais destrutivo, nunca pode ser limpo. De fato, o "carvão limpo" não é um novo tipo de carvão. É apenas, essencialmente, um *slogan* publicitário utilizado para descrever novas tecnologias de captura e armazenamento de carbono (CCS, de *carbon capture and storage*). Na maioria dos cenários, isso envolve a aplicação de calor e pressão para gaseificar o carvão antes de queimá-lo, removendo o CO_2 das emissões e armazenando-o no subsolo, em poços de gás ou de petróleo abandonados. Essas tecnologias lidam apenas com uma pequena parte dos danos causados pela mineração, pelo processamento e pela queima de carvão; além disso, a CCS ainda é uma tecnologia experimental, sujeita a estudos de viabilidade. Há sérias dúvidas de que ela venha a ser comercialmente viável em uma escala significativa antes que transcorram outros 15 a 20 anos, e talvez mais, o que exclui a tecnologia da CCS como um meio eficaz para combater a mudança climática, dada a urgência da tarefa. Muito mais promissora é uma crescente campanha de base popular que pedia uma moratória sobre a construção de novas usinas para a produção de energia elétrica por meio da queima de carvão, com o objetivo último de fechar todas as usinas a carvão dos EUA e substituir o carvão por fontes de energia renováveis (veja a Seção 18.2.1).

Energia nuclear

Em décadas anteriores, havia grande esperança de que a energia nuclear pudesse ser o combustível limpo ideal para substituir o carvão e o petróleo, mas logo ficou evidente que a tecnologia nuclear acarreta riscos e custos enormes, e hoje há um sentimento crescente de que ela não é uma solução viável. Esses riscos começam com a contaminação de pessoas e do ambiente com substâncias radioativas que causam câncer, e isso durante cada um dos estágios do ciclo do combustível – a mineração e o enriquecimento do urânio, a operação e a manutenção do reator, e o manuseio e o armazenamento ou reprocessamento dos resíduos nucleares. Além disso, há emissões inevitáveis de radiação nos acidentes nucleares, e até mesmo durante a operação de rotina das usinas elétricas acionadas a energia nuclear, bem como os problemas não resolvidos de como desativar com segurança os reatores nucleares e de como e onde armazenar os resíduos radioativos.

Apesar disso, em 2001, a indústria nuclear lançou a ideia de um "renascimento nuclear", que ganhou certa força em meio às altas dos preços dos combustíveis fósseis e às crescentes preocupações a respeito da mudança climática. Os *lobbies* da indústria alegaram que a energia nuclear seria uma alternativa viável aos combustíveis fósseis. Como disse o ex-vice-presidente dos EUA, Dick Cheney, "a eletricidade dos Estados Unidos já está sendo fornecida por meio da indústria nuclear de maneira eficiente, segura e sem a descarga na atmofera de gases do efeito estufa" (citado por Caldicott, 2006, p. vii). Com base em uma perspectiva sistêmica, é evidente que nenhuma parte dessa afirmação é verdadeira.

No Quadro 18.2, resumimos os fatos básicos sobre a energia nuclear de acordo com as sete seguintes "verdades inconvenientes": a produção de eletricidade por meio de energia nuclear cria quantidades significativas de gases produtores do efeito estufa e de poluentes; os suprimentos de urânio são muito limitados; os reatores nucleares demoram tempos proibitivamente longos para serem construídos; o problema de armazenamento dos resíduos nucleares continua sem solução; energia nuclear e armas nucleares estão inextricavelmente ligados; as "novas gerações" de reatores nucleares apresentam os mesmos problemas e eles estão décadas atrasados; e, por causa de todos esses problemas, a energia nuclear não é comercialmente viável, sendo incapaz de sobreviver sem maciços subsídios governamentais.

Cada um desses sete fatos, por si só, é um argumento convincente contra a energia nuclear, sem sequer invocar seus tremendos riscos para a saúde e a segurança. Juntos, eles compõem um motivo esmagador para justificar a eliminação gradual da energia nuclear e sua substituição pelas soluções mais baratas, mais limpas, mais rápidas e mais seguras que examinaremos nas páginas seguintes.

Se esses argumentos são tão convincentes, então por que a indústria nuclear ainda recebe subsídios maciços dos governos dos países desenvolvidos ao mesmo tempo que a opção nuclear continua a ser avidamente adotada por muitos países do Terceiro Mundo? Acreditamos que a atração exercida pela energia nuclear sobre muitos governos em todo o mundo é dupla. Por um lado, tem-se a sofisticação e o elevado prestígio da física nuclear, o fundamento científico da tecnologia da energia nuclear, combinados com a crença – profundamente arraigada na moderna civilização industrial – segundo a qual, depois de tantos triunfos científicos e tecnológicos,

Quadro 18.2
Sete verdades inconvenientes sobre a energia nuclear

(1) A energia nuclear gera quantidades significativas de gases do efeito estufa e de poluentes. Quando todo o ciclo do combustível é levado em consideração, uma usina nuclear emite 27% da quantidade total de CO_2 emitida por uma usina elétrica que funciona à base de carvão. Daqui a somente uma ou duas décadas, essas usinas produzirão tantas emissões quanto as fontes convencionais de energia, quando as concentrações de minério de urânio disponíveis diminuírem e a extração e o refinamento do urânio se tornarem cada vez mais difíceis.

(2) As reservas mundiais de urânio são finitas. Se a demanda total de eletricidade pelo mundo fosse atendida atualmente pela energia nuclear, todo o urânio acessível duraria menos de nove anos.

(3) Se a energia nuclear fosse realmente substituir os combustíveis fósseis, isso exigiria a construção de um reator nuclear por semana durante os próximos cinquenta anos. Considerando o período de 8 a 10 anos necessário para a construção de um novo reator, tal empreendimento simplesmente não é viável.

(4) A indústria nuclear nunca assumiu a responsabilidade pelas quantidades maciças de resíduos radioativos letais que ela produz continuamente. Apesar do consenso global sobre a conveniência do armazenamento em sítios geológicos, nenhuma nação no mundo ainda abriu um tal sítio.

(5) Historicamente, bem como tecnicamente, a energia nuclear e as armas nucleares estão inextricavelmente ligadas. As usinas nucleares são essencialmente fábricas de bombas, perpetuando sérias preocupações sobre a proliferação de armas nucleares e do terrorismo nuclear. Al Gore declarou: "Durante os oito anos em que trabalhei na Casa Branca, cada problema de proliferação de armas nucleares que enfrentamos estava ligado a um programa de reator nuclear".

(6) As "novas gerações" de reatores não estão apenas décadas atrasadas, mas também apresentam todos os problemas econômicos, ambientais, de segurança e de proliferação inerentes à energia nuclear.

(7) A energia nuclear requer infusões maciças de subsídios do governo (isto é, dos contribuintes), contando com as universidades e com a indústria de armamentos para a sua pesquisa e desenvolvimento, e é considerada demasiadamente arriscada para os investidores privados. De acordo com o *The Economist* (1998), "nenhuma [usina nuclear] em qualquer lugar do mundo faz sentido comercial".

Fontes: Caldicott (2006); Gore (2009); Lovins (2009a, 2009b, 2011)

físicos e engenheiros certamente serão capazes, algum dia, de projetar e construir usinas nucleares seguras. Essa crença, mesmo que fosse justificada, se confrontaria, no máximo, com dois dos argumentos contra a energia nuclear listados no Quadro 18.2. Por isso, ela não resiste a uma análise sistêmica adequada.

Uma atração ainda mais poderosa exercida pela energia nuclear é a ligação inextricável entre as tecnologias utilizadas nos armamentos e as utilizadas nos reatores (Caldicott, 2006; Cooke, 2009). A física subjacente e as matérias-primas necessárias são as mesmas para ambos. Na década de 1950, o presidente Eisenhower cunhou a memorável frase "Átomos para a Paz", mas hoje está claro que o chamado uso pacífico da energia nuclear não pode ser separado do seu uso militar – nem tecnologicamente nem politicamente. Os líderes políticos de todo o mundo estão bem conscientes desse fato fundamental. Mesmo quando eles professam, ou sinceramente pretendem, desenvolver as suas capacidades nucleares apenas para fins pacíficos, a aura de sedução exercida, ao menos, pela capacidade potencial para construir armas nucleares – com todas as suas associações de poderio militar, sigilo e prestígio – é tão forte que eles parecem incapazes (com muito poucas exceções) de abandonar a tecnologia nuclear, mesmo que isso não faça nenhum sentido econômico nem ecológico.

No longo prazo, a energia nuclear está destinada a ser pouco a pouco desativada porque não tem nenhum plano de negócios. De fato, desde 2005, todos os reatores dos EUA foram 100% subsidiados e ainda assim não puderam levantar nenhum capital privado. Nesse meio-tempo, fontes de energia renováveis estão varrendo o mercado de energia global. Em 2010, elas ganharam 151 bilhões de dólares de investimentos privados e acrescentaram mais de 50 GW (o equivalente a 50 usinas elétricas típicas), enquanto a energia nuclear obteve investimento privado igual a zero e continuou a perder capacidade (Lovins *et al.*, 2011). A eletricidade nuclear custa hoje duas a três vezes mais que a eletricidade obtida por meio da nova energia eólica, e se levarmos em conta o tempo que demora para novos reatores serem construídos, eles também não serão capazes de competir com a energia solar (Lovins, 2011). E, no entanto, a indústria nuclear continua fazendo *lobbies* para obter subsídios cada vez mais esbanjadores, impedindo assim que bilhões de dólares sejam investidos em fontes de energia sustentáveis.

O caso contra a energia nuclear adquiriu um novo *momentum*, talvez um *momentum* decisivo, depois do desastre nuclear em Fukushima, no Japão, em 2011, no qual três reatores sofreram uma fusão completa, juntamente com uma série de explosões de hidrogênio e a liberação de grandes quantidades de césio-137 e outros materiais radioativos na atmosfera e para o oceano. Na sequência dessa catástrofe, avaliada como um acidente de nível 7 (o nível máximo) na International Nuclear Event Scale [Escala Internacional de Eventos Nucleares], o Japão anunciou planos para acabar com sua dependência com relação à energia nuclear até 2040. A Alemanha e a Bélgica também estão abandonando a energia nuclear; a Itália cancelou um renascimento nuclear planejado há muito tempo; e até mesmo a França, o país mais pró-nuclear do mundo, decidiu reduzir a sua dependência da energia nuclear de 75% para 50% da demanda total de eletricidade (*The Observer*, Reino Unido, 27 de outubro de 2012). Com base em uma perspectiva sistêmica, é de esperar que esses movimentos acelerem a mudança tão necessária da energia nuclear e dos combustíveis fósseis para as soluções sistêmicas sustentáveis capazes de responder satisfatoriamente às crises da energia e do clima, soluções essas que já existem e para as quais nos voltaremos agora.

18.2.3 A necessidade de intensificar a percepção sobre a mudança climática

Como já observamos, a crise do clima e a subjacente crise da energia são problemas sistêmicos que exigem soluções sistêmicas. Assim como também ocorre com os nossos outros grandes problemas – degradação ambiental, segurança alimentar, extinção de espécies, e assim por diante – elas podem ser remontadas até a busca ilusória do crescimento econômico ilimitado em nosso planeta finito (veja a Seção 17.1). Para resolver a crise climática, precisamos ir além dos combustíveis fósseis, e para sermos capazes disso, precisamos usar a energia de maneira muito mais eficiente. No entanto, isso não será suficiente: também precisamos abordar os problemas essenciais do consumo material excessivo e do desperdício, que são inerentes à ideologia do crescimento perpétuo.

Isso significa que, no longo prazo, as soluções sistêmicas da crise climática serão as mesmas soluções da crise econômica que discutimos neste capítulo e no capítulo anterior: a qualificação do crescimento econômico, a redefinição do desenvolvimento, a descoberta da realização interior na comunidade, a mudança da estrutura e do arcabouço jurídico das corporações, e o planejamento de novas formas de propriedade geradora. No curto prazo, no entanto, a tarefa mais urgente é acelerar a transição para um futuro sem combustíveis fósseis, de modo a sobreviver à ameaça de colapso climático global.

Nas seções seguintes, vamos rever várias propostas abrangentes de estratégias sistêmicas que nos permitirão ir além dos combustíveis fósseis. Elas tornarão evidentes o fato de que nós temos o conhecimento e as tecnologias necessários para planejar sistemas de energia livres desses combustíveis. Além disso, esses sistemas alternativos de energia também são economicamente viáveis. O argumento segundo o qual planos de ação política eficientes para enfrentar o problema do clima são muito dispendiosos em um momento de crise econômica foi decisivamente refutado em um relatório abrangente sobre a economia da mudança climática encomendado pelo British Treasury por Sir Nicholas Stern, ex-economista-chefe do Banco Mundial (Stern, 2006). Conhecido como Stern Review, esse relatório representa a análise econômica mais completa da mudança climática realizada até o momento. Ele vira de cabeça para baixo o argumento econômico sobre o aquecimento global. Se, anteriormente, muitos políticos e economistas corporativos insistiam em que a redução das emissões de gases causadores do efeito estufa seria "ruim para a economia", o Stern Review diz exatamente o oposto. Ele declara enfaticamente que o mundo precisa agir agora ou enfrentar consequências econômicas devastadoras.

Com base em um detalhado modelamento ecológico e econômico para o fim deste século, o relatório conclui que, se não agirmos agora para deter o aquecimento global, nós teremos de enfrentar uma crise econômica ainda mais devastadora do que a crise atual. Por outro lado, o Stern Review estima que a estabilização das emissões de gases do efeito estufa seria relativamente barata; não custaria mais que 1% do PIB mundial.

Em outras palavras, a transição para um futuro sem combustíveis fósseis é, tanto tecnológica como economicamente, viável para os dias de hoje. O maior obstáculo a ela é a falta de vontade política, especialmente nos EUA, onde a indústria de combustíveis fósseis se opõe veementemente a qualquer mudança no *status quo*, gastando milhões de dólares em *lobbies* poderosos e em sofisticadas campanhas de desinformação (veja a Seção 17.3.5). Por isso, o primeiro passo na transição para fontes de energia alternativas deve ser o de intensificar a conscientização pública sobre a mudança climática e inspirar a ação política. Nesta seção, vamos rever os esforços de vários indivíduos e organizações empenhados nessa campanha vital.

O Projeto Realidade Climática

Um dos mais eficientes e incansáveis defensores do clima é o ex-vice-presidente Al Gore. Gore serviu 16 anos no Congresso dos EUA (oito deles no Senado) e mais oito anos como vice-presidente da administração Clinton. Durante todos esses anos, começando em 1976 como um calouro no Congresso, ele realizou inúmeras audiências e eventos públicos para difundir a conscientização sobre a crise climática e para desenvolver um apoio público para a ação do Congresso. Depois de ganhar o voto popular para presidente em 2000, mas perder a presidência por uma decisão da Suprema Corte, por causa de irregularidades na contagem dos votos na Flórida, Gore passou seis anos viajando ao redor do mundo, com uma impressionante apresentação de diapositivos, mostrando de maneira convincente que a maior parte do aquecimento global é causada pelas emissões de gases causadores do efeito estufa pela sociedade industrial moderna, e que suas consequências para o planeta se tornarão irreversíveis se não tomarmos medidas decisivas. Ele estima que, naqueles anos, ele realizou sua apresentação mais de mil vezes.

Em 2006, Gore escreveu um livro que se tornou *best-seller* e um documentário premiado, ambos baseados em sua apresentação de diapositivos, intitulados *An Inconvenient Truth* [Uma Verdade Inconveniente] (Gore, 2006). Tanto o livro como o filme exerceram um grande impacto na opinião pública internacional sobre a mudança climática, e, em 2007, Gore recebeu o Prêmio Nobel da Paz por seus esforços, compartilhando-o com o Intergovernmental Panel on Climate Change (IPCC). Seguindo o filme, Gore fundou a *Climate Project*, uma organização sem fins lucrativos, mais tarde rebatizada como *Climate Reality Project* (www.climaterealityproject.org), e pessoalmente treinou 1.200 voluntários para apresentar seu famoso *show* de diapositivos e difundir a mensagem para todo o mundo. Por volta de 2010, o número de apresentadores voluntários havia aumentado para 3.500 em todo o mundo, e eles tinham realizado mais de 70 mil apresentações para uma audiência combinada de mais de 7 milhões de pessoas.

350.org

Um dos escritores mais prolíficos e articulados que escrevem sobre a mudança climática é o ativista norte-americano Bill McKibben, que já apresentamos no capítulo anterior (McKibben, 1989, 2007, 2010, 2012a, 2012b, 2012c). Em 2007, McKibben organizou uma campanha de âmbito nacional, Step It Up 2007, para pedir ao Congresso dos EUA uma ação sobre o aquecimento global. Essa campanha envolveu 1.400 comícios em locais famosos em todos os EUA e teve influência significativa nas campanhas presidenciais de Barack Obama e Hillary Clinton em 2008. Dois anos depois, ele fundou a organização ambientalista internacional 350.org (www.350.org), inaugurando-a com 5.200 manifestações simultâneas em 181 países – o maior comício coordenado em nível global já realizado.

O nome "350.org" deriva da concentração atmosférica de CO_2 de 350 ppm, que, segundo o IPCC, é o limite superior seguro (veja o Quadro 17.1). A organização se descreve como "um movimento global para resolver a crise climática", e tenta fazê-lo por meio de campanhas *on-line*, organizações de base popular e ações públicas em massa. As mais importantes dessas ações públicas foram vários protestos em massa contra o oleoduto Keystone XL; uma campanha de informação global intitulada "ligue os pontos" destinou-se a chamar a atenção para as ligações entre a mudança climática e as recentes condições meteorológicas extremas; e, mais recentemente, um movimento nacional para despojar fundos de empresas de combustíveis fósseis.

Em 2011, o proposto oleoduto Keystone XL tornou-se a "assinatura" do movimento ambientalista norte-americano. O oleoduto transportaria petróleo das areias betuminosas em Alberta, no Canadá, até o Golfo do México de modo que esse petróleo pudesse ser exportado do continente. Os riscos ambientais envolvidos na extração, no processamento e no transporte do petróleo são extremamente elevados. Na sua fonte, nas areias betuminosas de Alberta, a mineração da mistura rica em petróleo, tecnicamente conhecida como betume, já destruiu áreas enormes de floresta boreal. O betume é uma forma extremamente viscosa de petróleo, que precisa ser processada antes de poder fluir por um oleoduto; isso requer enormes quantidades de água e também envolve vários solventes que poluem o ar e a água circunvizinhos. A lama tóxica resultante fluiria então ao longo de uma distância de 2.736 quilômetros com vazamentos intermitentes, e inevitáveis, que ameaçariam algumas das terras mais sensíveis da América do Norte, incluindo o Aquífero Ogallala, a fonte de água doce de importância vital para as Grandes Planícies.

Além disso, o petróleo extraído das areias betuminosas não apenas é o combustível mais sujo do mundo como também é o mais rico em teor de carbono. Estimou-se que as emissões de CO_2 pelas areias betuminosas são 20% maiores que as do petróleo bruto médio. É por isso que James Hansen, a principal autoridade na ciência do clima, afirmou que explorar plenamente as areias betuminosas do Canadá significaria *game over* para o clima. Esta conclusão terrível inspirou milhares de ativistas, incluindo o próprio Hansen, a se juntar aos protestos organizados pela 350.org. No primeiro desses protestos em massa, realizado em novembro de 2011, cerca de 10 mil manifestantes cercaram a Casa Branca, exigindo que o presidente Obama negasse a autorização que permitia ao oleoduto Keystone estender-se ao longo dos EUA. Em resposta a esse e a outros protestos em massa subsequentes, Obama adiou a decisão final. Até o momento da redação final deste livro, em agosto de 2013, a decisão ainda estava pendente.*

A mais recente campanha da 350.org, chamada "Fossil Free", é um movimento empenhado em desapossar empresas de combustíveis fósseis de ações, títulos ou fundos de investimento a fim de quebrar sua resistência à adoção de planos de ação política climática responsáveis. Esse projeto foi modelado com base na campanha que se empenhou em uma ação de despojamento semelhante com relação ao regime do Apartheid na África do Sul. Na década de 1980, grandes manifestações estudantis pressionaram com sucesso os conselhos de 155 *campi* dos EUA – incluindo alguns dos mais famosos no país – para que se livrassem das ações que tinham junto a empresas que faziam negócios na África do Sul. Eles foram seguidos por desinvestimentos dos fundos detidos por cidades, Estados e fundos de pensão norte-americanos, todos os quais contribuíram significativamente para a queda do governo do Apartheid.

Os ativistas da 350.org argumentam que, assim como os investimentos na África do Sul sob o regime do Apartheid eram antiéticos, também o são os investimentos atuais em empresas de combustíveis fósseis, pois colocam em sério risco o bem-estar da humanidade. A campanha Fossil Free está pedindo aos diretores, reitores e conselhos de faculdades e universidades para que congelem imediatamente qualquer novo investimento em empresas de combustíveis fósseis, e se livrem de propriedade direta

---

* O Comitê do Senado dos EUA aprovou a lei para construir o oleoduto Keystone XL no dia 18 de junho de 2014.

e de quaisquer fundos mistos que incluam títulos públicos e debêntures envolvendo combustíveis fósseis no prazo de cinco anos.

As demandas da campanha para 200 empresas de combustíveis fósseis de capital aberto derivam dos fatos básicos da ciência da mudança climática (veja o Quadro 17.1): elas precisam parar de explorar novos hidrocarbonetos; elas precisam parar de fazer *lobbies* nos capitólios de Washington e dos outros Estados norte-americanos para preservar seus incentivos fiscais especiais; e, o mais importante de tudo, precisam se comprometer a manter 80% de suas reservas atuais enterradas para sempre. A campanha Fossil Free começou em novembro de 2012 e se espalhou como incêndio florestal por mais de 190 *campi* universitários norte-americanos em pouco mais de um mês. Depois do primeiro semestre da campanha, duas pequenas faculdades, a Unity e a Hampshire, se desapossaram de suas doações vindas de empresas de combustíveis fósseis, e mais de uma dúzia de faculdades e universidades iniciaram sérias discussões sobre o tema com seus alunos (veja www.gofossilfree.org).

"Além do carvão"

Há hoje um amplo consenso entre os cientistas e ativistas que estudam e combatem a mudança climática segundo o qual nossos esforços para estabilizar o clima serão ganhos, ou então serão perdidos, com o carvão. O carvão não é apenas a maior fonte mundial de emissões de carbono, mas também é o combustível mais sujo, como vimos na Seção 18.2.2. Na verdade, as usinas elétricas que funcionam a carvão não são sequer economicamente viáveis se levarmos em consideração seu custo ambiental e seu custo para a saúde. Um estudo recente, publicado no *American Economic Review*, o periódico de economia mais prestigiado do país, concluiu que o prejuízo econômico causado por poluentes do ar provenientes da queima do carvão excede o valor da eletricidade produzida (Muller *et al.*, 2011).

No entanto, James Hansen estima que ainda temos uma oportunidade para trazer a concentração de CO_2 na atmosfera de volta ao nível seguro de 350 ppm se eliminarmos o uso do carvão, a maior fonte de CO_2. Hansen está, portanto, defendendo uma moratória imediata sobre novas usinas elétricas a carvão, seguidas por uma eliminação gradual das usinas a carvão existentes ao longo das próximas décadas (Hansen, 2012).

Esse é exatamente o objetivo de uma nova e bem-sucedida campanha lançada pelo Sierra Club, uma das organizações ambientalistas mais antigas e influentes dos EUA. Conhecida como Beyond Coal (www.sierraclub.org/coal), a campanha tem por meta substituir o carvão sujo por energia limpa por meio da mobilização de ativistas de organizações de base popular em comunidades locais. O primeiro objetivo é impedir a emissão de licenças e a construção de novas usinas elétricas acionadas a carvão; o segundo objetivo é fechar as 492 usinas a carvão existentes; e o terceiro objetivo é substituir as usinas aposentadas por fontes de energia limpa (promover o uso de energia renovável e recorrer menos aos serviços de fornecimento de energia).

A campanha Beyond Coal é apoiada por várias outras organizações ambientais, entre elas a Friends of the Earth, Greenpeace, 350.org e Rainforest Action Network; e também tem vigoroso apoio do público. Uma pesquisa de opinião de âmbito nacional revelou que apenas 3% dos norte-americanos preferem o carvão como fonte de energia elétrica (Opinion Research Corporation, 2007). Com todo esse apoio, a campanha tem sido muito bem-sucedida. No momento em que estas linhas estavam sendo escritas (agosto de 2013), as propostas para 153 novas usinas elétricas a carvão foram retiradas da mesa do conselho que deveria discutir sua aprovação, e programou-se que 149 das usinas existentes serão desativadas em datas de aposentadoria específicas.

Em julho de 2011, a Beyond Coal recebeu um grande impulso quando o prefeito Bloomberg, de Nova York, um dos empresários mais bem-sucedidos de sua geração, ofereceu ao Sierra Club uma doação de 50 milhões de dólares para apoiar a campanha. Isso foi importante não só porque permitiu que a campanha expandisse dramaticamente suas atividades, mas também porque era um dos mais conhecidos e mais ricos empresários do país que estava apoiando firmemente a eliminação progressiva do carvão. Esse fato tem um grande significado simbólico e terá muitos efeitos cascata. Na verdade, Lester Brown acredita que possa vir a ser um ponto de mudança definitiva de rumo na luta para estabilizar o clima. "À medida que os Estados Unidos fecham suas usinas elétricas que funcionam a carvão, eles também enviam uma mensagem para o mundo", escreve Brown (2011b). "Com a doação de Michael Bloomberg reforçando o bem-organizado programa do Sierra Club para eliminar progressivamente o carvão, podemos agora vislumbrar no horizonte os Estados Unidos livres do carvão."

Se o carvão e, finalmente, também o petróleo e o gás natural precisarem ser eliminados de maneira gradual para estabilizar o clima, e se a energia nuclear não for uma opção alternativa, como poderemos construir fontes de energia que sejam limpas, eficientes, abundantes e renováveis? Nas seções seguintes, examinaremos três diferentes estratégias para o planejamento de tais sistemas de energia, cada uma delas documentada em um livro intitulado com o próprio nome da estratégia:

(1) *Plan B*, por Lester Brown e o Earth Policy Institute (Brown, 2008, 2009);
(2) *Reinventing Fire*,[*] por Amory Lovins e o Rocky Mountain Institute (Lovins et al., 2011.);
(3) *The Third Industrial Revolution*, por Jeremy Rifkin e a Foundation on Economic Trends (Rifkin, 2011).

---

[*] *Reinventando o Fogo*, publicado pela Editora Cultrix, São Paulo, 2013.

Partes dessas três estratégias se sobrepõem uma à outra, enquanto outras partes são complementares e se reforçam mutuamente. Juntas, elas apresentam evidências convincentes de que a transição para um futuro livre de combustíveis fósseis é possível e está disponível atualmente com as tecnologias existentes.

18.2.4 O Plano B

O Plan B é o "roteiro (*road map*) para salvar a civilização" proposto por Lester Brown (Brown, 2008). É sua alternativa aos negócios como são geralmente realizados, e que, se assim prosseguirem, levarão ao desastre. Seu âmbito é muito mais amplo do que a mudança entre formas de energia e a mudança climática, pois a estabilização do clima é um dos componentes principais do cenário de Brown. O Plano B propõe várias ações simultâneas envolvendo soluções sistêmicas que se reforçam mutuamente e geram efeitos sinérgicos. Todas as ações propostas baseiam-se em tecnologias existentes e são ilustradas com exemplos bem-sucedidos provenientes de vários países ao redor do mundo. Brown também oferece um orçamento para cada uma de suas propostas. Esses orçamentos baseiam-se em estimativas derivadas de numerosos estudos altamente confiáveis. Desde que foi publicado pela primeira vez, em 2008, Brown atualizou suas propostas em dois novos livros (Brown, 2009, 2011a), e ele também publica regularmente atualizações sobre questões específicas no site de seu Earth Policy Institute (www.earth-policy.org).

A erradicação da pobreza e estabilização da população

Os três principais componentes do Plano B são a erradicação da pobreza e a estabilização da população, a estabilização do clima, e a restauração dos ecossistemas da Terra. Para o primeiro componente, a erradicação da pobreza e a estabilização da população (dois objetivos estreitamente interdependentes), Brown propõe preencher várias lacunas de financiamento atuais concentrando-se na educação e na saúde. Os programas a serem financiados incluem a educação primária universal, a erradicação do analfabetismo adulto, programas de merenda escolar (uma das maneiras mais eficazes de manter as crianças na escola), serviços básicos de assistência à saúde universal, assistência a mulheres grávidas e a crianças em idade pré-escolar, e saúde reprodutiva e planejamento familiar. As propostas deixam claro que já dispomos atualmente das tecnologias e dos recursos financeiros para alcançar os objetivos gêmeos de erradicar a pobreza e estabilizar a população.

Brown também observa que estamos atualmente bem direcionados em nossa marcha para estabilizar a população. Há hoje 46 países no mundo que têm populações com crescimento essencialmente igual a zero. Eles incluem uma grande parte da Ásia (China, Coreia do Sul e Japão), bem como países da Europa Ocidental e Oriental.

A América do Norte também está se movendo na direção certa, e a América Latina está se saindo surpreendentemente bem. As duas grandes regiões onde precisamos nos concentrar são, de acordo com Brown, o subcontinente indiano (população de 1,6 bilhão de pessoas) e a África Subsaariana (população de 860 milhões de pessoas). "O que precisamos fazer lá", explica Brown, "é erradicar a pobreza – e hoje nós temos os recursos para fazer isso – e garantir que as mulheres, em todos os lugares, tenham acesso à assistência à saúde reprodutiva e a serviços de planejamento familiar" (Brown, 2012a).

A estabilização do clima

O segundo componente do Plano B, a estabilização do clima, incita-nos a reduzir maciçamente as emissões de carbono, e a fazer isso rapidamente. O objetivo do Plano B, de acordo com a vigorosa recomendação do IPCC (veja o Quadro 17.1), é reduzir as emissões de CO_2 em 80% até 2020. Isso estabilizará o CO_2 atmosférico em torno de 350 ppm e ajudará a manter o futuro aumento de temperatura em um mínimo.

A proposta redução das emissões de CO_2 deverá ser alcançada, por um lado, expandindo-se a cobertura florestal da Terra e, por outro lado, aumentando a eficiência energética e desenvolvendo fontes renováveis de energia. A primeira prioridade para se obter a estabilização do clima é a substituição de toda a geração de eletricidade por meio do carvão e do petróleo por recursos renováveis. Como discutimos em nossa seção anterior, isso está perfeitamente dentro do nosso alcance. Opções excluídas do Plano B por não serem economicamente viáveis são o "carvão limpo" e a energia nuclear.

Como Brown assinala, há um enorme potencial para o aumento da eficiência energética em nossa economia do desperdício. Aumentar a produtividade dos recursos em um fator de 10 (e, portanto, aumentar dramaticamente a eficiência energética) é possível, atualmente, com as tecnologias existentes em uma ampla gama de indústrias. Estas incluem as indústrias petroquímica, do aço, do cimento e da construção. Mudar para aparelhos elétricos mais eficientes no uso da energia – por exemplo, a lâmpada fluorescente compacta (LFC) – e reestruturar os sistemas de transporte pode gerar ainda mais economia no uso massivo de energia. Quando as antiquadas lâmpadas incandescentes forem progressivamente eliminadas em 2014 no EUA (em conformidade com a Energy Independence and Security Act de 2007), e substituídas pelas LFCs e pelas LEDs, o consumo de eletricidade para a iluminação cairá em até 80%. As medidas propostas no Plano B vão mais do que compensar o crescimento projetado do uso da energia entre agora e 2020.

A peça central da nova economia energética proposta no Plano B é o vento, combinado com carros híbridos de tomada (*plug-in*), isto é, recarregáveis por plugagem a uma fonte de alimentação, pois, em grande parte, essa operação ficará a cargo da energia eólica. Um segundo elemento importante é a energia térmica, coletada, em grande parte, por meio de aquecedores solares instalados no topo das coberturas. As células fotovoltaicas, as usinas elétricas que coletam energia solar transformando-a em elétrica e que transformam a energia térmica, a energia geotérmica, a energia extraída da biomassa e a energia hidrelétrica são os outros componentes do diversificado orçamento energético do Plano B.

A extração da energia do vento

Projeções de Lester Brown baseadas em tendências atuais mostram claramente que temos hoje as tecnologias de que precisamos para a construção de uma nova economia de energia a partir de fontes renováveis. A energia eólica, em particular, surgiu como a fonte mais promissora, crescendo espetacularmente até mesmo para além das recentes projeções mais otimistas (Brown, 2012b). A capacidade total dos parques eólicos (ou fazendas eólicas) do mundo, que geram, hoje, energia para cerca de 80 países, liderados pela China e pelos EUA, está perto de 240 mil MW (o equivalente a 240 usinas elétricas). Ao longo da última década, a capacidade de geração de energia elétrica a partir do vento aumentou em quase 30% por ano em todo o mundo, e se espera que sejam obtidas taxas de crescimento ainda mais altas para esta década.

A energia eólica apresenta uma combinação de características atraentes que não pode ser igualada por nenhuma outra fonte de energia. É abundante, amplamente distribuída, pode ser desenvolvida rapidamente, aumenta de escala facilmente, não usa água nem combustível, e nunca pode ser esgotada. Nos EUA, três Estados ricos em vento – Dakota do Norte, Kansas e Texas – têm energia eólica coletável suficiente para satisfazer todas as necessidades nacionais de eletricidade.

Diferentemente das usinas que funcionam com combustíveis fósseis, as fazendas eólicas não necessitam de água para resfriamento. Como os parques eólicos substituem as usinas a carvão e a gás natural, quantidades massivas de água serão liberadas para irrigação – outra solução sistêmica! E enquanto pode levar uma década ou mais para se construir uma usina de energia nuclear, um parque eólico típico pode ser construído em um ano.

Um problema óbvio com vento é sua variabilidade. No entanto, como os parques eólicos se multiplicam e são interligados por meio de redes de transmissão, esse se torna menos que um problema. Como não há dois parques eólicos que tenham o mesmo perfil de vento, cada parque acrescentado à rede reduzirá a variabilidade global. Um estudo realizado pela Universidade Stanford mostrou que, quando o número de parques interconectados aumenta, toda a rede torna-se cada vez mais semelhante a um único parque com velocidade do vento constante e, portanto, com energia elétrica, eolicamente obtida, que pode ser distribuída a uma taxa constante (Archer e Jacobson, 2007).

Em áreas densamente povoadas, há muitas vezes oposição local contra turbinas eólicas por motivos estéticos. No entanto, não se deve comparar uma paisagem pontilhada com turbinas eólicas com uma paisagem intocada, mas, isto sim, com paisagens desfiguradas por plataformas de petróleo, por remoção de topos de montanhas ou pela mineração de areias betuminosas. As turbinas eólicas ocupam apenas 1% da área coberta por um parque eólico, e a maior parte do espaço sob as turbinas ou entre elas pode ser usada – por exemplo, para a agricultura. Em séculos anteriores, os moinhos de vento frequentemente faziam parte da cultura de um país, e muitos desses tradicionais moinhos de vento são hoje considerados obras de arte. Talvez este deva ser um desafio para os nossos artistas contemporâneos: desenhar turbinas eólicas que, além de eficientes, também sejam belas.

Nas espaçosas regiões de pecuária e de agricultura dos EUA não há oposição às turbinas eólicas. Pelo contrário, elas são extremamente populares no Centro-Oeste e nas Grandes Planícies por razões econômicas. Sem nenhum investimento de sua parte, pecuaristas e agricultores podem ganhar vários milhares de dólares por ano para cada turbina eólica instalada em suas terras; e, como essas turbinas ocupam apenas 1% das terras, os fazendeiros podem, ao mesmo tempo, colher eletricidade enquanto, ao mesmo tempo, criam gado ou cultivam trigo ou milho. Na verdade, Lester Brown (2012b) prevê que, nos próximos anos, os *royalties* eólicos transformarão em anões os lucros que os fazendeiros ganham com a venda de gado.

O Plano B requer o desenvolvimento de 3 milhões de megawatts de capacidade de geração eólica de eletricidade em nível mundial, o suficiente para atender a 40% das necessidades de eletricidade do mundo. Isso exigirá a construção de 300 mil turbinas eólicas por ano ao longo da próxima década. Isso pode parecer assustador, mas não é se considerarmos que as montadoras estão produzindo 70 milhões de carros e caminhões por ano em todo o mundo. A maioria das turbinas eólicas poderia até mesmo ser produzida nas fábricas de montagem de automóveis que atualmente trabalham em marcha lenta, criando milhares de empregos com altos salários e de longa duração.

Se as tendências atuais continuarem, o desenvolvimento da capacidade de geração eólica proposto no Plano B deverá ser um objetivo muito viável. Ele percorrerá um longo caminho rumo à construção de um sistema energético que não perturba o clima, não polui o ar e pode durar tanto quanto a próprio Sol.

A restauração da Terra

O terceiro principal componente do Plano B, a restauração dos ecossistemas da Terra, propõe que se realize um imenso esforço internacional para proteger e restaurar florestas, conservar e reconstruir solos, regenerar os viveiros naturais de peixes, proteger a diversidade animal e vegetal, e plantar milhões de árvores para sequestrar carbono. A proteção das florestas da Terra inclui, entre muitas outras práticas de conservação, a reciclagem de papel para reduzir a quantidade de madeira usada para fabricar papel no norte e a substituição de ineficientes fogões a lenha por dispositivos alternativos para reduzir o consumo de lenha no sul. Além disso, o Plano B inclui numerosos projetos de plantio de árvores em todo o mundo, tanto para a redução das inundações e a conservação do solo como para o sequestro de carbono. Também propõe o fim do desmatamento efetivo em todo o mundo.

A restauração dos viveiros naturais de peixes envolve o estabelecimento de uma rede de âmbito mundial de reservas marinhas, que cobrem 30% da superfície do oceano. A proteção da diversidade biológica envolve a criação e a manutenção de reservas de plantas e animais. No livro, Brown cita numerosas histórias de sucesso, as quais mostram que nós *podemos* restaurar a Terra. Brown reconhece que isso não será barato: na sua estimativa, o financiamento anual suplementar necessário para restaurar a Terra será de 113 bilhões de dólares. Mas ele é rápido em acrescentar que o mundo não pode se dar ao luxo de não fazer esses investimentos (Brown, 2008, p. 174).

Os três principais componentes do Plano B – a erradicação da pobreza e a estabilização da população, a estabilização do clima, e a restauração dos ecossistemas da Terra – estão interligados de múltiplas maneiras, com duas outras metas. O primeiro, chamado "alimentar bem 8 bilhões de pessoas", envolve a intensificação da produtividade das terras agricultáveis por meio de novas técnicas agrícolas, como as culturas intercalares, o aumento da produtividade da irrigação e a produção mais eficiente de proteína animal descendo a cadeia alimentar. Brown ressalta que todas essas ações (que serão examinadas com mais detalhes na Seção 18.3.3 mais adiante) também ajudam a reduzir as emissões de gases causadores do efeito estufa.

A outra meta suplementar refere-se à urbanização, a segunda tendência demográfica hoje, depois do crescimento populacional. Como as nossas cidades continuam a crescer, um conflito inerente entre o automóvel e a cidade está se evidenciando cada vez mais. Isso deu origem a um novo urbanismo, também conhecido como o movimento "ecocidade", ou "ecometrópole" (*ecocity*), que visa reformular nossas cidades e metrópoles para que elas se tornem amistosas e ecologicamente sustentáveis (veja a Seção 18.4.1).

As propostas de planejamento urbano no Plano B de Brown, sob o título "planejando cidades e metrópoles para as pessoas", envolvem a criação de parques, ciclovias e zonas sem automóveis; plantio de árvores; e a reestruturação do transporte público. Também incluem a integração da cidade ou metrópole nos ecossistemas locais (com jardins nos topos dos edifícios, agricultura urbana etc.), a redução do uso da água urbana (por exemplo, com a ajuda de banheiros de compostagem e sistemas de reciclagem), e o melhoramento das condições em que vivem pessoas que se apossaram de imóveis ou terrenos desocupados e abandonados. Todas essas medidas melhoram a saúde pública, reduzem a poluição do ar e as emissões de carbono e transformam a qualidade da vida urbana.

A reorientação dos orçamentos nacionais

As propostas do Plano B incluem várias sugestões para a reestruturação das economias nacionais. A chave para tal reestruturação econômica será a criação de um mercado honesto, no qual os preços de mercado reflitam os custos reais (veja a Seção 17.1). Para isso, precisamos reestruturar o sistema fiscal, reduzindo os impostos sobre o trabalho e aumentando aqueles que taxam atividades ambientalmente destrutivas. Esta reestruturação é conhecida como "transferência de impostos (ou tributação)" (*tax shifting*), pois seria rendimento neutro para o governo. Impostos seriam adicionados a produtos existentes, a formas de energia, a serviços e a materiais, de modo que seus preços refletissem melhor os seus custos reais, enquanto a mesma quantidade seria subtraída dos impostos de renda e sobre as folhas de pagamento.

Para ser bem-sucedida, a transferência de tributação precisa ser um processo gradual, de longo prazo, a fim de dar às novas tecnologias e aos padrões de consumo tempo suficiente para se adaptarem, e também precisa ser implementada de maneira previsível, a fim de estimular a inovação industrial. Essa mudança incremental da tributação no longo prazo expulsará gradualmente do mercado tecnologias e padrões de consumo que produzem desperdício e são prejudiciais.

O meio mais eficiente para se realizar esse tipo de transferência de impostos consiste em adotar um imposto sobre o carbono. Pago pelos produtores primários – as companhias de petróleo e de carvão – ele permearia toda a economia de combustíveis fósseis. O Plano B propõe um imposto mundial sobre o carbono de 240 dólares por tonelada métrica, para ser gradualmente reduzido a uma taxa de 20 dólares por ano durante 12 anos. Além disso, o Plano B propõe a adoção de um imposto sobre a gasolina de 40 ¢ por galão por ano para os próximos 12 anos, compensando sua cobrança com uma redução nos impostos de renda. Isso elevaria o imposto sobre a gasolina dos EUA para o nível de 4 a 5 dólares, que hoje prevalece na Europa e no Japão, mas que ainda está aquém dos custos indiretos de 12 dólares por galão.

Outra medida orçamentária urgente é a remoção dos subsídios ocultos, também conhecido como "subsídios perversos" (Myers e Kent, 2009). Hoje, os governos do mundo industrializado usam, a cada ano, 700 bilhões de dólares do dinheiro dos seus contribuintes para subsidiar indústrias e práticas corporativas insustentáveis e prejudiciais. Os exemplos incluem os bilhões de dólares pagos pela Alemanha para subsidiar as usinas que queimam carvão, extremamente nocivas, do Vale do Ruhr; os enormes subsídios que o governo dos EUA concedeu à sua indústria automobilística, que permaneceu usufruindo da ajuda financeira do governo (*corporate welfare*) durante a maior parte do século XX; e os subsídios concedidos à agricultura pelo OCDE, em um total de 300 bilhões de dólares por ano, que é pago aos agricultores para *não* cultivar plantas alimentícias, embora milhões de pessoas no mundo passem fome;

bem como os milhões de dólares que o governo norte-americano oferece aos produtores de tabaco para promover uma cultura que provoca a doença e a morte.

Todos esses são, de fato, subsídios perversos. São formas poderosas de ajuda financeira do governo, que envia sinais distorcidos aos mercados. Enquanto eles apoiarem a injustiça e a degradação ambiental, os empreendimentos correspondentes que promovem a vida e são sustentáveis são definidos pelos mesmos governos como "antieconômicos". Já é hora de eliminar essas formas imorais de apoio governamental, e de dirigir os subsídios destinados à energia produzida por combustíveis fósseis ao desenvolvimento das energias renováveis, de reduzir os subsídios concedidos às linhas aéreas, e de desviar os subsídios destinados à construção de estradas de rodagem para o transporte ferroviário, da indústria da pesca para a criação de parques marinhos, e assim por diante.

Um estudo detalhado das propostas de Brown e dos seus custos mostra que não somente nós temos o conhecimento e as tecnologias para realizá-las, mas que também temos o dinheiro necessário. Os gastos anuais de que precisamos para concretizar as metas sociais do plano B (educação primária universal, erradicação do analfabetismo, assistência à saúde básica universal etc.) somam 77 bilhões de dólares. A reestruturação da energia proposta para estabilizar o clima não envolve custos públicos; e os custos anuais para a restauração dos ecossistemas da Terra (plantio de árvores, proteção da camada superior do solo, estabilização dos lençóis freáticos, restauração dos viveiros naturais de peixes etc.) são de 113 bilhões de dólares. O grande total é de 190 bilhões de dólares.

Isso parece dinheiro demais. No entanto, ele é apenas um terço do orçamento militar dos EUA, ou um sexto do orçamento militar global (cifras de 2006). Como Brown assinala, os recursos financeiros para o Plano B seriam facilmente disponíveis se os nossos líderes políticos percebessem que esse, em um certo sentido, é justamente o novo orçamento de defesa, a defesa contra as mais graves ameaças à nossa segurança.

18.2.5 *"A reinvenção do fogo"*

A segunda estratégia sistêmica para ir além dos combustíveis fósseis, sugestivamente intitulada "Reinventando o Fogo", foi desenvolvida pelo físico e ecoplanejador Amory Lovins e seus colegas do Rocky Mountain Institute (RMI). Algumas de suas propostas cobrem o mesmo terreno que Lester Brown aborda em seu Plano B (e muitos daqueles que já foram discutidos em Hawken, Lovins e Lovins, 1999), mas a abordagem básica da equipe de RMI é bem diferente. Seu foco é mais estreito que o de Brown – "criar uma visão clara e prática de um futuro livre de combustíveis fósseis para os Estados Unidos, apoiada por análises quantitativas, e mapear um caminho para se ter acesso a esse futuro" (Lovins, 2009c) – e sua abordagem é, essencialmente, uma abordagem de planejamento, mas um novo tipo de planejamento, sistêmico e ecoalfabetizante.

Sua estratégia-chave consiste em replanejar os sistemas de energia, de tal modo que sua eficiência seja multiplicada, e que a economia obtida seja massiva, a ponto de se evidenciar tão atraente para as pessoas de negócios que a atividade comercial virá a se tornar a força motriz de todo o processo. "A Reinvenção do Fogo", explica Lovins (2009c), é "uma transição, liderada por atividades empresariais, do petróleo, do carvão e, enfim, do gás para uma economia centralizada na eficiência energética e nas energias renováveis. . . [Ela] engloba diversas atividades, todas destinadas a eliminar o uso dos combustíveis fósseis e de promover a mudança em direção a uma eficiência energética radical e o acesso a energias renováveis em abundância".

Amory Lovins, um dos principais, e mais conhecidos, especialistas do mundo em energia, tem-se empenhado vigorosamente, há mais de quarenta anos, em resolver questões de eficiência energética e sustentabilidade ecológica. Durante essas quatro décadas, ele foi pioneiro em introduzir várias ideias inovadoras, que, de início, foram recebidas com suspeita pela indústria da energia, mas, a partir dessa época, passaram a ser aceitas e implementadas em todo o mundo. Elas incluem sua defesa, já na década de 1970, de um "caminho suave para a energia (*soft path*)", baseado no uso eficiente da energia e em diversas fontes de energia renováveis (Lovins, 1977, veja também Capra, 1982); o conceito de "negawatts" como unidades de energia economizada, que ele começou a promover na década de 1980 para expressar o fato de que a economia de combustível por meio do aumento da eficiência energética geralmente custa menos do que comprar combustível; e o *hypercar*, um conceito de *design* revolucionário de um carro ultraleve e aerodinâmico que recebia um impulso híbrido, e que foi introduzido primeiramente pelo RMI na década de 1990.

Em 1982, Amory e Hunter Lovins fundaram o Rocky Mountain Institute (RMI), um instituto de pesquisa independente focado no "uso eficiente e restaurador dos recursos". O RMI chama a si mesmo de "*think-and-do tank*" (catalizador de ideias), pois os seus pesquisadores planejam soluções inovadoras e também formam equipes de consultoria empenhadas em várias iniciativas para ajudar as empresas a implementar essas soluções. Em 2004, o RMI publicou *Winning the Oil Endgame*, a primeira estratégia detalhada para acabar com a dependência norte-americana com relação ao petróleo (Lovins *et al.*, 2004). O livro *Reinventando o Fogo* é uma versão revisada e atualizada desse esforço anterior, e ao qual foram incluídas novas tecnologias desenvolvidas nos sete anos que se seguiram e nos recentes e espetaculares avanços na tecnologia da energia eólica e de outras fontes de energia renováveis. Embora o livro anterior tenha sido recebido com cautela pelo mundo empresarial, Lovins está confiante em que agora, depois da crise financeira global e das recentes e assustadoras descobertas sobre as mudanças climáticas, o mundo empresarial venha a ser muito mais receptivo às suas ideias. "Há uma vigorosa perspectiva no mundo empresarial", escreve Lovins (2009c), "para levar os Estados Unidos e o mundo a escapar completamente dos combustíveis fósseis".

O livro *Reinventando o Fogo* (Lovins *et al.*, 2011) é meticulosamente pesquisado e apoiado por centenas de referências convincentes e por um enorme conjunto de dados. É de fácil leitura, uma vez que, em sua maioria, os dados são apresentados em diagramas bem desenhados, muitas vezes sob a forma de gráficos coloridos, e são intercalados com histórias de sucesso e numerosos exemplos extraídos do mundo real. Todo o livro, bem como suas seções individuais, foi revisado por mais de oitenta especialistas em vários campos, como se pode verificar na lista dos Agradecimentos. É uma impressionante destilação de muitos anos de pesquisas realizadas pela equipe do RMI e por numerosos estudos externos.

O livro começa com um parágrafo visionário, e até mesmo poético, descrevendo um futuro sem combustíveis fósseis:

Imagine os combustíveis sem medo. Nada de mudanças climáticas. Nada de derramamento de petróleo, mineiros de carvão mortos, ar poluído, terras devastadas, vida selvagem morta. Nada de escassez de energia. Nada de guerras, tiranias ou terroristas movidos pelos petróleo. Nada que se esgote. Nada que tenhamos de cortar. Nada com que precisemos nos preocupar. Só abundância de energia, benigna e acessível, para todos, para sempre.

(Lovins et al.*, 2011, p. xi)*

Os autores, em seguida, fazem um resumo das principais características do cenário que poderia levar a esse futuro ideal. É um roteiro em direção a uma economia norte-americana no ano 2050, sem nenhuma energia produzida por petróleo, carvão ou energia nuclear, com um terço a menos de gás natural, e com uma taxa de crescimento de 2,6% (não seria uma preferência deles, acrescentam, mas a taxa dada em projeções oficiais). Eles estimam que a transição para uma tal economia livre de combustíveis fósseis custaria *5 trilhões de dólares menos* do que o custo dos negócios como são geralmente realizados (sem contar os custos causados pelas emissões de carbono e outros custos ocultos), e enfatizam que isso poderia ser realizado com as tecnologias existentes – e sem que fossem necessárias quaisquer atas do Congresso – e conduzido simplesmente por negócios empresariais. Essa transição para um futuro livre de combustíveis fósseis reduziria as emissões de carbono em 82% a 86%; isso fortaleceria consideravelmente a segurança nacional do país, criaria uma profusão de empregos e melhoraria a saúde pública – o que é, claramente, uma solução sistêmica *par excellence*.

Projeto integrativo

Se a visão de "A Reinvenção do Fogo" não parece realista para a maioria dos economistas, engenheiros e políticos da atualidade, isso acontece porque essa visão é totalmente sistêmica, não podendo ser compreendida com o pensamento linear, que ainda é predominante nessas profissões. No próprio âmago da estratégia do RMI há uma abordagem sistêmica, não linear, do planejamento, que Amory Lovins chama de "projeto integrativo". Este significa planejar uma estrutura industrial moderna – um automóvel, uma fábrica ou um edifício de escritórios – como um sistema completo, identificando um grande número de relações entre vários componentes, ou subsistemas, e, em seguida, otimizando todo o sistema para a obtenção de múltiplos benefícios em vez de otimizar os componentes individuais para benefícios isolados. O projeto integrativo é pensamento sistêmico em ação. Ele envolve equipes colaborativas de arquitetos, *designers* e engenheiros desde o início do processo do projeto, os quais procuram inter-relações e sinergias entre suas áreas de especialização, e são capazes de permitir a emergência espontânea de novas ideias e soluções (veja a Seção 14.5.4). Com essa abordagem sistêmica, eficiências energéticas radicais, muito além de qualquer coisa de que trata a engenharia convencional, podem ser obtidas a um custo muito baixo por meio de soluções do projeto que têm efeito de bola de neve. Por exemplo, construir um carro com materiais ultraleves e ultrarresistentes, como certas composições de fibras de carbono, gera uma cascata de efeitos secundários, muitos dos quais resultam em reduções ainda maiores de peso e em economia ainda maior de energia. Semelhantes economias de energia em cascata podem ser obtidas nos projetos integrativos de edifícios e processos industriais, como discutiremos a seguir; e, uma vez que é geralmente mais barato economizar custos de combustível do que comprar combustível, todo o processo do projeto integrativo pode ser muito lucrativo para os negócios. Isso permite que Amory Lovins afirme que a proteção do clima (pela eliminação dos combustíveis fósseis) não seja dispendiosa, mas lucrativa.

Outra característica da abordagem sistêmica do RMI está no fato de que ela integra o replanejamento dos quatro setores que fazem uso mais intensivo de energia na economia dos EUA – transporte, edifícios, indústria e energia elétrica (veja o Quadro 18.3). Por exemplo, os problemas de energia dos automóveis e da rede elétrica são mais fáceis de serem resolvidos conjuntamente do que separadamente; a economia de energia em motores que acionam bombas e ventiladores industriais também pode ser aplicada em edifícios comerciais, e assim por diante. Vamos agora examinar cada um desses quatro setores com alguns detalhes.

Transporte: carros que funcionam sem petróleo

O transporte usa mais de 70% do petróleo norte-americano (veja o Quadro 18.3), a maior parte dele em automóveis. Por isso, o plano estratégico do RMI em direção a um futuro sem combustíveis fósseis começa fazendo os carros funcionarem sem petróleo ou gás natural – uma estratégia iniciada por Amory Lovins na década de 1990 com seu conceito de hipercarro (*hypercar*) e refinado ao longo dos últimos vinte anos.

O replanejamento dos automóveis combina três inovações. Os carros são ultraleves, pesando duas ou três vezes menos que os carros de aço; exibem alta eficiência

Quadro 18.3
O uso de energia nos EUA

A Figura 18.1 mostra um gráfico simplificado de fontes de energia e usos finais como porcentagens da produção total de energia. As percentagens são arredondadas para números inteiros, e os fluxos de energia menores que 1% não são mostrados. Por causa desse arredondamento, os totais podem não igualar a soma de seus componentes.

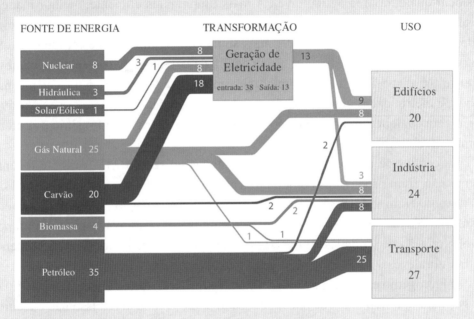

Figura 18.1 Uso da energia nos EUA em 2011 (adaptado do Lawrence Livermore Laboratory Report de outubro de 2012).

Os combustíveis fósseis fornecem 80% da energia dos EUA, as energias renováveis fornecem 8% e a energia nuclear 8%. Cerca de metade da eletricidade é produzida por meio do carvão. Quase três quartos do petróleo movimentam os transportes; três quartos da eletricidade alimentam os edifícios; e o restante de ambos aciona fábricas.

O diagrama também mostra que a produção de eletricidade a partir de combustíveis fósseis é muito ineficiente. Dois terços da energia são desperdiçados, em sua maior parte, sob a forma de calor. As fontes renováveis, pelo contrário, geralmente não produzem calor residual e não têm necessidade de água de refrigeração.

aerodinâmica, deslocando-se ao longo da estrada com uma facilidade várias vezes maior que os carros convencionais; e são acionados por um impulso hibridizado como o produzido pela eletricidade, combinando, portanto, um motor elétrico com o combustível que produz eletricidade para o motor a bordo. Essas inovações se reforçam mutuamente com muito vigor e, em conjunto, produzem uma eficiência de combustível radicalmente aumentada, a ponto de a transição para carros totalmente elétricos tornar-se disponível, eliminando, assim, os combustíveis fósseis.

Os carros híbridos podem usar gasolina ou várias opções mais limpas, incluindo biocombustíveis avançados feitos de resíduos orgânicos sem precisar, portanto, deslocar qualquer área agricultável. A mais limpa, mais eficiente, melhor maneira de alimentar um carro híbrido é usar o hidrogênio em uma célula de combustível. O hidrogênio, o elemento mais leve e mais abundante do universo, é comumente usado como combustível de foguete. Uma célula de combustível (ou célula a combustível) é um dispositivo eletroquímico que combina hidrogênio com oxigênio para produzir eletricidade e água – e nada mais! Toda a operação é silenciosa e confiável, e não gera qualquer tipo de poluição ou resíduos. Isso torna o hidrogênio o supremo combustível limpo.

As células de combustível foram inventadas no século XIX, mas até recentemente não eram produzidas comercialmente (exceto para o programa espacial dos EUA) por serem volumosas e antieconômicas. Essa situação mudou radicalmente na última década, quando vários avanços tecnológicos desbravadores tornaram possível a criação de unidades compactas e altamente eficientes, ideais para alimentar carros ultraleves.

O hidrogênio existe em abundância, mas precisa ser separado da água (H_2O) ou do gás natural (CH_4) antes de poder ser usado como combustível. Isso não é tecnicamente difícil, mas requer uma infraestrutura especial, que ninguém na economia do combustível fóssil estava interessado em desenvolver. No entanto, estudos recentes realizados pela General Motors e por especialistas independentes constataram que implementar uma infraestrutura de hidrogênio custaria menos do que sustentar a capacidade equivalente à do uso do petróleo como combustível (Lovins, 2003).

Atualmente, o gás natural é a fonte mais comum de hidrogênio, mas a sua separação da água com a ajuda de fontes de energia renováveis (especialmente da energia eólica) será o método mais econômico – e mais limpo – no longo prazo. Quando isso acontecer, teremos criado um sistema verdadeiramente sustentável de geração de energia. Como nos ecossistemas da natureza, a energia de que precisamos para a nossa mobilidade será fornecida pelo Sol, seja diretamente como eletricidade ou como hidrogênio para ser usado em células de combustível.

As estratégias energéticas desenvolvidas para os automóveis também se aplicam a caminhões e aviões. Durante os últimos sete anos, o RMI ajudou as empresas com grandes frotas de caminhões pesados a economizar até metade dos seus custos com combustíveis graças a uma melhor logística e a um melhor *design*, à mudança do diesel para o gás natural com o objetivo a longo prazo de passar para o uso de biodiesel e, finalmente, das células de combustível de hidrogênio. Economias semelhantes podem ser obtidas em aviões, para os quais o hidrogênio líquido foi estabelecido como um combustível praticável pela Força Aérea dos EUA e por grandes fabricantes de aeroplanos.

A revolução automotiva imaginada por Amory Lovins e seus colegas está agora em pleno andamento, não apenas na Europa, mas também em outras partes do mundo. Na China, a eficiência energética é hoje considerada como o objetivo estratégico máximo para o desenvolvimento nacional. A China favorece vigorosamente os veículos elétricos, e os dois primeiros carros elétricos a fibra de carbono entraram em produção na Alemanha em 2013.

Mesmo nos EUA, a eficiência de combustível dos automóveis está aumentando muito rapidamente, em parte por causa dos novos padrões introduzidos pelo presidente Obama. Quando ele resgatou a indústria automotiva em Detroit durante a crise financeira de 2008-2010, as montadoras tiveram de se comprometer a duplicar a eficiência de combustível de seus carros novos por volta de 2020, o que agora está resultando em uma substancial economia de combustível. Lovins ressalta que esse processo poderia ser acelerado por meio de "*feebates*" temporários – isto é, abatimentos para automóveis novos e eficientes, pagos por taxas cobradas sobre automóveis ineficientes. Esses programas têm sido implementados com muito sucesso na Europa, onde triplicaram a velocidade de melhoramento da eficiência automotiva.

No cenário previsto pelo RMI, carros ultraleves, caminhões e aviões tornarão possível mudar os combustíveis até eliminar todo o petróleo. Carros podem usar qualquer mistura de células de combustível de hidrogênio, eletricidade ou biocombustíveis avançados. Caminhões e aviões podem realisticamente usar hidrogênio ou biocombustíveis avançados, e os caminhões poderiam usar o gás natural como combustível de transição; mas nenhum veículo precisará do petróleo. Lovins estima que a economia ou a substituição de barris de petróleo a 25 dólares, em vez de comprá-los por mais de 100 dólares, irá acrescentar até 4 trilhões de dólares em economias líquidas ao longo dos próximos 40 anos, sem levar em consideração qualquer um dos custos ocultos do petróleo.

À medida que a revolução automotiva progredir, os clientes poderão comprar os novos modelos ultraleves, seguros, livres de poluição, silenciosos e supereficientes não apenas porque eles querem economizar energia e proteger o meio ambiente, mas simplesmente porque esses modelos serão de carros melhores. As pessoas irão mudar para eles assim como mudaram de máquinas de escrever mecânicas para processadores de texto oferecidos pelos seus computadores, e de discos de vinil para CDs. No final, os únicos carros de aço com motores a combustão que ainda estarão na estrada serão um pequeno número de vintage Jaguars, Porsches, Alfa Romeos e outros modelos clássicos de carros esportivos.

Uma vez que a indústria automobilística é a maior do mundo, seguida pela indústria do petróleo a ela relacionada, a revolução automotiva exercerá um impacto profundo sobre a produção industrial como um todo. As dramáticas mudanças do aço para as fibras de carbono e da gasolina para o hidrogênio acabarão por substituir as indústrias do aço e do petróleo, e aquelas a esses relacionadas, por tipos de processos de produção ambientalmente benignos e sustentáveis radicalmente diferentes dos que temos hoje.

No entanto, do ponto de vista sistêmico, a revolução automotiva, por si só, não resolve os muitos problemas de saúde, sociais e ambientais causados pelo uso excessivo de automóveis. Somente mudanças fundamentais em nossos padrões de produção e consumo e no planejamento das nossas cidades, incluindo sistemas eficientes de transporte público, conseguirão realizar isso. Felizmente, essas mudanças também estão em andamento. O movimento "*ecocity*" [ecocidade ou ecometrópole], que já mencionamos, tenta contrabalançar a expansão urbana e sua alta dependência do automóvel, que se tornou tão típico das nossas modernas metrópoles, reestruturando-os para que se tornem ecologicamente saudáveis (veja a Seção 18.4.1).

Além disso, depois de um século de crescimento, a frota de automóveis dos EUA começou a encolher, atingindo o pico em 2008 e, em seguida, diminuindo muito lentamente, mas de maneira constante. Como Lester Brown (2012a) observou, uma das razões para essa tendência esperançosa é uma mudança cultural entre os jovens que não fazem mais parte de uma cultura do automóvel no sentido que as gerações anteriores faziam. Eles tendem a viver nas metrópoles, usando transportes públicos e bicicletas ou *scooters* [patinetes], em vez de carros. Seus símbolos de *status* não são máquinas de dirigir pesadas, barulhentas e velozes, mas sofisticados dispositivos eletrônicos para comunicação local e global. Acreditamos que, em última análise, esse é mais um sinal da fundamental mudança de metáforas da máquina para a rede, característica de nossa época.

O replanejamento dos sistemas elétricos

Uma vez que o objetivo de longo prazo da revolução automotiva é uma transição para carros totalmente elétricos, não é de surpreender o fato de que o replanejamento do sistema de transporte e o do sistema elétrico estejam intimamente ligados. De fato, Amory Lovins afirma que os problemas do automóvel e da eletricidade são mais fáceis de se resolver em conjunto do que separadamente. O tema central da estratégia "Reinventando o Fogo" do RMI – segundo a qual a substituição dos combustíveis é mais fácil depois de se atingir uma eficiência energética radical – também se aplica à maneira como fazemos eletricidade. Hoje, cerca de três quartos da eletricidade norte-americana alimentam edifícios, e o restante aciona fábricas (veja o Quadro 18.3). A equipe do RMI está trabalhando em meios de economizar a eletricidade em ambos os setores.

Acontece que a produtividade energética em edifícios comerciais pode ser triplicada, ou mesmo quadruplicada, aplicando-se o projeto integrativo para realizar o que o RMI chama de "reformas profundas (*retrofits*)". Em 2010, a equipe do RMI planejou esse tipo de reforma profunda para o icônico Empire State Building, que hoje está economizando mais de 40% do consumo de energia do edifício. Isso envolveu a substituição de 6.500 janelas no local (em uma fábrica de janelas temporária em um andar vazio) por "superjanelas" que deixam passar a luz, mas refletem o calor, bem como a instalação de sistemas de iluminação e equipamentos de escritório melhores. Tudo isso corta a carga de refrigeração máxima em um terço. A renovação e a redução dos sistemas de refrigeração, em vez de adicionar custos ainda maiores, economizou 17 milhões de dólares de custo de capital, ajudando a pagar por outras melhorias e a reduzir o tempo de retorno a apenas três anos. O RMI está agora cogitando em planejar reformas profundas semelhantes para, no mínimo, 500 edifícios dentro de cinco anos. A meta suprema é realizar uma reforma profunda em todo o parque imobiliário comercial dos EUA por volta de 2050, com uma economia média de energia de pelo menos 50%.

O outro setor importante que usa a eletricidade é a indústria, e também aqui economias substanciais de energia e de custos podem ser obtidas aumentando-se a eficiência dos processos industriais. Aplicando na indústria os princípios do projeto integrativo, o RMI foi capaz de obter reduções de energia de 30% a 60%, com uma recuperação de investimentos em reformas profundas em poucos anos, e de 40% a 90% em novas fábricas, com custos de capital geralmente menores. Essas grandes economias de energia são possíveis porque, até recentemente, o projeto integrativo para a eficiência energética radical não fazia parte do planejamento industrial. Isso não era discutido em manuais de engenharia, e, consequentemente, os processos industriais, em sua maioria, foram planejados de maneira surpreendentemente ineficiente.

As bombas constituem um importante exemplo para ilustrar essa situação, uma vez que 60% da eletricidade do mundo aciona motores e metade dessa porcentagem responde pelo funcionamento de bombas e ventiladores. Amory Lovins nos conta como o replanejamento de um ciclo de bombeamento industrial padrão economizou pelo menos 86% da energia elétrica simplesmente substituindo tubos longos, finos e curvos por tubos curtos, largos e retos (Lovins, 2012). Naturalmente, isso também reduziu o tamanho das bombas, motores e sistemas elétricos, e mais do que pagou o preço dos novos tubos, diminuindo os custos de capital.

Grandes quantidades de energia são desperdiçadas atualmente não apenas em processos industriais mal projetados, mas também na geração e transmissão de eletricidade. Nos EUA, uma surpreendente quantidade de dois terços de energia primária é desperdiçada na produção de eletricidade, principalmente sob a forma de calor (veja o Quadro 18.3). Como indica Lovins (2009c): "Nossas usinas elétricas descartam como calor residual mais energia do que a usada pelo Japão. Deveríamos usar essa energia desperdiçada (como a Europa, lucrativamente, o faz) ou incluir sua exclusão no planejamento".

O último passo na estratégia do RMI – depois de obter uma eficiência energética radical – consiste em mudar dos combustíveis fósseis para fontes renováveis de eletricidade, como a solar e a eólica, células de combustível de hidrogênio e os biocombustíveis avançados. Como discutimos na Seção 18.2.4, a adoção da energia renovável – principalmente a energia eólica e a solar – está atualmente crescendo tão depressa que, combinada com a eficiência, ela pode substituir facilmente as usinas elétricas acionadas a carvão e a energia nuclear. Além disso, o fechamento das usinas a carvão também reduzirá consideravelmente o uso do petróleo, uma vez que mais de 40% do combustível diesel do trem de carga é usado para transportar carvão. A energia renovável não é mais um nicho de mercado. Para cada ano, durante o período 2008-2012, metade da nova capacidade geradora do mundo tem sido renovável. A China tornou-se a líder mundial, seguida pela Alemanha, que, como os Estados Unidos, têm mais empregos solares do que empregos aço.

A transformação da rede elétrica

Um terceiro elemento de "Reinventando o Fogo" – além da eficiência energética radical e das fontes renováveis de energia – é a integração de modernas tecnologias de informação e comunicação com a rede elétrica. O resultado, conhecido como "rede inteligente", é um sistema elétrico que usa um grande número de *chips* inteligentes e de comunicação instantânea para interligar e coordenar incontáveis pequenos geradores cujos custos mais baixos, tempos de espera e riscos financeiros tornam o sistema muito superior a uma rede centralizada. A rede elétrica dos EUA, em particular, tornou-se supercentralizada e quebradiça em anos recentes, e por isso muito vulnerável a apagões em cascata e, potencialmente, paralisantes causados por desastres naturais ou ataques terroristas. Esses riscos são grandemente reduzidos quando fontes de energia renovável distribuídas – células fotovoltaicas solares instaladas nas coberturas das casas e prédios, turbinas eólicas de pequena escala, pequenas usinas hidrelétricas, e muitas outras – são organizadas em microrredes locais, que, normalmente, se interligam, mas também podem trabalhar isoladamente em situações de emergência.

O RMI desenvolveu simulações especiais de redes de eletricidade para mostrar que redes inteligentes, parcial ou totalmente renováveis, podem fornecer energia elétrica altamente confiável quando as fontes renováveis são previstas, integradas e diversificadas tanto com relação ao tipo como à localização (Lovins, 2012). Isso é verdadeiro tanto para grandes áreas continentais, como os EUA ou a Europa, como para áreas menores inseridas em uma rede maior; e é assim que a Europa está agora mudando para a eletricidade renovável – 36% da eletricidade da Dinamarca e 45% da de Portugal são atualmente produzidas por fontes renováveis.

As redes inteligentes também podem ser planejadas para enviar sinais de preços para os clientes por meio de "medidores inteligentes" e infraestruturas relacionadas, permitindo-lhes adaptar o seu uso da eletricidade para economizar dinheiro se eles assim o desejarem, melhorando desse modo a eficiência e a economia de toda a rede. A capacidade mais surpreendente das redes inteligentes, no entanto, aparece quando os carros elétricos híbridos de tomada, ou seja, plugáveis em fontes de eletricidade, são integrados nelas. É isso que o RMI chama de "garagem inteligente" (veja Burns, 2008). A ideia básica é que as concessionárias de energia elétrica venderiam eletricidade barata para o dono do carro à noite (quando geralmente há mais energia eólica), que em seguida a venderia de volta por um preço mais alto para a rede inteligente nos horários de pico durante o dia, e então dirigiria para casa vindo do trabalho usando gasolina ou hidrogênio. Isso criaria rendimento para os proprietários de automóveis e também ajudaria as concessionárias a suavizar variações da carga elétrica usando a capacidade de armazenamento dos automóveis como uma reserva de energia. Amory Lovins estima que, em última análise, essa capacidade elétrica de reserva sobre rodas poderia exceder em muito a capacidade que hoje está nas centrais elétricas.

Uma transição mundial

Como já mencionamos, o foco de "Reinventando o Fogo" é mais estreito que o do Plano B de Lester Brown (Seção 18.2.4). A estratégia do RMI não aborda questões sociais como pobreza e crescimento populacional, nem tenta restaurar os ecossistemas da Terra expandindo sua cobertura florestal ou protegendo sua biodiversidade. No entanto, alguns desses objetivos serão apoiados pela transição dos combustíveis fósseis para fontes renováveis de energia; e também devemos notar que muitas das propostas adicionais do Plano B – proteger e restaurar florestas, conservar e reconstruir solos, criar parques e plantar árvores em nossas metrópoles etc. – reduzirão ainda mais o teor de carbono da atmosfera. Assim, as duas estratégias, a do Plano B e a de Reinventando o Fogo, ambas baseadas no pensamento sistêmico profundo, se apoiam e se complementam mutuamente de muitas maneiras.

Outra diferença entre as duas abordagens, enfatizada por Lester Brown, é a necessidade da transferência de impostos (*tax shifting*) e da remoção de subsídios ocultos, enquanto Amory Lovins e seus colaboradores – frustrados com os persistentes entraves e impasses no Congresso dos EUA – propuseram estabelecer um "prazo final" a tais instituições políticas ineficazes e corruptas enfatizando a estratégia de negócios inteligentes sobre as políticas públicas. Lovins afirma que as inovações nos planos de ação política sugeridas em Reinventando o Fogo – por exemplo, um sistema de "*feebates*" para que novos carros acelerem o processo de adoção de combustíveis automotivos eficientes – podem ser, todas elas, implementadas por ações administrativas federais ou por planos de ação política no nível estadual. No entanto, os negócios, muitas vezes, serão relutantes em adotar as estratégias radicalmente novas planejadas pelo RMI sem o apoio de incentivos governamentais. Por isso, a transição para um futuro sem combustíveis fósseis seria enormemente acelerada por esforços de colaboração entre empresas comerciais e governo.

O roteiro do RMI foi planejado para os EUA, mas é aplicável em todo o mundo. De fato, como vimos, muitas partes dele já estão sendo implementadas em várias partes do mundo. O que estamos testemunhando aqui nada mais é que o início de uma profunda transformação tecnológica, econômica e cultural em todo o mundo. Como diz Lovins (2012),

o fogo nos tornou humanos; os combustíveis fósseis nos tornaram modernos. Mas agora precisamos de um novo fogo que nos torne seguros, protegidos, saudáveis e duráveis ... [Esta é] não apenas uma oportunidade de negócios, a ser realizada uma-vez-em-uma-civilização, mas também uma das transições mais profundas na história da nossa espécie. Nós, seres humanos, estamos inventando um novo fogo, que não é escavado a partir de baixo, mas que flui de cima, que não é escasso, mas abundante, que não é local, mas está em todos os lugares, que não é transitório, mas permanente, que não é dispendioso, mas gratuito.

18.2.6 A Terceira Revolução Industrial

A terceira estratégia sistêmica para ir além dos combustíveis fósseis foi desenvolvida e promovida pelo economista e ativista Jeremy Rifkin. Seus principais elementos – fontes de energia renovável, o hidrogênio como o principal combustível e sistema de armazenamento de energia, veículos elétricos de tomada, e redes inteligentes – também fazem parte da Reinvenção do Fogo de Amory Lovins. Mas, em contraste com a abordagem do RMI centralizada nos negócios, Rifkin e sua equipe da Foundation for Economic Trends (um instituto de pesquisa que analisa novas tendências em ciência e tecnologia e seus impactos econômicos e ambientais) trabalham principalmente com agências do governo, ajudando-as a desenvolver planos diretores para a transição até uma futura economia baseada no hidrogênio e acionada pela energia distribuída.

No cerne do cenário de Rifkin está a ideia de que a combinação de energias renováveis com tecnologias da internet permitirá aos indivíduos gerarem sua própria energia verde em seus lares, escritórios e fábricas, e a compartilharem com outras pessoas através de redes elétricas inteligentes amplamente distribuídas, assim como as pessoas criam hoje suas próprias histórias e imagens e as compartilham na internet por meio de mídias sociais amplamente distribuídas.

Rifkin argumenta que ao longo de toda a história humana grandes revoluções econômicas ocorreram quando novas tecnologias de comunicação convergiram com novos sistemas de energia. No século XIX, a introdução da máquina a vapor na tecnologia da impressão aumentou muito a velocidade e a eficiência desse processo.

Quadro 18.4

Os cinco pilares da Terceira Revolução Industrial (extraído de Rifkin, 2011)

Os cinco pilares da Terceira Revolução Industrial são estes:

(1) Mudança para as energias renováveis (eletricidade fotovoltaica, energia eólica, pequenas usinas hidrelétricas distribuídas, bioenergia extraída de resíduos e energia geotérmica).

(2) Transformação de parques imobiliários em miniusinas elétricas para coletar energias renováveis no local (extraída do sol na cobertura dos edifícios, do vento que sobe pelas suas paredes externas, da água de esgoto que flui para fora da casa e do calor geotérmico embaixo do edifício).

(3) Implantação de tecnologias de armazenamento de hidrogênio e outras em todos os edifícios, e em toda a infraestrutura, para armazenar energias intermitentes (por exemplo, criando energia elétrica a partir da energia solar na cobertura, quando o sol está brilhando, e usando essa eletricidade para alimentar o edifício, separando o hidrogênio da água com a eletricidade excedente, sequestrando-o em sistemas de armazenamento e, em seguida, transformando-o de volta em eletricidade por meio de uma célula de combustível, quando o Sol não estiver brilhando).

(4) Uso da tecnologia da internet para transformar as redes elétricas de todos os continentes em uma "inter-rede" de compartilhamento de energia, que funciona exatamente como a internet (milhões de edifícios gerando localmente pequenas quantidades de energia, cujo excedente é vendido de volta para a rede e a própria eletricidade é compartilhada com seus vizinhos).

(5) Transformação da frota de automóveis em veículos elétricos de tomada e veículos a célula de combustível, alimentados por eletricidade e hidrogênio vindos de edifícios convertidos em miniusinas elétricas; e, além disso, uso desses veículos para comprar e vender electricidade na inter-rede inteligente.

Desse modo, enormes quantidades de jornais, revistas e livros puderam ser produzidas, estimulando a alfabetização em massa pela primeira vez na história. Juntamente com a introdução do ensino público na Europa e nos EUA, isso criou uma força de trabalho alfabetizada pela edição desses veículos impressos, capaz de organizar as operações complexas das fábricas acionadas a máquinas a vapor e os sistemas ferroviários da "Primeira Revolução Industrial", como Rifkin a chama.

No século XX, os combustíveis líquidos refinados do petróleo tornaram-se a principal fonte de energia, enquanto as comunicações eletrônicas (telefone, rádio e, depois, televisão) vieram a se tornar a nova mídia que passaria a gerenciar e a comercializar uma Segunda Revolução Industrial – a economia do petróleo, sua cultura do consumo e a era do automóvel. No início do século XXI, afirma Rifkin, estamos agora no ponto mais avançado de uma outra convergência de novas tecnologias da comunicação e de regimes de energia. A fusão de comunicação pela internet e de energias renováveis anunciará uma Terceira Revolução Industrial, e com ela uma nova narrativa econômica que fará a transição para um futuro sem combustíveis fósseis.

Em seu livro do mesmo título, Jeremy Rifkin expõe sua visão da Terceira Revolução Industrial – um regime de energia renovável, coletada por edifícios, parcialmente armazenada sob a forma de hidrogênio, distribuída por meio de redes inteligentes e conectada a veículos elétricos de tomada, de emissão zero (Rifkin, 2011). Todo o sistema é interativo e integrado inconsutilmente ("sem costuras"). Para construir a infraestrutura necessária, Rifkin delineia uma estratégia constituída por cinco pilares (veja o Quadro 18.4). Ele enfatiza vigorosamente a interdependência desses cinco pilares e a necessidade crítica de integrá-los em todos os estágios do seu desenvolvimento. Por exemplo, quando as contribuições das fontes de energia renováveis à rede elétrica for superior a 15%, a rede precisa ser digitalizada e tornada inteligente para lidar com a natureza intermitente dessas novas fontes de energia; uma infraestrutura de hidrogênio precisa ser desenvolvida para o armazenamento da energia; e os edifícios precisam ser reformados profundamente para poderem aproveitar as energias renováveis no local, enviar os excedentes de volta para a rede ou utilizá-los para alimentar veículos elétricos.

O cenário de Rifkin não inclui o aumento da eficiência energética, que é a pedra angular do roteiro do RMI orientado para o planejamento. No entanto, os dois casos parecem perfeitamente complementares. Enquanto Amory Lovins e a equipe do RMI estão trabalhando com líderes empresariais e planejadores em eficiência energética radical, Rifkin e seus colaboradores trabalham com os governos em vários níveis para desenvolver planos diretores para a construção de redes elétricas inteligentes e outros componentes de infraestrutura da futura economia baseada no hidrogênio.

Durante mais de uma década, Jeremy Rifkin tem promovido seu cenário da Terceira Revolução Industrial incansavelmente e com considerável sucesso em conferências profissionais e reuniões sobre estratégia com líderes empresariais e políticos.

É estranho, mas, infelizmente, não surpreendente, o fato de que, apesar de ele viver em Washington e dar palestras em uma prestigiada escola de negócios norte-americana, suas ideias tenham encontrado uma recepção muito mais entusiasmada na Europa onde ele agora trabalha durante a maior parte do tempo.

Rifkin tem atuado como consultor para a União Europeia nos últimos dez anos. Nessa função, aconselhou vários chefes de Estado europeus sobre questões relacionadas à economia, às alterações climáticas e à segurança energética durante suas presidências do European Council ou da European Commission. Ele é o principal arquiteto do plano de sustentabilidade econômica de longo prazo da União Europeia, que se baseia na estratégia dos cinco pilares da Terceira Revolução Industrial. Em 2007, o plano foi formalmente aprovado pelo Parlamento Europeu como a visão econômica e o roteiro de longo prazo da União Europeia. Agora ela está sendo implementada por várias agências dentro da Comissão Europeia, bem como nos 28 Estados membros.

Em 2008, Rifkin criou uma rede de desenvolvimento econômico global, conhecida como Global CEO Roundtable, que inclui 100 líderes empresariais em energia renovável, construção, arquitetura, TI, transporte e campos relacionados. Essa rede de negócios está agora colaborando com metrópoles, regiões e governos nacionais com o objetivo de elaborar planos diretores para o desenvolvimento das infraestruturas que sustentarão um futuro industrial sem combustíveis fósseis.

Hoje, a União Europeia, a maior economia do mundo, está praticamente sozinha, entre as principais potências econômicas, em seu empenho em fazer perguntas profundas sobre a sobrevivência da humanidade na Terra. As estratégias que ela começou a implementar não só testemunham a emergência de uma "bússola moral", na famosa frase de Václav Havel (veja a Seção 13.7), mas também a promessa de criar centenas de milhares de novas empresas e centenas de milhões de novos empregos. Rifkin espera que isso inspire as outras potências mundiais a seguir a liderança da União Europeia, e vê sinais de que isso já está acontecendo na Ásia, na América Latina e em outras partes do mundo. Ele também argumenta que a Terceira Revolução Industrial é particularmente importante para os países mais pobres do mundo em desenvolvimento:

Precisamos ter em mente que 40% da raça humana ainda vive com dois dólares por dia ou menos, em situação de extrema pobreza, e que a imensa maioria não tem eletricidade. Sem acesso à energia elétrica, eles permanecem "impotentes", literal e figurativamente falando. O único fator mais importante capaz de tirar centenas de milhões de pessoas da pobreza é ter acesso confiável e acessível à eletricidade verde. Todos os outros desenvolvimentos econômicos são impossíveis na ausência dessa eletricidade. A democratização da energia e o acesso universal à eletricidade é o ponto de partida indispensável para melhorar a vida das populações mais pobres do mundo.

(Rifkin, 2011, p. 63)

Como Amory Lovins, Rifkin está plenamente consciente de que o fato de ir além dos combustíveis fósseis equivalerá a uma profunda transformação tecnológica, econômica e cultural. No entanto, ele enfatiza diferentes aspectos dessa transformação. Enquanto Lovins exalta as virtudes do "novo fogo" que a humanidade está inventando atualmente, Rifkin destaca as maneiras revolucionárias pelas quais esse novo fogo será compartilhado em redes inteligentes distribuídas que irão interligar nossas casas, escritórios, fábricas e automóveis – todos os quais, silenciosamente, produzirão, compartilharão e usarão energia limpa e renovável.

Rifkin observa que a partilha de eletricidade dentro de redes de energia amplamente distribuídas dará início a uma democratização da energia, o que, fundamentalmente, reorganizará as relações humanas no mundo dos negócios, do governo e da vida cívica, assim como a partilha de informações nas redes sociais mudou a educação, os negócios e a política. Algumas dessas reflexões são notavelmente semelhantes às do sociólogo Manuel Castells quando ele descreve a ascensão da "sociedade em rede" (veja a Seção 14.4). Rifkin também aborda a questão do poder (em seu sentido sociológico, bem como tecnológico) nessas redes de energia. Ele fala da transição do poder hierárquico para o poder distribuído, "lateral" e colaborativo, de maneira muito parecida com aquela pela qual nós discutimos o poder nas redes sociais como fortalecimento da capacidade de decisão, de conhecimento e de ação com que a rede investe seus usuários (Seção 14.4.3).

Os três cenários sobre os quais discutimos nesta seção – o Plano B de Lester Brown, a "Reinvenção do Fogo" de Amory Lovins, e a Terceira Revolução Industrial de Jeremy Rifkin – são, todos eles, informados pela percepção ecológica e pelo pensamento sistêmico, e todos os três apoiam-se mutuamente e se complementam. Lovins e Rifkin lidam principalmente com sistemas tecnológicos, mas ambos levam em consideração a maneira como esses sistemas não vivos estão encaixados em sistemas vivos sociais e ecológicos, e como todos eles interagem uns com os outros, e afetam uns aos outros. O Plano B de Lester Brown também lida diretamente com ecossistemas, como em suas propostas que envolvem a silvicultura, as reservas vegetais e animais e a agricultura.

Na seção seguinte, vamos nos voltar mais detalhadamente para algumas dessas questões ecológicas; em especial, examinaremos mais de perto a agricultura, na qual novas técnicas ecológicas estão sendo atualmente desenvolvidas, e integradas em uma abordagem sistêmica que promete contribuir de maneira significativa para a resolução de vários problemas urgentes do mundo.

18.3 Agroecologia – a melhor oportunidade para alimentar o mundo

Com base em uma perspectiva sistêmica e ecológica, podemos reconhecer que nossa crise global de alimentos (veja a Seção 17.1) é, sob muitos aspectos, semelhante à nossa crise energética, e ambas estão, naturalmente, interligadas. Por um lado, o alimento é industrialmente produzido por um sistema de agricultura altamente centralizado, que consome muita energia e é baseado em combustíveis fósseis, criando riscos para a saúde dos trabalhadores agrícolas e dos consumidores. Além disso, não é capaz de lidar com desastres climáticos que se avolumam. Por outro lado, várias técnicas agrícolas – com frequência baseadas em práticas tradicionais – estão hoje emergindo ao redor do mundo, e com as quais alimentos saudáveis, orgânicos, são cultivados de maneira descentralizada, orientada para a comunidade, eficiente no uso da energia e sustentável.

As técnicas agrícolas ecologicamente orientadas são conhecidas por vários nomes, como "agricultura orgânica", "permacultura" ou "agricultura sustentável". Em anos recentes, a palavra "agroecologia" tem sido cada vez mais utilizada como termo unificador, referindo-se tanto à base científica como à prática de uma agricultura alicerçada em princípios ecológicos. Entre as principais autoridades nesse campo, o agrônomo chileno Miguel Altieri e a física indiana e ativista ambiental Vandana Shiva escreveram textos que constituíram nossa principal inspiração para esta seção (Altieri, 1995; Shiva, 1993). De acordo com Altieri, Shiva e outros agroecologistas, devemos, em primeiro lugar, fazer um resumo da natureza e dos problemas da agricultura industrial convencional, para, em seguida, contrastá-los com os princípios e práticas da agroecologia.

18.3.1 A insustentável natureza da agricultura industrial

A agricultura industrial começou suas atividades na década de 1960, quando as empresas petroquímicas introduziram novos métodos de agricultura química intensa. Para os agricultores, o efeito imediato foi um aperfeiçoamento espetacular da produção agrícola, e a nova era de agricultura química foi saudada como a "Revolução Verde". Porém, algumas décadas depois, o lado negro da agricultura química tornou-se dolorosamente evidente.

Hoje, sabe-se bem que a Revolução Verde não ajudou nem os agricultores, nem a terra, nem os consumidores. O uso massivo de fertilizantes químicos e de pesticidas mudou toda a estrutura da agricultura e dos processos de cultivo quando a indústria agroquímica persuadiu os agricultores de que eles poderiam ganhar mais dinheiro cultivando enormes áreas de solo com uma única cultura altamente rentável e controlando ervas daninhas e pragas com produtos químicos. Essa prática de cultivo de uma única cultura – a monocultura – implicou altos riscos de que extensas áreas cultivadas pudessem ser destruídas por uma única praga, e também afetou seriamente a saúde dos trabalhadores agrícolas e das pessoas que viviam em áreas agrícolas.

Com os novos produtos químicos, a agricultura tornou-se mecanizada e passou a fazer uso intensivo de energia, favorecendo os grandes agricultores empresariais, que tivessem capital suficiente, e forçando a maioria dos agricultores tradicionais, de uma só família, a abandonar suas terras. Em todo o mundo, um grande número de pessoas abandonou as áreas rurais e se juntou às massas de desempregados urbanos como vítimas da Revolução Verde.

Os efeitos a longo prazo da agricultura química excessiva têm sido desastrosos tanto para a saúde do solo como para a saúde humana, para as nossas relações sociais e para o ambiente natural. Como as mesmas culturas foram plantadas e fertilizadas sinteticamente ano após ano, o equilíbrio dos processos ecológicos no solo foi rompido, e a quantidade de matéria orgânica diminuiu – e, com ela, a capacidade do solo para reter umidade. As mudanças resultantes na textura do solo acarretaram inúmeras consequências nocivas inter-relacionadas – perda de húmus, solo seco e estéril, erosão eólica e hídrica, e assim por diante.

O desequilíbrio ecológico causado pelas monoculturas e pelo uso excessivo de produtos químicos também resultou em enormes aumentos do número de ataques, surtos e epidemias de pragas e doenças das culturas, que os agricultores combateram por meio da pulverização de doses cada vez maiores de pesticidas, em ciclos viciosos de esgotamento e destruição. Os perigos para a saúde humana aumentaram à medida que cada vez mais produtos químicos tóxicos se infiltravam no solo, contaminavam o lençol freático, e se manifestavam em nossa alimentação.

Nos últimos anos, os efeitos desastrosos da mudança climática revelaram outro conjunto de limitações graves da agricultura industrial. Como Miguel Altieri e seus colaboradores da SOCLA (Sociedad Cientifica Latinoamericana de Agroecologia), fundada por Altieri, assinalaram em um relatório recente (Altieri *et al.*, 2012), a Revolução Verde foi lançada sob as suposições de que a água abundante e a energia barata, a partir de combustíveis fósseis, estariam sempre disponíveis, e que o clima seria estável. Nenhuma dessas suposições permanece verdadeira atualmente. Os ingredientes de importância-chave da agricultura industrial – produtos agroquímicos, bem como mecanização e irrigação baseadas em combustíveis – derivam inteiramente de combustíveis fósseis, que estão se esgotando e ficando cada vez mais caros, o nível dos lençóis freáticos está caindo e catástrofes climáticas cada vez mais frequentes e violentas causam grandes estragos, assim como também o causam as monoculturas geneticamente homogêneas que cobrem hoje 80% da terra arável global. Além disso, as práticas da agricultura industrial, que fazem uso intensivo de energia, contribuem com cerca de 25% a 30% das emissões globais de gases causadores do efeito estufa, acelerando ainda mais a mudança climática. Essas considerações tornam evidente que, assim como no caso da geração de energia a partir de combustíveis fósseis, um sistema de agricultura que seja totalmente dependente de combustíveis fósseis não pode ser sustentado no longo prazo.

18.3.2 Biotecnologia na agricultura

Na década de 1990, as empresas agroquímicas tentaram gerar uma nova onda de otimismo tecnológico com a aplicação da engenharia genética na agricultura, alegando que os problemas de saúde da agricultura química, assim como o problema da fome no mundo, poderiam ser resolvidos com a ajuda de organismos geneticamente modificados (OGMs). As propagandas da biotecnologia retratavam um admirável mundo novo em que a natureza seria colocada sob controle. As plantas seriam produtos geneticamente modificados, criadas sob medida de acordo com as necessidades dos clientes. Novas variedades de culturas seriam tolerantes à seca e resistentes a insetos e ervas daninhas. As frutas não apodreceriam nem seriam machucadas. A agricultura não seria mais dependente de produtos químicos, que, portanto, já não mais estariam presentes para prejudicar o meio ambiente. Os alimentos seriam melhores e mais seguros do que nunca, e a fome no mundo desapareceria. Os ambientalistas e defensores da justiça social sentiram uma intensa sensação de *déjà-vu* ao ler ou ouvir tais projeções otimistas, mas totalmente ingênuas, sobre o futuro. Eles se lembraram vividamente de que uma linguagem muito semelhante havia sido usada pelas mesmas corporações agroquímicas quando elas promoveram a Revolução Verde há várias décadas. Nas palavras do biólogo David Ehrenfeld (1997):

Assim como a agricultura intensiva, que faz um elevado uso de insumos, a engenharia genética é frequentemente justificada como uma tecnologia humana, que alimenta mais pessoas com melhores alimentos. Nada poderia estar mais longe da verdade. Com muito poucas exceções, o que mais interessa à engenharia genética é aumentar as vendas de substâncias químicas e de produtos de bioengenharia para agricultores dependentes.

A simples verdade é que a maioria das inovações em biotecnologia de alimentos tem sido motivada por fins lucrativos em vez de sê-lo por necessidades reais. Por exemplo, a soja foi modificada pela Monsanto para ser resistente, especificamente, ao herbicida Roundup da companhia a fim de aumentar as vendas desse produto. A Monsanto também produziu sementes de algodão contendo um gene inseticida, a fim de impulsionar as vendas de sementes. Tecnologias como essas aumentam a dependência dos agricultores com relação a produtos que são patenteados e protegidos por "direitos de propriedade intelectual", que tornam ilegais as antigas e tradicionais práticas agrícolas de reprodução, armazenamento e compartilhamento de sementes. Além disso, as empresas de biotecnologia cobram "taxas de tecnologia" além dos preços das sementes, ou forçam os agricultores a pagar preços inflados pelos pacotes de sementes com herbicidas (Altieri e Rosset, 1999).

Riscos da engenharia genética

Atualmente, as culturas que contêm OGMs, também conhecidas como culturas "transgênicas", já ocupam cerca de 12% de toda a terra arável. Há muitos indícios de que isso agravará os problemas da agricultura industrial convencional, ao mesmo tempo que dará origem a muitos novos problemas causados pelos perigos da engenharia genética.

Como mencionamos na Seção 9.4, a evocativa expressão "engenharia genética" sugere ao público em geral que a transferência de genes entre espécies para criar novos organismos transgênicos é um procedimento mecânico exato e bem compreendido. De fato, é assim que geralmente é apresentado na imprensa popular. Nas palavras do biólogo Craig Holdrege (1996, pp. 116-17),

Ouvimos falar de genes que são *cortados* ou *emendados* por enzimas, e de novas combinações de DNA que são *manufaturadas* e *inseridas* na célula. A célula incorpora o DNA em sua *maquinaria*, que começa a *ler informações* que são *codificadas* no novo DNA. Essas *informações* são então *expressas* na *produção* de proteínas correspondentes, que têm uma função particular no organismo. E assim, como se isso resultasse de tais procedimentos determinados com precisão, o organismo transgênico adquire novas características.

Essa linguagem é, com certeza, derivada do paradigma que concebe os organismos vivos como máquinas; porém, como eles não o são, a realidade da engenharia genética é muito mais complexa e perigosa. Para começar, é importante compreender que os geneticistas não podem inserir genes estranhos diretamente em uma célula por causa das barreiras naturais que se erguem entre as espécies e por outros mecanismos de proteção que provocam o colapso do DNA estranho ou o tornam inativo. Para contornar esses obstáculos, os cientistas emendam os genes estranhos primeiramente dentro de um vírus, ou em elementos semelhantes a vírus que são rotineiramente usados por bactérias para intercambiar genes. Esses chamados "vetores de transferência de genes" são, então, utilizados para inserir genes estranhos em células receptoras selecionadas, nas quais os vetores, juntamente com os genes emendados neles, encaixam-se no DNA da célula. Se todos os passos nessa sequência altamente complexa funcionam como planejado, o que é extremamente raro, o resultado é um novo organismo transgênico.

O uso de vetores para inserir genes do organismo doador no organismo receptor é uma das principais razões pelas quais o processo de engenharia genética é inerentemente perigoso. Para superar várias barreiras naturais, os geneticistas construíram uma ampla variedade de agressivos vetores infecciosos, que podem facilmente se recombinar com vírus existentes causadores de doenças para gerar novas linhagens virulentas. Em seu livro surpreendente e esclarecedor, *Genetic Engineering: Dream or Nightmare?*, a geneticista Mae-Wan Ho (1998) especulou que a emergência de uma multidão de novos vírus e de resistências a antibióticos ao longo das últimas décadas pode muito bem estar relacionada com a comercialização em grande escala da engenharia genética durante o mesmo período.

Na linha de frente das pesquisas atuais, os geneticistas não podem controlar o que acontece no organismo. Eles podem inserir um gene no núcleo de uma célula com a ajuda de um vetor de transferência de gene específico, mas eles não têm como saber se a célula irá incorporá-lo no seu DNA, ou onde o novo gene será localizado, ou quais efeitos isso terá no organismo. Desse modo, a engenharia genética prossegue por tentativa e erro de uma maneira extremamente desperdiçadora. A taxa média de sucesso dos experimentos genéticos é de apenas cerca de 1%, pois o *background* vivo do organismo hospedeiro, que determina o resultado do experimento, permanece, em grande medida, inacessível à mentalidade de engenharia que fundamenta nossas atuais biotecnologias.

Ao longo das duas últimas décadas, foram realizados numerosos estudos sobre os riscos das biotecnologias atuais na agricultura (veja, por exemplo, Altieri, 2000; Altieri e Rosset, 1999; Shiva, 2000; Tokar, 2001). Os estudos revelaram que a maioria desses riscos é uma consequência direta da nossa compreensão deficiente da função genética. Só viemos a perceber recentemente que todos os processos biológicos que envolvem genes são regulados pelas redes celulares, nas quais os genomas estão encaixados, e que os padrões de atividade genética mudam continuamente em resposta a mudanças no ambiente celular. Os biólogos estão apenas começando a desviar sua atenção das estruturas genéticas para as redes metabólicas, e eles ainda sabem muito pouco sobre a complexa dinâmica que atua nessas redes (veja a Seção 9.6.2).

Também sabemos que todas as plantas estão encaixadas em ecossistemas complexos, tanto acima do solo como sob ele, locais em que as matérias inorgânica e orgânica se movem em ciclos contínuos. Mais uma vez, sabemos muito pouco sobre essas redes e esses ciclos ecológicos – em parte porque, durante muitas décadas, o domínio do determinismo genético resultou em uma séria distorção das pesquisas biológicas, com a maior parte do financiamento dirigida para a biologia molecular e muito pouco para a ecologia.

Uma vez que as células e as redes reguladoras de plantas são relativamente mais simples que as de animais, é muito mais fácil para os geneticistas inserir genes estranhos em plantas. O problema é que, uma vez que o gene estranho esteja no DNA da planta e a cultura transgênica resultante seja plantada, esse gene estranho passa a fazer parte de um ecossistema inteiro. Os cientistas que trabalham para empresas de biotecnologia tendem a saber muito pouco sobre os processos biológicos subsequentes, e ainda menos sobre as consequências ecológicas de suas ações.

O uso mais difundido da biotecnologia vegetal tem sido o de desenvolver culturas tolerantes a herbicidas a fim de impulsionar as vendas de alguns deles, bem determinados. Há uma alta probabilidade de que ocorra polinização cruzada entre essas plantas transgênicas e parentes selvagens em suas vizinhanças, criando, assim, "supererevas daninhas" resistentes a herbicidas. Evidências indicam que tais fluxos de genes entre culturas transgênicas e parentes selvagens já estão ocorrendo (Altieri, 2000; Union of Concerned Scientists, 2013). Outro problema sério é o risco de que ocorra polinização cruzada entre culturas transgênicas e culturas cultivadas organicamente em campos vizinhos, o que coloca em perigo a importante necessidade de os agricultores orgânicos terem os seus produtos certificados como autenticamente orgânicos.

Uma vez que um dos principais objetivos da biotecnologia vegetal até agora é aumentar as vendas de produtos químicos, muitos dos seus riscos ecológicos são semelhantes àqueles criados pela agricultura química. A tendência para criar amplos mercados internacionais para um único produto gera enormes monoculturas que reduzem a biodiversidade, diminuindo, assim, a segurança alimentar e aumentando a vulnerabilidade a doenças de plantas, pragas de insetos e ervas daninhas. Esses problemas são especialmente críticos nos países em desenvolvimento, onde os sistemas tradicionais de diversas culturas e alimentos estão sendo substituídos por monoculturas que empurram inúmeras espécies rumo à extinção e criam novos problemas de saúde para as populações rurais (Shiva, 1993).

O agronegócio e a fome mundial

As aplicações da engenharia genética na agricultura têm despertado resistência generalizada entre o público em geral, resistência essa que cresceu até se transformar em um movimento político mundial (veja Robbins, 2001). Mesmo que não possam compreender as complexidades da engenharia genética, as pessoas ao redor do mundo, em sua maioria, têm uma relação existencial muito básica com a alimentação e tornam-se desconfiadas quando ouvem falar de novas tecnologias de alimentos desenvolvidas em segredo por corporações poderosas que tentam vender seus produtos sem que eles sejam acompanhados por quaisquer advertências sobre problemas com a saúde, rótulos com esclarecimentos ou mesmo discussões.

Um dos principais argumentos dos proponentes da biotecnologia, que eles usam repetidas vezes para se contraporem à oposição generalizada aos organismos geneticamente modificados (OGMs), é o de que as culturas transgênicas têm importância fundamental para solucionar o problema de como alimentar o mundo. A produção convencional de alimentos, afirmam, não será capaz de acompanhar o crescimento da população mundial. Na década de 1990, a Monsanto proclamou: "Preocupar-se com a fome das gerações futuras não as alimentará. A biotecnologia de alimentos, sim". Como Altieri e Rosset (1999) assinalam, esse argumento baseia-se em duas suposições errôneas. A primeira é a de que a fome no mundo é causada por uma escassez global de alimentos; a segunda é a de que a engenharia genética é a única maneira de se aumentar a produção de alimentos.

As agências de desenvolvimento sabem desde há muito tempo que não há uma relação direta entre o predomínio da fome e a densidade populacional ou crescimento de um país. Em seu estudo clássico, *World Hunger: Twelve Myths*, a especialista em desenvolvimento Frances Moore Lappé e seus colaboradores do Institute for Food and Development Policy forneceu um relato detalhado sobre a produção mundial de alimentos que surpreendeu muitos leitores. Ele mostrou que, durante as três últimas décadas do século XX, o aumento da produção global de alimentos ultrapassou o crescimento da população mundial em 16%. Durante esse período, o abastecimento de alimentos manteve-se à frente do crescimento populacional em todas as regiões, exceto na África. De fato, muitos países em que a fome atingiu proporções excessivas exportaram mais produtos agrícolas do que importaram (Lappé *et al.*, 1998).

Essas estatísticas mostram com clareza que o argumento segundo o qual a biotecnologia é necessária para alimentar o mundo é altamente hipócrita e desonesto. As causas essenciais da fome no mundo não estão relacionadas com a produção de alimentos. Elas são a pobreza, a desigualdade e a falta de acesso aos alimentos e à terra. Na verdade, no Terceiro Mundo, 78% de todas as crianças desnutridas com menos de 5 anos vivem em países com excedentes de alimentos (Mulder-Sibanda *et al.*, 2002). As pessoas passam fome porque os meios para produzir e distribuir alimentos são controlados pelos ricos e poderosos: a fome mundial não é um problema técnico, mas um problema político. Se as suas causas essenciais não forem atacadas, a fome persistirá, independentemente das tecnologias que são usadas. Além disso, cerca de um terço de todos os alimentos produzidos para o consumo humano é desperdiçado globalmente, a maior parte deles por consumidores na Europa e na América do Norte. Isso equivale a 1,3 bilhão de toneladas por ano, o suficiente para alimentar todo o continente africano (Gustavsson *et al.*, 2011).

A biotecnologia, é claro, poderia ter um lugar na agricultura do futuro se fosse usada criteriosamente, em conjunto com medidas sociais e políticas adequadas, e se pudesse ajudar a produzir alimentos melhores, sem quaisquer efeitos colaterais nocivos. Infelizmente, as tecnologias genéticas que estão sendo desenvolvidas e comercializadas atualmente não satisfazem a todas essas condições.

A concentração da produção global de alimentos

Recentes ensaios experimentais, citados por Altieri e Rosset (1999), mostraram que sementes geneticamente modificadas não aumentam significativamente o rendimento das culturas. Além disso, há fortes indícios de que o uso generalizado de culturas geneticamente modificadas não apenas será incapaz de resolver o problema da fome, como também poderá perpetuá-lo e até mesmo agravá-lo. Se as sementes transgênicas continuarem a ser desenvolvidas e promovidas exclusivamente por corporações privadas, os agricultores pobres não serão capazes de pagar por elas, e se a indústria de biotecnologia continuar a proteger seus produtos por meio de patentes que impedem os agricultores de armazenar e comercializar sementes, os pobres se tornarão ainda mais dependentes e marginalizados. De acordo com um "Christian Aid Report" apresentado pelo economista Andrew Simms (1999), "as culturas geneticamente modificadas estão [...] criando precondições clássicas para a fome e a inanição. A posse de recursos concentrada nas mãos de poucos – inerente à agricultura baseada na propriedade de patentes de produtos – e um fornecimento de alimentos que se baseia em muito poucas variedades de culturas plantadas em áreas imensas constituem a pior opção para a segurança alimentar".

Por mais de uma década, uma concentração sem precedentes de posse e controle sobre a produção de alimentos está em andamento em consequência de uma série de fusões massivas de várias empresas e em função do rígido controle proporcionado pelas tecnologias genéticas. Como Andrew Simms documentou nesse "Christian Aid Report", as dez principais empresas de produtos agroquímicos controlam 85% da indústria global de alimentos, e as cinco primeiras controlam praticamente todo o mercado de sementes geneticamente modificadas. O objetivo dessas gigantes empresariais é criar um único sistema agrícola mundial em que elas seriam capazes de controlar todas as etapas da produção de alimentos e manipular tanto o fornecimento como os preços dos alimentos.

Em suas tentativas para patentear, explorar comercialmente e monopolizar todos os aspectos da biotecnologia, as principais corporações agroquímicas têm comprado empresas de sementes e de biotecnologia e têm-se remodelado para darem a impressão de ser "corporações das ciências da vida". As fronteiras tradicionais entre indústrias farmacêuticas, agroquímicas e biotecnológicas estão rapidamente desaparecendo à medida que as corporações se fundem para formar conglomerados gigantescos sob a bandeira das ciências da vida. Assim, a Ciba-Geigy se fundiu com a Sandoz para se tornar a Novartis, a Hoechst e a Rhône-Poulenc se tornaram a Aventis, e a Monsanto, agora, possui e controla várias grandes empresas de sementes.

O que todas essas "corporações das ciências da vida" têm em comum é uma compreensão estreita da vida, baseada na crença errônea de que a natureza pode ser submetida ao controle humano. Isso ignora a dinâmica autogeradora e auto-organizadora que é a própria essência da vida (veja o Capítulo 7) e, em vez dela, redefine os organismos vivos como máquinas que podem ser gerenciadas a partir de fora, patenteadas e vendidas como recursos industriais. Desse modo, a própria vida tornou-se a mercadoria suprema (veja o ensaio convidado por Vandana Shiva na página ao lado; veja também Shiva, 1997, 2005).

18.3.3 A agroecologia: uma alternativa sustentável

Ao longo das duas últimas décadas, a agricultura orgânica agroecológica tem-se expandido muito ao redor do mundo, e numerosos estudos têm mostrado que ela é uma alternativa viável e sustentável para a agricultura industrial.

Ensaio convidado
Sementes de vida
Vandana Shiva
Navdanya, Dehradun, Índia

A semente – palavra que é *bija* em sânscrito, *shido* em japonês, *zhangzi* em chinês, *seme* em italiano, *semilla* em espanhol, *semence* em francês, *Same* em alemão – é o anseio próprio da vida de expressar a si mesma, em suas diversificadas expressões, em sua abundância e em sua permanente renovação e rejuvenescimento. Toda vida começa na semente. A semente não é apenas a fonte da vida; ela é o próprio fundamento do nosso ser. Durante milhões de anos, a semente evoluiu livremente, para nos dar a diversidade e a riqueza da vida no planeta. Durante milhares de anos, os agricultores, especialmente mulheres, desenvolveram e criaram sementes em parceria umas com as outras e com a natureza, livremente, para aumentar ainda mais a diversidade daquilo que a natureza nos deu e para adaptá-la às necessidades de diferentes culturas. A biodiversidade e a diversidade cultural têm-se modelado mutuamente. Temos diversidade de sementes por causa da coevolução e da cocriação pela natureza e por agricultores ao longo de 10 mil anos.

A semente é a incorporação de milhões de anos de evolução da natureza e de milhares de anos de evolução e de cultivo de plantas pelos agricultores. E isso retém o potencial de milhões de anos de evolução futura. As sementes são, portanto, o repositório de milênios de evolução biológica e cultural. Elas retêm a memória do passado e o potencial do futuro.

As sementes não apenas retêm a memória do tempo, da evolução e da história. Elas também retêm a memória do espaço, das interações dentro da teia da vida, e dos polinizadores – como as abelhas e as borboletas – para os quais as flores das sementes deram o seu pólen, e, então, fertilizaram a planta para que ela pudesse se reproduzir e se renovar. As sementes são também a dádiva de milhões de organismos do solo que as nutrem, bem como as plantas, e são alimentados pela matéria orgânica que essas plantas produzem.

As sementes são o primeiro elo da cadeia alimentar e o repositório da evolução futura da vida. Como tais, é nosso dever e nossa responsabilidade inerentes protegê-las e transmiti-las para as gerações futuras. O cultivo de sementes e a livre troca de sementes entre os agricultores é a base para se manter a biodiversidade e a nossa segurança alimentar.

Nem todas as sementes são iguais. Há variedades criadas pelos agricultores, que também são chamadas de variedades indígenas, e sementes nativas ou sementes que conservam sua identidade ao longo de gerações e gerações. Essas sementes são fertilizadas por meio de polinização aberta – isto é, por pássaros, insetos e outros polinizadores naturais – e são renováveis. Elas podem, portanto, ser preservadas. Mas a preservação de sementes é considerada como um problema pela indústria de produtos agroquímicos, que começou como uma indústria de guerra e agora está se transformando na biotecnologia e nas chamadas indústrias das ciências da vida. Essas indústrias têm transformado a semente, que era um recurso renovável auto-organizado, em uma mercadoria não renovável para ser comprada a cada ano.

A agricultura industrial anda de mãos dadas com a produção industrial de plantas, que tem lançado mão de diferentes ferramentas tecnológicas para consolidar o controle sobre a semente – desde a chamada variedade de sementes de alto rendimento (HYV, high-yielding variety) até sementes híbridas, sementes geneticamente modificadas, e "sementes *terminator* [SGMs restritivas, ou 'sementes suicidas']", que são tornadas deliberadamente estéreis matando-se o embrião. As ferramentas podem mudar, mas a busca por controlar a vida e a sociedade não muda.

A indústria química está nos trazendo agora organismos geneticamente modificados. Nas sementes geneticamente modificadas, genes tóxicos vindos de bactérias são introduzidos nas plantas que produzem nossos alimentos. Além dos riscos de se aliar genes de organismos sem nenhuma relação de parentesco, e, desse modo, introduzir desordem na árvore da vida, os OGMs andam de mãos dadas com as patentes. A não sustentabilidade em agricultura, assim como em todos os aspectos da vida, tem suas raízes na transformação do que é renovável em uma mercadoria não renovável.

A raiz latina da palavra "recurso" é *resurgere* ("subir de novo"). No antigo significado da palavra, um recurso natural, como tudo na vida, é inerentemente a autorrenovação. Essa profunda compreensão da vida é negada pelas novas "corporações de ciências da vida", quando elas impedem a autorrenovação da vida a fim de transformar os recursos naturais em matérias-primas lucrativas para a indústria.

A semente da polinização aberta se renova. Os agricultores têm sempre preservado as sementes de sua colheita para plantá-las e a partir delas cultivar o que colherão na próxima safra. E enquanto preservam sementes, eles selecionam e cultivam – por gosto, qualidade, diversidade e resistência a pragas, doenças, secas e enchentes. Uma semente se renova ao longo do tempo à medida que cresce em uma cultura, de onde advêm novas sementes, múltiplas vezes multiplicadas. Diferentemente das sementes *open-source*[*] e das sementes de polinização aberta, os organismos geneticamente modificados e híbridos não são renováveis. Eles precisam ser comprados a cada ano.

Uma ciência reducionista, mecanicista, e um arcabouço legal para privatizar sementes e o conhecimento dessas sementes reforçam-se mutuamente para destruir a diversidade, negar aos agricultores a inovação e o cultivo, impedir que esses novos recursos biológicos e intelectuais sejam incorporados ao compartilhamento global dos recursos por uma comunidade, criar monopólios sobre as sementes, e transformar a semente, que sempre foi

---

[*] Também conhecidas como "sementes de código aberto", são variedades de SGMs disponibilizadas para agricultores e jardineiros com o propósito de contrariar as restrições impostas pelo patenteamento das SGMs. (N.T.)

um recurso autorrenovador, em uma *commodity* patenteada. Tudo isso está levando à erosão da biodiversidade na agricultura. Aquilo que eu chamei de "monocultura da mente" atravessa todas as gerações de tecnologias para o controle da semente.

Enquanto os agricultores cultivam para a diversidade, as corporações cultivam para a uniformidade.

Enquanto os agricultores cultivam para o poder de recuperação, as corporações cultivam para a vulnerabilidade.

Enquanto os agricultores cultivam para produzir sabor, qualidade e nutrição, as indústrias cultivam para o processamento industrial e o transporte de longa distância em um sistema alimentar globalizado.

As monoculturas de colheitas industriais e as monoculturas de *junk food* [alimentos ricos em calorias e pobres em nutrientes] industriais reforçam-se mutuamente, desperdiçando a terra, desperdiçando os alimentos e desperdiçando a nossa saúde. Privilegiar a uniformidade sobre a diversidade e a quantidade da nutrição sobre a sua qualidade estão degradando a nossa dieta e substituindo a rica biodiversidade de nossos alimentos e culturas. Essa atitude se baseia na criação de uma falsa fronteira, que exclui a inteligência e a criatividade tanto da natureza como dos agricultores. Além disso, ela criou uma fronteira legal para privar os agricultores da liberdade e da soberania sobre suas sementes, e para impor leis injustas relativas às sementes a fim de estabelecer monopólios corporativos sobre elas.

As gigantes multinacionais da manipulação genética querem controlar o sistema de alimentos controlando as sementes. A única razão pela qual as corporações realizam engenharia genética sobre as sementes e as plantações é a de reivindicar patentes sobre as sementes e, portanto, a de cobrar *royalties* da renovação da vida e do trabalho criativo dos agricultores. Pior ainda, pois, ao privilegiar a uniformidade e criminalizar a diversidade por meio de uma ciência reducionista de produção de sementes, a rica diversidade de nossas culturas e as ligações íntimas entre a biodiversidade e a diversidade cultural, entre semente e solo, entre semente e alimento, e, finalmente, entre semente e liberdade para todas as espécies na teia da vida, estão sendo quebradas.

Sem essa liberdade para salvar, proteger e compartilhar sementes renováveis, não teremos pão nem liberdade. É para proteger essa liberdade fundamental da vida em sua riqueza e diversidade que eu comecei Navdanya (www.navdanya.org) e a Global Citizens' Campaign for Seed Freedom (www.seedfreedom.in).

Referência

Shiva, V., R. Shroff, e C. Lockhart, orgs. (2012). *Seed Freedom: A Global Citizens' Report*. Dehradun, Índia: Navdanya.

Princípios agroecológicos básicos

Quando os agricultores cultivam organicamente suas plantações, eles usam tecnologias mais baseadas em conhecimentos ecológicos do que químicos ou de engenharia genética para aumentar a produção, controlar pragas e recuperar a fertilidade do solo. Eles plantam várias culturas, fazendo a sua rotação, isto é, alternando-as, de modo que os insetos que são atraídos por uma cultura desaparecerão com a próxima. Os agricultores sabem que não é prudente erradicar completamente as pragas, pois isso também eliminaria seus predadores naturais, que mantêm as pragas em equilíbrio em um ecossistema saudável. Em vez de fertilizantes químicos, esses agricultores adubam seus campos com estrume e o lavram inserindo-lhes resíduos de plantas de safras anteriores, devolvendo, assim, matéria orgânica ao solo para fazê-lo reingressar no ciclo biológico.

A agricultura orgânica é sustentável porque incorpora princípios ecológicos que foram testados pela evolução durante bilhões de anos (veja a Seção 16.3.2). Os agricultores orgânicos sabem que um solo fértil é um solo vivo, que contém bilhões de organismos vivos em cada centímetro cúbico. É um ecossistema complexo no qual as substâncias que são essenciais à vida se movem em ciclos que vão de plantas para animais para o estrume para bactérias do solo e de volta para as plantas. A energia solar é o combustível natural que alimenta e aciona esses ciclos ecológicos, e organismos vivos de todos os tamanhos são necessários para sustentar todo o sistema e mantê-lo em equilíbrio (Gliessman, 1998). As bactérias do solo realizam várias transformações químicas, tais como o processo de fixação do nitrogênio, que torna o nitrogênio atmosférico acessível para as plantas. Ervas daninhas de raízes profundas trazem minerais para a superfície do solo onde as culturas podem fazer uso deles. Minhocas revolvem o solo e descompactam sua textura, deixando-a fofa; e todas essas atividades são interdependentes, combinando-se para fornecer o alimento que sustenta a vida na Terra.

Um princípio-chave da agroecologia é a diversificação dos sistemas de produção agrícola. Misturas de variedades de culturas são cultivadas por meio de consórcio (duas ou mais culturas cultivadas próximas entre si), sistemas agroflorestais (combinação de árvores e arbustos com culturas) e outras técnicas. A pecuária é integrada em fazendas para sustentar os ecossistemas acima do solo e no solo. Todas essas práticas são intensivas no uso da mão de obra e orientadas para a comunidade, reduzindo a pobreza e a exclusão social. Nas palavras de Altieri (2000), "a agroecologia aumenta a produtividade agrícola de maneira economicamente viável, ambientalmente benigna e socialmente enriquecedora".

A resiliência diante dos extremos climáticos

É de suma importância para o futuro da agricultura a observação de que a resiliência diante de eventos climáticos extremos está estreitamente ligada à biodiversidade agrícola, que é uma característica-chave da agroecologia. Nos últimos anos, vários levantamentos conduzidos após a ocorrência de enormes catástrofes climáticas – por exemplo, o Furacão Mitch na América Central (1998) e o Furacão Ike em Cuba (2008) – mostraram que as fazendas que utilizam práticas agroecológicas sofrem menos danos do que as monoculturas vizinhas que são cultivadas por meio de processos convencionais (citado em Altieri *et al.*, 2012). Outros estudos mostraram que os sistemas de produção agrícola diversificada são capazes de se adaptar e de resistir aos efeitos de secas severas, exibindo uma maior estabilidade de produção e um menor declínio de produtividade do que as monoculturas (citado em Altieri *et al.*, 2012). Além disso, quando o solo é cultivado organicamente, seu teor de carbono aumenta e, assim, a agricultura orgânica contribui para a redução do teor de CO_2 da atmosfera. Em outras palavras, a agroecologia não apenas é mais resistente ao aquecimento global em comparação com a agricultura industrial como também ajuda a estabilizar o clima, enquanto a agricultura industrial agrava a mudança climática

Um renascimento da agricultura orgânica

As práticas agroecológicas que acabamos de ver estão profundamente arraigadas nas tradições de camponeses que produzem em pequena escala e são nutridos por complexos conhecimentos indígenas (Koohafkan e Altieri, 2010). Na verdade, ainda hoje a agricultura familiar e os povos indígenas em 350 milhões de pequenas propriedades agrícolas respondem por nada menos que metade da produção agrícola mundial para o consumo interno. Desde a década de 1980, milhares de projetos foram lançados por ONGs, organizações de agricultores, e alguns centros universitários de pesquisa, colaborando com camponeses agricultores em todo o mundo para aplicar princípios agroecológicos gerais às necessidades e circunstâncias locais, e melhorar o rendimento enquanto conservam os recursos naturais e a biodiversidade (Altieri, 2004).

O atual renascimento da agricultura orgânica é um fenômeno mundial. Agricultores em quase todos os países do mundo agora produzem alimentos orgânicos comercialmente. A área total a ser explorada de maneira sustentável pela agricultura é estimada em mais de 30 milhões de hectares, e o mercado global de alimentos orgânicos cresceu para mais de 50 bilhões de dólares por ano.

Há hoje evidências abundantes de que a agroecologia é uma alternativa ecológica sadia às tecnologias químicas e genéticas da agricultura industrial. A primeira avaliação global de projetos e iniciativas de base agroecológica no mundo em desenvolvimento foi conduzida, em 2003, pelo agroecologista Jules Pretty e seus colaboradores. Eles documentaram nítidos aumentos na produção de alimentos em mais de 29 milhões de hectares, com quase 9 milhões de famílias se beneficiando de uma maior diversidade de alimentos e segurança alimentar (Pretty *et al.*, 2003). Uma reavaliação dos dados em 2010, que estendeu o levantamento para 37 milhões de hectares, mostrou que o aumento médio de produtividade dessas culturas foi de 79%.

Nas duas últimas décadas, a compreensão pública do quanto a agricultura camponesa e a agroecologia contribuem para a segurança alimentar ganhou a atenção mundial. Dois importantes relatórios internacionais (De Schutter, 2011; IAASTD, 2009) afirmam que, para alimentar 9 bilhões de pessoas em 2050, precisamos urgentemente adotar os mais eficientes sistemas de produção agrícola, e eles recomendam uma mudança fundamental para a agroecologia como uma maneira de impulsionar a produção de alimentos. Tendo por base amplas consultas com cientistas e extensas revisões de literatura, ambos os relatórios afirmam que os agricultores de pequena escala podem duplicar a produção de alimentos dentro de dez anos em regiões críticas, passando a usar, para isso, métodos agroecológicos já disponíveis (veja também Godfray *et al.*, 2010).

Para concluir esta seção, gostaríamos de voltar ao nosso ponto de partida – a semelhança e a interconexão entre nossas crises globais do alimento e da energia – e voltar a enfatizar que, no longo prazo, nenhuma dessas crises pode ser solucionada sem se abordar os problemas essenciais do consumo material excessivo e do desperdício, que são inerentes à ideologia do crescimento perpétuo. Um relatório recente publicado pelo Redefining Progress, um instituto de políticas públicas com foco na sustentabilidade, em Oakland, Califórnia, aborda eloquentemente esse ponto:

Infelizmente, nenhuma forma de agricultura – seja ela convencional ou sustentável – pode alimentar o mundo se continuarmos confiando na expansão contínua das demandas humanas. Alimentar uma população sempre crescente e que tem hábitos que lhes impõem um consumo sempre crescente é uma situação que não pode durar, mesmo com as práticas mais sustentáveis. No entanto, a agricultura sustentável é a *melhor* chance que temos de alimentar o mundo.

(Deumling et al., 2003)

18.4 O planejamento para a vida

Todas as soluções sistêmicas abordadas neste capítulo contribuem para o supremo objetivo de criar um futuro sustentável, e por isso todas elas são instruídas pela percepção ecológica básica. Os indivíduos e as comunidades que planejam e implementam essas soluções são ecologicamente alfabetizados: eles perceberam que, a fim de criar e de manter sociedades sustentáveis, nós precisamos honrar e respeitar a natureza, e cooperar com ela; e que podemos aprender lições valiosas com os ecossistemas da natureza – as comunidades de plantas, animais e microrganismos que têm sustentado a vida ao longo de bilhões de anos (veja a Seção 16.3).

Tal abordagem do planejamento, inspirada pela natureza, é conhecida como planejamento ecológico ou ecoplanejamento (McDonough e Braungart, 2002; Orr, 2002;

Van der Ryn e Cowan, 1996). Nesta seção, falaremos sobre os princípios básicos do ecoplanejamento e os ilustraremos com numerosos exemplos, muitos dos quais já mencionamos nas páginas anteriores. Todos eles aplicam o conhecimento ecológico básico ao replanejamento fundamental das nossas estruturas físicas, cidades e metrópoles, tecnologias, indústrias e instituições sociais, de modo a preencher a atual lacuna entre o planejamento humano e os sistemas ecologicamente sustentáveis da natureza.

Com base na perspectiva ecológica, o planejamento consiste em modelar os fluxos de energia e materiais para propósitos humanos. O "planejamento ecológico", segundo o educador ambiental e filósofo David Orr (2002, p. 27), "é o entrosamento cuidadoso dos propósitos humanos com os padrões e fluxos mais amplos do mundo natural, e o estudo desses padrões e fluxos para que eles informem a ação humana". Assim, os princípios do ecoplanejamento refletem os princípios de organização que a natureza desenvolveu para sustentar a teia da vida (veja a Seção 16.3.2).

A prática do planejamento nesse contexto requer uma mudança fundamental em nossa atitude com relação à natureza, uma atitude que nos leve a descobrir, como se expressa a naturalista e divulgadora científica Janine Benyus (1997, p. 2), "não [...] o que podemos *extrair* da natureza, mas [...] o que podemos *aprender* com ela". Essa nova atitude – aprender com a natureza e cooperar com ela em vez de tentar controlá-la; adaptar as nossas necessidades aos padrões e processos da teia da vida, e não o contrário – é, de fato, uma profunda mudança. Significa nada menos que mudar a principal motivação do planejamento, que se antes planejava tendo em vista lucros e participação de mercado, agora planeja para a vida.

Quando falamos sobre o maravilhoso "planejamento" das asas de uma borboleta ou do fio de seda de uma aranha, precisamos nos lembrar de que a nossa linguagem é metafórica. Estritamente falando, essas estruturas naturais não foram planejadas, mas emergiram dos processos de auto-organização inerentes a todos os sistemas vivos (veja a Seção 14.5.4). No entanto, isso não muda o fato de que, do ponto de vista da sustentabilidade, os "planejamentos" e as "tecnologias" da natureza são muito superiores aos da ciência e da tecnologia humanas. Eles foram criados, aperfeiçoados e refinados continuamente ao longo de bilhões de anos de evolução, durante os quais os habitantes da Terra floresceram e se diversificaram sem nunca esgotar o seu "capital natural" – os recursos do planeta e os serviços dos ecossistemas dos quais depende o bem-estar de todas as criaturas vivas.

18.4.1 Uma revolução no ecoplanejamento

Ao longo das duas últimas décadas, ocorreu um aumento dramático do número de práticas e projetos ecologicamente orientados, todos os quais estão agora bem documentados (ver Hawken, Lovins e Lovins, 1999, para uma documentação global abrangente, e os sites listados no Quadro 18.1 para informações atualizadas sobre uma ampla variedade de projetos de ecoplanejamento). Muitas das soluções sistêmicas discutidas neste capítulo podem ser consideradas como soluções de ecoplanejamento no sentido mais amplo – desde projetos de propriedade geradora, que mantêm e intensificam o florescimento de vida (Seção 18.1.3), até práticas agrícolas que incorporam princípios ecológicos básicos (Seção 18.3.3). Nesta seção, veremos alguns exemplos de duas grandes áreas de ecoplanejamento: a incorporação de nutrientes e a reciclagem de resíduos no planejamento industrial, e a aplicação de princípios de ecoplanejamento no ambiente da construção, tanto em edifícios como em cidades.

Cluster ecológico de indústrias

A natureza cíclica dos processos ecológicos, às vezes expressa nesta formulação compacta: "resíduo = alimento", é um dos princípios-chave da ecologia. Para as comunidades humanas, ele significa que todos os produtos e materiais fabricados pela indústria, bem como os resíduos gerados nos processos de fabricação, precisam, no final, fornecer alimento para algo novo (Hawken, 1993; McDonough e Braungart, 1998). Uma organização de negócios sustentável precisaria estar encaixada em uma "ecologia de organizações", na qual os resíduos de uma organização qualquer seriam recursos para outra. Em tal sistema industrial sustentável, o fluxo total de cada organização – seus produtos *e* resíduos – seriam percebidos e tratados como recursos que circulam através do sistema.

Tais *clusters* ecológicos de indústrias foram efetivamente implantados em muitas partes do mundo por uma organização chamada Zero Emissions Research and Initiatives (ZERI), fundada pelo empreendedor de negócios Gunter Pauli no início da década de 1990. Pauli introduziu a noção de *cluster* industrial para promover o princípio das emissões zero e torná-lo o próprio âmago do conceito ZERI. Zero emissões significa zero resíduos. Inspirada pela natureza, a ZERI esforça-se para eliminar a própria ideia de resíduos.

Para apreciar como essa abordagem é radical, precisamos compreender que nossos negócios atuais desperdiçam a maior parte dos recursos que retiram da natureza. Por exemplo, quando extraímos celulose da madeira para fazermos papel, nós derrubamos florestas, mas usamos apenas 20% a 25% das árvores, descartando os 75% a 80% restantes como resíduo. As cervejarias extraem apenas 8% dos nutrientes da cevada ou do arroz para a fermentação; o azeite-de-dendê representa apenas 4% da biomassa do dendezeiro, uma espécie de palmeira; e os grãos de café correspondem a 3,7% do arbusto do café. O ponto de partida de Pauli foi reconhecer que o resíduo orgânico que é jogado fora ou queimado por uma indústria contém uma abundância de recursos preciosos para outras indústrias. A ZERI ajuda as indústrias a organizarem-se em *clusters* ecológicos, de modo que o resíduo de uma delas pode ser vendido como recurso para outra, para o benefício de ambas (Pauli, 1998).

O princípio da emissão zero implica, em última análise, consumo zero de material. Assim como os ecossistemas da natureza, uma comunidade humana sustentável usaria a energia que flui do Sol, mas não consumiria quaisquer bens materiais sem reciclá-los após o uso. Em outras palavras, não usaria quaisquer novos materiais. Além disso, emissão zero também significa nenhuma poluição. Os *clusters* ecológicos da ZERI são planejados para operar em um ambiente livre de resíduos tóxicos e de poluição. Desse modo, o princípio de ecoplanejamento "resíduo = alimento" aponta para uma solução definitiva para alguns dos nossos principais problemas ambientais.

A ZERI opera atualmente mais de sessenta centros de projetos nos cinco continentes, em climas e ambientes culturais muito diversificados (veja www.zeri.org). Os *clusters* em torno das fazendas de café colombiana são boas ilustrações do método ZERI básico. Essas fazendas estão em crise por causa da dramática queda no preço dos grãos de café no mercado mundial. Enquanto isso, o agricultores usam apenas 3,7% do arbusto do café, devolvendo a maior parte dos resíduos ao meio ambiente como aterros e poluição – fumaça, águas residuais e adubo composto contaminado com cafeína. A ZERI coloca esse resíduo para funcionar. Pesquisas mostraram que a biomassa de café pode ser usada lucrativamente para cultivar cogumelos tropicais, alimentar o gado, compor o fertilizante orgânico e gerar energia.

O *cluster* da ZERI resultante é mostrado na Figura 18.2. Para explicar o processo de maneira muito simplificada, quando os grãos de café são colhidos, o restante da planta do café é usado para cultivar cogumelos shiitake (uma iguaria de alto custo); os restos dos cogumelos (ricos em proteína) alimentam minhocas, gado e porcos; as minhocas alimentam frangos; o esterco do gado e dos porcos produz biogás e resíduos; os resíduos fertilizam a fazenda de café e as hortas ao redor, enquanto a energia gerada por meio do biogás é usada no processo de cultivo do cogumelo.

O *cluster* desses sistemas produtivos gera várias fontes de renda, além dos grãos de café originais –, provenientes das aves, cogumelos, legumes, carne de vaca e carne de porco –, enquanto também gera empregos na comunidade local. Os resultados são benéficos tanto para o meio ambiente como para a comunidade, não há investimentos altos, e não há necessidade de os produtores de café desistirem do seu meio de vida tradicional. *Clusters* agrícolas semelhantes, tendo em seu centro cervejarias em vez de fazendas de café, estão operando na África, Europa, Japão e outras partes do mundo. Outros *clusters* têm componentes aquáticos; por exemplo, um *cluster* na Região Sul do Brasil inclui o cultivo de algas spirulina (na verdade, uma bactéria, cujos indivíduos se agrupam na forma de algas), de alto valor nutritivo, nos canais de irrigação de campos de arroz (que, de outro modo, seriam usados apenas uma vez por ano). A spirulina é usada como um ingrediente especial para enriquecer um "bolinho de gengibre" em um programa adotado nas escolas rurais para combater a desnutrição generalizada. Isso gera uma renda adicional para os produtores de arroz, enquanto responde a uma premente necessidade social.

As tecnologias nos típicos *clusters* da ZERI são locais e de pequena escala. Os lugares de produção estão geralmente perto dos de consumo, eliminando ou reduzindo radicalmente os custos de transporte. Nenhuma unidade produtora tenta maximizar sua produção, pois, se o fizesse, iria apenas desequilibrar o sistema. Em vez disso, o objetivo é otimizar os processos de produção de cada componente, maximizando a produtividade e a sustentabilidade ecológica do todo.

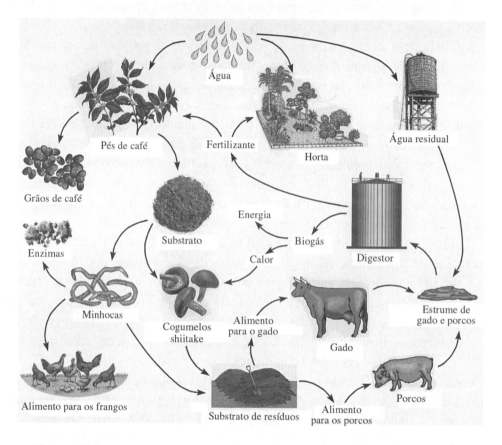

Figura 18.2   *Cluster* ecológico em torno de uma fazenda de café colombiana (extraído de www.zeri.org).

Uma economia de serviço e de fluxo

A maioria dos *clusters* da ZERI envolve recursos e resíduos orgânicos. No entanto, para construir sociedades industriais sustentáveis, o princípio do ecoplanejamento "resíduo = alimento" e a circulação de matéria resultante precisam se estender além dos produtos orgânicos. Esse conceito foi articulado da melhor maneira pelos ecoplanejadores Michael Braungart, na Alemanha, e William McDonough, nos EUA (McDonough e Braungart, 1998).

Braungart e McDonough falam em dois tipos de metabolismo – um metabolismo biológico e um "metabolismo técnico". A matéria que circula no metabolismo biológico é biodegradável e torna-se alimento para outros organismos vivos. Materiais que não são biodegradáveis são considerados como "nutrientes técnicos", que circulam continuamente dentro de ciclos industriais que constituem o metabolismo técnico. Para que esses dois metabolismos permaneçam saudáveis, grande cuidado deve ser tomado para mantê-los separados e distintos, de modo que eles não se contaminem mutuamente. Coisas que fazem parte do metabolismo biológico – produtos agrícolas, roupas, cosméticos etc. – não devem conter substâncias tóxicas persistentes. Coisas que penetram no metabolismo técnico – máquinas, estruturas físicas etc. – devem ser mantidas bem afastadas do metabolismo biológico.

Nessa visão de uma sociedade industrial sustentável, todos os produtos, materiais e resíduos serão nutrientes biológicos ou técnicos. Os nutrientes biológicos serão planejados para reingressar em ciclos ecológicos a fim de serem consumidos por microrganismos e outras criaturas no solo. Além dos resíduos orgânicos provenientes dos nossos alimentos, a maior parte das embalagens (que representa cerca de metade do volume do nosso fluxo de resíduos sólidos) deve ser composta de nutrientes biológicos. Com as tecnologias de hoje, é perfeitamente viável a produção de embalagens que podem ser lançadas em um reservatório onde, juntamente com outros componentes, serão biodegradadas na produção de um adubo composto. Como McDonough e Braungart (1998) nos indicam, "não há necessidade de que frascos de xampu, tubos de pasta de dente, embalagens longa-vida de iogurte, recipientes para sucos, e outras embalagens durem décadas (ou até mesmo séculos) a mais do que aquilo que veio dentro deles".

Os nutrientes técnicos serão projetados para retornar aos ciclos técnicos. Braungart e McDonough enfatizam que o reaproveitamento dos nutrientes técnicos em ciclos industriais é distinto da reciclagem convencional, pois mantém a alta qualidade dos materiais, em vez de processá-los por *downcycling*, isto é, recuperá-los convertendo-os, para isso, em produtos de qualidade inferior, como vasos de plantas ou bancos de jardim. Metabolismos técnicos equivalentes aos *clusters* da ZERI ainda não foram estabelecidos, mas há definitivamente uma tendência para fazê-lo. Os EUA não são líderes mundiais em reciclagem, apesar de mais de metade do seu aço ser agora produzido a partir de sucata. As novas miniusinas de aço não precisam estar localizadas perto de minas; elas se localizam nas proximidades das próprias cidades ou metrópoles que produzem os resíduos e consomem as matérias-primas, economizando custos consideráveis de transporte.

Muitas outras tecnologias de ecoplanejamento para o uso repetido de nutrientes técnicos estão no horizonte. Por exemplo, agora é possível criar tipos especiais de tintas que podem ser removidas do papel, em um banho de água quente, sem danificar as fibras do papel. Essa inovação química permitiria a separação completa entre papel e tinta, de modo que ambos poderiam ser reutilizados. O papel duraria 10 a 13 vezes mais do que as fibras do papel convencionalmente reciclado. Se essa técnica fosse universalmente adotada, ela poderia reduzir o uso da polpa de árvores das florestas em 90%, além de reduzir as quantidades de resíduos de tintas tóxicas que hoje acabam em aterros sanitários (Hawken *et al.*, 1999).

Se o conceito de ciclos técnicos fosse plenamente implementado, ele levaria a uma reestruturação fundamental das relações econômicas. Afinal, o que nós queremos de um produto técnico não é que ele responda a um sentimento de posse, mas o serviço que esse produto oferece. Queremos o entretenimento de nossos aparelhos de DVD, a mobilidade do nosso carro, bebidas geladas de nossa geladeira, e assim por diante.

Da perspectiva do ecoplanejamento, não faz sentido possuir esses produtos e jogá-los fora no fim de suas vidas úteis. Faz muito mais sentido comprar os seus *serviços* – isto é, arrendá-los ou alugá-los. A posse seria mantida pelo fabricante, e quando se tivesse acabado de usar um produto, ou quando se quisesse obter uma versão mais recente, o fabricante levaria o produto antigo de volta, o desmontaria em seus componentes básicos – os "nutrientes técnicos" – e os usaria na montagem de novos produtos, ou os venderia para outras empresas. A economia resultante não seria mais baseada na propriedade de bens, mas seria uma economia de serviços e fluxos. As matérias-primas industriais e os componentes técnicos circulariam continuamente entre fabricantes e usuários, como o fariam entre indústrias diferentes.

Essa mudança de uma economia orientada para os produtos para uma economia orientada para os serviços e fluxos já não é mais pura teoria. Um dos maiores fabricantes mundiais de tapetes, denominado Interface, com sede em Atlanta, começou a transição de venda de tapetes para os serviços de locação de tapetes (Anderson, 1998). Inovações semelhantes foram realizadas na indústria de fotocopiadoras pela Canon, no Japão, e na indústria automotiva pela Fiat, na Itália.

Arquitetura verde

Uma área em que o ecoplanejamento levou a uma ampla gama de impressionantes inovações é a do projeto de edifícios. Uma estrutura comercial bem projetada exibirá uma forma física e uma orientação que aproveitam as maiores vantagens do sol e do vento, otimizando o aquecimento solar passivo e o resfriamento. Só isso normalmente já economizaria cerca de um terço da energia usada no edifício. A orientação adequada, combinada com outros recursos do planejamento solar passivo, também fornecerá luz natural livre de clarões em toda a estrutura, o que geralmente fornece iluminação suficiente durante o dia. Os sistemas modernos de iluminação elétrica podem produzir cores precisas e agradáveis e eliminar todos os bruxuleios, zumbidos e clarões. A economia de energia típica de tal iluminação é de 80% a 90%, e isso normalmente paga o custo de instalação desses sistemas de iluminação dentro de um ano.

Talvez ainda mais impressionantes sejam os dramáticos melhoramentos no isolamento e na regulação da temperatura criados pelas "superjanelas", que mantêm as pessoas aquecidas no inverno e refrescadas no verão, sem a necessidade de aquecimento ou resfriamento adicionais. As superjanelas são cobertas com vários revestimentos invisíveis que deixam passar a luz, mas refletem o calor, além de ter vidraças duplas, com o espaço entre elas preenchido com um gás pesado que bloqueia os fluxos de calor e de ruídos. Edifícios equipados com superjanelas têm mostrado que o conforto completo pode ser mantido sem nenhum equipamento de aquecimento ou resfriamento, mesmo com condições externas que vão do frio intenso ao calor extremo.

Finalmente, edifícios ecoplanejados não só *economizam* energia, deixando entrar luz natural e impedindo o ingresso de efeitos meteorológicos indesejáveis, como também podem até mesmo *produzir* energia. Atualmente, pode-se gerar eletricidade fotovoltaica a partir de painéis de parede, telhas especiais e outros elementos estruturais que se parecem com materiais de construção comuns, e funcionam como eles, mas que também produzem eletricidade sempre que houver luz solar, mesmo que antes de atingir o edifício ela atravesse nuvens. Um edifício com esses materiais fotovoltaicos em suas coberturas e janelas pode produzir mais eletricidade diurna do que consome. Na verdade, isso é o que milhões de casas que funcionam com energia solar ao redor do mundo fazem todos os dias.

Essas são apenas algumas das inovações recentes mais importantes no ecoplanejamento dos edifícios. Elas não se limitam aos novos edifícios, pois também podem ser implementadas fazendo-se reformas profundas em antigas estruturas (como vimos na Seção 18.2.5). A economia de energia e de materiais criada por essas inovações de projeto é dramática, e os edifícios são também mais confortáveis e saudáveis para se viver e se trabalhar. À medida que as inovações do ecoplanejamento continuam a se acumular, os edifícios passam a se aproximar cada vez mais da visão de McDonough e Braungart (1998): "Imagine [...] um edifício como uma espécie de árvore. Ele purificaria o ar, acumularia um rendimento solar, produziria mais energia do que consome, criaria sombras e hábitats, enriqueceria o solo e mudaria com as estações".

Ecocidades

Considerações semelhantes aplicam-se ao planejamento urbano. A expansão urbana e suburbana que caracteriza a maioria das cidades modernas, especialmente na América do Norte, criou uma dependência muito grande com relação aos automóveis com um papel mínimo desempenhado pelo transporte público, pelo ciclismo ou pelas caminhadas. As consequências: alto consumo de gasolina e, correspondentemente, altos níveis de poluição (*smog*), estresse grave provocado por congestionamento do tráfego, e perda da experiência de vida urbana, de vida comunitária e de segurança pública.

As últimas três décadas viram a emergência de um movimento internacional chamado "ecocidade", ou "ecometrópole" (para o caso específico das grandes cidades e megalópoles), que tenta neutralizar a expansão urbana usando princípios de ecoplanejamento para replanejar nossas cidades a fim de que se tornem ecologicamente saudáveis. Curitiba, no Brasil, foi uma cidade pioneira nessa abordagem, e dezenas de cidades ao redor do mundo têm seguido por esse caminho (ver Register, 2001; Register e Peeks, 1997). Os urbanistas Peter Newman e Jeff Kenworthy, ao analisarem cuidadosamente os padrões de transporte e de uso do solo, constataram que o uso urbano da energia depende criticamente da densidade da cidade (Newman e Kenworthy, 1998). À medida que a cidade torna-se mais densa, o uso do transporte público, a quantidade total de caminhadas e o uso do ciclismo aumentam, enquanto o uso de carros diminui.

Centros históricos de cidades com alta densidade e uso misto do solo, e que foram reconvertidos em ambientes livres de carros, aos quais eles eram originalmente destinados a abrigar e a manter o tráfego, existem hoje na maioria das cidades europeias. Outras cidades criaram modernos ambientes livres de carros e que incentivam as caminhadas e o uso de bicicletas. Esses bairros recém-planejados, conhecidos como "aldeias urbanas", exibem estruturas de alta densidade combinadas com amplos espaços verdes comuns. A aplicação de princípios de ecoplanejamento trouxe a essas áreas muitos benefícios – uma economia significativa de energia e um ambiente saudável, seguro e amigável para a comunidade, com níveis de poluição drasticamente reduzidos.

A perda da comunidade em nossas cidades modernas é a preocupação central do arquiteto paisagista e urbanista Randolph Hester. Ele observa que nutrir um sentido de comunidade não é um objetivo do planejamento urbano convencional e que, como consequência, a maioria dos bairros perdeu a capacidade para se empenhar em deliberações e cooperações. Além disso, ele observa que a maioria das práticas de planejamento urbano nos separa do ambiente natural e nos torna ecologicamente analfabetos. Para superar esses problemas gêmeos, Hester propõe fazer uso do planejamento urbano para transformar nossas paisagens habitadas em lugares prazerosos ecologicamente sustentáveis e orientados para a comunidade (Hester, 2006). No âmago da abordagem de Hester está o seu conceito de "democracia ecológica" – a tentativa de fomentar a participação cidadã direta no planejamento urbano ecologicamente orientado.

18.4.2 Biomimética – a natureza como modelo e mentora

Para concluir nossa discussão sobre os princípios e práticas do planejamento ecológico, vamos agora nos voltar para um ramo do ecoplanejamento desenvolvido recentemente, conhecido como biomimética, que está interessada no planejamento de estruturas e processos específicos inspirados na natureza. A palavra "biomimética", derivada do grego *bios* ("vida") e *mimesis* ("imitação"), significa "imitação da vida". Foi criada pela naturalista e divulgadora científica Janine Benyus em um livro do mesmo título (Benyus, 1997). Seu ponto de partida foi a ideia básica subjacente a todo ecoplanejamento: a de que muitos dos nossos problemas de planejamento foram resolvidos por organismos vivos e comunidades ecológicas durante bilhões de anos de remendos e ajustes evolutivos de maneira ótima, eficiente e ecologicamente sustentável, e que podemos aprender lições valiosas observando essa sabedoria evolutiva da natureza.

Especificamente, Benyus envolveu-se em diálogos com cientistas e engenheiros que estavam tentando compreender como a natureza havia desenvolvido estruturas específicas e "tecnologias" que eram muito superiores aos nossos projetos humanos. Como os mexilhões produzem uma cola que adere a qualquer coisa dentro da água? Como as aranhas tecem um fio de seda que, pedacinho por pedacinho, é cinco vezes mais forte do que o aço? Como um abalone produz uma concha que é duas vezes mais resistente que as nossas cerâmicas produzidas por alta tecnologia? Como essas criaturas fabricam seus "materiais milagrosos" na água, em temperatura ambiente, silenciosamente e sem quaisquer subprodutos tóxicos?

Benyus percebeu que encontrar as respostas para essas perguntas e usá-las para desenvolver tecnologias bioinspiradas poderia fornecer fascinantes programas de pesquisas para os cientistas e engenheiros desenvolverem nas décadas à nossa frente. Na verdade, ela logo descobriu que esses programas já começaram. Em seu livro, *Biomimicry: Innovation Inspired by Nature*,[*] ela nos leva a uma viagem fascinante por numerosos laboratórios e estações de campo onde equipes interdisciplinares de cientistas e engenheiros analisam a química minuciosa e a estrutura molecular dos mais complexos materiais da natureza para usá-los como modelos em novos projetos humanos.

Por exemplo, cientistas da Universidade de Washington estudaram a estrutura molecular e o processo de montagem do liso revestimento interno da concha do abalone, que mostra delicados padrões coloridos e retorcidos e é duro como um prego. Eles foram capazes de imitar o processo de montagem à temperatura ambiente e criaram um material duro e transparente que poderia ser um revestimento ideal para os para-brisas de carros elétricos ultraleves. Pesquisadores alemães imitaram a microsuperfície irregular autolimpante da folha de lótus para produzir uma tinta que fará o mesmo para os edifícios. Biólogos marinhos e bioquímicos passaram muitos anos analisando a química ímpar usada pelos mexilhões azuis, que secretam um adesivo que cola sob a água. Eles estão agora explorando aplicações médicas potenciais que permitirão aos cirurgiões criar conexões entre os ligamentos e os tecidos em um ambiente fluido. Físicos se uniram com bioquímicos em vários laboratórios para examinar as estruturas e os processos complexos da fotossíntese na esperança de que, finalmente, consigam imitá-los criando novos tipos de células solares.

---

[*] *Biomimética – Inovação Inspirada pela Natureza*, publicado pela Editora Cultrix, São Paulo, 2003.

Benyus enfatiza que as lições mais profundas da biomimética residem nas maneiras requintadas segundo as quais os organismos se adaptam aos seus ambientes e uns aos outros. Para aprender essas lições, ela sugere que deveríamos valorizar a natureza como modelo, medida e mentora. Tomando a natureza como nosso modelo, perguntaríamos: "Como a natureza faria isso?"; usá-la como nossa medida significa perguntar: "O que a natureza não faria?"; e respeitando-a como nossa mentora, perguntaríamos: "Por que isso funciona, e como funciona nos detalhes?"

Novas biotecnologias

A ideia básica da biomimética, e, mais geralmente, do ecoplanejamento, não é nova. Ao longo de toda a história humana, homens e mulheres têm observado a natureza para descobrir como eles poderiam adaptar as invenções dela para uso humano. Um notável pioneiro dessa prática é Leonardo da Vinci, o grande gênio da Renascença. Nos projetos de suas máquinas voadoras, Leonardo tentou imitar o voo dos pássaros tão intimamente que ele quase dá a impressão de querer se tornar um pássaro. Ele chamou sua máquina voadora de *uccello* ("pássaro"), e quando desenhou as asas mecânicas, imitou a estrutura anatômica da asa de um pássaro com tanta precisão que muitas vezes é difícil dizer onde está a diferença.

Quando Leonardo projetou *villas* e palácios, ele prestou especial atenção aos movimentos de pessoas e mercadorias através dos edifícios, aplicando a metáfora de processos metabólicos aos seus projetos arquitetônicos. Ele aplicou os mesmos princípios aos seus projetos de cidades, vendo uma cidade como uma espécie de organismo no qual as pessoas, os bens materiais, os alimentos, a água e os resíduos precisam fluir com facilidade para que a cidade seja saudável.

Em vez de tentar dominar a natureza, ideia que Francis Bacon defenderia no século XVII, a intenção de Leonardo era aprender com ela, tanto quanto possível. Ele estava sempre atento, e disse isso explicitamente em seus famosos Cadernos de Notas, ao fato de que a engenhosidade da natureza era muito superior ao planejamento do homem. No trabalho de Leonardo como projetista e engenheiro, há numerosos exemplos de como ele usava os processos naturais como modelos para o planejamento humano, e ele trabalhou com a natureza em vez de tentar dominá-la, tudo isso mostra claramente que Leonardo trabalhou com o espírito que o movimento de ecoplanejamento e que os praticantes da biomimética estão defendendo hoje (veja Capra, 2007).

O que distingue os praticantes modernos da biomimética de seus antecessores históricos é o fato de que eles analisam e tentam imitar as estruturas e os processos biológicos no micronível da bioquímica e da biologia molecular, às vezes até mesmo no nanonível de átomos e moléculas individuais. Nesses níveis, é evidente que há uma diferença crítica entre os processos de fabricação humanos, que são barulhentos e fazem uso intensivo de energia, e que frequentemente geram resíduos tóxicos, e os organismos vivos, que produzem, silenciosamente, materiais de qualidade superior, à temperatura ambiente, e sem resíduos tóxicos. Plantas, animais e microrganismos produzem suas façanhas aparentemente miraculosas com a ajuda de uma ampla variedade de proteínas, que, até recentemente, não desempenhavam nenhum papel em tecnologias humanas.

No entanto, a genética moderna nos deu agora as ferramentas para criar novos tipos de biotecnologias no serviço da biomimética, a imitação da vida. Essas seriam biotecnologias de um tipo radicalmente diferente, motivadas pelo desejo de aprender com a natureza, em vez de controlá-la, usando a natureza como uma mentora e não meramente como uma fonte de matérias-primas. O desenvolvimento dessas novas biotecnologias seria um tremendo desafio intelectual. Ele não envolveria modificar geneticamente os organismos vivos, mas, em vez disso, usaria as técnicas da engenharia genética para compreender os sutis "planejamentos" da natureza e usá-los como modelos para novas tecnologias humanas, produzindo as proteínas adequadas com a ajuda de enzimas fornecidas por organismos vivos.

Avanços recentes

Desde a publicação de seu livro pioneiro, em 1997, Janine Benyus vem promovendo a biomimética em inúmeras palestras e seminários em todo o mundo, e ela também fundou várias organizações com essa missão. Em 1989, ela cofundou a Biomimicry Guild, juntamente com a bióloga Dayna Baumeister, com o objetivo de trazer os biólogos à mesa de planejamento. A guilda oferece aconselhamento biológico para empresas, governos e universidades.

Em 2005, Benyus fundou o Biomimicry Institute, uma organização educacional que oferece cursos em vários ambientes de ensino, desde escolas até universidades, bem como *workshops* para cientistas, *designers* e engenheiros. Em 2010, Benyus e seus colaboradores combinaram as duas organizações em uma única organização híbrida (comercial e sem fins lucrativos), que eles chamaram "Biomimicry 3.8" para honrar os 3,8 bilhões de anos durante os quais a natureza desenvolveu projetos e estratégias brilhantes.

Nos últimos anos, o movimento biomimético fez grandes progressos, que são discutidos em detalhes em um livro fascinante, escrito por Jay Harman (2013), inventor de um grande número de propulsores, misturadores, bombas e turbinas, inspirados por formas de fluxo da natureza, e trabalhando com processos que usam menos energia e são mais silenciosos que os dispositivos convencionais. Harman deu ao seu livro o nome *The Shark's Paintbrush*, que faz referência a uma tinta especial, desenvolvida por pesquisadores alemães, que reduz o arrasto aerodinâmico (ou resistência aerodinâmica) nas superfícies dos navios e aeronaves, imitando, para isso, a pele rígida, mas escorregadia, dos tubarões.

Como Harman documenta nesse livro, o escritório de patentes dos EUA recebeu, em 2009, mais de 900 pedidos de patentes contendo as palavras "biomimética", "bioinspiradas" ou termos semelhantes. Em 2010, mais de 1.500 artigos científicos relacionados com a biomimética foram publicados, e os produtos bioinspirados geraram bilhões de dólares em vendas anuais. O Fermanian Business and Economic Institute, uma escola de negócios em San Diego, na Califórnia, estimou, em um relatório de 2010, que por volta de 2025 a biomimética estará relacionada com 15% de toda a fabricação de produtos químicos e a gestão de resíduos, bem como com 10% de toda a arquitetura, engenharia e produção têxtil. O instituto criou um índice especial para medir atividades relacionadas à biomimética (número de artigos científicos, patentes, subsídios etc.), que ele chama de "Da Vinci Index" em homenagem ao primeiro grande pioneiro da biomimética.

18.5 Observações finais

Todas as tecnologias de ecoplanejamento e os projetos revistos nas seções anteriores incorporam os princípios básicos da ecologia e, portanto, têm em comum algumas características-chave. Eles tendem a ser projetos de pequena escala, com abundante diversidade, e também são eficientes no uso da energia, não poluentes e orientados para a comunidade. Além disso, tendem a ser intensivos no uso da mão de obra, criando abundância de empregos; e o mesmo é verdade para os novos projetos modelos de propriedade discutidos na Seção 18.1.3. De fato, o potencial de criação de empregos locais por meio do investimento em tecnologias verdes, restauração de ecossistemas, e o replanejamento de nossa infraestrutura é enorme.

Todos esses projetos e iniciativas são informados pelo pensamento sistêmico, que está amplamente difundido na sociedade civil global da atualidade. Como temos repetidamente enfatizado, eles abordam a interdependência fundamental dos nossos problemas globais e também reconhecem o poder das soluções emergentes – desde as comunidades auto-organizadoras, que criam novos modelos de propriedade, até equipes de arquitetos e engenheiros empenhados em processos de projeto integrador. No nível mais profundo, todas as soluções sistêmicas revistas neste capítulo incorporam uma ideia que tem sido um *leitmotiv* (ou tema recorrente) em todo o nosso livro: a mudança fundamental de metáforas, que se antes refletiam a compreensão que tínhamos do mundo como uma máquina, agora passam a refletir a compreensão que temos dele como uma rede.

A atual revolução do ecoplanejamento, que agora está em perfeito andamento, fornece convincentes evidências de que hoje a transição para um futuro sustentável já não é mais um problema técnico ou conceitual. Temos o conhecimento e as tecnologias de que necessitamos para construir um mundo sustentável para nossos filhos e para as gerações futuras. O que precisamos é de vontade política e de liderança. Essa liderança não se limita ao domínio político. No mundo de hoje, há três centros de poder: governo, empresas comerciais e sociedade civil. Todos os três (em graus variados) precisam de líderes ecologicamente alfabetizados, capazes de pensar sistemicamente. A colaboração entre esses três centros de poder terá importância crucial para o movimento em direção a um futuro sustentável.

A pergunta que surge naturalmente é esta: "Essa colaboração será realizada a tempo, e agirá com a urgência necessária para que a civilização humana consiga sobreviver?" Como se expressa Lester Brown (2008, p. 5):

Estamos em uma corrida entre pontos de mudança irreversível na natureza e nossos sistemas políticos. Será que conseguiremos eliminar gradualmente as usinas elétricas que funcionam queimando carvão antes que o derretimento da capa de gelo da Groenlândia se torne irreversível? Será que conseguiremos reunir a vontade política para deter o desmatamento da Amazônia antes que sua crescente vulnerabilidade aos incêndios florestais a leve para o ponto a partir do qual não há mais retorno? Podemos ajudar os países a estabilizar sua população antes de se tornarem Estados falidos?

Certamente, a transição para um futuro sustentável não será fácil. Mudanças graduais não serão suficientes para virar a maré; também precisaremos de alguns grandes avanços desbravadores. A tarefa parece esmagadora, mas não é impossível. Com base em nossa nova compreensão dos complexos sistemas biológicos e sociais, aprendemos que perturbações significativas podem desencadear múltiplos processos de *feedback*, os quais serão capazes de, rapidamente, levar à emergência de uma nova ordem. A história recente tem nos mostrado alguns exemplos poderosos dessas transformações dramáticas – desde a queda do Muro de Berlim e a Revolução de Veludo na Europa até o fim do *apartheid* na África do Sul.

Por outro lado, a teoria da complexidade também nos diz que esses pontos de instabilidade podem levar a colapsos em vez de avanços revolucionários. Então, o que podemos esperar para o futuro da humanidade? Em nossa opinião, a resposta mais inspiradora a essa questão existencial vem de uma das figuras-chave de recentes, e dramáticas, transformações sociais, o grande dramaturgo e estadista tcheco Václav Havel (1990, p. 181), que transforma essa questão em uma meditação sobre a própria esperança:

O tipo de esperança sobre a qual muitas vezes penso... Eu a compreendo, acima de tudo, como um estado de espírito, e não como um estado do mundo. Ou temos esperança dentro de nós ou não temos; é uma dimensão da alma, e não depende essencialmente de alguma observação particular do mundo, ou de alguma estimativa da situação... [Esperança] não é uma convicção de que alguma coisa vai dar certo, mas a certeza de que alguma coisa faz sentido, independentemente do que virá a acontecer com ela.

Bibliografia

Abraham, R. e C. Shaw (1982-1988). *Dynamics: The Geometry of Behavior*, vols. I-IV. Santa Cruz, CA: Aerial Press.

Aguilar, A. L. C., org. (2009). *What Is Death?* Roma: Ateneo Pontificio Regina Apostolorum.

Akanuma, S., T. Kigawa, e S. Yojoyama (2002). "Combinatorial mutagenesis to restrict amino acid usage in an enzyme to a reduced set." *Proceedings of the National Academy of Sciences of the United States of America*, **99**: 13.549.

Alberts, B., D. Bray, J. Lewis, *et al.* (1989). *Molecular Biology of the Cell*, 2ª ed. Nova York: Garland Science.

Alexander, S. (1920). *Space, Time, and Deity*. Londres: Macmillan.

Altieri, M. (1995). *Agroecology: The Science of Sustainable Agriculture*. Boulder, CO: Westview Press.

_____. (2000). "The ecological impacts of transgenic crops on agroecosystem health." *Ecosystem Health*, **6**(1): 13-23.

_____. (2004). "Linking ecologists and traditional farmers in the search for sustainable agriculture." *Frontiers in Ecology and the Environment*, **2**: 35-42.

Altieri, M., C. Nicholls, F. Funes, e outros membros da SOCLA (Sociedad Cientifica Latinoamericana de Agroecologia) (2012). The scaling-up of agroecology: spreading the hope for food sovereignty and resiliency (www.agroeco.org/socla).

Altieri, M. e P. Rosset (1999). "Ten reasons why biotechnology will not ensure food security, protect the environment and reduce poverty in the developing world." *Agbioforum*, **2**: 3-4.

Anderson, R. (1998). *Mid-Course Correction*. Atlanta, GA: Peregrinzilla Press.

Anella, F., C. Chiarabelli, D. De Lucrezia, e P. L. Luisi (2011). "Stability studies on random folded RNAs ('never born RNAs'): implications for the RNA world." *Chemistry and Biodiversity*, **8**: 1.422-33.

Anfinsen, C. B., R. R. Redfield, W. I. Choate, *et al.* (1954). "Studies on the gross structure, cross-linkages, and terminal sequences in ribonuclease." *Journal of Biological Chemistry*, **207**(1): 201-10.

Arasse, D. (1998). *Leonardo da Vinci*. Nova York: Konecky & Konecky.

Archer, C. e M. Jacobson (2007). "Supplying baseload power and reducing transmission requirements by interconnecting wind farms." *Journal of Applied Meteorology and Climatology*, **46**: 1.701-17.

Ashby, R. (1952). *Design for a Brain*. Nova York: Wiley.

Atmanspacher, H. e R. Bishop, orgs. (2002). *Between Chance and Choice: Interdisciplinary Perspectives on Determinism*. Charlottesville, VA: Imprint Academic.

Axelrod, R. (1984). *The Evolution of Cooperation*. Nova York: Basic Books.

Bachmann, P. A., P. L. Luisi, e J. Lang (1992). "Autocatalytic self-replication of micelles as models for prebiotic structures." *Nature*, **357**: 57-9.

Bada, J. L. (1997). "Meteoritics – extraterrestrial handedness?" *Science*, **275**: 942-3.

Baert, P. (1998). *Social Theory in the Twentieth Century*. Nova York: New York University Press.

Bain, A. (1870). *Logic, Books II and III*. Londres: Longmans, Green & Co.

Bak, P., C. Tang e K. Wisenfeld (1988). Self-organized criticality. *Physical Review* A., **38**, 364-74.

Barker, D. e J. Mander (1999). *Invisible Government*. Sausalito, CA: International Forum on Globalization.

Barrow, J. D. (2001). "Cosmology, life and the anthropic principle." *Annals of the New York Academy of Sciences*, **950**: 139-53.

Barrow, J. D. e F. J. Tipler (1986). *The Anthropic Cosmological Principle*. Oxford University Press.

Bateson, G. (1972). *Steps to an Ecology of Mind*. Nova York: Ballantine.

_____. (1979). *Mind and Nature*. Nova York: Dutton.

Bedau, M. A. (1997). "Weak emergence." *Philosophical Perspectives: Mind, Causation and World*, **11**: 375-99.

Bedau, M.A. e P. Humphreys, orgs. (2007). *Emergence: Contemporary Readings in Philosophy and Science*. Londres: MIT Press.

Beerel, A. (2009). *Leadership and Change Management*. Londres: Sage.

Behe, M. (1996). *Darwin's Black Box: The Biochemical Challenge to Evolution*. Nova York: Free Press.

Bell, J. S. (2004). *Speakable and Unspeakable in Quantum Mechanics: Collected Papers on Quantum Philosophy*. Cambridge University Press.

Benedetti, F. (2009). *Placebo Effects*. Nova York: Oxford University Press.

Ben Jacob, E., I. Becker, Y. Shapira, *et al*. (2004). "Bacterial linguistic communication and social intelligence." *Trends in Microbiology*, **12**: 366-72.

Benner, S. A. (1993). "Catalysis: design versus selection." *Science*, **261**: 1.402-3.

Benner S. A., S. Hoshika, M. Sukeda, *et al*. (2008). "Synthetic biology for improved personalized medicine." *Nucleic Acids Symposium Series*, **52**: 243-44.

Benner, S. A. e A. M. Sismour (2005). "Synthetic biology." *Nature Reviews Genetics*, **6**: 533-43.

Benyus, J. (1997). *Biomimicry*. Nova York: Morrow. [*Biomimética*, publicado pela Editora Cultrix, São Paulo, 2003.]

Bertalanffy, L. von (1968). *General System Theory*. Nova York: Braziller.

Bertoloni-Meli, D. (2006). *Thinking with Objects: The Transformation of Mechanics in the Seventeenth Century*. Baltimore, MD: Johns Hopkins University Press.

Birdi, K. S. (1999). *Self-Assembly Monolayer Structures of Lipids and Macromolecules at Interfaces*. Nova York: Plenum Press.

Bitbol, M. e Luisi, P. L. (2004). Autopoiesis with or without cognition: defining life at its edge. *Journal of the Royal Society Interface*, **1**: 99-107.

_____. (2011). "Science and the self-referentiality of consciousness", *in* Penrose *et al*., org., *Consciousness and the Universe*.

Bohr, N. (1934). *Atomic Physics and the Description of Nature*. Cambridge University Press.

_____. (1958). *Atomic Physics and Human Knowledge*. Nova York: Wiley.

Bolli, M., R. Micura, e A. Eschenmoser (1997). Pyranosyl-RNA: chiroselective self-assembly of base sequences by ligative oligomerization of tetranucleotide-2´,3´-cyclophosphates (with a commentary concerning the origin of biomolecular homochirality). *Chemistry & Biology*, **4**: 309-20.

Bonabeau, E., M. Dorigo, e G. Theralulaz (1999). *Swarm Intelligence: From Natural to Artificial Systems*. Nova York: Oxford University Press.
Bondi, G. e O. Rickards (2009). *Umani da sei milioni di anni*. Roma: Caroci.
Borysenko, J. (2007). *Minding the Body, Mending the Mind*. Nova York: De Capo.
Bourgine, P. e J. Stewart (2004). "Autopoiesis and cognition." *Artificial Life*, **10**(3): 327.
Boyer, P. (2008). "Religion: bound to believe." *Nature*, **455**: 1.038-9.
Brasier, M. D., O. R. Green, A. P. Jephcoat, *et al*. (2002). "Questioning the evidence for Earth's oldest fossils." *Nature*, **416**: 76-7.
Breaker, R. R. (2004). "Natural and engineered nucleic acids as tools to explore biology." *Nature*, **432**: 838-45.
Broad, C. D. (1925). *The Mind and Its Place in Nature*. Londres: Routledge and Kegan Paul.
Brower, D. (1995). *Let the Mountains Talk, Let the Rivers Run*. Nova York: HarperCollins.
Brown, L. (1981). *Building a Sustainable Society*. Nova York: Norton.
_____. (2008). *Plan B 3.0*. Nova York: Norton.
_____. (2009). *Plan B 4.0*. Nova York: Norton.
_____. (2011a). *World on the Edge*. Nova York: Norton.
_____. (2011b). "A fifty million dollar tipping point?" (www.earth-policy.org), postado em 10 de agosto.
_____. (2012a). Entrevista com John Wiseman (www.postcarbonpathways.net.au), postada em 31 de julho.
_____. (2012b). "Building a wind-centered economy' (www.earth-policy.org), postado em 31 de outubro.
_____. (1990). Brown, L., C. Flavin, e S. Postel. "Picturing a sustainable society", *in* L. Brown *et al*., orgs., *State of the World*. Nova York: Norton, p. 173.
Brundtland, G. H., *et al*. (2012). *Environment and Development Challenges: The Imperative to Act*. Nova York: UNEP Report.
Burns, C. (2008). "The smart garage." *RMI Solutions Journal*, julho.
Butler, T., G. Wuerthner, e R. Heinberg, orgs. (2012). *Energy*. Sausalito, CA: Watershed Media.
Cadenasso, M., S. Pickett, K. Weathers, e C. Jones (2003). "A framework for a theory of ecological boundaries." *BioScience*, **53**(8): 750-75.
Caldicott, H. (2006). *Nuclear Power Is Not the Answer*. Nova York: New Press.
Cannon, W. (1932). *The Wisdom of the Body* (edição revista, 1939; reeditada, 1963). Nova York: Norton.
Capra, F. (2010/1975). *The Tao of Physics*. Boston: Shambhala. [*O Tao da Física*, publicado pela Editora Cultrix, São Paulo, 1985.]
_____. (1982). *The Turning Point*. Nova York: Simon & Schuster. [*O Ponto de Mutação*, publicado pela Editora Cultrix, São Paulo, 1986.]
_____. (1985). "Bootstrap physics: a conversation with Geoffrey Chew", *in A Passion for Physics: Essays in Honor of Geoffrey Chew*. Cingapura: World Scientific, pp. 247-86.
_____. (1986). "Wholeness and health." *Holistic Medicine*, **1**: 145-59.
_____. (1988). *Uncommon Wisdom*. Nova York: Simon & Schuster. [*Sabedoria Incomum: Conversas com Pessoas Notáveis*, publicado pela Editora Cultrix, São Paulo, 1990.]
_____. org. (1993). *Guide to Ecoliteracy*. Berkeley, CA: Center for Ecoliteracy.
_____. (1996). *The Web of Life*. Nova York: Anchor/Doubleday. [*A Teia da Vida*, publicado pela Editora Cultrix, São Paulo, 1997.]

Capra, F. (2002). *The Hidden Connections*. Nova York: Doubleday. [*As Conexões Ocultas*, publicado pela Editora Cultrix, São Paulo, 2002.]

_____. (2007). *The Science of Leonardo*. Nova York: Doubleday. [*A Ciência de Leonardo da Vinci: Um Mergulho Profundo na Mente do Grande Gênio da Renascença*, publicado pela Editora Cultrix, São Paulo, 2008.]

_____. (2013). *Learning from Leonardo*. San Francisco, CA: Berrett-Koehler.

Capra, F. e H. Henderson (2009). "Qualitative growth", *in Outside Insights*. Londres: Institute of Chartered Accountants in England and Wales. Outubro; postado em www.fritjofcapra.net.

Capra, F. e D. Steindl-Rast com Thomas Matus (1991). *Belonging to the Universe*. San Francisco, CA: Harper. [*Pertencendo ao Universo*, publicado pela Editora Cultrix, São Paulo, 1993.]

Carr, B., org. (2007). *Universe or Multiverse?* Cambridge University Press.

Carter, B. (1974). "Large number coincidences and the anthropic principle in cosmology", *in IAU Symposium 63: Confrontation of Cosmological Theories with Observational Data*. Dordrecht: Reidel, pp. 291-98.

Castells, M. (1996). *The Information Age*. Vol. I: *The Rise of the Network Society*. Malden, MA: Blackwell.

_____. (1997). *The Information Age*. Vol. II: *The Power of Identity*. Malden, MA: Blackwell.

_____. (1998). *The Information Age*. Vol. III: *End of Millennium*. Malden, MA: Blackwell.

_____. (2000). Materials for an exploratory theory of the network society. *British Journal of Sociology*, **51**(1): 5-24.

_____. (2009). *Communication Power*. Nova York: Oxford University Press.

Cavanagh, J. e J. Mander, orgs. (2004). *Alternatives to Economic Globalization*. São Francisco, MA: Berrett-Koehler.

Chalmers, D. (1995). "Facing up to the problem of consciousness." *Journal of Consciousness Studies*, **2**(3): 200-19.

Chapin, S., P. A. Matson, e H. A. Mooney (2002). *Principles of Ecosystem Ecology*. Nova York: Springer.

Chauvet, J.-M., E. B. Deschamps, e C. Hillaire (1996). *Dawn of Art: The Chauvet Cave*. Nova York: Harry N. Abrams.

Chiarabelli, C., J. W. Vrijbloed, D. De Lucrezia, *et al.* (2006a). "Investigation of *de novo* totally random biosequences. II. On the folding frequency in a totally random library of *de novo* proteins obtained by phage display." *Chemistry and Biodiversity*, **3**: 840-59.

Chiarabelli, C., J. W. Vrijbloed, R. M. Thomas, e P. L. Luisi (2006b). "Investigation of *de novo* totally random biosequences. I. A general method for *in vitro* selection of folded domains from a random polypeptide library displayed on phage." *Chemistry and Biodiversity*, **3**: 827-39.

Clements, F. (1916). *Plant Succession*. Washington, DC: Carnegie Institution of Washington, publ. 242.

Coen, E. (1999). *The Art of Genes: How Organisms Make Themselves*. Nova York: Oxford University Press.

Coleman, P. (2007). "Frontier at your fingertips." *Nature*, **446**: 379-85.

Cook, B. (1971). *The Beat Generation*. Nova York: Scribner.

Coveney, P. e R. Highfield (1990). *The Arrow of Time*. Londres: W. H. Allen.

Cowles, H. (1899). "Ecological relations of the vegetation on the sand dunes of Lake Michigan." *Botanical Gazette*, **27**(3).

Crick, F. (1994). *The Astonishing Hypothesis: The Scientific Search for the Soul*. Nova York: Scribner.

Cronin, J. R. e S. Pizzarello (1997). "Enantiomeric excesses in meteoritic amino acids." *Science*, **275**: 951-5.

Dachille, K. (2011). "The impact of hydraulic fracturing on communities." Fact Sheet, Network for Public Health Law, Carey School of Law, University of Maryland.

Dalai Lama, H. H. (2000). The values of spirituality: address to forum, Praga (não publicado, citação extraída de notas por F. C.).

_____. (2005). *The Universe in a Single Atom*. Nova York: Morgan Road.

Damasio, A. (1999). *The Feeling of What Happens*. Nova York: Harcourt.

Dantzig, T. (2005). *Number: The Language of Science*. Nova York: Pi Press.

Darwin, C. (1859). *On the Origin of Species by Means of Natural Selection, or the Preservation of Favoured Races in the Struggle for Life*. Londres: John Murray.

_____. (1882). *The Descent of Man, and Selection in Relation to Sex*, 2ª ed. Londres: John Murray.

Davies, P. (1983). *God and the New Physics*. Nova York: Simon & Schuster.

_____. (1992). *The Mind of God*. Nova York: Touchstone Books.

_____. (2006). *The Goldilocks Enigma*. Londres: Allen Lane.

Davis, P. e D. H. Kenyon (1989). *Of Pandas and People: The Central Question of Biological Origins*. Richardson, TX: Foundation for Thought and Ethics.

_____. (1993). *Of Pandas and People: The Central Question of Biological Origins*, 2ª ed. Richardson, TX: Foundation for Thought and Ethics.

Dawkins, R. (1976). *The Selfish Gene*. Oxford University Press.

_____. (1986). *The Blind Watchmaker*. Nova York: Norton.

_____. (2003). A Devil's Chaplain: Reflections on Hope, Lies, Science, and Love. Nova York: Mariner Books.

_____. (2006). *The God Delusion*. Nova York: Bantam Books.

De Duve, C. (1991). *Blueprint for a Cell: The Nature and Origin of Life*. Burlington, NC: Neil Patterson.

_____. (2002). *Life Evolving: Molecules, Mind, and Meaning*. Nova York: Oxford University Press.

De Geus, A. (1997). *The Living Company*. Watertown, MA: Harvard Business Press.

De Lucrezia, D., M. Franchi, C. Chiarabelli, *et al*. (2006a). "Investigation of *de novo* totally random biosequences. III. RNA foster: a novel assay to investigate RNA folding structural properties." *Chemistry and Biodiversity*, **3**: 860-8.

_____. (2006b). "Investigation of *de novo* totally random biosequences. IV. folding properties of *de novo* totally random RNAs." *Chemistry and Biodiversity*, **3**: 869-77.

Dembski, W. (1999). *Intelligent Design: The Bridge Between Science and Theology*. Downers Grove, IL: InterVarsity Press.

Dennett, D. (1991). *Consciousness Explained*. Nova York: Little, Brown.

Descartes, R. (2006/1637). *Discourse on Method*. Traduzido com introdução e notas por I. MacLean. Nova York: Oxford University Press.

De Schutter, O. (2011). *Agroecology and the Right to Food*. Report to the UN Human Rights Council, A/HRC/16/49.

de Souza, T., P. Stano, e P. L. Luisi (2009). "The minimal size of liposome-based model cells brings about a remarkably enhanced entrapment and protein synthesis." *European Journal of Chemical Biology*, **10**: 1.056-63.

de Souza, T., F. Steiniger, P. Stano, A. Fahr e P. L. Luisi (2011). "Spontaneous crowding of ribosomes and proteins inside vesicles: a possible mechanism for the origin of cell metabolism." *European Journal of Chemical Biology*, **12**: 2.325-30.

Deumling, D., M. Wackernagel, e C. Monfreda (2003). "Eating up the Earth." *Agriculture Footprint Brief*, Redefining Progress, julho.

Devall, B. e G. Sessions (1985). *Deep Ecology*. Salt Lake City, UT: Peregrine Smith.

De Waals, F. (2006). *Good Natured: The Origin of Right and Wrong*. Cambridge, MA: Harvard University Press.

Diamond, J. (1992). *The Third Chimpanzee: The Evolution and Future of the Human Animal*. Nova York: HarperCollins.

Doi, N., K. Kakukawa, Y. Oishi, e H. Yanagawa (2005). "High solubility of random sequence proteins consisting of five kinds of primitive amino acids." *Protein Engineering Design Selection*, **18**: 279.

Dominguez, J. e V. Robin (1999). *Your Money or Your Life*. Nova York: Penguin.

Drexler, K. E. (2007). *Engines of Creation 2.0*, Twentieth Anniversary Edition. Nova York: Doubleday.

Dutton, D. (2009). *The Art Instinct*. Nova York: Bloomsbury Press.

Dyson, F. (1985). *Origins of Life*. Cambridge University Press.

Dyson, G. (2012). *Turing's Cathedral*. Nova York: Pantheon.

Eberhart, R. C., Y. Shi, e J. Kennedy (2001). *Swarm Intelligence*. São Francisco, CA: Morgan Kaufmann.

Edelman, G. (1992). *Bright Air, Brilliant Fire*. Nova York: Basic Books.

Edelman, G. e G. Tononi (2000). *A Universe of Consciousness*. Nova York: Basic Books.

Edwards, A. (2010). *Thriving Beyond Sustainability*. Gabriola Island, Canadá: New Society.

Ehrenfeld, D. (1997). "A techno-pox upon the land." *Harper's Magazine*, outubro.

Ehrenfels, C. V. (1960/1890). Über gestaltqualitäten. Reimpresso em F. Weinhandl, org., *Gestalthaftes Sehen*. Darmstadt: Wissenschaftliche Buchgesellschaft.

Einstein, A. (1931). "Maxwell's influence on the development of the conception of physical reality", in *James Clerk Maxwell: A Commemoration Volume, 1831-1931*. Cambridge University Press.

_____. (1949). *The World As I See It*. Nova York: Philosophical Library.

Ekins, P. (1992). Lecture at Schumacher College (não publicado).

Ekland, E. H., J. W. Szostak, e D. P. Bartel (1995). "Structurally complex and highly active RNA ligases derived from random RNA sequences. "*Science*, **269**: 364-70.

El-Naggar, M. Y., *et al.* (2010). "Electrical transport along bacterial nanowires from *Shewanella oneidensis* MR-1." *Proceedings of the National Academy of Sciences of the United States of America*, **107**(42): 18.127-31.

Ellis, G., U. Kirchner, e W. R. Stoeger (2004). "Multiverses and physical cosmology." *Monthly Notices of the Royal Astronomical Society*, **347**(3): 921-36.

Ellul, J. (1964). *The Technological Society*. Nova York: Knopf.

Elton, C. (1927). *Animal Ecology*. Londres: Sidgwick & Jackson (reimpresso em 2001, University of Chicago Press).

_____. (1958). *Ecology of Invasions by Animals and Plants*. Londres: Chapman & Hall.

Eschenmoser, A. e M. V. Kisakürek (1996). "Chemistry and the origin of life." *Helvetica Chimica Acta*, **79**: 1.249-59.

Escobar, A. (1995). *Encountering Development*. Princeton University Press.

Esteva, G. e M. S. Prakash (1998). "Beyond development, what?" *Development in Practice*, **8**(3): 280-96.

Farre, L. e T. Oksala, orgs. (1998). "Emergency, complexity, hierarchy, organisation. Selected papers from the ECHO III Conference (Espoo, Finland)." *Acta Polytechnica Scandinavica*, **91**.

Field, R. J. (1972). "A reaction periodic in time and space." *Journal of Chemical Education*, **49**: 308-11.

Fischer, C. (1985). "Studying technology and social life", in M. Castells (org.), *High Technology, Space, and Society*. Beverly Hills, CA: Sage.

Fisher, R. A. (1930). *The Genetical Theory of Natural Selection*. Oxford: Clarendon Press.

Forster, A. C. e G. M. Church (2006). "Towards synthesis of a minimal cell." Molecular Systems Biology, **2**(45).

Fouts, R. (1997). *Next of Kin*. Nova York: William Morrow.

Fox, W. (1990). *Toward a Transpersonal Ecology*. Boston: Shambhala.

Fraenkel-Conrat, H. e R. C. Williams (1955). "Reconstitution of active tobacco mosaic virus from its inactive protein and nucleic acid components." *Proceedings of the National Academy of Sciences of the United States of America*, **41**: 690-8.

Francis, J. e S. Vavrus (2012). "Evidence linking Arctic amplification to extreme weather in mid--latitudes." *Geophysical Research Letters*, **39**: L06801.

Funqua, C., M. R. Parsek, e E. P. Greenberg (2001). "Regulation of gene expression by cell-to-cell communication: acyl-homoserine lactone quorum sensing." *Annual Review of Genetics*, **35**: 439-68.

Futuyma, D. J. (1998). *Evolutionary Biology*, 3ª ed. Sunderland, MA: Sinauer.

Galbraith, J. K. (1984). *The Anatomy of Power*. Londres: Hamish Hamilton.

Garcia, L. (1991). *The Fractal Explorer*. Santa Cruz, CA: Dynamic Press.

Gelder, S. van, org. (2011). *This Changes Everything*. São Francisco, CA: Berrett-Koehler.

Giddens, A. (1991). *Modernity and Self-Identity: Self and Society in the Late Modern Age*. Cambridge: Polity Press.

_____. (1996). Out of place. *Times Higher Education Supplement*, 13 de dezembro.

Gilmore, D. (1990). *Manhood in the Making*. New Haven, CT: Yale University Press.

Girotto, V., T. Pievani, e G. Vallortigara (2008). *Nati per credere*. Torino: Codice.

Gleason, H. (1926). "The individualistic concept of the plant association." *Bulletin of the Torrey Botanical Club*, **53**: 7-26.

Gliessman, S. R. (1998). *Agroecology: Ecological Processes in Sustainable Agriculture*. Ann Arbor, MI: Ann Arbor Press.

Godfray, C., *et al.* (2010). "Food security: the challenge of feeding 9 billion people." *Science*, **327**: 812-18.

Goldsmith, E. (1996). "Global trade and the environment", in Mander e Goldsmith, *The Case Against the Global Economy*.

Goodenough, U., e T. W. Deacon (2006). "Emergence and religious naturalism", in *Oxford Handbook of Science and Religion*. Oxford University Press.

Gorby, Y. A., *et al.* (2006). "Electrically conductive bacterial nanowires produced by *Shewanella oneidensis* strain MR-1." *Proceedings of the National Academy of Sciences of the United States of America*, **103**(30): 11.358-63.

Gore, A. (1992). *Earth in the Balance*. Nova York: Houghton Mifflin.

_____. (2006). *An Inconvenient Truth*. Emmaus, PA: Rodale.

_____. (2009). *Our Choice*. Emmaus, PA: Rodale.

Gorelik, G. (1975). "Principal ideas of Bogdanov's tektology: the universal science of organization." *General Systems*, **20**: 3-13.

Gorlero, M., R. Wieczorek, A. Katarzina, *et al*. (2009). "Ser-His catalyses the formation of peptides and PNAs." *FEBS Letters*, **583**: 153-56.

Gould, S. J. (1980). *The Panda's Thumb*. Nova York: Norton.

_____. (1989). *Wonderful Life*. Nova York: Norton.

_____. (1991). *Bully for Brontosaurus*. Nova York: Norton.

_____. (1999). *Rocks of Ages*. Nova York: Ballantine Books.

_____. (2002). *The Structure of Evolutionary Theory*. Watertown, MA: Harvard University Press.

Gould, S. J. e N. Eldredge (1977). "Punctuated equilibria: the tempo and mode of evolution reconsidered." *Paleobiology*, **3**: 115-51.

Green, E. D. e M. S. Guyer (2011). "Charting a course for genomic medicine from base pairs to bedside." *Nature*, **479**: 204-13.

Green, R. e J. W. Szostak (1992). "Selection of a ribozyme that functions as a superior template in a self-copying reaction." *Science*, **258**: 1.910-15.

Green, R. E., *et al*. (2010). "Adraft sequence of the Neanderthal genome." *Science*, **328**(5979): 710-22.

Greene, B. (1999). *The Elegant Universe*. Nova York: Norton.

Grewal, D. S. (2008). *Network Power: The Social Dynamics of Globalization*. New Haven, CT: Yale University Press.

Gustavsson, J., C. Cederberg, U. Sonesson, R. Van Ottersijk, e A. Meybeck (2011). *Global Food Losses and Food Waste*. United Nations FAO Report.

Haeckel, E. (1866). *Generelle Morphologie der Organismen*. Berlim: Reimer.

Haig, D. (2004). "The (dual) origin of epigenetics", *in Cold Spring Harbor Symposia on Quantitative Biology*, vol. 69. Cold Spring Harbor, NY: Cold Spring Harbor Laboratory Press.

Halweil, B. (2000). "Organic farming thrives worldwide", *in Vital Signs 2000*. Worldwatch Institute. Nova York: Norton.

Hansen, J. (2012). "Coal: the greatest threat to civilization", *in* Butler *et al*., org., *Energy*.

Harding, S. (2004). "Food web complexity enhances ecological and climate stability in a Gaian ecosystem model", *in* S. H. Schneider, *et al*., org., *Scientists Debate Gaia: The Next Century*. Cambridge, MA: MIT Press.

_____. (2006). *Animate Earth: Science, Intuition and Gaia*. Totnes, RU: Green Books.

_____. (2009). *Animate Earth*, 2ª ed. Totnes, RU: Green Books.

Harman, J. (2013). *The Shark's Paintbrush*. Nova York: Doubleday.

Harrington, A. (1997). *The Placebo Effect*. Watertown, MA: Harvard University Press.

Hauser, M. (2007). *Moral Minds: How Nature Designed Our Universal Sense of Right and Wrong*. Nova York: Little, Brown.

Havel, V. (1990). *Disturbing the Peace*. Londres e Boston: Faber and Faber.

_____. (1997). Discurso em Forum 2000 Conference. Praga (www.vaclavhavel.cz).

Hawken, P. (1993). *The Ecology of Commerce*. Nova York: HarperCollins.

_____. (2000). N30: WTO showdown. *Yes!*, março.

_____. (2008). *Blessed Unrest*. Londres: Penguin.

Hawken, P., A. Lovins, e H. Lovins (1999). *Natural Capitalism*. Nova York: Little, Brown. [*Capitalismo Natural*, publicado pela Editora Cultrix, São Paulo, 2000.]

Hawking, S. (1988). *A Brief History of Time*. Nova York: Bantam Books.

Hawking, S. e L. Mlodinow (2010). *The Grand Design*. Nova York: Bantam Books.

Heilbroner, R. (1978). "Inescapable Marx." *New York Review of Books*, 29 de junho.

_____. (1980). *The Worldly Philosophers*. Nova York: Simon and Schuster.

Heims, S. (1991). *The Cybernetics Group*. Cambridge, MA: MIT Press.

Heinberg, R. (2011). *The End of Growth*. Gabriola Island, Canadá: New Society Publishers.

Heisenberg, W. (1958). *Physics and Philosophy*. Nova York: Harper Torchbooks.

_____. (1969). *Der Teil und das Ganze*. Munique: Piper (edição em inglês (1971) intitulada *Physics and Beyond*, Nova York: Harper & Row).

Held, D. (1990). *Introduction to Critical Theory*. Berkeley, CA: University of California Press.

Henderson, H. (1978). *Creating Alternative Futures*. Nova York: Putnam.

_____. (1981). *The Politics of the Solar Age*. Nova York: Doubleday/Anchor.

Hester, R. (2006). *Design for Ecological Democracy*. Cambridge, MA: MIT Press.

Higashi, M. e T. P. Burns, orgs. (1991). *Theoretical Studies of Ecosystems: The Network Perspective*. Nova York: Cambridge University Press.

Hilborn, R. (2000). *Chaos and Nonlinear Dynamics*, 2ª ed. NovaYork: Oxford University Press.

Hirao, I. e A. D. Ellington (1995). "Re-creating the RNA world." *Current Biology*, **5**: 1.017-22.

Ho, M.-W. (1998). *Genetic Engineering: Dream or Nightmare?* Bath: Gateway Books.

Holdrege, C. (1996). *Genetics and the Manipulation of Life*. Hudson, NY: Lindisfarne Press.

Hubbell, S. J. (2006). "Neutral theory and the evolution of ecological equivalence." *Ecology*, **87**: 1.387-98.

Humphrey, N. (2006). *Seeing Red: A Study on Consciousness*. Watertown, MA: Harvard University Press.

Huntley, H. E. (1970). *The Divine Proportion*. Nova York: Dover.

Hutchison, C. A., III, S. N. Peterson, S. R. Gill, R. T. Cline, O. White, C. M. Fraser, *et al.* (1999). "Global transposon mutagenesis and a minimal mycoplasma genome." *Science*, **286**: 2.165-69

Hutchinson, G. E. (1948). "Circular causal systems in ecology." *Annals of the New York Academy of Sciences*, **50**: 221-46.

Hutton, W. e A. Giddens, orgs. (2000). *Global Capitalism*. Nova York: The New Press.

Huxley J. (1942). *Evolution: The Modern Synthesis*. Londres: Allen and Unwin.

_____. (1956). "Epigenetics." *Nature*, **177**: 807-09.

IAASTD (International Assessment of Agricultural Knowledge, Science, and Technology for Development) (2009). "Agriculture at a crossroads." *IAASTD Global Report*. Washington, DC: Island Press.

Jacob, F. (1982). *The Possible and the Actual*. Seattle, WA: University of Washington Press.

Jantsch, E. (1980). *The Self-Organizing Universe*. Nova York: Pergamon.

Jeong, H., B. Tombor, R. Albert, Z. N. Oltval, e A. L. Barabási (2000). "The large-scale organization of metabolic networks." *Nature*, **407**: 651-54.

Jimenez-Prieto, R., M. Silva, e D. Perez-Bendito (1998). "Approaching the use of oscillating reactions for analytical monitoring." *Analyst*, **123**: 1R-8R.

Johnson, E. T e C. Schmidt-Dannert (2008). "Light-energy conversion in engineered microorganisms." *Trends in Biotechnology*. **26**(12): 682-89.

Johnston, J. e F. Baylis (2004). "What happened to gene therapy? A review of recent events." *Clinical Researcher*, **4**(1): 11-5.

Jørgensen, S. E. e F. Müller, orgs. (2000). *Handbook of Ecosystem Theories and Management*. Boca Raton, FL: CRC Press, Lewis Publishers.

Joyce, G.F. e E. Orgel (1993). "Prospects for understanding the origin of the RNA world", *in The RNA World*. Cold Spring Harbor, NY: Cold Spring Harbor Laboratory Press, pp. 1-5.

Kauffman, S. (2008). *Reinventing the Sacred*. Nova York: Basic Books.

Kay, J. (2000). "Ecosystems as self-organizing holarchic open systems", *in* F. Muller, org., *Handbook of Ecosystem Theories and Management*. Boca Raton, FL: CRC Press, Lewis Publishers.

Keller, E. F. (2000). *The Century of the Gene*. Cambridge, MA: Harvard University Press.

_____. (2005). "Ecosystems, organisms, and machines." *BioScience*, **55**(12): 1.069-074.

Kelley, K., org. (1988). *The Home Planet*. Nova York: Addison-Wesley.

Kelly, M. (2001). *The Divine Right of Capital*. São Francisco, CA: Berrett-Koehler.

_____. (2012). *Owning Our Future*. São Francisco, CA: Berrett-Koehler.

Khor, M. (1999/2000). "The revolt of developing nations." *Third World Resurgence*, dezembro/janeiro.

Kim, J. (1984). "Concepts of supervenience." *Philosophy and Phenomenological Research*, **45**: 153-76.

Kimura, M. (1968). "Evolutionary rate at the molecular level." *Nature*, **217**: 624-26.

_____. (1983). *The Neutral Theory of Molecular Evolution*. Cambridge University Press.

Kobayashi, K. e Y. Kanaizuka (1977). "Reassembly of living cells from dissociated components" *in Bryopsis*. *Plant & Cell Physiology*, **18**: 1.373-377.

Kondepudi, D. K., R. Kaufman, e N. Singh (1990). "Chiral symmetry breaking in sodium chlorate crystallization." *Science*, **250**: 975-76.

Kondepudi, D. K. e I. Prigogine (1981). "Sensitivity of non-equilibrium systems." *Physica A: Statistical Mechanics and Its Applications*, **107**: 1-24.

Koohafkan, P. e M. Altieri (2010). *Globally Important Agricultural Heritage Systems*. United Nations FAO Report. Roma.

Korten, D. (2001). *When Corporations Rule the World*. São Francisco, CA: Berrett-Koehler.

Kroft, S. (2008). "The bet that blew up Wall Street." *CBS Sixty Minutes*, 16 de outubro.

Kropoktin, P. (1902). *Mutual Aid*. Londres: William Heinemann.

Kuhn, T. (1962). *The Structure of Scientific Revolutions*. University of Chicago Press.

La Botz, D., R. Brenner, e J. Jordan (2012). "The significance of Occupy." *Solidarity* (www.solidarity-us.org).

Lakoff, G. e M. Johnson (1980). *Metaphors We Live By*. University of Chicago Press.

_____. (1999). *Philosophy in the Flesh*. Nova York: Basic Books.

Lakoff, G. e R. Núñez (2000). *Where Mathematics Comes From*. Nova York: Basic Books.

Lander, E. (2011). "Initial impact of the sequencing of the human genome." *Nature*, **470**: 187-97.

Lappé, F. M. (2009). "Liberation ecology." *Resurgence* (RU), janeiro/fevereiro.

Lappé, F. M., J. Collins, e P. Rosset (1998). *World Hunger: Twelve Myths*. Nova York: Grove Press.

Leaky, R. e R. Lewin (1995). *The Sixth Extinction*. Nova York: Doubleday.

Lee, S. K., H. Chou, T. S. Ham, T. S. Lee, e J. D. Keasling. (2008). "Metabolic engineering of microorganisms for biofuels production: from bugs to synthetic biology to fuels." *Current Opinion in Biotechnology*, **19**(6): 556-63.

Lehman, N. e G. F. Joyce (1993). "Evolution *in vitro*: analysis of a lineage of ribozymes." *Current Biology*, **3**: 723-34.

LeShan, L. (1969). "Physicists and mystics: similarities in world view." *Journal of Transpersonal Psychology*, **1**: 1-20.

Levin, J. (2002). *How the Universe Got Its Spots*. Princeton University Press.

Lewontin, R. C. (1991). "Gene, organism and environment", *in* D. S. Bendall, org., *Evolution from Molecules to Men*. Cambridge University Press, pp. 273-85.

Lincoln, T. A. e G. F. Joyce (2009). "Self-sustained replication of an RNA enzyme." *Science*, **323**: 1.229-232.

Livio, M. (2002). *The Golden Ratio*. Nova York: Broadway Books.

Lovelock, J. (1972). "Gaia as seen through the atmosphere." *Atmospheric Environment*, **6**: 579.

Lovelock, J. (1979). *Gaia*. Oxford University Press.

_____. (1988). *The Ages of Gaia*. Nova York: Norton.

_____. (1991). *Healing Gaia*. Nova York: Harmony Books. [*Gaia: Cura para um Planeta Doente*, publicado pela Editora Cultrix, São Paulo, 2006]

Lovelock, J. e L. Margulis (1974). "Biological modulation of the Earth's atmosphere." *Icarus*, **21**: 471-89.

Lovins, A. (1977). *Soft Energy Paths*. Nova York: Harper & Row.

_____. (2003). "Twenty hydrogen myths." *RMI Report*, atualizado em fevereiro de 2005.

_____. (2009a). "Nuclear nonsense." *RMI Paper #10*.

_____. (2009b). "New nuclear reactors, same old story." *RMI Solutions Journal*, primavera.

_____. (2009c). "Reinventing Fire." *RMI Solutions Journal*, outono.

_____. (2011). "Learning from Japan's nuclear disaster." *RMI Outlet*, 19 de março.

_____. (2012). "A 40-year plan for energy." TED Talk, www.ted.com.

Lovins, A., *et al.* (2004). *Winning the Oil Endgame*. Snowmass, CO: Rocky Mountain Institute.

_____. (2011). *Reinventing Fire*. White River Junction, VT: Chelsea Green. [*Reinventando o Fogo*, publicado pela Editora Cultrix, São Paulo, 2013.]

Luhmann, K. (1984). *Soziale Systeme*. Berlim: Suhrkamp.

Luhmann, N. (1990). *Essays on Self-Reference*. Nova York: Columbia University Press.

Luisi, P. L. (1997). "Self-reproduction of chemical structures and the question of the transition to life", *in* C. B. Cosmovici, S. Bowyer, e D. Werthimer, org., *Astronomical and Biochemical Origins and the Search for Life in the Universe*. Milan: Editrice Compositori, pp. 461-68.

_____. (2002). "Toward the engineering of minimal living cells." *Anatomical Record*, **268**: 208-14.

_____. (2003). "Contingency and determinism. Philosophical Transactions of the Royal Society of London." Series A, **361**: 1.141-7.

_____. (2006). *The Emergence of Life: From Chemical Origins to Synthetic Biology*. Cambridge University Press.

_____. (2007). "Chemical aspects of synthetic biology." *Chemistry and Biodiversity*, **4**: 603-21.

_____. (2008). "The two pillars of Buddhism: consciousness and ethics." *Journal of Consciousness Studies*, **15**: 84-107.

_____. (2009). *Mind and Life: Discussions with the Dalai Lama on the Nature of Reality*. Nova York: Columbia University Press.

_____. (2011). "The synthetic approach in biology: epistemological notes for synthetic biology", *in* P. L. Luisi e C. Chiarabelli, orgs., *Chemical Synthetic Biology*. Chichester: Wiley, pp. 343-62.

_____. (2012). "On the origin of metabolism." *Chemistry and Biodiversity*, **9**: 1-11.

Luisi, P. L., M. Allegretti, T. de Souza, F. Steineger, A. Fahr, e P. Stano (2010). "Spontaneous protein crowding in liposomes: a new vista for the origin of cellular metabolism. Chembiochem": *A European Journal of Chemical Biology*, **11**: 1.989-92.

Luisi, P. L., A. Lazcano, e F. Varela (1996). "What is life? Defining life and the transition to life", *in* M. Rizzotti, org., *Defining Life: the Central Problem in Theoretical Biology*. Padua: University of Padova, pp. 149-65.

Luisi, P. L. e Stano, P., orgs. (2011). *The Minimal Cell*. Dordrecht: Springer.

Lukes, S., org. (1986). *Power*. Nova York: New York University Press.

Lutz, A., L. L. Greischar, N. Rawlings, M. Ricard, e R. J. Davidson (2004). "Long-term meditators self-induce high-amplitude gamma synchrony during mental practice." *Proceedings of the National Academy of Sciences of the United States of America*, **101**(46): 16.369-373.

MacArthur, R. H. (1955). "Fluctuations of animal populations and a measure of community stability." *Ecology*, **36**: 533-36.

Mader, S. S. (1996). *Biology*, 5ª ed. Dubuque, IA: W.C. Brown.

Magurran, A. e M. Dornelas (2010). "Biological diversity in a changing world." *Philosophical Transactions of the Royal Society of London. Series B*, **365**: 3.593-97.

Malthus, T. R. (1798). *An Essay on the Principle of Population*. Londres: J. Johnson.

Mandelbrot, B. (1983). *The Fractal Geometry of Nature*. Nova York: Freeman.

Mander, J. (1991). *In the Absence of the Sacred*. São Francisco, CA: Sierra Club Books.

_____. (2012). *The Capitalism Papers*. Berkeley, CA: Counterpoint.

Mander. J. e E. Goldsmith, orgs. (1996). *The Case Against the Global Economy*. São Francisco, CA: Sierra Club Books.

Manolio, T.A., *et al.* (2009). "Finding the missing heritability of complex diseases." *Nature*, **461**: 747-53.

Mansfield, V. (2008). *Tibetan Buddhism and Modern Physics*. West Conshohocken, PA: Templeton Press.

Margulis, L. (1970). *Origin of Eukaryotic Cells*. New Haven, CT: Yale University Press.

Margulis, L. e D. Sagan (1986). *Microcosmos*. Nova York: Summit.

_____. (1995). *What Is Life?* Nova York: Simon & Schuster.

_____. (2002). *Acquiring Genomes*. Nova York: Basic Books.

Maslow, A. (1964). *Religions, Values, and Peak-Experiences*. Columbus, OH: Ohio State University Press.

Mason, S. F. e G. E. Tranter (1983). "The parity violating energy difference between enantiomeric molecules." *Molecular Physics*, **53**: 1.091-1.111.

Matthew, W. P., B. Gerland, e J. D. Sutherland (2009). "Synthesis of activated pyrimidine ribonucleotides in prebiotically plausible conditions." *Nature*, **459**: 239-42

Maturana, H. (1980/1970). "Biology of cognition", *in* Maturana e Varela, *Autopoiesis and Cognition*.

Maturana, H. e B. Poerkson (2004). *From Being to Doing*. Heidelberg: Carl-Auer.

Maturana, H. e F. Varela (1980/1972). "Autopoiesis: the organization of the living (título original: De maquinas y seres vivos)", *in* Maturana e Varela, *Autopoiesis and Cognition*.

_____. (1980). *Autopoiesis and Cognition*. Dordrecht: D. Reidel.

_____. (1998). *The Tree of Knowledge*, edição revisada. Boston: Shambhala.

Mayr, E. (1942). *Systematics and the Origin of Species*. Nova York: Columbia University Press.

_____. (2000). "Darwin's influence on modern thought." *Scientific American*, julho, 79-83.

McBride, J. M. e R. L. Carter (1991). "Spontaneous resolution by stirred crystallization." *Angewandte Chemie (edição internacional em inglês)*, **30**: 293-95.

McDonough, W. e M. Braungart (1998). "The Next Industrial Revolution." *Atlantic Monthly*, outubro.

_____. (2002). *Cradle to Cradle*. Nova York: North Point Press.

McKibben, B. (1989). *The End of Nature*. Nova York: Random House.

_____. (2010). *Eaarth*. Nova York: Time Books/Henry Holt.

_____. org. (2012a). *The Global Warming Reader*. Londres: Penguin.

_____. (2012b). "Global warming's terrifying math." *Rolling Stone*, 4 de outubro.

McKibben, B. (2012c). "The Arctic ice crisis." *Rolling Stone*, 16 de agosto.

McKibben, B., *et al.* (2007). *Fight Global Warming Now*. Nova York: Henry Holt.

McLaughlin, B. P. (1992). "The rise and fall of British emergentism", *in* A. Beckermann, H. Flohr e J. Kim, orgs., *Emergence or Reduction: Essays on the Prospects of Nonreductive Materialism*. Berlim: de Gruyter, pp. 49-3.

McMichael, A. J. (2001). *Human Frontiers, Environments, and Disease*. Cambridge University Press.

McQueen, D., I. Kickbusch, L. Potvin, *et al.* (2010). *Health and Modernity*. Nova York: Springer.

Merchant, C. (1980). *The Death of Nature*. Nova York: Harper & Row.

Micozzi, M. (2006). *Fundamentals of Complementary and Alternative Medicine*. St. Louis, MO: Saunders Elsevier.

Mill, J. S. (1872). *System of Logic*, 8ª ed. Londres: Longmans, Green, Reader and Dyer.

Miller, G. T. (2007). *Living in the Environment*, 15ª ed. Belmont, CA: Brooks/Cole.

Miller, M. B. e B. L. Basler (2001). "Quorum sensing in bacteria." *Annual Review of Microbiology*, **55**: 165-99.

Miller, S. L. (1953). "Production of amino acids under possible primitive Earth conditions." *Science*, **117**: 2.351-61.

Mills, G. C. e D. Kenyon (1996). *The RNA world: a critique. Origins & Design*, **17**(1).

Mingers, J. (1992). "The problems of social autopoiesis." *International Journal of General Systems*, **21**: 229-36.

_____. (1995). *Self-Producing Systems*. Nova York: Plenum.

_____. (1997). *Self-Producing Systems: Implications and Applications of Autopoiesis*. Nova York: Plenum.

Mofid, K. e S. Szeghi (2010). "Economics in crisis: what do we tell the students?", Share the World's Resources (www.stwr.org).

Monod, J. (1971). *Chance and Necessity*. Nova York: Knopf.

Morgan, C. L. (1923). *Emergent Evolution*. Londres: Williams and Norgate.

Morgan, G. (1998). *Images of Organizations*. São Francisco, CA: Berrett-Koehler.

Morowitz, H. (1992). *Beginnings of Cellular Life*. New Haven, CT: Yale University Press.

Moyers, B., B. Flowers, e D. Grubin (1993). *Healing and the Mind*. Nova York: Doubleday.

Mulder-Sibanda, M., F. S. Sibanda-Mulder, L. D'Alois, e D. Verna (2002). "Malnutrition in food surplus areas." *Food and Nutrition Bulletin*, **23**(3), 253-61.

Muller, N., R. Mendelsohn, e W. Nordhaus (2011). "Environmental accounting for pollution in the United States economy." *American Economic Review*, **101**(5), 1.649-75.

Myers, N. e J. Kent (2009). *Perverse Subsidies*. Washington, DC: Island Press.

Nader, L., org. (2010). *The Energy Reader*. Malden, MA: Wiley-Blackwell.

Needham, J. (1962). *Science and Civilisation in China*, vol. II. Cambridge: Cambridge University Press.

Newman, P. e J. Kenworthy (1998). *Sustainability and Cities*. Nova York: Island Press.

Newton, I. (1952/1730). *Opticks: A Treatise of the Reflections, Refractions, Inflections & Colours of Light*, reimpresso em Nova York: Dover, da 4ª ed., com apresentação por Albert Einstein e prefácio de I. Bernard Cohen.

_____. (1999/1687). *The Principia: Mathematical Principles of Natural Philosophy*, traduzido por I. Bernard Cohen e A. Whitman, com a ajuda de J. Budenz; precedido por um guia para os *Principia* de Newton escrito por I. Bernard Cohen. Berkeley, CA: University of California Press.

Nicolis, G. e I. Prigogine (1977). *Self-Organization in Non-equilibrium Systems*. Nova York: Wiley.

Noble, D. (2006). *The Music of Life*. Oxford University Press.

Noyes, R. M. (1989). "Some models of chemical oscillators." *Journal of Chemical Education*, **66**: 190-91.

Ntarlagiannis, D., E. A. Atekwana, E. A. Hill, e Y. Gorby (2007). "Microbial nanowires: is the subsurface 'hardwired'?" *Geophysical Research Letters*, **34**(17).

Oberholzer, T., M. Albrizio, e P. L. Luisi (1995). "Polymerase chain reaction in liposomes." *Current Biology*, **2**: 677-82.

Odum, E. (1953). *Fundamentals of Ecology*. Filadélfia: Saunders.

Oparin, A. I. (1924). *Proishkhozhddenie Zhisni*. Moskowski Rabocii (1938) (traduzido como *The Origin of Life*. Nova York: Dover, 1957).

Opinion Research Corporation (2007). *A Post-Fossil-Fuel America: Are Americans Ready to Make the Shift?* Princeton, NJ.

Oppenheimer, J. R. (1954). *Science and the Common Understanding*. Nova York: Oxford University Press.

Oreskes, N. e E. Conway (2010). *Merchants of Doubt*. Nova York: Bloomsbury.

Ornish, D. (1998). *Love and Survival*. Nova York: HarperCollins.

Orr, D. (1992). *Ecological Literacy*. Albany, NY: State University of New York Press.

_____. (2002). *The Nature of Design*. Nova York: Oxford University Press.

Oyama, S., E. Paul, P. E. Griffiths, e R. D. Gray, orgs. (2003). *Cycles of Contingency: Developmental Systems and Evolution*. Cambridge, MA: MIT Press.

Paley, W. (1802). Natural theology, or, Evidences of the existence and attributes of the Deity: collected from the appearances of nature. Filadélfia: H. Maxwell (12ª ed., Charlottesville, VA: Ibis, 1986).

Pauli, G. (1998). *Upsizing*. Sheffield: Greenleaf.

Peitgen, H. -O. e P. Richter (1986). *The Beauty of Fractals*. Nova York: Primavera.

Peitgen, H. -O., H. Jurgens, D. Saupe, e C. Zahlten (1990). *Fractals: An Animated Discussion*, VHS/Color/63 minutes. Nova York: Freeman.

Pelletier, K. (2000). *The Best Alternative Medicine*. Nova York: Simon and Schuster.

Penrose, R. (1994). *Shadows of the Mind: A Search for the Missing Science of Consciousness*. Nova York: Oxford University Press.

Penrose, R., S. Hameroff, e S. Kak, orgs. (2011). *Consciousness and the Universe*, Cambridge, MA: Cosmology Science.

Pert, C. (1997). *Molecules of Emotion*. Nova York: Scribner.

Pert, C., H. E. Dreher, e M. Ruff (1998). "The psychosomatic network." *Alternative Therapies in Health and Medicine*, **4**(4).

Petto, A. J. e R. L. Godfrey (2007). *Scientists Confront Intelligent Design and Creationism*. Nova York: Norton.

Petzinger, T. (1999). *The New Pioneers*. Nova York: Simon & Schuster.

Pieper, D. H. e W. Reineke (2000). "Engineering bacteria for bioremediation." *Current Opinion in Biotechnology*, **11**(3): 262-70.

Pievani, T., *in* Charles Darwin, *L'origine delle specie. Abbozzo del 1842. Lettere 1844-1858. Comunicazione del 1858*. Torino: Einaudi, 2009.

_____. (2011). *La vita inaspettata*. Milano: Cortina.

Pigliucci, M. e G. B. Müller (2010). *Evolution: The Extended Synthesis*. Cambridge, MA: MIT Press.

Polanyi, K. (1968). *Primitive, Archaic, and Modern Economics*. Nova York: Doubleday/Anchor.

Postman, N. (1992). *Technopoly*. Nova York: Knopf.

Pressman, E. K., I. M. Levin, e L. S. Sandakchiev (1973). "Reassembly of an *Acetabularia mediterranea* cell from the nucleus, cytoplasm, and cell wall." *Protoplasma*, **76**: 34-41.

Pretty, J., J. Morrison, e R. Hine (2003). "Reducing food poverty by increasing agricultural sustainability in the development countries." *Agriculture, Ecosystems and Environment*, **95**: 217-34.

Prigogine, I. (1980). *From Being to Becoming*. São Francisco, CA: Freeman.

_____. (1989). "The philosophy of instability." *Futures*, **21**(4): 396-400.

Prigogine, I. e P. Glansdorff (1971). *Thermodynamic Theory of Structure, Stability and Fluctuations*. Nova York: Wiley.

Prigogine, I. e I. Stengers (1984). *Order out of Chaos*. Nova York: Bantam.

Primas, H. (1998). "Emergence in exact natural sciences." *Acta Politechnica Scandinavica*, **91**: 86-7.

Qiu, X., D. C. Rau, A. V. Parsegian, L. T. Fang, C. M. Knobler, e W. M. Gelbart (2011). "Saltdependent DNA–DNA spacings in intact bacteriophage λ reflect relative importance of DNA self-repulsion and bending energies." *Physical Review Letters*, **106**(2): 28.102-11.

Quack, M. (2002). "How important is parity violation for molecular and biomolecular chirality?" *Angewandte Chemie*, **41**: 4.618-30.

Quack, M. e J. Stohner (2003a). "Combined multidimensional anharmonic and parity violating effects in CDBrClF. "*Journal of Chemical Physics*, **119**: 11.228-240.

_____. (2003b). "Molecular chirality and the fundamental symmetries of physics: influence of parity violation on rotovibrational frequencies and thermodynamic properties." *Chirality*, **15**: 375-76.

Rahula, W. (1967). *What the Buddha Taught*, 2ª ed. ampliada. Londres: Gordon Fraser.

Raine, D. e P. L. Luisi (2012). "Open questions on the origin of life (OQOL)." *Origins of Life and Evolution of the Biosphere*, **42**: 379-83.

Ramonet, I. (2000). "The control of pleasure." *Le Monde Diplomatique*, maio.

Randall, J. H. (1976). *The Making of the Modern Mind*. Nova York: Columbia University Press.

Register, R. (2001). *Ecocities*. Berkeley, CA: Berkeley Hills Books.

Register, R. e B. Peeks, orgs. (1997). *Village Wisdom/Future Cities*. Oakland, CA: Ecocity Builders.

Revonsuo, A. e M. Kamppinen, org. (1994). *Consciousness in Philosophy and Cognitive Neuroscience*. Hillsdale, NJ: Lawrence Erlbaum.

Rich, A. (1977). *Of Woman Born*. Nova York: Norton.

Richardson, G. P. (1992). *Feedback Thought in Social Science and Systems Theory*. Filadélfia: University of Pennsylvania Press.

Rifkin, J. (2011). *The Third Industrial Revolution*. Nova York: Palgrave Macmillan.

Riggs, A. D., R. A. Martienssen, e V. E. A. Russo (1996). *Epigenetic Mechanisms of Gene Regulation*, Introdução. Cold Spring Harbor, NY: Cold Spring Harbor Laboratory Press.

Riste, T. e D. Sherrington, org. (1996). *Physics of Biomaterials: Fluctuations, Self-Assembly and Evolution*. Nato Science Series: E, Applied Sciences. Dordrecht: Kluwer.

Robbins, J. (2001). *The Food Revolution*. Berkeley, CA: Conari Press.

Ross, N. W. (1966). *Three Ways of Asian Wisdom*. Nova York: Simon & Schuster.

Roszak, T. (1969). *The Making of a Counter Culture*. Nova York: Doubleday (edição de 1995, Berkeley, CA: University of California Press).

Ruiz-Mirazo, K. e P. L. Luisi, orgs. (2009). *Open Questions on the Origins of Life*. Edição: *Origins of Life and Evolution of Biospheres*, **40**(4-5): 353-497.

Runion, G. E. (1972). *The Golden Section and Related Curiosa*. Glenview, IL: Scott, Foresman and Co.

_____. (1990). *The Golden Section*. Palo Alto, CA: Dale Seymour Publications.

Russell, B. (1961). *History of Western Philosophy*. Londres: Allen & Unwin.

Sachs, J. (2011). *The Price of Civilization*. Nova York: Random House.

Sachs, W., org. (1992). *The Development Dictionary*. Londres: Zed Books.

Schilp, P. A., org. (1949). *Albert Einstein: Philosopher-Scientist*. Evanston, IL: Library of Living Philosophers.

Schilthuizen, M. e A. Davison (2005). "The convoluted evolution of snail chirality." *Naturwissenschaften*, **92**(11): 504-15.

Schneider, S., J. Miller, E. Christ, e P. Boston, org. (2004). *Scientists Debate Gaia: The Next Century*. Cambridge, MA: MIT Press.

Schopf, J. W. (1992). "Paleobiology of the Archean, in J. W. Schopf e C. Klein, orgs., *The Proterozoic Atmosphere: A Multidisciplinary Study*. Cambridge University Press, pp. 25-39.

_____. (1993). "Microfossils of the early archean apex chert: new evidence of the antiquity of life." *Science*, **260**: 640-6.

_____. (2002). "When did life begin?", in J. W. Schopf, org., *Life's Origin: The Beginnings of Biological Evolution*. Londres: University of California Press, pp. 158-77.

Schröder, J. (1998). "Emergence: non-deducibility or downward causation?" *Philosophical Quarterly*, **48**: 434-52.

Schumacher, E. F. (1975). *Small Is Beautiful*. Nova York: Harper & Row.

Scruton, R. (2009). *Beauty*. Nova York: Oxford University Press.

Seager, S. (2010). *Exoplanets*. Tucson, AZ: University of Arizona Press.

Searle, J. (1984). *Minds, Brains, and Science*. Cambridge, MA: Harvard University Press.

_____. (1995). "The mystery of consciousness." *New York Review of Books*, 2 e 16 de novembro.

Sen, J. e P. Waterman, org. (2009). *World Social Forum: Challenging Empires*. Montreal: Black Rose Books.

Senge, P. (1990). *The Fifth Discipline*. Nova York: Doubleday.

Shapiro, R. (1984). "The improbability of prebiotic nucleic acid synthesis." *Origins of Life*, **14**: 565-70.

_____. (1988). "Prebiotic ribose synthesis: a critical analysis." *Origins of Life*, **18**: 71-85.

Shear, J. e R. Jevning (1999). "Pure consciousness: scientific exploration of meditation techniques." *Journal of Consciousness Studies*, **6**(2-3), 189-209.

Shimizu, Y., A. Inoue, Y. Tomari, *et al.* (2001). "Cell-free translation reconstituted with purified components." *Nature Biotechnology*, **19**: 751-55.

Shiner, E. K., K. P. Rumbaugh, e S. C. Williams (2005). "Interkingdom signaling: deciphering the language of acyl homoserine lactones." *FEMS Microbiology Review*, **29**: 935-47.

Shiva, V. (1993). *Monocultures of the Mind: Biodiversity, Biotechnology and Agriculture*. Nova Délhi: Zed Press.

_____. (1997). *Biopiracy*. Boston: South End Press.

_____. (2000). "The world on the edge", *in* Hutton e Giddens, *Global Capitalism*.

_____. (2005). *Earth Democracy*. Cambridge, MA: South End Press.

_____. org. (2007). *Manifestos on the Future of Food and Seed*. Brooklyn, NY: South End Press.

Siderits, M., E. Thompson, e D. Zahavi (2011). *Self, No Self? Perspectives from Analytical, Phenomenological, and Indian Traditions*. Nova York: Oxford University Press.

Siegel, D. (2010). *Mindsight*. Nova York: Bantam.

Simms, A. (1999). *Selling Suicide*. Londres: Christian Aid.

Smith, D. G. (1998). "The shareholder primacy norm." *Journal of Corporation Law*, **23**(2).

Smith, H. O., C. A. Hutchinson, III, C. Pfannkoch, e C. J. Venter (2003). "Generating a synthetic genome by whole genome assembly: phiX174 bacteriophage from synthetic oligonucleotides." *Proceedings of the National Academy of Sciences of the United States of America*, **100**: 15.440-45.

Smith, R. S. e B. H. Iglewski (2003). "*P. aeruginosa* quorum sensing systems and virulence." *Current Opinion in Microbiology*, **6**: 56-60.

Smith, T. M. e R. L. Smith (2006). *Elements of Ecology*, 6ª ed. São Francisco, CA: Pearson - Benjamin Cummings.

Smolin, L. (2004). "Scientific alternatives to the anthropic principle." hep-th/0407213.

_____. (2006). *The Trouble With Physics*. Nova York: Houghton Mifflin.

Snow, C. P. (1960). *The Two Cultures*. Cambridge University Press.

Sonea, S. e M. Panisset (1993). *A New Bacteriology*. Burlington, MA: Jones and Bartlett.

Spencer, H. (1891/1854). *Essays: Scientific, Political and Speculative*. Library Edition. Londres: Williams and Norgate, vol. II.

_____. (1857). "Progress: its law and cause." *Westminster Review*, **67**: 445-85.

Spencer, J. e J. Jacobs, orgs. (1999). *Complementary/Alternative Medicine*. St. Louis, MO: Mosby.

Sperry, R. W. (1986). "Discussions: macro-versus micro-determinism." *Philosophy of Science*, **53**: 265-70.

Spretnak, C., org. (1981). *The Politics of Women's Spirituality*. Nova York: Anchor/Doubleday.

Stano, P., S. Bufali, C. Pisano, *et al.* (2004). "Novel camptothecin analogue (gimatecan)-containing liposomes prepared by the ethanol injection method." *Journal of Liposome Research*, **14**: 87-109.

Stano, P. e P. L. Luisi, orgs. (2007). "Basic questions about the origins of life: proceedings of the Erice International School of Complexity." *Origins of Life and Evolution of Biospheres*, **37**: 303-07.

_____. (2008). "Self-reproduction of micelles, reverse micelles, and vesicles: compartments disclose a general transformation pattern", *in* A. Leitmannova Liu, org., *Advances in Planar Lipid Bilayers and Liposomes*, vol. VII. Amsterdã: Elsevier Academic Press, pp. 221-63.

Steffen, W., A. Sanderson, P. Tyson, *et al.* (2004). *Global Change and the Earth System*. Berlim: Springer.

Steindl-Rast, D. (1990). "Spirituality as common sense." *The Quest*, **3**(2).

Steingraber, S. (2012)." The whole fracking enchilada", *in* Butler *et al.*, *Energy*.

Stern, N. (2006). *The Stern Review on the Economics of Climate Change*. Londres: HM Treasury.
Sternberg, E. (2000). *The Balance Within*. Nova York: Freeman.
Stewart, I. (2002). *Does God Play Dice?*, 2ª ed. Malden, MA: Blackwell.
_____. (1998). *Life's Other Secret*. Nova York: Wiley.
_____. (2011). *The Mathematics of Life*. Nova York: Basic Books.
Stiglitz, J. (2012). *The Price of Inequality*. Nova York: Norton.
Stone, M. (2009). *Smart by Nature: Schooling for Sustainability*. Berkeley, CA: Watershed Media.
Stone, M. e Z. Barlow, orgs. (2005). *Ecological Literacy*. São Francisco, CA: Sierra Club Books.
Strogatz, S. (1994). *Nonlinear Dynamics and Chaos*. Cambridge, MA: Perseus.
_____. (2001). "Exploring complex networks." *Nature*, **410**: 268-76.
Strohman, R. (1997). "The coming Kuhnian revolution in biology." *Nature Biotechnology*, **15**: 194-200.
Stryer, L. (1975). *Biochemistry*. Nova York: Freeman.
Suzuki, D. T. (1963). *Outlines of Mahayana Buddhism*. Nova York: Schocken Books.
Suzuki, D. e H. Dressel (1999). *From Naked Ape to Superspecies*. Toronto: Stoddart.
Suzuki, S. (1970). *Zen Mind, Beginner's Mind*. Nova York: Weatherhill.
Talbot, M. (1980). *Mysticism and the New Physics*. Londres: Routledge & Kegan Paul.
Taylor, F. (1911). *Principles of Scientific Management*. Nova York: Harper & Row.
Tegmark, M. (2003). "Parallel universes." *Scientific American*, 14 de abril.
Teuscher, C., org. (2010). *Alan Turing: Life and Legacy of a Great Thinker*. Nova York: Springer.
Thompson, D. (1917). *On Growth and Form*. Cambridge University Press (edição resumida, org. J. T. Bonner, Cambridge University Press, 1961).
Thompson, E. (2007). *Mind in Life*. Cambridge, MA: Belknap Press of Harvard University Press.
Thompson, E. e F. J. Varela (2001). "Radical embodiment: neural dynamics and consciousness." *Trends in Cognitive Sciences*, **5**: 418-25.
Tokar, B., org. (2001). *Redesigning Life?* Nova York: Zed.
Tomasello, M. (1999). *The Cultural Origins of Human Cognition*. Cambridge, MA: Harvard University Press.
Tononi, G. e G. Edelman (1998). "Consciousness and complexity." *Science*, **282**: 1.846-51.
Toyota, H., M. Hosokawa, I. Urabe, e T. Yomo (2008). "Emergence of polyproline II-like structure at early stages of experimental evolution from random polypeptides." *Molecular Biology and Evolution*, **25**(6): 1.113-19.
Tranter, G. E. (1985). "The parity-violating energy difference between enantiomeric reactions." *Chemical Physics Letters*, **115**: 286-90.
Tucker, R., org. (1972). *The Marx-Engels Reader*. Nova York: Norton.
Turing, A. (1950). "Computing machinery and intelligence." *Mind: A Quarterly Review of Psychology and Philosophy*, **59**(236): 433-60.
Union of Concerned Scientists (2013). The Rise of Superweeds — and What to Do About It. Policy Brief. www.ucusa.org/superweeds.
United Nations Development Programme (UNDP) (1996). *Human Development Report*. Nova York: Oxford University Press.
_____. (1999). *Human Development Report*. Nova York: Oxford University Press.
Van der Ryn, S. e S. Cowan (1996). *Ecological Design*. Washington, DC: Island Press.
Varela, F. (1995). "Resonant cell assemblies." *Biological Research*, **28**: 81-95.
_____. (1996). "Neurophenomenology." *Journal of Consciousness Studies*, **3**(4): 330-49.

_____. (1999). "Present-time consciousness." *Journal of Consciousness Studies*, **6**(2-3): 111-40.

_____. (2000). *El fenomeno de la vida*. Santiago, Chile: Dolmen.

Varela, F. J., H. R. Maturana, e R. B. Uribe (1974). "Autopoiesis: the organization of living systems, its characterization and a model." *Biosystems*, **5**: 187-96.

Varela, F. e J. Shear (1999). "First-person methodologies: what, why, how?" *Journal of Consciousness Studies*, **6**(2-3): 1-14.

Varela, F. J., E. Thompson, e E. Rosch (1991). *The Embodied Mind*. Cambridge, MA: MIT Press.

Veomett, G., D. M. Prescott, J. Shay, e K. R. Porter (1974). "Reconstruction of mammalian cells from nuclear and cytoplasmic components separated by treatment with cytochalasin B." *Proceedings of the National Academy of Sciences of the United States of America*, **71**: 1.999-2.002.

Vernadsky, V. (1986/1926). *The Biosphere*. Oracle, AZ: Synergetic Press.

Vrooman, J. R. (1970). *René Descartes*. Nova York: Putnam.

Waddington, C. H. (1939). *An Introduction to Modern Genetics*. Nova York: Macmillan.

_____. (1953). The epigenotype. *Endeavour*, **1**: 18-20.

_____. (1957). *The Strategy of the Genes*. Londres: George Allen & Unwin.

Waks, Z. e P. A. Silver (2009). "Metabolic engineering of microorganisms for biofuels production." *Applied Environmental Microbiology*, **75**(7): 1.867-75.

Walde, P., R. Wick, M. Fresta, A. Mangone, e P. L. Luisi (1994). "Autopoietic self-reproduction of fatty acid vesicles." *Journal of the American Chemical Society*, **116**: 11.649-54.

Ward, P. e D. Brownlee (2000). *Rare Earth*. Nova York: Copernicus.

Warkentin, C. e K. Mingst (2000). "International institutions, the state, and global civil society in the age of the World Wide Web." *Global Governance*, **6**: 237-57.

Watson, A. e J. Lovelock (1983). "Biological homeostasis of the global environment: the parable of Daisyworld." *Tellus*, **35B**: 284-89.

Watson, J. (1968). *The Double Helix: A Personal Acccount of the Discovery of the Structure of DNA*. Nova York: Atheneum.

Watson, S. (1995). *The Birth of the Beat Generation*. Nova York: Pantheon.

Watts, A. (1957). *The Way of Zen*. Nova York: Vintage Books.

Weatherall, D. (1998). "How much has genetics helped?" *Times Literary Supplement*, 30 de janeiro.

Weber, C. e H. Scott Matthews (2008). "Food miles and the relative climate impacts of food choices in the United States." *Environmental Science and Technology*, **42**: 3.508-13.

Weber, M. (1976/1905). *The Protestant Ethic and the Spirit of Capitalism*. Nova York: Scribner.

Weil, A. (1995). *Spontaneous Healing*. Nova York: Knopf.

_____. (2009). *Why Our Health Matters*. Nova York: Hudson.

Weinberg, S. (1987). "Anthropic bound on the cosmological constant." *Physical Review Letters*, **59**(22): 2.607-10.

Weiss, P. (1971). *Within the Gates of Science and Beyond*. Nova York: Hafner.

_____. (1973). *The Science of Life*. Mount Kisco, NY: Futura.

Weissbuch, I., H. Zepik, G. Bolbach, *et al.* (2003). "Homochiral oligopeptides by chiral amplification within two-dimensional crystalline self-assemblies at the air-water interface; relevance to biomolecular handedness." *Chemistry*, **9**(8): 1.782-94.

Wenger, É. (1998). *Communities of Practice*. Cambridge University Press.

Westhof, E. e N. Hardy, orgs. (2004). *Folding and Self-Assembly of Biological Macromolecules*. Hackensack, NJ: World Scientific Publishing.

Wheatley, M. (1999). *Leadership and the New Science*. São Francisco, CA:Berrett-Koehler.

Wheatley, M. e M. Kellner-Rogers (1998). "Bringing life to organizational change." *Journal of Strategic Performance Measurement*, abril/maio.

Whitehead, A. N. (1929). *Process and Reality*. Nova York: Macmillan (reimpresso em 1960).

Whitesides, G. e M. Boncheva (2002). "Beyond molecules: self-assembly of mesoscopic and macroscopic components." *Proceedings of the National Academy of Sciences of the United States of America*, **99**: 4.769-74.

Whitesides, G. e B. Grzybowski (2002). "Self-assembly at all scales." *Science*, **295**: 2.418-21.

Wiener, N. (1948). *Cybernetics*. Cambridge, MA: MIT Press (reimpresso em 1961).

_____. (1950). *The Human Use of Human Beings*. Nova York: Houghton Mifflin.

Wilder-Smith, A. E. (1968). *Man's Origin, Man's Destiny*. Wheaton, IL: Harold Shaw.

_____. (1987). *The Scientific Alternative to Neo-Darwinian Evolutionary Theory*. Costa Mesa, CA: The Word for Today Publishers.

Williams, R. (1981). *Culture*. Londres: Fontana.

Wilson, D. e D. A. Reeder (1993). *Mammal Species of the World*, 2ª ed. Washington, DC: Smithsonian Institute Press.

Wilson, E. O. (1975). *Sociobiology: The New Synthesis*. Watertown, MA: Harvard University Press (edição para o 25º aniversário, publicada em 2000).

Wimsatt, W. C. (1972). "Complexity and organization", *in* K. F. Schaffner e R. S. Cohen, orgs., *Proceedings of the Philosophy of Science Association*. Boston Studies in the Philosophy of Science. Dordrecht: Reidel, pp. 67-86.

_____. (1976). "Reductionism, levels of organization, and the mind-body problem", *in* G. Globus, G. Maxwell, e I. Savodinik, org., *Consciousness and the Brain*. Nova York: Plenum Press, pp. 205-66.

Windelband, W. (2001/1901). *A History of Philosophy*. Cresskill, NJ: Paper Tiger.

Winfree, A. T. (1984). "The prehistory of the Belousov-Zhabotinsky oscillator." *Journal of Chemical Education*, **61**: 661-63.

Winner, L. (1977). *Autonomous Technology*. Cambridge, MA: MIT Press.

World Commission on Environment and Development (1987). *Our Common Future*. Nova York: Oxford University Press.

Wrangham, R. e D. Peterson (1996). *Demonic Males*. Nova York: Houghton Mifflin.

Zukav, G. (1979). *The Dancing Wu Li Masters*. Nova York: Morrow.

Índice Remissivo

Nota: os números de páginas em *itálico* referem-se a figuras e tabelas; os números em **negrito** referem-se a quadros.

350.org 511-3
abalone, concha de 559
abelhas, população das 200
Abraham, Ralph 155
acaso
   aleatória 265-6
   mutação 268
Acetabularia mediterranea, remontagem da 197
ácidos nucleicos 192-3
   sistema operacionalmente fechado 283
acionistas *veja* corporações
acoplamento estrutural 175, 316
actina, auto-organização 196, 197
agência humana, teoria da estruturação 371
Agressão
   chimpanzés 307
   efeitos secundários 307-8
   humana 306-8
   masculina 307
agricultáveis, produtividade de terras 518
agricultura com ajuda da spirulina 553
agricultura orgânica
   renascimento da 549-50
   sustentabilidade 548
   veja também agroecologia
agricultura sustentável
   promoção da 487
   veja também agroecologia
agricultura
   agricultura química 537-8
   biotecnologia na 539-43
   camponesa 549
   engenharia genética 539
   industrial 537-8, **546**
   monocultura(s) 537-8, **547**

organismos geneticamente modificados (OGMs) 539-42
   riscos 541
agronegócio, fome mundial 542-3
agroquímicas
   agroecologia 535-6
   agroquímicos 537-8
   alternativa sustentável 543-8
   diversificação 548
   princípios 548
   promoção da 487
   resiliência diante dos extremos climáticos 548-9
   sementes de vida **545**
   vendas com OGMs 539-40, 541-2
água
   escassez de 451
   formação da 273-4
Aguilar, Alfonso 180
Além do Carvão 513-4
alga(s)
   flutuações na população 438
   oceânicas *432*, 432
álgebra 135-6
   números complexos 158-60
alimentação, relações de 96-7
alimentares, cadeias 34, 96-7, 422-3
alimentares, ciclos 34, 96-7, 422-3, *424*
alimentares, teias 34, 97, 422
   funções componentes 428
alimentos
   biotecnologia de 539-40
   preços dos 452
alimentos, crise dos
   global 535-6, 542-3

veja também segurança alimentar
alimentos, produção de
   concentração da propriedade de 543
   fome mundial 542-3
   global 543, **545**
alma
   animal 320
   humana 320
   na filosofia grega 28
   natureza da 347
   teoria da cognição de Santiago 318-9
   vegetativa 320
Alternatives to Economic Globalization, relatório 490-1
Altieri, Miguel 537, 539
altruísmo 256-7, 309
aminoácidos
   condensação química *240*
   formação de, em laboratório 277, *278*
   na estrutura das proteínas 287
   quiralidade *215*, 215-6
   sequências de, em enzimas 279
Amoeba proteus, remontagem da 197
amor
   característica humana 309
   na filosofia budista 360
anatomia comparativa 33
ancestral comum 231, 236
Anfinsen, Chris 193
ângulos de torsão **241**
anima 28
antissindical, legislação 474
antrópico, princípio 273-4
Aquino, Tomás de 29, 43
archaea 242, **256**
Arendt, Hannah 386
aristocrática, ideologia 494
   desmoronamento da 494
Aristóteles 29, 43, 263
   conceito de alma em 318-9
   fatores determinantes do ser humano 305
   quatro causas 376-7
   silogismo 337-8
armas nucleares **507**, 508
arquitetura verde 557
arte
   busca pela beleza e pela harmonia (a) 311-2
   paleolíticas, cavernas 304-5, *305*, 311
artes, alfabetização ecológica 441-2
ártica, região, aquecimento da **478-9**

árvore da vida *232*, **232**
   domínios *242*
Ashby, Ross 128, 132
assimetria 216
   espirais 217, 226
assistência à saúde básica 417
assistência social à saúde 411-5
astrologia 345
astronomia 345-6
   ascensão da 30, 43-4, 345-6
atmosfera da Terra 207, 429, 431
atômica, hipótese 55
atômicos, fenômenos 99-100, 102-3
átomo(s) 102-3
   componentes dos 102
   investigação dos 100-1
   partículas alfa 100
   partículas subatômicas 103-4
      colisões de 108
      energia 107
atrator(es) **148-9**, 150-1, 154
   análise qualitativa 153-4
   atrator de Ueda 150-1, *152*, 153
   atratores de Lorenz 153, *154*
   atratores estranhos 150-1, 153
atratores de Lorenz 153, *154*
atratores de Ueda 151-2, *152*, 153
áurea, espiral *222*, 223, 225
áurea, razão 220-1, **221**, *221*, *222*, **223**, 223, 225
áurea, seção **221**, *221*, 220-1, **223**, 223
áureo ângulo 220-3
   espiral, padrão em 225
áureo, retângulo **223**
Australopithecus 301
   na evolução humana 368
   tamanho do cérebro 311
autoafirmação 37-8
autocatálise, auto-organização 193-5
autodeterminação humana 382
automontagem *veja* auto-organização
automotiva, revolução 524-7
auto-organização 94, 129-31, 187-91, **191**, 192-3
   aspectos dinâmicos 187-8
   autocatálise 193-5
   controle cinético 197-8
   controle termodinâmico 187, 197
   critérios de vida 210
   ecossistemas 427
   emergência 173, 187
   emergência de conceitos 132

Gaia 207-9
molecular 187-90, **191**, 192
padrão de rede nas células 375
química pré-biótica 283-4
redes 134
sinergia com a emergência 227
sistemas biológicos 192-3
  complexa 196-8
sistemas complexos 196-8
sistemas dinâmicos 202-9, **211-4**
sistemas não lineares 139-40
autopercepção, consciência 320-1, 323
autopoiese
  autopoiética 169-70, 174-5
  característica que define 428-9
  células mínimas 287-8
  cognição 181-3, 315, 316
  condição para a vida 178-9
  critérios 178-80
    de vida 210
  domínio social 380-1
  ecossistemas 428-9
  envelhecimento 178
  Gaia 432-3
  Gaia, teoria de 429-32
  modos dinâmicos *179*
  morte 180, 181
  reações químicas 181
  rede de reações químicas 375
  rede planetária 433
  rede(s) social(is) 379-80, 381
  reprodução 179-80
  sistema operacionalmente fechado 283
  sistemas vivos 373-5
autopoiese social 176-7, 380-1
autopoiética, unidade, trilogia da vida 375
autorregulação
  homeostase 125
  teoria de Gaia 207-8
autossimilaridade 156, 223-4
Aviões
  eficiência energética 526
  mudança de combustível 526-7
axonema, flagelo de uma bactéria *196*
  auto-organização 196
  propriedades emergentes 200-1

Bacon, Francis 31, 43-4, 44, *46*
Bactéria(s)
  cianobactérias azuis-verdes 266-7
  erosão de rochas 432

evolução da vida 242
fermentação 64
flagelo(S)
  axonema *196*, 196, 200-1
  evolução 263
  fundir simbioticamente com células maiores 255-6
  genes, intercâmbios laterais de 243, 269
  metabólica, rede 170, *171*
  microcosmo, idade do 299
  mutação aleatória 243
  processos metabólicos da biosfera 430
  quorum sensing 206
  recombinação de DNA 243
  sobrevivência das 433
Banco Mundial 467
  propostas de limitação dos poderes do 491-2
bancos comunitários 495
bancos
  comunitários 495, **498**
  de propriedade estatal **498**
Bateson, Gregory 122-3, 126
  conceito de mente 314, 315
  termo "mente" 315-6
Bateson, Patrick **249-54**
Bateson, William 65
Beleza, busca pela 311-2
Belousov, Boris 206-7
Belousov-Zhabotinsky, reação de 187, 206-7
bem comum
  bens comuns globais 491
  propriedade privada 495
bem público
  bens comuns globais 491
  papel da corporação 494
  propriedade privada 495
Bénard, células de 202-3, *205*, 205
  veja também bruxeladores
Bénard, convecção de 187, 205
Bénard, Henri 205
Benedetti, Fabrizio 406, **406-7**
bens comuns globais 491
bens
  bens comuns globais 491
  propriedade 552
Benyus, Janine 558-9, 561-2
Bernard, Claude 64
Bertalanffy, Ludwig von 34, 35
  teoria geral dos sistemas 117, 118-9
betume, mineração do 511
bifurcação, pontos de 154-5, 203, *204*

desordem 203-4
ecossistemas 427
relação entropia
Big Bang 274
biocombustíveis 452
biodiversidade 267-8
bioengenharia 243-4
biogeoquímicos, ciclos 430
biologia
    do desenvolvimento 196
    evolucionista 64
    simetria na 218
    veja também biologia molecular; biologia organísmica; biologia sintética
biologia do desenvolvimento 247
biologia molecular 35, 65-6, 71-2
    dogma central da 70, 241-2, 246-6
biologia molecular, dogma central da 69, 241-2, 246-7
biologia organísmica 34, 93, 94-5
    emergência da ecologia 96
    debate com o vitalismo 94
    pensamento sistêmico 95-6
biologia sintética 286-96
    construção de células mínimas 287-90
    metabolismo celular 290-3
    proteínas 291-4
    química 287
    técnicas 286-7
biológico, desenvolvimento 457-8
bioluminescência na *Vibrio fischeri* 206
biomas 424
biomatemática 217
biomédico, modelo 69, 398, 399-400, **412**
biomimética 551-4
    avanços na 561-2
    novas biotecnologias 559-60
bioquímica 32-3, 63-4
biosfera 97, 424, 430
    danos provocados na, por atividades econômicas 476
    padrões não lineares 448
    processos metabólicos da 430
biotecnologia vegetal 541-2
biotecnologia
    alimentos 539-40
    biomimética 559-60
    fome mundial 542-3
    monopolização 543
    na agricultura 539-43
    plantas 541-2
    riscos 541
biotecnologia, indústria de 403
Bitbol, Michel **330-2**
Blake, William 33, 381-2
Bloomberg, Michael (prefeito de Nova York) 514-5
Blue Planet Prize 454-5
Bogdanov, Alexander 117-8
Bohr, Niels 99, 101, 354
    complementaridade, noção de 102-3
bonobos, ausência de agressividade nos 307
Borelli, Giovanni 61
Braungart, Michael 554-5
Bretton Woods, instituições de 467
    propostas para reestruturas 491-2
Broad, C. D. 95
Broglie, Louis de 101
Brower, David 299-300
Brown, Lester 434, 447-8, 477, 514, 563
    Plano B 519
Brownlee, Donald 274
Brundtland Report [Relatório Brundtland] 434, 456
Bruno, Giordano 350, 352
bruxas 352
bruxeladores 202-3, 205
Bryopsis maxima, remontagem da 197
budismo
    amor 360
    ciência e 356-7, **357-8**, 359-60
    compaixão 360
    consciência 328, 356, **357-8**
    Dalai Lama 356, **357-8**, 359
    difusão do, no Ocidente 359
    eu 360
    experiência mística 348
    filosofia 359-60
    meditação 356-7
    originação codependente 360
    tibetano 359
    tolerância no 360
    zen 359
burocracia 87

café colombiana, fazenda(s) de 553, *554*
cálculo 137-8
cálculo diferencial 137-8
Calvert-Henderson Quality of Life Indicators [Indicadores Calvert-Henderson de Qualidade de Vida] 456
caminhada aleatória 241

caminhões
  eficiência energética 526
  mudança de combustível 526-7
Cannon, Walter 64, 125
caos 145-7
  complexidade e 146-7
  efeito borboleta 153
  prever as características qualitativas 156
caos, teoria do 27, 134, 135
  padrões 139
  previsões 153-5
caótico, comportamento 152
Capital (O) (Karl Marx) 81
capitalismo
  ascensão do 77
  mais-valia (ou valor excedente) 81
  teoria de Weber sobre a origem do 87
capitalismo global 463-74, **478-9**, 479-80
  falta de ética do 469
  nascimento do 465
  redes do 463-74, **478-9**, 479-80
Capra, Fritjof 355
  Faculdade Schumacher 365-6
caprilato de etila *194*
carbono (CCS), tecnologias de captura e armazenamento do 505
carbono nas reservas de combustíveis fósseis 482
carbono, átomo(s) de 213-4
  ligação com grupos químicos 215
carbono, imposto sobre o 520
carnívoros 423
Carnot, Sadi 59
carros
  célula de combustível, uso de, em 526-7, **533**
  eficiência do combustível 526
  elétricos 526-7, **533**
  materiais biomiméticos, uso de, em 559
  rede inteligente, uso da 530
  sem petróleo 524-7
cartesiana, certeza 46-7
cartesiana, filosofia 31
  a natureza como uma máquina 49
  divisão entre mente e matéria 48-9, 325
  impasse da economia 83-4
  medicina 69-70
  modelo biomédico da medicina 399
  pensamento analítico, 95-6
  reducionismo 61, 62

visão mecanicista dos organismos vivos 49-50, 61, 62
carvão 504-8
  Além do 513-4
  carvão limpo 505
  eliminação progressiva do 513-4
  Emissões de CO_2 pelo 504-5, 511
  poluentes originados da mineração do 504-5
cassino financeiro 465-9
Castells, Manuel 386-7, 464, 471, 474-5
causação descendente 200-1, 259-60
  emergência e, 200-1
causalidade 104
  ascendente (de baixo para cima) 259
cavernas, arte paleolítica das 304-5, *305*, 311
célula(s)
  automanutenção das 170-2, 269
  celular 171, *174*
  como sistema termodinamicamente aberto *174*, 174
  complexidade das 288
  conceito 170-1
  interdependência fundamental das três perspectivas básicas para uma 375
  membrana semipermeável das 170
  metabolismo 291-4
  não localização 172-3
  propriedade emergente da 200
  reconstituição 197
  rede metabólica 381
  regeneração da 171
  sistemas vivos 379
célula mínima 284
  autorreprodução *288*
  compartimento de 288-9
  componentes aprisionados nas vesículas 291-4
    ferritina 292-3, *293*, 291
    distribuição de Poisson *292*, 291-2
    lei de distribuição de potências 291
  construção 287-9, *289*, 291
  definição 287-8
  enzimas 291
  metabolismo 291-4
  tamanho 291
celular, diferenciação 248
celular, teoria 33, 63
células de combustível, hidrogênio 525-6, **533**
células ressonantes, conjuntos de, modelo de consciência 329, 333
Center for Ecoliteracy (Berkeley, Califórnia) 440-3

centros de aprendizagem da sociedade civil
   global **488**
cérebro
   cibernética do 128-9
   como um computador 329
   crescimento do, nos seres humanos 368
   mecanismos na consciência 321-2
   raízes da consciência 334
   redes 131
   relação com a mente 320
   tamanho do, humano 310-1
   técnicas de estudo não invasivas 322
   teoria da cognição de Santiago 320
cervejarias 553
céu, experiência espiritual 345
Chalmers, David 320
Chauvet (França), Caverna 304-5, *305*
chimpanzés
   agressão entre os 307
   culturais com seres humanos 306
   genoma 306
   semelhanças sociais
chineses, filósofos 23
   valores *yang* 460
Churchland, Patricia 326-7
cianobactérias **256**, 256
   azuis-verdes 266-7
cianobactérias azuis-verdes 266-7
cibernética 34, 35-6, 120-9
   auto-organização 128-30
   desenvolvimento da 120-2
   do cérebro 128-9
   feedback 122-5
      padrões de rede 131
   padrões de organização 120
   processo mental 315
   teoria da informação 127-8
cibernéticas, máquinas 125
cidades
   perda da comunidade 551
   veja também ecocidades
ciência
   ameaças à humanidade 342
   e budismo 356-7, **358**, 359-60
   espiritualidade 342-63
      relação com a dialética 342-3
   fundamentalistas 350, 352
   gerenciamento científico 87-8
   hard, 74
   interconexão de fenômenos 345
   mistério e 345
   paralelismo com o misticismo 354-7
   relação com a teologia cristã 349
   significado de 23-4
   soft 74
   versus religião 350-3
ciência medieval 43
ciências sociais 368-73
   nascimento das 72-6
científico, modelo 24
cinética, auto-organização 197-8
circulação do sangue, descrição de Harvey da 61-2
civilização
   papel da tecnologia na 381-2
   roteiro para salvar a 448
classificação 33
Clements, Frederic 97, 424
Clima
   agroecologia na resiliência diante dos
      extremos 548-9
   climática(os)
   estabilização do, com o Plano B 516-7
   instabilidade 477
   veja também Mundo das Margaridas
clínico geral 417
cloroplastos 256
CO_2
   carvão 504-8, 513
   ciclo do 430-1, *432*
   emissões 477, **480**, 482
   limite superior seguro para a concentração
      atmosférica de 510
   petróleo extraído de areias betuminosas 511
   redução por meio do Plano B 516
código genético 237, **238**
   quebra do 68
cognição 175, *184*, 255, 315-7, 338-9
   autopoiese 181-2, 315, 316
   complexidade 315, 339
   conceito de consciência e 320-9, 333-71
   critérios de vida 210
   dar à luz um mundo 318, 325
   e dimensão social da vida 376
   e interações entre sistemas vivos 318
   e relação com a vida 315
   e teia microbiana da vida 433
   evolução 339
   papel da doença 406
   sopro da vida 318
   trilogia da vida 375
   veja também Santiago, teoria da cognição de
cognitiva, ciência 128, 129, 338-9

cognitiva, linguística 336-8
  mente incorporada 337-8
  metáforas 338
colônias, propriedades emergentes 200
combustão, teoria da 62
combustíveis fósseis 453
  acidentes envolvidos na extração 504
  carbono nas reservas 482
  exploração 502-3
  exploração em ambientes extremos 504
  formação de *lobbies* por corporações 479
  indústria 504
    impacto 479-80
  investimentos nas empresas 511-14
  uso da energia dos EUA **525**
  uso industrial na agricultura 539
  veja também carvão; gás natural; petróleo, produção de
community land trusts 495-96
compaixão, na filosofia budista 360
competitivo, modelo 78-9
complementaridade, conceito de 102-3
complexidade
  auto-organização 196-8
  caos 146-7
  célula 288
  conceito de qualidade 456
  da matéria inanimada à vida celular *272*
  em termodinâmica 138-40
  forma biológica 217
  geração de, por equações não lineares 153
  matemática **114**
  molecular 187
  organizações 390
  organizada 95
  processos cognitivos 315
  propriedades emergentes 95, 197-8
  rede metabólica em uma bactéria 170
  técnica do espaço de fase 147-51
complexidade organizada 95
complexidade, teoria da 13-4, 134-62
  consciência 325, *325*
  ecossistemas 427
  emergência de ordem 155
  não linearidade 125-30
  princípios dinâmicos não lineares 147-54
  veja também fractal, geometria
complexo, plano *161*
comportamento humano 236
comportamento industrioso 75

comportamento(s)
  animal 236
  comunicação 335, 336
  coordenação por meio da linguagem
  determinismo estrutural 176
  industrioso 75
  organismo vivo 381
  regras de 380
  sistemas sociais 380
computador 465
  invenção do 94
  modelamento matemático 465
  o cérebro como 329
  solução de equações não lineares 147
computador, ciência do 121
Comte, Auguste 73-4, 369
comunicação
  coordenação de comportamentos 335, 336
  feedback, ciclos de 381
  hominídeos 337
  mente incorporada 337
  simbólica 335
comunicação, tecnologia da 464
  convergência com novos sistemas de energia 532
comunidade
  alimentando relacionamentos 96-7
  clímax 423
  crescimento 460-3
  ecológica 97, 422, 426, 435-6
  escolaridade para a 441
  futuro sustentável 462-3
  perda em cidades 558
  pertencer a uma 349-50
  religiosa 350
  superorganismos 97
  sustentabilidade 482
  veja também comunidades ecológicas; comunidades humanas
comunidades de prática 391-2
comunidades humanas 435-6
  ciclos de *feedback* 437
  diversidade das 439
  energia solar 437
  interdependência 435-6
conhecimento 347
  aproximado **115**
  empírico-analítico 373
  hermenêutica 373
  interdisciplinar 363
  sede de, como determinante humano 310-1

    significativo 383-4
    teoria crítica do 373
consciência 184, 314
    aglomerados funcionais neurais 329
    análise da experiência vivida 325-6
    autopercepção 320-1, 323
    ciência da 325
    cognição 320-9, 333-6
    corrente de 335
    de ordem superior 323
    determinante humano 309-10
    emergência da 325
    emoções na 334
    escola funcionalista 327
    escola neurofenomenológica 327-8, 330
    escola neurorreducionista 325-6
    escolas de estudo da 325-6
    estendida 323
    estudo científico da 322-3
    experiência de primeira pessoa 328
    experiências subjetivas 325
    fenômeno quântico 328-9
    fenômenos sociais 368
    imagens mentais 335
    ligação com a linguagem 335-6, 368
    ligação evolutiva com fenômenos sociais 368
    mapa neural 334-5
    mecanismos cerebrais 321-2
    mente sem a biologia 328-9
    modelo do núcleo dinâmico 329, 333
    montagem de células ressonantes 329, 333
    natureza da experiência 323-5
    natureza do eu 336
    natureza primária **330-2**
    nucleo 323, 333-5, 339
    pesquisa médica **412**
    primária 323, 329, 339
    problema difícil 321-2, 323-4
    problema fácil 321-2
    protoeu 339
    pulsos 335
    realidade primária 329
    reflexiva 323, 335-6, 339, 368
    significado 321
    significado 376
    teoria da complexidade 325, 325
    teoria neurofisiológica 329
    terminologia 321
    tipos 323
    tradição budista 328, 356, **357**
    tradições espirituais 328, 329

    visão reducionista 322
consciente, experiência
    emergência da 329-30, 333-5
    primeira pessoa 328
construção de ferramentas 337, 381
contingência 265-7
    determinismo estrutural 265
    interação com o determinismo 269-70
    origem da vida 266-7, 271-4, 274-5, 279
cooperação 255, 256-7
    característica humana 309
    organizações 393-4
cooperativas 495, **500**
cooperativas de crédito 495, **500**
coordenadas cartesianas 136
Copérnico, Nicolau 44
Coreia do Sul, impacto ecológico do crescimento econômico na 476
corporações
    acionistas 467-8
    ciências da vida 543
    crescimento 448-50, 467
    dever fiduciário 467, 468
        expansão 494
    funcionários 4934
    ideologia aristocrática 494
        desagregação 494
    interesses históricos 468
    liberdade de expressão 494
    mandato legal 467
    maximização de lucros 468-494
    maximização do lucro **497-8**
    papel do bem público 494
    reformas 467-494
    replanejamento da propriedade 495-8, **497**, 501
    terminology 467-8
corrente de jato polar **478**
corrida entre Aquiles e uma tartaruga (a), o paradoxo de Zenão, 139, **139**
Cortona Week (Itália) 362-3, 367-8, 440
cosmos
    filosofia grega 27
    pertencer ao 345
Cowles, Henry 424
credit default swaps (CDS) 469-70
crescimento
    comunitário 460-3
    corporativo 448-50, 467
    equilibrado 454
    ilimitado 448-50
    ilusão do crescimento perpétuo 452-61

população 451
qualitativo 454-5
quantitativo
relação com o desenvolvimento 456-8
crescimento das plantas
espirais 225
Fibonacci, sequência de 220-3
numerologia 218-22
crescimento econômico 448-50
barreiras ao 453
bom 458-9
conceito quantitativo 457
demandas de energia pelo 502
falácia do 454
ilimitado 467
impactos ambientais 502
indiferenciado 453-4
insustentabilidade 476
materialismo 460-1
mau 458-9
mudança climática 453
impacto do 502
qualificação do 458-9
criacionismo 261-4, 269, 350
intromissão da religião na ciência 352
processos norte-americanos 261, 262
veja também planejamento inteligente
Crick, Francis 67, 68, 326-7
crise financeira global 86, 469-70
Cro-Magnon, homem de 304-5
cromossomos 35, 68
cryo-TEM *288*, 292, *293*
cultura
coevolução com a infraestrutura 381
dinâmica da 382-4
rede social 383-4
redes de comunicação 381-2
significado 383
tensões com a tecnologia 390
cura 399-400
atitude positiva 406
efeito placebo 406, **406-8**, 409
natureza da 410
prática integrativa **412-4**
curiosidade, determinante humano 310-1
Curitiba (Brasil) 558
Cuvier, Georges 33

Da Vinci Index 562
Dalai Lama 356, **357**, 359, 462-3
Dalton, John 55

Dama com um Arminho (Leonardo da Vinci) 225-6, *226*
Damásio, António 323, 329, 333-5
processos cognitivos conscientes 337
tipos de eu 336
Darwin, Charles 57, 64, 230-1, *231*, 235
árvore da vida *232*, **232**
domínios da *242*
conceito de espécie 230-1, **232**
conceitos de evolução 236
determinantes do ser humano 306
publicação 233, 261
visões sobre a biodiversidade 267-8
darwinismo
determinismo estrutural 268
determinismo genético 268-14
ligação com a beleza 312
nos dias atuais 267-9
darwinismo social 257
Davies, Paul 353
Dawkins, Richard 246, 263, 352
decompositores 423
Deepwater Horizon, catástrofe com a plataforma (Golfo do México) 504
democracia
colapso 473
ecológica 558
Demócrito 27
demográfica, pressão
esgotamento dos recursos 447-8, 451
pobreza 451
Dennett, Daniel 327
Depressão, Grande 82-3
deriva natural 241
deriva neutralista na evolução 237-40
derivativos 465
Descartes, René 31, 46-50, *47*
a natureza como máquina 49
determinantes do ser humano 305
divisão mente
matéria 325
método analítico 478
unificação da álgebra com a geometria 136
veja também cartesiana, filosofia
visão mecanicista dos organismos vivos 49-50, 61, 62
desempenho físico, placebo, efeito **408-9**
desenvolvimento econômico 457
conceito quantitativo de crescimento econômico 457
critérios 457

desenvolvimento
 dimensões 458
 e crescimento 456-8
 ecossistemas 457
 evolução **252**
 medição do 457
desenvolvimento sustentável 434, 456-8
desigualdade, fome no mundo 542
desmatamento 434, 451
desnaturação reversível 193
desordem 187
 estruturas dissipativas 204
 relação com a entropia 203-4
determinismo
 absoluto 272
 formação de proteínas 295-6
 origem da vida 272-3
determinismo estrutural 176
 contingência 265
 darwinismo 268
 produção de oxigênio 267
Deus
 como metáfora 352
 existência
 monoteísmo 352
 não existência 352
dignidade humana 349-50
 valor essencial da sociedade civil global 482-3
dinâmica não linear 35-6, 134, 135, 125-6
 análise qualitativa 153-4
 efeito borboleta 153
 forma biológica 217
 princípios 147-54
Dirac, Paul 101
direitos humanos 482
distribuição de ferritina, em vesículas *293*
DNA 35, 65-6, 68
 arranjo tridimensional 259
 auto-organização 192-3
 autorreplicação 237, **238**
 codificação para as sequências de polipeptídeos 237, **238**
 código genético 237, **238**
 dogma central da biologia molecular 246
 dupla hélice 237
 formas *193*
 estrutura 65, 67, *239*, 268
 função 268
 importância 259

modificações químicas 248
propriedades emergentes 200
recombinação 243
serviço de entrega" na terapia genética 401-2
DNA, metilação do 248
DNA, sequenciamento do 244
doença
 atitude positiva 406
 efeito placebo 406, **406-8**, 409
 enfermidades associadas a um único gene 400-1
 genes e 400-1
 origens 71
 processos 71
 relacionada ao estilo de vida **412**
 terapia genética 401-2
 veja também enfermidade
drogas
 entrega com vesículas 401
 uso na medicina integrativa 418
Durkheim, Émile 369, 370
Dutton, Denis 312
Duve, Christian de 272, 273
Dyson, Freeman 273

ecocêntricos, valores 38
ecocidade, movimento pela 518-9
ecocidades 558
 ambientes livres de carros 558
 orientados para a comunidade 558
ecologia 34, 36-9, 96-8, 421-41
 ciência da 421-5
 comunidades 97, 422, 426
 comunidades ecológicas 97
 conceito de rede 978
 conceitos 422-5
 conectividade 360-1
 conservação 426
 de organizações 552
 definição 421-2
 espiritualidade 361
 Faculdade Schumacher (Inglaterra) 365-7
 humana 426
 multidisciplinar 422, 441
 população 426
 ramos 424, 426
 rasa 37
ecologia profunda 37-9
 espiritualidade 360-1
 valores 38
ecologia sistêmica 426-32

auto-organização 427
autopoiese 428-9
fluxos de energia 427
ecológica, alfabetização 361, 435-8
   arcabouço conceitual 441
   artes 440-1
   comunidades 441
   educação para a sustentabilidade 440-3
   educação superior 445-6
   jardins-hortas 444-5
   multidisciplinar 441
   padrões 440
ecológica, democracia 558
ecológica, sucessão 423
ecológica, sustentabilidade 349-50, 433-43
   alfabetização ecológica 361, 435-8
   ciclos de *feedback* 437
   definição 434-5
   ecoplanejamento 487
   educação para uma vida sustentável 439-44
     educação para a sustentabilidade 440-3
   energia solar 437
   parcerias 438
   valor essencial da sociedade civil global 482-3
ecológicas, comunidades 97, 422, 435-6
   ciclos de *feedback* 437
   diversidade 439
   flutuações na população 438-9
   interdependência 435-6
ecológico, desenvolvimento 457-8
ecológico, movimento 460, 462
ecológico, nicho 423
ecológico, paradigma 27
   rede 38
economia 74-6
   como ciência matemática 77
   crescimento ilimitado 85
   crise 86
   crise das hipotecas 86
   crise do crédito 86
   crise financeira global 86
   críticas à economia clássica 79-82
   críticas de Marx 80-2
   de mercado 437
   economia global 448-50
   economia política 76
     clássica 77-9
   filosofia social 80
   impasse do cartesianismo 84-6
   keynesiana 83-4

   malogro da teoria-padrão 86
   modelo competitivo 78-9
   modelos 79
   modelos matemáticos 80, 83-4
   moderna 76-7
     conceitos da, 84-5
     modelos da, 84-5
   produto interno bruto 85, 453
economia geradora **497-9**
economia global
   análise da 469-70
   colapso da 469
economia política 48
   clássica 55-7
economia
   de serviços e fluxos 554-6
   geradora **497-9**
   reestruturação da, nacional 520-1
econômica, desigualdade 472-3
   colapso da democracia 473
   Movimento Occupy 474-5
econômico, poder 471
ecoplanejamento 487, 550-9
   aglomeração ecológica de indústrias 552-3
   arquitetura verde 557
   biomimética 558-61
   economia de serviços e fluxos 554-6
   planejamento urbano 558
   prática 550
   princípios 550
   redução do uso da energia 502
   revolução 552-7, 563
   ZERI 552-3
ecossistemas 97, 422
   auto-organização 427
   autopoiese 428-9
   ciclos de *feedback* 437
   desenvolvimento 457
   diversidade 439
   estruturas dissipativas 427
   feedback 127
   flexibilidade 438-9
   fluxogramas de Odum 424-5
   fluxos de energia 427
   fronteiras 429
   pontos de bifurcação 427
   restauração com o Plano B 518-9
   tamanhos 424
   teoria da complexidade 427
   veja também ecologia sistêmica
Edelman, Gerald 323, 329-30

edifícios
    pintura autolimpadora nos 559
    produção de energia por 557
edifícios comerciais
    arquitetura verde 557
    eficiência energética 529
    projeto integrativo 529
educação
    dimensão espiritual da 361-2, 367
    educação para a sustentabilidade 440-3
    para uma vida sustentável 439-44
    Plano B 514-5
    superior 445-6
educação para a sustentabilidade 440-3
    arcabouço conceitual 441
    comunidades 441
    jardim-horta escolar 444-5
    pedagogia 441
Education for Sustainability (EFS), movimento 445-6
efeito borboleta 153
eficiência energética
    edifícios comerciais 529
    indústria 529
    Plano B 516
Ehrenfeld, David 539
Ehrenfels, Christian von 34, 96
Einstein, Albert 56, 98-9, 101
    curvatura do espaço 110
    Deus como metáfora 352
    experiência do mistério 345
eixo imaginário 160, *161*
Ekins, Paul 457
eletricidade 62
    desperdício de energia elétrica na geração
    fonte de energia fotovoltaica 516-7, 557
    partilha 535
    produção por fontes renováveis 529-30
    replanejamento do sistema 519-21
    transmissão de 529
eletrodinâmica 62
eletromagnetismo 56
eletrônica 465
elétrons 102
Elton, Charles 96-7, 422-3
emergência 173, 197-201, 229
    auto-organização 173, 187
    campos científico 198
    causação descendente 200-1
    célula 200
    colônias 200
    complexidade 95, 197-8
    consciência 325
    corrente ascendente 202
    de ordem 155
    DNA 200
    dobramento de proteínas 200
    estágios 394
    forte 200
    fraca 200
    geometria 198
    hemoglobina 198-9
    mioglobina 198-9
    moléculas 200
    organizações 394-5
    pensamento sistêmico 63-8
    química pré-biótica 283-4
    radical 200
    relação com a morte 180
    sinergia com a auto-organização 180
    sistemas dinâmicos **211-3**
    surfactantes 198
    vida social 200
    vírus do mosaico do tabaco 200-1
emergentes, estruturas 394-5
emoções, papel das, na consciência nuclear 334
Empédocles 27
empirismo 74-5
empresa viva **497-500**
empresas
    propriedade 495
    redes descentralizadas 471
    veja também corporações
enantiômeros 215-6
energia 106-8, 501-5, **507**, 407
    conservação da 501-2
    convergência de sistemas com a comunicação tecnologia 532
    definição 501
    dissipação 502
    estratégias sistêmicas 509-10
    fontes renováveis 508, 516-7
        combinação com a tecnologia da internet 533
        produção de eletricidade 529-30
        regime 533-4
        redes inteligentes 535
    massa como 108
    partículas subatômicas 145
    produção de, por edifícios 557
    redução no uso da 502
        arquitetura verde 557
    resíduos 529

suprimentos globais 452
uso da 501
   nos EUA 525, **525**
veja também eletricidade; combustíveis fósseis;
   energia nuclear
energia nuclear 505-7
   diminuição da dependência europeia com
     relação à 508
   lixo radioativo **507**
   subsídios do governo à **507**, 506-7
   verdades inconvenientes 505-6, **507**
energia solar 516-7
   arquitetura verde 557
   comunidades humanas 437
   sustentabilidade ecológica 437
enfermidade
   contexto **412**
   desequilíbrio 409-10
   dimensão mental 406
   psicossomática 406
   restauração do equilíbrio 417
   veja também doença
Engels, Friedrich 57
Enigma, máquina 121
entropia 187, 188
   relação com a desordem 203-4
   surfactantes *189*
envelhecimento 178
enxame, inteligência de 206
enzimas 66
   células mínimas 291
   locais de ligação 193
   sequências de aminoácidos 279
eólica, energia 516-7
   aproveitamento 517-8
   produção com turbinas 518
epigenética 247-8, **249-54**
   mecanismos epigenéticos **249-54**
   redes epigenéticas 403
equações diferenciais 136-8
   corpos em movimento 136-8, *138*
equações lineares *136*, 136, *137*, 125
equações não lineares
   geração de complexidade 153
   Mundo das Margaridas **212**
   sistemas afastados do equilíbrio 202
   solução numérica de 147
Era da Razão *veja* Iluminismo, O
Era Industrial 74-5
eras glaciais, vida humana 303
erosão de rochas 431-2

erosão do solo 451
Eschenmoser, A. 277
espaço 106-8
espaço de fase, técnica do 147-51
   atratores no **148-50**, 150-1, 154
     atratores de Lorenz 153, *154*
     análise qualitativa 153-4
     atratores estranhos 150-1, 153
     atratores de Ueda 150-1, *152*, 153
   bacia de atração 154
   movimento do pêndulo **148**, *149*
   pontos de bifurcação 154-5
   retrato de fase 154-5
espaço-tempo curvo 107-8
Espanha, *los indignados* 474
espécie
   ideias de Darwin 230-1, **232**
   veja também extinção de espécies
espirais 217, 218-9
   ângulo áureo 225
   assimetria 225
   concha *Nautilus* 225, 225, 226
   crescimento das plantas 225
   logarítmicas 223-5
espírito 318-9
   espiritualidade 343-8
   significado 344
   sopro da vida 344
espiritualidade
   aspectos políticos 343-4
   ciência 342-63
     relação dialética 342-3
   determinante humano 309-10
   ecologia profunda 360-1
   em ecologia 361
   em educação 361-2, 367
   espírito 343-6
   ética 349-50
   experiência 344-5
     céu estrelado 345
   manifestações 343
   prática atual 359-60
   religião 343-9
   ritual 348, 349-50
   sagrado 349-50
   tradições espirituais orientais 354-5,
     359-60
estabilidade em sistemas afastados do equilíbrio
   202-3
Estados Unidos (EUA)
   criacionismo 261-2

desigualdade da renda 472
legislação antissindicalista 474
planejamento inteligente 262
planos de ação política financeira 473
uso da energia *525*, **525**
estereoisômeros 215
estresse, a doença como desequilíbrio 409-10
estromatólitos **256**
estrutura
   célula 375
   em sistemas biológicos
   emergente 394-5
   planejamento e 396
   sistemas vivos 374, 376
   sociais 380-1
   vida 373
estrutura e função 263
   DNA 268
estruturalismo em sociologia 371
estruturas dissipativas 202-3
   desordem 204
   feedback 203
   sistemas vivos 375
estruturas semânticas 380-1
estruturas sociais 371, 376
   regras de comportamento 380
estufa, emissões de gases causadores do efeito 477, **478**
   energia nuclear **507**
etanol, produção de 452
éter 56
ética
   e espiritualidade 349-50
   falta de, no capitalismo global 469
   morte e 181
   na sociedade civil global 482
éticas, redes **498**
eu
   autobiográfico 336
   conceito budista de 360
   essencial 336
   natureza do 336
eucariontes 242, **256**, 256
   evolução dos 266-7, 301
Euler, Leonhard 160
Europa
   ambiente urbano livre de carros na 558
   diminuição da dependência com relação à energia nuclear na 508
evolução molecular 187, 235-6
   deriva neutralista 241

   segundo Oparin 271
evolução
   acaso e 265-7
   ataques fundamentalistas cristãos 350
   avenidas da 243
   biológica 230-9, **238**, **250**, 248-52, 255-6, **256**, 270
   cognição 341
   consciência reflexiva 323
   contingência 265-7
      interação de determinismo com contingência na 269-70
   deriva natural 241
   deriva neutralista 237-40
   desenvolvimento **252**
   epigenética 247-8, **252-54**
   estrutura e função 263
   eucariontes 266-7, 301
   fotossíntese 301
   genética aplicada 243-4
   geologia, papel da 235-6
   ideias de Lamarck 233
   mutação aleatória de genes 243, 269
   pré-biótica 273-4
   Projeto Genoma Humano 245-6
   recombinação de DNA 243
   simbiose 243, 248-255
   síntese moderna 236
   teoria da, de Darwin 64, 230-1, **232**
      conceitos 236
      publicação 233
   três domínios da vida 242
   vida humana 299-304, 368
   veja também código genético; evolução molecular
evolução, síntese moderna da 236
éxons 241-2
experiência vivida, análise na consciência 325-6
exportações, acordos de livre comércio 477
extinção das espécies 433-4
   influência humana 451
   mudança climática 451
Extinções em massa 433

Faculdade Schumacher (Inglaterra) 365-7, 440
Faraday, Michael 56
farmacêuticas, companhias, de governança controlada por missão **498-9**
fascistas, sociedades 380
fator dez 502

fechamento operacional 379, 428
feedback
   autoamplificador 127
   autorreforço 139-40
   ecossistemas 127
   em cibernética 122-5
   em sistemas sociais 125-6
   estruturas dissipativas 203
   fenômenos de amplificação descontrolada 127
   homeóstase 125
   negativo 125
   padrões em rede 131
   positivo 125
feedback, ciclos de *123*, 123-5, 143
   autogeração de Gaia 430
   ciclo do dióxido de carbono 430-1
   comunicação 381
   comunidades ecológicas 437
   comunidades humanas 437
   cura 410
   ecossistemas 437
   global 299
   Mundo das Margaridas **213**
   padrões não lineares na biosfera 448
   surfactantes 193-4
   teoria de Gaia 208, 242
femininos, valores 460
feminismo 460-1
   feminina, condição 460
fenomenologia 327, 328
fenômenos biológicos, natureza dos 325
fenômenos naturais
   filosofia grega antiga 28
   interconexão dos 24-5
fenotípicos, traços **252**
fenótipo 248
fermentação, por bactérias 64
Fibonacci, sequência de 219-20
fibrose cística 401
fiduciário, dever, das corporações 467, 468
   expansão do 494
filotaxia 219, 223
finanças das partes interessadas **498**
finanças
   barreira ao crescimento econômico 453
   cassino financeiro 465-9
   derivativos 465
   fundos de investimento de alto risco 465
   opções futuras 465
   planos de ação política 473
financeira, aristocracia 494

financeiras, crises 469-70
   globais 86, 469-70
financeiros, fluxos 467-8
Fisher, R. A. 236
física atômica 99-100
   causalidade 104
   efeito quântico 106
   interconexões 103-4
   leis da 104
   observador humano 104-5
   probabilidade(s) 103-4, 106
física
   aplicação da mecânica newtoniana 55
   ascensão da 30, 43-4
   causalidade 104
   ciência *hard* 74
   conceito de qualidade na 456
   energia 106-7
   espaço 106-8
   mudança de paradigma na, no século XX 355
   newtoniana 54-5
   nova 98-109
   padrões de probabilidades 103-4, 106
   paralelismos com o misticismo 354-5
   pensamento sistêmico na 111, **113-6**
   princípio da incerteza 102-3
   simetria na 218
   tempo 106-8
   termodinâmica 57-8
   unificação 110-1
   veja também física atômica; gravidade; matéria; teoria quântica
   visão sistêmica da vida 101
fisiocracia 77
fisiologia 62
Flammarion, gravura de 346, *347*
florestas comunitárias (México) **498**
florestas
   comunitárias (México) **498**
   desmatamento 434, 451
   proteção às 518
Foerster, Heinz von 132
fome no mundo 542-3
Força-Tarefa Alternativa 490-1
forma, padrão 33
formação 118
formigueiros 201
fortalecimento da capacidade de decisão, de conhecimento e de ação 38, 386-7
   comunidades de práticas em organizações 396
fosfolipídios 188-90, *191*, **191**, *192*, 192

Fossil Free, campanha 512-3
fótons 102
fotossíntese 423
   biomimética 559
   cianobactérias azuis-verdes 266-7
   evolução 301
fotovoltaica, célula, fonte de energia elétrica 516-7, 557
Foundation for Economic Trends 532
Fouts, Roger 338
fracking, hidrofraturamento 504
fractal, geometria 134, 135, 155-64
   autossimilaridade 156
   curva de Koch *157*, 157, *158*
   dimensões fractais 156-7
   endentação 156-7
   modelos de formas fractais 157-8
   números complexos 158-64
   padrões fractais das nuvens 157-8
Francis, Jennifer **478-80**
Franklin, Rosalind 68
fronteiras sociais 385
Fukushima (Japão), desastre nuclear 508
funcionalismo, em sociologia 371
funcionalismo, escola de estudos da consciência 327
funcionários
   empresas 468-494
      expansão do conceito de dever fiduciário 494
   propriedade de ações **498**
Fundo Monetário Internacional (FMI) 467
   propostas de limitação dos poderes do 491-2
fundos de investimento de alto risco 465
furacões, resistência das plantações aos 548

G7, nações do 467
   protestos em encontros 483
G8, nações do 483
Gaia
   atmosfera da Terra 207, 429, 431
   autogeração 431
   auto-organização 207-9
   autopoiese 179, 429-32
   autorregulação 207-8, 299
   biosfera 424
   feedback, ciclos de 208, 242
   oposição à 208-9
   origem da vida 421
   sistema vivo 431
   teoria de Gaia 33, 97
Galbraith, John Kenneth 385-6

Galileu Galilei 31, *44*, 45-6
   geometria 135
   processo 350, 352
Galvani, Luigi 62
gás natural
   como fonte de hidrogênio 526
   extração de 504
gases, comportamento físico dos 55
gases, leis dos 125
Gauss, Carl Friedrich 160-1
gelo
   albedo **478**
   aquecimento ártico **478-80**
gene egoísta 246, 248-255, 259
genes 246
   cooperação 255
   doença 400-1
   enfermidades associadas a um único gene 400-1
   estrutura molecular 65
   expressão 248
      modificação epigenética **252**
   função 259
   mutações aleatórias 268
   natureza dos 66
   segmentos codificados 241-2
   silenciamento da expressão dos **251**
   veja também mutações
genética 35, 65-8
   aplicada 243-4
   médica 401-2
   população 236
genética médica 401-2
genética, engenharia 243-4
   agricultura 539
   aplicações médicas 400
   biomimética 561
   perigos 539-41
geneticamente modificados, alimentos 487
geneticamente modificados, organismos (GMO) 539-42, **545-7**
   fome mundial 542
   oposição aos 487
   perigos da engenharia genética 539-41
   plantações tolerantes a herbicidas 541
   rendimentos das colheitas 543
genético, determinismo 69, 246, 257-60, 268
   darwinismo 268-9
genoma 243, 259
   chimpanzés 306
   comparação entre espécies 248

conceito de "livro da vida" do genoma humano 259-60
ingestão de genomas microbianos por organismos maiores 269
micróbios 269
Projeto Genoma Humano 245-6
aplicações médicas 400
genoma humano 268
conceito de "livro da vida" 259-60
semelhança com os chimpanzés 306
genômica comparativa 243
genótipo 248
geologia, pensamento evolutivo 56, 235-6
geometria 135
do crescimento vegetal 218-22
propriedades emergentes 198
topologia 146-7
veja também fractal, geometria; geometria não euclidiana
geometria não euclidiana 110
geração espontânea 63-4
gerenciamento
abordagem mecanicista 390
metáfora da máquina 86-8
visão atual 88
teorias clássicas sobre o 87-8
científico 87-8
taylorismo 87-8
germinal das doenças, teoria 64
Gestalt 34, 96
Gestalt, psicologia da 96
Gestalt, psicologia da 96
gestos 337
Giddens, Anthony 371-371, 467
Gilmore, David 460-1
girassol, sementes de, padrões espiralados 220, 224, *225*
Gleason, Henry 425
globais, problemas *veja* mundiais, problemas
Global Justice Movement 483-4
globalização 463-5
desigualdade econômica 472-3
destruição do meio ambiente 476-7
econômica 448-50
esgotamento dos recursos 476-7
impacto ecológico 474-6, **478-80**, 479-80
impacto social 471-4
instituições de governo 487, 490-2
mudança climática 477, 479-80
processo de 467
remodelamento das regras

Goethe, Johann Wolfgang von 33
Goldsmith, Edward 464, 476, 477
Gore, Al 510
Gould, Stephen Jay 265, 266
ciência e religião 352
governamentais, subsídios
energia nuclear **507**, 506-7
perversos 520-1
governança controlada por missão **498-9**
grãos, preços dos 452
gravidade 145-6
conceito de 49, 54
Green, Eric 268
grega, filosofia 23, 28-9
alma 28
composição da matéria 28
cosmos 28
sopro da vida 28
guildas eólicas (Dinamarca) 495, **499**
Guyer, Mark 268

Habermas, Jürgen 371, 371-2
hábitats, destruição de 434, 451
Haeckel, Ernst 97
Haldane, J. B. S. 236
handedness veja quiralidade
Hansen, James 513
Harding, Stephan 210, **211-4**
Harman, Jay 561
harmonia, busca pela 311-2
Harrison, Ross 94
Harvey, William 31, 62-3
Hauser, Marc 310
Havel, Václav 367, 563
Hawking, Stephen 353
Hegel, Georg Wilhelm Friedrich 56
Heinberg, Richard 453
Heisenberg, Werner 102, 103, 111, **115**
paralelismo entre ciência e misticismo 354
hemoglobina *199*
ângulos de torção **241**
auto-organização 196
propriedades emergentes 198-9
Henderson, Lawrence 94
herança de características adquiridas 233
herança *soft* 233
herbívoros 423
hermenêutica 373, 376
dupla 371
Hester, Randolph 558
hidrofraturamento 504

hidrogênio, células de combustível 525-6, **533**
hidrogênio, economia do 535
hipercarro, conceito de 524
hipotecas, crise das 469
hipóteses, formação de 24, 51
Ho, Mae-Wan 540
Hobbes, Thomas 72
Hofmeister, Wilhelm 223
Holdrege, Craig 540
holismo 27, 27-34
   perspectivas históricas 27-30
   debate entre mecanicismo e vitalismo 93-4
   biologia moderna 30-4
holística, medicina 71
homeostase 64, 125
hominídeos 302
   comunicação 337
   evolução da consciência reflexiva 323
   liberdade das mãos 368
   movimentos da mãos 337
   tamanho do cérebro 311
Homo erectus 301, 303
   tamanho do cérebro 311
Homo habilis 301, 303, 381
Homo sapiens 301, 303-5
   tamanho do cérebro 311
homoquiralidade 215-6, 225-6
Human Development Index (Nações Unidas) 456
humanas, organizações
   metáfora da máquina para as 86-7
   obstáculos à mudança das 88
   replanejamento 88
humanidade 267
   ameaças da ciência 342
   ideais superiores 343
   religião 342-3
humanismo 28
Hume, David 263
Husserl, Edmund 327, 328
Hutchinson, Evelyn 423, 427

Idade Média 29
   visão de mundo orgânica na 45, 49
identidade cultural 385
igualdade 72-3
Iluminismo, O 72-3
   e a economia 74-6
importações, acordos de livre comércio 477
impulso nervoso, transmissão do 62
indicadores
   econômicos 453
   qualitativos 456
individualismo 74-5
indústria
   agrupamentos ecológicos 552-3
   eficiência energética 529
   projeto integrativo 529
industrial, simbiose **500-1**
indústrias sustentáveis, gerenciamento dos resíduos 554-6
informação, tecnologia da 464
   revolução da 463, 465
informação, teoria da 127-8
instinto do macaco assassino 306-8
instituições, organizações, sociais 390-1, 396-7
institutos de pesquisa 487, **488**
   corporações
      replanejamento da propriedade 495-8, **497**, 501
      reformas 467-94
   remodelamento da globalização 490-2
integração 37-8
integrativo, planejamento 524
   edifícios comerciais 529
   indústria 529
inteligência artificial 121
inteligência humana 310-1
interdependência de comunidades ecológicas humanas 435-6
Intergovernmental Panel on Climate Change (IPCC) **480**
International Forum on Globalization (IFG) 465, 490-1
International Seattle Coalition 483
   veja também Seattle, Coalizão de
internet, tecnologia da, em combinação com energia
   renovável 532, **533**, 533
íntrons 241-2
investigação, método empírico 43-4
isômeros 215-6
iterações 139-40, 157
   transformação do padeiro **145**

Jacob, François 263
James, William 322
jardim-horta escolar 444-5
Jefferson, Thomas 73
jogos, teoria dos 257

Johnson, M. 338, 339
Julia, conjuntos de 161-2, **162**, *163*, 163
Julia, Gaston 161-2
justiça global 483-4

Kant, Immanuel 56, 312
Kauffman, Stuart 353
Keller, Evelyn Fox 71-2, 427
Kelly, Marjorie 494, 495-8, **497**, 501
Kent, James 245
Kenworthy, Jeff 558
Kepler, Johannes 44
Keynes, John Maynard 83-4
Keystone XL (EUA), oleoduto 511
Kisakürek, M. V. 277
Koch, curva de *157*, 157, *158*
kosmos 27
Kropokïn, Piotr 257
Kuhn, Thomas 25
Kumar, Satish 365

Lahav, Meir 227
laissez-faire, doutrina do 77, 78
Lakoff, G. 337, 338
Lamarck, Jean-Baptiste 57, 233
Lander, Eric 269
Laplace, Pierre Simon 56, 139
Lappé, Frances Moore 542
Lar Terrestre 349, 434-5, 482
Lavoisier, Antoine 62
lei de distribuição de potências 292-4
Leibniz, Gottfried Wilhelm 160, 502
    cálculo 137-8
leis naturais 76
    Adam Smith 78
Leonardo da Vinci 30, 225-6, *226*
    uso biomimético 559-60
Lévi-Strauss, Claude 371
Lewontin, Richard 182
liberdade 72-3, 460
    humana 382
    organismos vivos 176
liberdade de expressão pelas corporações 494
liberdade humana 382
LIBOR, escândalo 469
Lindeman, Raymond 423
linguagem
    coordenação do comportamento 335, 336
    ligação com a consciência 335-6, 368
    metáforas 338
    na sociologia 371

lipídios 188-90, **191**, *192*, 192
lipossomas *189*, **191**
    autorreprodução 288-9, 291
    compartimento de célula mínima 288-9
    incorporação de biomoléculas *285*, *289*, 291-4
        ferritina aprisionada 292-3, *293*, 291
        distribuição de Poisson 291-2, *292*
        lei de distribuição de potências 292-3, *293*, 291
lisozima 279
livre-comércio 460
    acordos 474-5, 477
Locke, John 72-3, *73*, 76-7
Lorenz, Edward 153
los indignados (Espanha) 474
lótus, folha de 559
Lovelock, James 207-9, 430-1
    papel das bactérias na erosão das rochas 432
    regulação do clima da Terra 432
Lovins, Amory 521-2, 530-1
    hipercarro, conceito de 524
Lovins, Hunter 522
LUCA (last universal common ancestor) *242*, 265
Lucrécio 263
lucro, maximização **497-8**
Luhmann, Niklas 178
Luisi, Pier Luigi **357**
    Cortona Week (Itália) 363-5
Lyell, Charles 235

macacos
    classificação 302
    consciência reflexiva, evolução da 323
    evolução dos seres humanos 299-1, *302*, 302
macrodeterminismo 200
Macy Conferences (Nova York) 122
magistérios não sobrepostos (NOMA) 352-3
magisterium 352
mais-valia 81
Malthus, Thomas 257
Mandelbrot, Benoît 155-6
Mandelbrot, conjunto de 158, **162**, 163-4, *164*, 165
Mander, Jerry 464
mão de obra
    autodidata 471-2
    fragmentação da 471
    genérica 471
    mudanças na 471
mãos, primeiros hominídeos
    liberdade das 368
    movimentos das 337
mapeamento logístico 143

máquina(s)
  autorreguladoras 124-5
  cibernéticas 125
máquina, metáfora da 88
  gerenciamento 86-8
  o mundo como uma 45
Margulis, Lynn 209, 256, 430-1
  autopoiese 433
  microrganismos 433
  regulação do clima da Terra 432
Marx, Karl *80*, 80-2, 381-2
Massa como energia 108
matemática
  conceito de qualidade 456
  da ciência clássica 135-125
  equações diferenciais 136-8
  livros visuais 155
  mudança conceitual 456
  newtoniana 50
  veja também álgebra; cálculo; geometria; dinâmica não linear; topologia
matemática teoria 134-5
matéria 103
  composição da 28
  divisão cartesiana 48-9, 325
  inquietação da 106
  propriedades quantificáveis 31
  relação com a mente 320
materialismo 460-1
Maturana, Humberto 169-70, 175, 207, 315-6
  autopoiese 379-80
    em ecossistemas 379
  cognição 318
  conceito de mente 314, 315
  ligação entre a consciência e a linguagem 335, 336
  terminologia para a mente 316
Matus, Thomas 348
Maxwell, James Clerk 54, 125, 141
Mayr, Ernst 265
McCulloch, Warren 121
McDonough, William 554-5
McKibben, Bill 479-80, 511
Mead, Margaret 122, 126
mecânica estatística 125
mecanicismo 27, 27-34
  biologia moderna 32-6
  debate com o vitalismo 93-4
  fenômenos biológicos 325
  formulação matemática de Newton 50
  medicina 69-70

modelamento da natureza 138-40
  no gerenciamento 86-8
  pensamento social 72-86
  perspectivas históricas 27-30
  Revolução Científica 45-52
  visão cartesiana dos organismos vivos 49-50, 61
  visão da vida 61-70
    das células para as moléculas 62-5
    genética 65-8
    medicina 69-70
  visão de Dawkins 263
  visão dos organismos vivos
    primeiros modelos 61-2
medicina
  aspectos relacionados à consciência **412**
  assistência à saúde básica 417
  clínica geral 417
  educação 418
  enfermidades associadas a um único gene 400-1
  epigenética **251**
  filosofia cartesiana 70-1
  genes e doença 400-1
  holística 71
  insatisfação com a 399
  mecanicista 69-70
  modelo biomédico 398, 399-400, **412**
  terapia genética 49-50
  veja também enfermidade; saúde; doença; medicina integrativa
medicina alternativa **412-3**
medicina integrativa 71, 398-9, 411-4, **412**, 418
  assistência básica 417
  cura **412-4**
  educação 418
  hospitais 418
  medicina alternativa, uso da **412-5**
  terapia 417-8
  uso de drogas 418
meditação 356-7, 359
  oscilações neurais 356-7
meio ambiente
  acoplamento de sistemas vivos ao 316
  Blue Planet Prize 454-5
  desencadeamento de mudança estrutural 316
  destruição do
    global 390
    em países do Terceiro Mundo 477
    por meio da globalização 476-7
  impacto da extração de recursos no 453
  impacto do crescimento econômico no 502

interação de organismos vivos com 173-4,
  175-6, *184*
  cognição 181-3
  trilogia da vida 375
membrana semipermeável 170
membro arraigado **498**
Mendel, Gregor 65, **232**, **235**, 235
mentais, fenômenos, mecanismos neurais 122
mentais, imagens, consciência reflexiva 335
mental, processo 315
mente 184, 314-7
  cibernética do cérebro 128-9
  ciência da 122
  conceito de 123
  divisão cartesiana 48-9, 325
  incorporada 337-8
  lógica da 129
  papel da doença 406
  pensamento 311
  processo da 314-7
  relação com a matéria 320
  relação com o cérebro 320
  relação inteligência
  sem a biologia 328-9
  teoria da cognição de Santiago 320
  terminologia para a 315-5
mente incorporada 337-8
mente-corpo medicina **414**
mercado global 467, 482
mercado, economia de 437
mercado, sistema de
  autoequilibrador 78-9
  mercado global 467, 482
  mercados monetários globais 469
mercados livres 460
mercados monetários globais 469
metabólicas, redes 377-8
  bactérias 170, *171*
  na célula 381
metabolismo
  bacteriano na biosfera 431
  biológico 554-5
  celular 291-4
  técnico 554-5
metáforas 338, 341
  Deus como 352
meteorológicas, condições, efeito borboleta 153
método científico 24-5
  dedutivo 54
  empírico 54
  formação de hipóteses 24, 53

interconexão de dados 24
observação sistemática 24
teste de modelos 24
mexilhões azuis 559
micelas 181, 187, *188*, 188-9, *189*, 192, 194-5, 198
microbiana, comunicação 206-7
microbiano, genoma, ingestão por organismos maiores 269
microbiologia 33, 63-4
microcosmo, idade do 299
microeletrônica 465
microfósseis 274
microrganismos 433
  glossário **256**
  idade do microcosmo 299
  sistema cognitivo 433
microscópio 63
  desenvolvimento 33
milesiana, escola 23
Mill, John Stuart 79-80
Miller, Stanley 277, *278*
Mind and Life Institute 356-7
Mingst, Karen 485
mioglobina *199*
  emergentes, propriedades 198-9
  torsão, ângulos de **241**
miosina, auto-organização da 196, 197
missionário medieval 345-6
mistério, ciência 345
mística, experiência
  budista 348
  cristã 349
misticismo
  paralelismos com a ciência 354-7
  paralelismos com a física 354-5
mitologia, criacionismo 261
Mofid, Kamran 86
molaridade **281**
moléculas
  auto-organização 187-90, **191**, 192
  propriedades emergentes 200
Monod, Jacques 263-4, 265, 269
  oposição a 272-3
monoteísmo 352
Monsanto 539-40, 542
moral 348
moral, conduta 267
  determinante humano 310
morfologia 33
Morgan, T. H. 236
Morowitz, Harold 272, 421

morte 180-40
  autopoiese 180, 181
  conceito de neg-emergência 180
  critério do EEG 180-1
  questões éticas 181
mudança climática 451, **478-80**
  350.org 511-3
  Além do Carvão 513-4
  aquecimento do Ártico **478-80**
  aumento da temperatura global 451, **478-80**
  crescimento econômico
    impacto do 502
    indiferenciado 453
  Fossil Free, campanha 511-2
  globalização 477, 479-80
  impacto ambiental da extração dos recursos 453
  impacto da agricultura industrial 539
  intensificar a percepção da 487, 509-18
  Plano B 514
  Projeto Realidade Climática (O) 510
  Reinventando o Fogo, 519-22, **525**, **533**, 533-31
  Stern Review, relatório 509
  Transição mundial (Uma) 530-1
multiverso 274
Mundo das Margaridas 210, **211-4**
  fases evolutivas do *212*
mundo do RNA 274
  pré-biótico 280-1, 285, *286*
mundo em desenvolvimento
  destruição do meio ambiente 477
  Terceira Revolução Industrial 535-6
músculo
  auto-organização 196, 197
  propriedades emergentes 200-1
mutações
  acaso 268
  aleatórias 243, 269

Nações Unidas (NU)
  Human Development Index 456
  Papel de governança global 491-2
  Veja também Brundtland Report
Naess, Arne 37, 38
nanofios 206
não linearidade
  auto-organização 139-40
  complexidade, teoria da 125-30
  exploração de sistemas 139
  feedback 139-40

natureza
  modelamento mecanicista 138-40
  secularização 54-5
  visão cartesiana 49
natureza humana, teoria da 72-3
nautilus concha 224, 225, 226
neandertais 301, 303-4
neodarwinismo 236, 268
neoliberalismo 474, 491
Neumann, John von 121, 122
neurais, mapas 334-5, 341
  protoeu 341
neurociência contemplativa 357-8
neurofenomenologia, escola de estudos sobre a consciência 327-8, 330
neurofisiologia 62
neurônios 132
  aglomerados funcionais na consciência 329
  oscilações induzidas pela meditação 356-7
neurorreducionista, escola, de estudos sobre a consciência 325-6
nêutrons, velocidade dos 106-7
Newman, Peter 558
Newton, Isaac 31, 50-7, *52*
  cálculo 137-8
  equações do movimento 138
  física 52-3
  formulação matemática da visão mecanicista da natureza 50
  leis do movimento planetário 50-1, 138
  mecânica 55-9
    limitações 55-8
    sucesso 55-6
  partículas materiais 54-5
  Principia 53-4
Noble, Denis 259-60, 261
nocebo, efeito **408-9**
nocebo, resposta ao **408**
novidade, criação de 394
Núcleo dinâmico, modelo da consciência como 329, 333
numérica, reta 158, *159*
numerologia, crescimento vegetal 218-22
números complexos 158-64
  Julia, conjuntos de 161-2, **162**, *163*, 163
  Mandelbrot, conjunto de 158, **162**, 163-4, *164*, 165
números imaginários 160
números negativos 158
  raiz quadrada de 160-1
nutrientes biológicos 552

Nutrientes técnicos 554-5
  propriedade 552
nutrientes
  biológicos 552
  técnicos 554-5
    propriedade 552
nuvens, padrões fractais das 157-8

objetos para relações, mudança figura
  fundo de *114*
Occupy, Movimento 474-5
Odum, Eugene 425-6
Odum, Howard 425-6, 427
oferta e procura, lei da 75-6
olho, evolução do 263
omnívoros 423
ondas 102
  de probabilidade 103
Oparin, Alexander 186, 235-6
  evolução molecular 271
opções futuras 465
Oppenheimer, J. Robert 354
orçamentos nacionais, reorientados no Plano B
  520-1
ordem, emergência de 155
organelas **256**, 255-6
organismos vivos
  acoplamento estrutural 175
  comportamento 381
  determinismo estrutural 176
  estruturas **114**
  interação com o meio ambiente 173-4,
    175-6, *184*
    cognição 181-3
  liberdade 176
  organização hierárquica 94, 98
  primeiros modelos mecânicos 61-2
  processos **114**
  sistemas abertos 119-20
  sistemas termodinamicamente abertos 174
  veja também autopoiese
  visão mecanicista cartesiana 49-50, 61-2
organismos vivos, organização de
  hierárquica 94
  relação entre as partes e o todo 96
Organização Mundial do Comércio (OMC),
  463-4, 467
  acordos de livre-comércio 474-5, 477
  propostas de limitação de poderes 491-2
  protestos em reuniões 482-3
  reunião de Seattle 482-3

organização
  ciência universal 117
  formação 118
  regulação 118
  sistemas sociais 380-1
  sistemas vivos 373-4
  veja também padrões de organização
organizações 390-5
  ambiente de negócios 397
  como sistemas vivos 391
  complexidade 390
  comunidades de pessoas interagentes 390-1
  comunidades de prática 391-2
    fortalecimento da capacidade de decisão, de
  conhecimento e de ação 396
  cooperação 393-4
  criatividade 397
  ecologia das 552
  emergência 394-5
  estruturas formais 392-3
  estruturas informais 392-4
  fronteiras 392
  gerenciamento de 390
    mudança no 393
  instituições sociais 390-1, 396-7
  mudanças de poder nas 393-4
  mudanças estruturais 391
  mudanças nas 390-1
    obstáculos às 88
  natureza dual 390-1, 392, 468
  parcerias 393-4
  perturbação significativa 393
  planejamento 394-5
  resistência à mudança 391
  sustentabilidade ecológica 390
  vigor e vivacidade 393, 394, 397
  vivas 392-4
organizações não governamentais (ONGs)
  Coalizão de Seattle 483-4
  Global Justice Movement 484
  rede mundial de 445
origem da vida 63-4, 265, 271-94
  abordagem de-baixo-para-cima *285*
  abordagens de laboratório 284-6
    metabolismo da célula 291-4
    construção de uma célula mínima 287-90
    Proteínas Nunca Nascidas 291-4
  biologia sintética 286-96
  ciclos protoecológicos 421
  contingência 266-7, 271-4, 274-5, 279
  determinismo 272-3

fluxo temporal *275*
macromoléculas 279-80
mundo do RNA 274
   pré-biótico 280-1, *286*
princípio antrópico 273-4
química pré-biótica 274-81
regras 277
teoria de Gaia 421
universos paralelos 274
Orr, David 550
oscilação química 206-7
oxigênio
   descoberta do 36
   fotossíntese de cianobactérias azuis-verdes 266-7
   produção de 301
ozônio, esgotamento do 477

padeiro, transformação do **145**, *145*, 152, 153
Padrão(ões) 27, 33
   alfabetização ecológica 440
   de reações químicas nas células 375
   matemáticos no mundo vivo 213-25, **221**
   na teoria do caos 139
   redes 130, 377
   veja também quiralidade; espirais
Padres da Igreja 348, 349
padrões de organização 94, **114**, 120, 129, 130
   sistemas vivos 373, 373, 380
Paley, William 262
papel, reciclagem do 552
paradigma, mudança de 25-6
   no século XX 355
paradigmas científicos 25-7
   ecológico 27
   mecanicista 27
   padrão 27
   substância 26
paradigmas sociais 25-6
parcerias
   nas organizações 393-4
   sustentabilidade ecológica 438
parques eólicos 517-8
   oposição aos 517
partículas 102
   energia 108-9
   newtonianas 54-5
partículas materiais 54-5
partículas subatômicas 103-4
   colisões 108
   padrões de energia 107

Pascal, Blaise 347
pássaros, inteligência de bando 206
Pasteur, Louis 33, 63-4
Pauli, Wolfgang 101
Pauling, Linus 68
peixes, restauração de viveiros naturais 518
pêndulo caótico 150
pêndulo, movimento do *148*, **149**, *149*
Penrose, Roger 329-70
pensamento evolutivo 33, 56-7
pensamento humano 311
pensamento sistêmico 27
   assistência à saúde **412**, 411-4, 418
   critérios 34
   desenvolvimento 34
   emergência 93-8
   saúde 71, 404-5, **406-9**, 409
pensamento social mecanicista 72-86
peptídeos **241**
peptídica, ligação **240**
percepção espiritual 37
percepção, crise da 448
permacultura 537
petróleo extraído de areias betuminosas 511
petróleo, produção 452, 453
   areias betuminosas 511
   extração de 504
   veja também pico do petróleo
Petty, William 76
pico do petróleo 452, 453
   crescimento econômico indiferenciado 453
   efeitos nocivos 502-3
placebo, efeito 406, **406-9**, 409
   desempenho físico **408-9**
   mecanismos do **406-7**
   neurobiologia **408**
placebo, efeito, nos esportes **408-9**
Plan B (Brown, livro) 447-8
Planck, Max 101
planejamento inteligente 233-4, 261-4, 267, 269
   ataque do, contra a teoria da evolução 350
   intromissão da religião na ciência 352
planejamento urbano *veja* ecocidades
planejamento
   estruturas naturais 550-1
   organizações 394-5
   para a vida 550-9
   veja também ecoplanejamento; projeto integrativo; planejamento inteligente
planeta vivo 33
planetário, leis do movimento 50-1

Plano B 519
   aproveitamento do vento 517-8
   eficiência energética 529
   erradicação da pobreza 514-5
   estabilização da população 514-5
   estabilização do clima 516-7
   financiamento 519
      para a saúde 514-5
   financiamento para a educação 514-5
   reorientação dos orçamentos nacionais 520-1
   restauração da Terra 518-9
   transição mundial 530-1
plantações
   rendimentos de, geneticamente modificadas 543
   rotação 548
   tolerantes a herbicidas 541
Platão 27
pobreza
   crescimento da população 451
   demográfica, pressão 451
   erradicação da, com o Plano B 514-5
   esgotamento dos recursos 447-8
   fome 542
poder
   avanço dos interesses 385-6
   estruturas sociais 386
   fortalecimento da capacidade de decisão, de conhecimento e de ação 38, 386-7
   mudanças nas organizações 393-4
   origens 385-7
   redes sociais 386-7
   sociedades complexas 386
   tipos de 385
Poincaré, Henri 145-7
Poisson, distribuição de 291-2, *292*, *293*
polímeros **240**
polinucleotídeo, sequências específicas 281-2
polipeptídeos **240**
   sequências específicas 281-2
política na espiritualidade 343-4
poluição
   emissões zero 553
   mineração do carvão 504-5
   redução da, nas ecocidades 558
população
   crescimento 451
   estabilização da, com o Plano B 514-6
   flutuações 438-9
população, genética da 236
positivismo 73-4
pré-biótica, era 299

pré-biótica, química 274-81
   aminoácidos, formação em laboratório 277
   auto-organização 283-4
   macromoléculas 279-80, 285-6
   mundo do RNA 280-1
   propriedades emergentes 283-4
   síntese de compostos 278
Pretty, Jules 549
Prigogine, Ilya 155, 202-5, 227
Primavera Árabe 474-5
Principia (Isaac Newton) 53-4
princípio da incerteza 102-3
probabilidade, padrões de 103-4, 106
problema dos três corpos 146
Problemas mundiais
   crescimento 448-50
   crise financeira 86, 469-70
   ilusão do crescimento perpétuo 452-63
   interconectividade 447-9, *450*, 452
   mapa conceitual 448
   mudança do clima 451
   suprimentos de energia 452
   veja também segurança alimentar
procariontes **256**, 256
   eucariontes, evolução dos 266-7, 301
processo
   célula 375
   sistemas vivos 373
   vida 373
produto interno bruto (PIB) 85, 453, 457
   crescimento ilimitado do 85
Projeto Genoma Humano 245-6
   aplicações médicas 400
Projeto Realidade Climática (O) 510
propósito vivo **498**
propriedade
   extrativista 495-8
   formas de 495-8, **497**, 501
   geradora 495-8, **497**, 501
   negócios 495
   planejamento **498**
   privada para o bem comum 495
propriedade de negócios 495
propriedade dos trabalhadores, empresas comerciais de 495
propriedade intelectual, direitos de, biotecnologia 539-40
propriedade privada
   para o bem comum 495
   sementes da **546**

proteína(s) **240**
  aminoácidos componentes 287
  ângulos de torção **241**
  biologia sintética 291-4
  evolução 291
  formação 295-6
  função 247
  número de 291-2
  Nunca Nascidas 291-3, *296*, 297
  síntese 246-7
  sistema operacionalmente fechado 283
proteína de fluorescência verde (GFP) 291
proteína-proteína, interações 196
proteínas, dobramento de
  auto-organização 193, 196
  emergentes, propriedades 200
Proteínas Nunca Nascidas (NBPs) 291-3, *296*, 297
protocélulas 273-4
Protocolo de Harvard para comprovação da morte 180-1
protoeu
  consciência essencial 333-5, 341
  mapas neurais 341
prótons, velocidade dos 106-7
psicológico, aconselhamento
  doença como desequilíbrio 410
  terapia integrativa 417
psicossomática, doença 406
psicoterapia 410
psyche 27

qualia 323-4
qualidade de vida 454
  indicadores de 456
qualidade
  conceito de 454-5
  experiência humana 456
quanta 102
quântica, teoria 98, 101, 103, 104
  matéria 106
  observador humano 106
  unificação com a teoria da relatividade 110-1
quantidade 454, 456
quatro elementos 27
química 62
  concentração **281**
  controle termodinâmico das reações 278-9
  hipótese atômica 55
  veja também pré-biótica, química
quiralidade 213-6

  aminoácidos *215*, 215-6
  simetria, quebra de 225-7
quorum sensing 206

raciocínio crítico 74-5
realidade, conceito de **114-16**
recessão mundial 469-70
recipiente 337-8
recursos naturais **546**
  esgotamento 447-8, 453, 503
    impacto da globalização 476-7
  impacto da extração dos, sobre o meio ambiente 453
  resíduos originados do processamento dos 552
rede elétrica
  inteligente 535, 535
  transformação 530
rede elétrica inteligente, sistema da 530, 535
rede, sociedade em 464
redes 97-8, 130-1
  auto-organizadoras 134, 375
  autopoiéticas 379
  binárias 132
  cérebro como rede 130
  ecologia 97-8
  eletromicrobianas 206
  fenômenos sociais 379-80
  metabólicas 377-8
    de bactérias 170, *171*
    celulares 381
  neurais 130, 132
  padrão celular em rede 375
  padrão de 130, 377
  paradigma ecológico 38
  sem escala, ou livres de escala 291
  vivas 377-9, 393
  veja também redes de comunicação; redes neurais; redes sociais
redes binárias 132
redes de comunicação 132, 381-8
  dinâmica da cultura 382-4
  estrutura em sistemas biológicos e sociais 380-1
  globais 463
  informais 392-18
  liberdade humana 382
  origem do poder 385-7
  propósito 381-2
  significado 381-2
  sistemas sociais 381
  tecnologia 381-2
  tensões culturais com a tecnologia 390

redes eletromicrobianas 206
redes neurais 130, 132
redes sem escala 291
redes sociais 379, 381, 463
   autopoiese 379-80, 381
   cultura 383-4
   fortalecimento da capacidade de decisão, de conhecimento e de ação nas 386-7
   poder em 386-7
reducionismo 173
   cartesiano 61, 62
   consciência 322
reengenharia 88
refugiados da mudança climática 451
regimes totalitaristas 380
regulação 118
regulador centrífugo *124*
Reinventando o Fogo, 519-22, **525**, **533**, 533-5
   carros sem petróleo 524-6
   projeto integrativo 524
   replanejamento do sistema elétrico 519-21
   revolução automotiva 524-6
   transformação da rede elétrica 530
   transição mundial 530-1
   transporte 524-6
relatividade, teoria da 98-9
   espaço 108
   especial 100
   geral 100, 107-8
   tempo 108
   unificação com a teoria quântica 110-1
religião 29
   comportamento industrioso 75
   criacionismo 261-4
   espiritualidade 343-51
   ética 349-50
   humanidade 342-3
   natureza da 347-8
   ritual 348, 349-50
   sagrado 349-50
   versus ciência 350-3
religiosas, comunidades 350
relógios químicos 206-7
Renascença 31-2
renda, desigualdade da 472-3
   nos EUA 472
rendimento *per capita* 472
replicase Q-β 289
reprodução 179-80
resíduos
   agricultura do café 553

indústrias sustentáveis 554-5
processamento de recursos naturais 552
reciclagem 552
respiração 423
retrofit profundo 529
Revolução Científica 25, 44-52
   economia 74-6
   mecanicismo 45-52
   veja também Descartes, René; Newton, Isaac
Revolução Industrial 381-2
   Adam Smith 77
   energia, uso da 501
   máquina como metáfora 87
   veja também Terceira Revolução Industrial
Revolução Verde 537, 539
ribossomos 197
ribozimas 280, 285-6, *286*
Ricardo, David 79
Riemann, Georg 110
Rifkin, Jeremy 532-3, **533**
Riqueza das Nações (A) (Adam Smith) 77-8
ritual 348, 349-50
RNA 65-6
   autorreplicante 280, **281**
   não codificante **251**
   Nunca Nascido 296-7
   reconstituição 197
RNA mensageiro (m-RNA) 237, 247
Rocky Mountain Institute (RMI) 521, 522
romântico, movimento 32-3

sabões 187-8
Santiago, escola de 169-70, 175
Santiago, teoria da cognição de 314, 315, 316-8
   acoplamento estrutural 316
   cérebro 320
   cognição e a alma 318-9
   dar à luz um mundo 318, 325
   mente 320
   rede viva 393
Satish (Kumar) 365
saúde 398-414
   abordagem biomédica 398, 399-400
   definição 403-4
   doença como desequilíbrio 409-10
   educação 425
   equilíbrio dinâmico 406
   genes e doença 400-1
   pensamento sistêmico 70, 404-5, **406-8**, 409
   Plano B 514-5
   planos de ação política 425-6

problemas relacionados ao estilo de vida **412**
restauração do equilíbrio 417
terminologia psicossomática 406
visão integradora 398-9
visão sistêmica 70, 398-400
veja também doença; medicina
saúde, assistência à
abordagem sistêmica da **412**, 411-4, 418
crise na 399-402
individual 411-8
social 411-5
Saussure, Ferdinand de 371
Schopf, J. W. 276
Schrödinger, Erwin 67-8, 101
Schumacher, E. F. 365
Scopes, processo judicial de 350
Scruton, Roger 312
Seattle, Coalizão de 483-4
Alternatives Task Force 490-1
Alternatives to Economic Globalization, relatório 490
seca, resistência da plantação à 548
Second Nature (Boston, EUA) 445-6
segurança alimentar, ameaças à 451, 452
seleção natural 231, 236, 257
determinantes humanos 309
sementes de vida **545**
sementes
controle de **546**
polinização aberta **546**
privatização **546**
servidões de conservação 495
Shannon, Claude 87
teoria da informação 127-8
Shaw, Christopher 155
Shiva, Vandana 477, 537, **545**
Sierra Club 513-4
significado
consciência reflexiva 376
perspectiva social 376-7, 381-2
silogismo 337-8
simbiogênese 256
simbiose, evolução 243, 248-255
simetria 216-7
biologia 218
física 218
quebra de 225-7
sinais de comunicação, teoria da informação 127-8
sintaxe 337
sistema nervoso, determinismo estrutural 176

sistemas biológicos, auto-organização em 192-3
complexos 196-3
sistemas sociais 371-2
comportamento em 380
domínios 380
feedback 125-6
humanos 380
organização de 380-1
redes de comunicação 381
sistemas sociais humanos 380
sistemas vivos 94-6, 169
acoplamento com o meio ambiente 316
autonomia 95, 379-80, 382
células 379
cognição
interações 318
comportamento 382
criação de novidade 394
determinismo estrutural do comportamento 176
e dimensões sociais 376
estrutura 373, 376
estrutura dissipativa 375
mudanças estruturais 391
organização 373-4
padrão de 373, 373, 380
organizações 391
padrões matemáticos 213-80, **221**
perturbações vindas do meio ambiente 318
processo 373
redes 377-7
simetria 216-7
sistemas vivos, autonomia dos 95, 379-80, 382
sistemas, teoria geral dos 117, 118-20
Smale, Stephen 154
Smith, Adam 76, 76-8
doutrina do *laissez-faire* 78
metáfora da mão invisível 78, 127
sistema do mercado autoequilibrante 78-9
teoria do valor da mão de obra 78
sobrevivência do mais apto 257
sociedade 368-397
abordagem sistêmica 373-80
ligação evolutiva entre consciência e 368
organizações da 390-5
perspectivas de vida 373-5
veja também sociedade civil global
sociedade civil global 365, 482-5
centros de aprendizagem da **488**
Coalizão de Seattle 483-4
definição 485

Global Justice Movement 484
Institutos de pesquisa 487, **488**
valores essenciais 482-3
sociobiologia 268
sociologia 74, 368-373
 arcabouço conceitual 369
 autopoiese 380-1
 estruturalismo 371
 funcionalismo 371
 hermenêutica 373, 376
  dupla 371
 linguagem em 371
 organizações 390-5
 perspectivas de vida 373-5
 regras de comportamento 380
 significado em 376-7, 381-2
 teoria crítica 371, 371-2
 teoria da estruturação 371-371
sopro da vida 318, 344
 filosofia grega 28
Spencer, Herbert 257
splicing do gene 244
Steindl-Rast, David 344, 349
Stengers, Isabelle 228
Stern Review, relatório 510
Stiglitz, Joseph 474, 474
subsídios perversos 520-1
substância 26
Suess, Eduard 97
superervas daninhas 541
superjanelas 557
surfactantes 187-8, *188*, *189*, *191*, **191**
 autocatálise 193-5
 ciclos de *feedback* 193-4
 propriedades emergentes 198
sustentabilidade
 agricultura orgânica 548
 comunidades 482
 definição 434-5
 veja também sustentabilidade ecológica; educação para a sustentabilidade
Suzuki, David 462
syn-histanai 94
Szeghi, Steve 86

Taiwan, impacto ecológico do crescimento econômico em 476
Tansley, A. G. 97
Tao 23
Tao da Física (O) (Capra) 355
Taylor, Frederick (taylorismo) 88-9

tecnologia
 construção de ferramentas 381
 papel na civilização 381-2
 redes de comunicação 381-2
 significado 381
 tensões culturais 390
tectologia 117-8
teia da vida 349
telecomunicações 465
teleologia 27
telos 27
temperatura global 451, **478**
temperatura global, aumento da 451, **478**
tempo 106-8
 fluxo do 110
 veja também espaço-tempo
teologia 348-9
 veja também teologia cristã
teologia cristã 29, 348
 experiência mística na 348-9
 fatores determinantes do ser humano 305
 fundamentalistas cristãos 349, 350
 natureza da alma 347
 Padres da Igreja 348, 349
teoria crítica 371, 371-2
teoria da estruturação 371-371
teoria do sistema solar 56
Teoria dos sistemas dinâmicos *veja* dinâmica não linear
teoria social 368-9
 começos 369
 integração 371-373
  visão sistêmica 373
 poder 386
 teoria crítica 371, 371-2
 teoria da estruturação 371-371
teorias sistêmicas 34,
 clássicas 117-30
 tectologia 117-8
 teoria geral dos sistemas 117, 118-20
 veja também cibernética
terapeutas 411
terapia genética 401-2
terapia integrativa 417-8
Terceira Revolução Industrial **533**, 532-5
 cinco pilares **533**
 mundo em desenvolvimento 535-6
 União Europeia 535
Terceiro Mundo *veja* mundo em desenvolvimento
termodinâmica 57-8
 auto-organização 187, 197

complexidade na 138-40
controle de reações químicas espontâneas 278-9
mecânica estatística 125
primeira lei 502
segunda lei 119, 502
sistemas abertos 119-20
Terra
  atmosfera da 207, 429, 430
  auto-organizadora 207-9
  autopoiese 179
  como ser vivo 33
  ecossistema, restauração do 518-9
  origem da vida 271-94
  regulação da temperatura 432
  sistema 430
  teoria de Gaia
  visão orgânica 45
  viva 97
  veja também Gaia
The Case Against the Global Economy (Mander e Goldsmith) 464
The Rise of the Network Society (Castells) 464
Thom, René 155
Thompson, D'Arcy 217, 218-9
tinta, separação da, do papel 552
tolerância, filosofia budista 360
Tononi, Giulio 329-30
topologia 146-7
tradições espirituais orientais 354-5, 359-60
  veja também budismo
tradições espirituais, consciência 328, 329
transferência de impostos 520
transporte 524-7
tróficos, níveis 423
Turing, Alan 121

Ueda, Yoshisuke 151
Uexküll, Jakob von 97-8
União Europeia (UE), Terceira Revolução Industrial 535
universos paralelos 274
urbanização 518-9

valores *yang* 460
valores
  ecologia profunda 38
  teoria do valor da mão de obra 78, 81
valor-trabalho, teoria do 78, 81
Varela, Francisco 169-70, 175
  autopoiese 379-80
    em ecossistemas 379

cognição 318
conceito de mente 314, 315
consciência 325
  escola de neurofenomenologia 327
  experiência consciente 329
  neurofenomenologia 327
variáveis dependentes
  independentes 125
Vaticano 352
Vavrus, Stephen **478-9**
Vernadsky, Vladimir 97
vesículas
  autorreprodução *288*
  compartimento de célula mínima 288-9
  incorporação de biomolécula *285, 289,* 291-4
    ferritina aprisionada 292-3, *293,* 291
    distribuição de Poisson 291-2, *292*
    lei de distribuição de potências 292-3, *293,* 291
    serviço de entrega" de drogas 401
vetores de transferência de gene 539
vetores de vírus, terapia genética 403
vida 167-83
  biológica 426-7
  concepção científica da 27
  critérios de 178-80, 210
  dimensão ecológica 421-41
  e o fenômeno da mente 315
  eras da 299-300
  estrutura 373
  interação com o médio ambiente 173-4, 175-6, *18*
  não localização 172-3
  perspectivas 373-5, *377*
  planejamento para a 550-9
  processo 373
  processo de cognição 315
  propriedades emergentes 173, 227-8
  sistemas 94-5
  teia da 349
  três domínios da 242
  trilogia da 375
  visão mecanicista da 61-70
    das células para as moléculas 62-5
    genética 65-8
      medicina 69-70
  visão sistêmica 170-4
  veja também autopoiese; sopro da vida; Gaia; teoria de Gaia; vida humana; origem da vida
vida biológica 426-7
vida humana
  agressão 306-8

altruísmo 309
amor 309
autodeterminação 382
beleza na 311-2
consciência 309-10
cooperação 309
culturais com os chimpanzés 306
curiosidade 310-1
danos à, provenientes da atividade econômica 476
desenvolvimento social 368
determinantes 305-11
ecologia 426
eras glaciais 303
espiritualidade 309-10
estágio da criança pequena 302-3
evolução da 299-301, *302*, 305, 368
harmonia na 311-2
idade da 301-5
instinto do macaco assassino 306-8
inteligência 310-1
moralidade 310
pensamento 311
sede de conhecimento 310-1
seleção natural 309
semelhanças sociais
tamanho do cérebro 310-1
violência como característica masculina 307
veja também Cro-Magnon, homem de; entradas com *Homo*; neandertais
vida social, propriedades emergentes 200
vida, ciências da, mudança de paradigma no século XX 355
vida, corporações das ciências da 543
Virchow, Rudolf 33, 63
virilidade 460-1

vírus do mosaico do tabaco *196*
   auto-organização 196
   propriedades emergentes 200-1
vitalismo 93-4
   fenômenos biológicos 325
Vogel, Helmut 225
Volta, Alessandro 62

Waddington, Conrad 247
Wall Street, crise 469
Wallace, Alfred Russel 233-4
Ward, Peter 274
Warkentin, Craig 485
Washington, consenso de 474, 490
Watson, Andrew 210
Watson, James 67, 245
Weber, Max 75, 87, 369
   poder 386
Wenger, Étienne 391
Wiener, Norbert 121, 122
   feedback 125
   teoria da informação 127-8
Wilkins, Maurice 67
Williams, Raymond 383
Wilson, E. O. 236
Woodger, Joseph 94
World Policy Institute 447
Worldwatch Institute 447
Worldwide Web (WWW) 463
Wright, S. 236

zen, centros 359
Zenão, paradoxo de *139*, **139**
Zero Emissions Research and Initiatives (ZERI) 552-3
Zhabotinsky, Anatoly 206-7
zoológica, classificação 33